北大社·“十四五”普通高等教育本科规划教材
高等院校材料专业“互联网+”创新规划教材

塑料成型模具设计
（第3版）

主　编　江昌勇　沈洪雷
副主编　姜伯军
参　编　赵建平　李丹虹
主　审　屈华昌

北京大学出版社
PEKING UNIVERSITY PRESS

内 容 简 介

本书共分6章（除导论外），分别为塑料概述、塑料成型工艺原理及主要工艺参数、塑料制件的工艺性设计与分析、注射成型模具设计、其他塑料成型模具设计要点、注射模结构图例及分析等内容。在附录中提供塑料模具设计相关标准目录、塑料模具常用专业术语（中英文对照）及定义、塑料模具主要零部件的常用材料与热处理要求和塑料模具设计实训项目库。

本书部分章节设置了“本章要点与提示”“导入案例”“本章小结”“关键术语（中英文对照）”“在线答题”“习题”和“实训项目”等模块；全书提供了较多的案例，采用了大量的插图和表格，图例丰富，图文并茂；同时灵活设置了“特别提示”“要点提醒”“实用技巧”“学以致用”“拓展阅读”等模块，增加了教材的生动性和可读性；配套教学视频、原理动画、参考图文、高清实图、技术资料等多媒体学习资源，扫描书中相应位置二维码即可在线学习。

本书有机融入课程思政元素，可作为高等院校高分子材料与工程、材料成型及控制工程专业的教材，也可供机械类其他专业及高职高专模具专业选用，还可供模具企业有关工程技术人员参考使用。

图书在版编目(CIP)数据

塑料成型模具设计/江昌勇，沈洪雷主编. -- 3版. -- 北京：北京大学出版社，2024.10.
(高等院校材料专业“互联网+”创新规划教材). -- ISBN 978-7-301-35595-4

Ⅰ. TQ320.66

中国国家版本馆CIP数据核字第2024RS2860号

书　　名　塑料成型模具设计（第3版）
SULIAO CHENGXING MUJU SHEJI (DI-SAN BAN)
著作责任者　江昌勇　沈洪雷　主编
策 划 编 辑　童君鑫
责 任 编 辑　童君鑫　郭秋雨
数 字 编 辑　蒙俞材
标 准 书 号　ISBN 978-7-301-35595-4
出 版 发 行　北京大学出版社
地　　址　北京市海淀区成府路205号　100871
网　　址　http://www.pup.cn　新浪微博：@北京大学出版社
电 子 邮 箱　编辑部pup6@pup.cn　总编室zpup@pup.cn
电　　话　邮购部010-62752015　发行部010-62750672　编辑部010-62750667
印 刷 者　河北文福旺印刷有限公司
经 销 者　新华书店
787毫米×1092毫米　16开本　23.5印张　552千字
2012年9月第1版　2017年1月第2版
2024年10月第3版　2024年10月第1次印刷
定　　价　69.80元

第 3 版前言

“塑料成型模具设计”是高等院校高分子材料与工程、材料成型及控制工程等相关专业培养方案中一门应用性、实践性很强的专业核心课程。《塑料成型模具设计》自出版以来，得到了高等学校师生和其他读者的厚爱，编者在此表示衷心的感谢！为适应产业技术更新的客观要求，充分体现教材的教学适用性，也为适应教学改革的主观要求，有效提高教材的实用性，编者对教材进行了修订再版，以更好地为教学服务。

本次修订主要包括以下几个方面。

(1) 进一步完善第 2 版内容，融入新知识、新技术。

(2) 为进一步培养学生解决塑料模具设计领域复杂工程问题的能力，增加附录“塑料模具设计实训项目库”，精选工程应用中典型的塑料制件，明确解决问题的思路和任务目标。

(3) 更新“注射模具结构图例及分析”(第 2 版第 7 章) 的部分内容，选择来源于生产一线的典型设计方案及结构图例进行评析。

(4) 考虑到高分子材料与工程、材料成型及控制工程等相关专业普遍开设模具 CAD/CAM/CAE 的相应课程，为精简教材篇幅，删除“塑料注射模具的计算机辅助设计”(第 2 版第 6 章) 内容。

(5) 更新了多媒体学习资源 (教学视频、原理动画、参考图文、高清实例图、技术资料等)，并通过二维码链接“在线答题”模块。

(6) 为了更好地展现教材主体内容，将“拓展阅读”以二维码链接的形式插入教材中的对应位置。

(7) 对第 2 版中的部分文本和插图进行了精致化处理，适当增加“特别提示”“要点提醒”“学习建议”“实用技巧”“应用实例”“学以致用”等模块，同时调整补充附录内容。

本书具有以下主要特色。

(1) 内容编排精练，注重工程实践能力培养。遵循“知识储备—能力达成—解决问题”的逻辑主线，以塑料模具设计的基本流程为载体，培养学生模具结构设计能力，融合教学内容，强化实际操作训练。案例分析和实训项目的设置注重启发性，锻炼学生运用知识解决实际复杂工程问题的能力，让学生学而有用，用而有效。

(2) 学习资源丰富，适用性强。引入现行国家标准及行业标准，规范统一名词术语，筛选和利用各种资源及技术成果，吸纳新知识和新型实用技术；通过二维码链接丰富的多媒体学习资源，增强教材内容的延展性，有效拓展学生的学习途径和专业知识面。

(3) 设置多种模块，便于自学。灵活设置“特别提示”“要点提醒”“实用技巧”“学以致用”等模块，既能更好地说明相关知识点，也有助于增加教材的生动性和可读性，提升学习效果；在“拓展阅读”模块，有机融入社会主义核心价值观、家国情怀、职业荣誉感与社会责任感、敬业精神、工匠精神、创新精神、生态文明理念及工程伦理等，提升学生综合素质。

本次修订再版由常州工学院江昌勇（导论、4.1～4.9及附录1～附录3），沈洪雷（第3章、4.12及第5章）担任主编；由常州明顺电器有限公司姜伯军（第6章、附录4）担任副主编；南京理工大学紫金学院赵建平（第1、2章），常州工学院李丹虹（4.10、4.11）参与修订编写。全书由江昌勇负责统稿及修改。

本书由南京工程学院屈华昌教授担任主审。

在本书的编写过程中，编者得到有关兄弟院校和企业专家的大力支持和帮助，并参考了相关图书、学术论文及网络资料，在此一并表示衷心感谢。

由于编者水平有限，书中难免有不妥之处，恳请使用本书的教师和广大读者批评指正。

编　者

2024年7月

【资源索引】

目　录

导论 …… 1

0.1 塑料成型模具的概念 …… 1
0.2 塑料成型模具的功用 …… 1
0.3 塑料成型模具的分类 …… 2
0.4 典型塑料成型模具的设计基本要求及设计流程 …… 3
0.5 本课程的学习任务与学习方法 …… 5

第 1 章　塑料概述 …… 7

1.1 塑料的组成及特点 …… 9
1.1.1 塑料的概念及组成 …… 9
1.1.2 塑料的分类 …… 12
1.1.3 塑料的特点 …… 13
1.2 塑料成型工艺性能 …… 15
1.2.1 热塑性塑料的成型工艺性能 …… 15
1.2.2 热固性塑料的成型工艺性能 …… 20
1.3 常用塑料的选用 …… 22
本章小结 …… 25
关键术语 …… 25
习题 …… 26

第 2 章　塑料成型工艺原理及主要工艺参数 …… 28

2.1 注射成型原理及主要工艺参数 …… 29
2.1.1 注射成型原理 …… 29
2.1.2 注射成型的特点及应用 …… 30
2.1.3 注射成型工艺过程 …… 30
2.1.4 注射成型主要工艺参数 …… 33
2.2 压缩成型原理及主要工艺参数 …… 40
2.2.1 压缩成型原理 …… 40
2.2.2 压缩成型的特点及应用 …… 40
2.2.3 压缩成型工艺过程 …… 40
2.2.4 压缩成型主要工艺参数 …… 42
2.3 传递成型原理及主要工艺参数 …… 43
2.3.1 传递成型原理 …… 43
2.3.2 传递成型的特点及应用 …… 43
2.3.3 传递成型工艺过程 …… 44
2.3.4 传递成型主要工艺参数 …… 44
2.4 挤出成型原理及主要工艺参数 …… 45
2.4.1 挤出成型原理 …… 45
2.4.2 挤出成型的特点及应用 …… 46
2.4.3 挤出成型工艺过程 …… 46
2.4.4 挤出成型主要工艺参数 …… 46
2.5 气动成型原理及主要工艺参数 …… 48
2.5.1 中空吹塑成型 …… 48
2.5.2 真空成型 …… 52
2.5.3 压缩空气成型 …… 55
本章小结 …… 56
关键术语 …… 57
习题 …… 57
实训项目 …… 57

第 3 章　塑料制件的工艺性设计与分析 …… 59

3.1 塑件设计的基本原则 …… 60
3.2 塑件的尺寸、精度和表面质量 …… 61
3.2.1 塑件的尺寸 …… 61
3.2.2 塑件的精度 …… 61
3.2.3 塑件的表面质量 …… 65
3.3 塑件的几何形状与结构 …… 67
3.3.1 塑件壁厚 …… 67
3.3.2 加强筋（肋） …… 69
3.3.3 脱模斜度 …… 71
3.3.4 塑件的支承面 …… 72
3.3.5 圆角 …… 73
3.3.6 塑件上的孔（槽） …… 74
3.3.7 塑件螺纹的设计 …… 75
3.3.8 塑料齿轮的设计 …… 78
3.3.9 嵌件 …… 79
3.3.10 铰链的设计 …… 82
3.3.11 塑件的表面文字、标记、图案及表面彩饰 …… 83
本章小结 …… 84
关键术语 …… 84
习题 …… 84
实训项目 …… 85

第 4 章　注射成型模具设计 ………………… 86

4.1　注射成型模具的基本结构及工作原理 ………………………………… 87
4.1.1　注射模的基本结构 ………………… 89
4.1.2　注射模的工作原理 ………………… 90
4.2　注射成型模具的典型结构 …………… 91
4.2.1　单分型面注射模 ………………… 92
4.2.2　双分型面注射模 ………………… 92
4.2.3　带有侧向分型与抽芯机构的注射模 ………………………………… 96
4.2.4　带有活动成型零部件的注射模 …… 98
4.2.5　热流道注射模 ………………… 100
4.2.6　角式注射机用注射模 …………… 101
4.3　注射机有关工艺参数的校核 ………… 101
4.3.1　注射量的校核 ………………… 103
4.3.2　锁模力的校核 ………………… 103
4.3.3　成型面积的校核 ………………… 104
4.3.4　注射压力的校核 ………………… 104
4.3.5　与模具连接部分相关尺寸的校核 ………………………………… 105
4.3.6　开模行程的校核 ………………… 110
4.3.7　推顶装置的校核 ………………… 111
4.4　塑件在模具中的位置 ………………… 112
4.4.1　分型面及其选择 ………………… 112
4.4.2　型腔数目的确定 ………………… 118
4.5　普通浇注系统的设计 ………………… 121
4.5.1　概述 ………………………………… 122
4.5.2　主流道设计 ………………………… 124
4.5.3　分流道设计 ………………………… 126
4.5.4　浇口设计 ………………………… 128
4.5.5　浇口位置的选择 ………………… 140
4.5.6　浇注系统的流动平衡 …………… 144
4.5.7　冷料穴及拉料杆的设计 ………… 147
4.5.8　排气和引气 ………………………… 148
4.6　热流道浇注系统概述 ………………… 151
4.6.1　热流道浇注系统的特点 ………… 151
4.6.2　热流道浇注系统对塑料的要求 … 151
4.6.3　热流道浇注系统的形式 ………… 152
4.7　成型零部件的设计 ………………… 157
4.7.1　成型零部件的结构设计 ………… 158
4.7.2　成型零部件的工作尺寸计算 …… 168
4.7.3　成型零部件的强度与刚度计算 … 173
4.8　基本结构零部件的设计 ……………… 179
4.8.1　注射模的模架 ………………… 179
4.8.2　合模导向机构设计 ……………… 181
4.8.3　支承零部件设计 ………………… 187
4.9　塑件推出机构的设计 ………………… 191
4.9.1　概述 ………………………………… 192
4.9.2　简单推出机构 ………………… 196
4.9.3　复杂推出机构 ………………… 207
4.9.4　浇注系统凝料的推出机构 ……… 212
4.9.5　带螺纹塑件的脱模 ……………… 217
4.9.6　推出机构的复位和导向 ………… 219
4.10　侧向分型与抽芯机构的设计 ……… 224
4.10.1　概述 ………………………………… 225
4.10.2　斜导柱抽芯机构 ………………… 229
4.10.3　弯销抽芯机构 ………………… 240
4.10.4　斜导槽抽芯机构 ………………… 241
4.10.5　斜滑块抽芯机构 ………………… 242
4.10.6　齿轮齿条抽芯机构 ……………… 246
4.10.7　液压与气动抽芯机构 …………… 248
4.10.8　手动抽芯机构 ………………… 249
4.10.9　其他抽芯机构 ………………… 249
4.11　模具温度调节系统的设计 ………… 253
4.11.1　概述 ………………………………… 253
4.11.2　冷却系统设计 ………………… 255
4.11.3　加热系统设计 ………………… 262
4.12　注射成型新技术简介 ……………… 264
4.12.1　气体辅助注射成型技术 ………… 265
4.12.2　叠层注射成型技术 ……………… 271
4.12.3　共注射成型技术 ………………… 273
本章小结 ………………………………… 279
关键术语 ………………………………… 280
习题 ……………………………………… 280
实训项目 ………………………………… 281

第 5 章　其他塑料成型模具设计要点 … 283

5.1　压缩模设计 ………………………… 284
5.1.1　概述 ………………………………… 285
5.1.2　结构设计要点 ………………… 290
5.2　传递模设计 ………………………… 295
5.2.1　概述 ………………………………… 296
5.2.2　结构设计要点 ………………… 299
5.3　挤出模设计 ………………………… 306
5.3.1　挤出模的结构组成及分类 ……… 307

5.3.2　管材挤出机头的设计 …… 310
5.3.3　其他常用挤出机头简介 …… 315
5.4　气动成型模具设计 …… 322
5.4.1　中空吹塑模设计 …… 322
5.4.2　真空成型模设计 …… 330
5.4.3　加压成型模设计 …… 332
本章小结 …… 334
关键术语 …… 334
习题 …… 334
第6章　注射模结构图例及分析 …… 336
6.1　内斜齿转盘点浇口注射模 …… 336
6.1.1　塑件的结构特点与成型工艺性分析 …… 336
6.1.2　浇注系统的设计 …… 336
6.1.3　模具结构与工作原理 …… 336
6.2　挡位调节旋钮搭接浇口注射模 …… 339
6.2.1　塑件的结构特点与成型工艺性分析 …… 339
6.2.2　浇注系统的设计 …… 339
6.2.3　模具结构与工作原理 …… 339
6.3　转动遮盖侧浇口注射模 …… 342
6.3.1　塑件的成型工艺性分析 …… 342
6.3.2　浇注系统的设计 …… 342
6.3.3　成型部分型腔与推出机构的设计 …… 342
6.3.4　模具结构与总装设计 …… 343
6.4　中间齿轮点浇口注射模 …… 343
6.4.1　塑件的成型工艺性分析 …… 343
6.4.2　浇注系统的设计 …… 345
6.4.3　成型部分的型腔设计 …… 345
6.4.4　模具结构与总装设计 …… 345
6.5　顶盖框架热流道直浇口注射模 …… 347
6.5.1　塑件的成型工艺性分析 …… 347
6.5.2　热流道部分浇注系统的结构设计 …… 347
6.5.3　模具结构与总装设计 …… 347
附录1　塑料模具设计相关标准目录 …… 349
附录2　塑料模具常用专业术语（中英文对照）及定义 …… 351
附录3　塑料模具主要零部件的常用材料与热处理要求 …… 358
附录4　塑料模具设计实训项目库 …… 360
参考文献 …… 367

导　论

0.1　塑料成型模具的概念

所谓模具，是在一定工艺条件下，把金属或非金属加工成所需形状和尺寸的各类模型的总称。它是一种利用其本身特定形状成型具有一定形状和尺寸的制品的专用工具。模具种类繁多，分类方法也很多，通常根据加工对象和加工工艺的不同，将模具分为冲压模具、塑料成型模具、压铸模具、锻造模具、铸造模具、挤压模具等。

按照对“模具”的一般定义，塑料成型模具即利用其模腔的特定形状和尺寸成型符合生产图样要求的塑料制件（简称塑件）的一类模具，是塑料加工工业中与塑料成型设备配套，赋予塑件以完整构型和精确尺寸的专用工具。由于塑料品种和加工方法繁多，塑料成型设备和塑件的结构又繁简不一，因此，塑料成型模具的种类和结构也是多种多样的。

0.2　塑料成型模具的功用

模具是工业生产的基础工艺装备，是对原材料进行加工、赋予原材料以完整构型和精确尺寸的加工工具，主要用于高效、大批量生产工业产品中的零件，被称为“工业之母”。75%的粗加工工业产品零件及50%的精加工零件均由模具成型，绝大部分塑件也由模具成型。随着现代化工业的发展，模具已广泛应用于建筑、交通、汽车、能源、医疗器械、消费电子等领域。模具又是“效益放大器”，模具工业的高速发展可给予制造业强有力的支撑，模具工业的产业带动比例大约是1∶100，即模具产业发展1亿元，可带动相关产业发展100亿元。用模具加工产品不仅大大提高了生产效率，还能够节约原材料、降低能耗和成本，使产品保持较高一致性等。

在高分子材料加工领域中，塑件主要是靠成型模具获得的。塑料成型模具的功能是双重的：赋予塑化的材料以期望的形状、尺寸、性能和质量；冷却并推出已成型的塑件。现代塑件的生产，离不开合理的成型工艺、高效的成型设备、先进的成型模具等关键要素，塑料成型模具对实现塑料成型工艺要求、满足塑件的使用要求、降低塑件的成本起着重要的作用。塑件的产品开发和产品更新需以成型模具的开发或更新为前提，对高效自动化的成型设备而言，也只有安装与之匹配的优质模具才能发挥其应有的效能。

塑件的质量在很大程度上是依靠模具的合理结构和模具成型零部件的正确形状、精确尺寸及有效精度来保证的。由于塑料成型工艺的飞速发展，模具的结构也日益趋于多功能化和复杂化，这对塑料成型模具的设计工作提出了更高的要求。虽然塑件的质量与许多因素有关，但合格的塑件首先取决于成型模具的设计与制造的质量，其次取决于合理的成型工艺。塑料成型模具的优劣是能否获得符合技术经济要求及质量稳定的塑件的关键，它最能反映出整个塑料成型生产过程的技术含量及经济效益。

虽然在大批量生产塑件时，模具成本仅占10%左右，但不同的模具结构、模具材料、工作条件及由此而产生的模具使用成本等均在很大程度上影响产品的制造成本，尤其是在试制阶段或中小批量生产时。从某种意义上讲，塑料成型模具是提高塑件质量、体现塑件技术经济性的有效手段。要获得满意的塑件，对塑料成型模具而言，有四个关键问题，即正确的模具结构设计、合理的模具材料及热处理方法、高的模具加工质量、良好的模具服役条件，这四个方面实际上决定了模具的功效，并且它们相互影响后的效果是相乘而不是相加，也就意味着只要其中一个环节不恰当而导致模具功能缺失，其综合效果就是零。

0.3 塑料成型模具的分类

1. 塑料成型方法分类

模具通常都是按照加工对象和工艺的不同进行分类。常见的塑料成型方法一般有熔体成型和固相成型两大类。熔体成型是把塑料加热至熔点以上，使之处于熔融态进行成型加工，属于此种成型方法的有注射成型、压缩成型、传递成型等；固相成型是指塑料在熔融温度以下保持固态的一类成型方法，如用于一些塑料包装容器生产的真空成型和吹塑成型。此外，塑料成型方法还有液态成型，如铸塑成型、搪塑成型、蘸浸成型等。

2. 塑料成型模具主要类型

按照上述成型方法的不同，可以划分出对应不同工艺要求的塑料成型模具，其主要类型见表0－1。

表0－1　塑料成型模具的主要类型

序号	模具类型	说　明	应用	动画/视频演示
1	注射模	安装在注射机上，注射机的螺杆或柱塞使料筒内熔融的塑料经喷嘴与浇注系统注入闭合型腔，并固化成型	这是一类应用广泛且技术较为成熟的塑料成型模具，主要用于热塑性塑料的成型。近年来，在热固性塑料注射成型中的应用也在逐渐增加，在反应注射成型、双色注射成型等特种注射成型中也有应用	
2	压缩模	使直接放入型腔内的塑料熔融并固化成型	多用于热固性塑料的成型，也可用于热塑性塑料的成型	

续表

序号	模具类型		说明	应用	动画/视频演示
3	传递模		又称压注模，柱塞（压柱）使加料腔内熔融的塑料经浇注系统注入闭合型腔，并固化成型	主要用于热固性塑料的成型	
4	挤出模		包括模头和定型模，挤出机使塑料熔融塑化，经模头挤出后冷却定型，并连续成型	这类模具能连续不断地生产断面形状相同的热塑性塑料的型材，（如塑料管材、棒材、板材、片材及异型材等），也用于中空塑件的型坯成型，是一类用途广泛、品种繁多的塑料成型模具	
5	气动成型模具	吹塑模	用于将塑料坯件吹塑成型为中空制件	与其他模具相比，气动成型模具结构最为简单，一般只有热塑性塑料才能采用。真空成型和加压成型使用已成型的片材进行塑件的生产，属于塑件的二次加工，故所使用的模具又属于塑料热成型模	
6		真空成型模	利用真空形成压差，使加热至软化的塑料坯件成型		
7		加压成型模	又称压缩空气成型模，利用压缩空气形成压差，使加热至软化的塑料坯件成型		

0.4 典型塑料成型模具的设计基本要求及设计流程

塑料成型模具的设计，一般是根据塑件的图样及技术要求，分析和选择合适的成型工艺方法与成型设备，并结合工厂的实际加工能力，提出模具结构方案，有时还需征求各方面意见，通过研究讨论后确定，必要时可根据模具设计与加工的需要，提出修改塑件图样的要求（须征得用户同意后方可实施）。

现以实践中广泛应用的注射模为例，介绍塑料成型模具的设计基本要求及一般设计流程。

1. 设计基本要求

（1）模具结构要适应塑料的成型特性。设计模具时，充分了解所用塑料的成型特性是获得优质塑件的关键措施之一。

(2) **模具结构要与成型设备相匹配。**塑料成型模具一般都是安装在相应的成型设备上进行生产的，成型设备选用得是否合理，直接影响模具结构的设计，因此，在进行模具设计时，必须对所选用的成型设备的相关技术参数有全面的了解，以满足相互之间的匹配关系。

(3) **采用标准化零部件，缩短设计制造周期，降低成本。**模具结构零部件和成型零部件的制造属单件或小批量生产，涉及的工序较多，周期较长。采用标准化零部件能有效地减少设计和制造工作量，缩短生产准备时间，降低模具制造成本。

(4) **结构优化合理，质量可靠，操作方便。**设计模具时，应尽量做到模具结构优化合理，质量可靠，操作方便，对于比较复杂的成型零部件，除了正确确定它的形状、尺寸和质量要求，还应综合考虑加工方法的适应性、可行性及经济性。

(5) **善于利用技术资料，合理选用经验设计数据。**模具设计要善于掌握和使用各种技术资料和设计手册，合理选用已有的经验设计数据，加快设计进度，提高设计质量。在设计过程中，应将所考虑的问题及计算过程记录齐全，以便于检查、校核、修改与整理。

2. 一般设计流程

注射模设计的主要流程如图0.1所示。该流程只是说明注射模设计过程中考虑问题的先后顺序，而在实际的设计过程中可能并不是完全按此顺序进行设计，并且设计中经常要返回上步或上几步对已设计的步骤进行修正，直至最终确定设计。

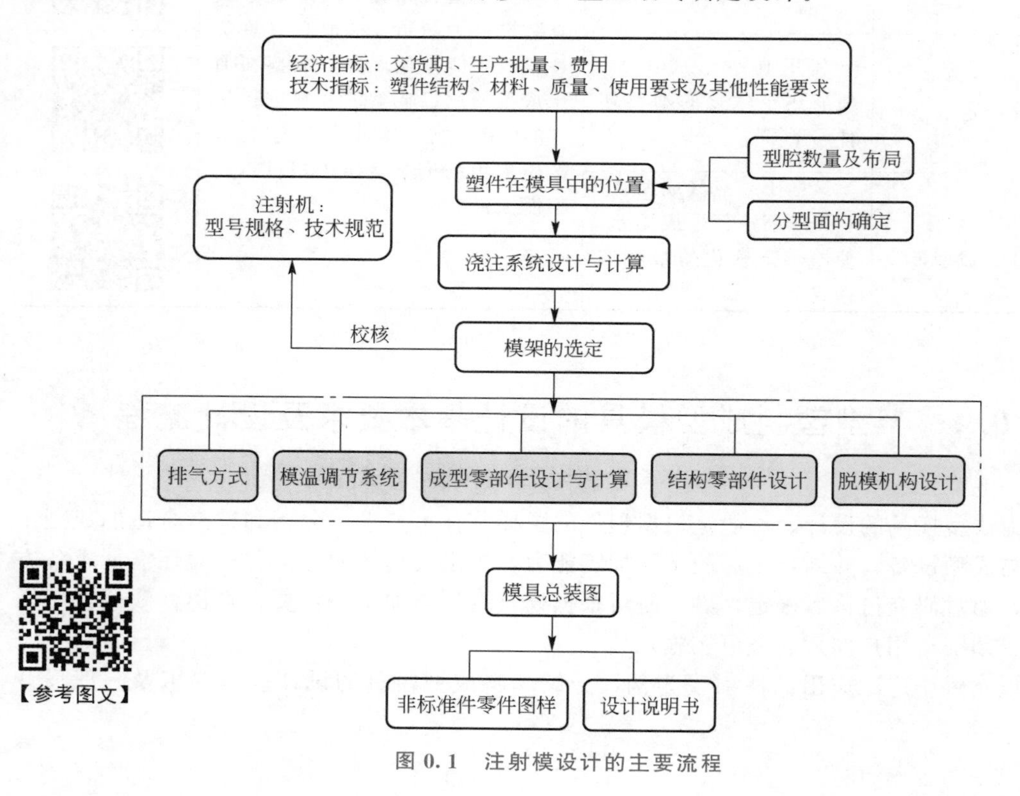

图0.1 注射模设计的主要流程

0.5 本课程的学习任务与学习方法

目前我国塑料成型模具的设计已由经验设计阶段逐渐向理论计算设计阶段发展，因此，在了解并掌握塑料的成型工艺特性、塑件的结构工艺性及成型设备性能等成型技术的基础上，设计出先进合理的塑料成型模具，是从事模具设计的合格技术人员必须达到的要求。

1. 课程学习任务

本课程学习任务主要如下。

(1) 了解塑料的组成、分类以及常用塑料的主要性能、成型特性。

(2) 了解塑料成型的基本原理和工艺特点，正确分析成型工艺对模具的要求。

(3) 能基于成型工艺要求，正确分析塑件结构工艺性及尺寸工艺性。

(4) 掌握不同类型的塑料成型模具与成型设备之间的相互匹配关系。

(5) 掌握各类成型模具的结构特点及设计计算方法。能设计中等复杂程度的注射模。在此基础上，掌握其他塑料成型模具的设计方法。

(6) 能初步分析、解决成型现场技术问题，包括初步分析成型缺陷产生的原因并提出解决办法。

2. 课程学习方法

本课程是一门综合性和实践性很强的课程，它的主要内容是在生产实践中逐步积累和丰富起来的，因此，学习本课程除了重视书本的理论学习外，还特别强调理论联系实际，重视实践经验的获取和积累。随着塑料成型加工技术的迅速发展，塑料模具的各种结构在不断地创新，我们在学习成型模具设计的同时，还应了解与之相关的新技术、新工艺和新材料的发展动态，学习和掌握新知识。除此以外，学习时要注意以下几方面。

(1) 要具备扎实的基础知识，注意运用先修课程中已学过的知识，注重分析、理解与应用，特别是注意前后知识的综合运用。

(2) 通过各章中的“学以致用”“实用技巧”“实训项目”等环节的操练，巩固所学知识，进而真正掌握相关内容。

(3) 熟悉相关国家标准和行业标准，熟知各种模具的典型结构及各主要零部件的作用，举一反三，融会贯通。

(4) 广泛涉猎课外参考资料，勤于思考、主动学习、自主学习。

(5) 在课程学习中强化工程伦理与法规意识，体现精益求精、诚实担当、协作共进、敬业奉献、追求卓越与创新的基本素养。

拓展阅读

序号	主题	内容简介	内容链接
1	“中国制造”的强国梦	我国将模具制造业列为支撑制造业发展的重要基石。“未来属于青年，希望寄予青年。”本部分精心收集、整理并推荐一些视频资源，内容涵盖：中国辉煌的模具制造技术、塑料工业发展伟大成就、生态文明建设、工匠精神、青春榜样、时代楷模、大国工匠人物故事、大国重器、科技成就等	
2	塑料成型模具的产业特征及发展趋势	得益于我国汽车、家电、IT产业、包装、建材、日用品等模具大用户行业的发展，在模具总量中占比最高的塑料成型模具，一直以来以较快的增长速度发展。本部分资源内容涵盖：塑料成型模具的产业特征、我国塑料成型模具与国际先进水平的主要差距及存在的主要问题、发展趋势等	
3	先进模具制造技术	我国模具制造技术迅速发展，已成为现代制造技术的重要组成部分，如高速铣削加工、电火花铣削加工、新一代模具CAD/CAM技术、激光快速成型、无模多点成型、现场化模具检测、镜面抛光等	

第1章 塑料概述

知识要点	目标要求	学习方法
塑料的概念、组成、分类及特点	熟悉	结合教师在教学过程中的讲解，阅读教材相关内容，通过观察日常生活中的塑件，熟悉塑料的组成、分类及特点；通过分析不同种类塑料的综合性能和成型工艺性能，熟悉不同用途塑料的选择
塑料的成型工艺性能	掌握	
塑料的应用	了解	

导入案例

【参考视频】

【参考图文】

塑料在各行各业中的应用日趋广泛，由于其组成成分不同，因此它的种类有很多。它们常温下的形态、力学性能、化学性能、机械性能、成型工艺性能、适用范围及场所等都有所区别。

图 1.1 所示为塑料的原料及根据塑料的特性加工成型的产品。

(a) 聚乙烯原料

(b) 聚氯乙烯原料

(c) 聚苯乙烯原料

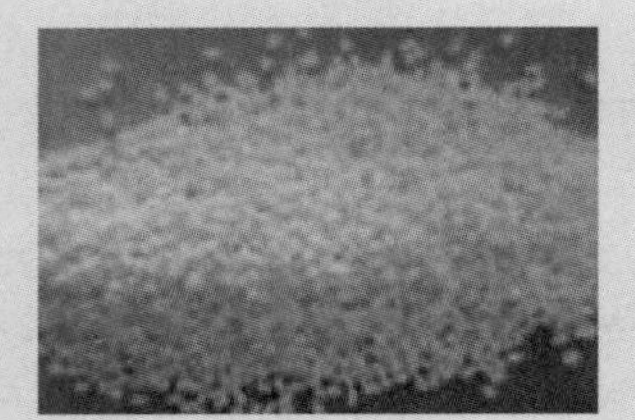
(d) 聚丙烯原料

(e) 聚碳酸酯原料

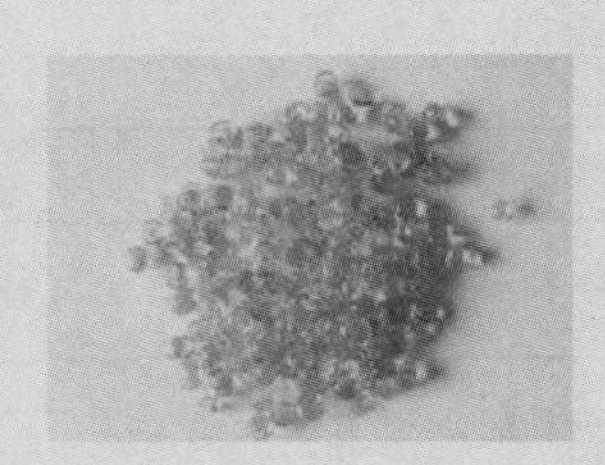
(f) 聚酰胺（尼龙）原料

(g) 聚甲基丙烯酸甲酯（有机玻璃）

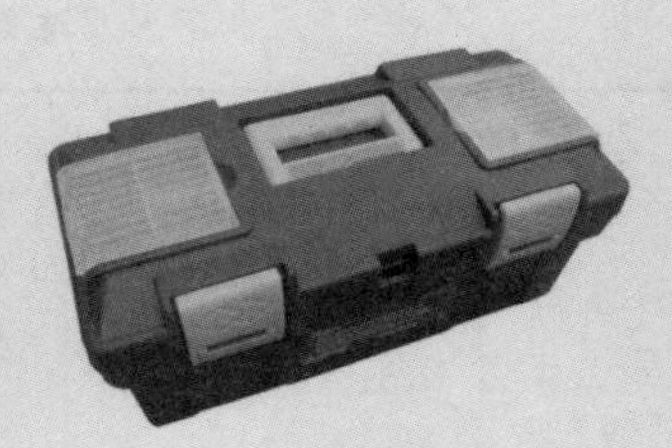
(h) ABS塑件

(i) 聚甲醛塑件

(j) 聚砜棒材

(k) 聚苯醚棒材

(l) 氟塑料塑件

图 1.1　塑料的原料及根据塑料的特性加工成型的产品

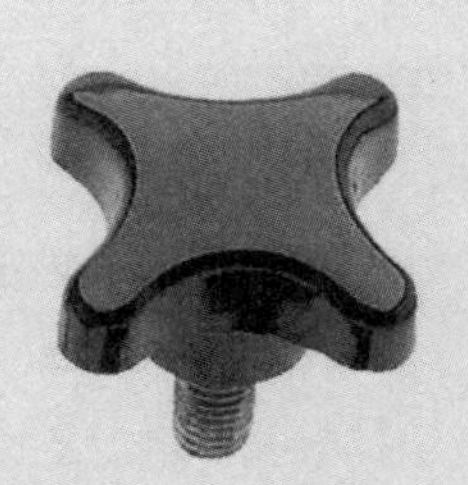

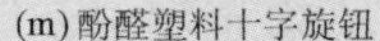

(m) 酚醛塑料十字旋钮　(n) 氨基塑料灭弧罩　(o) 环氧树脂砂浆地坪

图 1.1　塑料的原料及根据塑料的特性加工成型的产品（续）

1.1　塑料的组成及特点

塑件在人们日常生活和工业中的应用日趋广泛，这是由于它具有质量轻、高比强度、优异的电学性能、稳定的化学性质、耐磨等一系列优点。塑料工业的发展历史短，但塑料工业是现代化工业中的一个重要行业，塑料被广泛应用于包装工业、农业、交通运输、国防尖端工业、医疗卫生和日常生活等领域，并日益显示出其巨大的优越性和发展潜力。

1.1.1　塑料的概念及组成

1. 塑料的概念

塑料是以高分子合成树脂为主要成分，加入各种添加剂（辅助料），在一定的温度和压力下具有可塑性和流动性，可被模塑成一定形状，并且在一定条件下保持形状不变的材料。

树脂是指受热时通常有转化或熔融温度范围，转化时受外力作用具有流动性，常温下呈固态或半固态或液态的有机聚合物，它是塑料的主要成分，分天然树脂和合成树脂两大类。天然树脂是指自然界中动植物分泌物所得的无定形有机物质，如松香、沥青、虫胶等。合成树脂又称聚合物或高聚物，是指由简单有机物经化学合成或某些天然物质经化学反应而得到的产物。

合成树脂最重要的应用是制造塑料。合成树脂主要是根据有机化学中的两种反应即加聚反应和缩聚反应制得的。

加聚反应是将两种（或两种以上）低分子单体（如从煤和石油中得到的乙烯、甲醛等）化合成高分子聚合物的化学反应，在此反应过程中没有低分子物质析出。这种反应既可以在同一种物质的分子间进行，如由许多个乙烯单体分子经聚合反应生成聚乙烯，也可以在不同物质的分子之间进行，如由苯乙烯单体、丁二烯单体和丙烯腈单体经聚合反应生成 ABS（丙烯腈-丁二烯-苯乙烯）。

缩聚反应是将相同或不同的低分子单体化合成高分子聚合物的化学反应，但是在此反应过程中有低分子物质（如水、氨、醇、胺等）析出，如由己二胺和己二酸经缩聚反应制得聚己二酰己二胺（尼龙-66）。

加聚反应在反应前后分子数相同，反应中没有附属产物产生；缩聚反应在反应前后分子个数不同，反应中有附属产物产生。

2. 塑料的组成

塑料以合成树脂为主要成分，并根据不同需要加入各种添加剂配制而成，成分较复杂。

（1）合成树脂。

合成树脂是塑料的主要成分，其含量为40%～100%。合成树脂决定了塑料的类型（热塑性或热固性）和基本性能（如热性能、物理性能、化学性能、力学性能等）。在塑件中，合成树脂应为均匀连续相，有利于将各种添加剂黏结成一个整体，使塑件具有优良的物理性能、力学性能。由合成树脂与添加剂制成的塑料还应具有良好的成型工艺性能。

（2）添加剂。

添加剂又称助剂。塑料中加入添加剂的目的是改善塑料的成型工艺性能和使用性能，改变塑料成分以降低生产成本等。

① 填充剂。填充剂又称填料，是塑料中的一种重要但非必要的成分。塑料中加入填充剂后既可以大大降低成本，又能使塑料的性能得到显著改善。例如，酚醛树脂中加入木粉后，不仅克服了它的脆性，而且大大降低了成本，同时显著提高了机械强度。聚乙烯、聚氯乙烯等树脂中加入钙质填充剂能提高其刚性和耐热性，成为十分价廉的钙塑料。聚酰胺（尼龙）、聚甲醛等树脂中加入二硫化钼、石墨、聚四氟乙烯后，它们的耐磨性、耐热性、耐水性、硬度及力学强度都有所改善。加入纤维状填充剂能提高塑料的强度，加入石棉纤维能提高塑料的耐热性，加入玻璃纤维能提高塑料的力学强度。有的填充剂还可以使塑料具有树脂所没有的性能，如导电性、导磁性、导热性等。

填充剂按其化学成分可分为无机填充剂和有机填充剂，如金属、石灰石等属于无机填充剂，木粉和各种织物纤维等属于有机填充剂；按形状可以分为粉状填充剂、纤维状填充剂和层状（片状）填充剂。粉状填充剂有木粉、纸浆、硅藻土、大理石粉、滑石粉、云母粉、石棉粉、高岭土、石墨和金属粉等；纤维状填充剂有棉花、亚麻、石棉纤维、玻璃纤维、碳纤维、硼纤维和金属须等；层状填充剂有纸张、棉布、石棉布、玻璃布和木片等。

加入填充剂也有不利影响，如粉状填充剂常使塑料的抗裂强度、耐低温性降低，大量加入时使塑料成型性能和表面光泽下降，故应合理选择填充剂的品种、规格和加入量，一般用量为10%～50%。填充剂要有良好的分散性、浸润性，且应与树脂有良好的相容性，不会加速大分子的热分解，不会从塑料中迁移出来，对加工性能无严重损害，不严重磨损设备等。

② 增塑剂。有些树脂（如硝酸纤维、乙酸纤维、聚氯乙烯等）的可塑性和柔软性很差，为了降低树脂的熔融黏度和熔融温度，改善其成型加工性能及改进塑料的柔软性等，通常加入能与树脂相容的不易挥发的高沸点有机化合物，这类物质称为增塑剂。

树脂中加入增塑剂后，增塑剂分子插入树脂的高分子链之间，加大了树脂分子间的距离，因而削弱了大分子间的作用力，使树脂分子易于相对滑移，从而使塑料在较低的温度下具有良好的可塑性和柔软性。如聚氯乙烯分子中加入邻苯二甲酸二丁酯，可使其变成像橡胶一样的软塑料。虽然塑料中加入增塑剂可以使成型工艺性和使用性能得到改善，但也降低了塑料的稳定性、介电性能、硬度和抗拉强度等，塑料的老化现象就是由于增塑剂中某些挥发物逐渐从塑料中逸出而产生的，因此添加增塑剂要适量。大多数塑料一般不添加增塑剂，只有软质聚氯乙烯添加大量增塑剂，其含量可达90%以上，加入的比例越大，塑件越柔软。当加入量小于5%时，塑件为硬质；当加入量在15%～25%时，塑件为半硬质；当加入量大于25%时，塑件为软质。增塑剂加入量为5%～15%时会出现反增塑现象，影响产品质量，在配制时应尽量防止。

增塑剂要与树脂有良好的相容性，挥发性小，不易从塑件中析出，无毒、无臭味、无色，对光热比较稳定，不吸湿。常用对热和化学药品都很稳定的高沸点液体或低熔点固体的酯类化合物作增塑剂，如邻苯二甲酸酯、己二酸二辛酯、环氧油酸丁酯等。

③ 稳定剂。塑料在成型、储存和使用过程中，因受热、光、氧、射线和霉菌等外界因素的作用而导致性能发生变化，通常称为“老化”。为减缓、抑制塑料变质（如开裂、起霜、变色、退光、起泡以致完全粉化、性能变劣等），需在树脂中添加一些能稳定其化学性能的物质，这种物质称为稳定剂。

稳定剂根据作用不同分为热稳定剂（如三盐基性硫酸铅、硬脂酸钡）、光稳定剂（如水杨酸苯酯）和抗氧剂（如游离基抑制剂、氢过氧化物分解剂）等。又因树脂的内部结构不同，“老化”机理不一样，所用的稳定剂也不同，常用的稳定剂有硬脂酸盐、铅的化合物和环氧化合物等。

对稳定剂的要求是除对树脂的稳定效果好，还应耐水、耐油、耐化学药品腐蚀，并与树脂有很好的相容性，在成型过程中不分解、挥发少、无色（塑件有透明要求时）、无毒或低毒。稳定剂的用量根据作用不同而异，少的为千分之几，多的一般在2%～5%。

④ 润滑剂。为改进塑料熔体的流动性能，防止塑料在成型过程中粘模，减少塑料对模具的摩擦及改进产品表面质量等而加入的一类添加剂称为润滑剂。一般聚苯乙烯、聚酰胺、ABS、聚氯乙烯、乙酸纤维素等在成型过程中需要加润滑剂。

常用的润滑剂有烃（如石蜡、矿物油）、酯（如单硬脂酸甘油酯）、金属皂（如硬脂酸锌）、脂肪酸（如硬脂酸）及脂肪酸酰胺（如油酸酰胺、双硬酯酰胺）等。润滑剂用量过多，会在塑件表面析出，即出现“起霜”现象，影响塑件外观，但用量过少又起不到润滑作用，故用量要适当，一般用量在0.05%～0.15%。

⑤ 着色剂。合成树脂本色以白色半透明或无色透明为主。为了使塑料具有色彩或特殊光学性能，会在塑料中加入着色剂。有些着色剂不仅能使塑件鲜艳、美观，有时还兼有其他作用，如本色聚甲醛塑料用炭黑着色后能在一定程度上防止光老化；聚氯乙烯塑料用二盐基性亚磷酸铅等颜料着色后，可避免紫外线射入，对树脂有屏蔽作用，因此它们还可以提高塑料的稳定性。

对着色剂一般要求着色力强、性能稳定，不与塑料中其他组成成分起化学反应，成型过程中不因温度、压力变化而分解变色，且在塑件长期使用过程中保持稳定，与树脂有很好的相容性。着色剂大体上可以分为无机颜料、染料和有机颜料几种类型。其中无机颜料的着色能力、透明性、鲜艳性较差，但耐光性、耐热性、化学稳定性较好，不易褪色；染料的色彩鲜艳、颜色齐全，着色能力、透明性好，性能与无机颜料相反；有机颜料的特性介于无机颜料和染料之间。在塑料工业中着色剂多采用颜料。有些着色剂会加速树脂老化，使塑件产生收缩变形等现象，因此要慎重选择添加，多采用色料母粒（色母），一般用量为0.01%～0.02%。

⑥ 固化剂。固化剂又称硬化剂、交联剂。热固性塑料成型时，树脂的线性分子结构

需交联转变成体型网状结构（称为交联反应或硬化、固化），使其成为较坚硬和稳定的塑件。添加固化剂的目的是促进交联反应。例如，在酚醛树脂中加入六亚甲基四胺；在环氧树脂中加乙二胺、顺丁烯二酸酐等。

⑦ 其他添加剂。塑料的添加剂除上述几类外，还有发泡剂（如氯二乙丁腈、石油醚等）、阻燃剂（如三氧化二锑、氢氧化镁）、防静电剂（如胺盐、多元醇）、防霉剂（如苯酚、五氯酚）、导电剂（如离子型胺盐化合物）、导磁剂等。

特别提示

并非每一种塑料都要加入全部添加剂，而是根据塑料品种和使用要求加入所需的某些添加剂。塑料添加剂种类繁多，每种添加剂常常具有双重或多重作用。有些添加剂在配合使用时可能产生协同效应，有些则产生对抗作用；同时每种添加剂在使用时都有其最佳使用范围。因此进行配方设计时，必须正确选择和使用添加剂。

另外，塑料可制成“合金”，即把不同品种、不同性能的塑料用机械方法均匀掺合在一起或者将不同单体的塑料经过化学处理得到新性能的塑料。例如，ABS就是由苯乙烯、丁二烯、丙烯腈三种成分经共聚和混合制成的三元“合金”或混合物；苯乙烯-氯化聚乙烯-丙烯腈（ACS）、丁腈-酚醛和聚苯醚-苯乙烯等三元或二元复合物都属于这类塑料。

1.1.2 塑料的分类

目前，塑料的品种有很多，从不同角度按照不同原则进行分类的方式也各有不同。但常用的塑料分类方法有以下两种。

1. 根据合成树脂的分子结构及其特性分类

根据合成树脂的分子结构及其特性，塑料可以分为热塑性塑料和热固性塑料两类。热塑性塑料主要是由加聚树脂制成的；热固性塑料大多是以缩聚树脂为主，加入各种添加剂制成的。

（1）热塑性塑料。

热塑性塑料中的合成树脂分子是线型或带有支链型结构，受热时软化、熔融成为可流动的稳定黏稠液体。在此状态下具有可塑性，可制成具有一定形状的塑件，冷却后保持已成型的形状；如再加热，又可以软化、熔融，可再次制成具有一定形状的塑件，如此可以反复进行多次。在这一过程中一般只有物理变化，因而其变化过程是可逆的。

热塑性塑料是由可以多次反复加热而仍具有可塑性的合成树脂制得的塑料，如聚乙烯、聚丙烯、聚苯乙烯、聚氯乙烯、有机玻璃、聚酰胺、聚甲醛、ABS、聚碳酸酯、聚砜等。

（2）热固性塑料。

热固性塑料的合成树脂分子是体型网状结构，在加热之初，它的分子呈线型结构，具有可溶性和可塑性，可制成一定形状的塑件；当继续加热，温度达到一定程度后，线型分子间交联形成网状结构，树脂变成不溶解或不熔融的体型结构，使形状固定下来不再变化。如再加热，也不再软化，不再具有可塑性，如果加热温度过高，只能碳化或被分解破坏。在这一变化过程中既有物理变化，又有化学变化，因而其变化过程是不可逆的。

热固性塑料是由加热硬化的合成树脂制得的塑料，例如，酚醛塑料、氨基塑料、环氧塑料、有机硅塑料。

2. 根据塑料的用途分类

根据塑料的用途，塑料可分为通用塑料、工程塑料及特殊塑料。

（1）通用塑料。

通用塑料是指产量大、用途广、成型性好、价格便宜的一类塑料，主要包括聚乙烯、聚丙烯、聚氯乙烯、聚苯乙烯、酚醛塑料及氨基塑料六大类。它们的产量占塑料总产量的一半以上，构成了塑料工业的主体。

（2）工程塑料。

工程塑料指在工程技术中用作结构材料的塑料。它们除具有较高的力学强度之外，还具有很好的耐磨性、耐蚀性、自润滑性及尺寸稳定性等，即具有某些金属性能，可以代替金属作某些机械构件。因此，工程塑料在机械、电子、化工、医疗、航天航空及日常用品等方面得到了广泛应用。

目前常用的工程塑料包括聚酰胺、聚甲醛、聚碳酸酯、ABS、聚砜、聚苯醚、聚四氟乙烯及各种增强塑料（塑料中加入玻璃纤维等增强材料，以进一步改善塑料的力学性能和电学性能等）。

（3）特殊塑料。

特殊塑料是具有某些特殊功能的塑料。它们耐高温、耐烧蚀、耐腐蚀、耐辐射或具有高的电绝缘性，如氟塑料、聚酰亚胺塑料、有机硅塑料、环氧塑料等。特殊塑料还包括为某些专门用途而改性制得的塑料，如导磁塑料、导电塑料及导热塑料等。

1.1.3 塑料的特点

1. 密度小、质量轻

塑料的密度为 0.83～2.2g/cm^3，大多数为 1.0～1.4g/cm^3，是钢铁的 1/8～1/4、铜的 1/6、铝的 1/2 左右。在众多材料中，塑料的密度只比木材的密度（0.28～0.98g/cm^3）稍高一些。有些泡沫塑料的密度仅为 0.1～0.2g/cm^3，尤其高发泡塑料，其密度甚至比 0.1g/cm^3 还要低许多。所以密度小、质量轻是塑料的第一大特点。

2. 比强度和比刚度高

比强度是指按单位体积质量计算的材料强度，即材料的强度与其密度之比；比刚度是指材料的弹性模量与其密度之比。塑料的强度、刚度虽然不如金属，但因其密度小，在各种材料中具有较高的比强度和比刚度，有些增强塑料的比强度和比刚度甚至接近或超过金属，如玻璃纤维增强塑料、碳纤维增强塑料等。对一些既要求质量轻又要求强度高的中、低载荷使用条件的制件，塑料是最合适的材料。在汽车工业中，塑料结构件的使用量已达到 6%以上，小轿车中塑料质量约占整车质量 1/10。在飞机、轮船、航天工具、人造卫星和导弹上，使用塑料减重的意义更大，目前宇宙飞船中塑料体积占飞船总体积的 1/2。

3. 化学稳定性好

塑料具有很强的耐腐蚀能力，有些塑料不仅能耐受潮湿空气的影响，而且能耐受酸、碱、盐的化学腐蚀作用，优于金属和木材，仅次于玻璃和陶瓷。一些化工管道、容器都用耐腐蚀塑料（如聚四氟乙烯）制造。

4. 电绝缘性能好

塑料的电导率很低，一般均为绝缘材料。许多塑料对火具有自熄性，塑料优异的电绝缘性能可与陶瓷相媲美。塑料除用作绝缘材料外，还可用作半导体材料、导电导磁材料，广泛应用于电子工业等领域。

5. 耐磨性和自润滑性能好

钢与塑料的摩擦因数一般均在0.1以下。由于塑料具有摩擦因数小、耐磨性及自润滑性好的特点，并具有一定的力学性能，因此常用来制造无法润滑工况下的轴承、齿轮等传动件，如电子设备的传动机构和摩擦机构等。

聚酰胺、聚甲醛、超高分子量聚乙烯和聚酰亚胺等都有良好的自润滑性。为防污染，如食品、纺织和医药等机构的结构零件摩擦接触部位禁用润滑剂，这种情况下，可用自润滑性塑料制造运动型结构零件。

6. 隔音、隔热和减振性能好

软质塑料和硬质泡沫塑料能隔音、隔热，且具有优良的减振性。在隔音材料中常用的是聚苯乙烯泡沫塑料。在隔热材料中，常用硬质聚氨酯、聚乙烯、聚苯乙烯和脲醛等泡沫塑料。酚醛树脂、有机硅树脂等热固性硬质泡沫塑料的强度较高，可用作超音速飞机及火箭中的雷达罩和隔热夹心结构材料。在减振材料中，软质聚氨酯、聚乙烯和聚苯乙烯泡沫塑料最为常用，其中软质聚氨酯泡沫塑料常用于体育器材，而聚乙烯和聚苯乙烯泡沫塑料常用于减振包装。

7. 卓越的成型性

塑料的成型性优于金属、陶瓷及其他材料，其具有成型方法多、成型设备简单、成型加工周期短、效率高和成本低廉等特点。与金属制件加工相比，加工工序少、加工过程中的边角废料多数可以回收再用。再以单位体积计算，生产塑件的费用仅为有色金属的1/10。因此，塑件的总体经济效益显著。

8. 尺寸精度相对较低

塑料在成型时的收缩特性对塑件的尺寸精度和外观变形有一定的影响，因此塑件的精度不高。对于精度要求高的制件，建议尽可能不选塑料而用金属或高级陶瓷。

9. 力学强度低

与一般工程材料相比，塑料的力学强度较低。用超强纤维增强的工程塑料，虽然强度能大幅度提高，并且比强度高于钢，但在大载荷作用下，如拉伸强度超过300MPa时，塑料仍不能满足要求，此时可选用高强度的金属材料或高级陶瓷。

10. 耐热性差

塑料耐热性差，强度随温度升高下降较快，塑料的最高使用温度一般不超过400℃，而且大多数在100～260℃。如果工作环境温度短期内超过400℃甚至达到500℃，并且负荷不太大，可以使用某些耐高温塑料。如碳纤维、石墨或玻璃纤维增强的酚醛塑料等热固性塑料，虽然长期耐热温度不到200℃，但其瞬间可耐上千摄氏度高温，可用作耐烧融的材料，制造导弹外壳及宇宙飞船面层。

此外，塑料在低温下易开裂。若长期受载荷作用，即使温度不高，塑料也会渐渐产生塑性流动，即产生“蠕变”现象。塑料在长期使用或存放过程中，由于各种因素作用，其性能会随着时间不断恶化甚至丧失，发生老化，因此，选择塑料时要慎重。

1.2 塑料成型工艺性能

塑料与成型工艺、成型质量有关的各种性能统称为塑料的成型工艺性能。有些性能直接影响成型方法和工艺参数的选择，有的只与操作有关，现就热塑性塑料与热固性塑料的成型工艺性能要求分别进行探讨。

1.2.1 热塑性塑料的成型工艺性能

1. 收缩性

【参考动画】

热胀冷缩是许多材料的一种固有特性，而塑料的收缩性正是这一规律在塑料成型时的一种表现。**塑件自热的模具中取出并冷却到室温后发生尺寸收缩的特性称为收缩性**。由于这种收缩不仅是树脂本身的热胀冷缩造成的，而且与各种成型工艺条件和模具结构等因素有关，因此把成型后塑件的收缩称为成型收缩。

（1）成型收缩的形式。

① 线尺寸收缩。由于热胀冷缩、塑件脱模时的弹性恢复、塑性变形等，导致塑件脱模冷却到室温后发生尺寸缩小的现象称为线尺寸收缩，因此，在设计模具的成型零部件时必须考虑补偿，避免塑件尺寸出现超差。

② 收缩方向性。塑料在成型时各个方向的收缩不同，致使塑件呈现各向异性。如沿料流方向收缩大、强度高；而与料流垂直方向则收缩小、强度低。此外，成型时塑料各部位密度及填料分布不均匀，使各部位的收缩也不均匀。由于收缩方向性而产生的收缩不一致，塑件易发生翘曲、变形及裂纹，尤其在挤出成型和注射成型时，方向性表现得更为明显。因此，在设计模具时应考虑收缩方向性，按塑件形状及料流方向选取收缩率。

③ 后收缩。塑件成型时，由于受成型压力、剪切应力、各向异性、密度不匀、填料分布不匀、模温不匀及硬化不匀等因素的影响，引起一系列应力的作用，在黏流态时不能全部消失，因此塑料在应力状态下成型时存在残余应力。当塑件脱模后，由于应力趋向平衡及储存条件的影响，各种残余应力发生变化产生时效变形，由时效变形引起塑件尺寸再收缩现象称为后收缩。一般塑件脱模24h后基本定型，但最后稳定要经30～60d，甚至更长。通常，热塑性塑料的后收缩比热固性塑料大，挤出成型及注射成型要比压缩成型大。

④ 后处理收缩。塑件按其性能及工艺要求，成型后要进行一些相关的后续处理工序[如浸渍（油水、盐水）、红外线烘烤等]，也会导致塑件尺寸发生变化，这种变化称为后处理收缩。因此，在设计模具时，对高精度塑件应考虑后收缩及后处理收缩引起的误差并进行补偿。

（2）收缩率。

塑料由于收缩而引起的尺寸变化程度常用收缩率来表示，收缩率是研究成型性能和结构工艺特性的重要参数，用符号 S 表示。收缩率分为实际收缩率和计算收缩率，实际收缩率表示模具或塑件在成型温度时的尺寸与塑件在室温时的尺寸之间的差别，而计算收缩率则表示室温时模具尺寸与塑件尺寸的差别。

$$S_s=\frac{a-b}{b}\times 100\% \quad (1-1)$$

$$S_j=\frac{c-b}{b}\times 100\% \quad (1-2)$$

式中：S_s 为实际收缩率；S_j 为计算收缩率；a 为模具或塑件在成型温度时的单向尺寸（mm）；b 为塑件在室温时的单向尺寸（mm）；c 为模具在室温时的单向尺寸（mm）。

由于成型温度下的塑件尺寸不便测量且实际收缩率与计算收缩率相差很小，因此实际生产中常采用计算收缩率。

（3）影响成型收缩的因素。

① 塑料品种。各种塑料具有各自的收缩率。结晶性塑料比非结晶性塑料的收缩率大。同种类型的塑料由于树脂的相对分子质量、填充剂及配比不同，其收缩率及各向异性也不同。

② 塑件结构。塑件的形状、尺寸、有无嵌件、嵌件数量及其分布对收缩率也有很大的影响。如塑件形状简单的比形状复杂的收缩率大；壁厚大则收缩率大；有嵌件、嵌件数量多且对称分布则收缩率小等。

③ 模具结构。模具的分型面、加压方向、浇注系统布局及其尺寸对收缩率及方向有很大的影响，尤其是挤出成型与注射成型时更为明显。如采用直接浇口和大截面的浇口，则收缩率小，但方向性明显。距浇口近的或与料流方向平行的部位收缩率大。

④ 成型工艺。挤出成型和注射成型一般收缩率大，方向性明显。塑料的预热情况、成型温度、成型压力、保压时间及装料形式等对收缩率及方向性都有影响。模具温度高则收缩率大；料温高则收缩率大；成型压力大、保压时间长则收缩率小；模内冷却时间长则收缩率小。

综上所述，影响成型收缩及收缩率的因素有很多，因此，收缩率不是一个固定值，而是在一定范围内变化的，这个波动范围越大，塑件的尺寸精度就越难控制。因此，在设计模具时应根据以上因素综合考虑选择塑料的收缩率，对精度高的塑件应选择收缩率波动范围小的塑料，并留有试模后修整的余量。

2. 流动性

塑料熔体在一定的温度与压力作用下充填模腔的能力，称为塑料的流动性。塑料的流动性，在很大程度上影响成型工艺的许多参数，如成型温度、压力、周期、模具浇注系统的尺寸及其他结构参数。

流动的产生实质上是分子间相对滑移的结果。聚合物熔体的滑移是通过分子链段运动来实现的。显然，流动性主要取决于分子组成、结构及相对分子质量。只有线型分子结构而没有或很少有交联结构的聚合物流动性好，而体型结构的高分子一般不产生流动。聚合物中加入填充剂会降低塑料的流动性；加入增塑剂、润滑剂可以提高塑料的流动性。

（1）热塑性塑料流动性的测定方法。

热塑性塑料流动性的测定方法很多，常用的方法有熔融指数测定法和螺旋线长度试验法。

熔融指数测定法是将被测塑料装入图 1.2 所示的标准测定仪内，在一定的温度和压力下，通过测定熔体在每 10min 内通过标准毛细管（直径为 ϕ2.09mm 的出料孔）的塑料质量来确定其流动性的状况，测定的质量值称为熔融指数。熔融指数越大，流动性越好。熔融指数的单位为 g/10min，通常以 MI（melt index）表示。

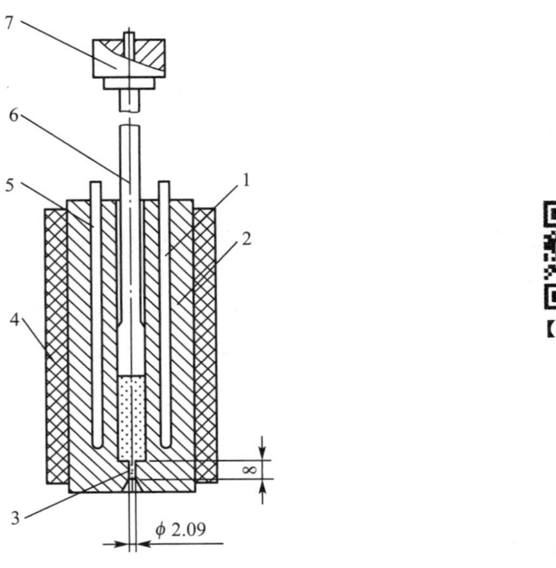

【参考动画】

1—热电偶测温管；2—料筒；3—出料孔；4—保温层；5—加热棒；
6—柱塞；7—重锤（重锤+柱塞共重 2.16kg）。

图 1.2　熔融指数测定仪结构示意图

螺旋线长度试验法是将被测塑料在一定的温度与压力下注入图 1.3 所示的标准阿基米德螺旋线模具内，用其所能达到的流动长度（图中所示数字，单位为 cm）来表示该塑料的流动性。流动长度越长，流动性越好。

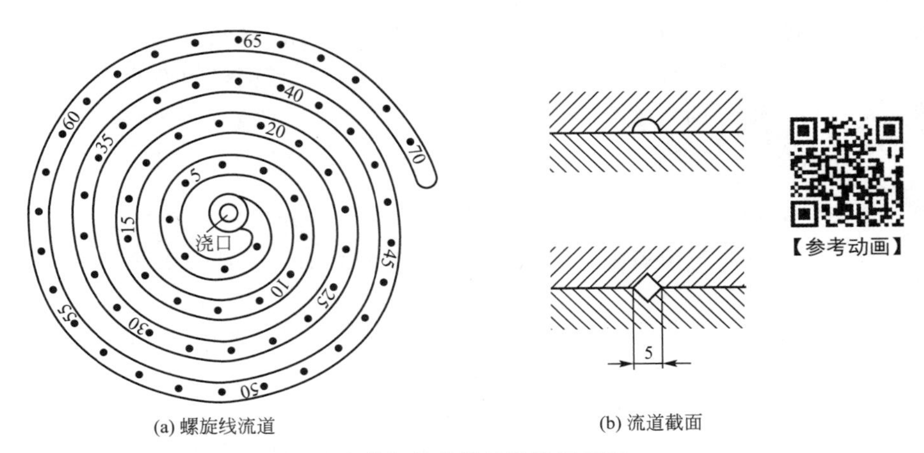

(a) 螺旋线流道　　(b) 流道截面

图 1.3　标准阿基米德螺旋线模具流道示意图

一般来说，相对分子质量小、分子量分布宽、分子结构规整性差、熔融指数高、螺旋线长度长、表观黏度小及流动比大的塑料流动性好。

（2）热塑性塑料根据流动性的分类。

① 流动性好的塑料，如聚酰胺、聚乙烯、聚丙烯、聚苯乙烯、乙酸纤维素等。

② 流动性中等的塑料，如改性聚苯乙烯、ABS、聚甲基丙烯酸甲酯（有机玻璃）、聚甲醛、氯化聚醚等。

③ 流动性差的塑料，如聚碳酸酯、硬聚氯乙烯、聚苯醚、聚砜、氟塑料等。

（3）影响流动性的因素。

① 分子结构。分子结构不同流动性也不同，相对分子质量小、分子量分布宽、表观黏度小及流动比大的塑料，其流动性能好，如聚酰胺、聚乙烯及聚丙烯等。与其性能相反的塑料，则流动性相对要差一些，如聚碳酸酯、硬聚氯乙烯及聚砜等。流动性差的塑料不易充填模腔，易产生缺料；若塑料流动性太好，注射时容易产生流涎，造成塑件在分型面、活动成型零部件、推杆等处产生溢料飞边，因此，成型过程中应适当选择与控制塑料的流动性，以获得满意的塑件。

② 温度。料温高，流动性大，不同塑料也各有差异。聚苯乙烯、聚丙烯、聚酰胺、聚甲基丙烯酸甲酯、ABS、聚碳酸酯及乙酸纤维素等塑料的流动性受温度变化的影响较大；而聚乙烯、聚甲醛的流动性受温度变化的影响较小。

③ 压力。注射压力增大，则塑料熔体受剪切作用大，流动性提高，尤其是聚乙烯、聚甲醛较为敏感。

④ 模具结构。模具结构中，浇注系统的形式、尺寸及布置，型腔的形状及表面粗糙度，排气系统及冷却系统的设计等因素直接影响塑料的流动性。凡使塑料熔体温度降低、流动阻力增加的因素都会导致流动性降低。

因此，塑料的流动性不仅依赖于聚合物的性质，还依赖于成型条件。

3. 相容性

两种或两种以上不同品种的塑料，在熔融状态下不产生相分离现象的能力称相容性。如果两种塑料不相容，则混熔时制件会出现分层、脱皮等表面缺陷。不同塑料的相容性与其分子结构有一定关系，分子结构相似者容易相容，如高压聚乙烯、低压聚乙烯、聚丙烯彼此之间的混熔等；分子结构不同时较难相容，如聚乙烯和聚苯乙烯之间的混熔。

塑料的相容性又称共混性。通过这一性质可以改进塑料的性能，使塑料得到类似于共聚物的综合性能，如聚碳酸酯和ABS塑料相容，就能改善聚碳酸酯的工艺性。

4. 结晶性

所谓结晶现象，即塑料由熔融状态到冷凝时，分子由独立移动、完全处于无次序状态，变成分子停止自由运动、按略微固定的位置并有一个使分子排列成为正规模型的倾向的一种现象。

热塑性塑料按其冷凝时是否出现结晶现象可分为结晶型塑料与非结晶型塑料。

注射成型时，结晶型塑料有如下特点。

（1）结晶型塑料必须要加热至熔点温度以上才能得到软化状态。由于结晶熔解需要热量，因此结晶型塑料达到成型温度时要比非结晶型塑料达到成型温度需要更多的热量，故结晶型塑料要使用塑化能力较大的注射机。

（2）塑件在模具内冷却时，结晶型塑料要比非结晶型塑料放出更多的热量，因此，结晶型塑料在冷却时要注意模具的散热问题。

（3）结晶型塑料固态的密度与熔融时的密度相差较大，由此造成结晶型塑料的成型收缩率大，因此，结晶型塑料易产生缩孔与气孔。

（4）结晶型塑料的结晶度与冷却速度有关，冷却速度快，结晶度低、透明度高。结晶度还与塑件壁厚有关，壁厚大时，冷却慢、结晶度高、透明度低，但物理性能好。因此，应根据塑件要求控制模温。

（5）结晶型塑料各向异性显著，内应力大。脱模后塑件内未结晶的分子有继续结晶的倾向，能量处于不平衡状态，易使塑件发生变形及翘曲。

（6）结晶型塑料的熔融温度范围窄，容易使未完全熔融的生料注入模具，堵塞进料口。因此，应注意进料时的温度。

（7）一般结晶型塑料为不透明或半透明，非结晶型塑料为透明（如有机玻璃等）。当然也有例外，聚4-甲基戊烯为结晶型塑料，却有高透明性；ABS为非结晶型塑料，既有透明的也有不透明的。

5. 吸湿性

吸湿性是指塑料对水分的亲疏程度。根据这一特性，塑料可分为吸湿性（或黏附水分倾向）的塑料和不吸湿性（或不黏附水分倾向）的塑料两大类。如聚酰胺、聚碳酸酯、聚甲基丙烯酸甲酯、ABS、聚苯醚及聚砜等属于前者；聚乙烯、聚丙烯和聚苯乙烯等属于后者。

具有吸湿性（或黏附水分倾向）的塑料，若水分含量超过一定的限度，则在成型加工过程中较易发生水降解和产生气泡。因此，塑料在加工成型前，一般要进行干燥预热处理，使水分含量在0.2%～0.5%以下。

6. 热敏性及水敏性

热敏性是指某些热稳定性差的塑料，在高温下受热时间较长或浇口截面过小及剪切作用大时，料温增高就易发生色变、降解和分解，具有这种特性的塑料称为热敏性塑料，如硬聚氯乙烯、聚甲醛和聚三氟氯乙烯等。

热敏性塑料熔体发生热分解或热降解时，会产生气体和固体等副产物，这些副产物中有的会对人体、设备和模具产生刺激或腐蚀，甚至带有一定的毒性。同时，有的分解物往往又是促使塑料分解的催化剂，如聚氯乙烯的分解物为氯化氢。为了防止热敏性塑料在成型过程中出现过热分解现象，可采取在塑料中加入热稳定剂的方式；合理选择设备，对于热敏性塑件，通常选用螺杆式注射机；合理设计模具的浇注系统，流道截面宜大一些，尽量不用点浇口以避免过大的摩擦热；流道和模具型腔表面应镀铬；同时要正确控制成型温度和成型周期，及时清理设备中的分解物。

水敏性是指塑料在高温和高压下对水降解的敏感性，具有这种特性的塑料称为水敏性塑料，如聚碳酸酯及聚酰胺等，在成型前必须对它们进行干燥处理，以免在高温和高压成型过程中发生水降解。

7. 热性能

塑料的热性能主要包括比热容、热导率及热变形温度。塑料的比热容高时，在塑化过程中需要较多热量，因此要选择塑化能力高的注射机；塑料的热导率低时，其成型后的塑件冷却速度较慢，因此要加强模具对塑件的冷却效果；塑料的热变形温度高时，能在较高的温度下使塑件脱模，这在一定程度上提高了生产效率，但脱模后要防止塑件冷却变形。

一般，比热容低及热导率高的塑件适用于热流道注射模；比热容高、热导率低及热变形温度低的塑料不能高速成型，必须选择合适的注射机，同时要加强模具的温度控制。

8. 应力开裂及熔体破裂

有些塑料对应力比较敏感，成型时容易产生内应力，质脆易裂。塑件在外力作用下或在溶剂作用下发生开裂的现象，称为应力开裂。

一定熔融指数的聚合物熔体，在恒温下通过喷嘴孔，当流速超过某一数值时，熔体表面发生横向裂纹，这种现象称为熔体破裂。

1.2.2 热固性塑料的成型工艺性能

与热塑性塑料相比，热固性塑料具有塑件尺寸稳定性好、耐热性好和刚性大等特点，所以在工程上应用十分广泛。热固性塑料在热力学性能上明显不同于热塑性塑料。

1. 收缩性

与热塑性塑料一样，热固性塑料也会受各种成型工艺条件和模具结构等因素的影响，从而引起塑件尺寸收缩。热固性塑料的成型收缩形式、收缩率的计算方法及影响收缩率变化的因素与热塑性塑料基本相同，热固性塑料产生收缩的主要原因如下。

(1) 热收缩。

由于塑料是以高分子化合物为基础组成的物质，其线膨胀系数是钢材的几倍至十几倍，塑件从成型加工温度冷却到室温时，会产生远大于模具尺寸的收缩，这是因热胀冷缩而引起的尺寸变化。这种热收缩所引起的尺寸减小是可逆的。

(2) 体积收缩。

热固性塑料的成型加工过程是热固性树脂在模腔中进行化学反应的过程，即产生交联结构，分子链间距离缩小，结构紧密，从而引起体积收缩。这种由结构变化而产生的收缩，在进行到一定程度时，就不会继续产生。

(3) 弹性恢复。

塑件固化后并非刚性体，脱模时，成型压力降低，产生弹性恢复，这种现象降低了收缩率。以玻璃纤维和布质为填充剂的热固性塑料在成型时，这种情况尤为明显。

(4) 塑性变形。

塑件脱模时，成型压力迅速降低，但模具型腔壁紧压塑件的周围，在这种力的作用下塑件发生变形，随着塑件完全从模具型腔中脱出，模具型腔壁对塑件的压力也随之消失，但塑件不能恢复原状，而产生塑性变形。发生变形部分的收缩率比没有发生变形部分的收缩率大，因此，塑件在平行加压方向收缩较小，而垂直加压方向收缩较大。因此，可通过迅速脱模的办法，避免两个方向的收缩率相差过大。

2. 流动性

(1) 热固性塑料流动性的测定方法。

热固性塑料流动性的意义与热塑性塑料相似，但热固性塑料的流动性通常以拉西格试验值来表示，拉西格流动性测定模如图 1.4 所示。将一定质量的待测塑料预压成圆锭，将圆锭放入压模中，在一定的温度和压力下，测定它从模孔中挤出的长度（毛糙部分不计在内，以 mm 计），此即拉西格流动性，数值大则流动性好。

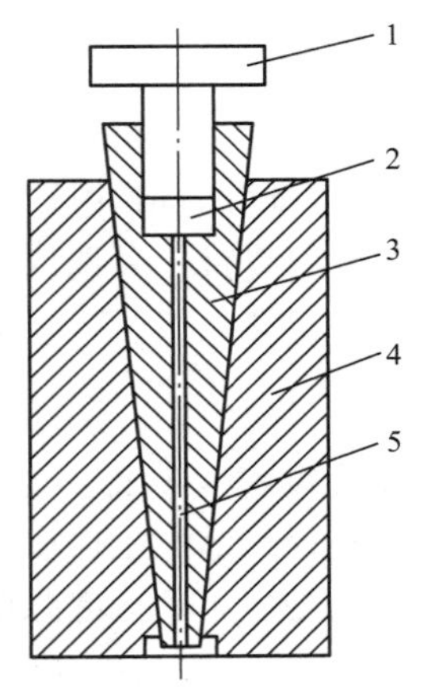

1—重锤；2—加料腔；3—组合凹模；4—模套；5—流料槽。

图 1.4 拉西格流动性测定模

(2) 根据流动性能，热固性塑料的等级划分。

根据流动性将每一品种的塑料分为三个不同等级。拉西格流动值为 100～130mm 的塑料，适用于压制无嵌件、形状简单、厚度一般的塑件；拉西格流动值为 131～150mm 的塑料，适用于压制中等复杂程度的塑件；拉西格流动值为 151～180mm 的塑料，可用于压制结构复杂、型腔很深、嵌件较多的薄壁塑件或用于传递成型。注射成型时，一般要求热固性塑料的拉西格流动值大于 200mm。

(3) 影响流动性的因素。

① 塑料品种。不同品种的塑料，其流动性各不相同。即使同一品种塑料，由于其相对分子质量、填充剂的形状、水分和挥发物的含量及配方的不同，其流动性也不相同。一般树脂分子量小，填充剂颗粒细且呈球状，湿度、增塑剂及润滑剂含量高则流动性大。

② 模具结构。模具型腔表面光滑，型腔形状简单，采用不溢式压缩模（与溢式或半溢式压缩模相比）等都有利于改善流动性。

③ 成型工艺。采用压锭及干燥预热处理、提高成型压力、在低于塑料硬化温度的条件下提高成型温度等都能提高塑料的流动性。

3. 比容及压缩率

比容是单位质量的松散塑料所占的体积，以 cm^3/g 计；压缩率是塑料的体积与塑件的体积之比，其值恒大于 1。比容和压缩率都表示粉状或短纤维状塑料的松散性，它们都可用来确定压缩模及传递模等加料腔的大小。比容的大小也常因塑料的粒度及颗粒不均匀度不同而有误差。比容和压缩率较大，则模具加料腔尺寸也要大，这样使模具体积增大，操作不便，浪费钢材，不利于加热。使塑料内充气增多，排气困难，成型周期变长，生产率降低；比容和压缩率小，压锭、压缩及传递成型容易，而且压锭质量比较准确。但是，比容太小，会影响塑料的松散性，以容积法装料时造成塑料质量不准确。

4. 硬化速度

热固性塑料在成型过程中要完成交联反应，即树脂分子由线型结构变成体型结构，这一变化过程称为硬化。硬化速度通常以塑料试样硬化 1mm 厚度所需的时间来表示，该值越小，表示硬化速度越快。硬化速度与塑料品种、塑件形状、壁厚、成型温度及是否预热、预压等有密切关系，如采用压锭、预热、提高成型温度及增长加压时间都能显著加快硬化速度。此外，硬化速度还应适合成型方法的要求，如在传递成型或注射成型时，应要求在塑化、填充时化学反应慢且硬化慢，以保持长时间的流动状态；但当充满型腔后，在高温及高压下应快速硬化。硬化速度慢的塑料，会使成型周期变长，生产效率降低；硬化速度快的塑料，则不能成型大型复杂的塑件。

5. 水分及挥发物含量

塑料中的水分及挥发物的含量在很大程度上直接影响塑件的物理、力学和介电性能。塑料中水分及挥发物的含量大，在成型时产生内压，会产生气泡或以内应力的形式暂存于塑料中，一旦压力除去后便会使塑件变形，力学强度降低。压制时，由于温度和压力的作用，大多数水分及挥发物逸出，但尚未逸出时，它占据着一定的体积，严重地阻碍化学反应的有效发生，当塑件冷却后，则会造成组织疏松。逸出的挥发物气体会使塑件产生龟裂，降低机械强度和介电性能。这些气体有的会对人体、设备和模具产生刺激或腐蚀，甚至带有一定的毒性。

此外，塑料中水分及挥发物含量过多时，会促使流动性过大，容易溢料，成型周期增长，收缩率增大，塑件容易产生翘曲、波纹及光泽不好等现象。但是，塑料中水分及挥发物的含量过少时，会导致流动性不良，成型困难，同时不利于压锭。

因此，在设计模具时应对塑料的特性有所了解，并采取相应措施，如预热、模具镀铬、开排气槽等。

1.3 常用塑料的选用

塑件的选材应考虑塑料的综合性能、必要精度及成型工艺要求。塑料的性能虽然主要取决于合成树脂的性能，但在加入其他成分的合成树脂或添加剂后，其性能可以在较大范围内变化，且同一品种的塑料，因生产厂家、生产日期和生产批量的不同，其技术指标也会有差异，从而对塑件的成型和使用等产生影响。因此，塑料的具体性能应以其检验说明书为准。常见塑料的应用举例见表1-1。

【参考图文】

表1-1 常用塑料的应用举例

代号	塑料名称	应用举例
PE	聚乙烯	低密度聚乙烯：适用于制作塑料薄膜、软管、塑料瓶及电气工业的绝缘零件和包覆电缆等； 中密度聚乙烯：适用于制作高速自动包装薄膜、电线电缆包覆层、防水材料、水管及燃气管等； 高密度聚乙烯：适用于制作塑料管、塑料绳、塑料板、中空塑件及承受载荷不高的零件，如齿轮、轴承等； 线型低密度聚乙烯：适用于制作电缆护套料、管材、薄膜、注射制件、编织袋及打包带等； 超高分子量聚乙烯：适用于制作减摩、耐磨的传动零件，医疗用品等

续表

代号	塑料名称	应用举例
PVC	聚氯乙烯	硬聚氯乙烯：适用于制作防腐与排污管道等管材、插座、插头、开关及电缆等； 软聚氯乙烯：适用于制作塑料薄膜、软管、密封材料、凉鞋、雨衣、玩具及人造革等
PS	聚苯乙烯	在工业领域适用于制作仪表外壳、灯罩、化学仪器零件及透明模型等；在电气上适用于制作良好的绝缘材料、接线盒及电池盒等；在日常生活领域适用于制作包装材料、各种容器及玩具等。聚苯乙烯泡沫塑料适用于制作各种一次性塑料餐具、透明CD盒、中空楼板隔音隔热材料，以及缓冲、防振包装等
PP	聚丙烯	适用于制作各种机械零件，制作水及各种酸碱的输送管道和化工容器，盖和本体合一的箱壳及绝缘零件等
ABS	丙烯腈-丁二烯-苯乙烯	适用于制作一般机械零件（如齿轮、泵叶轮、轴承、纺织器材及电器零件等，汽车的挡泥板、扶手、热空气调节导管、加热器及小轿车车身ABS夹层板）等；制作各类壳体（如电视机外壳、仪表外壳及蓄电池槽等）及文教体育用品、食品包装容器、农药喷雾器及家具等
PA	聚酰胺	适用于制作一般机械化工领域的电器零件（如轴承、齿轮、滚子、辊轴、泵叶轮、滑轮、风扇叶片、蜗轮、高压密封扣圈、储油容器、绳索、传动带、电池箱及电器线圈等），也逐渐用于制作日常用品（如器皿、梳子及球拍等）
PMMA	聚甲基丙烯酸甲酯	适用于制作具有一定透明度和强度的防震、防爆和利于观察等方面的零件（如飞机和汽车的窗玻璃、飞机罩盖、油杯、光学镜片、医学材料、广告橱窗玻璃、透明管道）及各种仪器零件，也可做绝缘材料
PC	聚碳酸酯	在机械领域，适用于制作齿轮、蜗轮、凸轮、轴承、泵叶轮、节流阀、汽车仪表板及保险杠（由聚碳酸酯合金制成）等；在电气领域，适用于制作绝缘的电动工具外壳、接线板、电器仪表零件和外壳等；在工业医疗领域，适用于制作防护面罩、医疗包装薄膜和高压注射器、血液分离器等。还可以制作照明灯壳、高温透镜、视孔镜等光学零件等
POM	聚甲醛	广泛应用于电子电气、机械、日用轻工、汽车、农业等领域，替代有色金属及合金制作减振零件、传动零件、仪器外壳、化工容器等，其优良的耐磨性、自润滑性及尺寸稳定性，特别适用于制作齿轮和轴承
PSU或PSF	聚砜	适用于制作精度要求高、热稳定性、刚度和电绝缘性好的电器和电子零件（如断路元件、恒温容器、开关、绝缘电刷及线圈骨架等），制作热性能、耐化学性、持久性及刚度好的零件（如电动机罩、飞机导管、电池箱、齿轮、叶轮、轴承保持架及活塞环等），制作透明性和耐热性能好的医疗器械（如防毒面具和注射制件等）

续表

代号	塑料名称	应用举例
PPO	聚苯醚	适用于制作尺寸精度要求高的绝缘件、耐热元件、耐磨件、传动件等，如高温下工作的齿轮、轴承、泵叶轮及紧固件等；耐热性好的水泵、水表等，高频印制电路板、电机转子及反复高温蒸煮消毒的外科手术用具等
CPS（CPT或CPE）	氯化聚醚	适用于制作化工防腐件、耐磨件、传动件及其他一般机械及精密机械件，如化工管道、防腐涂层、耐酸泵件、阀、容器、窥镜、轴承、导轨、齿轮、凸轮及轴套等
PTFE	聚四氟乙烯	在防腐化工机械领域，用于制作管道、容器内衬、阀门及泵等；在电绝缘领域，广泛用于有良好高频性能并能耐热、耐寒及耐腐蚀要求的场合，如喷气式飞机与雷达的零件等；也可用于制造自润滑减摩轴承、活塞环等，由于它有不粘性，在塑料加工及食品工业中被广泛用作脱模剂，在医学领域，还用于制作人体代用血管、内窥镜等
PCTFE	聚三氟氯乙烯	可用于制作在腐蚀性介质中使用的机械零件（如泵、阀门、衬垫、密封件及气门嘴等）；可利用其透明性制作视镜及防潮、防粘涂层和罐头涂层；也可用于制作医疗的封装膜和药品封装袋等
FEP	聚全氟乙丙烯	可代替聚四氟乙烯用于化工、电子、机械工业及各尖端科学技术装备元件或涂层等，如化学器具、电缆、电子设备配线、阀门、泵（部件、垫圈及衬里）等
PF	酚醛塑料	布质及玻璃布酚醛层压塑料适用于制作齿轮、轴瓦、导向轮、无声齿轮、轴承及电工结构材料和电气绝缘材料；木质层压塑料适用于制作水润滑冷却下的轴承及齿轮等；石棉布层压塑料主要用于制作高温下工作的零件；以玻璃纤维、石英纤维及其织物增强的酚醛塑料，用于制作各种制动器摩擦片和化工防腐蚀塑件；以高硅氧玻璃纤维和碳纤维增强的酚醛塑料是航天工业的重要耐烧蚀材料
UF	脲醛塑料	适用于制作部分日用品和装饰品，如钟表外壳、电话机配件、纽扣、发夹及餐具等；也可用于制作开关、插座等电气照明用设备的零件等
MF	三聚氰胺-甲醛塑料	适用于制作各种耐热、防水的餐具用品及工业零件，如茶杯、电器开关、灭弧罩及防爆电器的配件
EP	环氧塑料	适用于制作黏结剂，用于封装各种电子元件；配以石英粉等浇注各种模具；还可以作为各种产品的防腐涂料

学习建议

在学习阶段，要全面掌握以上所介绍的常用塑料的特性及其应用是不现实的，因而只需有一个初步的了解，更多的是在工作实践中有针对性地、有明确目的地进行理解和消化，并且还需要查阅更详细的设计资料或手册，才能真正做到学以致用。

本章小结

塑料是以高分子合成树脂为主要成分，加入各种添加剂（辅助料），在一定的温度和压力下具有可塑性和流动性，可被模塑成一定形状，且在一定条件下保持形状不变的材料。塑料的种类日趋繁多，其性能也各不相同。塑料在各领域的广泛应用也推动了塑料行业技术的进步与发展。本章对塑料的组成与类别、基本性能、成型工艺特性等基础知识及如何选用塑料进行了介绍。

根据树脂的分子结构及热性能，塑料可分为热塑性塑料和热固性塑料。它们最大区别在于前者加热可反复成型，其变化过程是可逆的；后者再次加热只能碳化或被分解破坏，只能一次成型，其变化过程是不可逆的。根据用途，塑料可分为通用塑料、工程塑料及特殊塑料。由于塑料有优良的机械性能、电绝缘性能、力学性能、化学性能及成型性能等，因此广泛应用在机械工业、电子工业、航空工业、医疗器械、包装工业及日用品等领域。

塑料与成型工艺、成型质量有关的各种性能统称为塑料的成型工艺性能。有些性能直接影响成型方法和工艺参数的选择，有的只与操作有关。塑料的成型工艺性能主要包括收缩性、流动性、相容性、结晶性、吸湿性、热敏性及水敏性、热性能、应力开裂及熔体破裂、比容及压缩率、硬化速度、水分及挥发物含量等。设计模具时应对塑料的主要成型工艺性能有所了解，对有的性能还需要较深入的分析，以确保塑件能顺利成型并满足塑件生产图样的技术要求和塑件的使用要求。

关键术语

塑料（plastics）、树脂（resin）、聚合物（polymer）、加聚反应（addition polymerization）、缩聚反应（condensation polymerization）、添加剂（additive）、热塑性塑料（thermoplastic plastic）、热固性塑料（thermosetting plastic）、成型工艺（moulding process）、工艺参数（process parameters）、收缩率（molding shrinkage）、流动性（flowability）、结晶性（crystalline）、比容（specific volume）、压缩率（compression ratio）

习 题

1. 简述热塑性塑料与热固性塑料的区别。
2. 简述成型收缩的形式及影响因素。
3. 简述塑料流动性的测定方法及表示参数。
4. 分别对图1.5和图1.6所示的塑件进行分析。
(1) 根据塑件的使用要求选取材料。
(2) 对该材料的成型工艺性能进行分析。

【在线答题】

图1.5 食品盒

图1.6 塑料齿轮

拓展阅读

序号	主题	内容简介	内容链接
1	中国塑料工业砥砺前行70余载	70余年来，中国塑料工业砥砺奋进，历经初创、发展、高速发展、跨越式发展、战略发展等阶段，已跻身于世界塑料先进大国的行列。如今中国塑料工业以智能、绿色、生态、功能、轻量为发展要素，寻求在制品、原料、添加剂、塑料加工设备、塑料加工模具等领域的全新突破，助力中华民族伟大复兴	
2	徐僖院士："中国塑料之父"	徐僖（1921—2013），中国科学院院士，高分子材料学家。他发明了五棓子塑料，结束了我国塑料原材料纯靠进口的历史；筹建了我国高等学校第一个塑料专业，撰写了我国高校第一本高分子专业教科书《高分子物化学原理》。他长期从事高分子力化学、高分子材料成型基础理论、油田化学及辐射化学等领域研究，被誉为"中国塑料之父"。他的人生格言是"人生的乐趣在于无私奉献，饮水思源，助人为乐"。他的最大心愿是"中国人能在世界上普遍受到尊重"	

续表

序号	主题	内容简介	内容链接
3	解决聚芳硫醚砜（PASS）卡脖子问题	PASS被誉为“塑料黄金”。PASS广泛应用于航天航空、军事工业、家电和汽车制造等领域。在我国还没有实现PASS材料产业化生产之前，国外的PASS材料一直对我国实行禁运政策。历经十多年的研发，我国技术团队集智攻关、团结协作，于2016年7月攻克了国内外PPS（聚苯硫醚）和PASS技术工艺上的难关，实现了工业化生产	
4	新型高分子聚合物——月球上的中国国旗材料	2020年12月3日，中国探月工程嫦娥五号探测器顺利完成月球表面采样，踏上返航之旅。起飞前，着陆器携带的五星红旗在月球表面成功展开，这是中国航天历史上，第一面在没有温控的严酷环境条件下的织物国旗成功在月球展示。虽然只是一面薄薄的国旗，但其科技含量十分高，科研团队在选材上花费的时间超过一年，该面国旗以国产高性能芳纶纤维（战略级材料）为主	

第2章 塑料成型工艺原理及主要工艺参数

知识要点	目标要求	学习方法
注射成型工艺	熟悉并基本掌握	通过观看多媒体课件，结合教师在教学过程中的讲解，阅读教材相关内容，比较塑料的多种成型方法，熟悉并基本掌握不同塑料成型方法的工艺原理、成型过程及工艺参数的选择
压缩成型工艺		
传递成型工艺		
挤出成型工艺		
气动成型工艺		

导入案例

塑料的种类有很多，其成型方法也很多，有注射成型、压缩成型、传递成型、挤出成型、气动成型等。不同的成型工艺对应着不同的成型模具。随着塑料在各行各业中的应用日趋广泛，人们对塑件的使用要求也越来越高，从而推动了塑料成型工艺的不断改善，同时促进了相应模具新技术及新工艺的快速发展。

图 2.1 所示的塑件一般是采用什么成型工艺制得的？

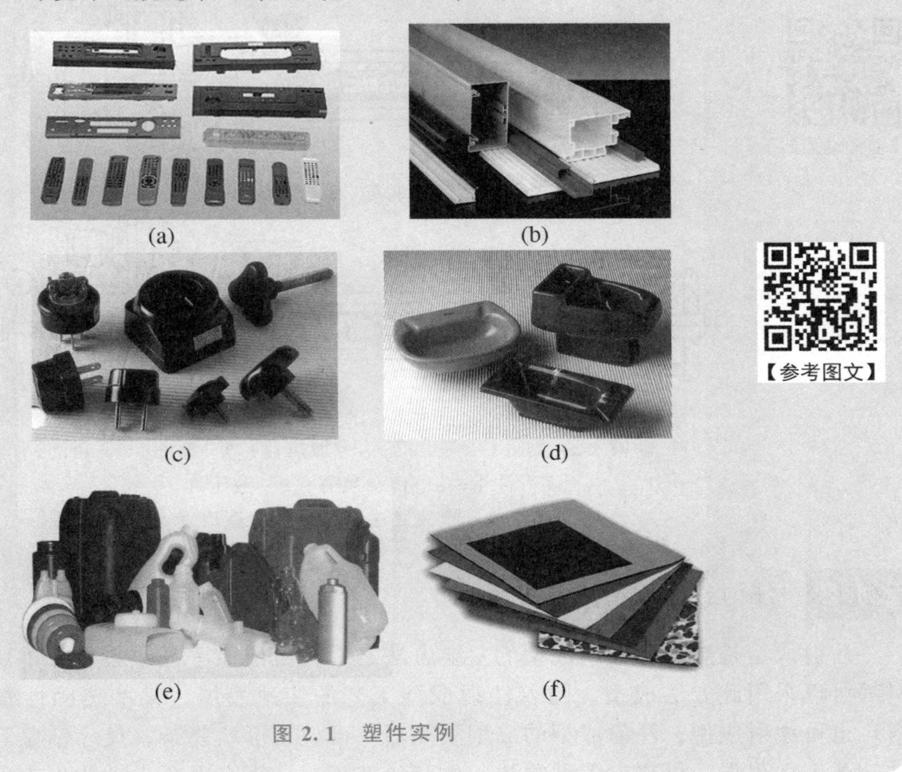

(a) (b) (c) (d) (e) (f)

【参考图文】

图 2.1 塑件实例

2.1 注射成型原理及主要工艺参数

2.1.1 注射成型原理

塑料注射成型是利用塑料的可挤压性和可模塑性，将颗粒状塑料或粉状塑料加入注射机料斗中，塑料进入加热的料筒，经过加热熔融塑化成黏流态熔体，该熔体在螺杆或柱塞的推力作用下，通过料筒端部的喷嘴，以较高的压力和较快的流速注入闭合的模具内［图 2.2（a）］；充满型腔的熔体在压力作用下，经过一定时间的保压及冷却定型，可获得模具型腔所赋予的形状［图 2.2（b）］；然后开模分型，在推出机构的作用下，将注射成型的塑件推出型腔［图 2.2（c）］。

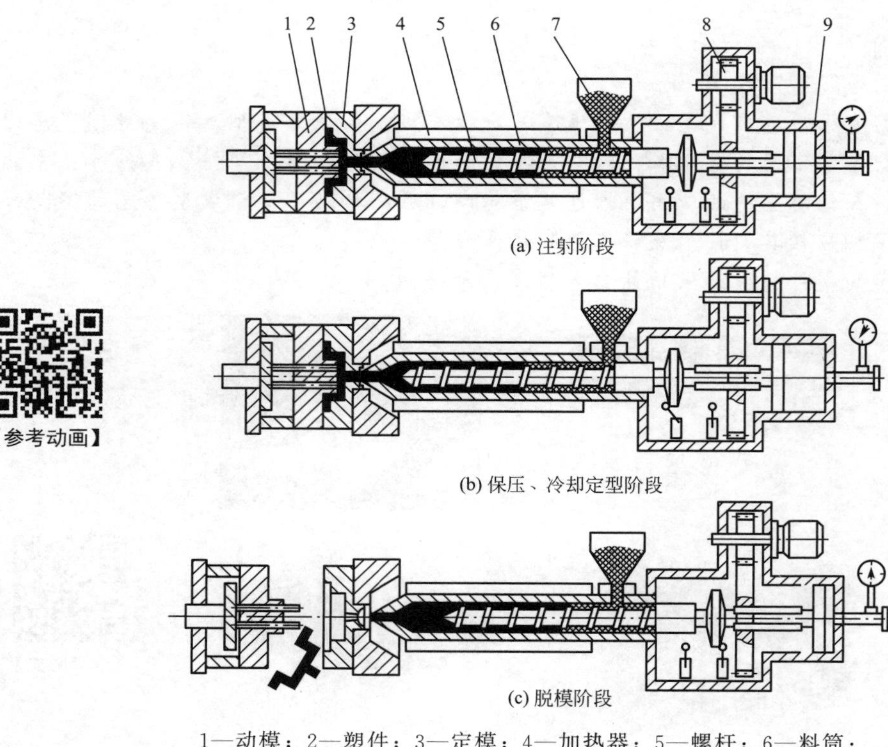

(a) 注射阶段

(b) 保压、冷却定型阶段

(c) 脱模阶段

1—动模；2—塑件；3—定模；4—加热器；5—螺杆；6—料筒；
7—料斗；8—传动装置；9—液压缸。

图 2.2　螺杆式注射机注射成型原理

2.1.2　注射成型的特点及应用

注射成型是热塑性塑料成型的主要方法之一，目前除了氟塑料，几乎所有的热塑性塑料都可以采用此方法成型。随着注射成型工艺的快速发展，某些热固性塑料（如酚醛塑料）也可注射成型。注射成型的成型周期短；可成型形状复杂、尺寸精确且带有嵌件的塑件；适应性很强，可成型各种塑料，生产效率高，易于实现全自动化生产。但注射成型的设备及模具制造费用较高。注射成型广泛应用于各种塑件的生产，小到精密仪表的配件，大到工程机械、汽车构件等。日常生活中的许多家用电器及仪器仪表的外壳、外罩等，都可采用注射成型方法生产。

2.1.3　注射成型工艺过程

注射成型工艺过程可分为成型前期、注射成型、后处理三个阶段。

1. 成型前期

为使注射过程顺利进行，保证塑件的质量，在成型前应进行必要的准备工作。

（1）注射成型设备的选定。

根据注射塑件的质量、所用材料的性能和模具结构选择注射机的型号。对初步选定的注射机进行注射压力、锁模力、安装模具的部分尺寸及开模行程等校核。

（2）原料外观的检验和工艺性能的测定。

检验内容包括塑料的色泽、颗粒大小、颗粒均匀性、熔融指数、流动性、热稳定性及收缩率。

(3) 原料的预热和干燥。

原料含有水分会使成型的塑件表面出现斑纹、气泡及降解，严重影响塑件的质量。对于易吸湿和对水较敏感的塑料，在成型前必须进行充分预热和干燥。

(4) 嵌件的预热。

当成型的塑件带有金属嵌件时，嵌件放入模具之前须进行预热，以减小塑料与嵌件的温差和嵌件周围塑件的收缩应力，避免由于应力过大导致塑件开裂等缺陷。

(5) 料筒的清洗。

当生产中需要改变产品、更换原料、调换颜色或塑料出现分解时，需清洗料筒。柱塞式的料筒可拆卸清洗，螺杆式料筒可采用对空注射法清洗。

(6) 脱模剂的选用。

受模具设计和注射成型工艺等因素的影响，有些成型后的塑件难以脱模；收缩率大且与金属亲和力强的塑料也难脱模，因此常需借助脱模剂进行脱模。脱模剂可人工涂抹，常用的人工涂抹脱模剂有硬脂酸锌、液态石蜡、硅油等；也可使用雾化脱模剂喷涂模具，喷涂要均匀且适量。

由于注射原料的种类和形态、塑件的结构、有无嵌件及使用要求的不同，因此各种塑件成型前的准备工作也有所不同。

2. 注射成型

注射成型过程一般包括加料、塑化、注射与冷却定型和脱模。

(1) 加料。

由于注射成型是一个间歇过程，因此需定量（定容）加料，以保证操作稳定，塑料塑化均匀，最终获得良好的塑件。加料过多，受热的时间过长，容易引起物料的热降解，同时注射机功率损耗增多；加料过少，料筒内缺少传压介质，型腔中塑料熔体压力降低，难以补缩（补压），容易导致塑件出现收缩、凹陷、空洞等缺陷。

(2) 塑化。

粉状物料或粒状物料在料筒中进行加热，由固态转换成黏流态，且具有良好可塑性的过程称为塑化。物料的受热情况和所受到的剪切作用是决定塑料塑化质量的主要因素。螺杆式注射机对塑料的塑化比柱塞式注射机好得多，螺杆旋转、搅拌、混合和剪切力作用使物料产生更多的摩擦热，物料在料筒内均匀混料、升温，促进塑料塑化。由于热力的作用，固态的物料变成黏流态熔体，定量好的熔体储备在喷嘴和螺杆（或柱塞）顶部之间。塑料的塑化要求是塑料熔体在进入型腔之前要充分塑化，既要达到规定的成型温度，又要使熔融塑料各处的温度均匀一致，还要使热分解物的含量达到最小值；并提供满足上述质量要求的足够的熔融塑料，以保证生产连续并顺利进行。这些要求与塑料的特性、工艺条件及注射机塑化装置的结构等密切相关。

(3) 注射与冷却定型。

在整个注射成型过程中，合理地控制注射充模和冷却定型的温度、压力、时间等工艺条件十分重要。根据塑料熔体进入模腔的变化情况，将这一过程细分为充模、保压补缩、倒流、浇口冻结后的冷却四个阶段。

① 充模。塑化好的熔体在注射机柱塞或螺杆的推力作用下，以一定的压力和速度经过喷嘴及模具浇注系统进入并充满型腔，这一阶段称为充模。在流动期间，注射压力要克服料筒、喷嘴、模具浇注系统的摩擦阻力和熔体自身内部产生的黏性内摩擦力。如图 2.3 所示，从开始充模到 t_1 这段时间，压力变化为：熔体快速注入模具型腔的初始阶段，模腔内压力较小，充模所需的压力也较小；当熔体充满型腔时，型腔内的压力急剧上升，达到最大值 p_0。

② 保压补缩。从熔体充满型腔起至柱塞或螺杆在机筒中开始向后撤为止，这一阶段称为保压补缩，如图 2.3 中 $t_1 \sim t_2$ 时间段。在注射机柱塞或螺杆推动下，熔体仍然保持压力进行补料。保压是指注射压力对型腔内的熔体继续压实的过程，补缩是指在保压过程中注射机对型腔内因冷却收缩而出现空隙进行补料填充的过程。保压补缩对提高塑件密度、减少塑件收缩及克服塑件表面缺陷具有重要意义。

③ 倒流。从柱塞或螺杆开始后退时起至浇口处熔体冻结时为止，这一阶段称为倒流，如图 2.3 中 $t_2 \sim t_3$ 时间段。倒流是由于保压压力的撤除，型腔内的压力大于流道压力，而引起熔体朝流道和浇口方向的反向流动，从而使模腔内压力迅速下降。若出现倒流，则倒流将一直进行到浇口处熔体冻结为止，图 2.3 中的 p_h 为浇口冻结时的压力。若撤除保压压力，浇口处熔体已经冻结或喷嘴中装有止逆阀，则不会发生倒流，图 2.3 中就不会出现 $t_2 \sim t_3$ 压力下降的曲线，而是图 2.3 中的虚线。因此，倒流现象是否发生或倒流程度的大小与保压时间长短有关。保压时间长，倒流现象发生的可能性就小，塑件的收缩状况也会减轻。

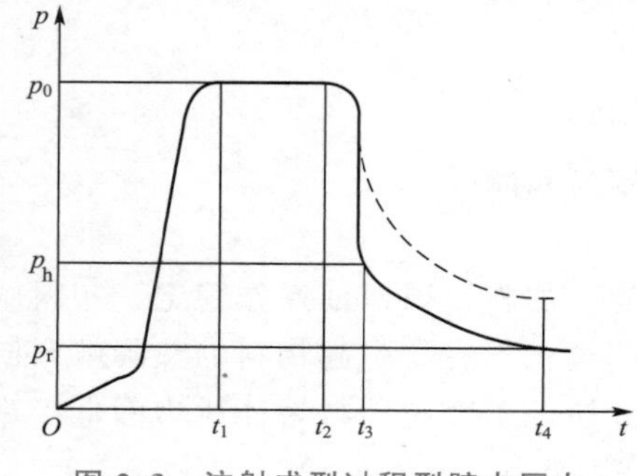

图 2.3　注射成型过程型腔内压力随时间周期变化的关系

④ 浇口冻结后的冷却。从浇口处塑料完全冻结起到塑件脱模取出时为止，这一阶段称为浇口冻结后的冷却，如图 2.3 中 $t_3 \sim t_4$ 时间段。这时模腔内的塑料继续冷却凝固定型，脱模后塑件具有足够的刚度，不至于产生较大的翘曲变形。

在冷却阶段，由于温度迅速下降，开模时模腔内压力与外界大气压可能不相等，模腔内压力与外界压力之差称为残余压力 p_r。当残余压力为正值时，脱模较困难，塑件容易被刮伤甚至破裂；当残余压力为负值时，塑件表面易出现凹陷或内部产生真空气泡；只有当残余压力接近零时，不仅脱模方便，而且塑件质量较好。

(4) 脱模。

塑件冷却到一定的温度即可开模，在推出机构的作用下将塑件推出模外，这一过程称为脱膜。

3. 后处理

注射成型的塑件经脱模或机械加工后，常需要进行适当的后处理，以消除内应力，改善塑件的性能，提高尺寸稳定性。其主要方法是退火处理和调湿处理。

(1) 退火处理。

由于塑料在料筒内塑化可能不均匀，或受塑件形状、壁厚，金属嵌件存在与否，模具和冷却系统等因素的影响，塑件各部位在型腔内冷却速度不相同，会产生不均匀的结晶和收缩，致使塑件内部产生内应力。内应力的存在会降低塑件的使用寿命。

可采用退火处理的方法消除塑件内应力，即将注射塑件在定温的加热液体介质（如热水，热的矿物油、甘油、乙二醇和液体石蜡等）或热空气循环烘箱中放置一段时间，然后缓慢冷却至室温。对于塑料的分子链刚性较大、壁厚并嵌有金属嵌件的塑件及几何精度要求高、内应力较大的塑件，均需进行退火处理。退火温度应控制在塑件使用温度以上10～20℃，或塑料的热变形温度以下10～20℃。退火处理的时间取决于塑料品种、加热介质温度、塑件的形状和成型条件。退火处理后冷却速度不能太快，避免重新产生内应力。

（2）调湿处理。

有的塑件脱模时温度较高，脱模后若不及时处理，极易氧化变色、吸湿变形，使塑件的性能及尺寸不稳定。为防止出现上述现象，可采用调湿处理。调湿处理是将刚脱模的塑件放在一定温度的水中，隔绝空气，防止塑件氧化，加快吸湿平衡速度。通常吸湿性强的聚酰胺类塑件需进行调湿处理，调湿处理后的聚酰胺类塑件的韧性得到改善，拉伸强度和冲击强度均有所提高。调湿处理的时间与塑料的品种、塑件的形状和厚度及结晶度相关。

2.1.4 注射成型主要工艺参数

在注射成型生产过程中，影响注射成型质量的因素较多，当选用的塑料原料、注射机和模具结构都不影响注射塑件质量时，注射成型工艺条件的选择及控制便是决定塑件成型质量的主要因素。合理的注射成型工艺可以保证塑料熔体塑化良好，有效充模，顺利冷却与定型，从而生产出优良的塑件。温度、压力及时间是影响注射成型的重要参数。

1. 温度

温度因素主要体现在料筒、喷嘴及模具三个地方。料筒温度和喷嘴温度影响塑料的塑化和流动，而模具温度影响塑料的流动、冷却和定型。

（1）料筒温度。

料筒温度的选择与塑料的特性、注射机的类型、塑件及模具结构特点有关。

每一种塑料都具有不同的黏流温度或熔点，在不同的热力条件下，塑料以玻璃态、高弹态和黏流态三种独特的形态存在。在注射机工作时，塑料从进入料筒开始至喷嘴的过程，经历了由玻璃态到高弹态再到黏流态三种形态的转变。塑料只有在黏流态下，才能实现快速充模。对于非结晶型塑料，料筒末端的最高温度应高于塑料的黏流温度；对于结晶型塑料，料筒末端的最高温度应高于塑料的熔点，但不论是非结晶型塑料还是结晶型塑料，料筒温度都须低于塑料本身的分解温度。

由于柱塞式注射机和螺杆式注射机的塑化过程不同，因此选择的料筒温度也不同。通常后者选择的温度应低于前者（一般螺杆式注射机的料筒温度比柱塞式的低10～20℃）。

料筒温度的选择还应结合塑件及模具的结构特点。由于薄壁塑件的型腔较窄，熔体注入的阻力大，冷却快，因此为了使塑料熔体顺利充满型腔，料筒温度应选择高一些；相反，注射厚壁塑件时，料筒温度可降低一些。对于形状复杂和带有嵌件的塑件，以及熔体充模流程曲折较多或较长的塑料，料筒温度也应该选择高一些。

（2）喷嘴温度。

塑化成黏流态的塑料在螺杆或柱塞推力作用下，通过喷嘴迅速充满型腔，物料在快速通过小口径喷嘴时因摩擦作用产生热量使熔体升温，因此喷嘴温度一般略低于料筒前端最高温度；但喷嘴温度也不能过低，否则会造成熔料早凝而堵塞喷嘴，或因早凝料注入模腔而影响塑件的质量。

喷嘴温度的设置还要考虑塑料的黏度及注射工艺条件。如选用的塑料黏度较高或注射压力较低时，为保证塑料流动，应适当提高温度；反之，应降低温度。

（3）模具温度。

模具温度对塑料熔体在型腔内的流动、塑件的性能和质量影响很大。模具温度的高低与塑料种类、塑件的结构形状和尺寸、塑件的性能要求、生产效率及注射工艺条件等因素有关。

控制模具温度常用的方法有：向模具冷却通道注入一定温度的循环介质；依靠熔体注入模具自然升温和自然散发出的热量保持一定的模具温度；用电阻加热圈或电阻加热棒加热模具来维持适宜的模具温度。不管是冷却还是加热，模具温度都应低于注射塑料的热变形温度。

对于模具是否应该加热或冷却的问题，一般原则是：对于小型且薄壁的注射塑件，塑料成型时对模具温度要求不高，可让成型塑件在模具中自然冷却；对于聚丙烯、聚苯乙烯和聚酰胺这类黏度较低且流动性好的塑料，可用常温水对模具进行冷却；对于硬聚氯乙烯、聚碳酸酯、聚砜及氟塑料这类黏度高且流动性差的塑料，应加热模具，以改善塑料熔体的流动性，便于充模。

2. 压力

注射成型过程中的压力主要表现为合模压力、塑化压力、注射压力、开模压力及推出塑件压力。其中直接影响塑件质量的是塑化压力和注射压力。

（1）塑化压力。

塑化压力是指采用螺杆式注射机时，螺杆在旋转过程中将料筒中的物料逐步向前端推进、熔化及压缩，逐渐形成一个压力，推动螺杆向后退，此时螺杆端部熔体在螺杆旋转后退时所受到的压力，又称背压。

塑化压力可以通过调节液压系统中的溢流阀来控制。塑化压力对注射成型的影响主要表现在螺杆对物料塑化效果和塑化能力方面。

注射成型中塑化压力的大小因螺杆的设计、塑化质量的要求及塑料种类的不同而异。当上述因素和螺杆的转速都不变时，增大塑化压力会提高熔体的温度，使物料塑化较充分，熔体密实，温度均匀，有利于排出熔体中的气体；但会降低塑化能力，延长成型周期，甚至可能导致塑料降解。在实际操作过程中，在保证塑件质量的前提下塑化压力越低越好，但须根据塑料品种来确定适当的塑化压力，一般不超过6MPa。注射热敏性塑料（如聚甲醛、硬聚氯乙烯）时，较高的塑化压力虽然能提高塑件的表面质量，但也可能使塑料变色、塑化能力降低和流动性下降；聚乙烯的热稳定性较高，提高塑化压力虽不会使其降解且有利于混料和混色，但是塑化能力会有所降低；对聚酰胺来说，塑化压力必须降低，否则塑化能力将大幅度降低。过小的塑化压力会使塑件产生云状条纹及小气泡，因此，塑化压力选择要适当。

（2）注射压力。

注射压力是指螺杆或柱塞向前端做轴向移动时，螺杆或柱塞顶部对塑料熔体施加的压力。此压力是用来克服塑料熔体从料筒通过喷嘴流入型腔的流动阻力，给予熔体一定的充模速率并压实熔体。

注射压力与注射机的类型、塑料的种类、模具浇注系统的结构及尺寸、流道和型腔的表面粗糙度、模具温度、塑件的壁厚及流程等诸多因素有关。一般注射压力设置在40～

130MPa。在其他条件相同的情况下，柱塞式注射机所用的注射压力要比螺杆式注射所用的注射压力高，主要是由于塑料在柱塞式注射机料筒内的压力损耗比螺杆式的大。注射熔体黏度高的塑料比熔体黏度低的塑料所用的注射压力要高。注射形状复杂、壁薄及成型时熔体流程长的塑件时，所用的注射压力较高。

与注射压力相关联的重要参数还有注射速度。注射速度是指熔融塑料在注射压力作用下从喷嘴处喷出的速度。在其他条件相同的情况下，注射速度较高时注射成型的塑件密实且均匀，熔接痕处的强度有所提高，在多型腔模中生产出的塑件尺寸误差较小，但容易在型腔中引起喷射流动和排气困难；注射速度较低时，会因塑件表面冷却快而使其继续充模困难，造成塑件缺料、分层和熔接痕等缺陷。

熔料充满型腔后，注射压力的作用是对型腔内熔料进行压实。在生产中，压实时的压力等于或小于注射时所用的注射压力。如果注射和压实时的压力相等，则塑件的收缩率减小，且有利于提高塑件的尺寸稳定性及力学性能，但会造成脱模时的残余应力过大，塑件脱模困难，延长成型周期。

3. 时间

完成一次注射成型工艺过程所需要的所有时间称为成型周期，如图 2.4 所示。注射成型的整个工艺过程基本按合模—充模—保压—冷却—开模—推出塑件等动作循环进行。成型周期由注射时间、模内冷却时间及其他时间构成。其中注射时间可细分为充模时间（柱塞或螺杆前进时间）和保压时间（柱塞或螺杆停留在前进位置的时间）；模内冷却时间是指柱塞后退或螺杆转动后退的时间；其他时间包括模具开模、脱模、涂脱模剂、安放嵌件和合模的时间。

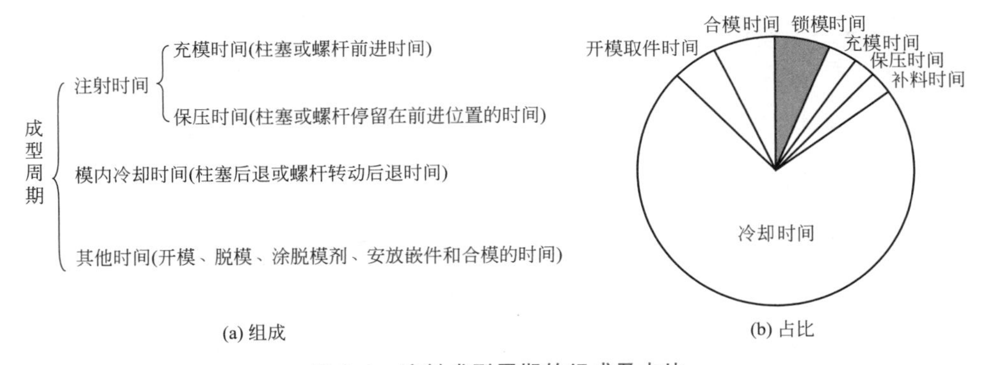

图 2.4 注射成型周期的组成及占比

成型周期影响生产效率、注射机利用率及生产成本。因此，在保证塑件质量的前提下，应尽量缩短成型过程中各个环节的时间。在整个成型周期中，注射时间和冷却时间最为重要，直接影响注射塑件的质量。注射时间中的充模时间较短，一般不超过 10s；保压时间在整个注射成型周期中占比较大，尤其是注射厚壁塑件时，保压时间较长，相应的冷却时间也较长。保压时间与塑件的结构尺寸、材料温度、模具温度、流道和浇口的尺寸有关，一般以塑件产生最小收缩率为最佳保压时间。冷却时间与塑件的壁厚、模具温度、塑料的热性能及结晶性能有关，以保证塑件在脱模时不变形为原则，一般为 30～120s；冷却时间过长不仅降低生产效率，而且会造成塑件脱模困难。同时，成型过程中应尽可能缩短开模、脱模及合模等其他时间，以提高生产效率。

常用热塑性塑料注射成型的工艺参数见表 2-1。

表 2-1　常用热塑性塑料注射成型的工艺参数

塑料名称	注射机类型	螺杆转速/(r/min)	喷嘴		料筒温度			模具温度/℃	注射压力/MPa	保压压力/MPa	充模时间/s	保压时间/s	冷却时间/s	成型周期/s
			形式	温度/℃	前段/℃	中段/℃	后段/℃							
LDPE	柱塞式	—	直通式	150～170	170～200	—	140～160	30～45	60～100	40～50	2～5	15～60	15～60	40～140
HDPE	螺杆式	30～60	直通式	150～180	180～190	180～200	140～160	30～60	70～100	40～50	2～5	15～60	15～60	40～140
乙丙共聚 PP	柱塞式	—	直通式	170～190	180～200	—	150～170	50～70	70～100	40～50	2～5	15～60	15～50	40～120
PP	螺杆式	30～60	直通式	170～190	180～200	200～220	160～170	40～80	70～120	50～60	2～5	20～60	15～50	40～120
玻璃纤维增强 PP	螺杆式	30～60	直通式	180～190	190～200	210～220	160～170	70～90	90～130	40～50	2～5	15～40	15～40	40～100
软 PVC	柱塞式	—	直通式	140～150	160～190	—	140～150	30～40	40～80	20～30	2～8	15～40	15～30	40～80
硬 PVC	螺杆式	20～30	直通式	150～170	170～190	165～180	160～170	30～60	80～130	40～60	2～5	15～40	15～40	40～90
PS	柱塞式	—	直通式	160～170	170～190	—	140～160	20～60	60～100	30～40	1～3	15～40	15～30	40～90
HIPS	螺杆式	30～60	直通式	160～170	170～190	170～190	140～160	20～50	60～100	30～40	1～3	15～40	10～40	40～90
ABS	螺杆式	30～60	直通式	180～190	200～210	210～230	180～200	50～70	70～90	50～70	3～5	15～30	15～30	40～70
高抗冲 ABS	螺杆式	30～60	直通式	190～200	200～210	210～230	180～200	50～80	70～120	50～70	3～5	15～30	15～30	40～70
耐热 ABS	螺杆式	30～60	直通式	190～200	200～220	220～240	190～200	60～85	85～120	50～80	3～5	15～30	15～30	40～70
电镀级 ABS	螺杆式	20～60	直通式	190～210	210～230	230～250	200～210	40～80	70～120	50～70	2～4	20～50	15～30	40～90
阻燃 ABS	螺杆式	20～50	直通式	180～190	190～200	200～220	170～190	50～70	60～100	30～60	3～5	15～30	10～30	30～70
透明 ABS	螺杆式	30～60	直通式	190～200	200～220	220～240	190～200	50～70	70～100	50～60	2～4	15～40	10～30	30～80

续表

塑料名称	注射机类型	螺杆转速/(r/min)	喷嘴		料筒温度			模具温度/℃	注射压力/MPa	保压压力/MPa	充模时间/s	保压时间/s	冷却时间/s	成型周期/s
			形式	温度/℃	前段/℃	中段/℃	后段/℃							
ACS	螺杆式	20～30	直通式	160～170	170～180	180～190	160～170	50～60	80～120	40～50	2～5	15～30	15～30	40～70
A/S (S/AN)	螺杆式	20～50	直通式	180～190	200～210	210～230	170～180	50～70	80～120	40～50	2～5	15～30	15～30	40～70
PMMA	螺杆式	20～30	直通式	180～200	180～210	190～210	180～200	40～80	60～120	40～60	2～5	20～40	20～40	50～90
	柱塞式	—	直通式	180～200	210～240	—	180～200	40～80	80～130	40～60	2～5	20～40	20～40	50～90
PMMA/PC	螺杆式	20～30	直通式	220～240	230～250	240～260	210～230	60～80	80～130	40～60	2～5	20～40	20～40	50～90
氯化聚醚	螺杆式	20～40	直通式	170～180	180～200	180～200	180～190	80～110	80～110	30～40	2～5	15～50	20～50	40～110
均聚 POM	螺杆式	20～40	直通式	170～180	170～190	170～190	170～180	90～120	80～130	30～50	2～5	20～80	20～60	50～150
共聚 POM	螺杆式	20～40	直通式	170～180	170～190	180～200	170～190	90～100	80～120	30～50	2～5	20～90	20～60	50～160
PET	螺杆式	20～40	直通式	250～260	260～270	260～280	240～260	100～140	80～120	30～50	2～5	20～50	20～30	50～90
PBT	螺杆式	20～40	直通式	200～220	230～240	230～250	200～220	60～70	60～90	30～40	1～3	10～30	15～30	30～70
玻璃纤维增强 PBT	螺杆式	20～40	直通式	210～230	230～240	240～260	210～220	65～75	80～100	40～50	2～5	10～20	15～30	30～60
PA6	螺杆式	20～50	直通式	200～210	220～230	230～240	200～210	60～100	80～110	30～50	2～4	15～50	20～40	40～100
玻璃纤维增强 PA6	螺杆式	20～40	直通式	200～210	220～240	230～250	200～210	80～120	90～130	30～50	2～5	15～40	20～40	40～90
PA11	螺杆式	20～50	直通式	180～190	185～200	190～220	170～180	60～90	90～120	30～50	2～4	15～50	20～40	40～100
玻璃纤维增强 PA11	螺杆式	20～40	直通式	190～200	200～220	220～250	180～190	60～90	90～130	40～50	2～5	15～40	20～40	40～90

续表

塑料名称	注射机类型	螺杆转速/(r/min)	喷嘴		料筒温度			模具温度/℃	注射压力/MPa	保压压力/MPa	充模时间/s	保压时间/s	冷却时间/s	成型周期/s
			形式	温度/℃	前段/℃	中段/℃	后段/℃							
PA12	螺杆式	20～50	直通式	170～180	185～220	190～240	160～170	70～110	90～130	50～60	2～5	20～60	20～40	50～110
PA66	螺杆式	20～50	自锁式	250～260	255～265	260～280	240～250	60～120	80～130	40～50	2～5	20～50	20～40	50～100
玻璃纤维增强 PA66	螺杆式	20～40	直通式	250～260	260～270	260～290	230～260	100～120	80～130	40～50	3～5	20～50	20～40	50～100
PA610	螺杆式	20～50	自锁式	200～210	220～230	230～250	200～210	60～90	70～110	20～40	2～5	20～50	20～40	50～100
PA612	螺杆式	20～50	自锁式	200～210	210～220	210～230	200～205	40～70	70～120	30～50	2～5	20～50	20～50	50～110
PA1010	螺杆式	20～50	自锁式	190～200	200～210	220～240	190～200	40～80	70～100	20～40	2～5	20～50	20～40	50～100
	柱塞式	—	自锁式	190～210	230～250	—	180～200	40～80	70～120	30～40	2～5	20～50	20～40	50～100
玻璃纤维增强 PA1010	螺杆式	20～40	直通式	180～190	210～230	230～260	190～200	40～80	90～130	40～50	2～5	20～40	20～40	50～90
	柱塞式	—	直通式	180～190	240～260	—	190～200	40～80	100～130	40～50	2～5	20～40	20～40	50～90
透明 PA	螺杆式	20～50	直通式	220～240	240～250	250～270	220～240	40～60	80～130	40～50	2～5	20～60	20～40	50～110
PC	螺杆式	20～40	直通式	230～250	240～280	260～290	240～270	90～110	80～130	40～50	2～5	20～80	20～50	50～130
	柱塞式	—	直通式	240～250	270～300	—	260～290	90～110	110～140	40～50	2～5	20～80	20～50	50～130
PC/PE	螺杆式	20～40	直通式	220～230	230～250	240～260	230～240	80～100	80～120	40～50	2～5	20～80	20～50	50～140
	柱塞式	—	直通式	230～240	250～280	—	240～260	80～100	80～130	40～50	2～5	20～80	20～50	50～140
玻璃纤维增强 PC	螺杆式	20～50	直通式	240～260	260～290	270～310	260～280	90～110	100～140	40～50	2～5	20～60	20～50	50～110

续表

塑料名称	注射机类型	螺杆转速/(r/min)	喷嘴		料筒温度			模具温度/℃	注射压力/MPa	保压压力/MPa	充模时间/s	保压时间/s	冷却时间/s	成型周期/s
			形式	温度/℃	前段/℃	中段/℃	后段/℃							
PSU	螺杆式	20～30	直通式	280～290	290～310	300～330	280～300	130～150	100～140	40～50	2～5	20～80	20～50	50～140
改性 PSU	螺杆式	20～30	直通式	250～260	260～280	280～300	260～270	80～100	100～140	40～50	2～5	20～70	20～50	50～130
玻璃纤维增强 PSU	螺杆式	20～30	直通式	280～300	300～320	310～330	290～300	130～150	100～140	40～50	2～7	20～50	20～50	50～110
聚芳砜	螺杆式	20～30	直通式	380～410	385～420	345～385	320～370	230～260	100～200	50～70	2～5	15～40	15～20	40～50
聚醚砜	螺杆式	20～30	直通式	240～270	260～290	280～310	260～290	90～120	100～140	50～70	2～5	15～40	15～30	40～80
PPO	螺杆式	20～30	直通式	250～280	260～280	260～290	230～240	110～150	100～140	50～70	2～5	30～70	20～60	60～140
改性 PPO	螺杆式	20～50	直通式	220～240	230～250	240～270	230～240	60～80	70～110	40～60	2～8	30～70	20～50	60～130
聚芳酯	螺杆式	20～50	直通式	230～250	240～260	250～280	230～240	100～130	100～130	50～60	2～8	15～40	15～40	40～90
聚氨酯	螺杆式	20～70	直通式	170～180	175～185	180～200	150～170	20～40	80～100	30～40	2～6	30～40	30～60	70～110
聚苯硫醚	螺杆式	20～30	直通式	280～300	300～310	320～340	260～280	120～150	80～130	40～50	2～5	10～30	20～50	40～90
聚酰亚胺	螺杆式	20～30	直通式	290～300	290～310	300～330	280～300	120～150	100～150	40～50	2～5	20～60	30～60	60～130
乙酸纤维素	柱塞式	—	直通式	150～180	170～200	—	150～170	40～70	60～130	40～50	1～3	15～40	15～40	40～90
乙酸丁酸纤维素	柱塞式	—	直通式	150～170	170～200	—	150～170	40～70	80～130	40～50	2～5	15～40	15～40	40～90
乙酸丙酸纤维素	柱塞式	—	直通式	160～180	180～210	—	150～170	40～70	80～120	40～50	2～5	15～40	15～40	40～90
乙基纤维素	柱塞式	—	直通式	160～180	180～220	—	150～170	40～70	80～130	40～50	2～5	15～40	15～40	40～90
F46	螺杆式	20～30	直通式	290～300	300～330	270～290	170～200	110～130	80～130	50～60	2～8	20～60	20～60	50～130

2.2 压缩成型原理及主要工艺参数

2.2.1 压缩成型原理

压缩成型是热固性塑料的主要成型方法之一，又称模压成型、压制成型、压塑成型。压缩成型是将定量的热固性塑料加入高温压缩模型腔内［图 2.5（a）］，以一定的速度将模具闭合，在热和压力作用下，型腔内的塑料软化熔融，快速充满型腔，树脂与固化剂等作用并发生交联反应，塑料因而固化成型［图 2.5（b）］，脱模后即成为具有一定形状的塑件［图 2.5（c）］。

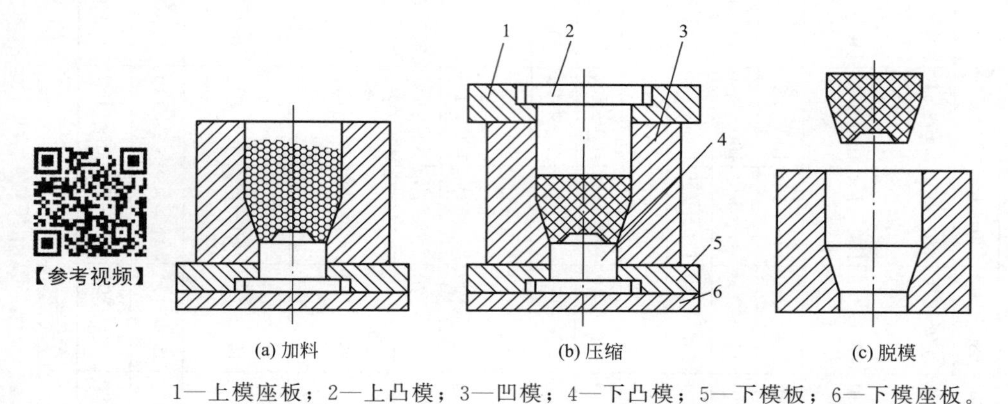

1—上模座板；2—上凸模；3—凹模；4—下凸模；5—下模板；6—下模座板。

图 2.5　压缩成型原理

2.2.2 压缩成型的特点及应用

压缩成型主要用于生产热固性塑件。对于热塑性塑料，由于压缩成型的生产周期长、生产率低、易损坏模具，因此在生产中较少采用压缩成型，仅在塑件较大时或做试验研究时才采用。

与注射成型相比，压缩成型所使用的设备与模具较简单，没有浇注系统，生产过程易控制，适合成型大型塑件；热固性塑料压缩成型的塑件具有较好的耐热性、使用温度范围宽且变形小等特点。但压缩成型生产周期长，效率低，产品常有溢料飞边且清理费时费力，从而影响塑件尺寸精度及外观质量，模具使用寿命短，不易实现自动化，因此压缩成型不易成型薄壁、形状复杂的塑件。

由于热固性塑料也可选用注射成型及其他成型方法，因此压缩成型的应用范围受到了一定的限制，但在生产某些大型的及特殊的热固性塑件时，需采用压缩成型。压缩成型所用的塑料主要有酚醛塑料、氨基塑料、环氧塑料、不饱和聚酯塑料及聚酰亚胺等。压缩成型方法主要应用于机床电器护件、线圈骨架、仪表外壳、机床手柄等塑件的生产。

2.2.3 压缩成型工艺过程

压缩成型工艺过程可分为前期准备、压缩成型和后处理三个阶段。

1. 前期准备

热固性塑料比较容易吸湿，储存时易受潮，比容较大，为了顺利成型且能保证塑件的质量和产量，应对塑料进行预热处理，有时还要对塑料进行预压处理。

（1）预热。

热固性塑料在压缩前要进行加热，以除去其中的水分和其他挥发物，该过程不仅可以提高料温、缩短压缩成型周期，而且可以防止塑件因潮湿或存在挥发物出现困气缺陷。预热的方法有高频预热、红外线辐射预热和电热烘箱预热等。

（2）预压。

为了加料准确，缩短压缩成型过程中的加热固化时间，减小物料的体积，降低模具加料腔内物料的高度，从而提高生产效率，通常在室温下将松散的热固性塑料预压成质量、大小、形状一致的片状或条状的型坯。

2. 压缩成型

一般热固性塑料压缩成型过程包括安放嵌件、加料、合模、排气、固化、脱模及清理模具等步骤。

（1）安放嵌件。

基于塑件设计的需要，常要在压缩成型的塑件中放置金属嵌件；安放前先要对嵌件进行预热，安放的嵌件要求位置正确且定位牢固，否则会造成废品，甚至损坏模具。压缩成型时为防止塑件上嵌件的周围出现裂纹，常用浸胶布做成垫圈进行增强。

（2）加料。

根据物料的形状（如粉状、粒状、条状、片状）可分别选用不同的计量方法计量（如质量法、容积法、计数法）。应准确定量地将预热的物料均匀加入模具加料腔内，否则会影响塑件的质量。质量法准确，但操作较麻烦；容积法不及质量法准确，但操作方便；计数法只适用于预压物。

（3）合模。

加料完成后应立即合模。合模时上模自上而下以低压高速下移，以便缩短成型周期，避免塑料过早固化和过多降解；当上、下模快要闭合时，上模改为高压低速下移，防止上、下模撞击破坏型腔，压伤或冲移嵌件，也使模具内的气体充分排除。待模具闭合即可增大压力（15～36MPa），对物料进行加热加压。整个合模时间在几秒至数十秒不等。

（4）排气。

模具闭合后，有时还需卸压。将模具开启一段时间，以排出其中的气体。模具开启的时机要掌控好，一定要在塑料尚未塑化时完成；排气不但可以缩短固化时间，而且有利于塑件性能和表面质量的提高；排气的次数和时间要按需而定，通常排气的次数为1～2次，每次时间由几秒到几十秒不等。对于有嵌件的塑件或有深孔且孔径小的塑件，不宜采用排气，以免嵌件位移或损坏型芯。对于不宜采用排气的压缩塑件，可在设计模具时考虑与溢料飞边一起排气。

（5）固化。

热固性塑料的固化是指在压缩成型温度和压力下保持一段时间，以待其性能达到最佳状态的过程。固化时间的长短与塑料的性质、塑件的厚度、预压、预热、成型温度、冷却通道及压力有关。固化程度由保压时间来控制，保压时间一般由30s至数分钟不等。为提高生产率，可在成型时加入一些固化剂，缩短固化时间。

（6）脱模。

脱模是指压缩成型的塑件从型腔中顶出的过程。压缩成型后，塑件完全固化，上模上升与下模分开，用推出机构将塑件从下模中推出，完成脱模。对于设置了侧向成型芯杆或嵌件的塑件脱模，应先将侧向成型芯杆或嵌件处理好，再推出脱模。

（7）清理模具。

塑件脱模后模具内可能会有残存物或掉入的飞边，可用压缩空气将其清理干净，涂上脱模剂，以便进行下一次的压缩成型。

3. 后处理

为了进一步提高塑件的质量，热固性塑料成型的塑件脱模后常在较高的温度下进行后处理。后处理能使塑料固化更趋完全，同时减少或消除塑件的内应力，减少水分及挥发物等，有利于提高塑件的电学性能及强度。压缩成型塑件的后处理方法和注射成型塑件的后处理方法一样，在一定的环境或条件下进行，所不同的是处理温度，一般压缩成型塑件的后处理温度比注射成型的处理温度高 10～50℃。必须严格控制后处理条件，防止因后处理不当而产生裂纹或变形。

2.2.4 压缩成型主要工艺参数

压缩成型的主要工艺参数是压力、温度及时间。塑料完全固化后还要在型腔中停留一段时间（保压），若停留时间不足，会使塑件产生翘曲、变形、开裂、起泡或表面不平、有波纹等缺陷。压缩成型物料中，除树脂外，还有填充剂、固化剂及着色剂等，由于这些物料的种类和配比不同，因此压缩成型时压力、温度及时间也大不相同。

1. 压力

压缩成型的成型压力是指成型塑件在垂直于压缩方向上，在分型面上单位投影面积所需要的压力。成型压力可以采用式（2－1）计算：

$$P=\frac{P_{\mathrm{b}}\pi D^2}{4A} \tag{2-1}$$

式中：P 为成型压力（MPa）；P_{b} 为压机工作液压缸压力（MPa）；D 为压机主缸活塞直径（m）；A 为凸模与塑件接触部分在分型面上的投影面积（m^2）。

成型压力与塑料种类、塑件结构及模具温度有关。

2. 温度

压缩成型的成型温度是指压缩成型时的模具温度。它是使热固性塑料流动、充模及固化成型的主要影响因素，对成型过程中聚合物交联反应的速度起决定性作用，从而影响塑件的最终性能。

在一定范围内提高成型温度，有利于降低成型压力。成型温度高，传热快，塑料的流动性好，从而减小了成型压力。但成型温度过高，会加快固化速度，使塑料的流动性降低，造成充模不足等缺陷；成型温度过低，塑料硬化速度慢，成型周期长，降低生产效率，同时会造成塑件物理性能和力学性能差等缺陷。

成型温度应根据塑料种类、塑件尺寸形状、成型压力及材料是否预热等因素综合考虑。

3. 时间

压缩成型的成型时间是指模具从闭合到开启的时间，即在热力作用下，热固性塑料从熔体充满型腔到交联固化完毕在型腔内停留的时间。

成型时间与塑料种类、塑件尺寸形状、成型压力和成型温度等因素有关。当塑料的流动性差、固化速度慢、水分和挥发物含量多且壁厚、塑料未经预热或预压时，成型时间要适当延长；但成型时间过长，不仅降低生产效率，而且会使塑料交联过度，致使塑料收缩过大，树脂与填充剂之间产生应力，严重时会导致塑件破裂；成型时间过短，将导致塑料固化不完全，降低塑件的力学性能、耐热性能和电性能，脱模后出现翘曲变形。实际生产中应根据塑件的壁厚来确定成型时间，一般控制在 30s 到几分钟。

表 2－2 所示为常见热固性塑料压缩成型工艺参数。

表 2－2　常见热固性塑料压缩成型工艺参数

塑料种类	成型压力/MPa	成型温度/℃	成型时间/min
酚醛塑料	25～35	146～180	1～2.5
脲醛塑料	25～35	135～155	0.5～1.5
三聚氰胺-甲醛塑料	25～35	140～180	1.5～2.0
环氧塑料	1～20	145～200	2～5
聚酯塑料	1～37	85～150	0.25～0.33
有机硅塑料	40～56	150～190	1.5～2.5

2.3　传递成型原理及主要工艺参数

2.3.1　传递成型原理

传递成型是热固性塑料成型的方法之一，又称压注成型。它兼具压缩成型和注射成型的特点，类似热塑性塑料的注射成型，只是塑料受热熔融的场所不同。传递成型时热固性塑料在模具的加料腔内受热熔化，注射成型是热塑性塑料在注射机的料筒内受热塑化；传递成型的传递模有单独的加料腔，而压缩模的加料腔是型腔或型腔的延伸。

传递成型原理如图 2.6 所示，先闭合模具，将定量的热固性塑料加入模具上部的加料腔，塑料在加料腔内受热变成熔融状态［图 2.6（a）］，在柱塞的压力作用下，熔融塑料经浇注系统快速充满型腔，在热和力作用下发生交联反应并固化成型［图 2.6（b）］，然后开模取出塑件［图 2.6（c）］，清理加料腔和浇注系统，以便下次成型。

2.3.2　传递成型的特点及应用

与压缩成型相比，传递成型的塑料在加料腔内受热熔融，在压力作用下进入型腔，在高温高压环境中完成交联固化反应而定型；由于塑料受热均匀，交联固化充分，因此成型塑件强度高，力学性能好；由于塑料在进入型腔前已塑化熔融，因此能生产外形复

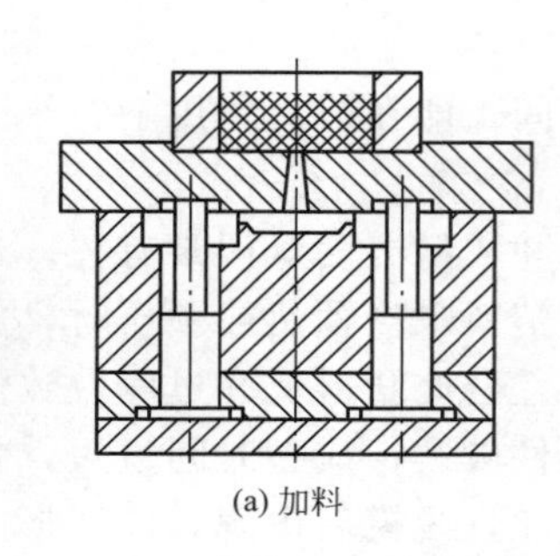
(a) 加料

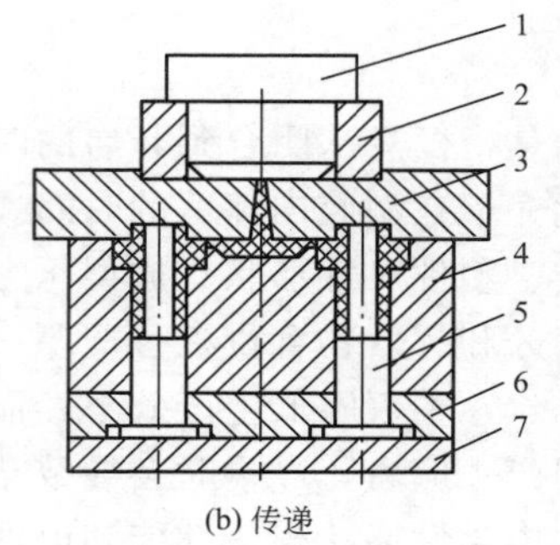

(b) 传递

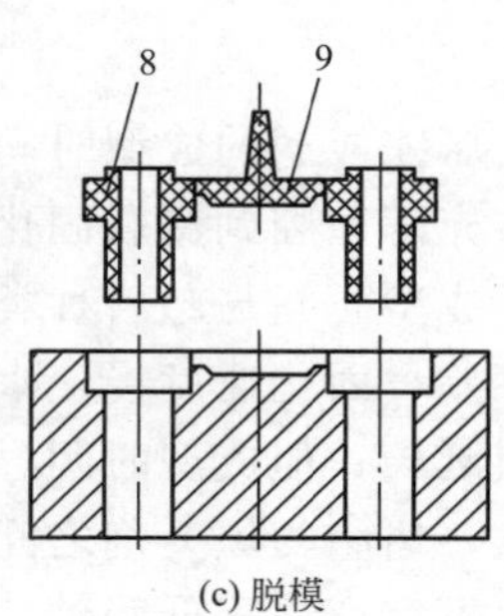

(c) 脱模

1—柱塞；2—加料腔；3—上模座；4—凹模；5—凸模；6—凸模固定板；
7—下模座；8—塑件；9—浇注系统凝料。

图 2.6　传递成型原理

杂、带有精细嵌件且较深孔的薄壁塑件；由于塑料成型前模具完全闭合，分型面的飞边很薄，因此可提高塑件的尺寸精度，方便修饰；塑料在模具内的保压硬化时间较短，缩短了成型周期，提高了生产效率，同时模具的磨损小，使用寿命较长。但塑料传递成型后，加料腔及浇注系统中有余料和凝料残留，使塑料的消耗量增加且清除较费力费时；传递模既有加料腔，又有型腔，结构复杂，加工成本较高，其工艺条件较压缩成型复杂，操作难度较大。

传递成型所用的塑料主要有酚醛塑料、三聚氰胺-甲醛塑料和环氧塑料等。传递成型主要用于汽车结构件、机床电器护件、工业护套等塑件的生产。

2.3.3　传递成型工艺过程

传递成型的工艺过程与压缩成型的工艺过程相似。它们的主要区别在于压缩成型是先加料后闭模，而传递成型是先闭模后加料。此外，传递成型所加料的计量与压缩成型有所不同，传递成型中每次所加的料除保证塑件及浇注系统所需的量外，还要适当留余料在加料腔中，以保证压力的传递。

2.3.4　传递成型主要工艺参数

传递成型的主要工艺参数是压力、温度和时间。传递成型工艺参数的选定与塑料种类，模具结构，塑件的质量、形状、结构和几何尺寸等诸多因素有关。

1. 压力

传递成型的成型压力是指柱塞对加料腔内塑料熔体施加的压力。由于传递成型时塑料熔体经过浇注系统进入并充满型腔，会有压力损失，因此传递成型的成型压力比压缩成型的成型压力要高得多，是其 2～3 倍。酚醛塑料在传递成型时所需成型压力为 50～80MPa；三聚氰胺塑料在传递成型时所需成型压力为 80～160MPa；环氧塑料、硅硐塑料及氨基塑料等在传递成型时所需成型压力为 40～100MPa。

2. 温度

传递成型的成型温度是指加料腔内塑料温度和模具型腔的温度，塑料温度应适当低于其交联温度 10～20℃，以保证物料具有良好的流动性。相同塑料传递成型时其模具温度与压缩成型时模具温度相近，一般在130～190℃，也可适当低一些。

3. 时间

传递成型周期包含加料、传递、交联固化、开模、脱模取出塑件及清理模具的所有时间。要提高工作效率，须提高操作者的熟练程度；在塑件合格的前提下，可缩短成型过程中某些工序的时间。一般情况下，传递成型的传递（充模）时间为5～50s，交联固化的时间与塑料种类、塑件的结构、形状及几何尺寸、预热条件和模具结构等因素相关，可在30～108s选取。

常见热固性塑料传递成型工艺参数见表2-3。

表2-3 常见热固性塑料传递成型工艺参数

塑料	填料	成型温度/℃	成型压力/MPa	压缩率	成型收缩率
双酚A型环氧塑料	玻璃纤维	138～193	7～34	3～7	0.001～0.008
	矿物填料	121～193	0.7～21	2～3	0.001～0.002
酚醛环氧塑料	矿物填料	121～193	1.7～21	—	0.004～0.008
	矿物和玻璃纤维	190～196	2～17.2	1.5～2.5	0.003～0.006
	玻璃纤维	143～165	17～34	6～7	0.0002
三聚氰胺塑料	纤维素	149	55～138	2.1～3.1	0.005～0.015
酚醛塑料	织物和回收料	149～182	13.8～138	1～1.5	0.003～0.009
聚酯（BMC、TMC①）	玻璃纤维	138～160	—	—	0.004～0.005
聚酯（SMC、TMC）	导电护套料②	138～160	1.4～3.4	1	0.0002～0.001
聚酯（BMC）	导电护套料	138～160	—	—	0.0005～0.004
醇酸塑料	矿物质	160～182	13.8～138	1.8～2.5	0.003～0.01
聚酰亚胺	50%玻璃纤维	199	20.7～69	2.2～3	0.002
脲醛塑料	纤维素	132～182	13.8～138	—	0.006～0.014

① TMC指黏稠状模塑料。
② 在聚酯中添加导电性填料和增强材料的电子材料，用于工业用护套料。

2.4 挤出成型原理及主要工艺参数

2.4.1 挤出成型原理

挤出成型原理如图2.7所示，将粒状或粉状的塑料加入料斗中，在挤出机旋转螺杆的摩擦力和推动力的作用下，塑料沿螺杆的旋转槽向出口方向输送，在此过程中塑料不断受到外加热，且受螺杆与物料之间、物料与物料之间、物料与料筒之间及物料与机头零部件之间的剪切摩擦热的作用，逐渐熔融呈黏流态，通过特定形状的挤出模具（机头）口模，经定型、冷却、牵引、切断等辅助装置，从而获得具有一定截面形状和长度的塑料型材。

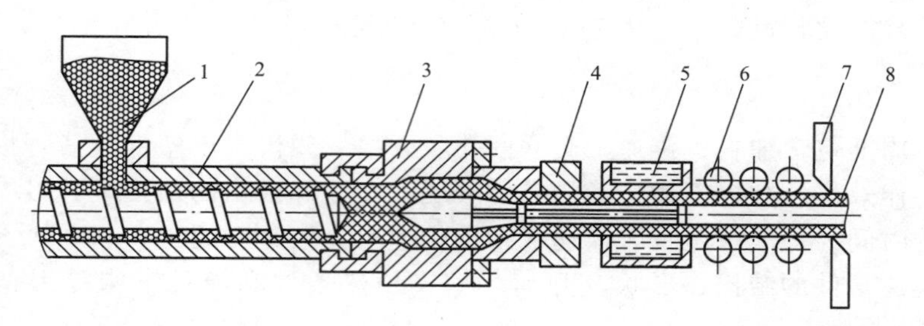

【参考动画】

1—料斗；2—料筒；3—挤出模具（机头）；4—定型装置；5—冷却装置；
6—牵引装置；7—剪切装置；8—塑料管材。

图 2.7　挤出成型原理

2.4.2　挤出成型的特点及应用

与其他成型方法相比，挤出成型能连续成型，生产量大，生产效率高，成本低；由于塑件的结构简单，截面形状不变，因此挤出模具结构较简单，制造、维修方便；塑件的内部组织均匀紧密，尺寸较稳定；适应性强，除氟塑料外，几乎所有的热塑性塑料和部分热固性塑料（如酚醛塑料）都可采用挤出成型；同时挤出成型还可以用于塑料的着色、混合和造粒等；挤出成型所用设备简单、价格低、操作方便。挤出成型广泛用于管材、薄膜、板材、造粒、电缆包覆物及复合型材等的生产。

2.4.3　挤出成型工艺过程

挤出成型工艺过程可分为塑化、成型和定型三个阶段。

1. 塑化

塑料原料在挤出机的料筒内受热，经螺杆的旋转压实及混合，由粒状或粉状转变为黏流态，且温度均匀。

2. 成型

黏流态塑料熔体在挤出机螺杆螺旋力的推挤作用下，通过具有一定形状的口模，得到截面与口模形状相仿的连续型材。

3. 定型

通过适当的处理方法（如定径处理、冷却处理等）使已挤出的连续型材固化为合格的塑件。

2.4.4　挤出成型主要工艺参数

1. 温度

挤出成型温度包括料筒温度、熔体温度及螺杆温度。按塑料在螺杆上运转的情况，通常把料筒分为三段：加料段、熔化段（或压缩段）和计量段（或均化段）。在生产中为了检测方便，常用料筒温度近似表示成型温度。一般来说，对挤出成型温度进行控制时，加料段的温度不宜过高，而熔化段和计量段的温度可以高一些，具体数值应根据塑料的特性和加工条件而定。

由于螺杆结构、温度调节系统的稳定性及螺杆转速的变化对熔体温度有很大影响，当熔体温度波动和温差较大时，会使塑件产生残余应力，各点强度不均，表面灰暗无光泽，因此须采用稳定的温度调节系统、均匀的螺杆转速和质量优良的螺杆。

2. 压力

由于螺杆转动、螺杆和料筒结构、机头和过滤网等的阻力，塑料内部存在压力。稳定的压力是获得均匀密实塑件的重要条件之一。熔体压力的波动，会使塑件产生局部疏松、表面不平、弯曲等。因此，合理控制螺杆转速，提高温度调节装置的控制精度，是减小压力波动的有效方法。

3. 挤出速度

挤出速度是单位时间内从挤出机头和口模中挤出的塑化均匀的物料量或塑件长度。挤出速度高，则挤出成型生产效率高。影响挤出速度的因素有机头阻力、螺杆与料筒结构、螺杆转速、温度调节系统及塑料特性。

挤出速度的波动会影响产品的形状和尺寸精度。当挤出设备与塑料种类都已定好，为了保证挤出速度均匀，须严格控制螺杆的转速；此外，还要严格控制熔体温度，防止因温度变化而引起挤出压力和熔体黏度变化，从而导致挤出速度波动，影响塑件质量。

4. 牵引速度

在实际生产中挤出成型长度较长且连续的塑件，须设置牵引装置。通常，牵引速度与挤出速度相当，可略大于挤出速度。牵引比是牵引速度与挤出速度的比值，其值要等于或大于 1。

常见塑料管材的挤出成型工艺参数见表 2-4。

表 2-4 常见塑料管材的挤出成型工艺参数

塑料管材		硬聚氯乙烯 (HPVC)	软聚氯乙烯 (LPVC)	低密度聚乙烯 (LDPE)	ABS	聚酰胺-1010 (PA-1010)	聚碳酸酯 (PC)
管材外径/mm		95	31	24	32.5	31.3	32.8
管材内径/mm		85	25	19	25.5	25	25.5
管材厚度/mm		5±1	3	2±1	3±1	—	—
机筒温度/℃	后段	80～100	90～100	90～100	160～165	250～260	200～240
	中段	140～150	120～130	110～120	170～175	260～270	240～250
	前段	160～170	130～140	120～130	175～180	260～280	230～255
机头温度/℃		160～170	150～160	130～135	175～180	220～240	200～220
口模温度/℃		160～180	170～180	130～140	190～195	200～210	200～210
螺杆转速/（r/min）		12	20	16	10.5	15	10.5
口模内径/mm		90.7	32	24.5	33	44.8	33
芯模外径/mm		79.7	25	19.1	26	38.5	26

续表

塑料管材	硬聚氯乙烯 (HPVC)	软聚氯乙烯 (LPVC)	低密度聚乙烯 (LDPE)	ABS	聚酰胺-1010 (PA-1010)	聚碳酸酯 (PC)
稳流定型段长度/mm	120	60	60	50	45	87
牵引比	1.04	1.2	1.1	1.02	1.5	0.97
真空定径套内径/mm	96.5	—	25	33	31.7	33
定径套长度/mm	300	—	160	250	—	250
定径套与口模间距/mm	—	—	—	25	20	20

2.5 气动成型原理及主要工艺参数

气动成型是运用气动原理形成正压或负压来成型塑料瓶、塑料罐等制品的方法，其正压和负压通常是借助于压缩空气和抽真空实现的。气动成型主要包括中空吹塑成型、真空成型和压缩空气成型。

2.5.1 中空吹塑成型

中空吹塑成型是将处于高弹态的塑料型坯置于模具型腔中，闭合模具，使压缩空气注入型坯将其吹胀并紧贴于模具型腔壁上，经冷却、定型得到一定形状的中空塑件。

根据成型方法不同，中空吹塑成型可分为挤出吹塑成型、注射吹塑成型、注射拉伸吹塑成型、多层吹塑成型及片材吹塑成型等。

1. 挤出吹塑成型

如图2.8所示，挤出吹塑成型工艺过程是先截取一段从挤出机挤出的管状型坯[图2.8 (a)]，趁热将其放入模具中，闭合对开式模具，同时夹紧型坯上下两端[图2.8 (b)]，然后用吹管通入压缩空气，使型坯吹胀并紧贴于型腔表壁成型[图2.8 (c)]，最后经保压、冷却定型、排气，开模取出塑件[图2.8 (d)]。

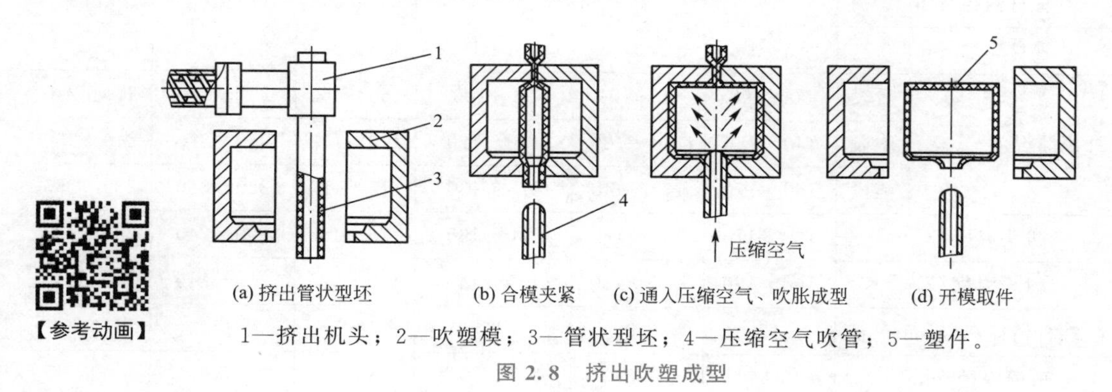

(a) 挤出管状型坯　(b) 合模夹紧　(c) 通入压缩空气、吹胀成型　(d) 开模取件

1—挤出机头；2—吹塑模；3—管状型坯；4—压缩空气吹管；5—塑件。

图2.8 挤出吹塑成型

挤出吹塑成型模具结构简单，价格低，操作方便，适用于多种塑料的中空吹塑成型；

但易造成塑件壁厚不匀，成型的塑件需再加工除去飞边。挤出吹塑成型主要用于成型化工产品容器、汽车通风管件及汽车油箱等各种工业塑件。

2. 注射吹塑成型

注射吹塑成型工艺过程是先将熔融塑料注入注射模内，形成管坯，管坯成型在周壁带有微孔的空心凸模上［图 2.9（a)］，接着趁热将其移至吹塑模内［图 2.9（b)］，通过芯棒的管道压入压缩空气，使型坯吹胀并紧贴于模具型腔壁上［图 2.9（c)］，最后经保压、冷却定型、排气，开模取出塑件［图 2.9（d)］。

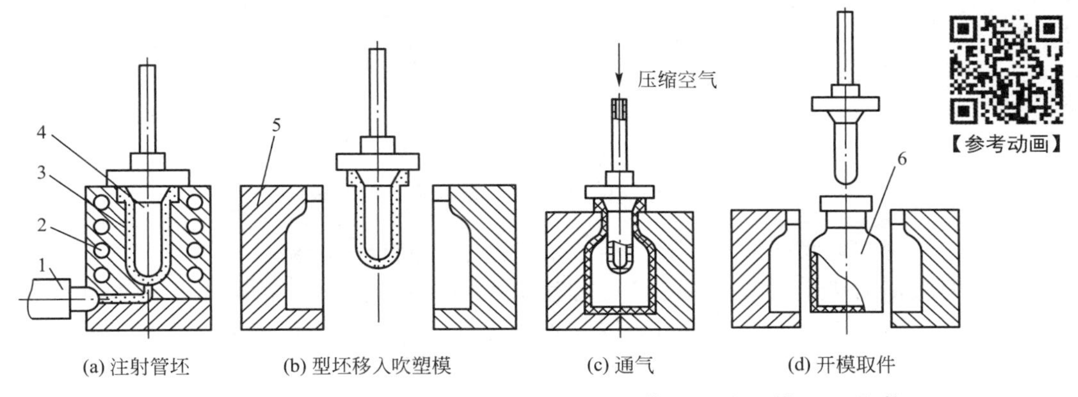

1—注射机喷嘴；2—加热器；3—注射型坯；4—空心凸模；5—吹塑模；6—塑件。

图 2.9 注射吹塑成型

注射吹塑成型的塑件壁厚均匀无飞边，无须再加工；由于注射型坯有底，因此塑件底部无拼合缝，强度高，生产效率高，但设备与模具的价格较高。注射吹塑多用于小型塑件的大批量生产，主要用于成型医药食品包装容器、储存罐及塑料大桶等。

实用技巧

实践中，可以通过查看中空塑件底部去除余料的疤痕来大概判断是挤出吹塑成型还是注射吹塑成型，一般来讲，挤出吹塑成型需要去除底部的余料。

3. 注射拉伸吹塑成型

注射拉伸吹塑成型工艺过程是将已注射成型的有底型坯加热到熔点以下适当温度，置于模具中，用拉伸杆进行轴向拉伸，再通入压缩空气进行吹胀，经保压、冷却定型、排气，开模取出塑件。目前生产中已将注塑型坯、型坯加热、拉伸吹塑及开模取件这 4 步工序集中在同一台 4 工位（每个工位相隔 90°）专用设备上进行。用此方法成型的塑件透明度、抗冲击强度、表面硬度和刚度都有显著提升。注射拉伸吹塑成型的产品有线性聚酯饮料瓶等。

注射拉伸吹塑成型方法可分为热坯法和冷坯法。

热坯法注射拉伸吹塑成型是先在注射工位注射成空心带底型坯［图 2.10（a)］，然后打开注射模将型坯迅速移到拉伸和吹塑工位进行拉伸和吹塑成型［图 2.10（b）和图 2.10（c)］，最后经保压、冷却，开模取出塑件［图 2.10（d)］。这种成型方法省去了型坯的再加热，节省能源，同时由于型坯的制取和拉伸吹塑在同一台设备上进行，占地面积小，生产易于连续进行，自动化程度高。

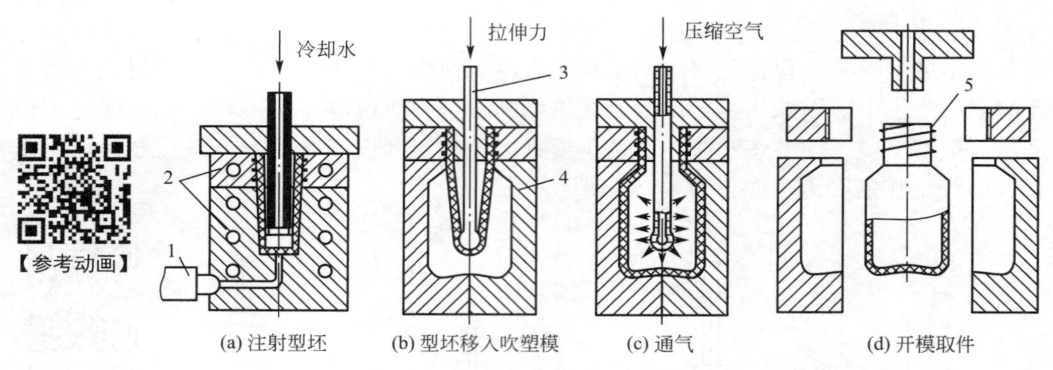

(a) 注射型坯　(b) 型坯移入吹塑模　(c) 通气　(d) 开模取件

1—注射机喷嘴；2—注射模；3—拉伸芯棒（吹管）；4—吹塑模；5—塑件。

图 2.10　热坯法注射拉伸吹塑成型

冷坯法注射拉伸吹塑成型是将注射好的型坯加热到合适的温度，再将其置于吹塑模中进行拉伸吹塑的成型方法。采用冷坯法注射拉伸吹塑成型时，型坯的注射和塑件的拉伸吹塑成型分别在不同设备上进行，在拉伸吹塑前，为了补偿型坯冷却散发的热量，需进行二次加热，以确保型坯的拉伸吹塑成型温度。这种方法的主要特点是设备结构相对简单。

4. 多层吹塑成型

多层吹塑成型是将不同种类的塑料经特定的挤出机头形成一个坯壁分层而又黏结在一起的型坯，再经吹塑成型机制得多层中空塑件。

采用多层吹塑成型一般是为了改善容器的性能，如气密性、着色装饰、回料应用、遮光性、绝热性等性能的提升，因此，分别采用气体低透过率与高透过率材料复合，发泡层与非发泡层复合，着色层与本色层复合，回料层与新料层及透明层与非透明层复合。

多层吹塑成型可以解决使用单一塑料成型不能满足要求的问题。如单独使用聚乙烯成型，塑件虽然无毒，但气密性较差，其容器不能盛装带有气味的食品；而聚氯乙烯塑件的气密性优于聚乙烯塑件，可采用多层吹塑成型，成型外层为聚氯乙烯、内层为聚乙烯的容器，气密性好且无毒。

多层吹塑成型的塑件无飞边，塑件底部无拼合缝，成型过程中不需要热熔或化学作用。但多层吹塑成型的塑件容易产生层间的熔接与接缝的强度低的问题，因此除了要合理选择塑料种类，还要严格把控工艺条件和挤出型坯的质量；由于塑件是多种塑料的复合，其回收利用较困难，机头结构复杂，设备成本高。多层吹塑成型主要用于成型化妆品、食品和药品的包装容器，以及汽车燃油箱等。

5. 片材吹塑成型

片材吹塑成型工艺过程是将压延或挤出的片材再加热，使其软化，放入型腔［图 2.11 (a)］，闭模后在片材间吹入压缩空气而成型中空塑件［图 2.11 (b)］，然后开模取出塑件。片材吹塑主要用于成型大型且形状复杂的水箱及汽油箱等。

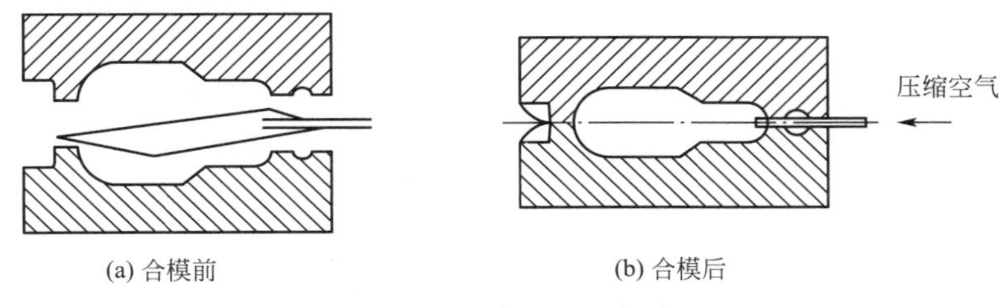

(a) 合模前　　(b) 合模后

图 2.11 片材吹塑成型

6. 吹塑成型的工艺参数

吹塑成型的工艺参数主要有温度、吹胀压力及充气速率、吹胀比（BR）、拉伸比（SR）、冷却方式及时间。

（1）温度。

温度是影响吹塑产品质量的重要工艺参数之一，包括型坯温度和模具温度。对于挤出型坯，温度一般控制在树脂的 $T_g \sim T_f$[①]（或 T_m）之间，并略偏向 T_f（或 T_m）。对于注塑型坯，由于其内外温差较大，难以控制型坯温度均匀一致，应使用温度调节装置。

吹塑模具温度一般控制在 20～50℃，并要求温度均匀一致。模具温度过低，型坯过早冷却，吹胀困难，轮廓不清，甚至出现“橘皮”；模具温度过高，冷却时间延长，生产效率低，易引起塑件脱模困难、收缩率大及表面无光泽等。

（2）吹胀压力和充气速率。

吹胀压力是指吹塑成型所用的压缩空气压力。在型坯壁厚均匀、温度一致的前提下，吹胀压力和充气速率将影响塑件质量。吹胀压力与材料种类及型坯的温度有关，一般为 0.2～0.7MPa；对于黏度低、易变形的塑料（如聚酰胺、纤维素塑料等）吹胀压力低；对于黏度高的塑料（如聚碳酸酯、聚乙烯、聚氯乙烯等）吹胀压力高。吹胀压力还与塑件尺寸、型坯壁厚及温度有关，一般薄壁、大容积塑件及型坯温度低时，宜用较高压力；反之则用较低压力。吹胀压力的大小应以塑件成型后外形、花纹、文字等清晰为前提进行调节。充气速率应尽量大一些，这样可缩短吹胀时间；但充气速率也不能太大，以免产生其他缺陷。

（3）吹胀比。

吹胀比是塑件直径与型坯直径之比，即型坯吹胀的倍数，应根据材料种类、塑件形状及尺寸来确定。一般吹胀比为 2～4 时，生产工艺和塑件质量容易控制；在生产细口塑件时吹胀比为 5～7。吹胀比过大易使塑件壁厚不匀，加工工艺条件不易掌握。

一般要求型坯截面形状与塑件外形轮廓形状基本一致，如吹塑圆形截面瓶子，型坯截面应为圆形，吹塑方形截面塑料桶，型坯截面应为方形。

（4）拉伸比。

在注射拉伸吹塑中，受拉伸的塑件长度与型坯长度之比称为拉伸比。一般情况下，拉伸比大的塑件，其纵向和横向强度较高；为保证塑件的刚度和壁厚，生产中拉伸比一般为 4～6。

---

① T_g、T_f、T_m 的含义详见图 2.19 所述。

除上述工艺参数外，吹塑件的冷却和型腔的排气也应充分关注。型坯在模具内吹胀后，冷却是不可忽视的环节。如果冷却不好，塑料会产生弹性恢复进而引起塑件变形。冷却时间的长短与塑料种类和塑件形状相关，冷却时间通常占成型周期的60%以上。冷却方式有模内通水冷却和模外冷却。吹塑过程中，型坯外壁与型腔间的大量空气需要排除，排气不良最常见的后果是塑件表面起“橘皮”，它可发生在中空塑件表面的任何一处，但多出现在型腔的凹陷处、波沟处及角部。

2.5.2 真空成型

真空成型是把热塑性塑料板或片材固定在模具型腔之上，用加热板加热至软化，然后用真空泵将塑料与模具之间的空气抽掉，从而使塑料紧贴在模腔上而成型，冷却后借助于压缩空气将塑件脱模。真空成型方法主要有凹模真空成型、凸模真空成型、凹凸模先后抽真空成型、吹泡真空成型、柱塞推下真空成型及带有气体缓冲装置的真空成型等。

1. 凹模真空成型

凹模真空成型是把塑料板固定并密封在模具型腔上方，将加热板移到板材上方，板材受热软化［图 2.12（a）］，移开加热板，模具型腔内被抽成真空，板材紧贴于模具型腔［图 2.12（b）］，经冷却定型，从抽气孔通入压缩空气，将已成型的塑件吹出［图 2.12（c）］。

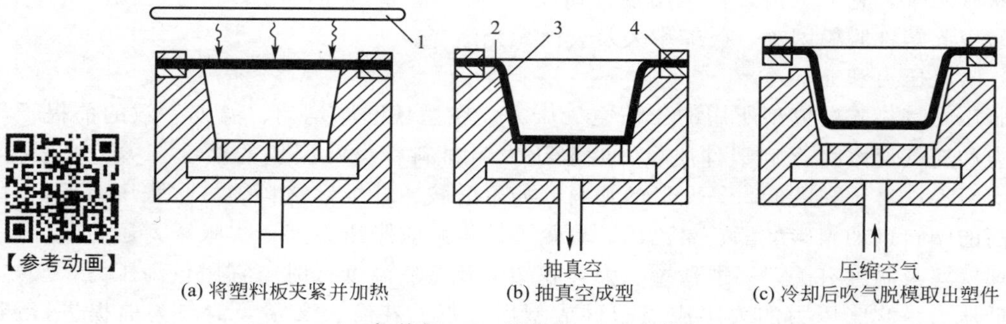

(a) 将塑料板夹紧并加热　(b) 抽真空成型　(c) 冷却后吹气脱模取出塑件

1—加热板；2—塑料板；3—凹模；4—夹具。

图 2.12　凹模真空成型

凹模真空成型适用于成型深度不大且塑件外表面尺寸精度要求较高的塑件，但塑件较深时，特别是小型塑件，其底部拐角处会明显变薄。由于凹模型腔间的距离可以制作得较接近，因此采用多型腔凹模真空成型比单型腔凹模成型的经济性要好。

2. 凸模真空成型

凸模真空成型是将被夹紧的塑料板在加热板下加热至软化［图 2.13（a）］，将软化的塑料板下移，并使其覆盖在凸模上，将凸模与塑料板之间抽成真空，塑料板紧贴在凸模上成型［图 2.13（b）和图 2.13（c）］，经冷却定型，从抽气孔通入压缩空气，将已成型的塑件吹出。

凸模真空成型适用于成型有凸起形状且内表面尺寸精度要求较高的塑件。

3. 凹凸模先后抽真空成型

凹凸模先后抽真空成型是先将塑料板紧固在凹模上加热［图 2.14（a）］，塑料板软化

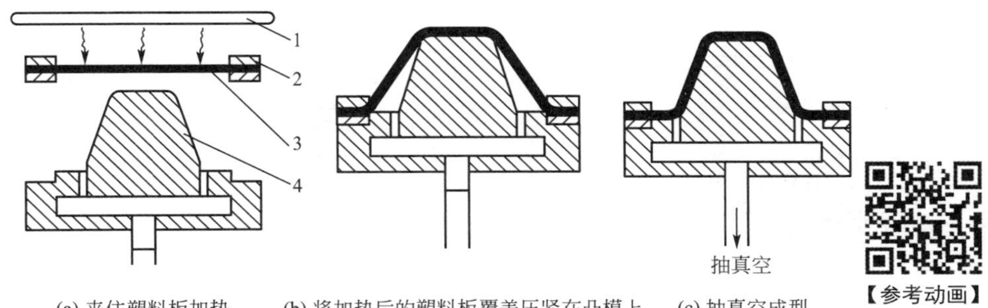

(a) 夹住塑料板加热　(b) 将加热后的塑料板覆盖压紧在凸模上　(c) 抽真空成型

1—加热板；2—夹具；3—塑料板；4—凸模。

图 2.13　凸模真空成型

后将加热板移开，位于凸模边沿的压力圈压住塑料板，然后通过凸模吹入压缩空气而凹模抽真空使塑料板鼓起，最后凸模向下插入鼓起的塑料板中［图 2.14（b）］，将凸模与塑料板之间抽真空，从凹模通入压缩空气，使塑料板紧贴于凸模外表面而成型［图 2.14（c）］。

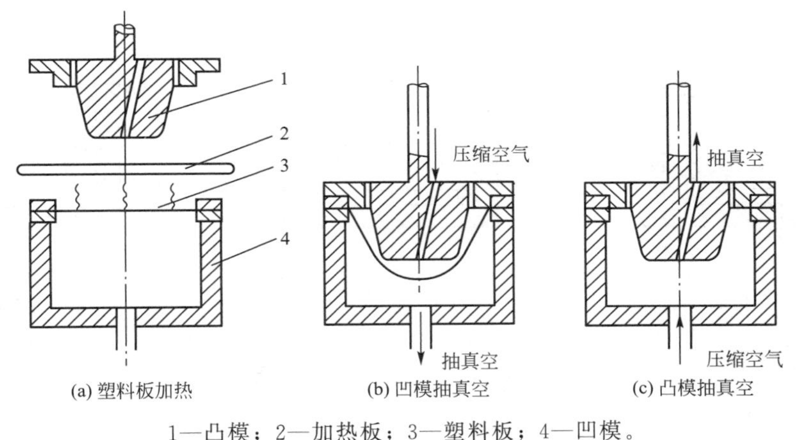

(a) 塑料板加热　(b) 凹模抽真空　(c) 凸模抽真空

1—凸模；2—加热板；3—塑料板；4—凹模。

图 2.14　凹凸模先后抽真空成型

凹凸模先后抽真空成型适用于成型型腔较深且壁厚要求均匀的塑件。

4. 吹泡真空成型

吹泡真空成型是先把塑料板紧固在模框上加热［图 2.15（a）］，待塑料板软化后移开加热板，然后通过凸模吹入压缩空气，使塑料板向上鼓起，同时凸模上移插入鼓起的塑料板中［图 2.15（b）］，停止吹气，将凸模与塑料板之间抽真空，使塑料板紧贴凸模外表面成型［图 2.15（c）］。

吹泡真空成型适用于成型型腔较深且壁厚要求均匀的塑件。

5. 柱塞推下真空成型

柱塞推下真空成型是先将塑料板固定在凹模上端面，用加热板对其加热［图 2.16（a）］，待塑料板软化后移开加热板，用柱塞将塑料板推下，此时凹模里的空气被压缩，软化的塑料板由于柱塞推力作用而延伸［图 2.16（b）］，然后将凹模抽真空，使塑料板紧贴凹模成型［图 2.16（c）］。

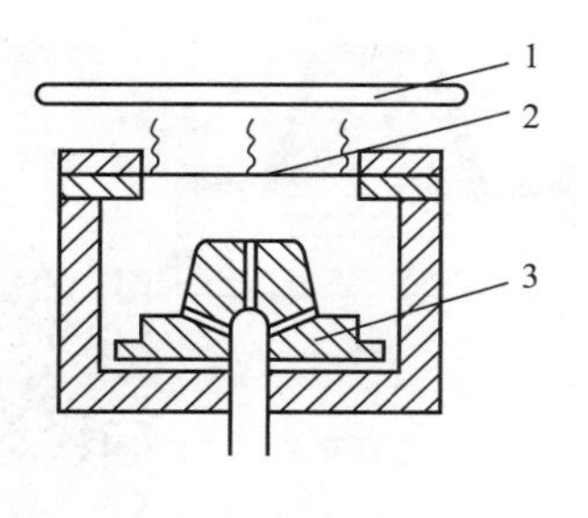

(a) 加热塑料板

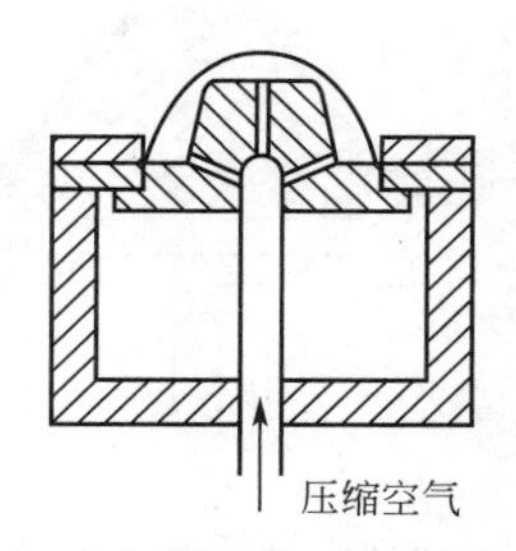

(b) 吹入压缩空气，凸模上移

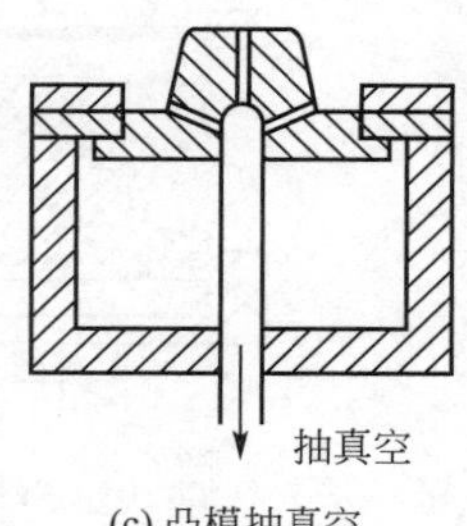

(c) 凸模抽真空

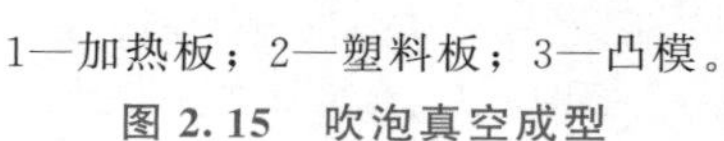

1—加热板；2—塑料板；3—凸模。

图 2.15　吹泡真空成型

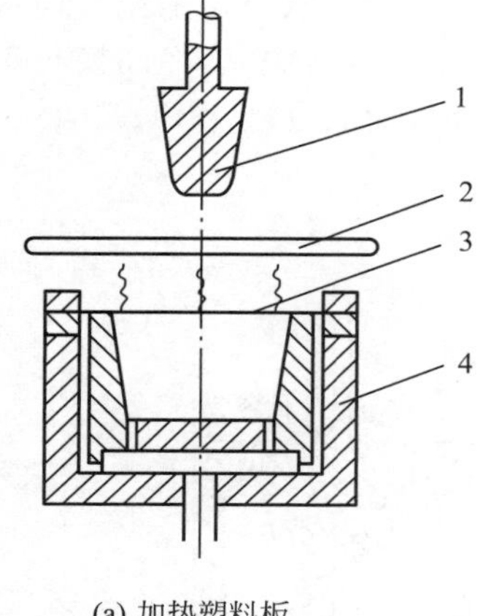

(a) 加热塑料板

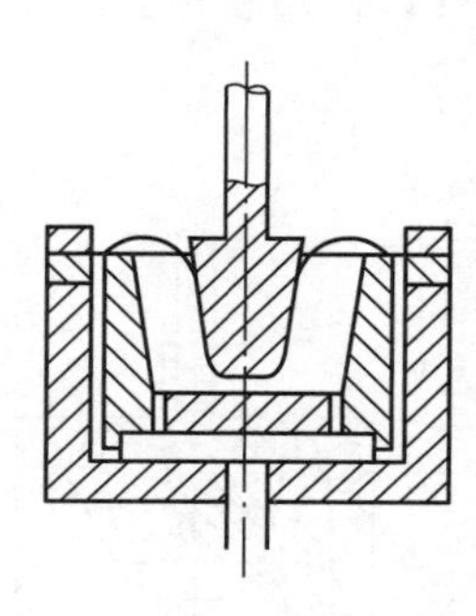

(b) 柱塞推塑料板

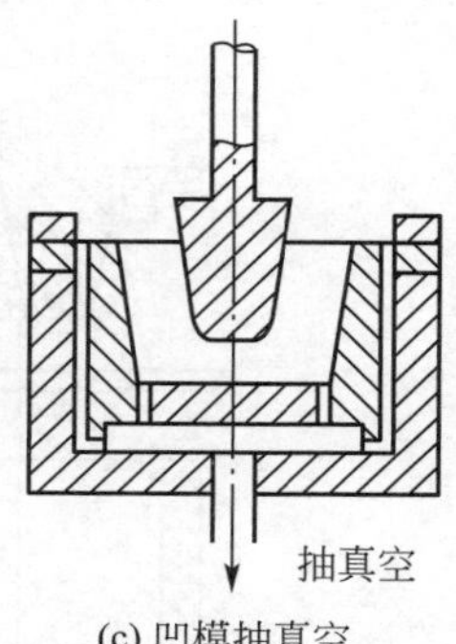

(c) 凹模抽真空

1—柱塞；2—加热板；3—塑料板；4—凹模。

图 2.16　柱塞推下真空成型

柱塞推下真空成型适用于成型型腔较深且壁厚要求均匀的塑件，同时允许塑件上残留柱塞的痕迹。

6. 带有气体缓冲装置的真空成型

带有气体缓冲装置的真空成型是先把塑料板固定在模框上，模框下面是凹模，用加热板对其加热［图 2.17（a)］，待塑料板软化后移开加热板，向下移动模框，轻轻压住凹模，然后向凹模型腔内吹入压缩空气，将塑料板向上吹鼓，多余的气体从塑料板与凹模间逸出，同时，从柱塞上的孔中吹出已加热的气体［图 2.17（b)］，此时塑料板位于两个空气缓冲层间，柱塞逐渐下降［图 2.17（c）和图 2.17（d)］，最后，柱塞内停吹热压缩空气，将凹模抽真空，使塑料板紧贴凹模型腔成型，同时柱塞上升［图 2.17（e)］。

带有气体缓冲装置的真空成型方法适用于成型型腔较深且壁厚要求均匀的塑件。

真空成型广泛用于生产天花板装饰材料、洗衣机和电冰箱壳体、电冰箱内胆塑件、电机外壳及灯饰等。

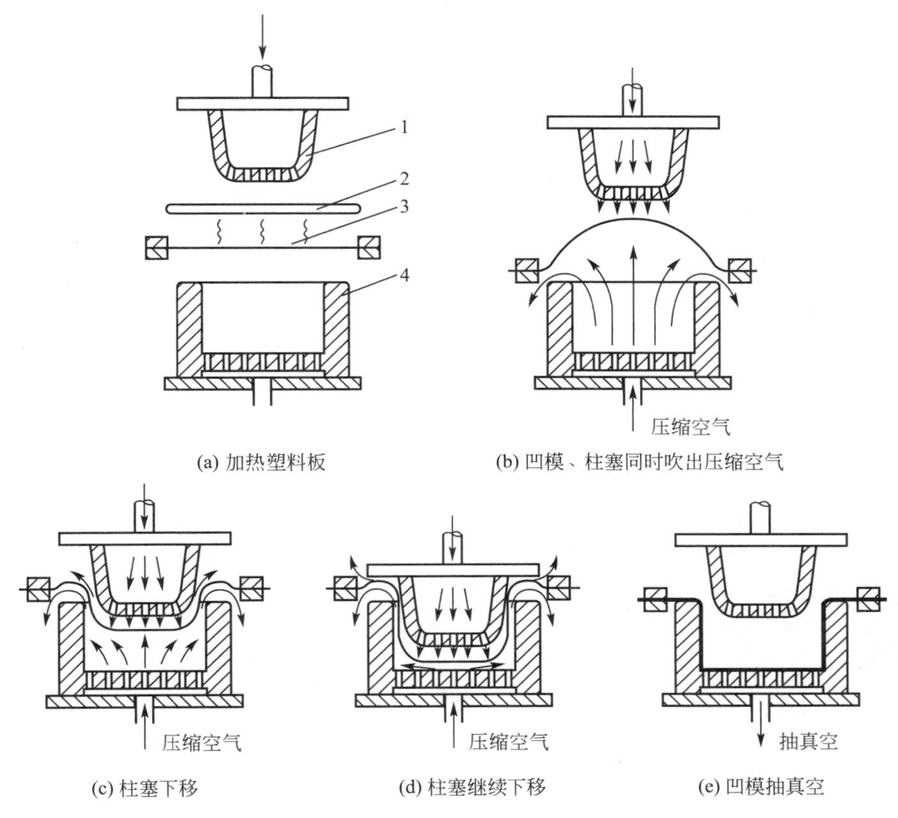

1—柱塞；2—加热板；3—塑料板；4—凹模。

图 2.17　带有气体缓冲装置的真空成型

2.5.3 压缩空气成型

【参考动画】

压缩空气成型（又称加压成型）是先将加热板加热［图 2.18（a)］，合模时从下面的型腔通入微压空气，使塑料板直接接触加热板而被快速加热［图 2.18（b)］，塑料板软化后，从模具上方通入预热的压缩空气，使已软化的塑料板紧贴模具型腔内表面成型［图 2.18（c)］，经冷却、定型后，加热板下降一小段距离，利用模具型刃切除余料［图 2.18（d)］，然后加热板上升，从型腔下面和模具侧面吹出压缩空气，塑件脱模、吹离［图 2.18（e)］。

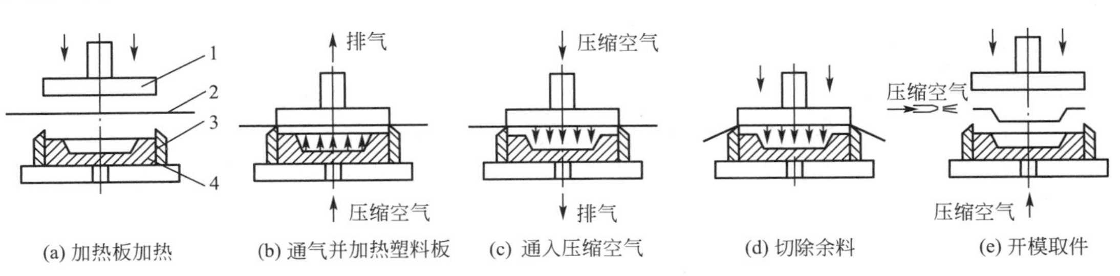

1—加热板；2—塑料板；3—型刃；4—凹模。

图 2.18　压缩空气成型原理

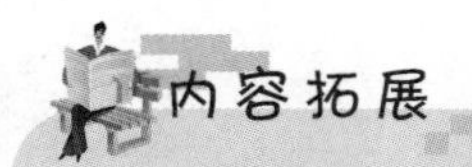

内容拓展

热塑性塑料的物理状态、力学状态及加工适应性

自然界中对于一般低分子化合物而言，常温下其聚集状态可呈三态，即气态、液态和固态。然而，由于聚合物（塑料）分子质量大且分子结构具有连续性，因此在不同的热力条件下它们的聚集状态呈现出独特的三态；如对于非结晶型塑料而言，分别是玻璃态、高弹态和黏流态；对于结晶型塑料而言，分别是结晶态、高弹态和黏流态（具体与结晶程度有关）。图 2.19 所示为热塑性塑料的温度、力学状态及加工适应性。

【参考动画】

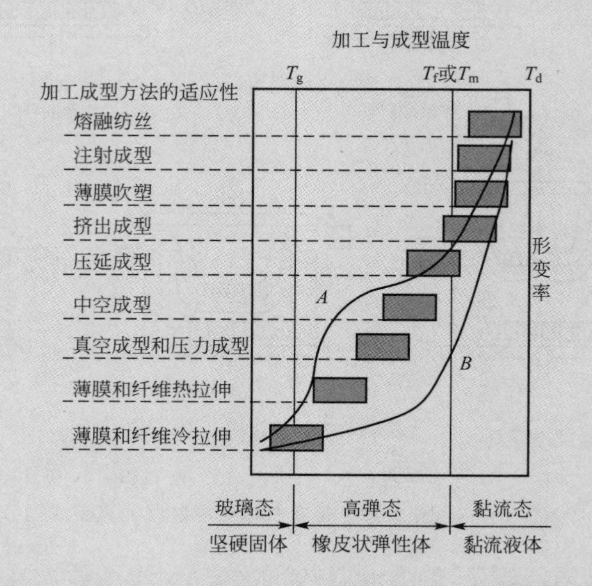

A—非结晶型塑料；B—结晶型塑料；T_g—玻璃化温度；

T_f—非结晶型流动温度；T_m—结晶型熔点；T_d—分解温度。

图 2.19 热塑性塑料的温度、力学状态及加工适应性

本章小结

塑件的质量与成型工艺有着密切的联系，应根据塑料的特性来选择相应的成型方法。注射成型几乎适用于所有热塑性塑料（除氟塑料外）和部分热固性塑料（如酚醛塑料）的成型，其设备复杂，成型周期短，成型塑件精度高，易于实现自动化生产。压缩成型主要应用于热固性塑件的成型，其成型设备与模具较简单，但成型周期长，塑件外观质量较差，模具使用寿命短。传递成型也是热固性塑料成型的方法之一，其与注射成型及压缩成型的主要区别在于：传递成型时热固性塑料在模具的加料腔内受热

熔化，注射成型是热塑性塑料在注射机的料筒内受热塑化；传递成型的传递模有单独的加料腔，而压缩模的加料腔是型腔或型腔的延伸；传递成型是先闭模后加料，而压缩成型是先加料后闭模。挤出成型能连续成型，生产效率高且成本低，挤出模结构较简单，除氟塑料外，几乎所有的热塑性塑料和部分热固性塑料（如酚醛塑料）可采用挤出成型，挤出成型广泛应用于管材、薄膜、板材、造粒、电缆包覆物及复合型材等产品的生产。气动成型主要包括中空吹塑成型、真空成型和压缩空气成型。与其他成型相比，气动成型压力较低，利用较简单的成型设备就可获得大尺寸的塑件，对模具材料要求不高，模具结构简单，成本低，使用寿命长。

关键术语

注射成型（injection molding）、压缩成型（compression molding）、传递成型（transfer molding）、挤出成型（extrusion molding）、气动成型（pneumatic molding）

【在线答题】

习　题

1. 注射成型工艺过程分为几个阶段？
2. 挤出成型工艺过程包括哪些内容？
3. 简述气动成型的原理及应用。

实训项目

1. 观察生活中各种不同的塑件，结合课程内容和教师讲授的知识，了解不同塑件的成型方法和特点，熟悉不同成型工艺过程。

2. 参观一些塑料成型生产现场，获得较直观的感性认识。

拓展阅读

序号	主题	内容简介	内容链接
1	注塑生产安全事故案例展示	“无危则安，无缺则全”＝安全。通过展示注塑生产安全事故典型的真实案例，体现“要我安全、我要安全、我会安全”的安全意识	
2	注塑智能制造	“注塑工业 4.0”是注塑行业的特性与工业互联网的特性、自动化的特性，以及更广泛的互联互通特性的深度融合。顶层规划＋自动化＋信息化、大数据＝智能制造	

第3章 塑料制件的工艺性设计与分析

知识要点	目标要求	学习方法
塑料制件的工艺性	掌握	通过课程讲解及多媒体课件演示，结合教师在教学过程中的实例分析，观察现实生活中常见塑料制件，熟悉和掌握塑料制件的工艺性及设计要求，能准确进行塑料制件的工艺分析
塑料制件的结构设计	掌握	在熟练掌握塑料制件的工艺性要求的基础上进行实训练习，强化独立思考和具体分析能力，能独立进行塑料制件工艺性设计

导入案例

塑料制件（简称塑件）的工艺性是指塑件对成型加工的适应性。塑件的形状、结构和尺寸等都直接决定着塑料成型模具的具体结构和复杂程度。模具设计应尽可能简单、合理和可行。在不影响塑件结构功能、美观及使用性能的前提下，结合塑料模具结构的需要，设计模具时应力求做到结构合理、造型美观、便于制造。作为模具设计人员，在了解并掌握塑件使用性能和特性的基础上，合理地设计塑件的结构并正确地对其进行工艺性分析，才能设计出先进合理的成型模具。

图3.1所示为一塑件结构，塑件要求：外表面光洁美观，无瑕疵凹痕等，同时表面喷漆处理；材料选用ABS。现需要采用注射成型进行大批量生产，分析该塑件工艺性并合理设计该塑件的结构。图3.1所示塑件需重点解决以下几方面问题：塑件形状与结构的合理性；各部位的壁厚设计和选择；转角过渡圆角；塑件的脱模斜度；孔槽位置及尺寸（孔径、孔深、孔边距）；凸台加强筋的设置；塑件外表面的喷漆；等等。

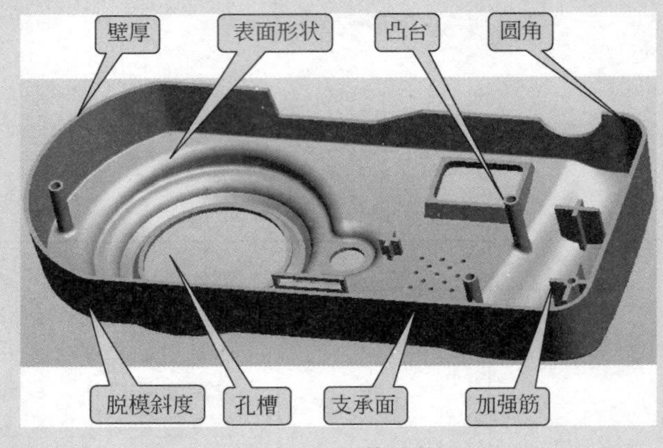

图3.1　塑件结构

3.1　塑件设计的基本原则

塑件主要根据使用要求进行设计。为了获得合格的塑件，除充分发挥塑料的性能特点外，还应考虑塑件的结构工艺性。在满足使用要求的前提下，塑件的结构、形状尽可能地做到简化模具结构，且符合成型工艺特点，从而降低成本，提高生产效率。

塑件的设计应考虑以下几方面的因素。

（1）塑料的各项性能特点，如物理性能、力学性能、电学性能、耐化学腐蚀性能和耐热性能、成型工艺性能（流动性、收缩率）等。

（2）在保证各项使用性能的前提下，塑件的结构、形状应尽可能简单、壁厚均匀。

（3）塑件的结构应有利于充模流动、排气、补缩和高效冷却硬化（热塑性塑件）或快速受热固化（热固性塑件）。

（4）模具的总体结构应使模具零件易于制造，特别是抽芯和脱模机构。

(5) 应减少塑件成型前后的辅助工作量，尽量避免成型后的机械加工工序。

合理的塑件工艺性是保证塑件符合使用要求和满足成型条件的关键。塑件工艺性设计的主要内容包括材料选择，尺寸精度和表面粗糙度，塑件结构（形状、壁厚、斜度、加强筋、支承面、圆角、孔、螺纹、齿轮、嵌件、铰链），以及表面文字标记、图案符号、纹理、丝印和喷漆、电镀等。

3.2 塑件的尺寸、精度和表面质量

3.2.1 塑件的尺寸

塑件的尺寸包括塑件的总体外形尺寸和壁厚、孔径等具体结构尺寸。塑件的尺寸应根据使用要求和成型工艺进行设计。其中，塑件的总体外形尺寸受到塑料的流动性的制约，在一定的设备和工艺条件下，流动性好的塑料可以成型总体外形尺寸较大的塑件，反之能成型的塑件总体外形尺寸较小。因此，从原材料性能、模具制造成本和成型工艺性等条件出发，在满足塑件的使用要求的前提下，应将塑件设计得紧凑、小巧。

在注射成型和传递成型中，流动性差的塑料（如布基塑料、玻璃纤维增强塑料等）和壁薄塑件的总体外形尺寸不能设计得过大，否则容易造成充填不足或形成冷接缝，从而影响塑件的外观和强度，因此在设计塑件总体外形尺寸时应对塑料的流动距离比[①]等方面进行校核。另外，塑件总体外形尺寸还受成型设备的限制，注射成型的塑件总体外形尺寸受到注射机的注射量、锁模力和模板尺寸的限制；压缩成型和传递成型的塑件总体外形尺寸受压机最大压力和压机台面最大尺寸的限制。

3.2.2 塑件的精度

塑件的精度是指制得的塑件尺寸与产品要求尺寸的符合程度，即塑件尺寸的准确度。模具成型的塑件在制造过程中会产生尺寸误差，其主要原因如下。

1. 材料方面

(1) 模塑材料的非均一性。
(2) 塑料收缩率的波动和偏差。
(3) 塑件成型后的时效变化。

2. 成型工艺方面

(1) 操作工艺条件发生变化。
(2) 成型设备的控制精度误差。

3. 模具状态方面

(1) 模具成型零部件的制造公差。
(2) 模具的磨损。

---

① 流动距离比简称流动比，详见 4.5 的流动比。

（3）模具可动零部件间的配合位置误差。

（4）模具的温度波动。

（5）模具在成型压力下发生的弹性变形。

塑件设计时应综合考虑上述影响塑件精度的因素，合理确定塑件的精度。为了降低模具的加工难度和模具制造成本，在满足塑件使用要求的前提下，应尽可能降低塑件尺寸设计精度，即选用低精度等级。

对于小尺寸塑件，模具成型零部件的制造公差对塑件精度影响相对较大，而对于大尺寸塑件，收缩率波动是影响塑件精度的主要因素。

根据我国目前塑件的成型水平，塑件的尺寸公差可依据表 3-1 所示的塑料模塑件尺寸公差（GB/T 14486—2008《塑料模塑件尺寸公差》）确定。该标准将塑件分成 MT1[①]～MT7 七个精度等级，并分别给出了不受模具活动部分影响的尺寸公差值（a 类）和受模具活动部分影响的尺寸公差值（b 类）（图 3.2），具体的上、下极限偏差可根据塑件的配合性质进行分配。一般情况下，对塑件上孔类尺寸的公差取表中数值冠以“＋”号，对塑件上轴类尺寸的公差取表中数值冠以“－”号，对塑件上中心距尺寸可取表中数值之半冠以“±”号；对未注公差的尺寸，通常可直接取表中偏差值，并冠以“±”号。

【参考动画】

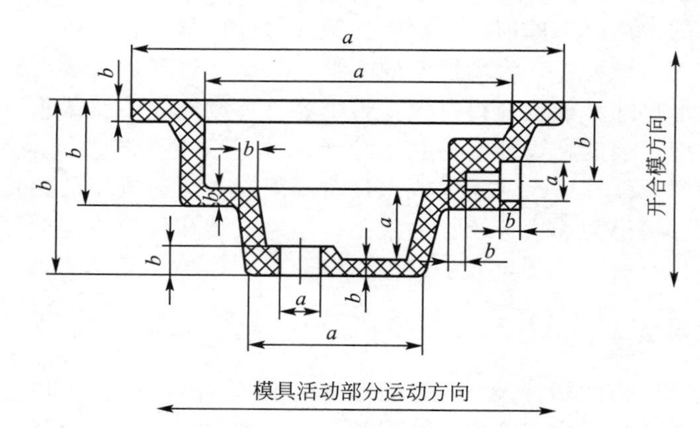

图 3.2　不受模具活动部分影响的尺寸 a 和受模具活动部分影响的尺寸 b

塑件公差等级的选用与塑料种类有关，每种塑料可选用其中高精度、一般精度和未注公差尺寸精度三个等级，见表 3-2。未列入表 3-2 的塑料模塑件选用公差等级按模塑材料的收缩特性值 $\overline{S}_v$ 确定（具体方法参见表 3-3）。

$$\overline{S}_v = S_{Mp} + |S_{Mp} - S_{Mn}| \qquad (3-1)$$

式中：S_{Mp} 为塑料成型时沿料流方向的收缩率，称为流向收缩率；S_{Mn} 为塑料成型时垂直于料流方向的收缩率，称为横向收缩率。

① MT1 级精度为精密级，只有采用严密的工艺控制措施和高精度的模具、设备、原料时才有可能选用。

表 3-1 塑料模塑件尺寸公差（摘自 GB/T 14486—2008）

单位：mm

公差等级	公差种类	基本尺寸																											
		>0~3	>3~6	>6~10	>10~14	>14~18	>18~24	>24~30	>30~40	>40~50	>50~65	>65~80	>80~100	>100~120	>120~140	>140~160	>160~180	>180~200	>200~225	>225~250	>250~280	>280~315	>315~355	>355~400	>400~450	>450~500	>500~630	>630~800	>800~1000
标注公差的尺寸公差值																													
MT1	a	0.07	0.08	0.09	0.10	0.11	0.12	0.14	0.16	0.18	0.20	0.23	0.26	0.29	0.32	0.36	0.40	0.44	0.48	0.52	0.56	0.60	0.64	0.70	0.78	0.86	0.97	1.16	1.39
	b	0.14	0.16	0.18	0.20	0.21	0.22	0.24	0.26	0.28	0.30	0.33	0.36	0.39	0.42	0.46	0.50	0.54	0.58	0.62	0.66	0.70	0.74	0.80	0.88	0.96	1.07	1.26	1.49
MT2	a	0.10	0.12	0.14	0.16	0.18	0.20	0.22	0.24	0.26	0.30	0.34	0.38	0.42	0.46	0.50	0.54	0.60	0.66	0.72	0.76	0.84	0.92	1.00	1.10	1.20	1.40	1.70	2.10
	b	0.20	0.22	0.24	0.26	0.28	0.30	0.32	0.34	0.36	0.40	0.44	0.48	0.52	0.56	0.60	0.64	0.70	0.76	0.82	0.86	0.94	1.02	1.10	1.20	1.30	1.50	1.80	2.20
MT3	a	0.12	0.14	0.16	0.18	0.20	0.22	0.26	0.30	0.34	0.40	0.46	0.52	0.58	0.64	0.70	0.78	0.86	0.92	1.00	1.10	1.20	1.30	1.44	1.60	1.74	2.00	2.40	3.00
	b	0.32	0.34	0.36	0.38	0.40	0.42	0.46	0.50	0.54	0.60	0.66	0.72	0.78	0.84	0.90	0.98	1.06	1.12	1.20	1.30	1.40	1.50	1.64	1.80	1.94	2.20	2.60	3.20
MT4	a	0.16	0.18	0.20	0.24	0.28	0.32	0.36	0.42	0.48	0.56	0.64	0.72	0.82	0.92	1.02	1.12	1.24	1.36	1.48	1.62	1.80	2.00	2.20	2.40	2.60	3.10	3.80	4.60
	b	0.36	0.38	0.40	0.44	0.48	0.52	0.56	0.62	0.68	0.76	0.84	0.92	1.02	1.12	1.22	1.32	1.44	1.56	1.68	1.82	2.00	2.20	2.40	2.60	2.80	3.30	4.00	4.80
MT5	a	0.20	0.24	0.28	0.32	0.38	0.44	0.50	0.56	0.64	0.74	0.86	1.00	1.14	1.28	1.44	1.60	1.76	1.92	2.10	2.30	2.50	2.80	3.10	3.50	3.90	4.50	5.60	6.90
	b	0.40	0.44	0.48	0.52	0.58	0.64	0.70	0.76	0.84	0.94	1.06	1.20	1.34	1.48	1.64	1.80	1.96	2.12	2.30	2.50	2.70	3.00	3.30	3.70	4.10	4.70	5.80	7.10
MT6	a	0.26	0.32	0.38	0.46	0.52	0.60	0.70	0.80	0.94	1.10	1.28	1.48	1.72	2.00	2.20	2.40	2.60	2.90	3.20	3.50	3.90	4.30	4.80	5.30	5.90	6.90	8.50	10.60
	b	0.46	0.52	0.58	0.66	0.72	0.80	0.90	1.00	1.14	1.30	1.48	1.68	1.92	2.20	2.40	2.60	2.80	3.10	3.40	3.70	4.10	4.50	5.00	5.50	6.10	7.10	8.70	10.80
MT7	a	0.38	0.46	0.56	0.66	0.76	0.86	0.98	1.12	1.32	1.54	1.80	2.10	2.40	2.70	3.00	3.30	3.70	4.10	4.50	4.90	5.40	6.00	6.70	7.40	8.20	9.60	11.90	14.80
	b	0.58	0.66	0.76	0.86	0.96	1.06	1.18	1.32	1.52	1.74	2.00	2.30	2.60	2.90	3.20	3.50	3.90	4.30	4.70	5.10	5.60	6.20	6.90	7.60	8.40	9.80	12.10	15.00
未注公差的尺寸允许偏差(偏差值前通常冠以“±”号)																													
MT5	a	0.10	0.12	0.14	0.16	0.19	0.22	0.25	0.28	0.32	0.37	0.43	0.50	0.57	0.64	0.72	0.80	0.88	0.96	1.05	1.15	1.25	1.40	1.55	1.75	1.95	2.25	2.80	3.45
	b	0.20	0.22	0.24	0.26	0.29	0.32	0.35	0.38	0.42	0.47	0.53	0.60	0.67	0.74	0.82	0.90	0.98	1.06	1.15	1.25	1.35	1.50	1.65	1.85	2.05	2.35	2.90	3.55
MT6	a	0.13	0.16	0.19	0.23	0.26	0.30	0.35	0.40	0.47	0.55	0.64	0.74	0.86	1.00	1.10	1.20	1.30	1.45	1.60	1.75	1.95	2.15	2.40	2.65	2.95	3.45	4.25	5.30
	b	0.23	0.26	0.29	0.33	0.36	0.40	0.45	0.50	0.57	0.65	0.74	0.84	0.96	1.10	1.20	1.30	1.40	1.55	1.70	1.85	2.05	2.25	2.50	2.75	3.05	3.55	4.35	5.40
MT7	a	0.19	0.23	0.28	0.33	0.38	0.43	0.49	0.56	0.66	0.77	0.90	1.05	1.20	1.35	1.50	1.65	1.85	2.05	2.25	2.45	2.70	3.00	3.35	3.70	4.10	4.80	5.95	7.40
	b	0.29	0.33	0.38	0.43	0.48	0.53	0.59	0.66	0.76	0.87	1.00	1.15	1.30	1.45	1.60	1.75	1.95	2.15	2.35	2.55	2.80	3.10	3.45	3.80	4.20	4.90	6.05	7.50

表 3-2 常用材料模塑件尺寸公差等级的选用（摘自 GB/T 14486—2008）

材料代号	模塑材料		公差等级		
			标注公差尺寸		未注公差尺寸
			高精度	一般精度	
ABS	（丙烯腈-丁二烯-苯乙烯）共聚物		MT2	MT3	MT5
CA	乙酸纤维素		MT3	MT4	MT6
EP	环氧树脂		MT2	MT3	MT5
PA	聚酰胺	无填料填充	MT3	MT4	MT6
		30%玻璃纤维填充	MT2	MT3	MT5
PBT	聚对苯二甲酸丁二酯	无填料填充	MT3	MT4	MT6
		30%玻璃纤维填充	MT2	MT3	MT5
PC	聚碳酸酯		MT2	MT3	MT5
PDAP	聚邻苯二甲酸二烯丙酯		MT2	MT3	MT5
PEEK	聚醚醚酮		MT2	MT3	MT5
PE-HD	高密度聚乙烯		MT4	MT5	MT7
PE-LD	低密度聚乙烯		MT5	MT6	MT7
PESU	聚醚砜		MT2	MT3	MT5
PET	聚对苯二甲酸乙二酯	无填料填充	MT3	MT4	MT6
		30%玻璃纤维填充	MT2	MT3	MT5
PF	苯酚-甲醛树脂	无机填料填充	MT2	MT3	MT5
		有机填料填充	MT3	MT4	MT6
PMMA	聚甲基丙烯酸甲酯		MT2	MT3	MT5
POM	聚甲醛	≤150mm	MT3	MT4	MT6
		>150mm	MT4	MT5	MT7
PP	聚丙烯	无填料填充	MT4	MT5	MT7
		30%无机填料填充	MT2	MT3	MT5
PPE	聚苯醚；聚亚苯醚		MT2	MT3	MT5
PPS	聚苯硫醚		MT2	MT3	MT5
PS	聚苯乙烯		MT2	MT3	MT5
PSU	聚砜		MT2	MT3	MT5
PUR-P	热塑性聚氨酯		MT4	MT5	MT7
PVC-P	软质聚氯乙烯		MT5	MT6	MT7
PVC-U	未增塑聚氯乙烯		MT2	MT3	MT5

续表

材料代号	模塑材料		公差等级		
			标注公差尺寸		未注公差尺寸
			高精度	一般精度	
SAN	(丙烯腈-苯乙烯)共聚物		MT2	MT3	MT5
UF	脲-甲醛树脂	无机填料填充	MT2	MT3	MT5
		有机填料填充	MT3	MT4	MT6
UP	不饱和聚酯	30%玻璃纤维填充	MT2	MT3	MT5

表 3-3 模塑材料收缩特性值和选用的公差等级(摘自 GB/T 14486—2008)

收缩特性值 $\bar{S}_v$/(%)	公差等级		
	标注公差尺寸		未注公差尺寸
	高精度	一般精度	
>0~1	MT2	MT3	MT5
>1~2	MT3	MT4	MT6
>2~3	MT4	MT5	MT7
>3	MT5	MT6	MT7

3.2.3 塑件的表面质量

塑件的表面质量包括表面粗糙度、表观质量等。

1. 塑件的表面粗糙度

塑件的表面粗糙度是决定塑件表面质量的主要因素,在成型时应尽可能避免冷疤、云纹等疵点。塑件的表面粗糙度除了与塑料的种类有关外,主要取决于模具成型零部件的表面粗糙度。一般模具表面粗糙度要比塑件的低 1~2 级,塑件的表面粗糙度一般为 $Ra0.2 \sim Ra1.6\mu m$。模具在使用过程中,由于型腔磨损,其表面粗糙度不断加大,因此应随时抛光复原。

一般情况下,塑件的表面粗糙度选择原则如下。

(1) 透明塑件要求型腔和型芯的表面粗糙度相同。

(2) 不透明塑件则根据使用情况而定,非配合表面和隐蔽面可取较大的表面粗糙度。

(3) 一般塑件型腔的表面粗糙度要低于型芯的表面粗糙度(除塑件外表面有特殊要求)。

塑件的表面粗糙度可参照 GB/T 14234—1993《塑料件表面粗糙度》标准选取,不同加工方法和不同材料所能达到的表面粗糙度见表 3-4。

表3-4 不同加工方法和不同材料所能达到的表面粗糙度（摘自GB/T 14234—1993）

加工方法	材料		Ra参数值范围/μm											
			0.012	0.025	0.050	0.100	0.200	0.40	0.80	1.60	3.20	6.30	12.50	25
注射成型	热塑性塑料	PMMA（有机玻璃）		■	■	■	■	■	■	■				
		ABS		■	■	■	■	■	■	■				
		AS		■	■	■	■	■	■	■				
		聚碳酸酯			■	■	■	■	■	■				
		聚苯乙烯			■	■	■	■	■	■	■			
		聚丙烯				■	■	■	■	■				
		尼龙				■	■	■	■	■				
		聚乙烯				■	■	■	■	■	■	■		
		聚甲醛			■	■	■	■	■	■	■			
		聚砜					■	■	■	■	■			
		聚氯乙烯					■	■	■	■	■			
		聚苯醚					■	■	■	■	■			
		氯化聚醚					■	■	■	■	■			
		PBT					■	■	■	■	■			
	热固性塑料	氨基塑料					■	■	■	■	■			
		酚醛塑料					■	■	■	■	■			
		硅酮塑料					■	■	■	■	■			
压制和挤胶成型		氨基塑料					■	■	■	■	■			
		酚醛塑料					■	■	■	■	■			
		密胺塑料				■	■	■	■					
		硅酮塑料					■	■	■					
		DAP						■	■	■	■			
		不饱和聚酯						■	■	■	■			
		环氧塑料					■	■	■	■	■			
机械加工		有机玻璃		■	■	■	■	■	■	■	■	■		
		尼龙								■	■	■	■	
		聚四氟乙烯							■	■	■	■	■	
		聚氯乙烯								■	■	■	■	
		增强塑料								■	■	■	■	■

2. 塑件的表观质量

塑件的表观质量是指塑件成型后的表观缺陷状态，如常见的溢料、飞边、毛刺、缺料、缩孔、凹陷、气孔、熔接痕、对拼缝、银纹、翘曲与收缩、尺寸不稳定、色彩不均匀等。这些表观缺陷的产生，除了与塑件成型工艺条件、塑件成型原材料选择及模具总体结构设计等多种因素有关，塑件的结构工艺性也是不容忽视的影响因素。

3.3 塑件的几何形状与结构

3.3.1 塑件壁厚

塑件壁厚的设计与塑料原材料的性能、塑件结构、成型时的工艺要求、塑件的质量及其使用要求（强度、刚度、质量、尺寸稳定性、与其他零件的装配关系）等有密切的联系。

塑件壁厚设计的基本原则如下。

（1）同一塑件上各部位的壁厚尽可能均匀一致。

（2）在满足塑件结构和使用性能要求下取小壁厚。

（3）能承受推出机构等的冲击和振动。

（4）塑件连接紧固处、嵌件埋入处等具有足够的厚度。

（5）满足储存、搬运过程中强度所需。

（6）满足成型时熔体充模所需。

（7）优先考虑加强筋加强，再考虑通过增加壁厚来提高塑件强度。

 知识提醒

壁厚过大，一是浪费原料；二是延长冷却时间（根据经验推算，塑件壁厚增加一倍，冷却时间将增加到四倍）；三是容易产生表面凹陷、内部缩孔等缺陷。

壁厚过小，会造成充填阻力的增大，特别是对于大型塑件、复杂塑件而言，壁厚过小就难以成型。

塑件壁厚设计规定有最小壁厚值。热塑性塑件的最小壁厚及常用壁厚推荐值见表3-5。通常，塑件壁厚的不均匀容许在一定范围内变化（一般不应超过1∶3）。为了消除壁厚的不均匀，设计时可考虑将壁厚部分局部挖空或在壁面交界处采用适当的半径过渡，以减缓壁厚的突然变化，见表3-6。

表3-5 热塑性塑件的最小壁厚及常用壁厚推荐值 单位：mm

塑料名称	50mm流程最小壁厚	小型塑件推荐壁厚	中型塑件推荐壁厚	大型塑件推荐壁厚
聚乙烯	0.6	1.25	1.6	2.4～3.2
聚丙烯	0.85	1.45	1.75	2.4～3.2
硬聚氯乙烯	1.2	1.6	1.8	3.2～5.8
聚苯乙烯	0.75	1.25	1.6	3.2～5.4

续表

塑料名称	50mm 流程最小壁厚	小型塑件推荐壁厚	中型塑件推荐壁厚	大型塑件推荐壁厚
改性聚苯乙烯	0.75	1.25	1.6	3.2～5.4
尼龙	0.45	0.76	1.5	2.4～3.2
聚甲醛	0.8	1.4	1.6	3.2～5.4
聚碳酸酯	0.95	1.8	2.3	3.0～4.5
氯化聚醚	0.9	1.35	1.8	2.5～3.4
有机玻璃	0.8	1.5	2.2	4.0～6.5
丙烯酸类	0.7	0.9	2.4	3.0～6.0
聚苯醚	1.2	1.75	2.5	3.5～6.4
乙酸纤维素	0.7	1.25	1.9	3.2～4.8
乙基纤维素	0.9	1.25	1.6	2.4～3.2
聚砜	0.95	1.8	2.3	3.0～4.5

表 3-6 壁厚的改善

不合理	合 理	说 明
		将壁厚部分局部挖空
		在壁面交界处采用适当的斜面（或半径）过渡，以减缓壁厚的突然变化

学以致用

从壁厚设计原则考虑，图 3.3 所示塑件的工艺性如何？请作适当修改。

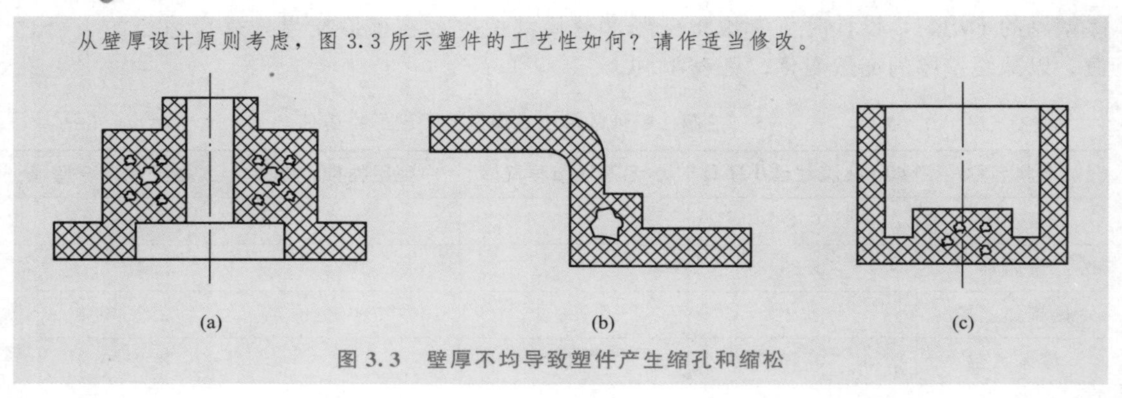

图 3.3 壁厚不均导致塑件产生缩孔和缩松

3.3.2 加强筋（肋）

由于多数塑料的弹性模量和强度较低，受力后容易变形甚至损坏，单纯通过增加塑件壁厚的方法来提高其刚度和强度是不合理的，也是不经济的。因此通常在塑件的相应位置设置加强筋，从而在不增加壁厚的情况下，达到提高塑件刚度和强度、防止塑件变形和翘曲的目的。图 3.4 所示为加强筋改善壁厚实例。另外，沿着料流方向的加强筋还能改善成型时塑料熔体的流动性，避免形成气泡、缩孔和凹陷等缺陷。加强筋实例如图 3.5 所示。

(a) (b) (c) (d)

图 3.4 加强筋改善壁厚实例

(a)

(b) (c)

图 3.5 加强筋实例

1. 加强筋的典型结构

加强筋的典型结构如图 3.6 所示，在尺寸设计时应注意以下几点。

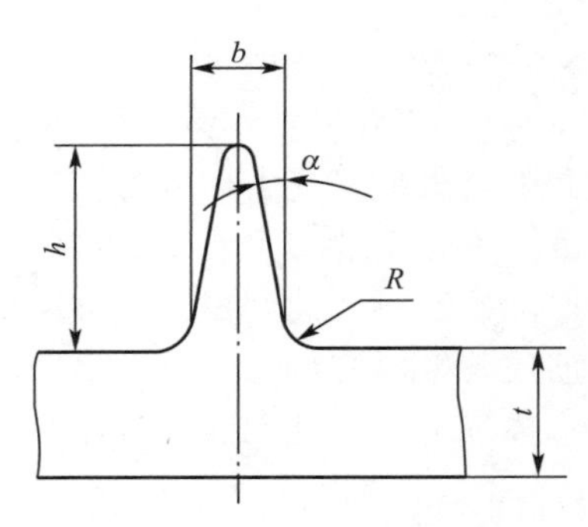

图 3.6　加强筋的典型结构

（1）加强筋不宜过厚，$b \leqslant (0.4 \sim 0.8)\ t$（$t$ 为壁厚），否则其对应壁上会容易产生凹陷。

（2）加强筋设计不宜过高，$h \leqslant 3t$，否则，在较大弯矩或冲击负荷作用下，易受力破坏。

（3）加强筋必须有足够的斜度，$\alpha = 2° \sim 5°$，筋的顶部应为圆角，底部也应为圆弧过渡 $R \geqslant (0.25 \sim 0.4)\ t$。

2. 加强筋的设计要点

（1）加强筋应布置在塑件受力较大之处，以改善塑件的强度，从而减小塑件的壁厚。

（2）对称布置，使壁厚均匀，以减少塑料局部集中，否则会产生缩孔、气泡等缺陷。

（3）加强筋应矮一些、多一些，筋间中心距大于两倍壁厚，以提高塑件的强度和刚度。

（4）加强筋的方向应尽量与熔体充模时料流方向一致，否则会搅乱料流，降低塑件的韧性。

（5）尽量避免在加强筋上装置零部件。

（6）加强筋的底部与壁连接应为圆弧过渡，以防外力作用时，产生应力集中破坏加强筋。

3. 加强筋设计改进实例

加强筋设计改进实例见表 3－7。容器的底、盖及边缘的加强结构如图 3.7 所示。

表 3－7　加强筋设计改进实例

改进前	A>B 凹陷 A B			
改进后	A<B A B		>2t t R >0.5t	

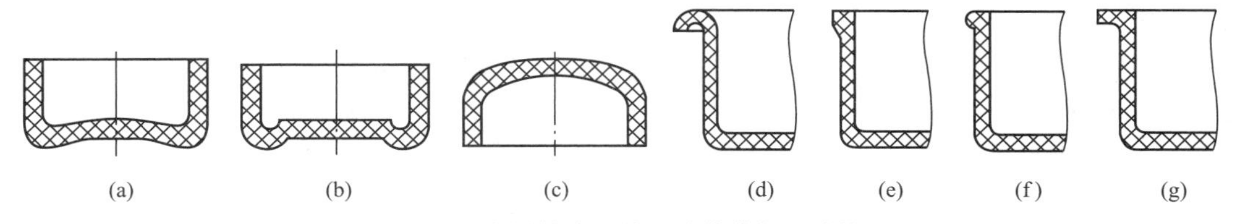

图 3.7 容器的底、盖及边缘的加强结构

3.3.3 脱模斜度

塑件在模具型腔中冷却收缩会使其紧紧包裹住模具的型芯或其他凸起部分，为了便于从成型零部件上顺利脱出塑件，防止在脱模时擦伤或拉断塑件，需在塑件内、外表面沿脱模方向设计足够的斜度，即脱模斜度 α［图 3.8（a)］。

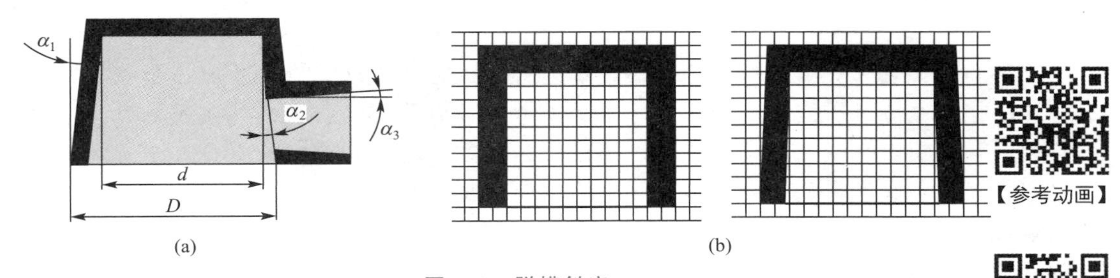

图 3.8 脱模斜度

塑件脱模斜度的选取一般应遵循以下基本原则。

(1) 脱模斜度的方向。

在未经特殊说明的情况下，脱模斜度的方向一般遵循塑件质量减少的原则，即塑件内孔（型芯）尺寸以小端为基准，符合生产图样，脱模斜度由扩大方向选取；塑件外形（型腔）尺寸以大端为基准，符合生产图样，脱模斜度由缩小方向选取［图 3.8（b)］。

(2) 具体取值。

塑件脱模斜度的大小与塑料的性质、收缩率、摩擦因数、成型工艺条件、塑件的壁厚及几何形状有关。常用塑料脱模斜度 α 的经验取值见表 3－8。

表 3－8 常用塑料脱模斜度 α 的经验取值

塑料名称	脱模斜度 α	
	型腔	型芯
聚乙烯、聚丙烯、软聚氯乙烯、聚酰胺、氯化聚醚	25′～45′	20′～45′
硬聚氯乙烯、聚碳酸酯、聚砜	35′～40′	30′～50′
聚苯乙烯、有机玻璃、ABS、聚甲醛	35′～1°30′	30′～40′
酚醛塑料、脲醛塑料、三聚氰胺-甲醛塑料、环氧塑料	25′～40′	20′～50′

① 一般在保证塑件精度要求的前提下，应尽量取大些，且内孔脱模斜度应大于外形脱模斜度，以便于脱模。

② 当塑件的结构不允许有较大斜度或塑件精度要求很高时，α 只能在其公差范围内选取。

③ 当塑件精度要求较高时，斜度的选择应保证在配合面的 2/3 长度内满足塑件公差要求，一般取 $10' \sim 20'$。

④ 当塑件精度要求一般时，可按 $\alpha = 20'$、$30'$、$1°$、$1°30'$、$2°$、$3°$等取值。

⑤ 其他。硬性塑料的 α 一般大于软性塑料的 α 值；塑料的收缩率大，α 取值应偏大；塑件结构复杂及壁厚较厚时，α 值应偏大；对于不高的塑件，α 值可为 $0°$；塑件上有凸起或加强筋单边应有 $4° \sim 5°$的斜度；有时为了让塑件留在动模或定模上，而有意将 α 值减小或放大。

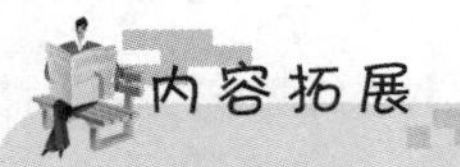
内容拓展

强制脱模

塑件内外侧凸凹较浅且带有圆角（或梯形斜面）时，可以采用整体凹凸模强制脱模的方法使塑件从模具上脱下（图 3.9）。但此时塑件在脱模温度下应具有足够的弹性，使塑件在强制脱出时不发生变形或损坏，如聚乙烯、聚丙烯、聚甲醛等塑料成型时满足上述要求；同时在模具结构上还应有弹性变形空间。但是在多数情况下塑件的侧向凹凸无法强制脱模，此时应使用侧向分型抽芯结构的模具，具体详见 4.10 侧向分型与抽芯机构设计。

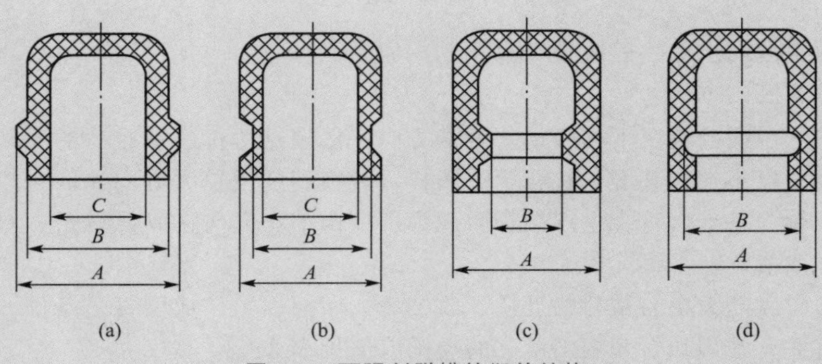

图 3.9　可强制脱模的塑件结构

图 3.9（a）和图 3.9（b）所示塑件结构，进行强制脱模的条件为 $\frac{A-B}{C} \leqslant 5\%$；图 3.9（c）和图 3.9（d）所示塑件结构，进行强制脱模的条件为 $\frac{A-B}{B} \leqslant 5\%$。

3.3.4 塑件的支承面

塑件的支承面应保证其稳定性，以塑件的整个底面作为支承面是不合理的［图 3.10（a）］，因为塑件稍许的翘曲或变形会使底面不平。通常是以凸出的边框支承或底脚（三点或四点）支承［图 3.10（b）和图 3.10（c）］。当塑件底部有加强筋时，应使加强筋与支承面相差 0.5mm 的高度 [图 3.10 (d)]。

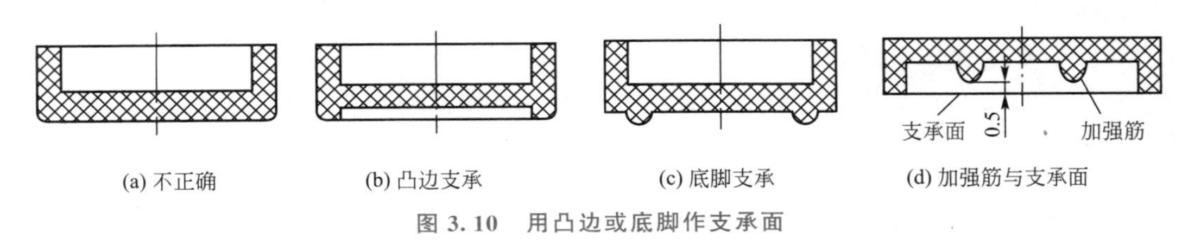

图 3.10 用凸边或底脚作支承面

3.3.5 圆角

带有尖角的塑件在成型时往往会在尖角处产生局部应力集中，受力或冲击振动时会发生开裂或破裂。为避免出现这种情况，在满足使用要求的前提下，塑件的转角尽可能设计成圆角或者用圆弧过渡。

1. 圆角或圆弧过渡的作用

采用圆角或圆弧过渡不仅增加了塑件的强度，还提升了塑件的美观，同时大大改善了充模流动性；另外，塑件的圆角决定了模具也呈圆角，这样有利于模具制造，增加了模具的强度，在一定程度上避免了模具热处理或使用时因应力集中而导致开裂。

2. 圆角的确定

塑件受力时应力集中系数与 R/t 的关系如图 3.11 所示，从图中可以看出，理想的内圆角半径应为壁厚的 1/3 以上。通常，塑件内壁圆角半径应为壁厚的一半，而外壁圆角半径可为壁厚的 1.5 倍，一般圆角半径不应小于 0.5mm，壁厚不等的两壁转角可按平均壁厚确定内、外圆角的半径。对于塑件的某些部位如在分型面、型芯与型腔配合等处不便制成圆角的，则只能采用尖角。圆角会增加凹模型腔加工难度，增大钳工劳动量，一般 R 应大于 0.5～1mm。

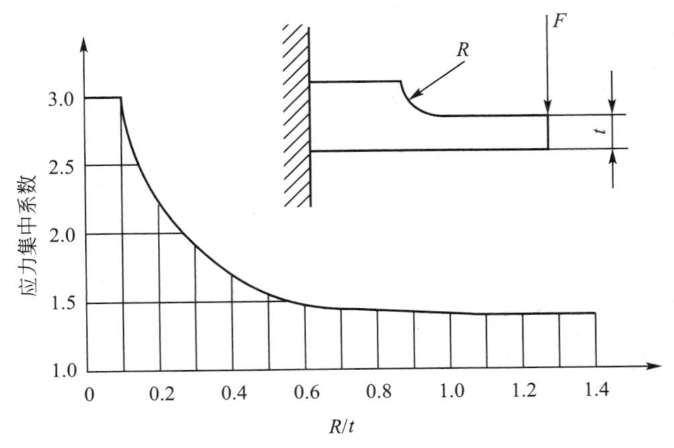

R—内圆角半径；t—塑件壁厚；F—外加负荷。

图 3.11 塑件受力时应力集中系数与 R/t 的关系

3.3.6 塑件上的孔（槽）

塑件上常见的孔有通孔、盲孔两类，孔的断面形状有圆形、矩形、螺纹及特殊形状等。塑件上的孔可采取三种成型加工方法：①直接模塑出来；②先模塑成盲孔，再钻通孔；③塑件成型后再钻孔。

常见孔的设计要求如下。

（1）塑件上的孔通常采用模具的型芯成型，因此应设计工艺上易于加工的孔；模塑通孔要求孔径比（长度与孔径的比值）要小些，当通孔孔径小于 1.5mm 时，由于型芯易弯曲折断，不适于模塑成型；盲孔的深度 $h<(3\sim5)d$，$d<1.5\text{mm}$ 时，$h<3d$。

（2）各种形式的孔都应尽量短些、孔径大些；孔的位置应不影响塑件的强度，尽量不增加模具制造的难度；在孔之间和孔与边缘之间应留有足够的距离，一般孔与孔的边缘或孔边缘与塑件外壁的距离应不小于孔径（图 3.12）。

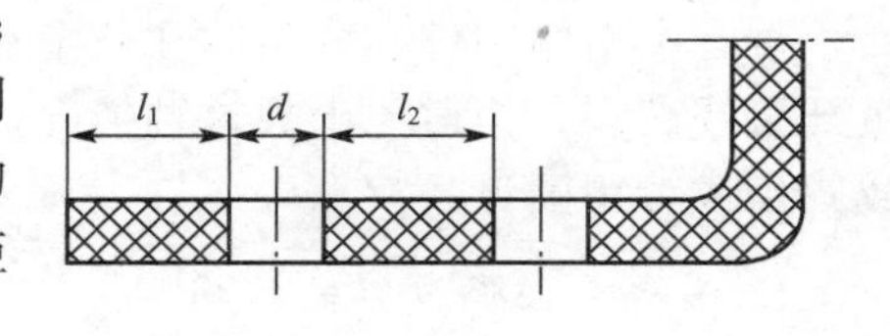

$l_1 \geqslant (1\sim3)d$, $l_2 \geqslant (1\sim2)d$

图 3.12　塑件上孔的位置设计

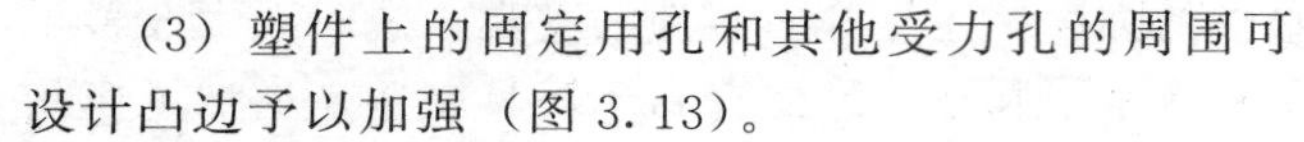

（3）塑件上的固定用孔和其他受力孔的周围可设计凸边予以加强（图 3.13）。

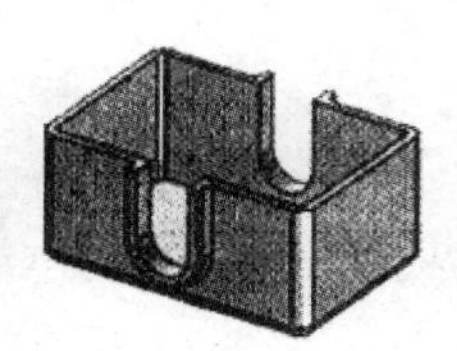
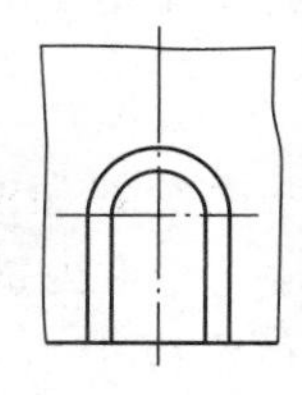
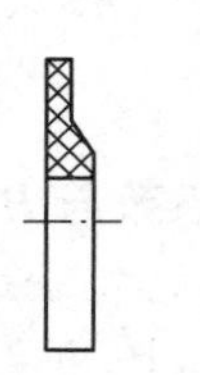
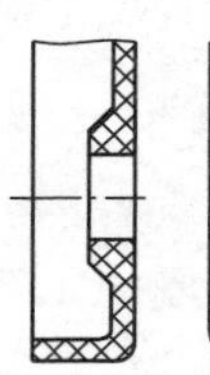
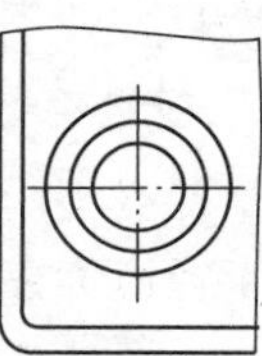

图 3.13　孔的加强

【参考动画】

【参考动画】

（4）应设法提高成型孔的型芯刚性和稳定性，以保证塑件孔的位置精度和形状要求。

（5）不应盲目提高孔的尺寸精度和表面粗糙度要求。

（6）异型孔、斜孔、侧孔可采用拼合型芯来成型。

各种孔的模塑型芯设计见表 3-9。塑件上的槽与孔的设计要求类似。

表 3-9　各种孔的模塑型芯设计

类型	简图	特点	适用范围
通孔		型芯为悬臂梁的单支点，型芯的端部容易产生横向飞边	一般用于成型较浅的通孔
		为了满足安装和使用的要求，两个型芯直径尺寸通常相差 0.5～1mm，两型芯接合处容易产生横向飞边	可用于成型较深、轴向精度要求不高的通孔

续表

类型	简图	特点	适用范围
通孔		一端固定，另一端导向支撑的双支点结构；当导向部分磨损后，导向口处会出现纵向飞边	可用于成型较深且有轴向精度要求的通孔
盲孔		只能用一端固定的单支点型芯成型	注射成型或传递成型时，孔深应不超过孔径的4倍。对于直径小于1.5mm的孔或深度太大的孔，最好用成型后再机加工的方法制得
特殊孔		采用相应的拼合型芯来成型，避免侧向抽芯	斜孔或形状复杂的特殊孔

3.3.7 塑件螺纹的设计

塑件上的螺纹可以直接用模具成型，也可以后续机械切削加工成型，在经常装拆和受力较大的地方，通常采用金属螺纹嵌件。塑件螺纹实例如图3.14所示。

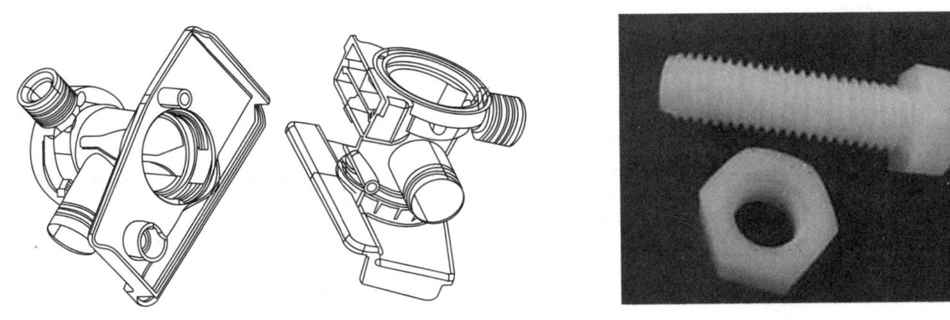

图3.14 塑件螺纹实例（外螺纹是连续螺纹，孔内侧是分段螺纹）

塑件螺纹的设计要点。

(1) 由于成型收缩的影响，塑件螺纹的精度不能要求太高，一般低于MT3级；同时，塑件螺纹在成型过程中，螺距尺寸容易发生变化。因此，一般塑件螺纹的螺距不应小于0.7mm，注射成型螺纹直径不应小于2mm，压制成型螺纹直径不应小于3mm。

（2）由于塑件螺纹的强度仅为金属螺纹强度的1/10～1/5，因此塑件螺纹应选用螺牙尺寸较大者，螺纹直径小时不宜采用细牙螺纹（表3-10），否则会影响其使用强度。

表3-10　塑件螺纹选用范围

螺纹公称直径/mm	螺纹种类				
	公制标准螺纹	1级细牙螺纹	2级细牙螺纹	3级细牙螺纹	4级细牙螺纹
＜3	＋	－	－	－	－
3～6	＋	－	－	－	－
6～10	＋	＋	－	－	－
10～18	＋	＋	＋	－	－
18～30	＋	＋	＋	＋	－
30～50	＋	＋	＋	＋	＋

注：表中“＋”号表示能选用螺纹，“－”号表示不能选用螺纹。

（3）如果不考虑模具螺纹螺距的收缩，则塑件螺纹与金属螺纹的配合长度不应太长，一般不大于螺纹直径的1.5倍（或7～8牙），否则会降低螺纹间的可旋入性，产生附加应力，导致塑件螺纹损坏，降低连接强度。

（4）为增加塑件螺纹的强度，防止最外圈螺纹崩裂或变形，可在其始末端设置过渡段和保护台阶（图3.15）。塑件螺纹始末端的过渡长度见表3-11。

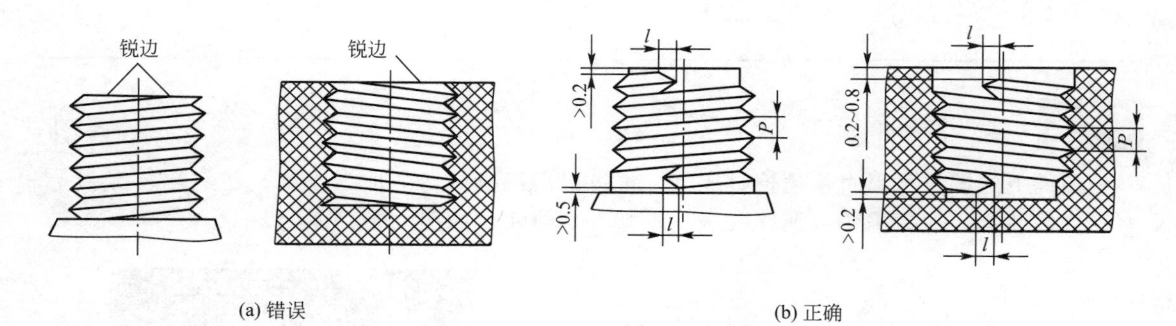

(a) 错误　　(b) 正确

图3.15　塑件螺纹的错误形状与正确形状

表3-11　塑件螺纹始末端的过渡长度　　单位：mm

螺纹直径	螺距 P		
	＜0.5	0.5～1.0	＞1.0
	始末端的过渡长度 l		
≤10	1	2	3
＞10～20	2	3	4
＞20～34	2	4	6

续表

螺纹直径	螺距 P		
	<0.5	0.5～1.0	>1.0
	始末端的过渡长度 l		
>34～52	3	6	8
>52	3	8	10

注：塑件螺纹始末端的过渡长度相当于车制金属螺纹型芯或型腔时的退刀长度。

(5) 如果塑件螺纹在使用时不经常拆卸且紧固力不大，则可采用自攻螺钉的结构固定，自攻螺钉底孔见表 3 - 12。

表 3 - 12　自攻螺钉底孔　　单位：mm

自攻螺纹规格	底孔 d	凸台外径规格 D
M3	$2.4^{+0.1}$	6.5
M4	$3.5^{+0.1}$	7.5
M5	$4.4^{+0.1}$	8.5

(6) 在同一螺纹型芯或型环上有前后两段螺纹时，应使两段螺纹的旋向相同，螺距相等，以简化脱模［图 3.16 (a)］。否则需采用两段型芯或型环组合在一起的形式，成型后再分段旋下［图 3.16 (b)］。

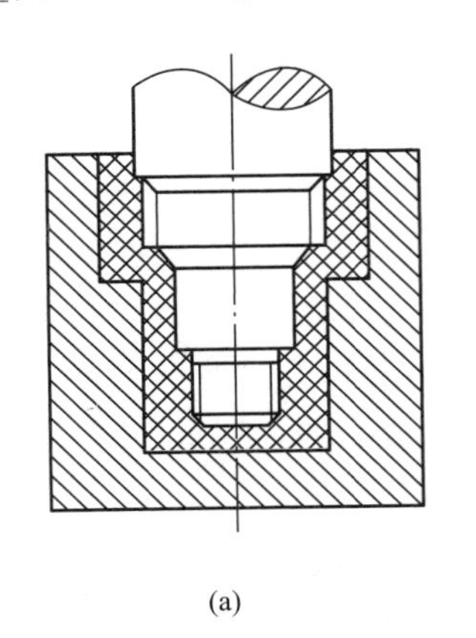
(a)

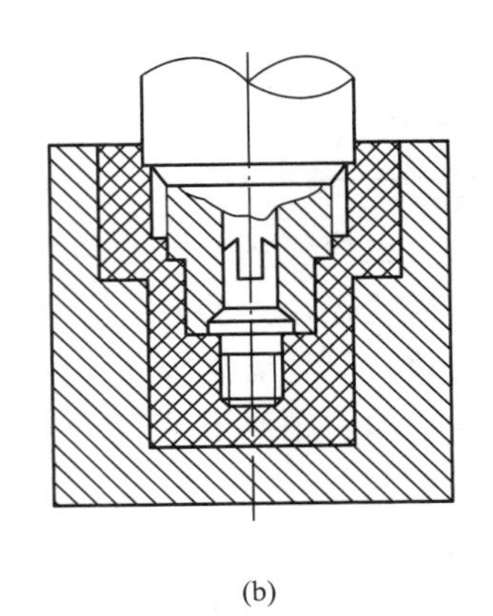
(b)

【参考动画】

图 3.16　两端同轴螺纹的设计

知识提醒

螺纹直接成型的方法有：①螺纹成型零部件（型芯或螺纹型环）成型，该方法要求模具结构上配有旋转驱动装置，多用于成型内螺纹，对于软塑料且呈圆形或梯形断面的浅螺牙，可强制脱模。②瓣合模成型，该方法生产效率高，但常带有飞边，多用于成型外螺纹或分段内螺纹。

3.3.8 塑料齿轮的设计

塑料齿轮的噪声低、惯性小、耐腐蚀、成型工艺性好、成本低，且具有自润滑性，故其广泛应用于仪器仪表和各种家用电器的机械传动中。塑料齿轮实例如图 3.17 所示。

图 3.17　塑料齿轮实例

为使塑料齿轮适应注射成型工艺，保证轮辐、辐板和轮毂具有相应的厚度，应对齿轮的各部尺寸作相应规定（表 3－13）。

表 3－13　塑料齿轮的各部分尺寸关系

图　　例	塑料齿轮的各部分尺寸关系
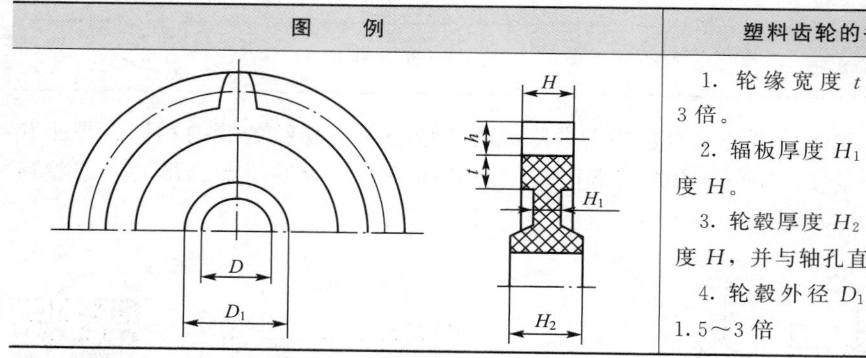	1. 轮缘宽度 t 至少为全齿高 h 的 3 倍。 2. 辐板厚度 H_1 应等于或小于齿宽厚度 H。 3. 轮毂厚度 H_2 应大于或等于齿宽厚度 H，并与轴孔直径 D 相当。 4. 轮毂外径 D_1 应为轴孔直径 D 的 1.5～3 倍

相同结构的齿轮应使用相同的塑料，防止因收缩率不同而引起啮合不佳。

为减少塑料齿轮尖角处的应力集中，降低成型时应力的影响，应尽量避免截面尺寸突然变化或出现尖角，尽可能加大各表面相接或转折处的圆角及过渡圆弧的半径；同时，为避免装配时产生应力，轴与孔之间应尽可能不采用过盈配合，可采用半月形孔或销连接（图 3.18）。

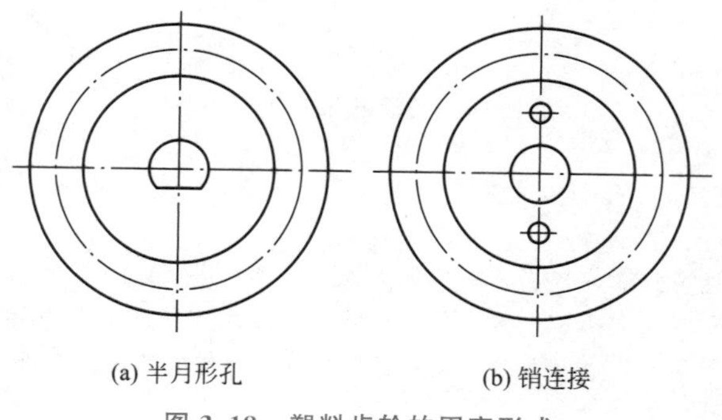

图 3.18　塑料齿轮的固定形式

对于薄壁齿轮，壁厚不均会引起齿型歪斜，可采用无轮毂无轮缘的结构来改善这种情况。但当辐板上有大孔时［图 3.19（a）］，由于孔在成型冷却时很少向中心收缩，会使齿轮歪斜，因此可采用图 3.19（b）所示的结构来进行改善。

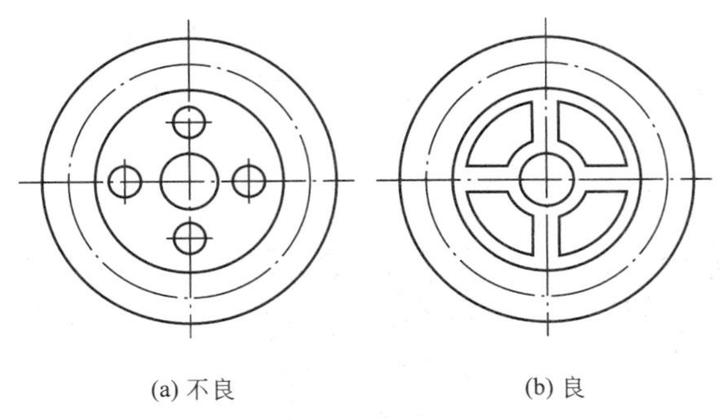

(a) 不良　　(b) 良

图 3.19　塑料齿轮辐板和轮辐结构

要点提示

塑料齿轮目前用于多种传动机构。尼龙、聚碳酸酯、聚甲醛和聚砜等塑料均具有优良的耐磨性和力学性能，因此常被用来制作塑料齿轮。

3.3.9 嵌件

在塑件内压入其他零件形成不可拆卸的连接，此压入的零件称为嵌件。嵌件可以是金属、玻璃、木材或已成型的塑件。带嵌件的塑件实例如图 3.20 所示。

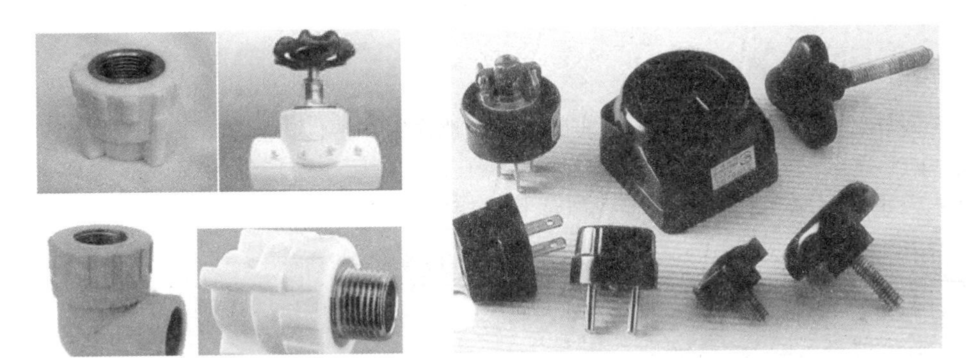

图 3.20　带嵌件的塑件实例

1. 嵌件的作用

镶入嵌件的目的主要是提高塑件的局部强度和力学性能，延长磨损寿命，满足某些特殊的使用要求（如导电、导磁、抗耐磨和装配连接等），保证塑件的精度、尺寸形状的稳定性等。但是采用嵌件往往会增加塑件的成本，使模具结构复杂，延长成型时间，且难以实现生产自动化等。因此，设计塑件时应慎重合理地选择嵌件，尽可能避免使用嵌件。

2. 常见的嵌件形式

常见的嵌件形式如图 3.21 所示。图 3.21（a）和图 3.21（b）所示为圆筒形嵌件，分为通孔和不通孔两种，带螺纹孔的嵌件最为常见，它常用于经常拆卸或受力较大的场合及导电部位的螺纹连接；图 3.21（c）所示为带台阶圆柱形嵌件；图 3.21（d）所示为片状嵌件，常用作塑件内导体、焊片等；图 3.21（e）所示为细杆状贯穿嵌件，主要用于汽车转向盘。

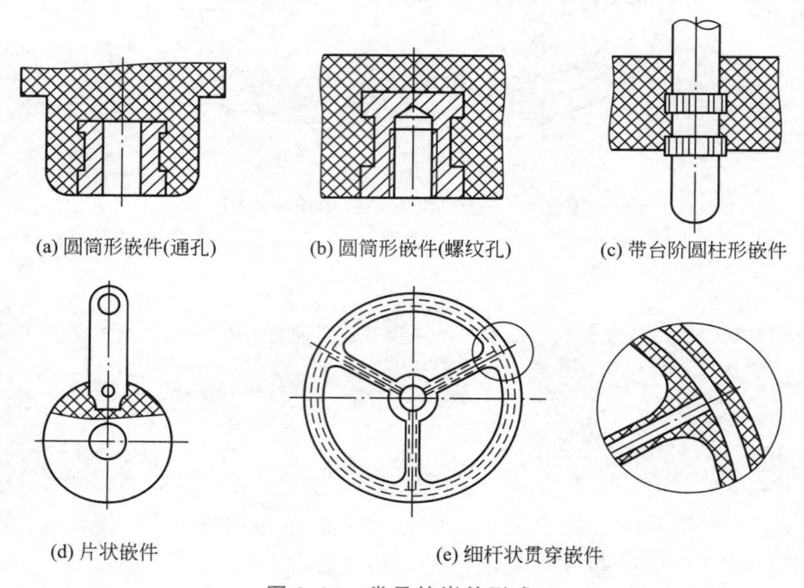

(a) 圆筒形嵌件(通孔)　(b) 圆筒形嵌件(螺纹孔)　(c) 带台阶圆柱形嵌件

(d) 片状嵌件　(e) 细杆状贯穿嵌件

图 3.21　常见的嵌件形式

3. 嵌件的设计要点

（1）嵌件与塑件应连接牢固。为使嵌件牢固地固定在塑件中，防止嵌件受力时在塑件内转动或轴向移动，嵌件表面须设计成适当的伏陷状。嵌件在塑件内的固定形式见表 3-14。嵌件应无尖角，尽量呈圆形或对称，保证收缩均匀，避免应力集中。

表 3-14　嵌件在塑件内的固定形式

图　例	说　明
	菱形滚花嵌件是最常用的，其抗拉力和抗扭力较大；在受力大的场合可在嵌件上开设环状沟槽，小型嵌件上的沟槽宽度应不小于 2mm，深度为 1～2mm
	直纹滚花嵌件可降低轴向的内应力，但必须开设环形沟槽，以免受力时嵌件发生轴向移动

续表

图　例	说　明
	薄壁管状嵌件可采用边缘翻边固定
	片状嵌件可采用切口、孔眼或局部折弯固定
	针状嵌件可将其中一段砸扁或采用折弯等方法来固定

(2) 嵌件应定位可靠。为避免嵌件在成型过程中受高压高速的塑料流冲击而发生位移或变形，同时，为防止塑料挤入嵌件上预留的孔或螺纹中，从而影响使用，安放在模具内的嵌件必须定位可靠。嵌件的轴线应尽可能与分型面、料流方向保持一致。

图 3.22 所示为外螺纹嵌件在模具内的固定形式。图 3.22 (a) 所示为利用嵌件上的光杆部分与模具配合；图 3.22 (b) 所示为利用凸肩的形式与模具配合，既增加嵌件的稳定性，又可阻止塑料流入螺纹中；图 3.22 (c) 所示为利用凸出圆环固定，在成型时凸出圆环被压紧在模具上形成密封环，阻止塑料溢入。

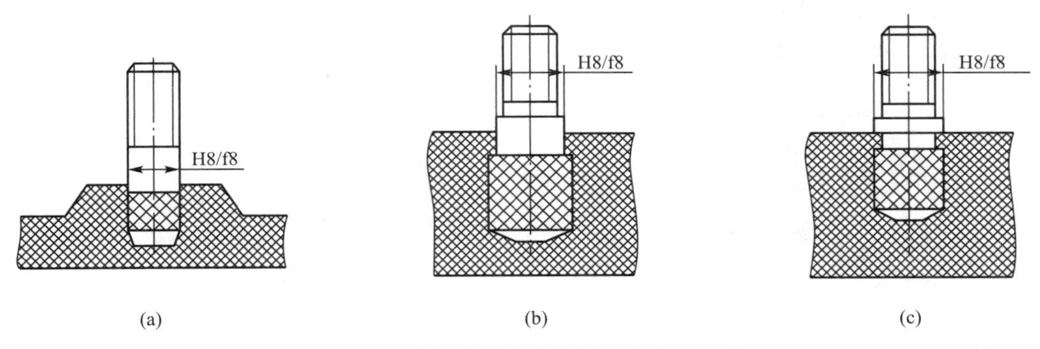

图 3.22　外螺纹嵌件在模具内的固定形式

图 3.23 所示为内螺纹嵌件在模内的固定形式。图 3.23 (a) 所示为嵌件直接插在模内的光杆上；图 3.23 (b) 和图 3.23 (c) 所示为利用凸出的台阶与模具上的孔相配合，增加了定位的稳定性和密封性；图 3.23 (d) 所示为采用内部台阶与模具上的插入杆配合。对于通孔螺纹嵌件，多采用将嵌件拧在具有外螺纹的杆件上再插入模具的方法，当注射压力不大且螺牙很细小时 (M3.5 以下) 也可直接插在模具的光杆上，此时，可能挤入一小段塑料于螺纹牙缝内，但不会妨碍多数螺纹牙。

(3) 嵌件周围的塑料层有足够的厚度。由于金属嵌件冷却时尺寸的变化值与塑料的热

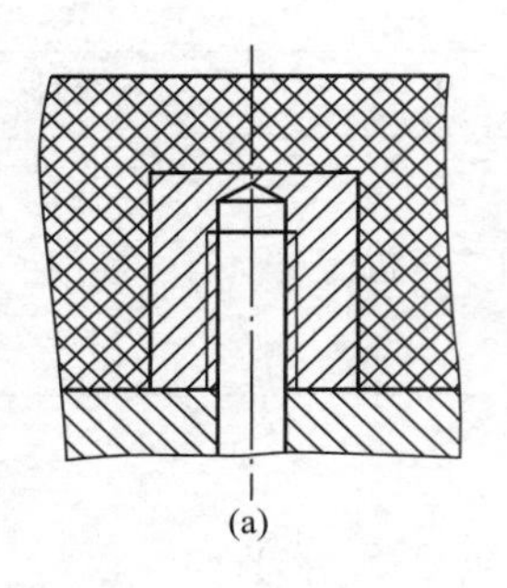
(a)

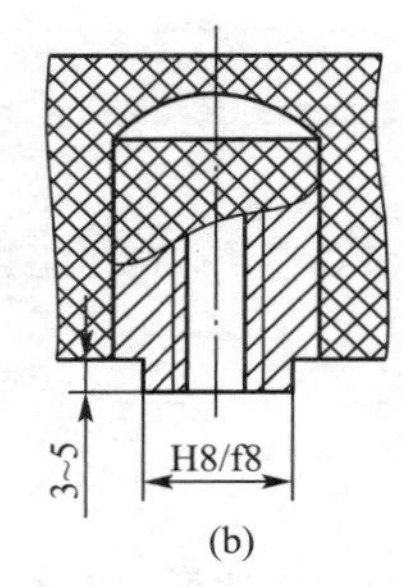

(b)

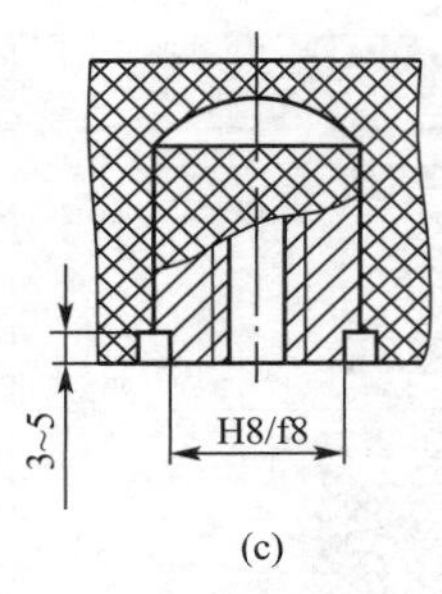

(c)

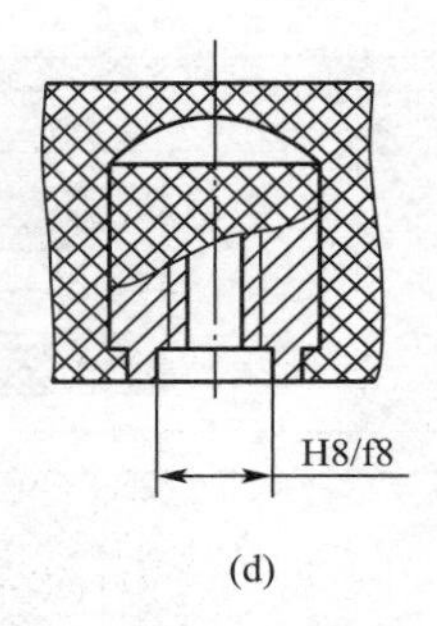

(d)

图 3.23　内螺纹嵌件在模具内的固定形式

收缩值相差很大，致使嵌件周围产生较大的内应力，甚至造成塑件开裂。某些刚性强的工程塑料更易出现上述现象，而弹性和流动性大的塑料则应力值较低。因此，应尽量选用与塑料线膨胀系数相近的金属作嵌件；应使嵌件的周围塑料层具有足够的厚度（可参见表 3－15 选取）；热塑性塑料注射成型时，应将大型嵌件温度预热到接近于物料温度；对于内应力难以消除的塑料，可先在嵌件周围被覆一层高聚物弹性体，或成型后通过退火处理来降低内应力；嵌件的顶部也应有足够厚的塑料层，否则嵌件顶部塑件表面会出现鼓包或裂纹。

表 3－15　金属嵌件周围的塑料层厚度　　单位：mm

图　　例	金属嵌件直径 D	周围塑料层最小厚度 C	顶部塑料层最小厚度 H
C　D　≥3　H　1.5~2	≤4	1.5	0.8
	＞4～8	2.0	1.5
	＞8～12	3.0	2.0
	＞12～16	4.0	2.5
	＞16～25	5.0	3.0

注：表中数值适用于酚醛塑料及类似的热固性塑料、对应力开裂不太敏感的热塑性塑料，而对应力开裂敏感的热塑料，如聚苯乙烯、聚碳酸酯、聚砜等，则要求 $C \leqslant D$。

为了提高生产效率，减小因嵌件造成的内应力，也可采用成型后再装配嵌件的方法。这种嵌件的嵌入应在脱模后趁热进行，以利用塑件后收缩增加紧固性。也可以利用超声波等其他方法使嵌件周围的塑料层软化，压入嵌件（一般用于热塑性塑料）。

3.3.10　铰链的设计

利用某些塑料（如聚丙烯）分子高度取向的特性，可将带盖容器的盖子和容器通过铰链结构直接成型为一个整体，既省去了装配工序，又可避免金属铰链生锈。常见塑料铰链截面形式如图 3.24 所示。

铰链的设计要点如下。

（1）铰链的曲率半径部分尽可能采用薄壁，壁厚一般为 0.2～0.4mm，且厚度应均匀一致，壁厚的减薄处应以圆弧过渡。

（2）铰链部分的长度不宜过长，否则折弯线不在一处，影响闭合效果。

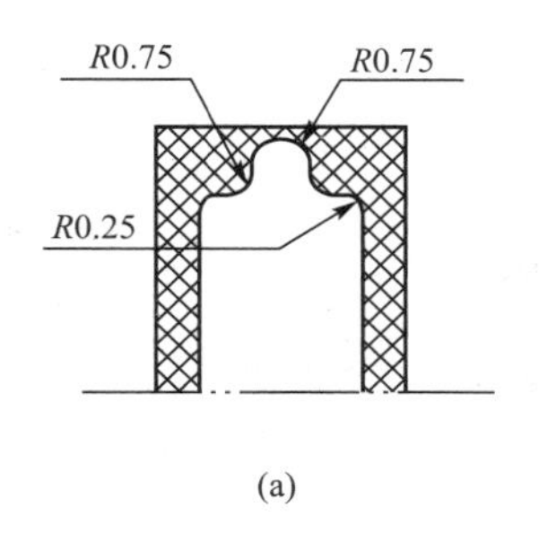

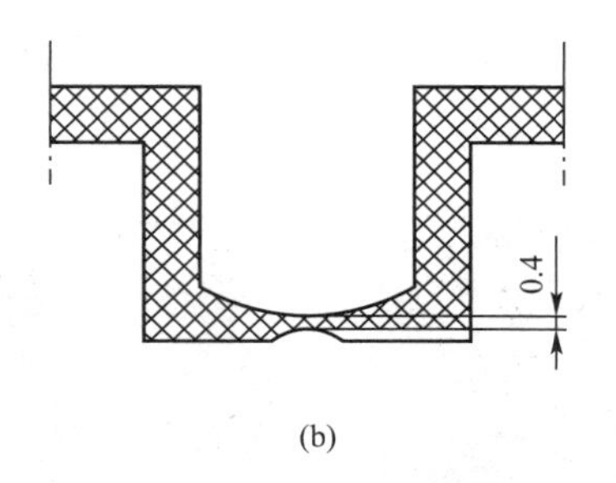

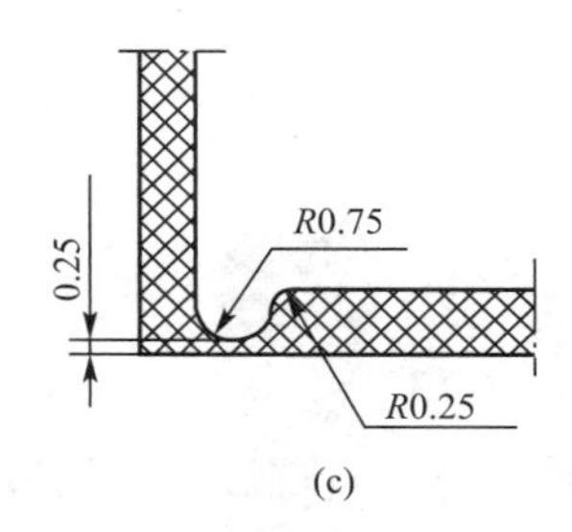

图 3.24 常见塑料铰链截面形式

（3）铰链剖面形状应对称，铰链转折时，应预留铰链部位空间，即增大铰链部分的尺寸。

（4）在成型过程中，熔体流向应垂直于铰链轴线方向，使大分子沿流动方向取向，脱模后立即折弯数次。

3.3.11 塑件的表面文字、标记、图案及表面彩饰

1. 塑件的表面文字、标记、图案

塑件的表面文字、标记、图案有凸形和凹形两种，当塑件上的文字、标记、图案为凸形时，模具的相应位置为凹形［图 3.25（a)］，此时制模比较方便，可直接在成型零部件上用机械或手工雕刻或电加工等方法成型；当塑件上的文字、标记、图案为凹形时，模具的相应位置为凸形［图 3.25（b)］，制模时要将文字、标记、图案周围的金属去掉，经济性差。为了便于成型零部件表面的抛光，避免损坏文字、标记、图案，一般尽量在有文字、标记、图案的模具对应部位采用镶块的形式，为避免镶嵌的痕迹，可将镶块周围的结合线作为边框［图 3.25（c)］。塑件上标记的凸出高度不小于 0.2mm，线条宽度一般不小于 0.3mm，通常为 0.8mm。两条线的间距不小于 0.4mm，边框可比文字高出 0.3mm 以上，标记的脱模斜度可大于 10°。

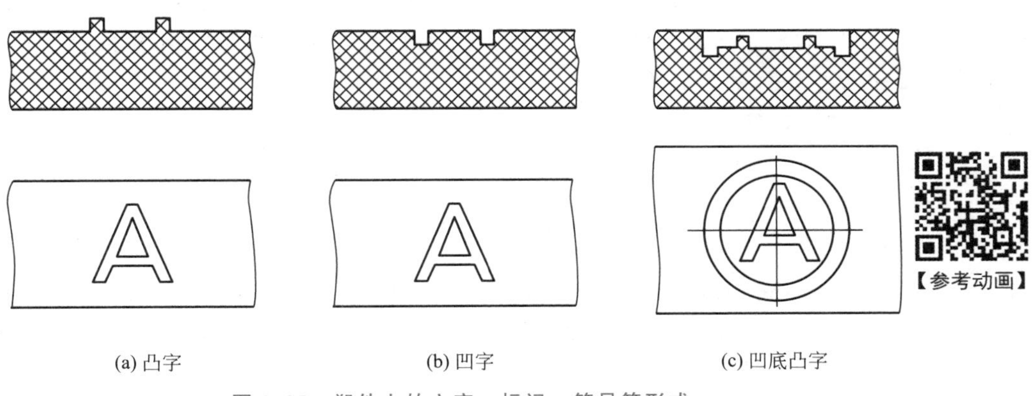

图 3.25 塑件上的文字、标记、符号等形式

2. 塑件的表面彩饰

塑件的表面彩饰可提升塑件外观的美感，同时有利于隐藏塑件表面在成型过程中产生的疵点、银纹等缺陷，通过喷漆增加塑件质感，使塑件色彩鲜艳、多样化，也可使塑件在一定程度上耐腐蚀，防止塑料老化。目前塑件表面常采用纹理、丝印、喷漆等方法进行表

面彩饰。图3.26所示为手机外壳的纹理装饰、头盔PC外壳图案的丝网印刷、耳机外壳的喷漆等。

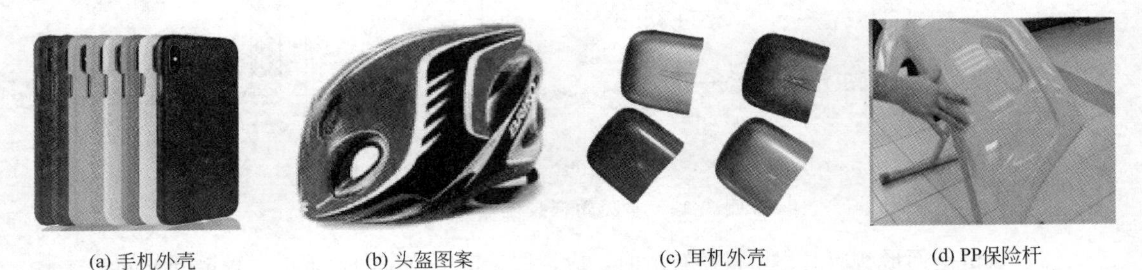

(a) 手机外壳　(b) 头盔图案　(c) 耳机外壳　(d) PP保险杆

图3.26　塑件的表面彩饰

学习建议

根据教材内容，结合教师的课堂讲授、介绍，选择典型的塑件，对其工艺性进行逐项分析，慢慢理解并熟悉塑件的结构工艺性要求，掌握塑件的工艺性设计。

本章小结

塑件的工艺性设计直接影响塑料成型模具的结构设计和制造方法，合理的工艺设计会大大降低模具结构设计的复杂程度和制造成本。不同的使用要求和环境对塑件的工艺性有不同的要求，在模具设计中不仅要充分了解和熟悉塑件的结构工艺性要求，而且要考虑模具设计和制造的合理性与可行性。本章介绍了塑件工艺性设计的基本原则和工艺性设计的主要内容，从符合使用要求和满足成型条件的角度出发，对塑件的尺寸精度和表面质量、塑件的几何形状与结构［壁厚，加强筋，脱模斜度，支承面，圆角，孔（槽），螺纹，齿轮，嵌件，铰链，以及表面文字、标记、图案和表面彩饰等］设计要求作了较为详尽的阐述。

关键术语

结构工艺性（processability of structure）、脱模斜度（draft）、壁厚（wall thickness）、圆角（rounded corner）、加强筋（reinforcing rib）、螺纹（thread）、齿轮（gear）、嵌件（inlay）、铰链（hinge）

【在线答题】

习　题

1. 从模具设计和成型方面考虑，塑件的结构工艺性有哪些要求？

2. 设计塑件对壁厚有什么要求？
3. 影响塑件尺寸精度的因素主要有哪些？
4. 简述脱模斜度的选取原则。
5. 简述嵌件的作用及设计注意事项。

实训项目

根据本章所学内容，分析图 3.27 所示塑件的结构工艺性是否合理，如有不合理的地方，请改正。

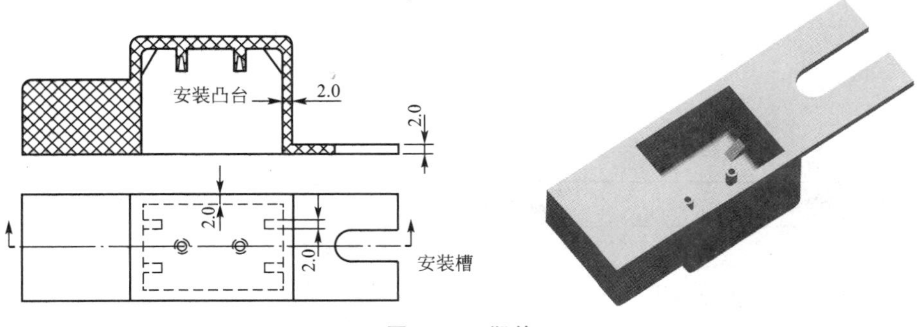

图 3.27 塑件

序号	主题	内容简介	内容链接
1	塑件上的三角标识	每个塑料的器皿，在底部都有一个数字（它是一个带箭头的三角形，三角形里面有一个数字）。不同的数字对应塑件的类别、选用材料及其使用要求不同	
2	塑件表面彩饰的常用方法	塑件表面的纹理：可以隐蔽塑件的表面缺陷，美化塑件外观，防滑、防转、防止光线反射等； 塑件的丝网印刷：广泛应用于家电、电子仪器及标牌等塑件上； 塑料喷漆：目前电子产品应用最广泛的技术	
3	加强塑料污染治理	树立新发展理念，有序禁止、限制部分塑料制品生产、销售和使用，积极推广替代产品，规范塑料废弃物回收利用，建立健全塑料制品生产、流通、使用、回收处置等环节的管理制度，有力有序有效治理塑料污染，努力建设美丽中国	

第4章 注射成型模具设计

知识要点	目标要求	学习方法
注射成型模具（即注射模）的结构	熟悉	通过观看多媒体课件、现场拆装实体模具获得感性认识，结合教师在教学过程中的讲解，阅读教材相关内容，了解典型注射模的基本结构组成及工作原理，能读懂不同类型注射模结构图
注射机有关工艺参数的校核	理解	熟悉注射机的主要技术规范及工艺参数，理解需要校核的内容，通过实训练习强化具体分析能力
塑件在模具中的位置	掌握	学会运用型腔数目的确定方法，理解分型面选择的基本原则，结合实例交流探讨
浇注系统的设计	重点掌握	浇注系统的设计是注射模设计的核心内容，结合教师提供的普通流道浇注系统凝料实物，对比分析各种常用浇口的特性、设计要点及适用范围
成型零部件的基本结构与设计	重点掌握	理解相关的设计要点，结合典型实例举一反三，融会贯通，领会实践中的技巧
基本结构零部件的设计	掌握	
塑件推出机构的设计	掌握	
侧向分型与抽芯机构的设计	掌握	
模具温度调节系统的设计	掌握	掌握冷却（加热）水道的设计要点
注射成型新技术	了解	选择自己感兴趣的领域拓展学习

导入案例

注射模能有效提高注塑件质量、节约原材料、体现注塑技术经济性。为获得满意的塑件，对模具而言，有三个关键问题，即正确的模具结构设计、合理的模具材料及热处理方法、高的模具加工质量。目前我国注射模设计已由经验设计阶段逐渐向理论计算设计阶段发展，因此，在了解并掌握塑料的成型工艺特性、塑件的工艺性及注射机性能等成型技术的基础上，设计出先进合理的注射模，是一名合格的模具设计技术人员必须达到的要求。

图 4.1 所示的传动轮是一传动结构部件中的电机带轮，塑件原材料选用聚甲醛，现需采用注射成型工艺大批量生产该塑件，为设计满足塑件技术要求及生产要求的注射模需重点解决以下问题。①选用注射机；②确定塑件在模具中的位置；③模具总体结构；④浇注系统的设计；⑤成型零部件的设计；⑥塑件推出机构的设计；⑦模具温度调节系统的设计。

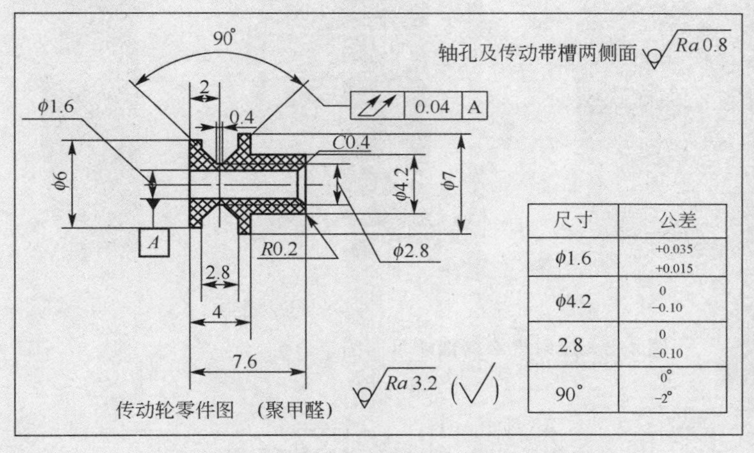

尺寸	公差
ϕ1.6	+0.035 +0.015
ϕ4.2	0 −0.10
2.8	0 −0.10
90°	0° −2°

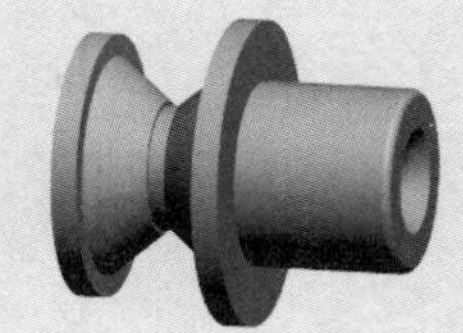

图 4.1　传动轮塑件

4.1　注射成型模具的基本结构及工作原理

生产实践中，由于涉及成型塑料的种类、塑件的结构形状和尺寸精度及产量、注射机类型和注射工艺条件等诸多因素，注射模的结构形式多种多样。图 4.2 所示为常见的注射模实例，图 4.3 所示为注射模结构剖切示意图。各种注射模结构之间虽然差别明显，但其基本结构和工作原理有共同之处，提炼总结这些普遍规律及共同点，将有助于更好地认识并掌握注射模的基本设计规律及设计方法。图 4.4 所示的注射模的典型结构极具代表性。下面以该典型结构为例，分析注射模的基本结构和工作原理。

(a) 外观结构

(b) 打开后的模具内部结构

图 4.2 常见的注射模实例

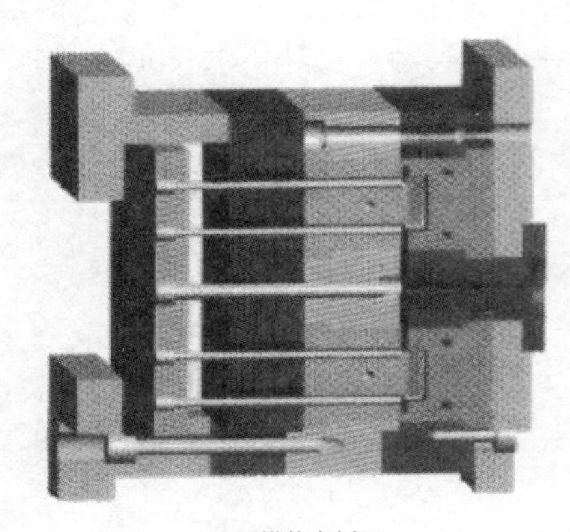

(a) 闭模状态剖切

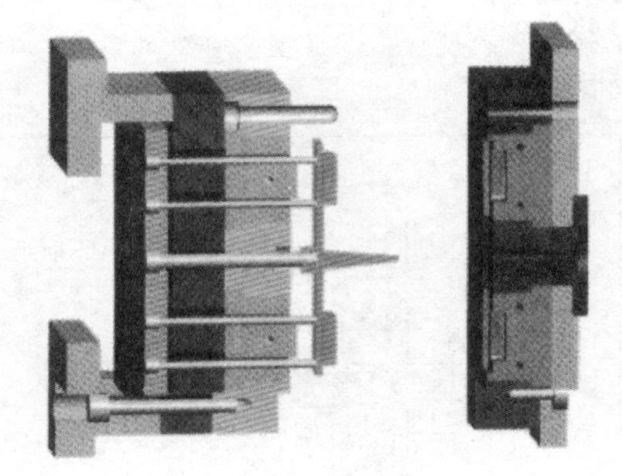

(b) 开模状态剖切

图 4.3 注射模结构剖切示意图

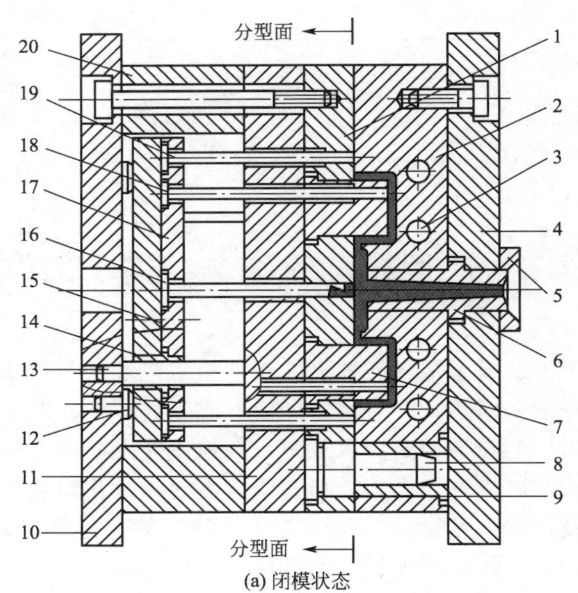

(a) 闭模状态

【参考动画】

图 4.4 注射模的典型结构

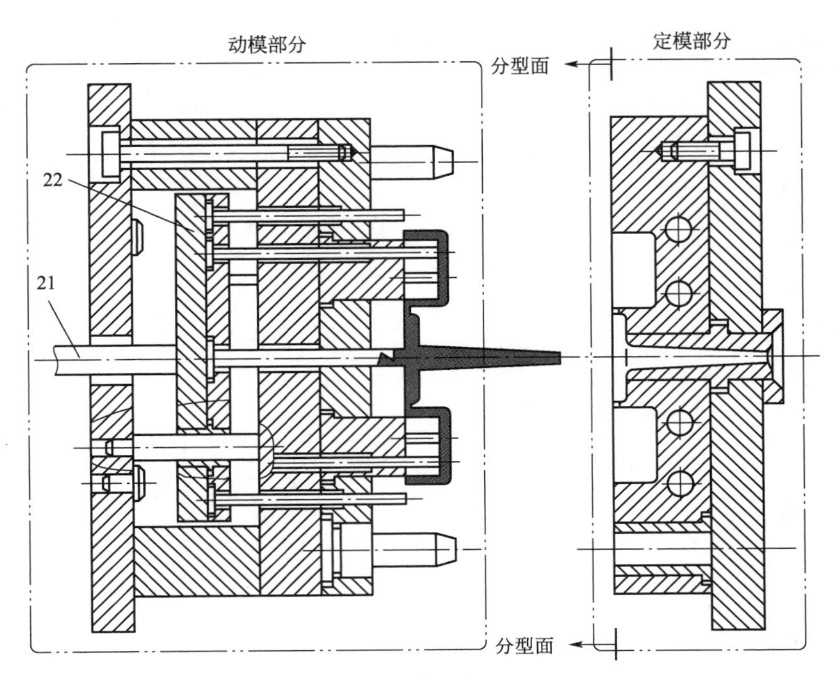

(b) 开模状态

1—动模板；2—定模板；3—水道；4—定模座板；5—定位圈；6—浇口套；7—型芯；
8—导柱；9—导套；10—动模座板；11—支承板；12—限位钉；13—推板导柱；14—推板导套；
15—内六角螺钉；16—拉料杆；17—推杆固定板；18—推杆；19—复位杆；
20—垫块；21—注射机液压顶杆；22—推板。

图 4.4　注射模的典型结构（续）

4.1.1 注射模的基本结构

注射模的结构由塑件的结构形状及尺寸精度、注射机类型等诸多因素决定。

不论是简单的注射模，还是复杂的注射模，其基本结构都是由动模和定模两部分组成的。动模安装在注射机的移动模板（动模固定板）上，在注射成型过程中随注射机上的合模系统运动；定模安装在注射机的固定模板（定模固定板）上，在注射成型过程中始终保持静止不动。注射时动模与定模闭合构成浇注系统和型腔，便于注射成型，开模时动模和定模分离，一般情况下塑件留在动模上，便于取出塑件。

注射模的基本组成见表 4－1。

表 4－1　注射模的基本组成（以图 4.4 为例）

序号	功能结构	说　明	零件构成
1	成型零部件	成型零部件是与塑件内表面和外表面直接接触的模具部分，由凸模（型芯）、凹模（型腔）及嵌件和镶块等组成。凸模形成塑件的内表面形状，凹模形成塑件的外表面形状，合模后凸模和凹模构成模具模腔	动模板、定模板和型芯

续表

序号	功能结构	说　明	零件构成
2	浇注系统	塑料熔体在压力作用下充填模具型腔的通道（塑料熔体从注射机喷嘴进入模具型腔所流经的通道）。浇注系统由主流道、分流道、浇口及冷料穴等组成。浇注系统对塑料熔体在模具内流动的方向与状态、排气溢流、模具的压力传递等起重要的作用	浇口套、拉料杆、动模板和定模板
3	合模导向机构	为了保证动模、定模在合模时准确定位，模具必须设有导向机构。导向机构分为导柱、导套（导向孔）导向机构与内外锥面定位导向机构两种。此外，大中型模具还要采用推出机构导向	导柱和导套、推板导柱和推板导套
4	推出机构	推出机构是将成型后的塑件及浇注系统凝料从模具中推出的装置	推板、推杆固定板、拉料杆、推板导柱、推板导套、推杆和复位杆
5	侧向分型与抽芯机构	塑件上的侧向如有凹凸及孔或凸台，则成型时需要设侧向型芯或侧向成型块。在塑件被推出之前，需先抽出侧向型芯或侧向成型块，再顶离脱模。带动侧向型芯或侧向成型块移动的机构称为侧向分型与抽芯机构	斜导柱、侧型芯滑块、楔紧块、限位块、滑块拉杆、弹簧、螺母（参见图 4.12）
6	温度调节系统	为了满足注射工艺对模具的温度要求，需对模具的温度进行控制，模具结构中一般都设有冷却或加热的温度调节系统。模具的冷却方式是在模具上开设冷却水道，模具的加热方式是在模具内部或四周安装加热元件，也可利用水道通入热水实现模具的加热	水道
7	排气系统	在注射成型过程中，为了将型腔内的气体排出模具外，常常需开设排气系统。排气系统通常是在分型面上开设几条排气沟槽；另外，许多模具的推杆或活动型芯与模板之间的配合间隙也可排气。小型塑件的排气量不大，可直接利用分型面排气	—
8	支承零部件	用来安装固定或支承成型零部件及上述各部分机构的零部件均称为支承零部件。支承零部件组装在一起构成注射模的基本骨架	定模座板、动模座板、支承板和垫块

根据注射模中各零部件的作用及与塑件的接触情况，可以将表 4－1 中八部分的功能结构分为成型零部件和结构零部件两类。在结构零部件中，合模导向机构与支承零部件合称为基本结构零部件，二者组装起来可以构成注射模模架（GB/T 12555—2006《塑料注射模模架》已作出相关规定）。任何注射模均可以这种模架为基础，再添加成型零部件和其他必要的功能结构件来构成。

4.1.2 注射模的工作原理

以图 4.4 所示注射模为例。开始注射成型时，合模系统带动动模朝着定模方向移动，并在分型面处与定模对合，对合的精确度由合模导向机构（即导柱和固定在定模板上的导套）保证。动模和定模闭合之后，定模板中的凹模型腔与动模板上的型芯构成与塑件形状、尺寸一致的闭合型腔，型腔在合模系统提供的合模力作用下锁紧，避免在塑料熔体的压力下胀开。

从注射机喷嘴中注射的塑料熔体经浇口套中的主流道进入模具，再经分流道和浇口进入型腔。

待熔体充满型腔并经保压、补缩和冷却定型后，合模系统带动动模后移复位，使动模和定模两部分从分型面处开启。

当动模后移到一定位置时，安装在内部的推出机构将会在注射机顶杆的推顶作用下与动模其他部分产生相对运动，塑件和浇口及流道中的凝料将会从型芯上及从动模一侧的分流道中顶出脱落，完成一次注射成型。

学以致用

看懂图 4.4 是学习和掌握塑料注射模设计的基础。熟悉并能依样画出图 4.4 对本章内容的学习至关重要。建议尝试默画，时间控制在两节课之内。

4.2 注射成型模具的典型结构

针对千变万化、种类繁多的注射模结构形式，可以采取不同的分类方法（图 4.5）。

注射模的分类
- 按成型塑料的性质
  - 热塑性塑料注射模
  - 热固性塑料注射模
- 按所用注射机的类型
  - 卧式注射机用注射模
  - 立式注射机用注射模
  - 角式注射机用注射模
- 按浇注系统的结构形式
  - 普通流道注射模
  - 热流道注射模
- 按模具的型腔数量
  - 单型腔注射模
  - 多型腔注射膜
- 按模具的安装方式
  - 移动式注射模（仅用于立式注射机）
  - 固定式注射模（可用于卧式、立式、角式注射机）
- 按注射成型技术
  - 低发泡注射模
  - 精密注射模
  - 气体辅助注射模
  - 双色注射模
  - 多色注射模
- 按模具的典型结构特征
  - 单分型面注射模
  - 双分型面注射模
  - 斜导柱（弯销、斜导槽、斜滑块、齿轮齿条）侧向分型与抽芯注射模
  - 定模带有推出装置的注射模
  - 自动卸螺纹的注射模
  - 带有活动镶件的注射模

图 4.5 注射模的分类

4.2.1 单分型面注射模

单分型面注射模是注射模中最简单、最常见的一种，也称二板式注射模。单分型面注射模只有一个分型面，其典型结构如图 4.4 所示。单分型面注射模根据结构需要，既可以设计成单型腔注射模，也可以设计成多型腔注射模，应用十分广泛。

1. 工作原理

合模时，在导柱和导套的导向、定位作用下，注射机的合模系统带动动模向前移动，使模具闭合，并提供足够的锁模力锁紧模具。

在注射液压缸的作用下，塑料熔体通过注射机喷嘴经模具浇注系统进入型腔［图 4.4 (a)］，待熔体充满型腔，经保压、补缩和冷却定型后开模。

开模时，注射机合模系统带动动模向后移动，模具从动模和定模分型面分开，塑件在型芯上随动模一起后移，同时拉料杆将浇注系统凝料从浇口套中拉出。

开模行程结束，注射机液压顶杆推动推板，推出机构开始工作，推杆和拉料杆分别将塑件及浇注系统凝料从型芯和冷料穴中推出［图 4.4 (b)］，完成一次注射成型。

合模时，复位杆使推出机构复位，以便于下一次注射成型。

2. 设计注意事项

(1) 分流道位置的选择。

分流道开设在分型面上，可单独开设在动模一侧或定模一侧，也可以开设在动模、定模分型面的两侧。

(2) 塑件的留模方式。

由于注射机的推出机构一般设置在动模一侧，为了便于塑件推出，塑件在分型后应尽量留在动模一侧。因此，一般将受塑件包紧力大的凸模或型芯设在动模一侧，受塑件包紧力小的凸模或型芯设置在定模一侧。

(3) 拉料杆的设置。

为了将主流道浇注系统凝料从模具浇口套中拉出，避免下一次成型时堵塞流道，动模一侧必须设有拉料杆。

(4) 导柱的设置。

单分型面注射模的合模导柱既可设置在动模一侧，也可设置在定模一侧，根据模具结构的具体情况而定，通常设置在型芯凸出分型面最长的那一侧。需要指出的是，标准模架的导柱一般设置在动模一侧。

(5) 推杆的复位。

推杆有多种复位方法，常用的复位方法有复位杆复位和弹簧复位两种。

单分型面注射模作为一种最基本的注射模结构，可以根据具体塑件的实际要求，增添其他的部件（如嵌件、螺纹型芯或活动型芯等），以此为基础可演变出其他各种复杂的结构。单分型面注射模实例如图 4.6 所示。

4.2.2 双分型面注射模

双分型面注射模有两个分型面，常常用于点浇口浇注系统，又称三板式（动模板、中间板、定模座板）注射模（图 4.7)。在定模增加一个分型面（A 分型面），分型的目的是

(a) 实例1(成型双缸洗衣机壳体)　　(b) 实例2(成型光盘)

图 4.6　单分型面注射模实例

取出浇注系统凝料，便于下一次注射成型；B 分型面为主分型面，分型的目的是开模推出塑件。与单分型面注射模相比，双分型面注射模结构较复杂。

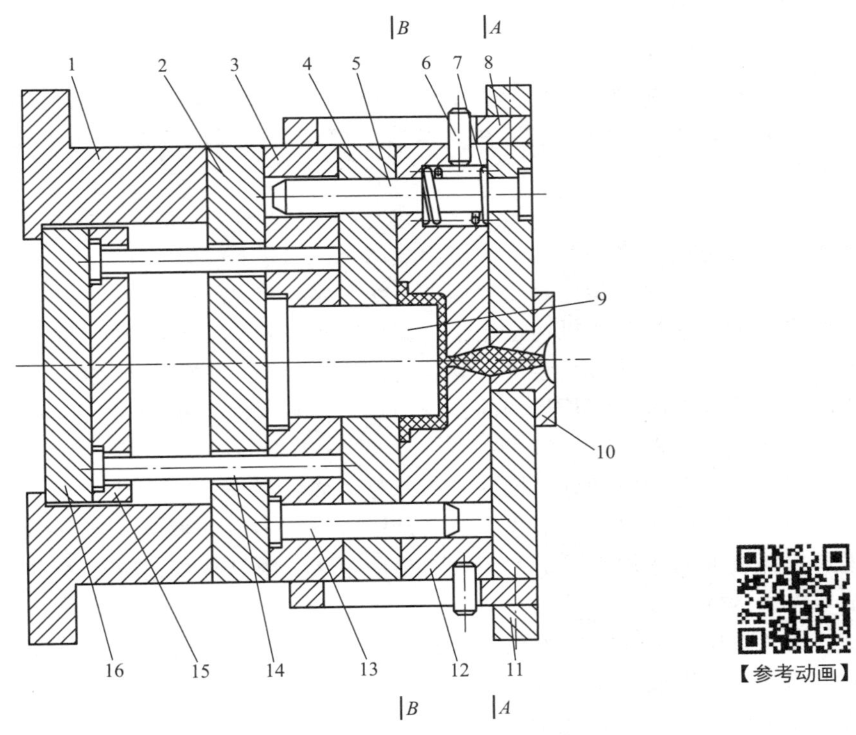

1—支架（模脚）；2—支承板；3—型芯固定板；4—推件板；5，13—导柱；6—限位销；7—压缩弹簧；8—定距拉板；9—型芯；10—浇口套；11—定模座板；12—中间板（定模板）；14—推杆；15—推杆固定板；16—推板。

图 4.7　弹簧分型拉板定距双分型面注射模

1. 工作原理

开模时，动模向后移动，由于压缩弹簧的作用，模具首先在 A 分型面分型，中间板

（定模板）随动模一起后移，主流道凝料从浇口套中被拉出。当动模移动一定距离后，固定在定模板上的限位销与定距拉板左端接触，中间板停止移动，A 分型面分型结束。

动模继续后移，模具在 B 分型面分型。塑件紧包在型芯上，浇注系统凝料在浇口处被拉断，在 A 分型面自行脱落或由人工取出。

动模继续后移，当注射机的顶杆与推板接触时，推出机构开始工作，推件板在推杆的推动下将塑件从型芯上推出，塑件在 B 分型面自行脱落。

2. 设计注意事项

（1）浇口的形式。

双分型面点浇口注射模的点浇口截面面积较小，直径为 0.5～1.5mm。由于浇口截面面积太小，熔体流动阻力较大。

（2）导柱的设置。

双分型面点浇口注射模在定模一侧需设置导柱，用于对中间板的导向和支承，加长该导柱的长度也可以对动模导向，因此动模可以不设置导柱。如果是推件板推出机构，则动模也需设置导柱。

3. 双分型面注射模的分型形式

双分型面注射模在开模过程中要进行两次分型，故必须采取顺序定距分型机构，即定模板与定模座板先分开一定距离，然后定模、动模间的主分型面 B 分型。一般 A 分型面分型距离 S 为

$$S = S' + (3 \sim 5) \tag{4-1}$$

式中：S' 为浇注系统凝料的空间对角线的长度（mm）。

双分型面注射模顺序定距分型的方法较多，图 4.7 所示的注射模采用弹簧分型拉板定距两次分型，这种分型机构适用于一些中小型的模具。在这种分型机构中，至少有四个弹簧，弹簧的两端应并紧且磨平，弹簧的高度应保持一致，并对称布置于分型面上模板的四周，以保证分型时中间板受到的弹压力均匀，移动时不被卡死。定距拉板一般有两块，对称布置于模具两侧。

图 4.8 所示为弹簧分型拉杆定距双分型面注射模。该注射模的工作原理与弹簧分型拉板定距双分型面注射模基本相同，只是定距方式不同，弹簧分型拉杆定距双分型面注射模采用拉杆端部的螺母来限定中间板的移动距离。限位拉杆还常兼作定模导柱，它与中间板按导向机构的要求配合导向。

图 4.9 所示为导柱定距双分型面注射模。开模时，由于弹簧的作用，顶销压紧在导柱的半圆槽内，以便模具在 A 分型面分型，当定距导柱上的凹槽尾部与定距螺钉接触时，中间板停止移动，顶销退出导柱的半圆槽。接着，模具在 B 分型面分型。这种定距导柱既是中间板的支承和导向，又是动模、定模的导向，减少了模板上的杆孔数量。对于模具分型面比较紧凑的小型模具来说，这种结构经济合理。

图 4.10 所示为摆钩分型螺钉定距双分型面注射模。两次分型的机构由挡块、摆钩、拉钩、弹簧和限位螺钉等组成。开模时，由于固定在中间板上的摆钩拉住支承板上的挡块，模具先从 B 分型面分型。分型到一定距离后，摆钩在拉钩的作用下产生摆动，与固定在支承板上的挡块分离，同时中间板在限位螺钉的限制下停止移动，模具在 A 分型面分型。设计时摆钩、拉钩等零件应对称布置在模具的两侧，摆钩拉住动模上挡块的角度取

3°～5°为宜。图 4.11 所示为双分型面注射模实例。

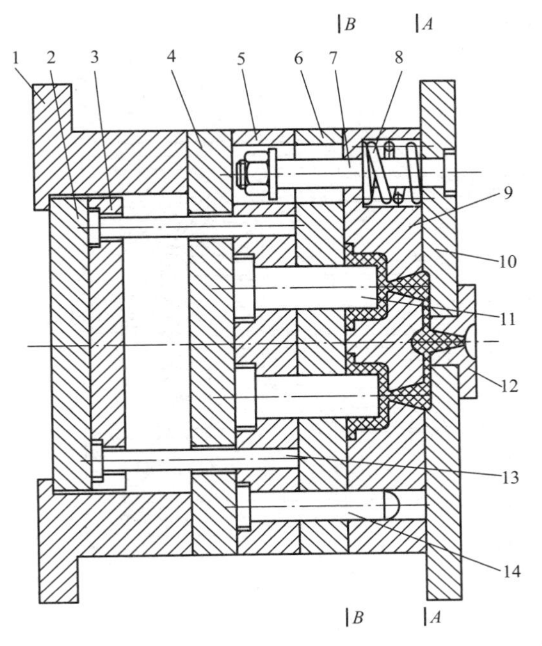

1—支架（模脚）；2—推板；3—推杆固定板；4—支承板；5—型芯固定板；6—推件板；7—限位拉杆；8—弹簧；9—中间板（定模板）；10—定模座板；11—型芯；12—浇口套；13—推杆；14—导柱。

图 4.8　弹簧分型拉杆定距双分型面注射模

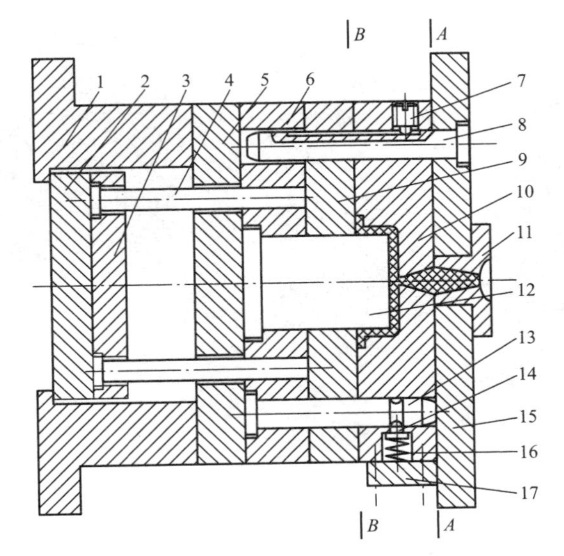

1—支架（模脚）；2—推板；3—推杆固定板；4—推杆；5—支承板；6—型芯固定板；7—定距螺钉；8—定距导柱；9—推件板；10—中间板（定模板）；11—浇口套；12—型芯；13—导柱；14—顶销；15—定模座板；16—弹簧；17—压块。

图 4.9　导柱定距双分型面注射模

【参考动画】

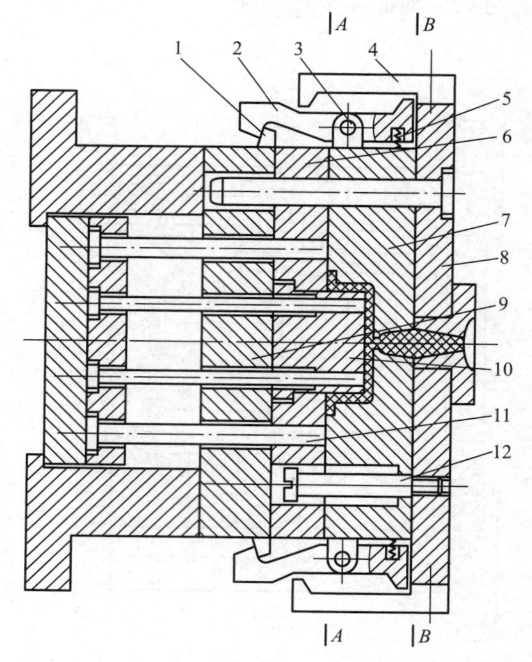

1—挡块；2—摆钩；3—转轴；4—拉钩；5—弹簧；6—动模板；7—中间板（定模板）；
8—定模座板；9—支承板；10—型芯；11—复位杆；12—限位螺钉。

图 4.10　摆钩分型螺钉定距双分型面注射模

图 4.11　双分型面注射模实例（分解结构）

4.2.3　带有侧向分型与抽芯机构的注射模

当塑件侧壁有孔、凹槽或凸起时，注射模的成型零部件必须制成可侧向移动的，否则塑件无法脱模。带动成型零部件进行侧向移动的整个机构称为侧向分型与抽芯机构。

1. 斜导柱侧向分型与抽芯注射模

斜导柱侧向分型与抽芯注射模（图 4.12）的侧向抽芯机构由斜导柱、侧型芯滑块、楔紧块、限位块、滑块拉杆、弹簧和螺母等零件组成。这种侧向分型与抽芯结构比较常用。

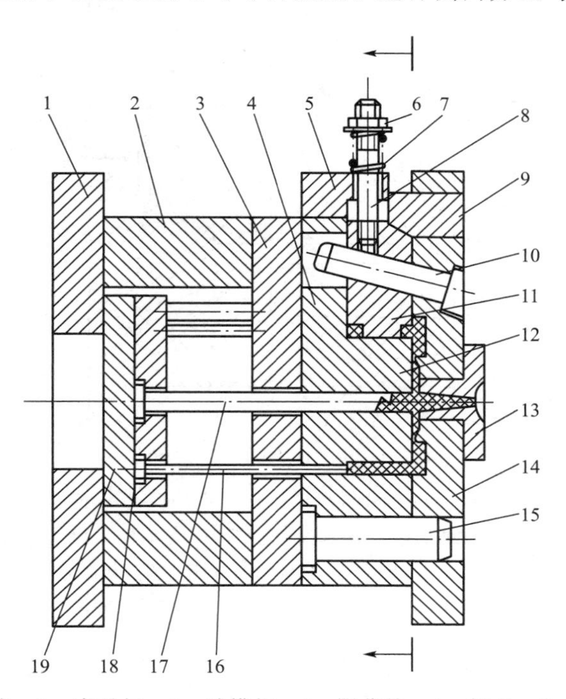

1—动模座板；2—垫块；3—支承板；4—动模板；5—限位块；6—螺母；7—弹簧；8—滑块拉杆；9—楔紧块；10—斜导柱；11—侧型芯滑块；12—型芯；13—浇口套；14—定模座板；15—导柱；16—推杆；17—拉料杆；18—推杆固定板；19—推板。

图 4.12 斜导柱侧向分型与抽芯注射模

开模时，动模向后移动，开模力通过斜导柱带动侧型芯滑块在动模板的导滑槽内向外滑动，直至侧型芯滑块与塑件完全脱开，完成侧向抽芯动作。塑件包在型芯上随动模继续后移，待注射机顶杆与模具推板接触时，推出机构开始工作，推杆将塑件从型芯上推出。合模时，复位杆（图 4.12 中未画出）使推出机构复位，斜导柱使侧型芯滑块向内移动复位，最后楔紧块锁紧侧型芯滑块。

斜导柱侧向抽芯结束后，为保证侧型芯滑块不侧向移动，且合模时斜导柱能顺利地插入侧型芯滑块的斜导孔中使其复位，侧型芯滑块应有准确的定位。图 4.12 所示注射模的定位装置由限位块、滑块拉杆、螺母、弹簧等组成。楔紧块的作用是防止注射时熔体压力使侧型芯滑块产生位移，楔紧块的斜面应与侧型芯滑块上斜面的斜度一致。

2. 斜滑块侧向分型与抽芯注射模

斜滑块侧向分型与抽芯注射模（图 4.13）与斜导柱侧向分型与抽芯注射模作用相同，用来成型带有侧向凹槽或凸起的塑件，斜滑块侧向分型与抽芯的作用力由推出机构提供，动作由可斜向移动的斜滑块来完成。斜滑块侧向分型与抽芯注射模一般用于侧向分型面积较大、抽芯距离较短的场合。

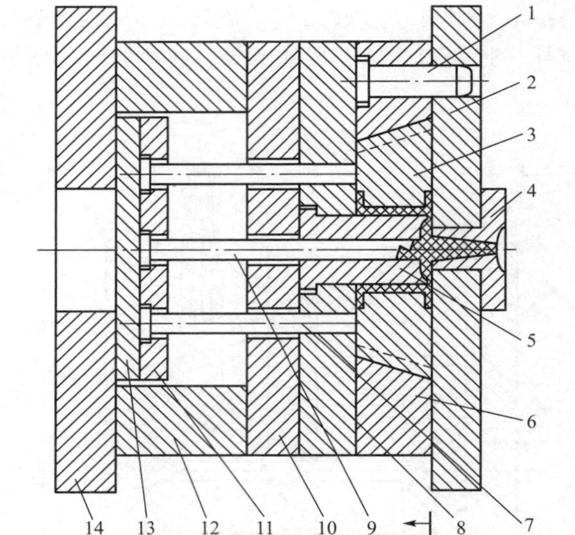

【参考动画】

1—导柱；2—定模座板；3—斜滑块；4—浇口套；5—型芯；6—动模板；
7—推杆；8—型芯固定板；9—拉料杆；10—支承板；11—推杆固定板；
12—垫块；13—推板；14—动模座板。

图 4.13 斜滑块侧向分型与抽芯注射模

开模时，动模部分向左移动，塑件包在型芯上一起随动模移动，拉料杆将主流道凝料从浇口套中拉出。当注射机顶杆与推板接触时，推杆推动斜滑块沿动模板的斜向导滑槽滑动，塑件在斜滑块带动下从型芯上脱模，同时，斜滑块从塑件中抽出。合模时，动模向前移动，当斜滑块与定模座板接触时，定模座板迫使斜滑块推动推出机构复位。

当斜滑块安装在定模板斜向导滑槽内时，斜滑块侧向分型与抽芯的动力一般由固定在定模的液压缸或气缸提供。

斜滑块侧向分型与抽芯机构在进行侧向分型抽芯的同时，塑件从型芯上脱出，即侧向抽芯与脱模同时进行。但斜滑块侧向分型与抽芯机构的侧向抽芯的距离比斜导柱侧向分型与抽芯机构的侧向抽芯距离短。在设计、制造斜滑块侧向分型与抽芯注射模时，要求斜滑块移动可靠、灵活，不能出现停顿及卡死，否则侧向抽芯将无法顺利进行，甚至会损坏塑件或模具。

4.2.4 带有活动成型零部件的注射模

塑件上除了有侧向的孔、凹槽及凸起外，还可能有螺纹孔及外螺纹表面等。这样的塑件在成型时，即使采用侧向抽芯机构也无法实现侧向抽芯，在设计中为了简化模具结构，可将局部的成型零部件设置成活动成型零部件，而不采用斜导柱、斜滑块等机构。开模时，这些活动成型零部件在塑件脱模时连同塑件一起被推出模具外，然后通过手工或专用工具将活动成型零部件与塑件分离，在下一次合模注射之前再重新将活动成型零部件放入模具内。带有活动成型零部件注射模的优点是省去了斜导柱、斜滑块等复杂结构的设计与制造，模具结构简单，外形小，降低了模具的制造成本。另外，在某些无法安排斜导柱、斜滑块等机构的场合，使用活动成型零部件更灵活。带有活动成型零部件注射模的缺点是生产效率较低，操作时安全性差，无法实现自动化生产。

图4.14所示为带有活动成型零部件的点浇口双分型面注射模。由于塑件的内侧有局部凹槽，设置斜导柱或斜滑块的机构较复杂，故采用活动成型零部件的机构。合模前人工将活动镶件定位于动模板的对应孔中。为了便于安装镶件，应使推出机构先复位，为此在四根复位杆上安装了四个弹簧。开模时，动模向后移动，模具首先在 A 分型面分型，点浇口凝料从浇口套中脱出，当定距导柱左端限位挡圈接触定模板时，A 分型面分型结束；模具开始在 B 分型面分型，塑件包在型芯和活动镶件上随动模一起后移，分型结束，推出机构开始工作，推杆将塑件及活动镶件一起推出模具外。合模时，弹簧使推杆复位后，人工将与塑件分离后的活动成型零部件重新放入模具内合模，以便进行下一次注射成型。

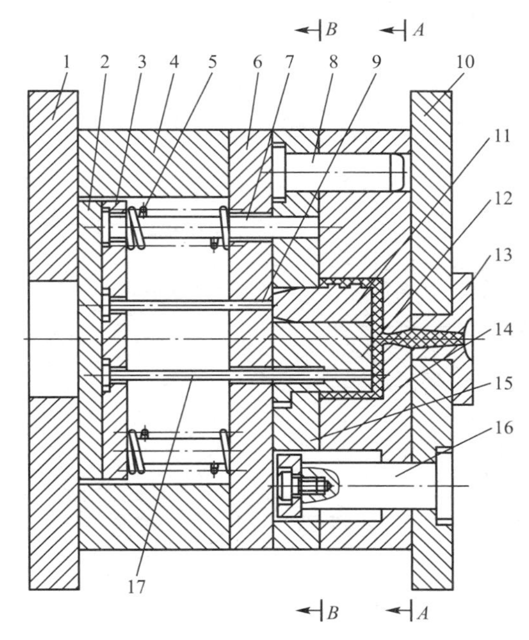

1—动模座板；2—推板；3—推杆固定板；4—垫块；5—弹簧；6—支承板；
7—复位杆；8—导柱；9—推杆；10—定模座板；11—活动镶件；12—型芯；
13—浇口套；14—定模板；15—动模板；16—定距导柱；17—推杆。

图4.14　带有活动成型零部件的点浇口双分型面注射模

对于成型带螺纹塑件的注射模，可以设置螺纹型芯或螺纹型环。螺纹型芯或螺纹型环实质上也是活动镶件。开模时，活动螺纹型芯或螺纹型环随塑件一起被推出机构推出模具外，然后手工或用专用工具将螺纹型芯或螺纹型环从塑件中旋出，再将其放入模具中，以便下一次注射成型。

设计带有活动成型零部件的注射模时应注意：活动成型零部件在模具中应有可靠的定位和正确的配合。除了和安放孔有一段（5～10mm）H8/f8的配合外，其余长度应设计成3°～5°的斜面以保证配合间隙；由于脱模的需要，有些模具在活动成型零部件后要设置推杆，开模时将活动成型零部件推出模具外，为了便于下一次安放活动成型零部件，推杆必须预先复位，否则活动成型零部件将无法放入安装孔内。图4.14中的弹簧能使推出机构先复位。弹簧一般为四个，安装在复位杆上。此外，也可以将活动成型零部件设计成部分与定模分型面接触，在方便取件的前提下，推杆将其推出时并不全部推出安装孔，还保留一部分，以便安装活动成型零部件；合模时由定模分型面将活动成型零部件全部压入安装孔内。这种设计往往用螺纹连接推杆与活动成型零部件。当活动成型零部件放在模具中容易滑落的位置（如立式注射机的上模或受冲击振动较大的卧式注射机的动模一侧）时，活动镶件插入时应有弹性连接装置加以稳定，以免合模时活动成型零部件落下或移位，损坏塑件或模具。

4.2.5 热流道注射模

热流道注射模（图 4.15）在成型过程中，模具浇注系统中的塑料始终保持熔融状态，塑料从二级喷嘴进入模具后，在流道中加热保温，使其保持熔融状态，每次注射完毕，只有型腔中的塑料冷凝成型，取出塑件后又可继续注射，大大节省了塑料消耗量，提高了生产率，保证了塑件质量。但热流道注射模结构复杂，模具温度控制要求严格，否则很容易在塑件的浇口处出现疤痕。图 4.16 所示为热流道注射模实例。

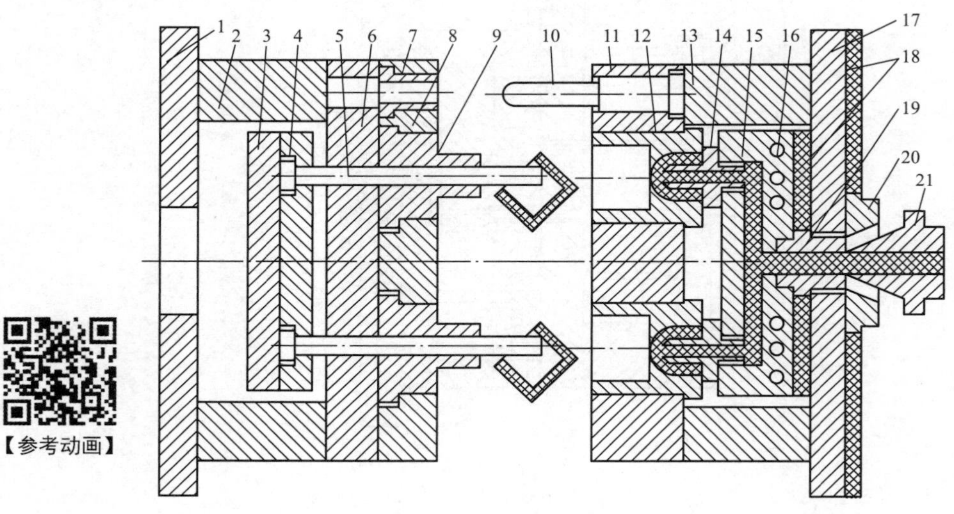

1—动模座板；2，13—垫块；3—推板；4—推杆固定板；5—推杆；6—支承板；7—导套；8—动模板；9—型芯；10—导柱；11—定模板；12—型腔；14—喷嘴；15—热流道板；16—加热器孔；17—定模座板；18—绝热层；19—浇口套；20—定位圈；21—二级喷嘴。

图 4.15 热流道注射模

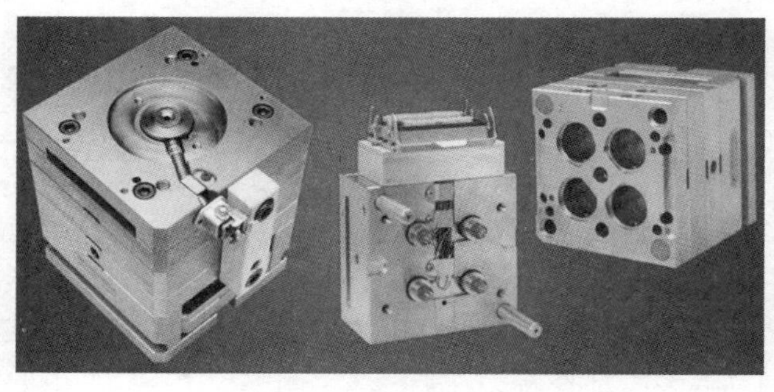

图 4.16 热流道注射模实例

4.2.6 角式注射机用注射模

角式注射机用注射模（图 4.17）是一种特殊形式的注射模，又称直角式注射模。这类模具的主流道、分流道开设在分型面上，且主流道截面的形状一般为圆形或椭圆形，注射方向与合模方向垂直，适合于一模多腔、塑件尺寸较小的注射模。开模时，塑件紧包在型芯上，与主流道凝料一起留在动模一侧，向后移动一定距离后，推出机构开始工作，推件板将塑件从型芯上推出模具外。为防止注射机喷嘴与主流道端部的磨损和变形，主流道的端部一般镶有淬火块，图 4.17 中的浇道镶块正是基于此原因设计的。

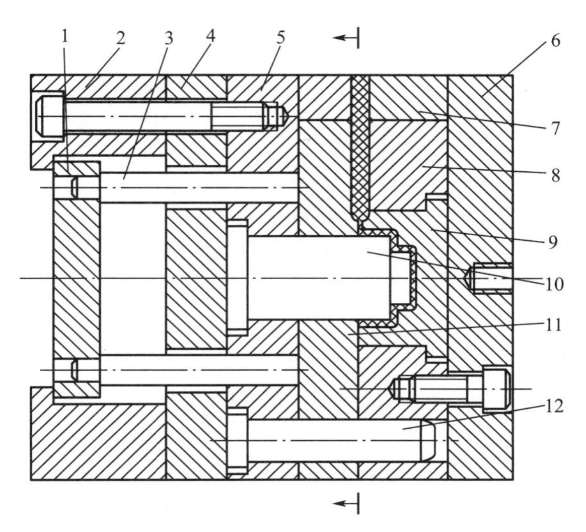

1—推板；2—支架（模脚）；3—推杆；4—支承板；5—型芯固定板；6—定模座板；7—浇道镶块；8—定模板；9—型腔；10—型芯；11—推件板；12—导柱。

图 4.17 角式注射机用注射模

学习建议

找出注射模的实物或图片，增加感性认识。结合教师的课堂讲授与介绍，选择典型的注射模装配图，逐步分析其成型零部件、浇注系统、排气系统、模架及结构零部件、抽芯机构、加热与冷却系统，一步一步地读懂整幅注射模结构图。

4.3 注射机有关工艺参数的校核

注射机是注射成型的设备（图 4.18），注射模是安装在注射机上生产的，二者在注射成型过程中是一个不能分割的整体。模具设计人员必须了解注射成型工艺规程，熟悉有关注射机的技术规范及使用要求，正确处理注射模与注射机之间的关系，使设计出的模具能在注射机上安装并使用。注射模在注射机上的安装关系如图 4.19 所示。一方面，注射机的选用直接影响模具结构的设计；另一方面，在进行模具设计时，必须对所选用注射机的

(a) 卧式注射机实例

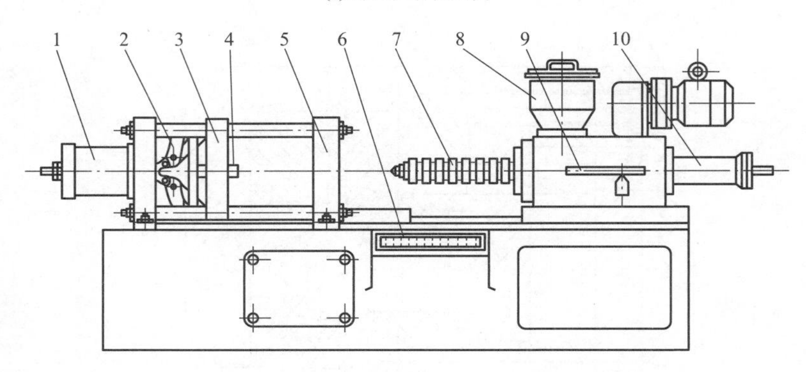

【参考图文】

(b) 卧式注射机外形示意图

1—锁模液压缸；2—锁模机构；3—移动模板；4—顶杆；5—固定模板；6—控制台；7—料筒及加热器；8—料斗；9—定料供应装置；10—注射液压缸。

图 4.18　卧式注射机实例及外形示意图

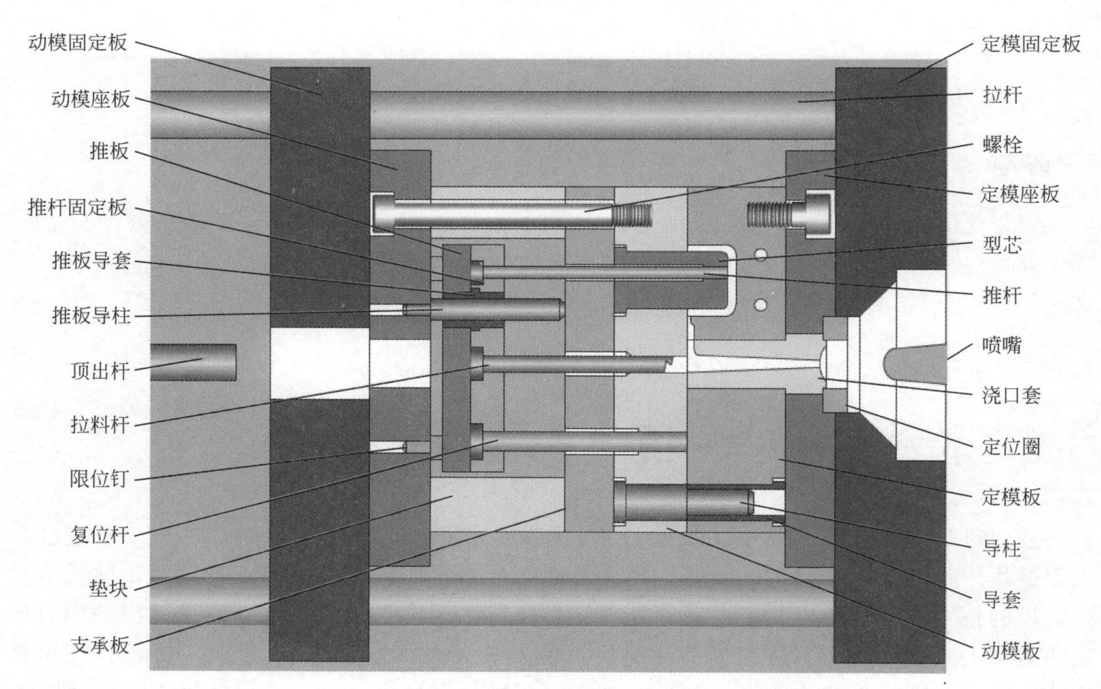

图 4.19　注射模在注射机上的安装关系

相关技术参数有全面的了解，并参照注射机的类型及相关尺寸进行设计。从模具设计角度考虑，需要了解注射机的主要技术规范有额定注射量、额定注射压力、额定锁模力、模具安装尺寸及开模行程等。选用注射机时，通常以某塑件（或模具）实际注射量为标准，初步选定某一公称注射量的注射机型号，然后依次对该注射机的公称注射压力、公称锁模力、模板行程及模具安装尺寸等进行校核。

4.3.1 注射量的校核

1. 公称注射量

注射机的公称注射量有容量（单位为 cm^3）和质量（单位为 g）两种表示方法。

（1）公称注射容量。

公称注射容量是指注射机对空注射时，螺杆作一次最大注射行程所注射的塑料体积。注射容量是选择注射机的重要参数，在一定程度上反映了注射机的注射能力，也代表注射机成型的塑件最大体积。

（2）公称注射质量。

公称注射质量是指注射机对空注射时，螺杆作一次最大注射行程所注射的聚苯乙烯的质量。由于聚苯乙烯的密度是 1.04～1.06g/cm^3，它的单位容量与单位质量相近，因此为便于计算，有时还沿用过去的习惯，通常也用其质量（g）作粗略计量。由于各种塑料的密度及压缩比不同，在使用其他塑料时，实际最大注射质量 $m_{\max}$ 与聚苯乙烯的公称注射质量 m_n 可进行如下换算：

$$m_{\max}=m_n\frac{\rho_1 f_2}{\rho_2 f_1} \tag{4-2}$$

式中：ρ_1 为常温下实际使用塑料的密度（g/cm^3）；ρ_2 为常温下聚苯乙烯的密度（g/cm^3，通常为 1.06g/cm^3）；f_1 为实际使用塑料的体积压缩比（由实验测定）；f_2 为聚苯乙烯的压缩比（通常取 2.0）。

2. 注射量的校核

以实际注射量为标准，初步选定某一公称注射量的注射机型号，为保证该注射机能正常注射成型，模具每次需要的实际注射量（包括塑件、浇注系统和飞边）应满足以下关系：

$$(1-k)V_n \leqslant nV_p+V_f \leqslant kV_n \tag{4-3}$$

$$(1-k)m_n \leqslant nm_p+m_f \leqslant km_n \tag{4-4}$$

式中：V_n 为注射机公称注射量（cm^3）；V_p 为单个塑件的容积（cm^3）；V_f 为浇注系统的容积（cm^3）；m_p 为单个塑件的质量（g）；m_f 为浇注系统凝料的质量（g）；n 为型腔数目；k 为注射机公称注射质量的利用系数（一般取 0.8）。

4.3.2 锁模力的校核

锁模力是指注射机的锁模机构对模具所施加的最大夹紧力。当高压的塑料熔体充填型腔时，沿锁模方向产生一个很大的胀型力［图 4.20（a）］。

因此，注射机的额定锁模力必须大于该胀型力，否则容易导致锁模不紧而发生溢料，注射机的额定锁模力 F_n 与型腔的胀型力 F_z 应满足以下关系：

$$F_z=Ap_c=(nA_p+A_f)p_c<F_n \tag{4-5}$$

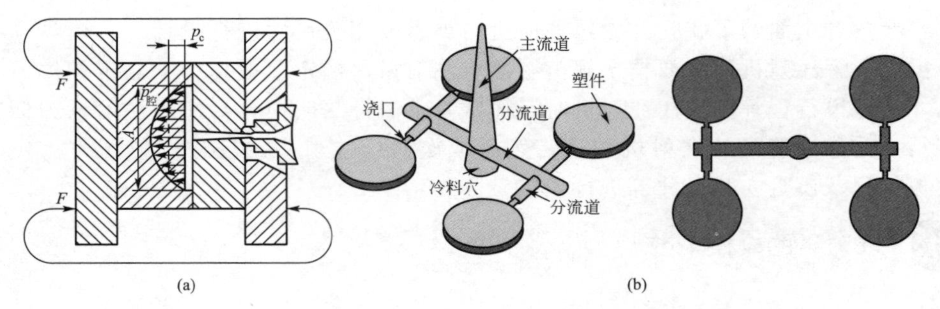

图 4.20　锁模力、型腔压力、投影面积分布示意图

式中：p_c 为模具型腔内塑料熔体平均压力（MPa，一般为注射压力的 30%～65%，通常为 20～40MPa，也可参考表 4-2）；A 为塑件和浇注系统在分型面上投影面积之和［图 4.20（b）］（mm^2）；A_p 为塑件在分型面上投影面积（mm^2）；A_f 为浇注系统在分型面上投影面积（mm^2）；n 为型腔数目。

表 4-2　常用塑料注射时型腔的平均压力　　单位：MPa

塑件特点	举　例	型腔平均压力 p_c
容易成型的塑件	PE、PP、PS 等薄厚均匀的日用品、容器类	25
模具温度较高下成型的塑件	壁薄容器类	30
中等黏度塑料成型的塑件及有精度要求的塑件	ABS、POM 等有精度要求的零件，如壳体等	35
高黏度、难充型塑料成型塑件及高精度塑件	高精度的机械零件，如齿轮、凸轮等	40

4.3.3　成型面积的校核

注射成型时，塑件（包括浇注系统）在模具分型面上的投影面积是影响锁模力的主要因素，其数值越大，需要的锁模力也越大。如果该数值超过了注射机允许使用的最大成型面积，则成型过程中将会出现胀模溢料现象。通常要求：

$$A<A_n \tag{4-6}$$

式中：A 为塑件和浇注系统在分型面上的投影面积之和（mm^2）；A_n 为注射机允许使用的最大成型面积（mm^2）。

4.3.4　注射压力的校核

校核所选注射机的公称压力 p_n 能否满足塑件成型时所需要的注射压力 p，塑件成型时所需要的压力一般由塑料流动性、塑件结构和壁厚、浇注系统类型等因素决定，其值一般为 70～150MPa（可参考表 4-3）。通常要求：

$$p \leqslant p_n \tag{4-7}$$

表 4-3　部分塑料所需的注射压力 p　　单位：MPa

塑　料	注射条件		
	厚壁塑件（易流动）	中等壁厚塑件	难流动的薄壁窄浇口塑件
聚乙烯	70～100	100～120	120～150

续表

塑　料	注射条件		
	厚壁塑件（易流动）	中等壁厚塑件	难流动的薄壁窄浇口塑件
聚氯乙烯	100～120	120～150	>150
聚苯乙烯	80～100	100～120	120～150
ABS	80～110	100～130	130～150
聚甲醛	85～100	100～120	120～150
聚酰胺	90～101	101～140	>140
聚碳酸酯	100～120	120～150	>150
有机玻璃	100～120	110～150	>150

4.3.5 与模具连接部分相关尺寸的校核

模具与注射机连接部分的相关尺寸主要包括喷嘴尺寸、定位圈尺寸、拉杆间距、最大模具厚度与最小模具厚度、安装尺寸等。注射机的型号不同，其相应的尺寸也不同，注射机的相关尺寸决定了模具相应的尺寸，图4.21所示为XS－ZY－125卧式注射机的相关尺寸。

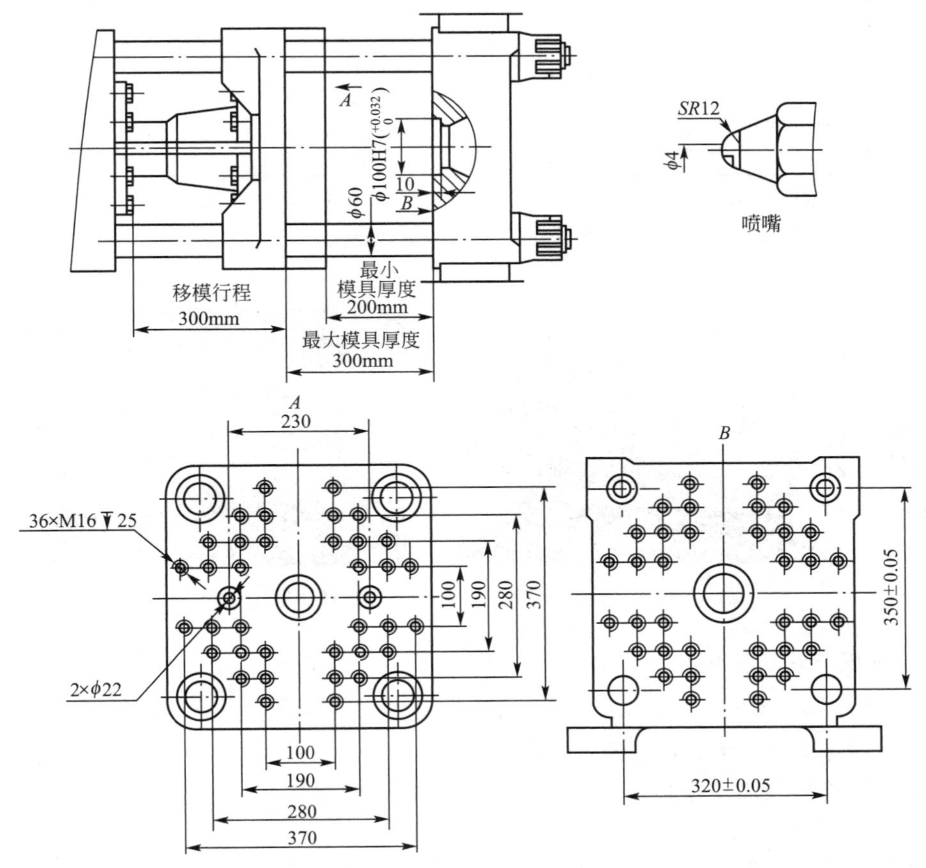

图4.21　XS－ZY－125卧式注射机的相关尺寸

学以致用

“XS－ZY－125 卧式注射机”中的“125”表示什么意思？它限制了模具设计过程中的哪一指标参数？

1. 模板规格与拉杆间距的关系

模具的安装方式有两种，即从注射机上方直接吊装入机内安装，或先吊到侧面再由侧面推入机内安装。例如，根据图 4.21 所示的尺寸，从 XS－ZY－125 卧式注射机上方直接吊装入机内安装［图 4.22（a）］，模具水平方向的尺寸要小于 320mm－60mm＝260mm；由侧面推入机内安装［图 4.22（b）］，模具垂直方向的尺寸要小于 350mm－60mm＝290mm。图 4.23 所示为注射机上的拉杆实例。

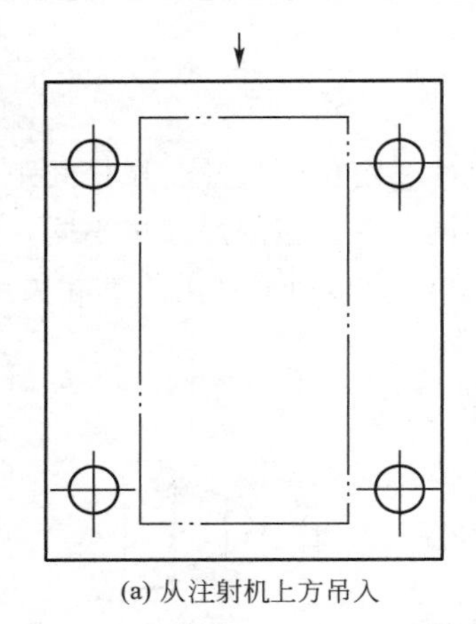

(a) 从注射机上方吊入

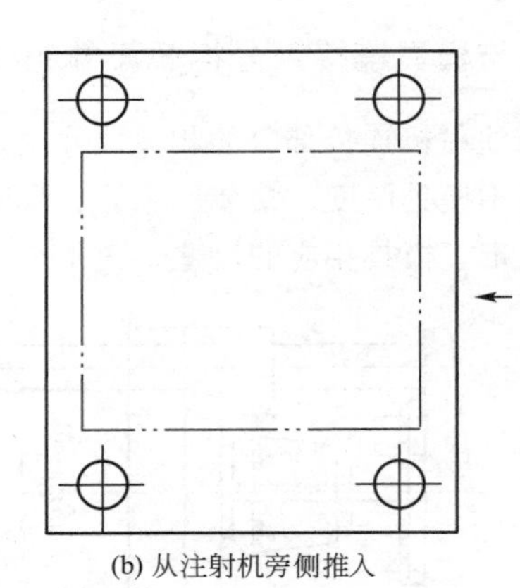

(b) 从注射机旁侧推入

图 4.22　模具的装机方式

【参考图文】

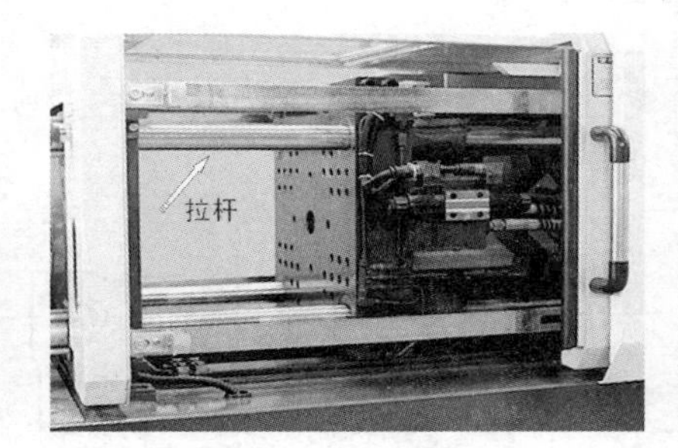

图 4.23　注射机上的拉杆实例

2. 定位圈与注射机固定板的关系

模具定模座板上的定位圈应与主流道同心，并与注射机模具固定模板上的定位孔基本尺寸相等（图 4.24），并呈间隙配合。如图 4.21 所示的 XS－ZY－125 卧式注射机上安装模具，该注射机模具固定模板上的定位孔的直径基本尺寸是 ϕ100mm，与模具定位圈的装配采用 H7/g6 的间隙配合。

小型模具定位圈的高度为 8～10mm，大型模具定位圈的高度为 10～15mm。此外，中、小型模具一般只在定模座板上设定位圈，而大型模具可在动模座板、定模座板上同时设定位圈。图 4.25 所示为定位圈实例。GB/T 4169.18—2006《塑料注射模零件 第 18 部分：定位圈》规定了塑料注射模用定位圈的尺寸规格和公差，同时给出了材料指南、硬度要求和标记方法。标准定位圈示例见表 4-4。

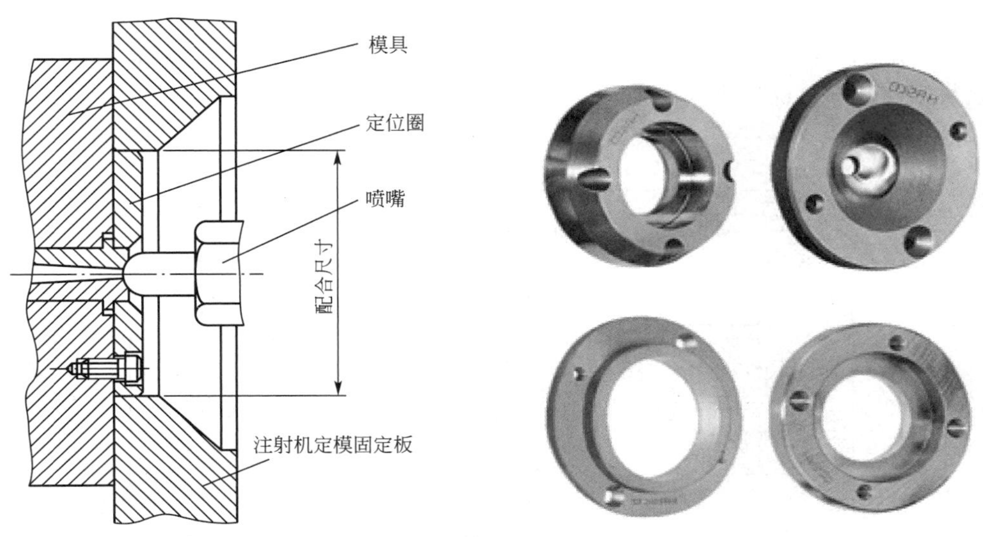

图 4.24 装机时模具以定位圈与定位孔的配合来定位

图 4.25 定位圈实例

表 4-4 标准定位圈示例（摘自 GB/T 4169.18—2006） 单位：mm

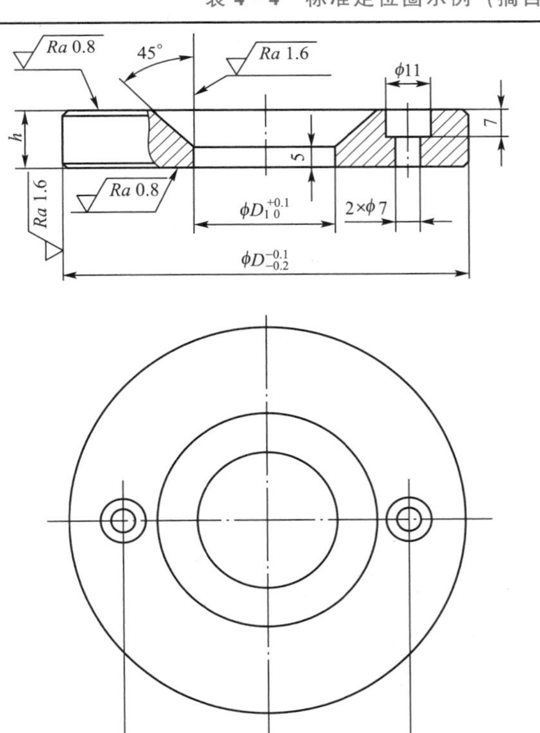

标注示例：

直径 D=100mm 的定位圈表示为定位圈 100 GB/T 4169.18—2006。

注：

1. 表面粗糙度以 μm 为单位。
2. 未注表面粗糙度 Ra=6.3μm。
3. 未注倒角为 $C1$。
4. 材料由制造者选定，推荐采用 45 钢。
5. 硬度为 28～32HRC。
6. 其余应符合 GB/T 4169.18—2006 的规定

D	D_1	h
100	35	15
120		
150		

3. 注射机的喷嘴与模具的浇口套（主流道衬套）的关系

图 4.26 所示的主流道始端的球面半径 SR 应比注射机喷嘴头球面半径 SR_0 大 1～2mm；主流道小端直径 d 应比喷嘴直径 d_0 大 0.5～1mm，以防主流道口部积存凝料而影响脱模。如图 4.21 所示的 XS－ZY－125 卧式注射机允许的主流道小端直径 d＝4mm＋(0.5～1)mm，允许的主流道始端的球面半径 SR ＝ 12mm＋(1～2)mm。图 4.27 所示为注射机喷嘴与模具浇口套（主流道衬套）实例。

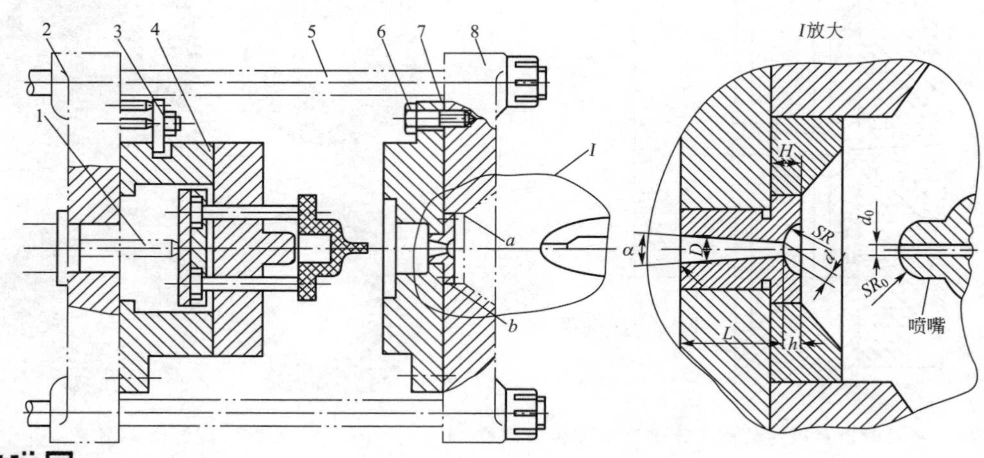

【参考动画】

图 4.26 注射机喷嘴与模具浇口套的（主流道衬套）配合关系

(a) 注射机喷嘴

(b) 模具浇口套(主流道衬套)

图 4.27 注射机喷嘴与模具浇口套（主流道衬套）实例

学以致用

把正确的尺寸数据填入下面的模具浇口套（主流道衬套）图形中。

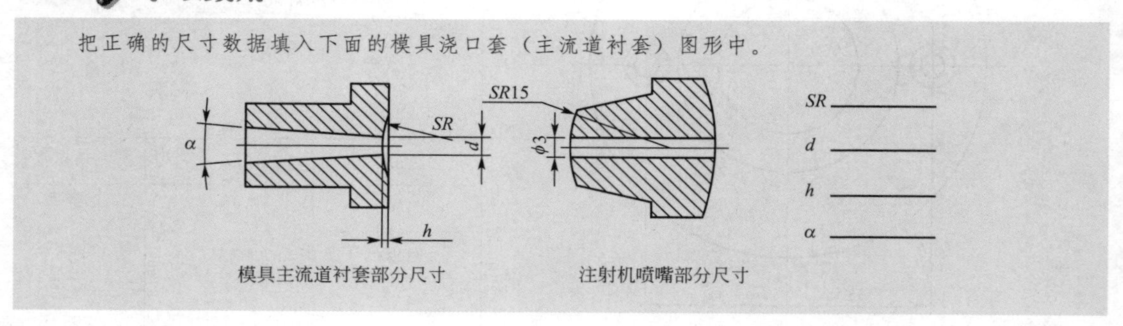

4. 模具总厚度与注射机模板闭合厚度的关系

如图 4.28 所示，模具总厚度与注射机允许的模具厚度应满足：

$$H_{min} \leqslant H_m \leqslant H_{max} \tag{4-8}$$

$$H_{max} = H_{min} + \Delta H \tag{4-9}$$

式中：H_m 为模具闭合后总厚度（mm）；H_{max} 为注射机允许的最大模具厚度（mm）；H_{min} 为注射机允许的最小模具厚度（mm）；ΔH 为注射机在模具厚度方向的调节量（mm）。

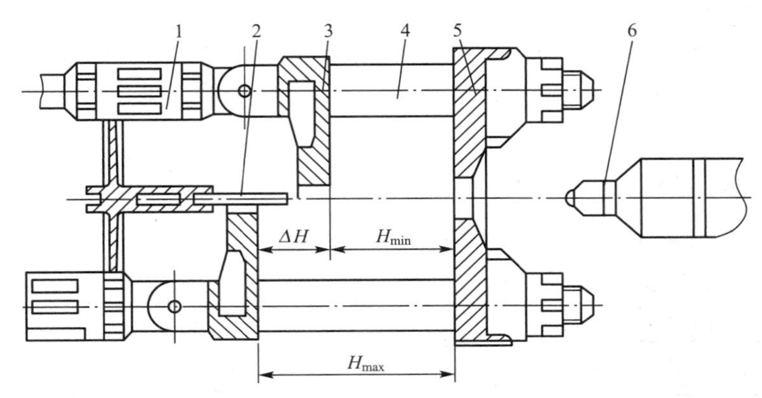

1—调节螺母；2—注射机顶杆；3—动模安装板；4—拉杆；5—定模固定板；6—喷嘴。

图 4.28 模具总厚度与注射机允许的模具厚度的关系

例如，图 4.21 所示的 XS－ZY－125 卧式注射机允许的最大模具厚度 $H_{max}=300$mm，最小模具厚度为 $H_{min}=200$mm，注射机在模具厚度方向的调节量 $\Delta H = H_{max} - H_{min} = 100$mm。

当 $H_m < H_{min}$ 时，可以增加模具垫块高度；但当 $H_m > H_{max}$ 时，则模具无法闭合，尤其是机械-液压式锁模的注射机，其肘杆无法撑直。

5. 模具的安装孔与注射机固定板上螺纹孔的关系

模具的安装固定形式有压板式与螺栓式两种。当采用压板固定时［图 4.29（a)］，只要模具定模座板、动模座板以外的注射机安装板附近有螺纹孔就能固定，灵活方便；当采用螺栓固定时［图 4.29（b)］，模具定模座板、动模座板上必须设安装孔，设置的安装孔还要与注射机安装板上的安装孔完全吻合，螺栓固定一般用于较大型的模具安装。

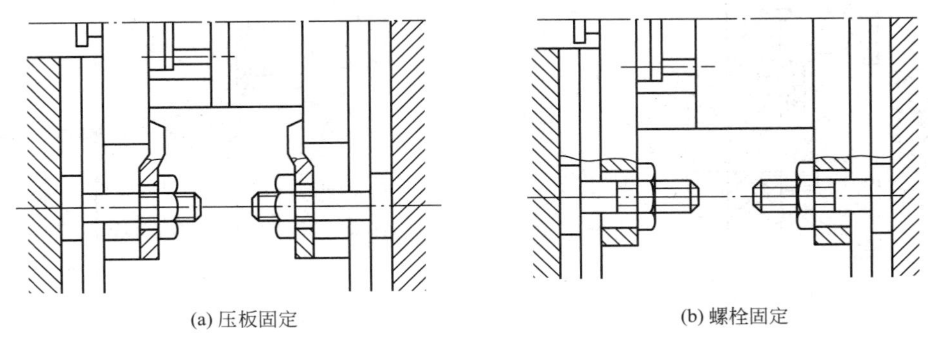

(a) 压板固定　　(b) 螺栓固定

图 4.29 模具的固定方式

4.3.6 开模行程的校核

开模行程是指从模具中取出塑件所需要的最小开模距离，用 H 表示。开模行程应小于注射机移动模板的最大行程 S。由于注射机的锁模机构不同，开模行程可按以下两种情况进行校核。

1. 开模行程与模具厚度无关

开模行程与模具厚度无关主要是指锁模机构为机械-液压联合作用的注射机时，其模板行程由连杆机构的最大冲程决定，而与模具厚度无关。当模具厚度发生变化时，可由调模装置进行调整（图 4.30）。例如，图 4.21 所示的 XS－ZY－125 卧式注射机调模装置的调节为 $\Delta H = H_{max} - H_{min} = 100\text{mm}$。

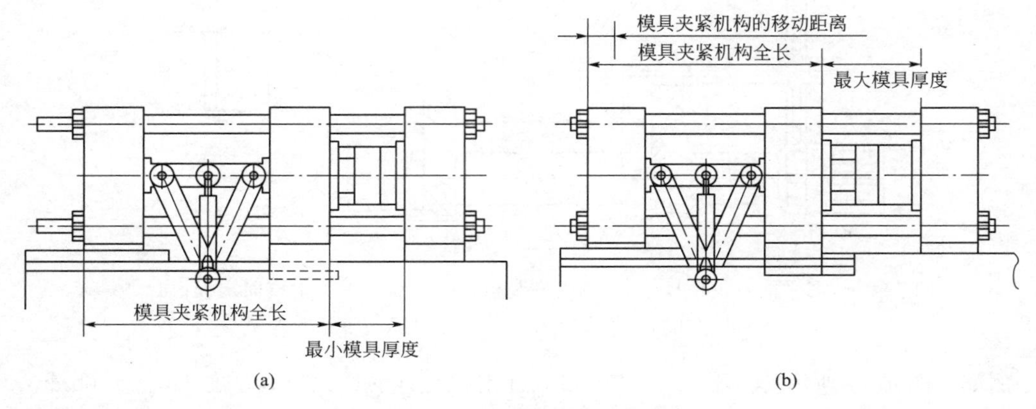

图 4.30　注射机调模装置的调节示意图

（1）对单分型面注射模［图 4.31（a）］，所需开模行程为 $H_1 + H_2 + (5\sim10)\text{mm}$，其与注射机的最大开模距离 S_{max}（即注射机移动板的最大行程）应满足以下关系。

$$S_{max} \geqslant H_1 + H_2 + (5\sim10)\text{mm} \tag{4-10}$$

式中：H_1 为塑件脱模所需要的推出距离（mm）；H_2 为包括浇注系统凝料在内的塑件高度（mm）。

（2）对双分型面注射模［图 4.31（b）］，可按式（4－11）进行校核。

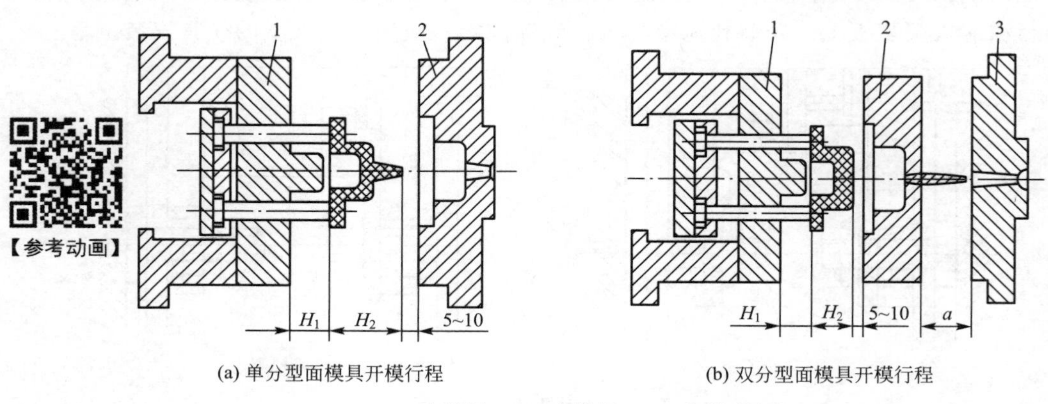

1—动模板；2—定模板；3—定模座板。

图 4.31　模具的开模行程

$$S_{max} \geqslant H_1 + H_2 + a + (5 \sim 10)\text{mm} \tag{4-11}$$

式中：a 为浇注系统凝料的空间对角线长度（mm）。

2. 开模行程与模具厚度有关

开模行程与模具厚度有关主要是指使用全液压式锁模机构的注射机（如 XS－ZY－250）和机械锁模机构的直角式注射机（如 SYS－45、SYS－60 等）时，其最大开模行程等于注射机移动模板与固定模板之间的最大开距 S_k 减去模具的闭合高度 H_m。

（1）对单分型面注射模，可按式（4－12）进行校核。

$$S_k - H_m \geqslant H_1 + H_2 + (5 \sim 10)\text{mm} \tag{4-12}$$

（2）对双分型面注射模，可按式（4－13）进行校核。

$$S_k - H_m \geqslant H_1 + H_2 + a + (5 \sim 10)\text{mm} \tag{4-13}$$

3. 模具有侧向抽芯时的开模行程校核

当模具有侧向抽芯时，应考虑抽芯距离所增加的开模行程（图 4.32）。

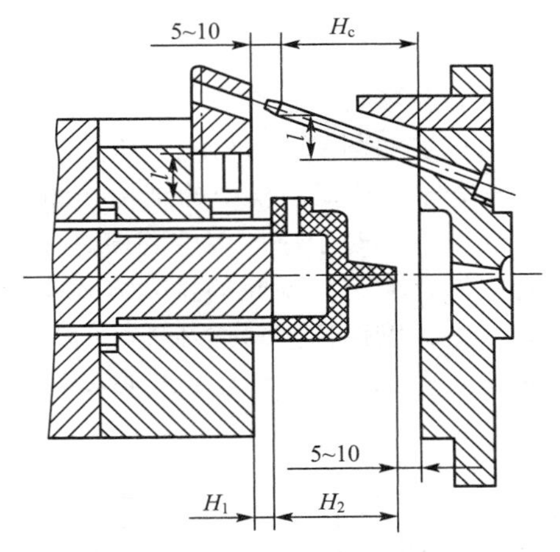

图 4.32 有侧向抽芯时开模行程的校核

【参考动画】

完成侧向抽芯距离 S_c（图 4.32 中所标注的 l）所需的开模行程为 H_c。这时根据 H_c 的大小可分为下列两种情况。

（1）当 $H_c > H_1 + H_2$ 时，可按式（4－14）校核。

$$S_{max} \geqslant H_c + (5 \sim 10)\text{mm} \tag{4-14}$$

（2）当 $H_c \leqslant H_1 + H_2$ 时，仍按式（4－10）校核。

生产带螺纹的塑件时，还应考虑旋出螺纹型芯或型环所需的开模距离。

实用技巧

实践中，以模具打开的空间能保证塑件及浇注系统凝料顺利脱模作为依据，判断开模行程是否符合要求。

4.3.7 推顶装置的校核

各种型号注射机的推出装置和最大推出距离各不相同，我国生产的注射机的推出装置大致可分为以下四种。

（1）中心推出杆机械推出，如卧式注射机 XS－ZY－60、XS－ZY－250，立式注射机 SYS－30，直角式注射机 SYS－45 及 SYS－60 等。

（2）两侧双推杆机械推出，如卧式注射机 XS－ZY－30、XS－ZY－125 、XS－ZY－500 等。

【在线答题】

（3）中心推出杆液压推出与两侧双推杆机械推出联合作用，如卧式注射机 XS－ZY－250、XS－ZY－500 等。

（4）中心推出杆液压推出与其他开模辅助油缸联合作用，如卧式注射机 XS－ZY－1000。

设计模具时需考虑注射机推出装置的推出形式、推出杆直径、推出杆间距和推出距离等因素，校核其与模具的推出装置是否相适应。

4.4 塑件在模具中的位置

塑件在模具中的成型位置由型腔数目、型腔排列方式、分型面的位置等决定。对于一模一腔的模具，塑件在模具中的位置如图 4.33 所示。图 4.33（a）所示为塑件全部在定模中的结构；图 4.33（b）所示为塑件全部在动模中的结构；图 4.33（c）和图 4.33（d）所示为塑件同时在定模和动模中的结构。对于一模多腔的模具，由于型腔的排列方式与浇注系统密切相关，在模具设计时应综合考虑。型腔的排列方式应使每个型腔都能通过浇注系统从总压力中均等地分得所需压力，以保证塑料熔体能同时均匀地充填每一个型腔，从而使各个型腔的塑件质量均一稳定。图 4.34 所示为多型腔模具的型腔在模具分型面上的排布形式示例。

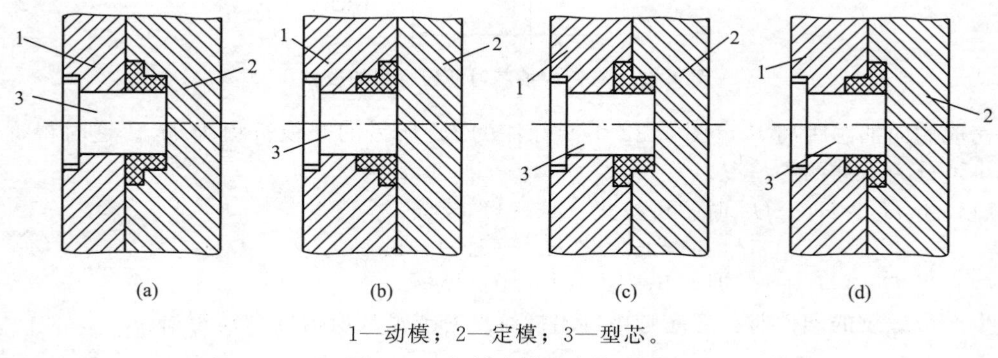

1—动模；2—定模；3—型芯。

图 4.33　塑件在模具中的位置

4.4.1 分型面及其选择

1. 分型面的定义

模具上用以取出塑件和浇注系统凝料的可分离的接触表面称为分型面，又称合模面。分型面将模具适当地分成两个或几个可以分离的主要部分，分开时能取出塑件及浇注

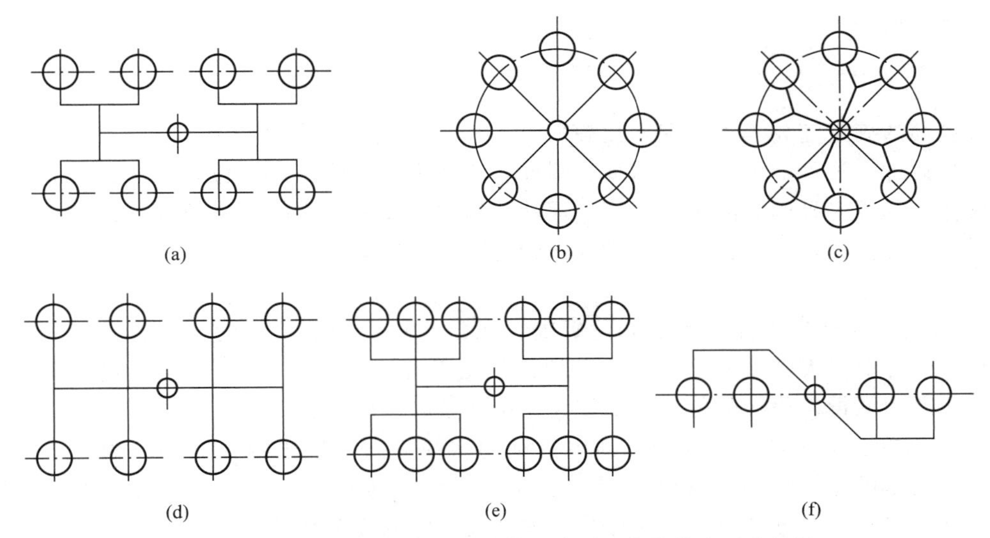

图 4.34　多型腔模具的型腔在模具分型面上的排布形式示例

系统凝料，成型时又必须接触封闭。分型面是决定模具结构形式的重要因素，它与模具的整体结构、浇注系统的设计及模具的制造工艺等密切相关，直接影响塑料熔体的流动充填特性及塑件的脱模。因此，分型面的选择是注射模设计中的关键。

2. 分型面的形式及表示方法

一副模具根据需要可能有一个或多个分型面，在有多个分型面的模具中，将脱模时取出塑件的那个分型面称为主分型面，其他的分型面称为辅助分型面。分型面可以垂直于合模方向，也可以与合模方向平行或倾斜，分型面的形式与塑件几何形状、脱模方法、模具类型、排气条件及浇口形式等有关。常见分型面的位置及形状如图 4.35 所示。

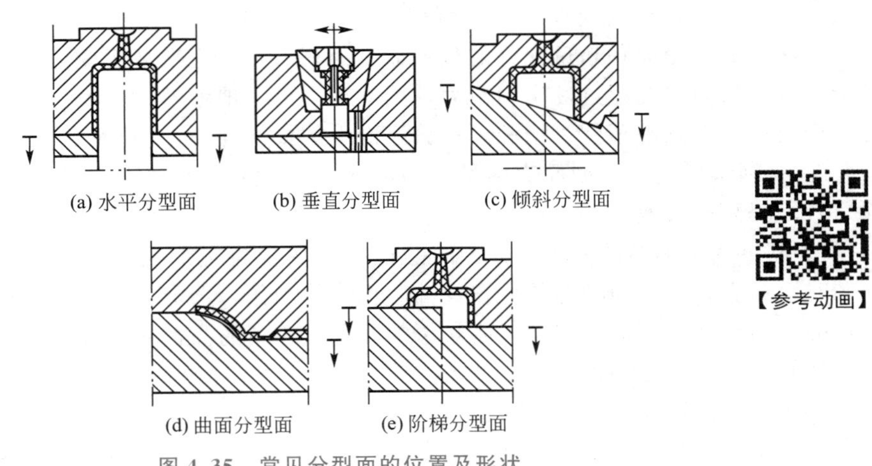

图 4.35　常见分型面的位置及形状

在模具总装图上分型面的标识一般采用如下方法：当模具分开时，若分型面两边的模板都移动，用“←|→”表示；若其中一方不动，另一方移动，用“|→”表示，箭头指向移动的方向；当存在多个分型面时，应按打开的先后次序标示“A”“B”“C”或“Ⅰ”

“Ⅱ”“Ⅲ”等。

3. 分型面的选择

分型面的确定需要考虑的因素比较复杂。由于分型面受到塑件在模具中的成型位置、浇注系统设计、塑件的工艺性及精度、塑件形状及推出方法、嵌件位置、模具的制造、排气、操作工艺等多种因素的影响，且合理的分型面是塑件成型的先决条件，因此在选择分型面时应综合分析，从几种方案中优选出较为合理的方案。

（1）基本原则。

① 分型面应选在塑件外形最大轮廓处。在已经初步确定塑件的分型方向后，分型面应选在塑件外形最大轮廓处（该方向上塑件的截面面积最大），即分型面位置应设在塑件脱模方向最大的投影边缘部位，否则塑件无法从型腔中脱出。

② 符合塑件脱模的基本要求，确定有利的留模方式，便于塑件顺利脱模。通常分型面的选择应尽可能使塑件在开模后留在动模一侧，这样有助于动模内设置的推出机构动作，否则在定模内设置推出机构往往会增加模具整体的复杂性。

③ 保证塑件的精度要求。当分型面的垂直方向高度尺寸精度要求较高，或成型同轴度要求较高的外形或内孔时，为保证其精度，应尽可能将塑件这部分结构设置在同一部分的模具型腔内。如果塑件上精度要求较高的成型表面被分型面分割，就可能由于合模精度的影响引起形状和尺寸的偏差，导致塑件因达不到精度要求而成为废品。

④ 满足塑件的外观要求。选择分型面时应避免对塑件的外观产生不利影响，同时需考虑分型面处产生的飞边是否容易修整清除，在条件允许的情况下，应避免分型面处产生飞边。

⑤ 便于模具加工制造。为了便于模具加工制造，应尽量选择平直分型面或易于加工的分型面。

⑥ 考虑对成型面积的影响，满足模具的锁紧要求。注射机一般对其模具所允许使用的最大成型面积及额定锁模力都有所规定。在注射成型过程中，当塑件（包括浇注系统）在分型面上的投影面积超过允许的最大成型面积时，将会出现胀模溢料现象，这时注射成型所需的合模力也会超过额定锁模力，因此为了可靠地锁模以免发生胀模溢料现象，选择分型面时应尽量减小塑件（型腔）在分型面上的投影面积。

⑦ 有利于排气。分型面应尽量与型腔充填时塑料熔体的料流末端所在的型腔内壁表面重合，提高排气效果。

⑧ 满足侧向抽芯的要求。分型面的选择应尽量避免形成侧孔、侧凹。当塑件需侧向抽芯时，为有利于侧向型芯的放置及抽芯机构的动作，选定分型面时，应以浅的侧向凹孔或短的侧向凸台作为抽芯方向，将较深的凹孔或较高的凸台放置在开合模方向，并尽量把侧向抽芯机构设置在动模一侧。

（2）分型面选择示例。

以上阐述了选择分型面的基本原则，在实际设计中，不可能全部满足上述原则，也很难有一个固定的模式，应抓住主要矛盾，在此前提下确定合理的分型面。表 4－5 所示为分型面选择的典型示例。

表 4-5 分型面选择的典型示例

序号	简图		说明
	不妥形式	推荐形式	
1	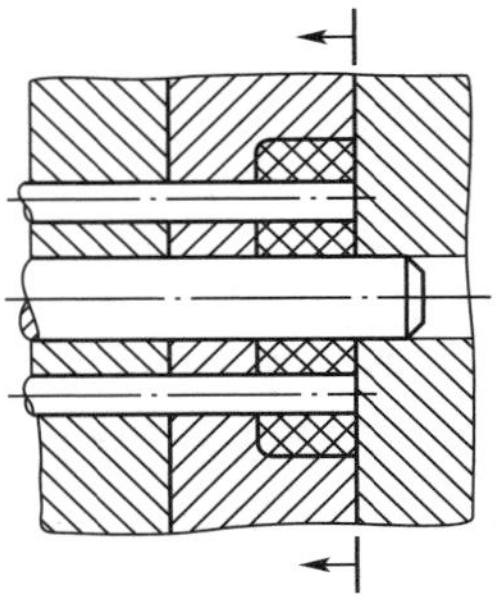 (a)	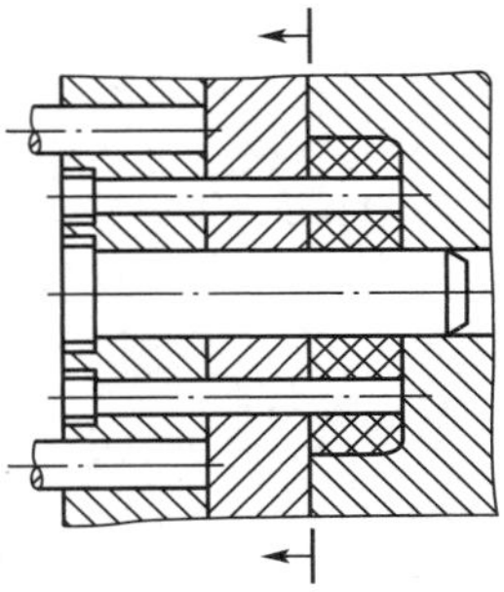 (b)	有时即使分型面的选择可以保证塑件留在动模一侧，但不同的位置会对模具结构的复杂程度及推出塑件的难易程度产生影响。若按图（a)设置，虽然模具分型后塑件留于动模，但当孔间距较小时，难以设置有效的推出机构，即使可以设置，所需脱模力也大，增加模具结构的复杂性，容易产生不良效果，如塑件翘曲变形等；若按图（b）设置，只需在动模上设置一个简单的推件板作为脱模机构，故推荐采用 【参考动画】
2	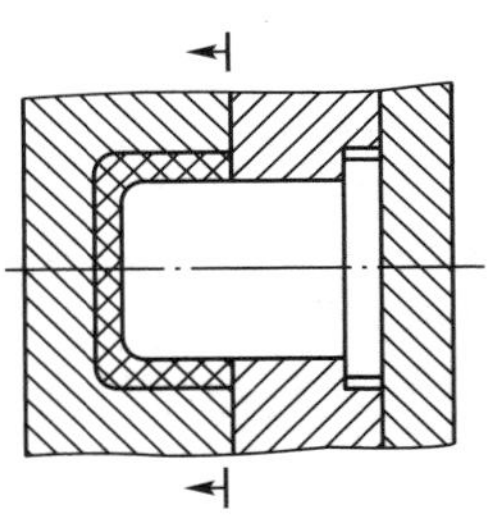 (a)	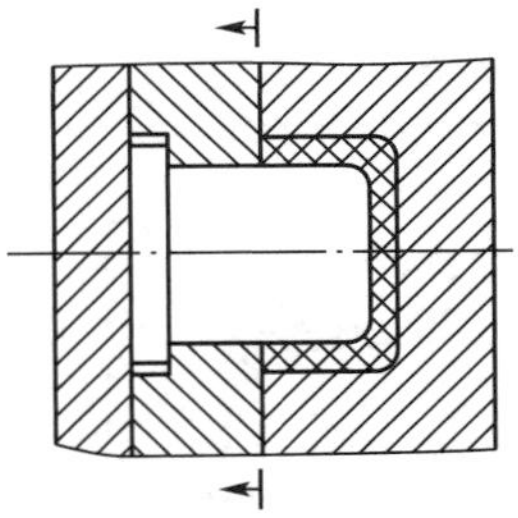 (b)	若按图（a）设置，塑件收缩后包在定模型芯上，分型后塑件留在定模一侧，因此需在定模部分设置推出机构，增加了模具结构的复杂性；若按图（b）设置，分型后塑件留在动模，依靠注射机的顶出装置和模具的推出机构推出塑件 【参考动画】
3	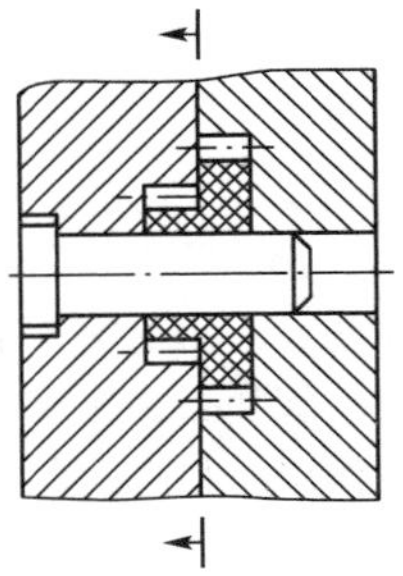 (a)	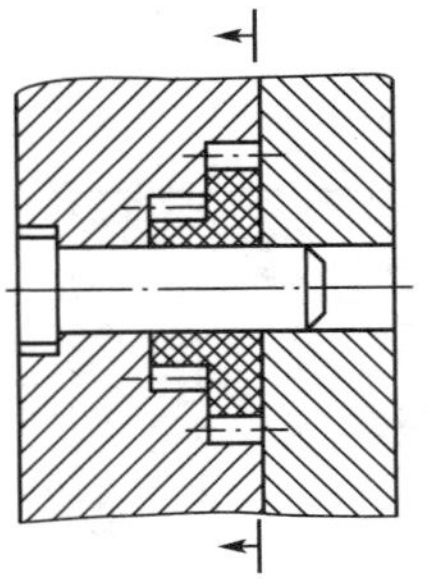 (b)	简图所示为双联塑料齿轮的成型模具，若按图（a）设置，两部分齿轮分别在动模、定模内成型，则因合模精度影响塑件的同轴度，使其不能满足要求；若按图（b）设置，则能保证两部分齿轮的同轴度，满足要求 【参考动画】

续表

序号	简图		说明
	不妥形式	推荐形式	
4	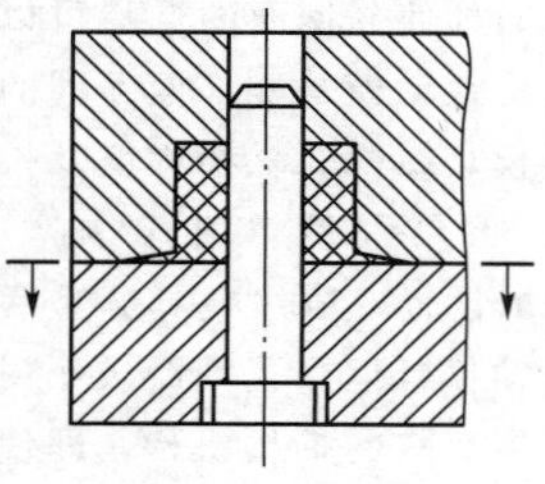 (a)	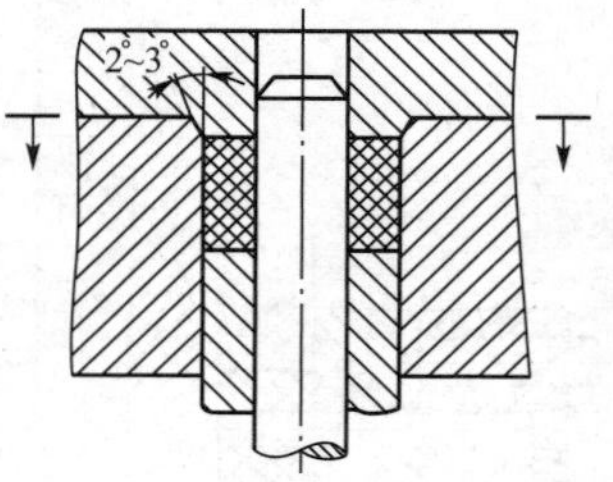 (b) 2°～3°	若按图（a）设置，则容易产生飞边；若按图（b）设置，虽然配合处要制出2°～3°的斜度，但不会产生飞边
5	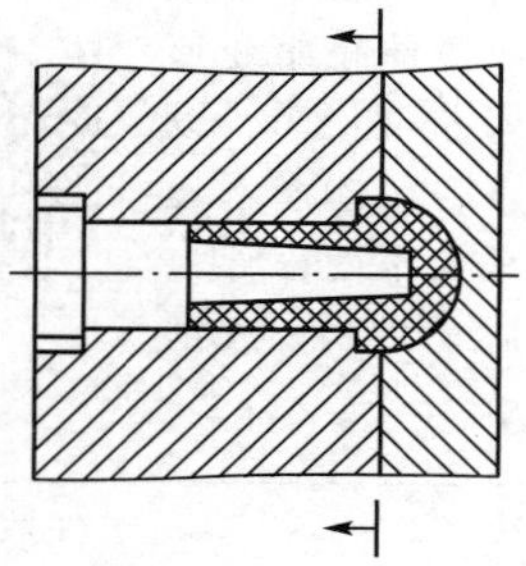 (a)	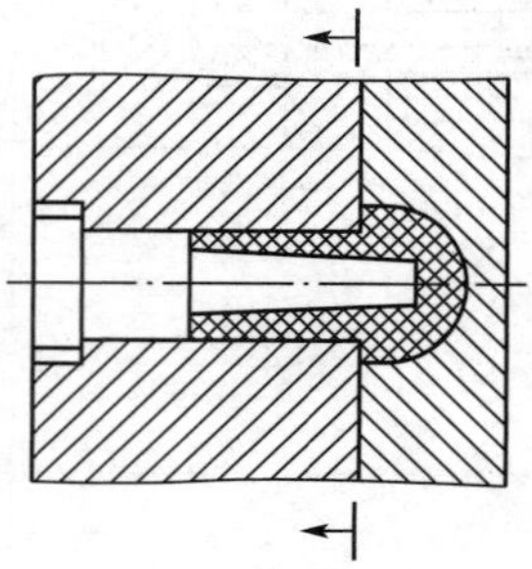 (b)	若按图（a）设置，圆弧处产生的飞边不易清除且会影响塑件的外观；若按图（b）设置，则所产生的飞边易清除且不影响塑件的外观 【参考动画】
6	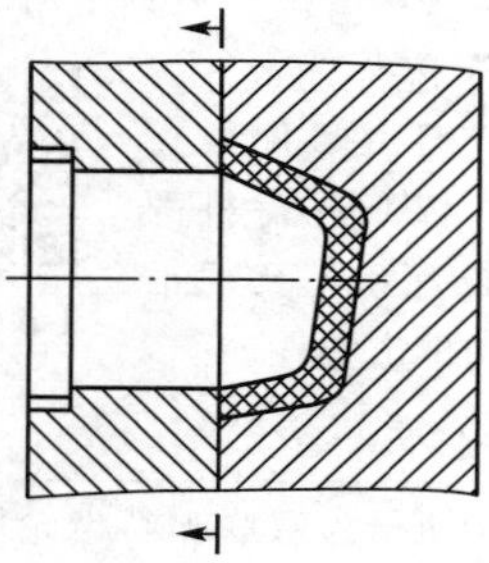 (a)	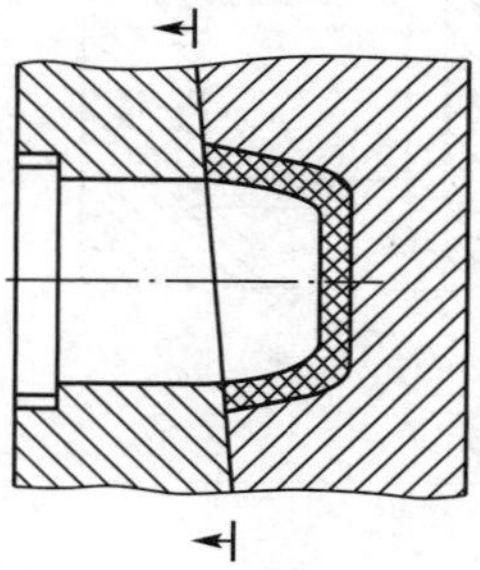 (b)	若按图（a）设置，型芯和型腔加工很困难；若按图（b）设置，采用倾斜分型面，则型芯和型腔加工较容易 【参考动画】
7	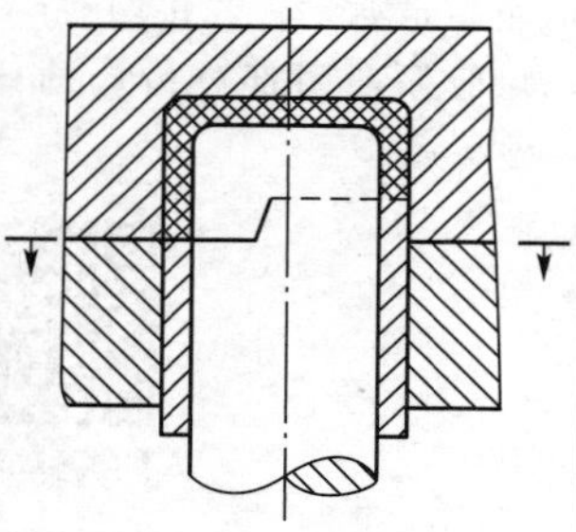 (a)	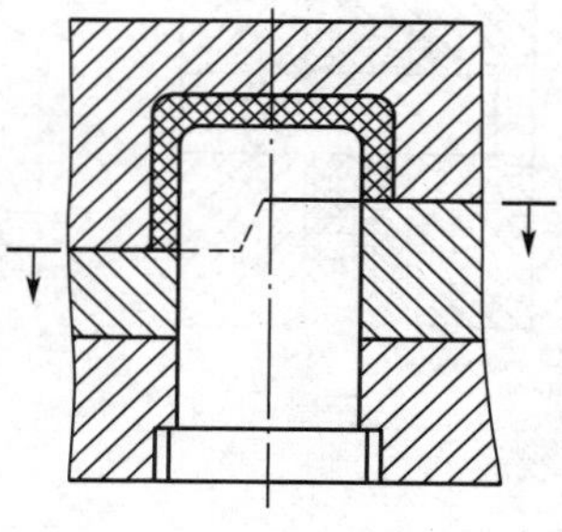 (b)	若按图（a）设置，采用平直分型面，在推管上制出塑件下端的形状，这种推管加工困难，同时会因受侧向力作用而损坏；若按图（b）设置，采用阶梯分型面，用推件板推出塑件，加工方便

续表

序号	简图		说明
	不妥形式	推荐形式	
8	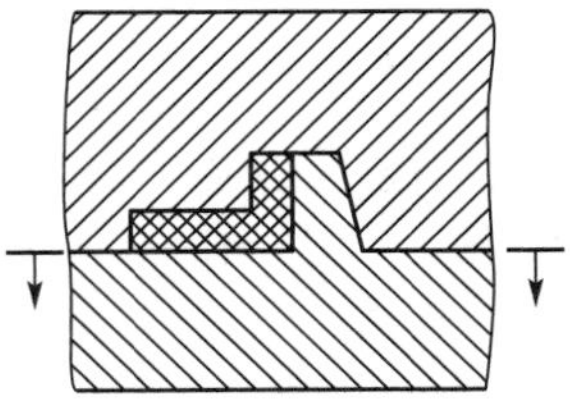 (a)	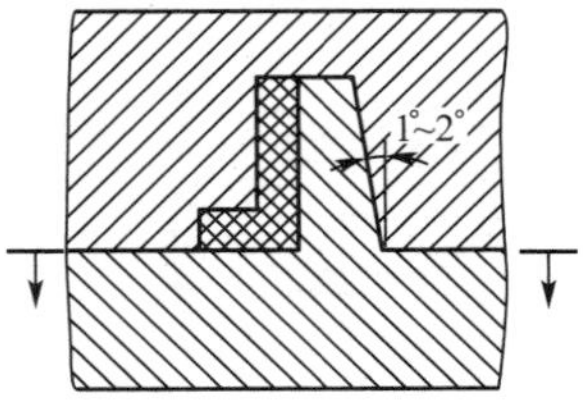 1°~2° (b)	简图所示为角尺型塑件的成型模具，若按图（a）设置，塑件在分型面上的投影面积较大，锁模的可靠性较差；若按图（b）设置，塑件在分型面上的投影面积比图（a）小，保证了锁模的可靠性 【参考动画】
9	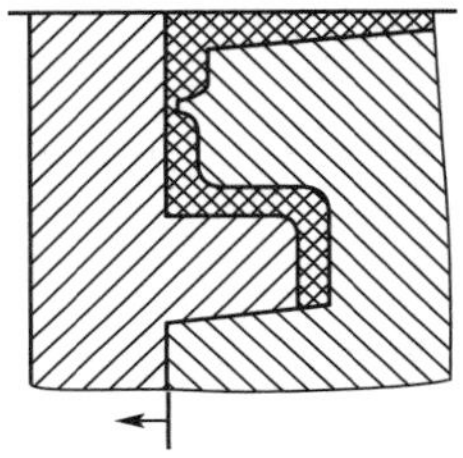 (a)	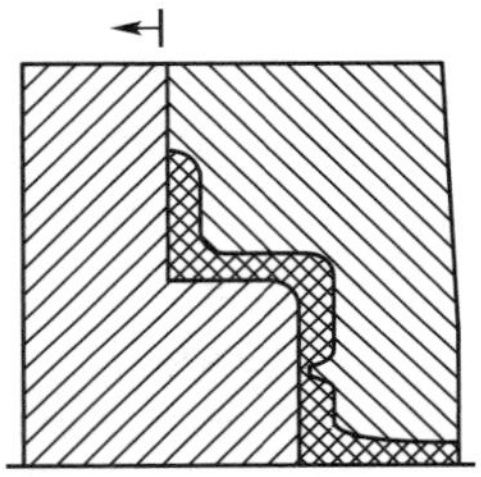 (b)	图（a）所示的结构排气效果较差，图（b）所示的结构中熔体料流的末端在分型面上，有利于注射过程中的排气
10	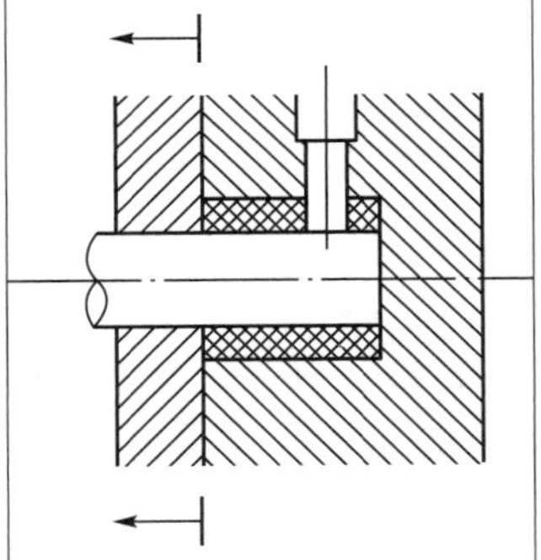 (a)	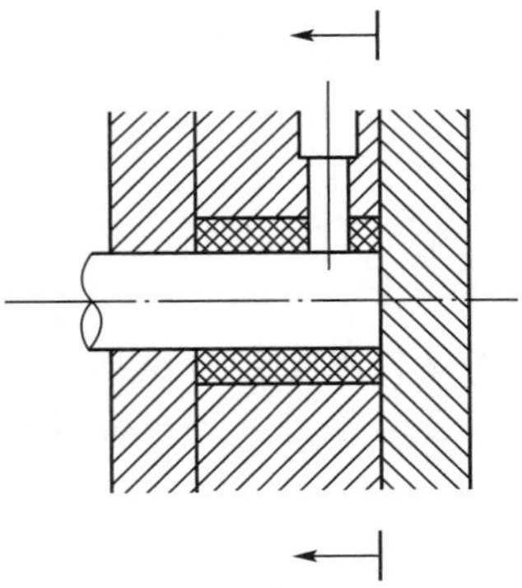 (b)	当塑件有侧抽芯时，应尽可能将侧抽芯部分放在动模，避免定模抽芯，以简化模具结构
11	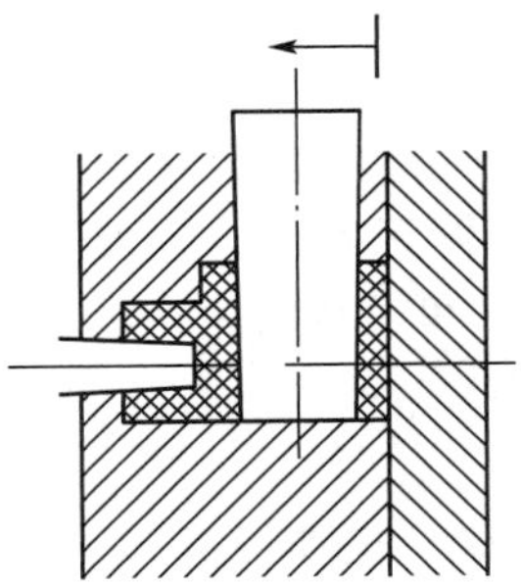 (a)	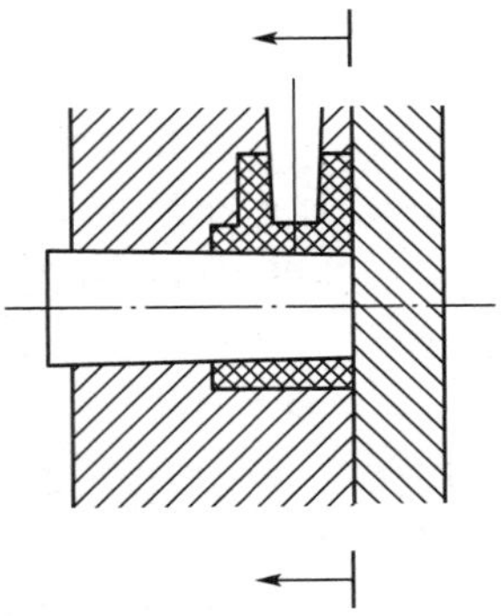 (b)	当塑件的抽芯有不同方案时，应尽量避免将较长的一段设为侧向抽芯

续表

序号	简图		说明
	不妥形式	推荐形式	
12	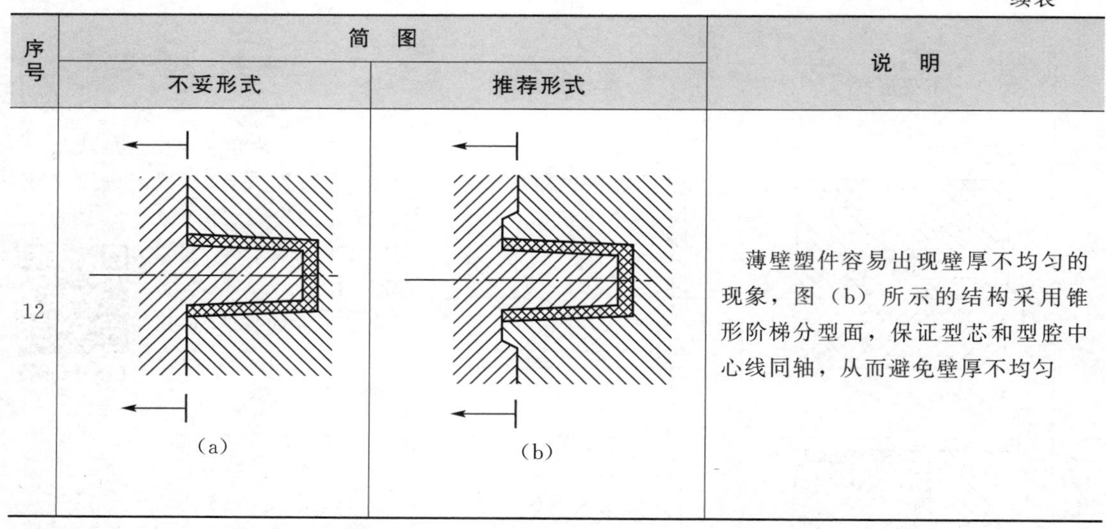 (a)	(b)	薄壁塑件容易出现壁厚不均匀的现象，图（b）所示的结构采用锥形阶梯分型面，保证型芯和型腔中心线同轴，从而避免壁厚不均匀

学以致用

根据所给塑件的图形，填入合理的分型面及设计说明。

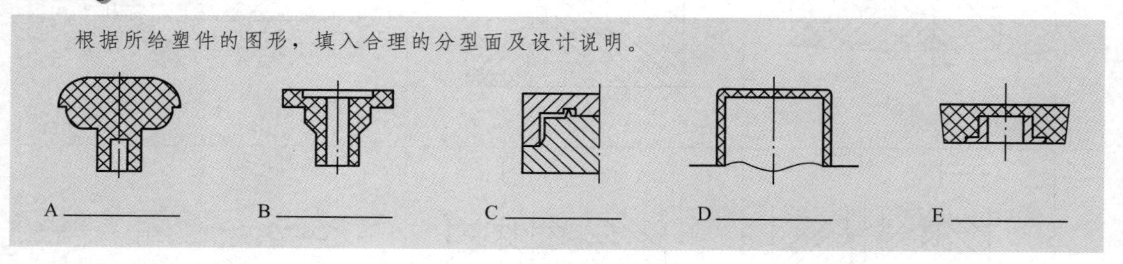

4.4.2 型腔数目的确定

注射模每次注射循环所能成型的塑件数量是由模具的型腔数目决定的。当塑件的设计已经完成，并选定所用材料后，就需要考虑是采用单型腔模具还是采用多型腔模具。

1. 基本原则

确定模具型腔数目时，在保证成品率98%以上的前提下，以每件塑件的成本最低为准。具体应从以下几个方面考虑。

（1）塑件大小与设备的关系。

成型大型塑件或中型塑件时，一般采用单型腔模具。一方面是考虑塑料的充模流动性，以保证塑料充满型腔；另一方面，设计多个型腔时，模具体积大而重，加工难度增大。中、小型塑件的成型模具设计多个型腔可以较好地发挥设备和模具的生产能力，提高生产效率，实现经济化生产。

（2）充分利用现有设备。

应优先考虑利用企业现有的生产资源（如成型设备等），使生产更加经济。

（3）易于满足塑件精度。

一般情况下，当塑件精度要求不高时，对模具制造及塑件成型工艺的要求也较低。此时可以根据设备的生产能力确定型腔数目。当塑件精度要求较高时，型腔过多难以保证塑件质量，模具加工费过高，型腔数目越多，各个型腔的成型工艺条件控制的一致性就越差。

（4）简化模具结构。

对形状较复杂或精度要求较高的塑件，有时增加一个型腔，模具结构会变得复杂得多，模具制造精度也提高了许多，因此确定型腔数目时要考虑经济效益，避免不合算。

（5）考虑塑件生产批量。

当塑件生产批量不大时，为了降低成本，常常设计单型腔模具。当塑件生产批量较大时，模具需具备完成相应生产的能力，因此常常设计多个型腔。

（6）降低模具制造费用。

模具制造费用是构成塑件成本的因素之一，为了降低塑件成本，常常对模具制造费用作一定限制。对于复杂、精密塑件，其模具每增加一个型腔，加工成本会增加很多。

总之，影响型腔数目的因素较多且错综复杂，应统筹兼顾，切忌犯片面性错误。

2. 单型腔模具与多型腔模具的比较

与多型腔模具相比，单型腔模具有如下优点。

（1）塑件的形状和尺寸能最大程度达成一致。

在多型腔模具中很难使塑件形状和尺寸最大程度达成一致，因此如果生产的塑件尺寸公差要求很小时，更宜采用单型腔模具。

（2）工艺参数易于控制。

单型腔模具仅需根据一个塑件调整成型工艺条件，因此工艺参数易于控制。多型腔模具即使各型腔的尺寸完全相同，同模生产的几个塑件因成型工艺参数的微小差异也会使其尺寸和性能各不相同。

（3）模具的结构简单紧凑，设计自由度大。

单型腔模具的推出机构、冷却系统和模具分型面的技术要求在大多数情况下都能得到满足，不必综合考虑。

此外，单型腔模具还具有制造成本低、制造周期短等优点。

当然，对于长期大批量生产的塑件而言，多型腔模具更为有益，它可以提高生产效益，降低塑件的生产成本。如果注射成型的塑件非常小而又没有与其相适应的设备，则优先选择采用多型腔模具。现代注射成型生产中，大多数小型塑件的成型模具是多型腔模具。

3. 型腔数目的确定方法

（1）根据订货批量确定型腔数目 N_j。

对于技术要求较低的一般塑件，根据订货批量（件数）确定型腔数目 N_j。

一般订货批量小于 1 万件时，$N_j=1$；当订货批量为 1 万～3 万件时，$N_j=2$；当订货批量为 3 万～5 万件时，$N_j=4$；当订货批量为 5 万～10 万件时，$N_j=6$；当订货批量大于 10 万件时，$N_j=8～10$。

（2）根据塑件的技术要求限定型腔数目 N_a。

① 精度（尺寸精度与形位精度）。根据经验，每增加一个型腔，塑件的尺寸精度降低 4%～8%。这是由于型腔的制造误差、成型工艺误差等引起的。计算公式为：

$$N_a=\frac{(\delta-0.01\times\delta_d l)}{0.01\times\delta_d l\times 4\%}+1=\frac{2500\times\delta}{\delta_d l}-24 \quad (4-15)$$

式中：$\delta=\Delta/2$，Δ 是塑件的尺寸公差（mm）；l 为塑件的基本尺寸（精度方向）（mm）；$\delta_d=\Delta d/2$（mm），Δd 是单型腔时各种塑料可能达到的尺寸公差（由成型时工艺条件的微小差异造成的）。

一般情况下，PE、PS、PC、ABS 等非结晶塑料的 Δd 为 $\pm 0.05\%$；POM、尼龙 66 的 Δd 分别为 $\pm 0.2\%$ 和 $\pm 0.3\%$（δ、δ_d 均取绝对值）。

成型高精度塑件时，推荐使用一模四腔的结构。

② 特定要求。光学透明件，$N_a=1\sim 4$。

(3) 由交货期决定型腔数目 N_t。

N_t 可采用以下公式计算：

$$N_t=\frac{snt_2}{3600\times m(T_1-T_2)} \quad (4-16)$$

式中：s 为 1＋废品率；n 为每副模具所承担的塑件个数；t_2 为注射成型周期（s）；m 为注射机每月的开机时间（h）；T_1 为合同规定的交货期间限止（月）；T_2 为模具设计制造时间（月）。

(4) 由经济效益决定型腔数目 N_e。

N_e 可采用以下公式计算：

$$C_t=\frac{tY\Sigma}{60\times N_e}+C_1+N_eC_2+C_0 \quad (4-17)$$

$$C_t\rightarrow\min\rightarrow\frac{dC_t}{dN_e}=0\rightarrow N_e=\sqrt{\frac{tY\Sigma}{60\times C_2}} \quad (4-18)$$

式中：C_t 为总费用（元）；C_1 为与模腔数无关的费用（元）；C_2 为与模腔数成比例的费用中单个模腔分摊的费用（元）；C_0 为前期准备费用（元）；t 为成型周期（min）；Y 为每小时的工资和经营费（元）；Σ 为塑件的生产总量（个）。

按模具制造成本估测，每增加一个型腔成本提高约 10%。

(5) 由注射机技术条件决定型腔数目 N_i。

① 按注射机的额定锁模力确定型腔数目 N_{i1}。

N_{i1} 应满足以下关系：

$$N_{i1}\leqslant\frac{F_n-p_cA_f}{p_cA_i} \quad (4-19)$$

式中：F_n 为注射机的额定锁模力（N）；p_c 为模具型腔内塑料熔体平均压力（MPa），一般为注射压力的 30%～65%，通常为 20～40MPa，也可参考表 4-2；A_i 为单个塑件型腔在分型面上的投影面积（mm^2）；A_f 为浇注系统在分型面上的投影面积（mm^2）。

② 按注射机的塑化能力确定型腔数目 N_{i2}。

N_{i2} 应满足以下关系：

$$N_{i2}\leqslant\left(\frac{KMT}{3600}-m_2\right)/m_1 \quad (4-20)$$

式中：m_1 为单个塑件的质量或体积（g 或 cm^3）；m_2 为浇注系统凝料的质量或体积（g 或 cm^3）；K 为注射机最大注射量的利用系数，视设备的新旧取值，一般取 0.8 左右；M 为注射机的额定塑化量（g/h 或 cm^3/h）；T 为成型周期（s）。

③ 按注射机的最大注射量和最小注射量确定型腔数目 N_{i3}。

N_{i3}应满足以下关系：

$$\frac{0.2\times m_n - m_2}{m_1} \leqslant N_{i3} \leqslant \frac{0.8\times m_n - m_2}{m_1} \tag{4-21}$$

式中：m_n 为注射机的公称注射量（g 或 cm^3）。

根据上述要点确定型腔数目，既要保证塑件的生产经济性佳，又要满足产品的质量要求，也就是应保证塑件最佳的技术经济性。

实用技巧

在设计实践中，有先确定注射机的型号，再根据所选用的注射机的技术规范及塑件的技术经济要求，确定型腔的数目；也有根据经验或生产效率及塑件精度等要求先确定型腔数目，然后根据生产条件选择注射机或对现有注射机进行有关技术参数的校核，判断选定的型腔数目是否满足要求。

【在线答题】

4.5 普通浇注系统的设计

浇注系统是承载塑料熔体的通道，是将从注射机喷嘴射出的熔融塑料输送到模具型腔内的通道（图 4.36 和图 4.37）。通过浇注系统，塑料熔体充满模具型腔并使注射压力有效

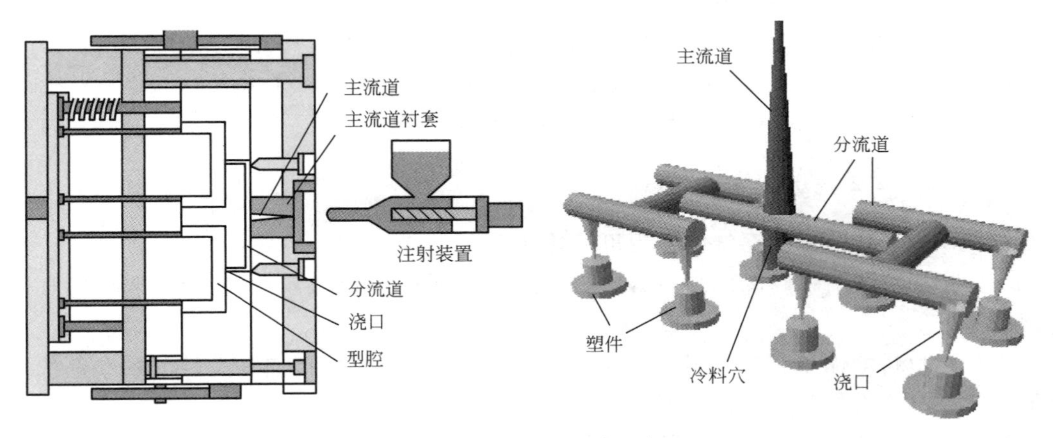

图 4.36　普通浇注系统示意图

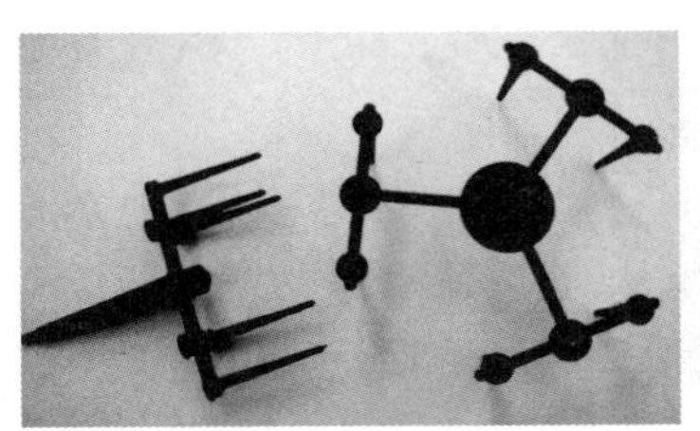

图 4.37　普通浇注系统凝料实物

传递到型腔的各个部位，使塑件组织密实，防止产生成型缺陷。浇注系统的设计是注射模设计的一个重要环节，对塑件的性能、外观及成型效率有直接的影响，是模具设计工作者应十分重视的技术问题。

4.5.1 概述

1. 普通浇注系统的组成

普通浇注系统一般由主流道、分流道、浇口、冷料穴四部分组成。图 4.38（a）所示为安装在卧式注射机或立式注射机上的注射模的浇注系统，因其主流道垂直于模具分型面，故称为直浇口式浇注系统。图 4.38（b）所示为安装在角式注射机上的注射模的浇注系统，因其主流道平行于模具分型面且对称开设在分型面的两侧，故称为横浇口式浇注系统。本节及后述的相关部分重点介绍卧式模具或立式模具中的流道和浇口的有关内容。

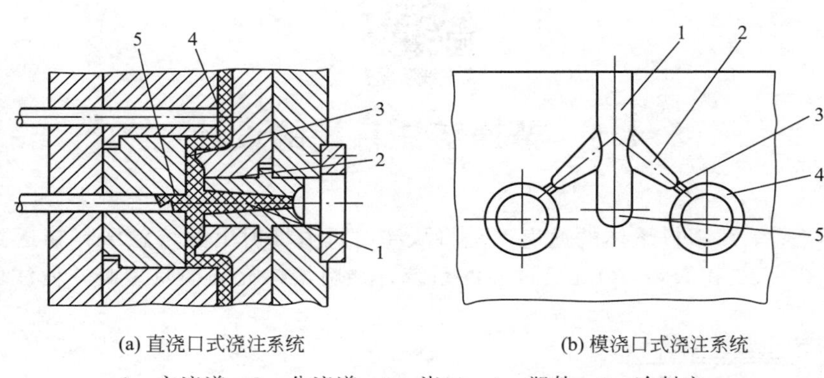

(a) 直浇口式浇注系统　　(b) 横浇口式浇注系统

1—主流道；2—分流道；3—浇口；4—塑件；5—冷料穴。

图 4.38　普通浇注系统的组成

2. 普通浇注系统的作用

从总体来看普通浇注系统的作用可概述如下。

（1）将来自注射机喷嘴的塑料熔体均匀而平稳地输送到型腔，同时使型腔内的气体及时顺利排出。

（2）在塑料熔体填充及凝固的过程中，将注射压力有效地传递到型腔的各个部位，以获得形状完整、内外质量优良的塑件。

至于普通浇注系统中各组成部分具体的作用将在后续有关章节中阐述。

3. 普通浇注系统的设计原则

一般在设计普通浇注系统时应考虑以下基本原则。

（1）了解塑料的成型性能。

了解待成型的塑料熔体的流动特性、温度、剪切速率对黏度的影响等，设计的浇注系统要适应于塑料原材料的成型性能，保证成型塑件的质量。

（2）尽量避免或减少产生熔接痕。

在选择塑料熔体初始进入型腔的位置时，应注意避免产生熔接痕。由于分流熔体的汇合之处必然会产生熔接痕，尤其是在塑料熔体流程长、温度低时对塑件熔接强度的影响更大，因此熔体流动时应尽量减少分流的次数。

(3) 有利于排出型腔中的气体。

浇注系统应能顺利地引导塑料熔体充满型腔的各个部位，并使浇注系统及型腔中原有的气体顺利排出，避免因气体不能顺利排出而产生成型缺陷。

(4) 防止细小型芯变形和嵌件位移。

设计浇注系统时应尽量避免塑料熔体直冲细小型芯和嵌件，防止熔体的冲击力使细小型芯变形或嵌件位移。

(5) 尽量采用较短的流程充满型腔。

对于较大的模具型腔，在选择进料位置时，应以较短的流程充满型腔，减小塑料熔体的压力损失和热量损失，使塑料熔体保持较理想的流动状态，有效地传递最终压力，保证塑件良好的成型质量。

(6) 便于修整浇口以保证塑件外观质量。

脱模后，浇注系统凝料要与成型后的塑件分离，为保证塑件的外观质量和使用性能等，应使浇注系统凝料与塑件易于分离，并且浇口痕迹易于清除修整。如一些家用电器的塑料外壳、带花纹的旋钮和包装装饰品塑件，它们的外观具有一定造型设计质量要求，故不允许将浇口开设在对外观有严重影响的部位，而应开设在次要隐蔽的地方。

(7) 浇注系统应结合型腔布局同时考虑。

浇注系统的分布形式与型腔的排布密切相关，在设计时应尽可能保证塑料熔体在同一时间内充满各型腔，并使型腔及浇注系统在分型面上的投影面积总重心与注射机锁模机构的锁模力作用中心重合，这对锁模的可靠性及锁模机构受力的均匀性都是有利的。

(8) 流动距离比的校核。

对于大型塑件或薄壁塑件，塑料熔体有可能因其流动距离过长或流动阻力太大而无法充满整个型腔。因此，在设计浇注系统时除了考虑采用较短的流程外，还应对塑料熔体注射成型时的流动距离比进行校核，这样可以避免型腔充填不足。

流动距离比简称流动比，是指塑料熔体在模具中进行最长距离的流动时，其截面厚度相同的各段料流通道及各段模腔的长度与其对应截面厚度之比值的总和，即

$$\Phi = \sum \frac{L_i}{t_i} \tag{4-22}$$

式中：Φ 为流动距离比；L_i 为模具中各段料流通道及各段模腔的长度(mm)；t_i 为模具中各段料流通道及各段模腔的截面厚度(mm)。

应用实例

分别计算图 4.39 所示塑料流动距离比。

图 4.39(a)所示为点浇口进料的塑件，其流动距离比为

$$\Phi = \sum \frac{L_i}{t_i} = \frac{L_1}{t_1} + \frac{L_2}{t_2} + \frac{L_3}{t_3} + \frac{L_4}{t_4} + \frac{L_5}{t_5} + \frac{L_6}{t_6}$$

图 4.39(b)所示为侧浇口进料的塑件，其流动距离比为

$$\Phi = \sum \frac{L_i}{t_i} = \frac{L_1}{t_1} + \frac{L_2}{t_2} + \frac{L_3}{t_3} + \frac{2L_4}{t_4} + \frac{L_5}{t_5}$$

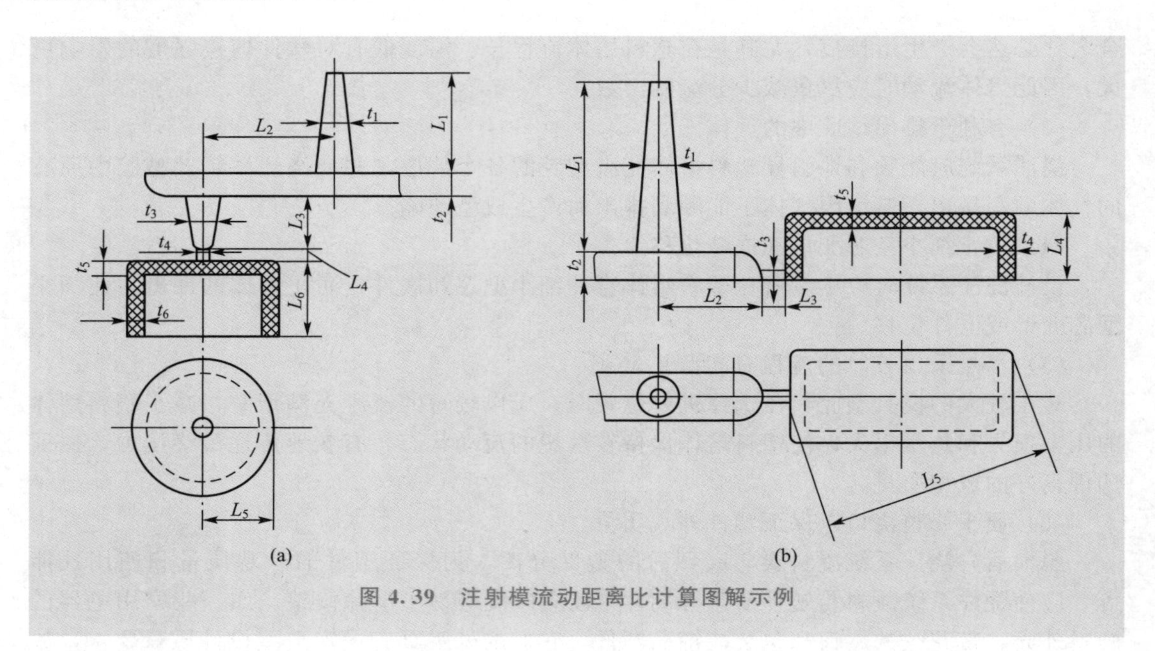

图 4.39　注射模流动距离比计算图解示例

实用技巧

在生产中影响流动比的因素较多，其中主要影响因素是塑料的种类和注射压力，此外还有熔体的温度、模具的温度和流道及型腔的粗糙度等，需要经大量实验才能确定。

表 4-6 所示为部分塑料的注射压力与流动距离比，设计模具时可参考。如果设计时计算出的流动距离比大于表内数值，则注射成型时，在同样的压力条件下模具型腔有可能产生充填不足的现象。

表 4-6　部分塑料的注射压力与流动距离比

塑料名称	注射压力/MPa	流动距离比	塑料名称	注射压力/MPa	流动距离比
聚乙烯	147 68.6 49	280～250 240～200 140～100	聚碳酸酯	127.4 117.6 88.2	160～120 150～120 130～90
聚丙烯	117.6 68.6 49	280～240 240～200 140～100	聚甲醛	98	210～110
硬聚氯乙烯	127.4 117.6 88.2 68.6	170～130 160～120 140～100 110～70	聚苯乙烯	88.2	320～260
			软聚氯乙烯	88.2 68.6	280～200 240～160
尼龙 6	88.2	320～200	尼龙 66	127.4 88.2	160～130 130～90

4.5.2　主流道设计

主流道是指浇注系统中从注射机喷嘴与模具相接触的部位开始，到分流道为止的熔融塑料的流动通道。它是连接注射机喷嘴和模具的桥梁，是塑料熔体进入型腔前最先经过的部位，属于从热的塑料熔体到相对较冷的模具的一段过渡的流道，因此它的形状和尺寸最先影响着塑料熔体的流动速度及填充时间，必须使塑料熔体的温度降和压力降最小，且不影响其他塑料熔体输送到最“远”的位置。

在卧式注射机或立式注射机上使用的模具，其主流道垂直于分型面，应设置在模具的对称中心位置上，并尽可能保证与相连接的注射机喷嘴在同一轴心线上，为使凝料能从其中顺利拔出，主流道需设计成圆锥形；主流道在成型过程中，其小端入口处与注射机喷嘴及具有一定温度、压力的塑料熔体要冷热交替地反复接触，属于易损部位，对零件材料的要求较高，因此模具的主流道常设计成可拆卸更换的浇口套(即主流道衬套)，以便选用优质钢材单独进行加工和热处理。

在直角式注射机上使用的模具，其主流道开设在分型面上，因其无须沿轴线上拔出凝料，主流道一般设计成圆柱形，其中心轴线在动模、定模的分型面上。

1. 主流道的尺寸

主流道的主要尺寸及技术要求见表4-7。

表4-7 主流道的主要尺寸及技术要求 单位：mm

图例	符号	名称	尺寸或技术要求
(图中标注：H、SR、d_0、α、D、d、r、SR_0、喷嘴、L、h)	d	主流道小端直径	注射机喷嘴孔径 $d_0+(0.5\sim1)$
	D	主流道大端直径	$d+2L\tan\frac{\alpha}{2}$
	SR	主流道始端球面半径	喷嘴球面半径 $SR_0+(1\sim2)$
	h	球面配合高度	$3\sim5$
	α	主流道锥角	$2°\sim6°$ (塑料流动性差时取大值)
	L	主流道长度	尽量≤60
	r	转角半径	$1\sim3$

2. 浇口套

浇口套常采用标准件。图4.40(a)所示为浇口套实物。浇口套可以采用图4.40(b)和图4.40(c)所示两种形式。图4.40(b)所示为将浇口套与定位圈设计成一体的形式，一般用于小型模具；图4.40(c)所示为将浇口套和定位圈设计成两个零件，然后配合固定在模板上，这种结构便于拆卸。浇口套一般采用碳素工具钢(如T8A、T10A)或45钢等材料制造，其热处理要求淬火硬度为53～57HRC。

GB/T 4169.19—2006《塑料注射模零件 第19部分：浇口套》规定了塑料注射模用浇口套的尺寸规格和公差，同时给出了材料指南、硬度要求和浇口套的标记方法。标准浇口套示例见表4-8。

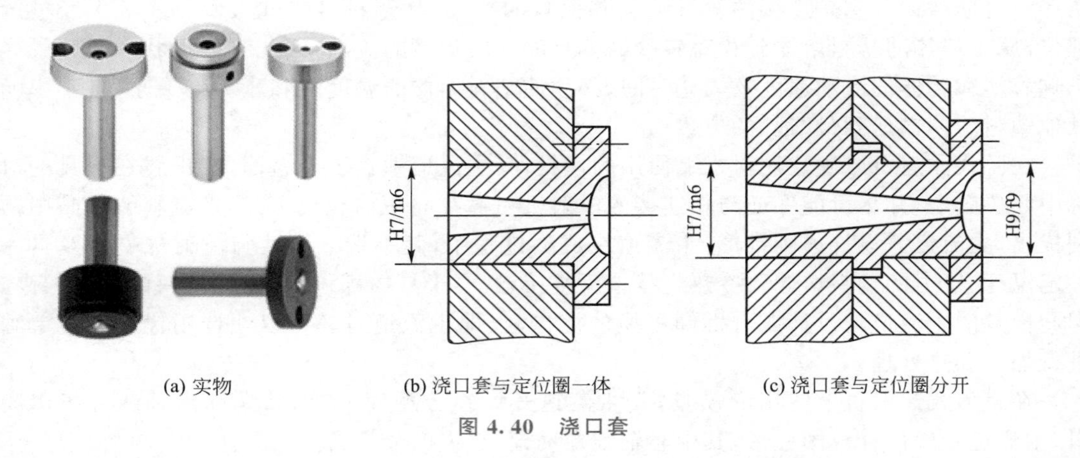

(a) 实物　(b) 浇口套与定位圈一体　(c) 浇口套与定位圈分开

图 4.40　浇口套

表 4-8　标准浇口套示例(摘自 GB/T 4169.19—2006)　单位:mm

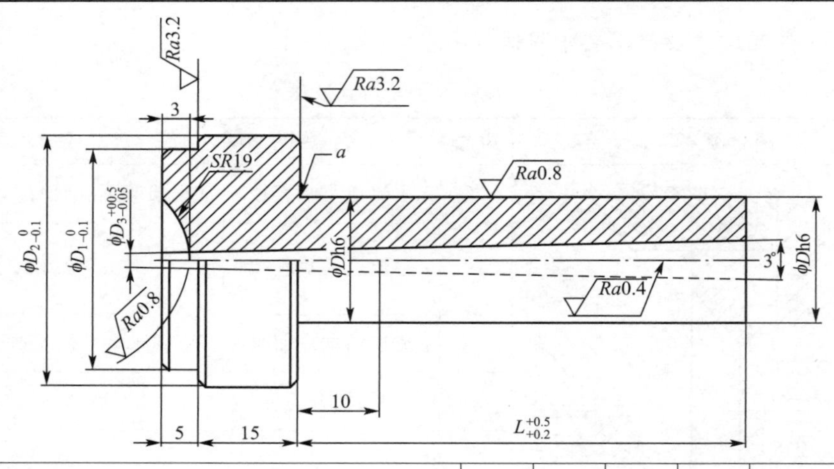

标注示例: 直径 D=12mm、长度 L=50mm 的浇口套表示为浇口套 12×50 GB/T 4169.19—2006。 注: (1)表面粗糙度以 μm 为单位。 (2)未注表面粗糙度 Ra 为 6.3μm。未注倒角为 $C1$。 (3)a 可选砂轮越程槽或 $R0.5 \sim R1$mm 圆角。 (4)材料由制造者选定,推荐采用 45 钢。 (5)局部热处理,$SR19$mm 球面硬度为 38～45 HRC。 (6)其余应符合 GB/T 4169.19—2006 的规定	D	D_1	D_2	D_3	L 50	L 80	L 100
	12	35	40	2.8	×		
	16			2.8	×	×	
	20			3.2	×	×	×
	25			4.2	×	×	×

4.5.3 分流道设计

分流道是指主流道末端与浇口之间的一段塑料熔体的流动通道。分流道的作用是改变熔体流向，使其以平稳的流态均衡地分配到各个型腔。多型腔模具必须设置分流道；采用单型腔模具成型大型塑件，在使用多个浇口进料时也要设置分流道。分流道是塑料熔体进入型腔前的通道，可通过优化设置分流道的横截面形状、尺寸及方向，使塑料熔体充入型腔时平稳顺畅，从而保证最佳的成型效果。

1. 设计原则

（1）塑料熔体流经分流道时的压力损失及温度损失要小。

（2）分流道内塑料熔体的固化时间应稍晚于塑件的固化时间，以便于压力的传递及保压。

（3）保证塑料熔体能迅速、均匀地进入各个型腔。

（4）分流道的长度应尽可能短且容积小。

（5）便于加工及选择刀具。

2. 分流道的截面形状与尺寸

分流道开设在动模、定模分型面的两侧或任意一侧，其截面形状应尽量使其比表面积（流道表面积与其体积之比）小。常用的分流道截面形状有圆形、梯形、U 形、半圆形及矩形等（图 4.41）。梯形及 U 形截面分流道加工较容易，且热量损失与压力损失小，是最常用的，其尺寸可参考表 4－9。

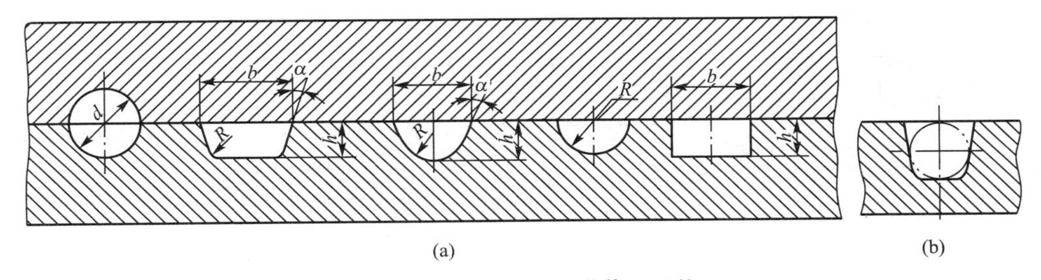

图 4.41　常用的分流道截面形状

表 4－9　梯形和 U 形截面分流道的推荐尺寸　　　单位：mm

截面形状	截面尺寸							
（梯形）	b	4	6	（7）	8	（9）	10	12
	h	$2b/3$						
	R	一般取 3						
	α	5°～15°						
（U 形）	b	4	6	（7）	8	（9）	10	12
	R	$0.5b$						
	h	$1.25R$						
	α	5°～15°						

注：括号内尺寸不推荐采用。

图 4.41 中的梯形截面分流道的尺寸 b 也可按下面的经验公式确定：

$$b=0.2654\sqrt{m}\sqrt[4]{L} \tag{4-23}$$

式中：b 为梯形大底边宽度（mm）；m 为塑件的质量（g）；L 为分流道的长度（mm）。

式（4-23）有一定的适用范围，即塑件壁厚在3.2mm以下，塑件质量小于200g，且计算结果b为3.2～9.5mm。

实用技巧

从流动性、导热性等方面考虑，圆形截面是分流道理想的形状，但因其要以分型面为界分成两半进行加工才利于凝料脱出，这种加工的工艺性不佳，且模具闭合后难以确保两半圆对准，故在实际生产中不常采用。在设计实践中如果加工成的梯形截面恰巧能容纳一个所需直径的圆，且其侧边与垂直于分型面的方向成5°～15°的夹角［图4.41（b）］，那么其效果与圆形截面流道一样。

3. 分流道的长度

根据型腔在分型面上的排布情况，分流道可分为一次分流道、两次分流道，甚至三次分流道。分流道的长度要尽可能短，且弯折少，以便减少压力损失和热量损失，节约塑料的原材料和能耗。图4.42所示为分流道的长度设计，其参数尺寸为$L_1=6\sim10$mm，$L_2=3\sim6$mm，$L_3=6\sim10$mm。L的尺寸根据型腔的数量和型腔的大小来确定。

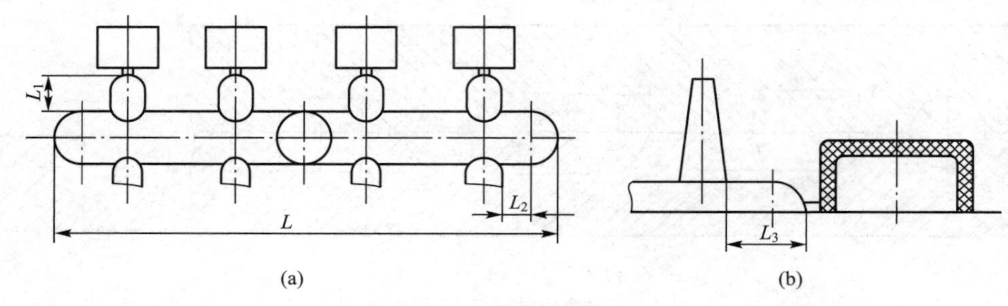

图4.42　分流道的长度设计

4. 分流道的表面粗糙度

由于分流道中与模具接触的外层塑料会迅速冷却，只有内部的塑料熔体流动状态比较理想，因此分流道表面粗糙度不能太小，一般要求达到$Ra1.6\mu m$即可，可增加对外层塑料熔体的流动阻力，保证塑料熔体流动时具有合适的剪切速率和剪切热，并使外层塑料冷却皮层固定，形成绝热层。

5. 分流道的布置形式

在多型腔的模具中分流道的布局形式很多，应遵循两个原则，一是排列应尽量紧凑，缩小模板尺寸；二是尽量使塑料熔体的流程短，分流道对称分布，使胀模力的中心与注射机锁模力的中心一致。研究分流道的布局实质上就是研究型腔的布局。分流道的布局是围绕型腔的布局而设置的，即分流道的布局形式取决于型腔的布局，两者应统一协调，相互制约。分流道和型腔的分布有平衡式和非平衡式两种，相关内容将在第4.5.6节做详细介绍。

4.5.4 浇口设计

浇口是连接分流道与型腔之间的一段细短通道，又称进料口，是注射模浇注系统的最后一部分。浇口的形状、位置和尺寸对塑件的质量影响很大。注射成型时许多缺陷是由于浇口设计不合理造成的，因此要重视浇口的设计。

1. 浇口的作用

浇口分为限制性浇口和非限制性浇口两类。限制性浇口是整个浇注系统中截面尺寸最小的部位，其基本作用如下。

（1）通过截面面积的突然变化，来自分流道的塑料熔体注射压力提高，塑料熔体通过浇口时流速会突变性增加，从而提高塑料熔体的剪切速率，降低黏度，改善流动性，使塑料熔体以较理想的流动状态迅速均衡地充满型腔。

（2）能迅速冷却封闭，防止型腔中熔体倒流。

（3）有利于塑件与浇口凝料的分离。

（4）对于多型腔模具，调节浇口的尺寸还可以使非平衡布置的型腔达到同时进料的目的。

非限制性浇口是整个浇注系统中截面尺寸最大的部位，主要是对中大型筒类、壳类塑件型腔引料和进料后起施压作用。

2. 浇口的常见类型

（1）直浇口。

直浇口是塑料熔体从主流道直接注入型腔的最普通的浇口，又称主流道型浇口或直接浇口。由于塑料熔体流经浇口时不受任何限制，因此直浇口属于非限制性浇口。直浇口一般设在塑件的底部。图 4.43 所示为带有直浇口凝料的塑件实物，直浇口的形式如图 4.44 所示。

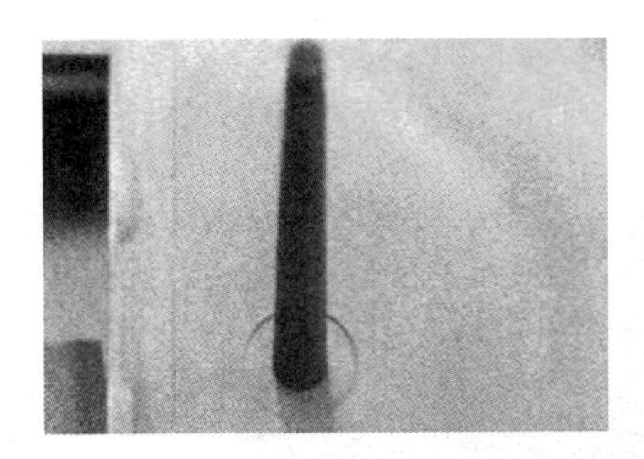
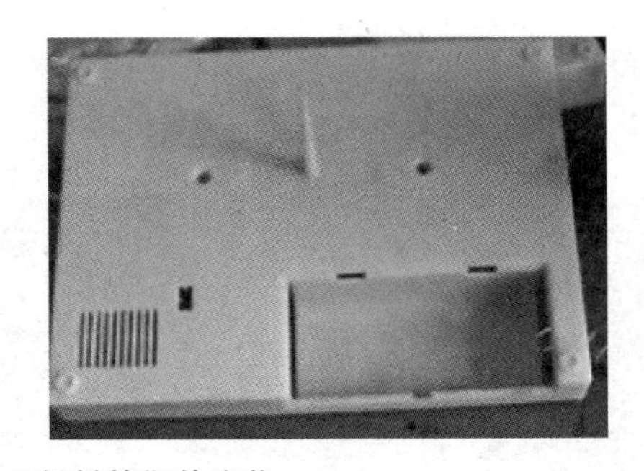

图 4.43 带有直浇口凝料的塑件实物

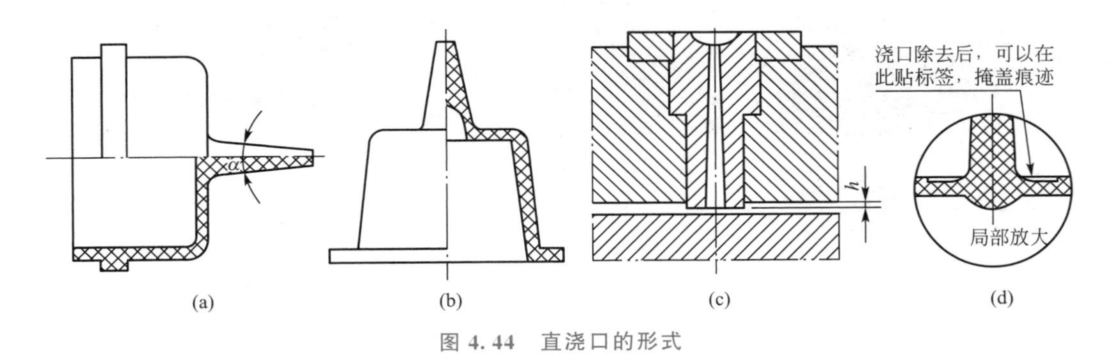

图 4.44 直浇口的形式

① 主要特性。

a. 流动阻力小，流程短，注射压力损失小，保压补缩作用强，易于塑件完整成型。

b. 有利于克服深型腔处气体不易排出的缺点。

c. 塑件和浇注系统在分型面上的投影面积最小，模具结构紧凑，注射机受力均匀。

d. 直浇口的浇口截面面积大，凝料去除困难，塑件有明显的浇口痕迹，修整费时，影响美观。

e. 容易产生内应力，引起塑件变形、浇口裂纹，或产生气泡、开裂、缩孔等缺陷。

当筒类或壳类塑件的底部中心或接近中心部位有通孔时，直浇口可开设在该孔处，同时中心设置分流锥，常称这种类型的浇口为中心浇口，是直浇口的一种特殊形式，如图 4.44（b）所示。它具有直浇口的一系列优点，且克服了直浇口易产生的缩孔、变形等缺陷。在设计中心浇口时，环形的厚度一般不小于 0.5mm。

② 应用。

a. 大多数用于成型大型厚壁、长流程、深型腔的筒形或壳形塑件。

b. 适合成型高黏度、热敏性及流动性差的塑料（如聚碳酸酯、聚砜、聚苯醚等)。

c. 不适宜成型纵向收缩率和横向成型收缩率有较大差异的塑料（聚乙烯、聚丙烯等)，易产生内应力和变形。

d. 一般用于单型腔模具。

③ 尺寸。

一般仿主流道尺寸设计。选用较小的主流道锥角 $\alpha(\alpha=2°\sim4°)$，且尽量减小定模板和定模座板的厚度。实践中常将浇口套突出型腔底面一小段距离 h [图 4.44（c）和图 4.44（d)]。

（2）点浇口。

点浇口是一种截面尺寸很小的浇口，又称针点浇口、小浇口、针浇口、橄榄形浇口或菱形浇口。图 4.45 所示为点浇口凝料实物。

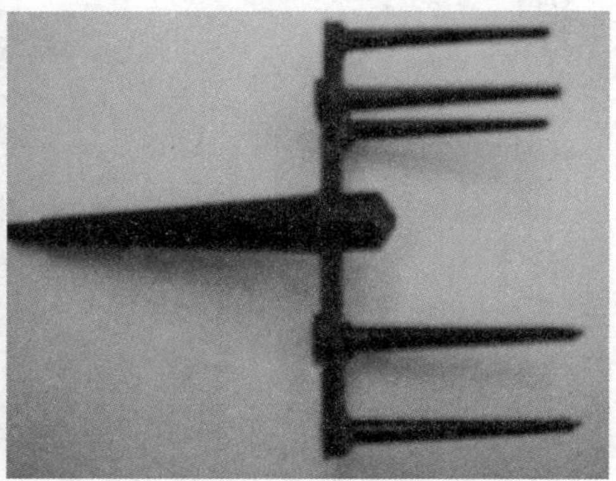

图 4.45　点浇口凝料实物

① 形式。

点浇口的形式有很多种，见表 4-10。

表 4－10 点浇口的形式

点浇口形式	直接式点浇口	圆锥过渡式点浇口	带圆角的圆锥过渡式点浇口	圆锥过渡凸台式点浇口
示意图例				
说明	直径为 d 的圆锥形小端直接与塑件相连。这种结构加工方便，但模具浇口处的强度差，且在拉断浇口时容易损伤塑件表面	其圆锥形的小端有一段直径为 d，长度为 l 的浇口与塑件相连，但直径不能太小，长度不能太长，否则脱模时浇口凝料会因断裂而堵塞浇口，影响注射的正常进行	其圆锥形的小端带有圆角，因此小端的截面面积相应增大，塑料冷却减慢，有利于熔料充满型腔	点浇口底部增加了一个小凸台，作用是保证脱模时浇口断裂在凸台小端处，使塑件表面不受损伤，但塑件表面留有凸台，影响表面质量，为了防止这种缺陷，可在设计时使小凸台低于塑件表面

表 4－10 所列的点浇口与主流道直接接通，这种类型的浇口也称菱形浇口或橄榄形浇口。由于塑料熔体从注射机喷嘴很快进入型腔，因此，点浇口只能用于成型对温度稳定的物料，如聚乙烯、聚丙烯等。使用较多的是经分流道的多点进料的点浇口，如图 4.46 所示，该形式适用于一模多件或一模一腔的较大塑件。

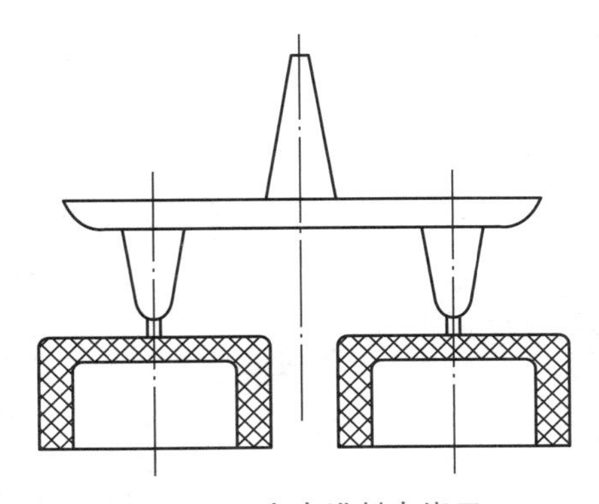

图 4.46 多点进料点浇口

② 主要特性。

a. 塑料熔体通过点烧口时，压力差增大，较大地提高了剪切速率并产生剪切热，从而降低了黏度，提高了塑料熔体的流动性，便于填充。

b. 去除容易，且痕迹小，可自动拉断，利于自动化操作。

c. 压力损失大，收缩大，塑件易变形。

③ 应用。

a. 适用于成型黏度随剪切速率变化明显的塑料（如 PE、PP、PS 等），不适宜成型流动性差及热敏性塑料。

b. 适用于成型薄壁塑件，不适宜成型平薄易变形及形状复杂的塑件。

c. 需采用三板式双分型面（定模部分），以便浇口凝料脱模，需设置流道凝料取出装置，应增大注射机的最大开模距离及流道板的流道凝料取出空间。

d. 对于投影面积大或易变形的塑件，宜采用多针点式浇口，缩短塑料熔体流程，加快进料速度，降低流动阻力，减少塑件翘曲变形。

④ 尺寸。

以表 4－10 所列示意图为例，其中 $d=0.5\sim1.6$mm（最大不超过 2.0mm），$l=0.5\sim2.0$mm（一般取 1.0～1.5mm），$l_0=0.5\sim1.5$mm，$l_1=0.5\sim1.5$mm，$\alpha=6°\sim30°$，$\beta=60°\sim90°$。

点浇口的直径 d 也可以用经验公式计算：

$$d=(0.14\sim0.20)\sqrt[4]{\delta^2 A} \tag{4-24}$$

式中：δ 为塑件在浇口处的壁厚（mm）；A 为型腔表面积（mm^2）。

表 4－11 所示为不同塑料按照平均壁厚确定的点浇口直径，可供参考选择。

表 4－11　不同塑料按照平均壁厚确定的点浇口直径　　单位：mm

塑料种类	塑件壁厚＜1.5	1.5≤塑件壁厚≤3	塑件壁厚＞3
PE、PS	0.5～0.7	0.6～0.9	0.8～1.2
PP	0.6～0.8	0.7～1.0	0.8～1.2
ABS、PMMA	0.8～1.0	0.9～1.8	1.0～2.0
PC、POM、PPO	0.9～1.2	1.0～1.2	1.2～1.6
PA	0.8～1.2	1.0～1.5	1.2～1.8

（3）潜伏浇口。

潜伏浇口又称剪切浇口、隧道浇口，是由点浇口演变而来的，这种浇口具备点浇口的全部优点，因此已获得广泛应用。图 4.47 所示为潜伏浇口凝料实物。

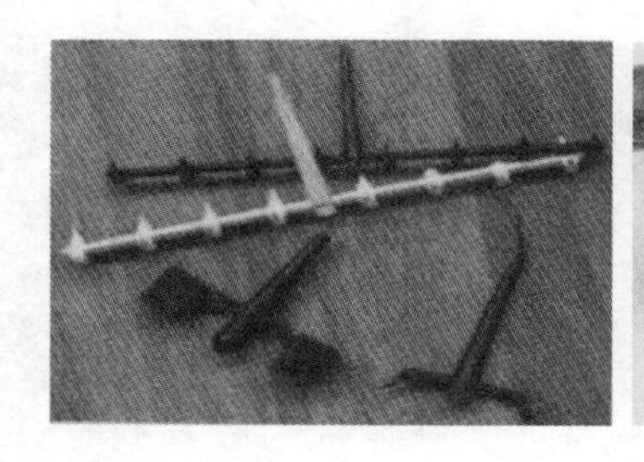
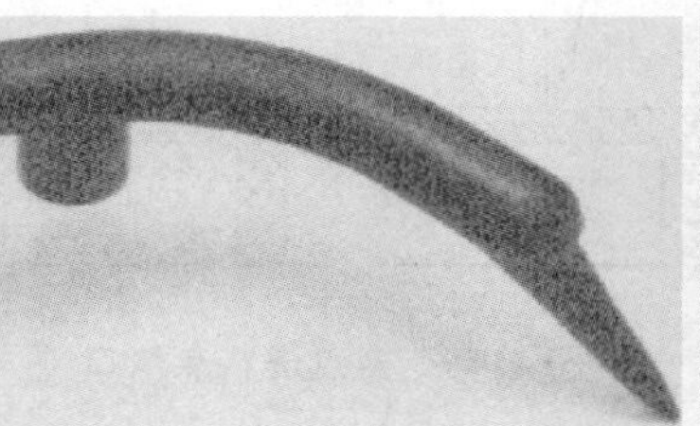

图 4.47　潜伏浇口凝料实物

① 形式。

潜伏浇口的形式见表 4－12。

表 4-12 潜伏浇口的形式

潜伏浇口形式	浇口开设在定模部分	浇口开设在动模部分	浇口开设在推杆上，进料口在推杆上端面	圆弧形潜伏式浇口
示意图例	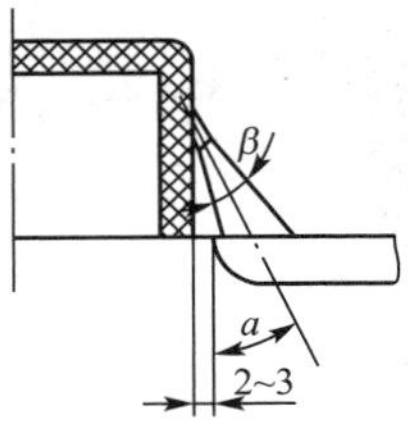 β α 2~3	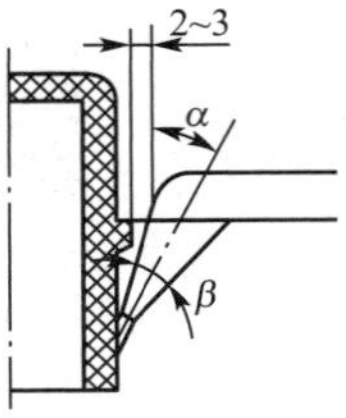 2~3 α β	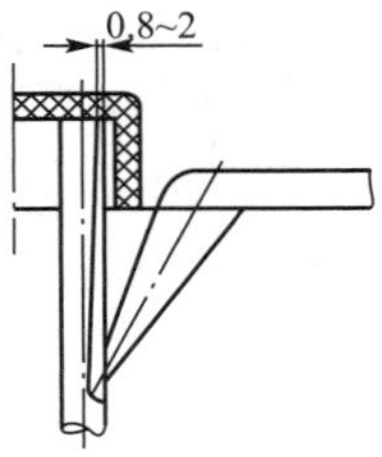 0.8~2	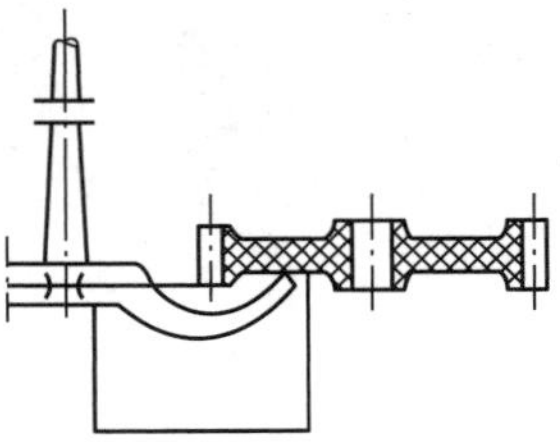
说明			浇口在塑件内部，因此塑件外观质量好	用于成型高度比较小的塑件，浇口加工比较困难

② 主要特性。

a. 潜伏浇口是由点浇口演变而来，具备点浇口的特点。

b. 潜伏浇口的分流道位于分型面上，其本身设在模具内的隐蔽处，塑料熔体通过型腔侧面斜向注入型腔。

c. 其位置可设在塑件的侧面、端面或背面等隐蔽处，塑件外表面不受损伤，不影响其美观（无浇口痕迹）及表面质量。

d. 潜伏浇口与型腔相连时有一定角度，形成斜切刃口，脱模或分型时利用其剪切力自动切断浇口，塑件无须进行浇口处理。

e. 推出时需用较强的冲击力。

f. 能采用二板式单分型面模具。

③ 应用。

潜伏浇口应用较广泛，但对过于强韧的塑料（如聚苯乙烯）不宜采用，对 PMMA 等脆性塑料也不适宜。

④ 尺寸。

潜伏浇口外形为锥面，截面为圆形或椭圆形，尺寸设计可参考点浇口。表 4-12 中潜伏浇口的引导锥角 β 应取 10°～20°，对硬质脆性塑料 β 取大值，反之取小值。潜伏浇口的方向角 α 一般取 30°～45°，对硬质脆性塑料 α 取小值，反之取大值。推杆上的进料口宽度为 0.8～2.0mm，具体数值应根据塑件的尺寸确定。

(4) 侧浇口。

① 形式。

侧浇口一般开设在分型面上，塑料熔体从内侧或外侧充填模具型腔，其截面形状多为矩形（扁槽），是限制性浇口（又称边缘浇口）。侧浇口是应用较广泛的一种浇口，带有侧浇口凝料的塑件实物如图 4.48 所示。侧浇口的形式如图 4.49 所示。

② 主要特性。

a. 开设在塑件的侧面，截面形状为矩形或半圆形。

b. 可根据塑件的形状特点灵活地选择侧浇口的位置，以改善填充条件，易于加工，

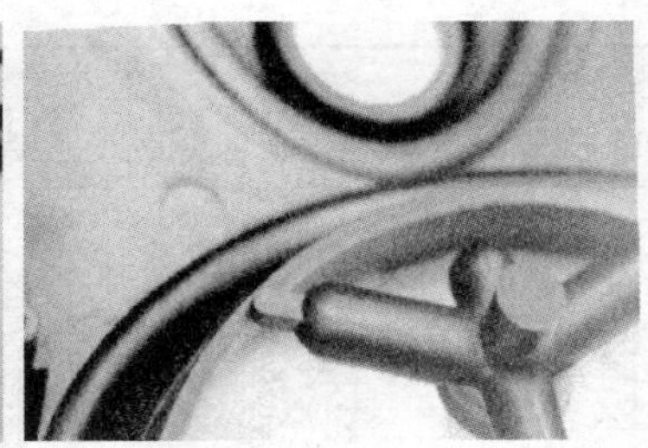

图 4.48　带有侧浇口凝料的塑件实物

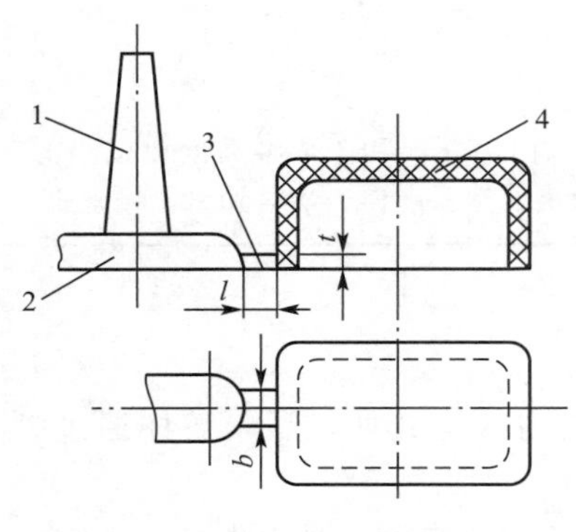

(a) 侧向进料的侧浇口

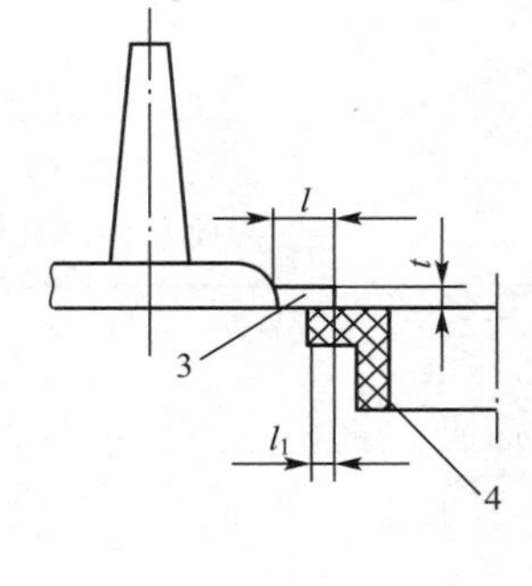

(b) 端面进料的搭接式浇口

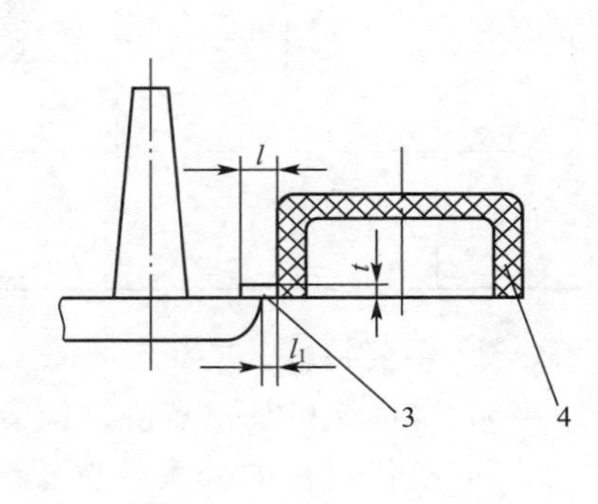

(c) 侧面进料的搭接式浇口

1—主流道；2—分流道；3—侧浇口；4—塑件。

图 4.49　侧浇口的形式

修整方便。

c. 便于调整充模时的剪切速率和侧浇口封闭时间，即通过侧浇口（宽度 b、厚度 t）限制填充量，使侧浇口急速固化，防止注射压力损失，在国外称其为标准浇口。

d. 适用于一模多件，提高生产效率。

e. 浇口截面面积小，去除方便，减少了浇注系统塑料的消耗量。

f. 可以看到塑件外表部位留有浇口痕迹。

g. 易形成熔接痕、缩孔、气孔等缺陷，壳形塑件排气不便。

h. 注射压力损失大，不利于深型腔塑件排气。

③ 应用。

侧浇口适用于成型各种塑料，普遍用于中小型塑件的多型腔单分型面注射模。

④ 尺寸。

矩形侧浇口的尺寸由浇口的长度 l、宽度 b、厚度 t 决定，可参考表 4 - 13。

经验公式如下。

$$b=\frac{k\sqrt{A}}{30} \tag{4-25}$$

$$t=kh \tag{4-26}$$

式中：b 为侧浇口的宽度（mm）；A 为塑件的外侧表面积（型腔表面积）（mm^2）；t 为侧浇口的厚度（mm）；h 为浇口处塑件的壁厚（mm）；k 为系数，参考表 4 - 14。

表 4-13 矩形截面侧浇口的参考尺寸 单位：mm

	侧向进料的侧浇口	端面进料的搭接式侧浇口	侧面进料的搭接式侧浇口
长度 l	0.7～2.0	2.0～3.0	
宽度 b	1.5～5.0		
厚度 t	0.5～2.0 或取塑件壁厚的 1/3～2/3		
长度 l_1		$b/2+$（0.6～0.9）	

表 4-14 系数 k 的值

塑料种类	PE、PS	PP、PC	POM	PA	PVC	PMMA
k 值	0.6	0.7	0.7	0.8	0.9	0.8

特别提示

参数 l、b、t 对成型工艺的影响各不相同，其中 l 影响压力下降速率，与压力下降速率大致成正比；b、t 两者的乘积影响塑料熔体的流动性能（填充速度），当 b 增加时，流动性能下降；t 影响浇口的冷凝封结时间，t 越大，浇口的冷凝封结时间越长；b 与 t 两者应先确定 t，$b/t\approx3$。

⑤ 分流道与侧浇口的连接。

分流道与侧浇口的连接处应加工成斜面，如图 4.50 所示，并用圆弧过渡，有利于塑料熔体的流动及充填，图中 r=0.5～2mm。

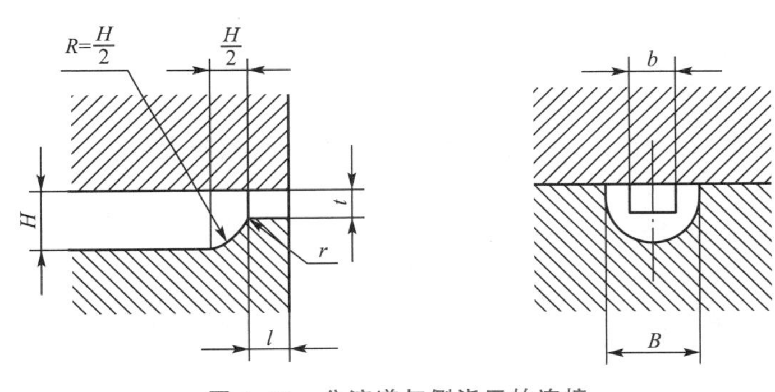

图 4.50 分流道与侧浇口的连接

（5）扇形浇口。

扇形浇口是一种沿浇口方向宽度逐渐增加、厚度逐渐减少的呈扇形的侧浇口，带有扇形浇口凝料的塑件实物如图 4.51 所示。扇形浇口的形式如图 4.52 所示。

① 主要特性。

a. 扇形浇口是由侧浇口演变而来（当浇口宽度 b 大于分流道宽度 B 时）的。

b. 扇形浇口面向型腔，沿进料方向截面宽度逐渐加大，在与型腔接合处形成一矩形台阶，塑料熔体经台阶平稳进入型腔。

c. 进料时塑料熔体在宽度方向上分配更均匀，降低了塑件的内应力，克服了流纹及定向效应，减少了空气带入的可能性，最大限度地消除浇口附近的缺陷。

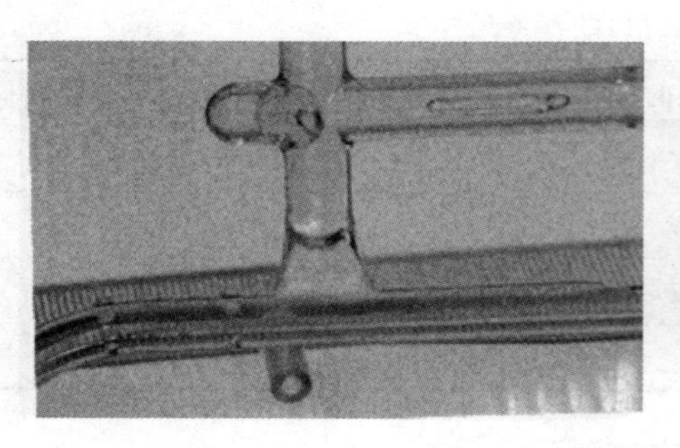

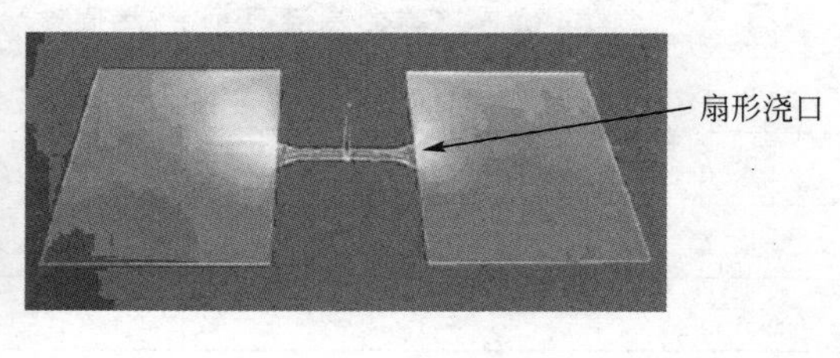

图 4.51　带有扇形浇口凝料的塑件实物

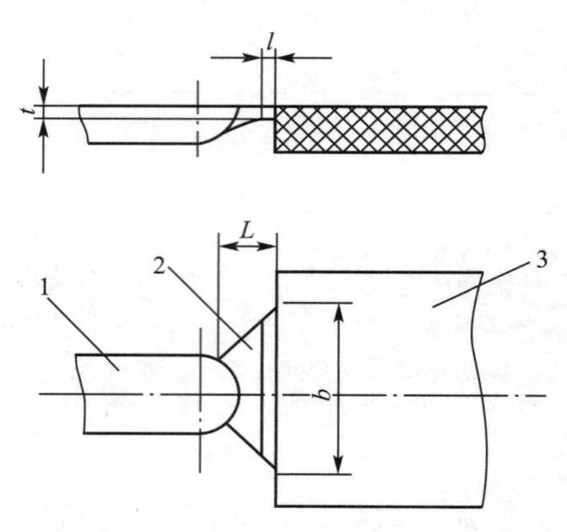

1—分流道；2—扇形浇口；3—塑件。

图 4.52　扇形浇口的形式

d. 去除困难，痕迹明显。

② 应用。

a. 适用于成型横向尺寸较大的薄片状塑件及平面面积较大的扁平塑件，如盖板、标卡和托盘类等。

b. 适用于注射除硬 PVC 以外的普通塑料。

③ 尺寸。

与型腔接合处矩形台阶的长度 l=1.0～1.3mm，厚度 t=0.25～1.0mm，进料口的宽度 b 视塑件大小而定，一般取值范围为 6mm 至浇口处型腔侧壁长度的 1/4，扇形的整体长度 L 可取 6mm 左右。

实用技巧

（1）浇口的截面面积不大于流道的截面面积，以保证塑料熔体的对接、连续。

图 4.53　浇口的截面形状

（2）由于浇口的中心部分与浇口边缘部分的通道长度不同，因此塑料熔体在其中的压力下降速率与填充速度也不一致，可作一定的结构改进，适当加深浇口边缘部分的深度。图 4.53（a）所示为改进前的浇口截面形状，图 4.53（b）所示为改进后的浇口截面形状。

(6) 平缝浇口。

平缝浇口（图 4.54）又称薄膜浇口、薄片浇口、平板浇口、宽薄浇口、膜状浇口等。

① 主要特性。

a. 平缝浇口是由侧浇口演变而来的。

b. 塑料熔体通过特别开设的分流道（平行流道）得到均匀分配。

c. 塑料熔体以较低的线速度呈平行流均匀而平稳地进入型腔，降低了塑件的内应力，避免产生翘曲变形，减少产生气孔及缺料等缺陷。

d. 浇口痕迹明显，成型后去浇口工作量大，增加成本。

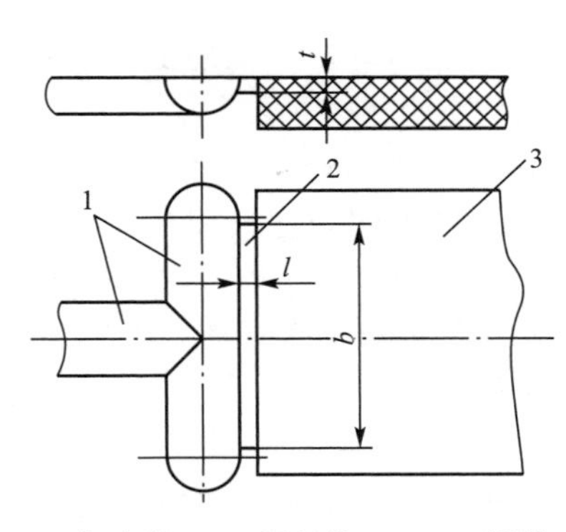

1—分流道；2—平缝浇口；3—塑件。

图 4.54 平缝浇口的形式

② 应用。

a. 平缝浇口用于成型大面积的扁平塑件。

b. 平缝浇口能最有效减少聚乙烯等平板状塑件的变形。

c. 平缝浇口适用于注射除硬 PVC 以外的普通塑料。

③ 尺寸。

浇口厚度 t=0.25～1.5mm，浇口长度 l=0.65～1.2mm，其长度应尽量短，浇口宽度 b 为对应型腔侧壁宽度的 25%～100%。

(7) 环形浇口与盘形浇口。

型腔填充时，采用外侧圆环形进料的浇口称为环形浇口。盘形浇口类似于环形浇口，它与环形浇口的区别在于开设位置不同，盘形浇口开设在塑件的内侧，其特点与环形浇口基本相同。环型浇口和盘形浇口的形式分别如图 4.55 和图 4.56 所示。

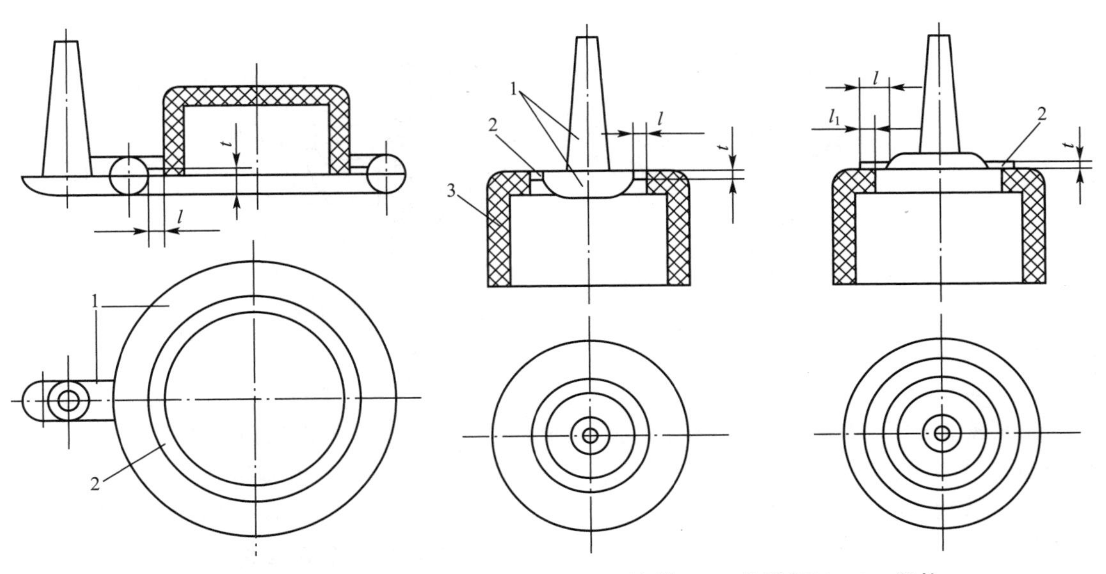

1—分流道；2—环形浇口。

图 4.55 环形浇口的形式

1—流道；2—盘形浇口；3—塑件。

图 4.56 盘形浇口的形式

① 主要特性。

a. 进料均匀，圆周上各处流速大致相等，塑料熔体流动状态好，型腔中的空气容易排出。

b. 可基本避免在塑件上产生熔接痕。

c. 浇注系统耗料较多，浇口去除较难。

② 应用。

环形浇口与盘形浇口常用于成型圆筒形塑件。适用于壁厚要求严格或不容许有熔接痕的塑件。

③ 尺寸。

环形浇口与盘形浇口的尺寸设计可参考侧浇口的尺寸设计。

(8) 轮辐浇口。

轮辐浇口是在盘形浇口的基础上改进而成的，由原来的圆周进料改为数小段圆弧进料，轮辐浇口的形式如图 4.57 所示。这种形式的浇口耗料比盘形浇口耗料少得多，且易于去除。轮辐浇口在生产中比环形浇口应用广泛，多用于成型管状塑件及底部有大孔的圆筒形或壳形塑件。带有轮辐浇口凝料的塑件实物如图 4.58 所示，轮辐浇口的缺点是易产生熔接痕，影响塑件的强度，且在形状上无法制造出完善的真圆。轮辐浇口尺寸可参考侧浇口尺寸取值。

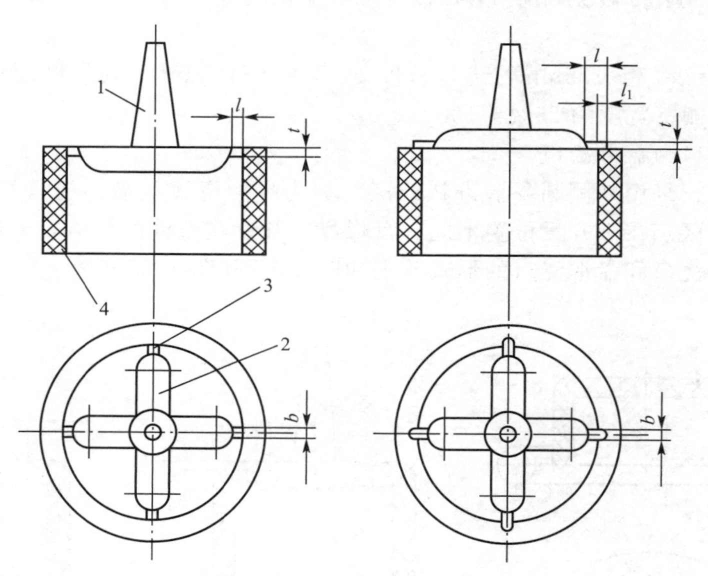

1—主流道；2—分流道；3—轮辐浇口；4—塑件。

图 4.57 轮辐浇口的形式

(9) 爪形浇口。

爪形浇口的形式如图 4.59 所示。爪形浇口加工较困难，通常用电火花成形。爪形浇口的型芯可用做分流锥，其头部与主流道有自动定心的作用（型芯头部有一端与主流道下端大小一致），从而避免了塑件弯曲变形或产生同轴度差等成型缺陷。爪形浇口的缺点与轮辐浇口类似，主要适用于成型内孔较小且同轴度要求较高的细长管状塑件。

(10) 护耳浇口。

塑料熔体充模时易产生喷射流动而引起塑件缺陷，同时浇口附近有较大的内应力而导致塑件强度降低及产生翘曲变形，在浇口附近形成脆弱点。为避免浇口附近的应力集中影响塑件质量，在浇口和型腔之间增设护耳式小凹槽，使凹槽进入型腔处的槽口截面面积大于浇口截面面积，从而改变塑料熔体流向，使其均匀进料，这种浇口称为护耳浇口（图 4.60）。护耳浇口又称翼状浇口、耳式浇口、调整片式浇口、分接式浇口。

图 4.58 带有轮辐浇口凝料的塑件实物

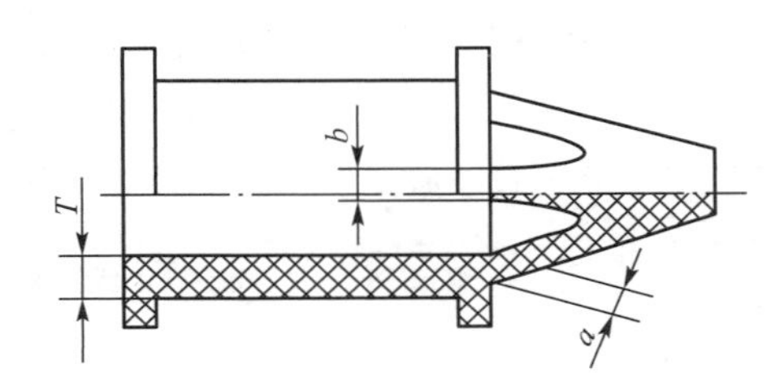

图 4.59 爪形浇口的形式

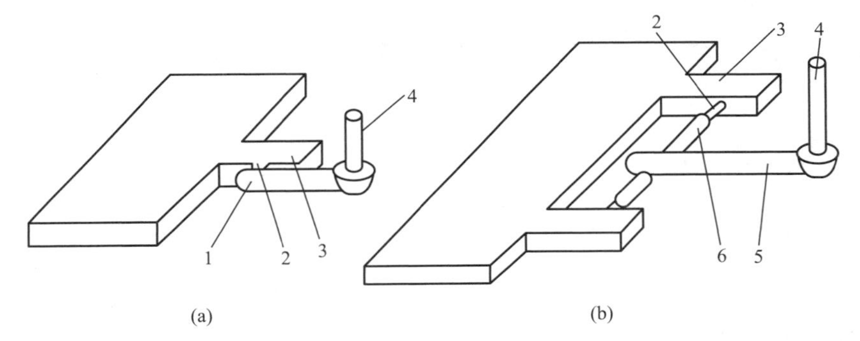

1—分流道；2—侧浇口；3—护耳；4—主流道；5——次分流道；6—二次分流道。

图 4.60 护耳浇口的形式

① 主要特性。

来自分流道的塑料熔体，通过浇口的挤压、摩擦，再次被加热，从而改善了塑料熔体的流动性。离开浇口的高速喷射塑料熔体冲击在耳槽内壁，塑料熔体的线速度因耳槽的阻挡而减小，且流向也发生改变，这有助于其均匀地进入型腔；同时，护耳弥补了浇口周边因收缩所产生的变形，可在塑件成型后去除护耳。

② 应用。

护耳浇口主要适用于成型聚碳酸酯、ABS、聚氯乙烯、有机玻璃等热稳定性差及熔融黏度高的塑料，其注射压力应为其他形式浇口注射压力的两倍左右。一般在不影响塑件使用要求时可将护耳保留在塑件上，从而减少去除浇口的工作量，当塑件宽度很大时，可设置多个护耳。

③ 尺寸。

护耳浇口截面形状一般为矩形，护耳长度一般为15～20mm，宽度约为长度的一半，厚度可为浇口处模腔厚度的75%～80%，护耳纵向中心线与塑件边缘的间距不大于150mm，护耳与护耳的间距不大于300mm；侧浇口位于护耳侧面的中央，其长度和宽度可按常规选取，但厚度为护耳厚度的80%～100%。

3. 浇口形式与塑料种类的相互适应性

不同的浇口对塑料熔体的充模特性、成型质量及塑件的性能会产生不同的影响。在生产实践中，有些与浇口有直接影响关系的缺陷并不是在塑件脱模后立即产生，而是经过一定的时间（时效作用）后出现的，这就需要在试模时考虑这方面的因素，尽量减少或消除浇口所引起的时效变形。各种塑料因其性能的差异而对于不同的浇口有不同的适应性，表4-15所示为常用塑料所适应的浇口形式，可供参考。

表4-15　常用塑料所适应的浇口形式

塑料种类	浇口形式							
	直浇口	点浇口	潜伏浇口	侧浇口	平缝浇口	环形浇口	盘形浇口	护耳浇口
硬聚氯乙烯	☆			☆				☆
聚乙烯		☆		☆	☆			
聚丙烯		☆		☆				
聚碳酸酯	☆	☆		☆				☆
聚苯乙烯	☆	☆	☆	☆			☆	
橡胶改性聚乙烯			☆					
聚酰胺	☆	☆	☆	☆			☆	
聚甲醛	☆	☆	☆	☆	☆	☆		☆
丙烯腈-苯乙烯	☆	☆		☆			☆	☆
ABS	☆	☆	☆	☆	☆	☆	☆	☆
丙烯酸酯	☆			☆				☆

注："☆"表示塑料较适用的浇口形式。

特别提示

表4-15所示内容是基于生产经验的总结，如果能针对具体生产实际，充分考虑塑料性能、成型工艺条件及塑件的使用要求等，即使采用表中所列的不适应的浇口形式，也有可能取得注射成型的成功。

4.5.5 浇口位置的选择

无论采用什么形式的浇口，其开设的位置都将对塑件的成型性能及成型质量产生较大影响，同时浇口位置的不同还影响模具的结构，因此合理选择浇口的开设位置是提高塑件质量的重要环节。总之，设计模具时，浇口的位置及尺寸要求比较严格，初步试模后有时还需修改浇口尺寸。为使塑件具有良好的性能与外表，使塑件的成型在技术上可行、经济上合理，就必须认真考虑浇口的位置。一般在选择浇口位置时，需考虑塑件的结构工艺及特征、成型质量和技术要求，并综合分析塑料熔体在模内的流动特性、成型条件等。通常浇口位置的选择应遵循以下原则。

1. 浇口开设在塑件截面最厚的部位

理想的塑件结构应壁厚均匀，但有时由于特殊要求，塑件的壁厚相差较大，若将浇口开设在塑件的薄壁处，这时塑料熔体进入型腔后，不仅流动阻力大，且还易冷却，影响了塑料熔体的流动距离，难以保证塑料熔体充满整个型腔。另外，从补料的角度考虑，塑件截面最厚的部位经常是塑料熔体最后固化的地方，若浇口开在薄壁处，则厚壁处极易因塑料熔体收缩得不到补缩而形成表面凹陷或真空泡。因此为保证塑料熔体的充模流动性，也为了有利于压力的有效传递，同时便于塑料熔体收缩时顺利补缩，一般浇口的位置应开设在塑件截面最厚的部位。

2. 避免产生喷射和蠕动（蛇形流）

塑料熔体的流动性主要受塑件的形状和尺寸及浇口的位置和尺寸的影响，良好的流动性有利于模具型腔的均匀充填并防止形成分层。塑料溅射进入型腔可能增加表面缺陷、流涎、熔体破裂及夹气，如果通过一个狭窄的浇口充填一个相对较大的型腔，则可能出现这种流动影响（图 4.61）。特别是在成型低黏度塑料熔体时更应注意。通过扩大浇口尺寸、采用冲击型浇口（图 4.62）或护耳浇口，塑料熔体直接流向型腔壁或粗大型芯，可防止浇口处因喷射现象而在充填过程中产生波纹状痕迹。

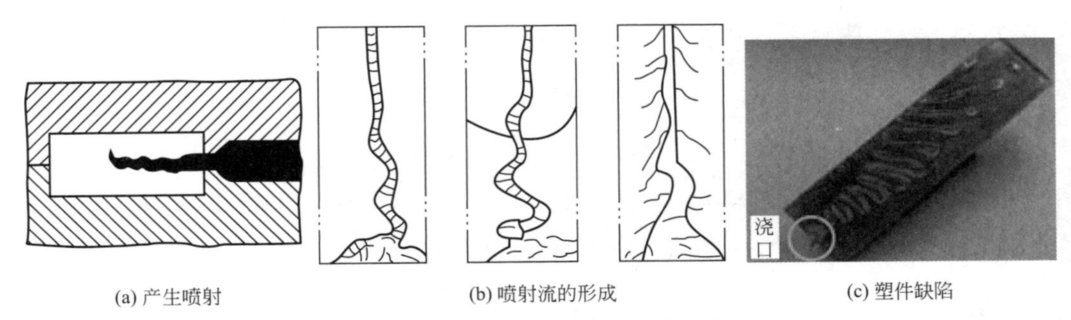

(a) 产生喷射　(b) 喷射流的形成　(c) 塑件缺陷

图 4.61　熔体喷射造成塑件的缺陷

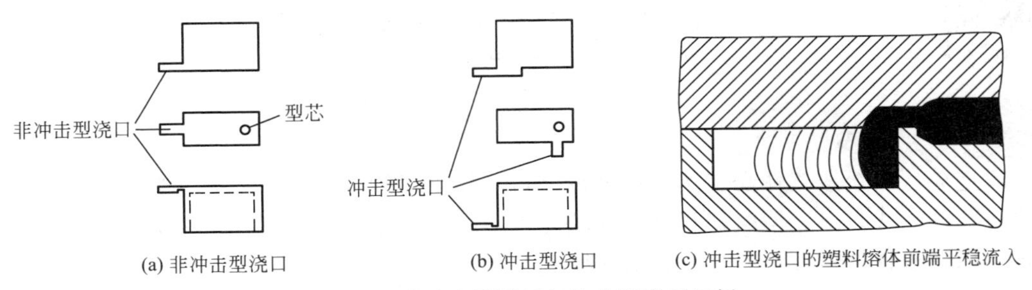

(a) 非冲击型浇口　(b) 冲击型浇口　(c) 冲击型浇口的塑料熔体前端平稳流入

图 4.62　非冲击型浇口与冲击型浇口示例

3. 尽量缩短塑料熔体的流动距离

浇口位置的选择应保证塑料熔体能迅速、均匀地充填模具型腔，尽量缩短塑料熔体的流动距离，这对大型塑件而言尤为重要。有时需校核流动距离比（详见 4.5.1 节），当流动距离比超过一定数值时，需考虑采用多个浇口进料。

4. 尽可能减少或避免熔接痕，提高熔接强度

由于受成型零部件或浇口位置的影响，有时在充填型腔时会造成两股或多股塑料熔体的汇合，汇合处在塑件上会形成熔接痕（图 4.63）。

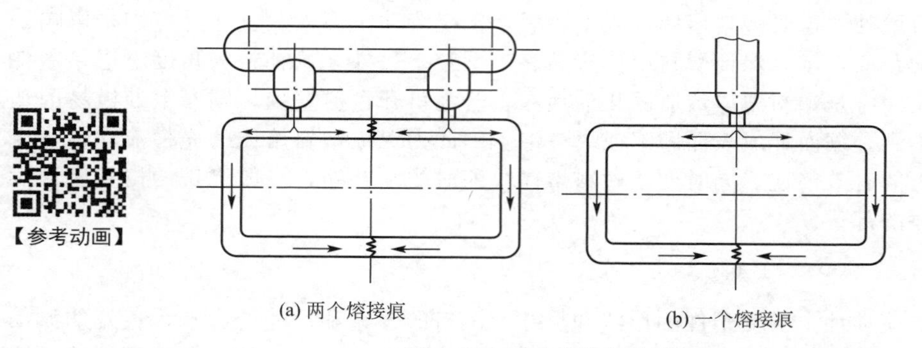

(a) 两个熔接痕　　(b) 一个熔接痕

图 4.63　减少熔接痕的数量

熔接痕会降低塑件的强度，并有损塑件的外观质量，这在成型玻璃纤维增强塑料的塑件时尤其严重。一般采用直浇口、点浇口、环形浇口等可避免产生熔接痕。有时为了增加塑料熔体汇合处的熔接强度，可在熔接处外侧设冷料穴（图 4.64），将前锋冷料引入其中，以提高熔接强度。在选择浇口位置时，还应考虑熔接痕的部位对塑件质量及强度的影响。如果无法避免，应使熔接痕不处于塑件的功能区、负载区及外观区。

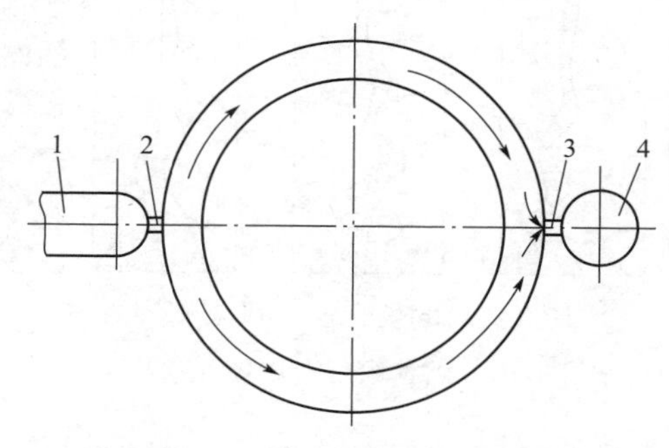

1—分流道；2—浇口；3—溢流口；4—冷料穴。

图 4.64　开设冷料穴提高熔接强度

5. 应有利于排出型腔中的气体

应避免从易造成气体滞留的方向开设浇口。如果不能满足这一要求，则在塑件上易出现缺料、气泡或焦斑，同时塑料熔体充填时也不顺畅，虽然有时可用排气系统来解决上述问题，但在选择浇口位置时应先行考虑。

6. 不在承受载荷的部位设置浇口

一般塑件的浇口附近强度最弱。产生残余应力或残余变形的部位只能承受一般的拉伸力，而无法承受弯曲和冲击力。

7. 考虑对塑件外观质量的影响

选择浇口位置除了应保证成型性能和塑件的使用性能外，还应注意对外观质量的影响，即选择在不影响塑件外观质量的部位或容易处理浇口痕迹的部位。

8. 考虑高分子定向对塑件性能的影响

热塑性塑料在充填模具型腔期间，会在塑料熔体流动方向上呈现一定的分子取向，影响塑件的性能。对某一塑件而言，垂直于流向和平行于流向的强度、应力开裂倾向等都是有差别的，一般垂直于流向的强度降低，容易产生应力开裂。如一开口处带有金属嵌件的聚苯乙烯塑件，如图 4.65（a）所示，若浇口（直浇口或点浇口）开设在 *A* 处，由于塑料与金属环形嵌件的线收缩系数不同，嵌件周围的塑料层有很大的周向应力，因此塑件使用不久就会断裂。若浇口（侧浇口）开设在 *B* 处，由于聚合物分子沿塑件圆周方向具有分子定向性能，因此应力开裂的可能就会减少。

有时也可利用分子高度取向来改善塑件的部分性能。图 4.65（b）所示为一聚丙烯盒，盒体与盒盖之间靠铰链连接，为使铰链经无数次弯折后仍不会断裂，则要求其具有高度的分子定向性能，在盒体的底部 *A* 处设置两个点浇口，塑料熔体通过很薄的铰链通道（约 0.25mm 厚）充满盒盖的型腔，在铰链处分子产生高度定向，脱模时立即将其弯曲几次，从而获得较好的拉伸取向。

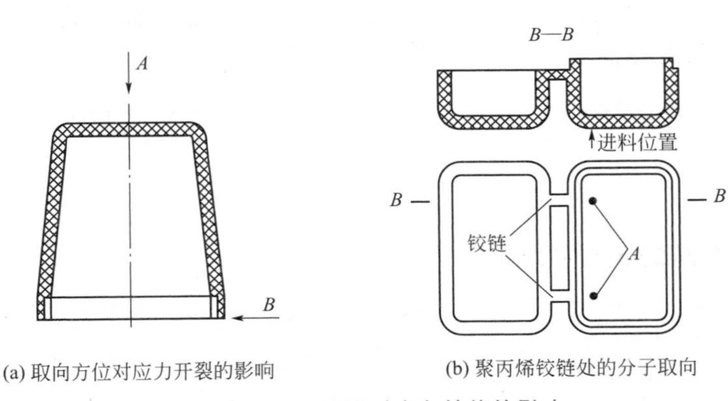

(a) 取向方位对应力开裂的影响　　(b) 聚丙烯铰链处的分子取向

图 4.65　浇口位置对定向性能的影响

9. 防止料流将细小型芯或嵌件挤压变形

对于筒形塑件来说，应避免偏心进料以防止型芯（特别是细小细长的型芯）弯曲。图 4.66（a）所示为单侧进料，料流单边冲击型芯，使型芯偏斜导致塑件壁厚不均；图 4.66（b）所示为两侧对称进料，可防止型芯弯曲，但与单侧进料一样，排气不良，采用图 4.66（c）所示的中心进料，可取得较好的成型效果。

需要指出的是，上述这些原则在应用时常常会产生不同程度的相互矛盾，应综合分析权衡，分清主次因素，根据具体情况确定合理的浇口位置，以保证成型性能及成型质量。

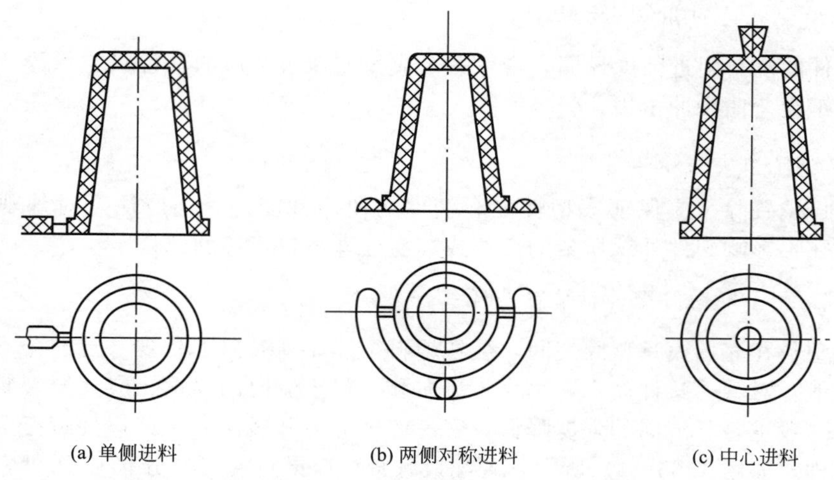

图 4.66　改变浇口位置防止型芯的变形

学以致用

试对图 4.67 所示的塑件进行浇口形式及浇口位置的选择与评析。

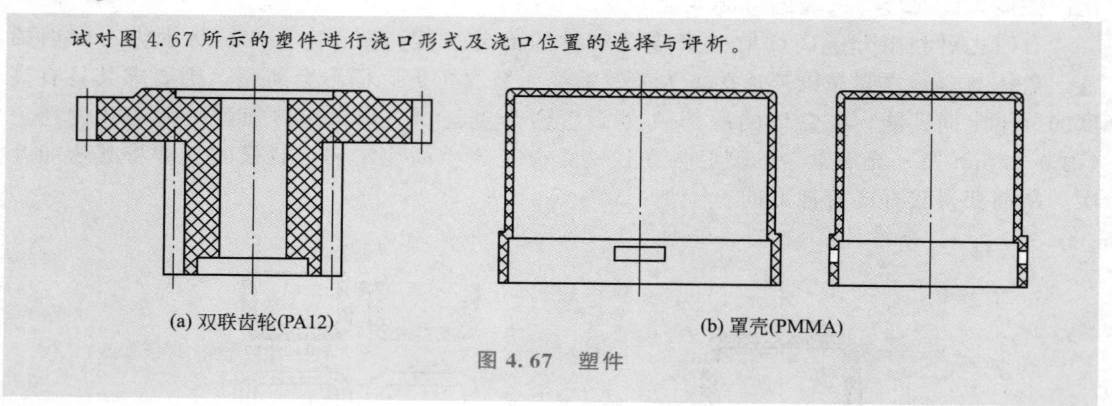

图 4.67　塑件

4.5.6 浇注系统的流动平衡

对于已广泛使用一模多腔的中小型塑件的注射模，设计时应尽量保证所有型腔同时得到均一的充填和成型。在塑件形状及模具结构允许的情况下，应将从主流道到各个型腔的分流道设计成长度相等、形状及截面尺寸相同（这时型腔布局为对称平衡式）的结构，否则就需要通过调节浇口尺寸使各浇口的流量及成型工艺条件达到一致，这就是浇注系统的流动平衡。

1. 型腔布局与分流道的平衡

分流道的布置形式分平衡式和非平衡式两类。平衡式是指从主流道到各个型腔的分流道，其长度、截面形状和尺寸均相等［图 4.68（a）］，这种设计可直接使各个型腔均衡进料，在加工时，应控制各对应部位的尺寸误差在 1%内；非平衡式是指从主流道到各个型腔的分流道的长度、截面形状和尺寸不是全部相等［图 4.68（b）］；为了使各个型腔均衡进料并同时充满，需要将浇口开设成不同的尺寸［图 4.68（c）］。采用这类分流道，在多型腔成型时可缩短流道的总长度，但对于精度和性能要求较高的塑件不宜采用，因其无法恰当完善地控制成型工艺。

(a) 平衡式(自然平衡)　(b) 非平衡式　(c) 非平衡式(人工平衡)

图 4.68　分流道的布置形式

2. 浇口平衡

当采用非平衡式分流道的浇注系统或者同模生产不同塑件时，需对浇口的尺寸加以调整，以使浇注系统平衡，即保证所有型腔同时得到均一的充填和成型。

浇口尺寸的平衡调整可以通过试模或粗略估算来完成。

(1) 浇口平衡的试模基本步骤（以矩形截面的侧浇口为例）。

① 首先以对应相等的尺寸加工各浇口的长度、宽度和厚度。

② 试模后查验每个型腔的塑件质量，先充满的型腔其塑件端部会因补缩不足产生微凹。

③ 将后充满的型腔浇口的宽度略微修大，尽可能不改变浇口厚度（若浇口厚度不同，则浇口冷凝封固的时间也不同）。

④ 基于同样的工艺重复上述步骤，直至塑件质量满意为止。

特别提示

在浇口平衡的试模过程中，注射压力、温度、时间等成型工艺条件应与正式批量生产时一致。

(2) 浇口平衡的计算思路。

通过计算各个浇口的 BGV 值（balanced gate value）来判断或设计。计算公式如下：

$$BGV=\frac{A_g}{l_g\sqrt{L_r}} \tag{4-27}$$

式中：A_g 为浇口的截面面积（mm^2）；L_r 为从主流道中心至浇口的流动通道的长度（mm）；l_g 为浇口的长度（mm）。

一般情况下，无论是相同塑件的多型腔成型还是不同塑件的多型腔成型，采用较多的是矩形侧浇口或圆形点浇口，浇口截面积 A_g 取分流道截面积 A_r 的 0.07 ～ 0.09，以此为前提进行浇口的平衡计算。

浇口平衡时，BGV 值应符合下述要求。

相同塑件多型腔成型时，各浇口的 BGV 值必须相等；不同塑件多型腔成型时，各浇口的 BGV 值必须与其对应型腔（塑件）的充填量成正比。

应用实例

图 4.69 所示为相同塑件 10 个型腔的模具流道分布简图，采用矩形截面侧浇口，各段分流道截面形状相同、尺寸相等，分流道截面面积为 28mm²，各浇口的长度 $l_g=1.2$mm，为保证浇口平衡进料，确定各浇口截面的尺寸。

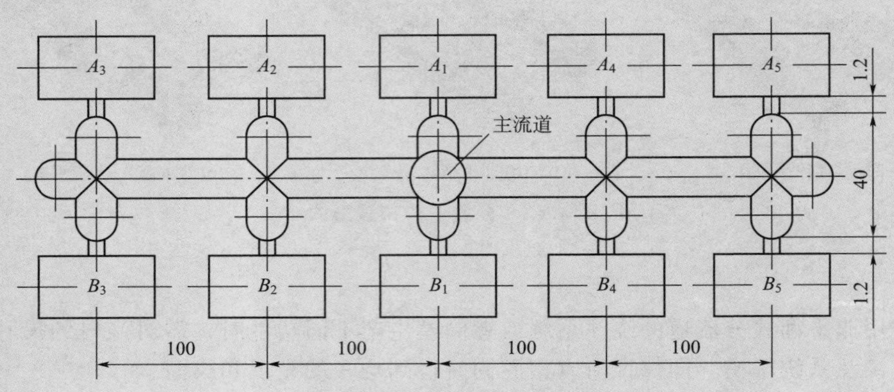

图 4.69　浇口平衡计算实例

解：(1) 选基准浇口。

由图 4.69 所示的型腔排列形式可知，A_2、A_4、B_2、B_4 四个型腔对称分布，流道的长度相同；A_3、A_5、B_3、B_5 对称分布，流道的长度相同；A_1、B_1 对称分布，流道的长度相同。为了避免浇口间的截面相差过大，选取 A_2、A_4、B_2、B_4 为基准浇口，先求出这组浇口的截面尺寸，再求另外两组浇口的截面尺寸。

(2) 求基准浇口截面尺寸。

取 $A_g=0.07A_r$，即

$$A_g=0.07\times28=1.96(\text{mm}^2)$$

矩形浇口的截面宽度 b 为其厚度 t 的 3 倍，即

$$b=3t$$

从而有

$$A_g=bt=3t^2=1.96(\text{mm}^2)$$

求得 $t\approx0.81$mm，$b=2.43$mm。

(3) 求基准浇口的 BGV 值。

$$\text{BGV}=\frac{A_g}{l_g\sqrt{L_r}}=\frac{1.96}{1.2\sqrt{100+20}}\approx0.15$$

(4) 求另外两组浇口的截面尺寸。

$$\text{BGV}=\frac{A_{g1}}{l_{g1}\sqrt{L_{r1}}}=\frac{A_{g3}}{l_{g3}\sqrt{L_{r3}}}=\frac{A_{g5}}{l_{g5}\sqrt{L_{r5}}}=0.15$$

即

$$\text{BGV}=\frac{3t_1^2}{1.2\sqrt{20}}=\frac{3t_3^2}{1.2\sqrt{2\times100+20}}=\frac{3t_5^2}{1.2\sqrt{2\times100+20}}=0.15$$

求得：$t_1\approx0.52$mm，$t_3=t_5\approx0.94$mm，$b_1=3t_1=1.56$mm，$b_3=b_5=3t_3=3t_5=2.82$mm。

将上述计算结果列于表 4-16。

表 4-16　经平衡计算后的各浇口截面尺寸　　　　单位：mm

浇口尺寸	A_2、A_4、B_2、B_4	A_1、B_1	A_3、A_5、B_3、B_5
长度 l_g	1.2	1.2	1.2
宽度 b	2.43	1.56	2.82
厚度 t	0.81	0.52	0.94

4.5.7　冷料穴及拉料杆的设计

在每次注射循环的间隔，注射机喷嘴前端的塑料熔体温度会低于要求的充填温度，从喷嘴端部到注射机料筒 10～25mm 以内，有个温度逐渐升高的区域，位于该区域内的塑料熔体的流动性及成型性能不佳，如果这部分塑料熔体进入型腔，就有可能产生次品。为克服这一影响，可使用井穴将主流道延长以接收前锋冷料，防止冷料进入浇注系统的流道和型腔，把用来容纳注射间隔所产生的冷料的井穴称为冷料穴。冷料穴是浇注系统的组成结构之一。

冷料穴一般开设在主流道对面的动模板上（即塑料熔体流动的转向处），其标准公称直径与主流道大端直径相同或略大，深度为直径的 1～1.5 倍。冷料穴要能储存足够的冷料。表 4-17 所示为常用冷料穴和拉料杆的形式。

表 4-17　常用冷料穴和拉料杆的形式

形式	带 z 形拉料杆的冷料穴	带推杆的倒锥形冷料穴	带推杆的圆环槽冷料穴
图例	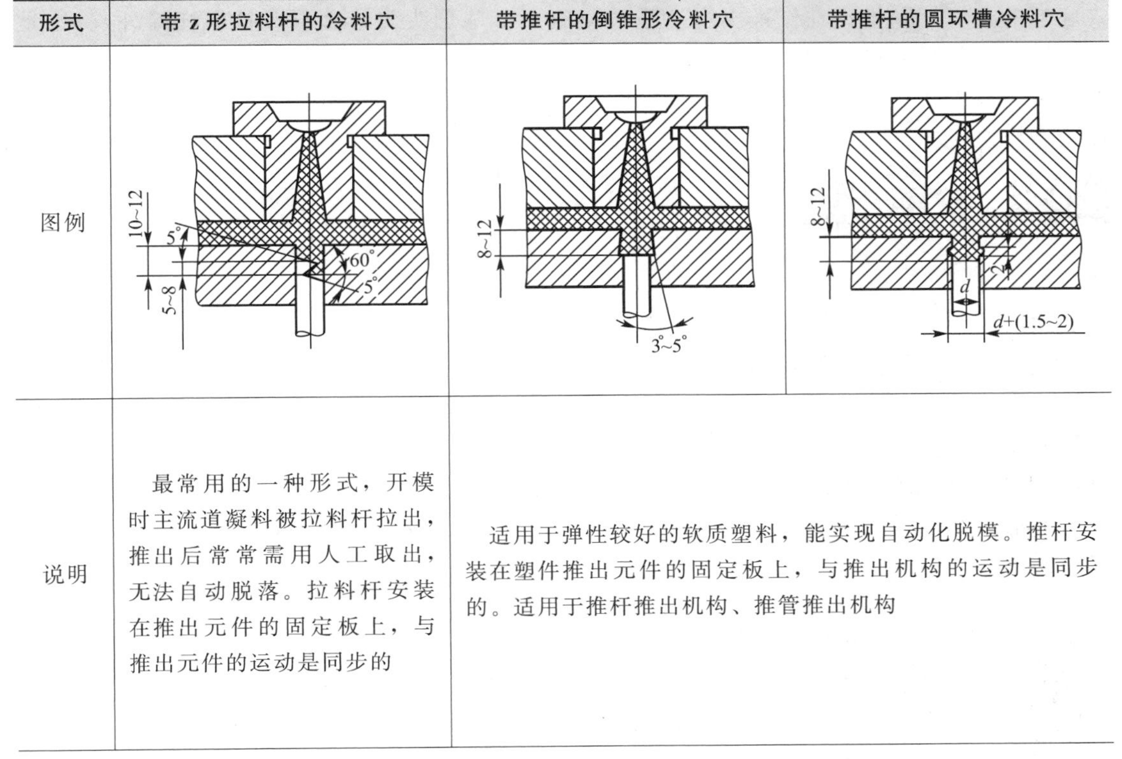		
说明	最常用的一种形式，开模时主流道凝料被拉料杆拉出，推出后常常需用人工取出，无法自动脱落。拉料杆安装在推出元件的固定板上，与推出元件的运动是同步的	适用于弹性较好的软质塑料，能实现自动化脱模。推杆安装在塑件推出元件的固定板上，与推出机构的运动是同步的。适用于推杆推出机构、推管推出机构	

续表

形式	带球形头拉料杆的冷料穴	带菌形头拉料杆的冷料穴	带分流锥形式的拉料杆的冷料穴
图例	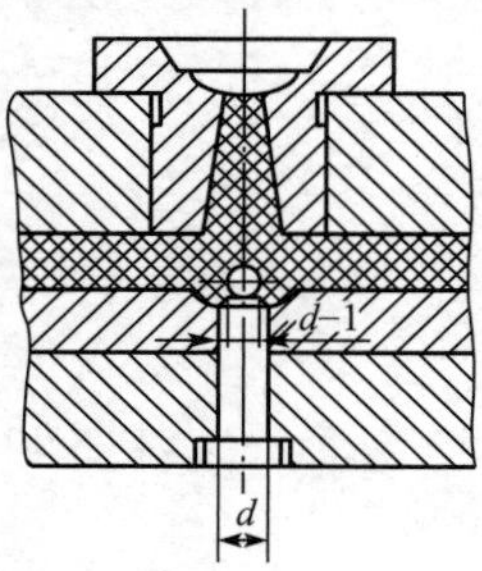	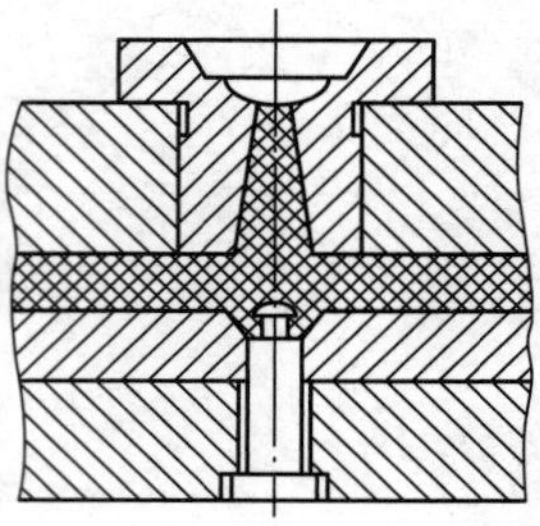	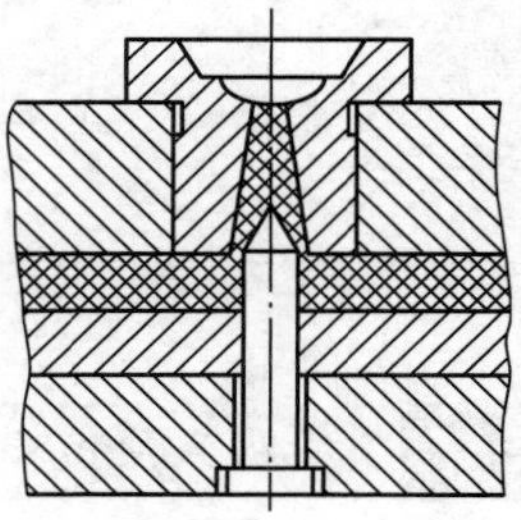
说明	与推件板推出机构配合使用，拉料杆固定于动模板（型芯固定板）上，而不是推出元件的固定板上，与推出元件的运动不同步。这两种形式适合成型弹性较好的塑料		适用于成型中间有孔的塑件，同时模具采用中心浇口（中间有孔的直浇口）或爪形浇口形式，适合成型各种塑料

当分流道较长，塑料熔体充模的温降较大时，也需在其延伸端开设较小的冷料穴，以防分流道末端的冷料进入型腔。

冷料穴除了具有容纳冷料的作用以外，还能在开模时将主流道和分流道的冷凝料勾住，使其保留在动模一侧，便于脱模。在脱模过程中，固定在推杆固定板上同时形成冷料穴底部的推杆，随推出动作推出浇注系统凝料（带球形头和带菌形头拉料杆除外）。不是所有注射模都需开设冷料穴，塑料性能或工艺控制较好，很少产生冷料或塑件要求不高时，可不设置冷料穴。如果在初始设计阶段对是否开设冷料穴尚无把握，可留适当空间，以便增设。

4.5.8 排气和引气

1. 模具的排气

注射成型过程中，模具的型腔及浇注系统内积存了一定量的空气及塑料受热或凝固产生的低分子挥发气体，如果这些气体不排除干净，一方面会在塑件上形成气泡、冷接缝、表面轮廓不清及充填缺料等成型缺陷，另一方面气体受压体积缩小而产生高温会导致塑件局部炭化或烧焦（褐色斑纹），同时积存的气体还会产生反向压力而降低充模速度，因此设计浇注系统时必须考虑排气问题。有时为保证型腔充填得均匀合适及增加塑料熔体汇合处的熔接强度，还需在塑料熔体最后充填的型腔部位开设溢流槽以容纳余料，也可容纳一定量的气体。

（1）排气方式。

通常采取以下四种排气方式。

① 利用配合间隙自然排气。通常中小型模具的简单型腔可利用分型面之间、推杆与模板之间的配合间隙及组合式型芯或型腔的镶拼缝隙等进行排气，排气间隙以不产生溢料为限，一般为0.03～0.05mm。

② 在分型面上开设排气槽排气。分型面上的排气槽如图 4.70 所示。图 4.70（a）所示的排气槽在离型腔 5～8mm 设计成开放的燕尾式，以使排气顺利、通畅；为了防止注射时排气槽对着操作工人，塑料熔体从排气槽喷出而发生人身事故，可将排气槽设计成图 4.70（b）所示的弯折式，这样还能降低塑料熔体溢出时的动能。常用塑料排气槽的深度 h 见表 4-18。

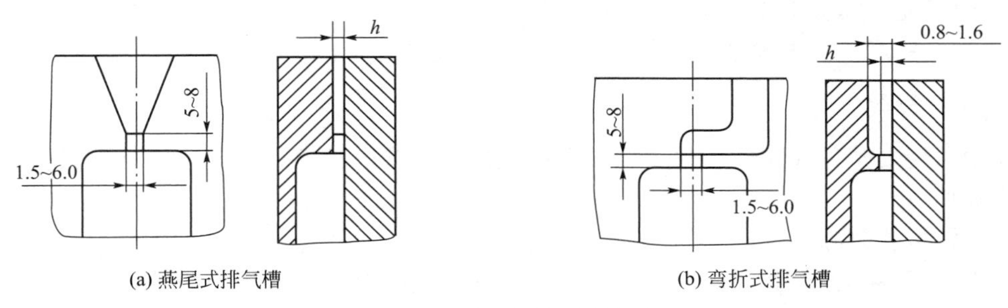

图 4.70 分型面上的排气槽

表 4-18 常用塑料排气槽的深度 h 单位：mm

塑料	聚乙烯	聚丙烯	聚苯乙烯	ABS	聚酰胺	聚碳酸酯	聚甲醛	丙烯酸共聚物
h	0.02	0.01～0.02	0.02	0.03	0.01	0.01～0.03	0.01～0.02	0.03

③ 利用排气塞排气。如果型腔最后充填的部位不在分型面上，其附近又无可供排气的推杆或活动型芯时，可在型腔深处镶排气塞，如图 4.71 所示，排气塞可用粉末烧结金属块（多孔性合金块）制成。但应注意的是金属块外侧的通气孔直径 D 不宜过大，以免金属块受力后变形。

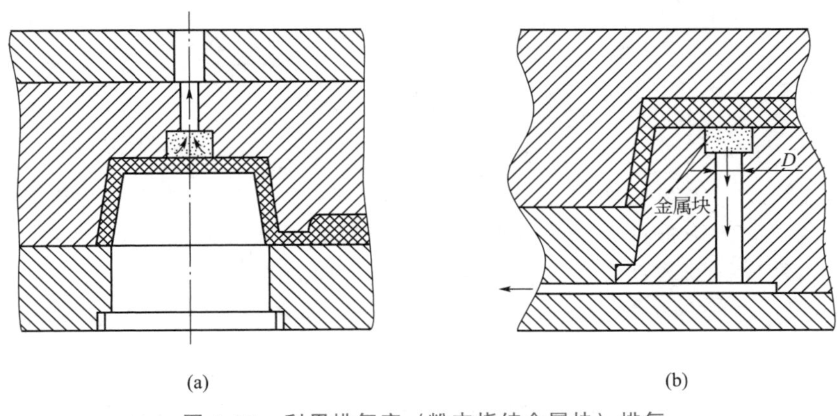

图 4.71 利用排气室（粉末烧结金属块）排气

④ 强制性排气。在气体滞留区设置排气杆或利用真空泵抽气，这种方法很有效，但会在塑件上留有痕迹，因此排气杆应设置在塑件内侧。

（2）排气槽（或孔）设计要点。

排气槽（或孔）位置和大小的选定主要依靠经验。通常将排气槽（或孔）先开设在比较明显的部位，经过试模后再修改或增加，其基本设计要点归纳如下。

① 排气槽（或孔）应尽量设在分型面上，但排气槽溢料产生的毛边应不妨碍塑件

脱模。

② 排气槽（或孔）应尽量设在料流的末端，如流道、冷料穴的尽头。

③ 排气槽（或孔）应尽量设在塑件较厚的成型部位。

④ 排气槽（或孔）应不留死角，以免积存冷料。

⑤ 排气槽（或孔）的排气方向不应朝向操作面，防止注射时因漏料烫伤操作工人。

⑥ 为了便于模具制造和清模，排气槽应尽量设在凹模的一面。

⑦ 排气速度应与充模速度相适应，排气要迅速、完全。

2. 模具的引气

大型深壳形塑件成型后会包紧型芯而形成真空，难以脱模，需设置引气装置。常见的引气形式如下。

（1）镶拼式侧隙引气。

利用成型零部件分型面配合间隙排气时，其排气间隙可为引气的间隙，但在镶块或型芯与其他成型零部件的配合间隙较小的情况下，空气可能无法被引入型腔。若将配合间隙放大，则会影响镶块的位置精度，因此只能在镶块侧面的局部位置开设引气槽（图 4.72）。镶拼式侧隙引气的结构虽然简单，但引气槽容易堵塞。

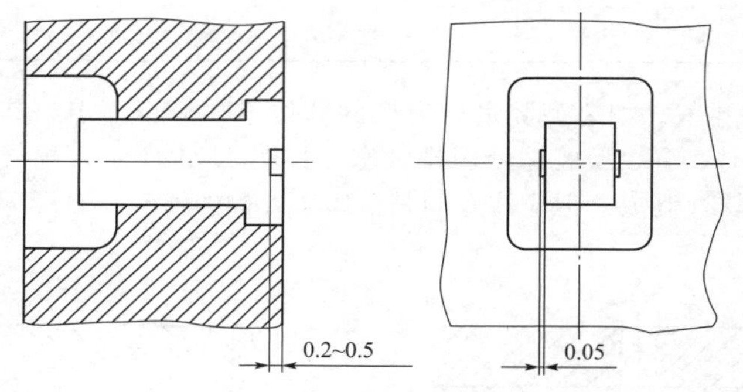

图 4.72　镶拼式引气结构

（2）气阀式引气。

常用的气阀式引气结构如图 4.73 所示。图 4.73（a）所示是在中心推杆的端部设置一个密封的圆锥面，当推杆开始推动塑件时，密封的圆锥阀体被打开，空气从推杆底部进入。推杆靠复位杆的联动复位。推件板推出塑件时，在塑件底部设置浮动的圆锥阀杆[图 4.73（b）]，在推件板推动塑件的瞬间，依靠塑件和型芯之间的真空开启浮动阀杆，

【参考动画】

【参考动画】

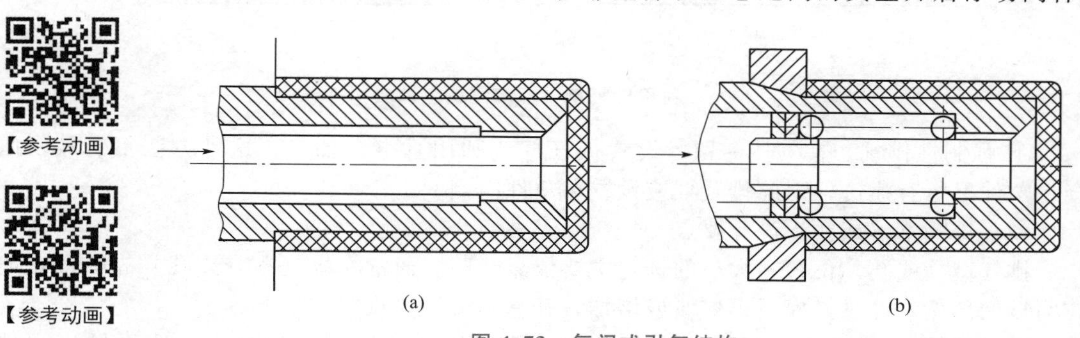

图 4.73　气阀式引气结构

气阀被打开，空气进入，浮动阀杆靠被压缩的弹簧的弹力复位。气阀式引气的结构虽然比镶拼式引气结构复杂，但一般不会出现引气通道堵塞的现象。

【在线答题】

4.6 热流道浇注系统概述

由主流道、分流道、浇口等构成的浇注系统，在注射成型时会消耗注射压力，使型腔内的压力降低，且浇注系统凝料在一次注射成型的熔料中占有很大的比例，这些凝料经过再回收利用，性能必然下降，不能生产高品质的塑件，从而造成浪费。为解决这一问题，人们创造了热流道技术。**热流道是指在注射成型的整个过程中，模具浇注系统内的塑料一直保持熔融状态，即在注射、成型、开模、脱模等各个阶段浇注系统内的塑料熔体并不会冷却和固化。**这种形式的模具在1940年就开始应用，20世纪60年代初得到发展。如今的热流道模具效率高、故障少，是注射模的重要发展方向之一。

4.6.1 热流道浇注系统的特点

热流道浇注系统与普通浇注系统的区别：在整个生产过程中热流道浇注系统内的塑料始终处于熔融状态。热流道浇注系统也称无流道浇注系统。

热流道浇注系统具有如下特点。

(1) 由于热流道内的熔体温度与注射机喷嘴温度基本相同，因此流道内的压力损耗小。在使用相同的注射压力下，热流道浇注系统型腔内的压力比普通浇注系统型腔内的压力高，熔体的流动性好，密度均匀，因此成型塑件的变形程度大为减小。

(2) 热流道浇注系统中无凝料，实现了无废料加工，提高了材料的有效利用率。同时省去了去除浇口的工序，可节省人力、物力，降低了生产成本。

(3) 热流道浇注系统的浇口均为自动切断浇口，可以提高自动化程度，提高生产效率。热流道元件多为标准件，可以直接选用，缩短了模具加工制造周期。

(4) 但是热流道浇注系统也存在一些问题，如热流道使定模部分温度偏高；热流道板受热膨胀，产生热应力等，在设计模具时必须注意。

4.6.2 热流道浇注系统对塑料的要求

用热流道浇注系统成型的塑料，在性能上需满足以下要求。

(1) 塑料的熔融温度范围宽，黏度变化小，热稳定性好，容易进行温度控制，即在较低的温度下有较好的流动性，不固化；在较高的温度下，不流涎，不分解。

(2) 对压力敏感。不施加注射压力时熔体不流动，但施加较低的注射压力时熔体就会流动。在低温、低压下也能有效地控制流动。

(3) 固化温度和热变形温度较高。塑件在比较高的温度下即可固化，缩短了成型周期。

(4) 比热容小，导热性能好，既能快速冷凝，又能快速熔融。塑料熔体的热量能快速传给模具而冷却固化，提高生产效率。

目前在热流道注射模中应用最多的塑料有聚乙烯、聚丙烯、聚苯乙烯、聚丙烯腈、聚氯乙烯和ABS等。

4.6.3 热流道浇注系统的形式

热流道可以分为绝热流道和加热流道。

1. 绝热流道

绝热流道的流道截面较大，因此可以利用塑料比金属导热性差的特性，使靠近流道内壁的塑料冷凝成不熔化或半熔化的固化层，起绝热作用，而流道中心部位的塑料在连续注射时仍然保持熔融状态，塑料熔体通过流道的中心部分顺利充填型腔。无须对流道进行辅助加热，流道中的塑料熔体容易固化，因此绝热流道仅适用于成型周期短的塑件。

（1）井坑式喷嘴。

井坑式喷嘴又称绝热主流道，是一种结构最简单的适用于单型腔模具的绝热流道。图 4.74（a）所示为井坑式喷嘴，在注射机喷嘴与模具入口间装有一个主流道杯，杯外采用空气间隙绝热，杯内有截面较大的储料井，其容积为塑件体积的1/3～1/2。在注射过程中，与井壁接触的塑料熔体很快固化成一个绝热层，使位于中心部位的塑料熔体保持良好的流动状态，在注射压力的作用下，塑料熔体通过点浇口充填型腔。

采用井坑式喷嘴注射成型时，一般注射成型周期不大于 20s。主流道杯的主要尺寸如图 4.74（b）所示，具体尺寸参见表 4－19。

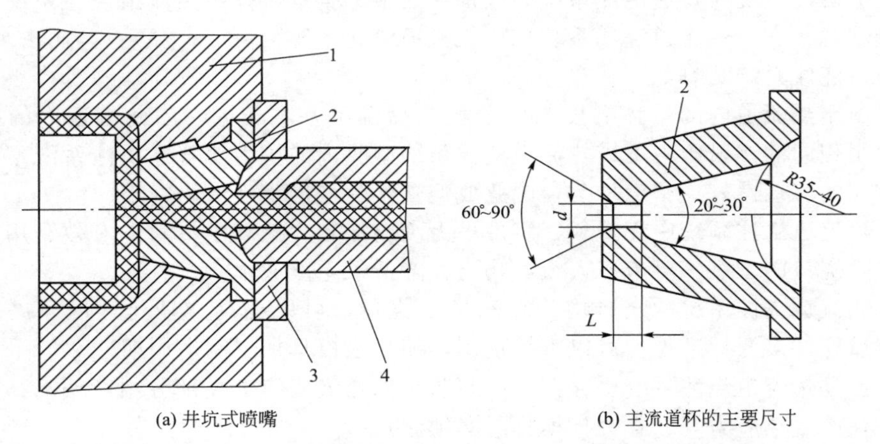

(a) 井坑式喷嘴　　(b) 主流道杯的主要尺寸

1—定模板；2—主流道杯；3—定位圈；4—注射机喷嘴。

图 4.74　井坑式喷嘴与主流道杯主要尺寸

表 4－19　主流道杯的推荐尺寸

塑件质量/g	成型周期/s	d/mm	R/mm	L/mm
3～6	6～7.5	0.8～1.0	35	0.5
6～15	9～10	1.0～1.2	40	0.6
15～40	12～15	1.2～1.6	45	0.7
40～150	20～30	1.5～2.5	55	0.8

注射机的喷嘴工作时需伸入主流道杯中，其长度由杯口的凹球坑半径决定，二者应恰好贴合。储料井直径不能太大，要防止塑料熔体反压使喷嘴后退产生漏料。图 4.75 所示

为改进的井坑喷嘴形式。图 4.75（a）所示是一种浮动式主流道杯，压缩弹簧使主流道杯压在注射机喷嘴上，主流道杯又可随之后退，保证储料井中的塑料得到喷嘴的供热，也使主流道杯与定模板间产生空气间隙，防止主流道杯中的热量外流。图 4.75（b）所示是一种注射机喷嘴伸入主流道杯的形式，增加了对主流道杯传导热量。注射机喷嘴伸入主流道的部分可做成倒锥的形式，这样在注射结束后，可使主流道杯中的凝料随注射机喷嘴一起被拉出模外，便于清理流道。

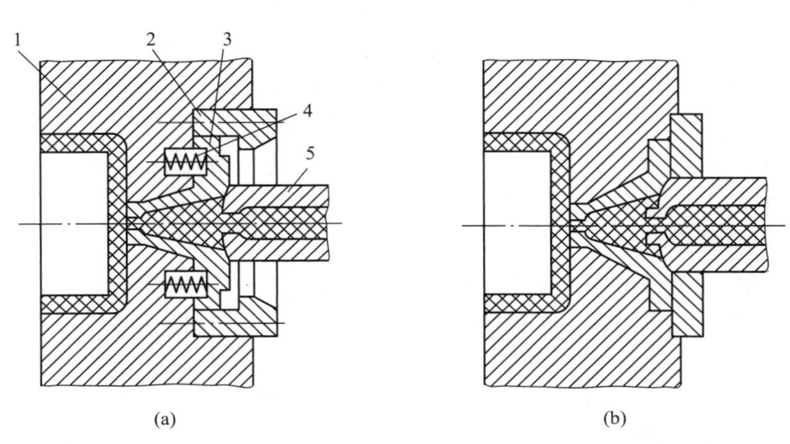

1—定模板；2—定位圈；3—主流道杯；4—压缩弹簧；5—注射机喷嘴。

图 4.75　改进的井坑式喷嘴

（2）多型腔绝热流道。

多型腔绝热流道可分为直浇口式绝热流道和点浇口式绝热流道两种类型。其分流道截面为圆形，直径为 16～32mm，成型周期越长，直径越大。在分流道板与定模板之间设置气隙，并减小二者的接触面积，以防止分流道板的热量传给定模板，影响塑件冷却定型。

图 4.76（a）所示为直浇口式绝热流道，浇口的始端突入分流道中，使部分直浇口处于分流道绝热层的保温之下。采用直浇口式绝热流道成型的塑件脱模后，塑件上带有一小段浇口凝料，需后加工去除。图 4.76（b）所示为点浇口式绝热流道。采用点浇口式绝热流道成型的塑件不带浇口凝料，但浇口容易冻结，仅适用于成型周期短的塑件。

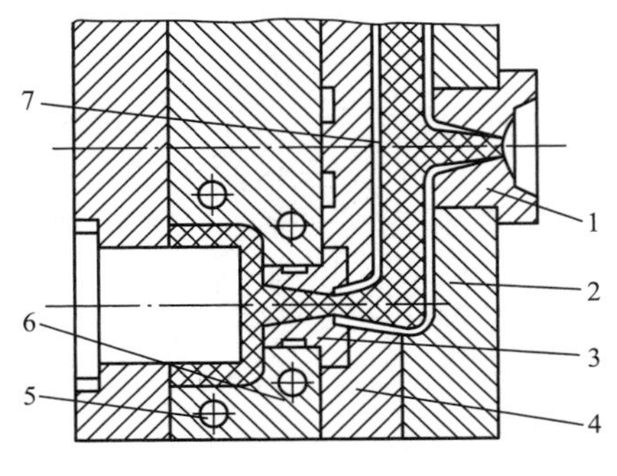

(a) 直浇口式绝热流道

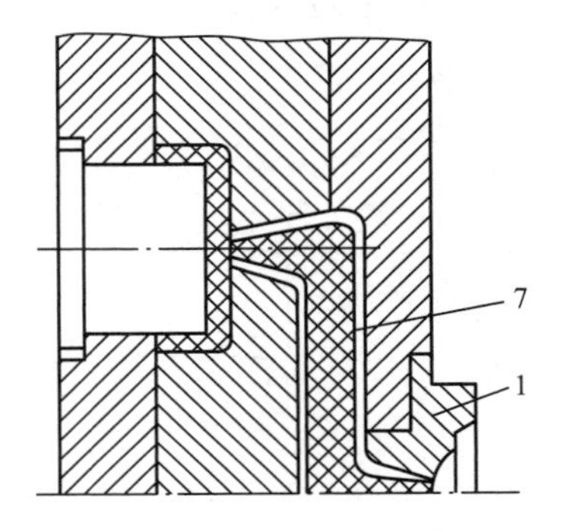

(b) 点浇口式绝热流道

1—浇口套；2—定模座板；3—二级浇口套；4—分流道板；
5—冷却水孔；6—定模型腔板；7—固化绝热层。

图 4.76　多型腔绝热流道

多型腔绝热流道在停止生产后，其内部的塑料会全部冻结，因此在分流道中心线上应设置能启闭的分型面，以便下次注射时彻底清理流道凝料。流道的转弯和交汇处都应圆滑过渡，以减少流动阻力。

2. 加热流道

加热流道是指设置加热器使浇注系统内塑料保持熔融状态，以保证注射成型正常进行的一种热流道形式。由于加热流道能有效地维持流道温度恒定，流道中的压力能良好传递，压力损失小，注射成型时可适当降低注射温度和压力，减少塑件内残余应力；与绝热流道不同，加热流道无须在使用前、后清理流道凝料。与绝热流道相比，加热流道的适用性更广。

加热流道模具在生产前只需把浇注系统加热到规定的温度，分流道中的凝料就会熔融。但是，由于加热流道模具同时具有加热、测温、绝热和冷却等装置，模具结构更复杂，模具厚度增加，且成本高，同时，加热流道模具对加热温度控制精度要求高。

（1）单型腔加热流道。

单型腔加热流道采用延伸式喷嘴结构，它是将普通注射机喷嘴加长后与模具上浇口直接接触的一种喷嘴，喷嘴自身装有加热器，采用点浇口进料。喷嘴与模具间需采取有效的绝热措施，防止喷嘴的热量传给模具。

图 4.77（a）所示为塑料层绝热的延伸式喷嘴。喷嘴的球面与模具间留有间隙，在第一次注射时，该间隙被塑料充满，固化后起绝热作用。间隙最薄处位于浇口附近，厚度约为 0.5mm，太厚则容易凝固。浇口以外的间隙以不超过 1.5mm 为宜。浇口的直径一般为 0.75～1.2mm。与井坑式喷嘴相比，浇口不易堵塞，故其应用范围较广。由于绝热间隙存料，因此不宜用于热稳定性差、容易分解的塑料。

图 4.77（b）所示为空气绝热的延伸式喷嘴。喷嘴与模具间、浇口套与型腔模板间除必要的定位接触外，都留有约 1mm 的间隙，此间隙被空气充满，起绝热作用。由于与喷嘴接触的浇口附近型腔很薄，因此为了防止型腔被喷嘴顶坏或变形，需在喷嘴与浇口套间设置环形支承面。

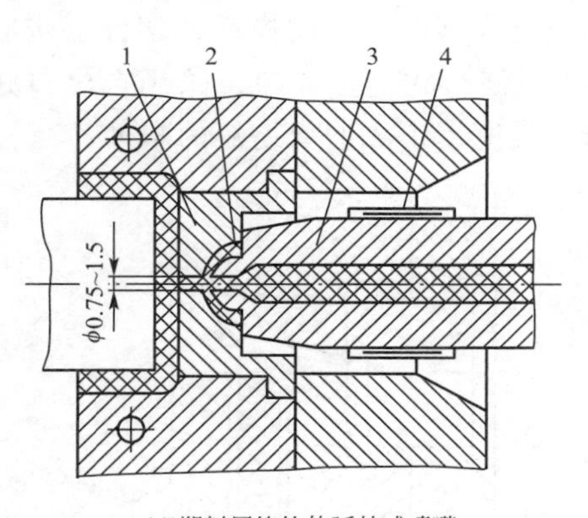

(a) 塑料层绝热的延伸式喷嘴

(b) 空气绝热的延伸式喷嘴

1—浇口套；2—塑料绝热层；3—延伸式喷嘴；4—加热圈。

图 4.77　延伸式喷嘴

（2）多型腔加热流道。

根据对分流道加热方法的不同，多型腔加热流道可分为外加热式加热流道和内加热式加热流道。

① 外加热式加热流道。图 4.78（a）所示为喷嘴前端用塑料层绝热的点浇口加热流道，喷嘴采用铍青铜制造；图 4.78（b）所示为主流道型浇口加热流道，主流道型浇口在塑件上会残留一段料把，需脱模后去除。外加热式加热流道较常用的是点浇口型，为了防止注射生产中浇口固化，需对浇口进行绝热。

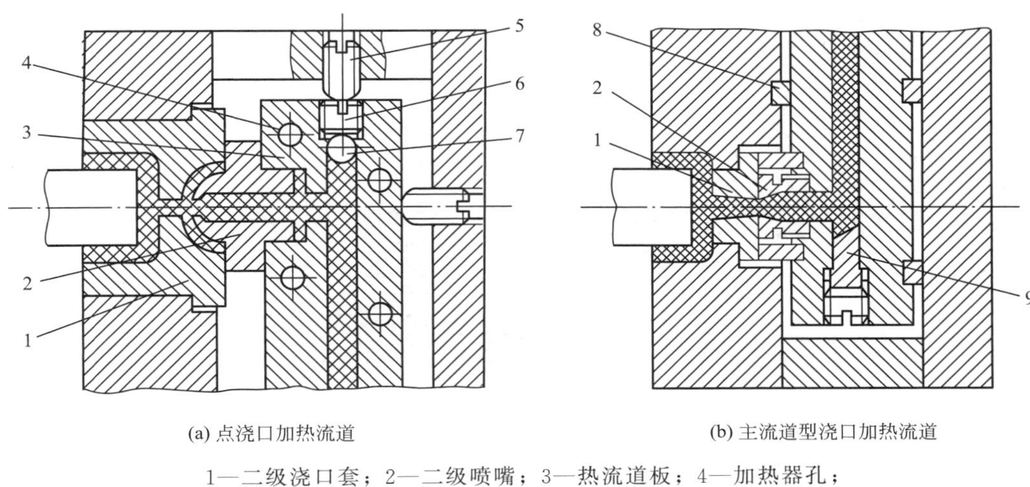

1—二级浇口套；2—二级喷嘴；3—热流道板；4—加热器孔；
5—限位螺钉；6—螺塞；7—钢球；8—垫块；9—堵头。

图 4.78 外加热式多型腔加热流道

若注射成型熔融黏度很低的塑料，为避免浇口的流涎和拉丝，可采用多型腔阀式浇口热流道（图 4.79）。在注射与保压阶段，浇口处的针阀在塑料熔体压力作用下打开，塑料熔体通过喷嘴进入型腔。保压结束后，由于弹簧的作用，针阀将浇口关闭，型腔内的塑料熔体不能倒流，喷嘴内的塑料也不会流涎。

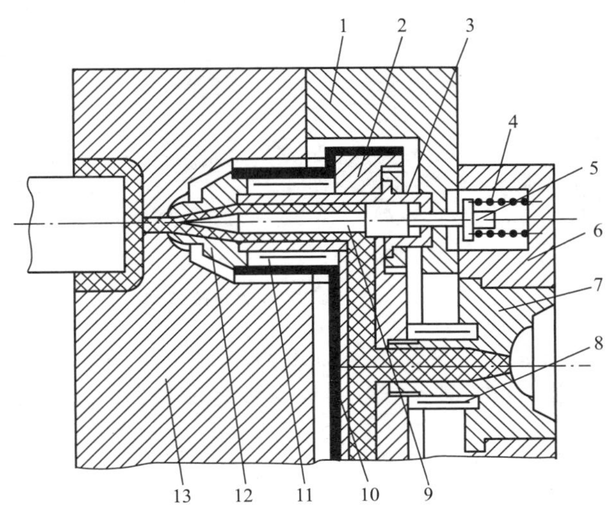

1—定模座板；2—热流道板；3—喷嘴体；4—弹簧；5—活塞杆；6—定位圈；
7—浇口套；8、11—加热器；9—针阀；10—绝热外壳；12—二级喷嘴；13—定模型腔板。

图 4.79 多型腔阀式浇口热流道

② 内加热式加热流道。内加热式加热流道是在喷嘴与整个流道中设有内加热器。图 4.80 所示的内加热式加热流道在喷嘴内部安装棒状加热器，加热器延伸到浇口的中心易冻结处，这样即使注射生产周期较长，也能稳定连续操作。圆锥形的喷嘴头部与型腔之间留有 0.5mm 的塑料充填绝热层，加热器的尖端从喷嘴前端伸入浇口中部，离型腔约 0.5mm。与外加热器式加热流道相比，由于内加热式加热流道的加热器安装在流道的中央部位，流道中的塑料熔体可阻止加热器直接向分流道板或模板散热，因此热量损失小，但是塑料易产生局部过热现象。图 4.81 所示为常见的热流道喷嘴实物。

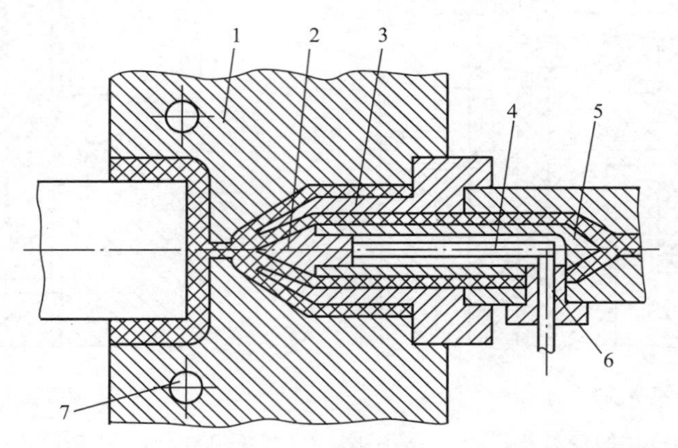

1—定模板；2—锥形头；3—喷嘴；4—加热器；5—鱼雷体；
6—电源引线接头；7—冷却水孔。

图 4.80　内加热式加热流道

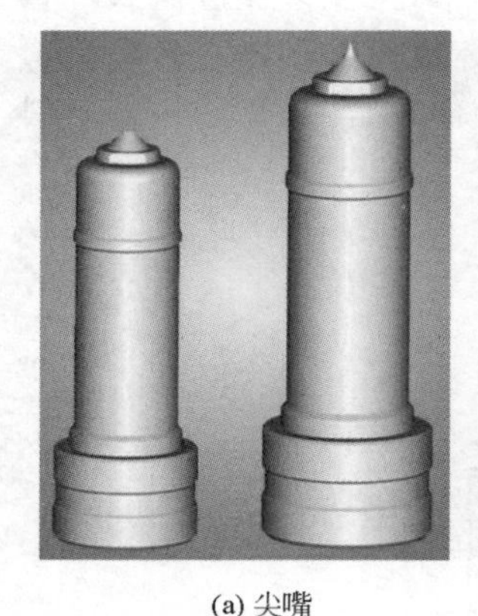

(a) 尖嘴

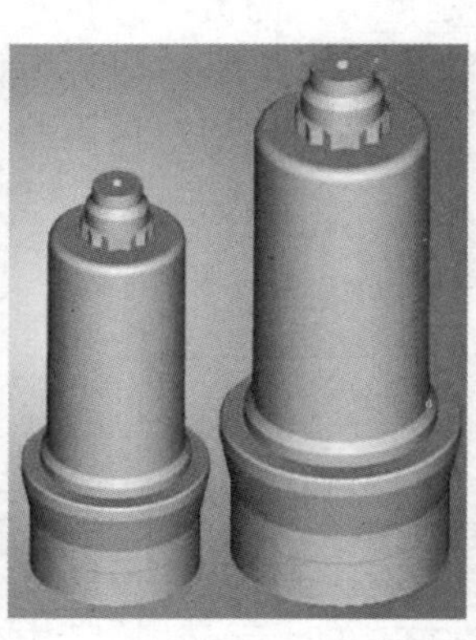

(b) 通嘴

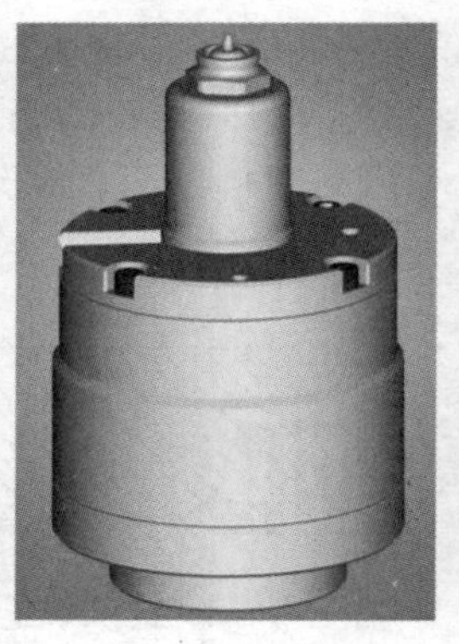

(c) 针阀嘴

(d) 多头嘴

图 4.81　常见的热流道喷嘴实物

③ 热流道板。热流道板是多型腔加热流道的核心部分，热流道板上设有分流道和喷嘴，热流道板上接主流道，下接型腔浇口，本身带有加热器。图 4.82 所示为热流道板的结构。

常用的热流道板为平板，其轮廓有矩形、一字形、H 形、X 形、十字形等。热流道板分为内加热式热流道板和外加热式热流道板。内加热式热流道板的加热器在分流道内；外加热式热流道板的加热器在分流道外。热流道板上的分流道截面多为圆形，其直径为 5～15mm，分流道内壁应光滑，转角处应圆滑过渡，防止塑料熔体滞留。分流道端孔需采用孔径较大的细牙管螺纹管塞和密封垫圈堵住，以免塑料熔体泄漏。热流道板采用管式加热器加热。热流道板安装在定模座板与定模板之间，为防止热量散失，应采取隔热措施使热流道板与模具的基体部分绝热，目前常采用空气间隙或隔热石棉垫板绝热，空气间隙通常为 3～8mm。

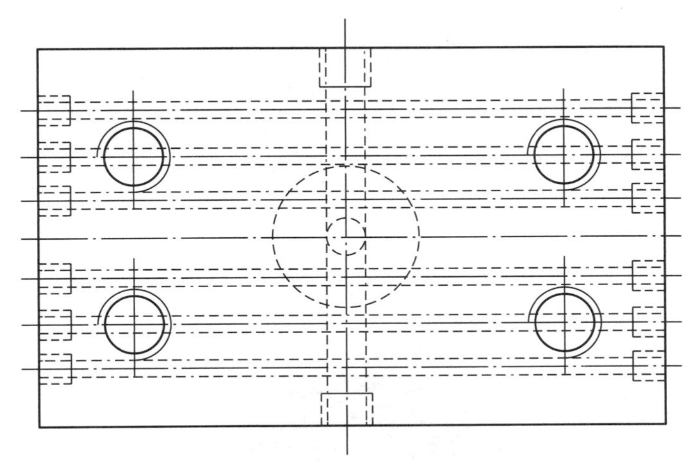

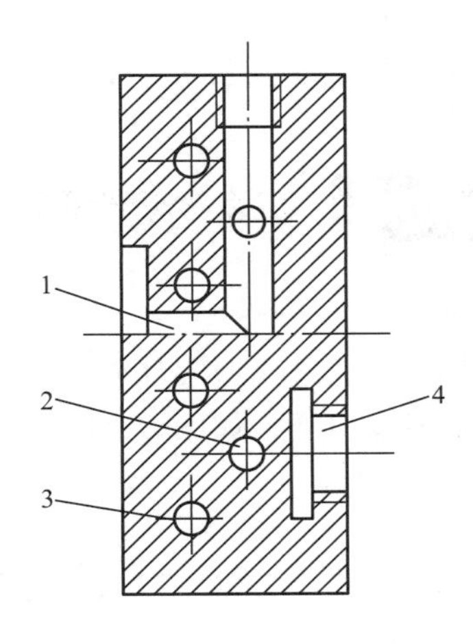

1—浇口套安装孔；2—分流道；3—加热器孔；4—二级浇口喷嘴安装孔。

图 4.82　热流道板的结构

由于热流道板悬架在定模中，以及主流道和多个浇口中的高压塑料熔体的作用力和板的热变形，要求热流道板有足够的强度和刚度，因此热流道板应选用中碳钢或中碳合金钢制造，也可以采用高强度铜合金制造。热流道板应有足够的厚度和强固的支承，支承螺钉或垫块也应有足够的刚度，为有效绝热，其支承面面积应尽量小。

图 4.83 所示为热流道板实例。

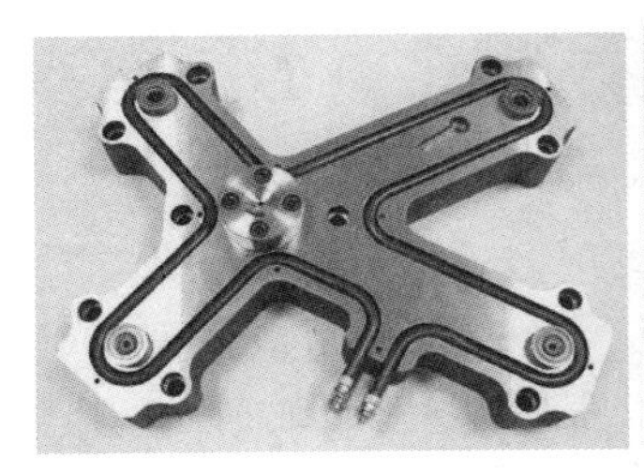

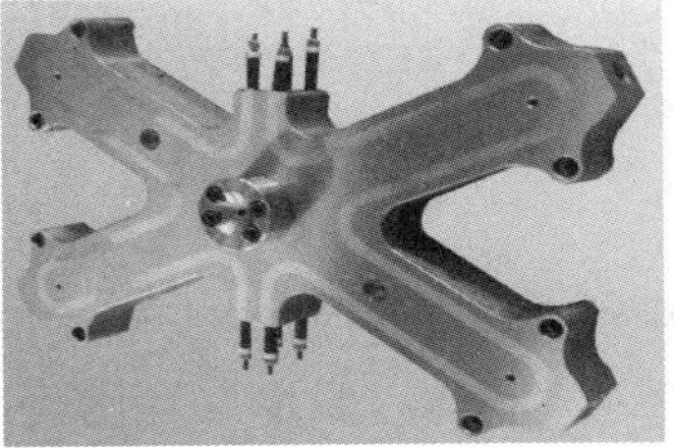

【在线答题】

图 4.83　热流道板实例

4.7　成型零部件的设计

模具闭合后，构成了浇注系统和模具型腔，塑料熔体将在一定的成型工艺条件下充满由浇注系统和模具型腔组成的空间，最终成型为塑件，塑件的几何形状和尺寸由模具型腔的几何形状和尺寸决定。与塑料直接接触并构成模具型腔的所有零部件统称为成型零部件，包括型腔（凹模）、型芯（凸模）、镶拼件、成型杆和成型环等。成型零部件工作时，直接与塑料接触，承受塑料熔体的高压及冲刷，脱模时与塑件还发生摩擦。因此要求成型零部件有正确的几何形状、较高的尺寸精度和表面质量，同时，要求成型零部件结构合理，有较高的强度、刚度及优良的耐磨性能。设计成型零部件时，应根据塑料的特性和塑件的结构及使用要求，选择分型面，确定模具型腔的总体结构，选择浇口形式及进料位置，确定脱模方式、排气位置等，然后根据成型零部件的加工工艺性、热处理、装配等要求，选取零件材料，设计零件结构，计算工作尺寸，并对关键的部位进行强度和刚度校核。

4.7.1 成型零部件的结构设计

1. 型腔

型腔是成型塑件外表面的主要零件，按其结构特征的不同，可分为整体式型腔和组合式型腔两类，如图 4.84 所示。

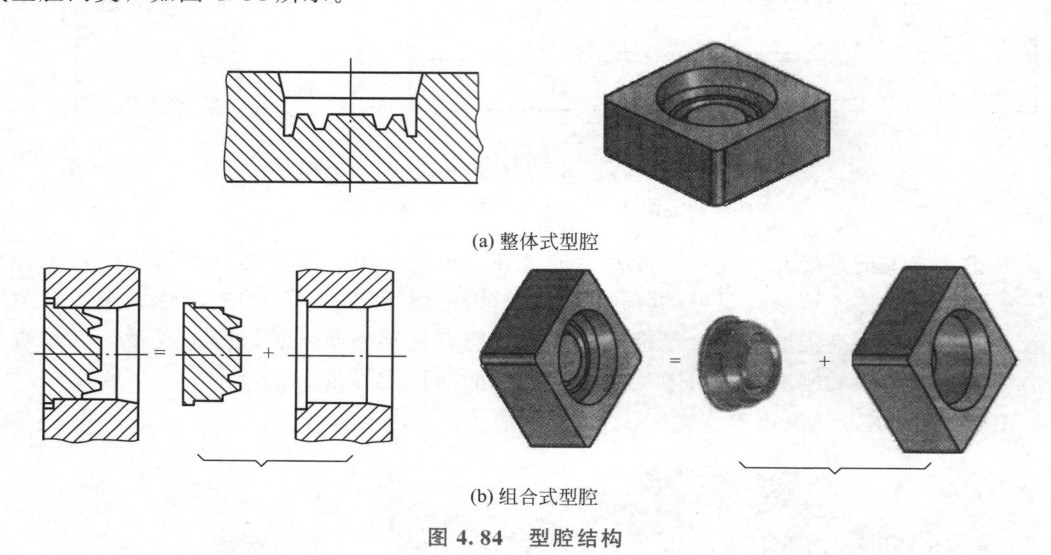
(a) 整体式型腔

(b) 组合式型腔

图 4.84 型腔结构

(1) 整体式型腔。

整体式型腔由一整块金属材料（也称定模板或型腔板）直接加工而成，其结构如图 4.85 所示。整体式型腔是非穿通式模体，强度好，使用过程中不易变形。但由于其热处理时变形大，浪费贵重材料，因此只适用于成型小型且形状简单的塑件。图 4.85（a）所示的结构是型腔板和定模座板为一个整体；图 4.85（b）所示的结构是型腔板和定模座板分开加工；图 4.85（c）所示的结构是型腔板和动模板为一个整体。

(2) 组合式型腔。

组合式型腔是指型腔由两个以上的零部件镶拼组合而成。采用组合式型腔，可简化复杂型腔的加工工艺，减少热处理变形，便于维修模具和更换零部件，节省优质的模具钢，而且组合式型腔的拼合处有间隙，利于排气。为满足组合后型腔尺寸的精度和装配要求，同时减少塑件上的镶拼痕迹，则对镶块的尺寸、几何公差等级要求较高。因此，需优化镶拼结构，使组合结构牢固，同时要求镶块具有优良的机械加工工艺性。

按组合方式不同，组合式型腔可分为整体嵌入式型腔、局部镶嵌组合式型腔、底部镶

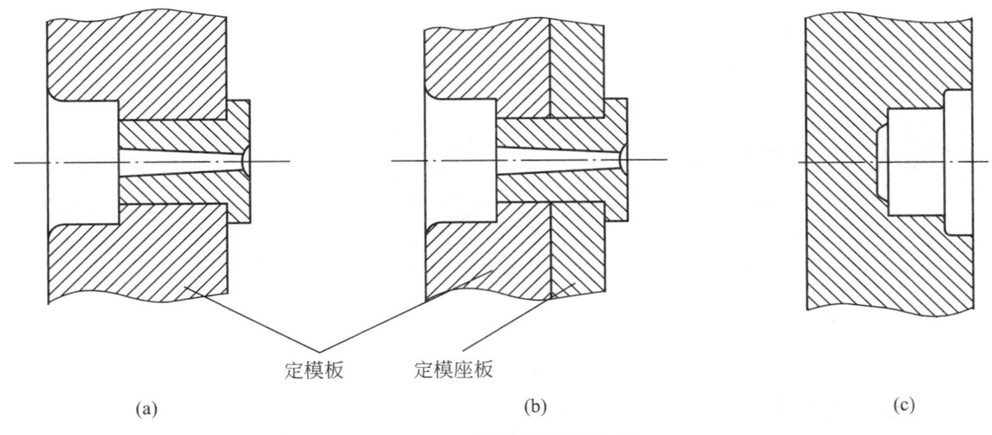

图 4.85　整体式型腔结构

拼式型腔、侧壁镶嵌式型腔、四壁拼合式型腔及瓣合式型腔等。

① 整体嵌入式型腔。整体嵌入式型腔结构如图 4.86 所示。它主要用于多型腔模具，成型小型塑件，其各个型腔采用机加工、冷挤压、电加工等加工制成，然后被压入模板。这种结构加工效率高，拆装方便，且可以保证各个型腔的形状尺寸一致。

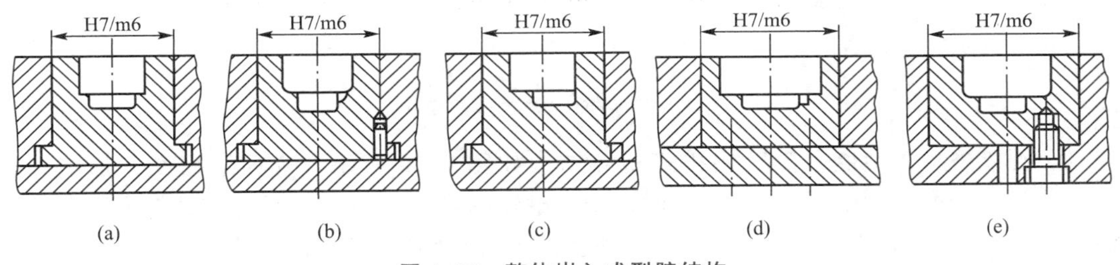

图 4.86　整体嵌入式型腔结构

图 4.86（a）、图 4.86（b）和图 4.86（c）所示为通孔台肩式型腔，即型腔带有台肩，型腔从下面嵌入模板，再用垫板与螺钉将其紧固。如果型腔嵌件是回转体，而型腔是非回转体，则需要用销钉或键止转定位。图 4.86（b）所示采用销钉定位，结构简单，装拆方便；图 4.86（c）所示采用键定位，接触面积大，止转可靠；图 4.86（d）所示为通孔无台肩式型腔，型腔嵌入模板内，用螺钉与垫板固定；图 4.86（e）所示为盲孔式型腔，型腔嵌入固定板，直接用螺钉将其固定，在固定板下部设有装拆型腔用的工艺通孔，这种结构可省去垫板。

② 局部镶嵌组合式型腔。对于型腔的某些部位，为了加工方便，或对于特别容易磨损、需要经常更换的部位，可将该部位做成镶块，再嵌入型腔，如图 4.87 所示。

图 4.87（a）所示的型腔内有局部凸起，可将此凸起部分单独加工，再把加工好的镶块利用圆形槽（或 T 形槽、燕尾槽等）镶在圆形型腔内；图 4.87（b）和图 4.87（c）所示为在型腔底部局部镶嵌的形式。以上镶嵌均采用过渡配合（H7/m6）。

③ 底部镶拼式型腔。底部镶拼式型腔结构如图 4.88 所示。为了便于机械加工、研磨、抛光、热处理等，形状复杂的型腔底部可以设计成镶拼式结构。选用这种结构时应注意磨平结合面，抛光时应仔细，以保证结合处锐棱（不能带圆角）不影响脱模。此外，底

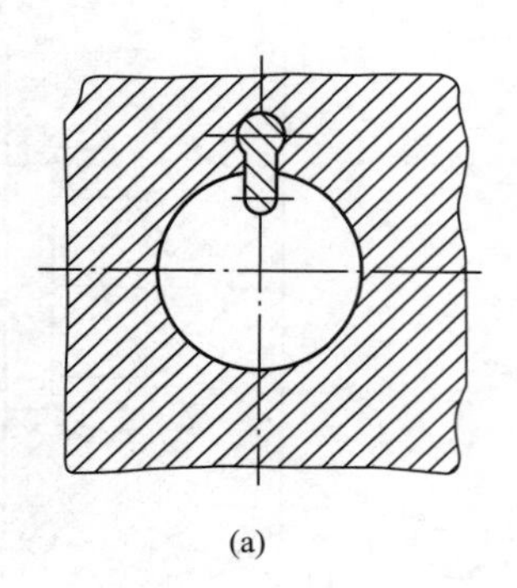
(a)

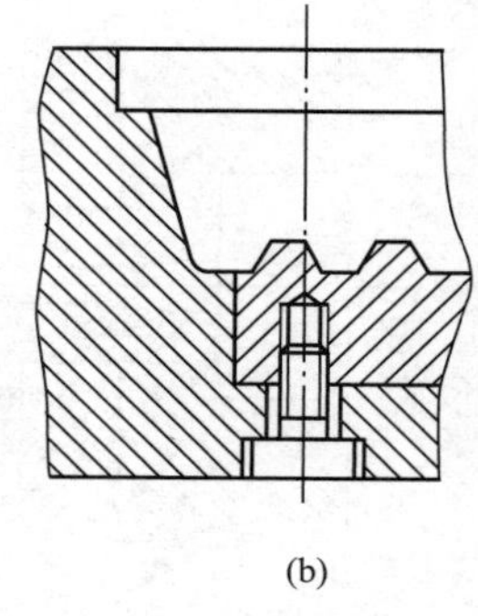
(b)

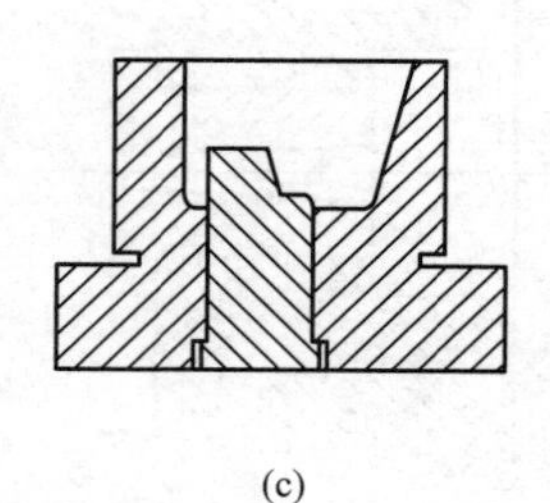
(c)

图 4.87 局部镶嵌组合式型腔结构

板还应有足够的厚度以免因变形进入塑料。

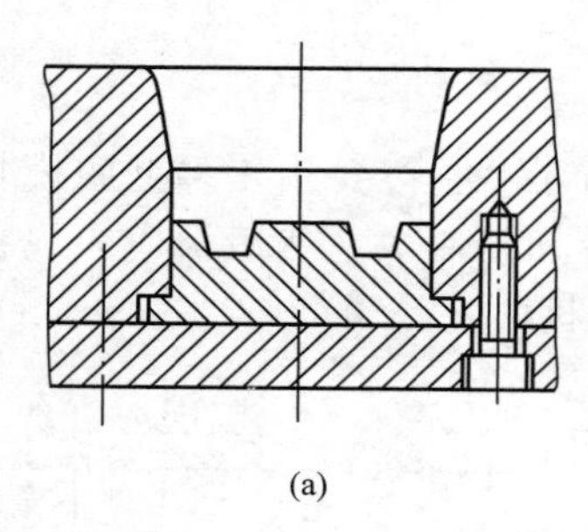
(a)

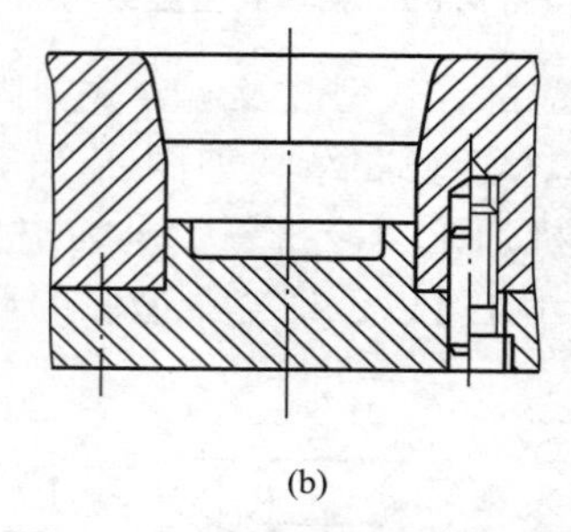
(b)

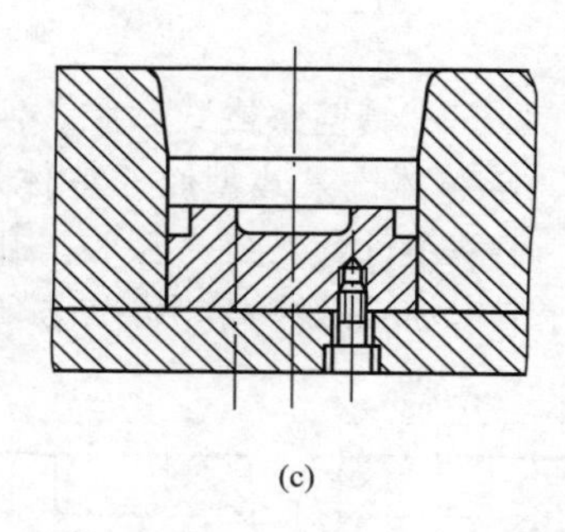
(c)

图 4.88 底部镶拼式型腔结构

④ 侧壁镶拼式型腔。侧壁镶拼式型腔结构如图 4.89 所示。这种结构便于加工和抛光，但是一般很少采用，因为在成型时，塑料融体的成型压力会使螺钉和销钉变形，从而无法满足产品的技术要求。图 4.89（a）所示的螺钉在塑件成型时将受到拉伸载荷的作用，图 4.89（b）所示的螺钉和销钉在塑件成型时将受到剪切力的作用。

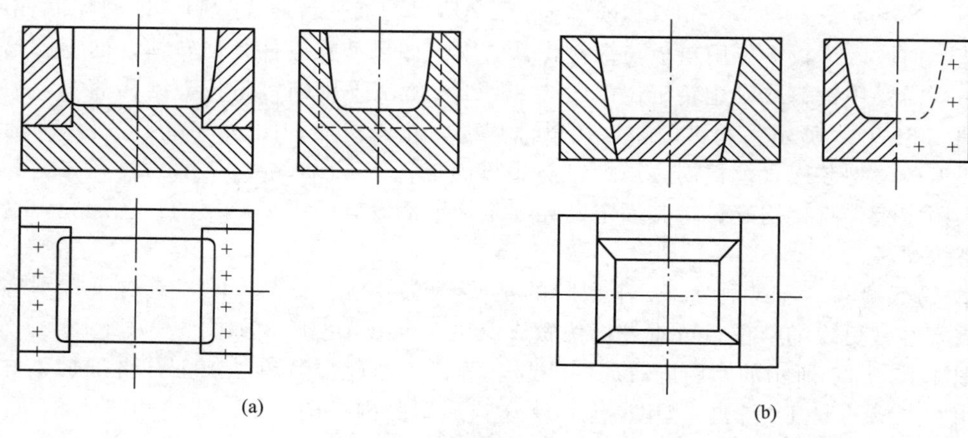
(a) (b)

图 4.89 侧壁镶拼式型腔结构

⑤ 四壁拼合式型腔。四壁拼合式型腔结构如图 4.90 所示。四壁拼合的形式适用于大型和形状复杂的型腔，可以分别加工四壁和底板，经研磨后压入模架中。为了保证装配的

准确性，侧壁之间采用锁扣连接，连接处外壁留有 0.3～0.4mm 的间隙，以使内侧接缝紧密，减少塑料的挤入。

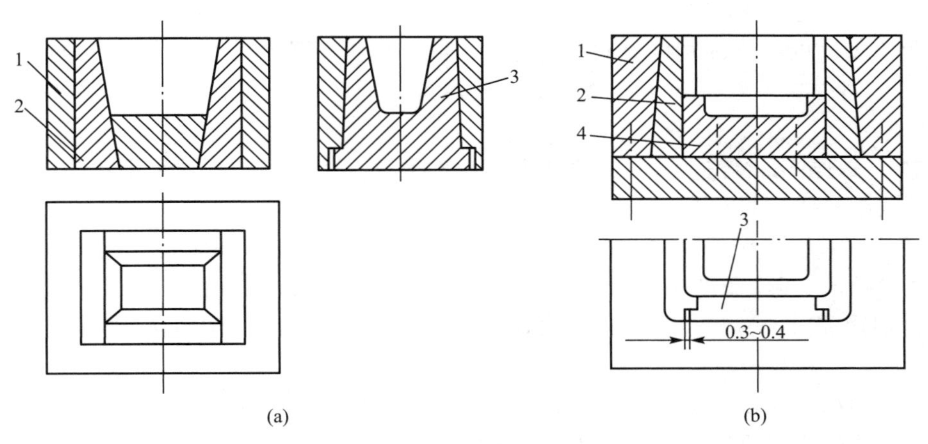

1—模套；2、3—侧壁拼块；4—底部拼块。

图 4.90 四壁拼合式型腔结构

⑥ 瓣合式型腔。瓣合式型腔结构如图 4.91 所示。组成型腔的每一个瓣合镶块都是活动的，它们在塑件的成型过程中被模套或其他锁合装置箍合在一起，确切地讲，瓣合式型腔也属于镶拼式型腔。塑件脱模时，瓣合镶块从模套或其他锁合装置中脱出并向侧面打开，从而将带有侧凹或侧孔的塑件从模具中脱出。瓣合式型腔结构中的瓣合镶块数量一般取决于塑件的几何形状。当瓣合镶块数量为 2 时，组成的型腔称为哈夫型腔。

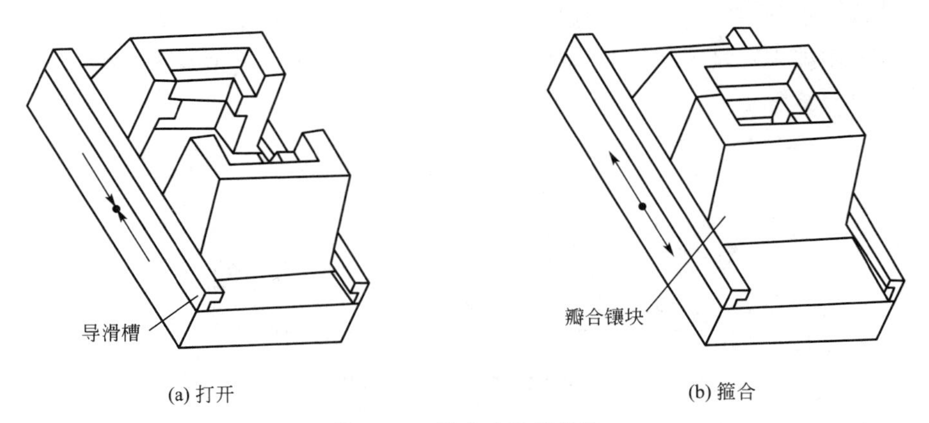

图 4.91 瓣合式型腔结构

⑦ 组合式镶拼结构的优点。

a. 可将复杂的型腔内形加工变成镶拼件的外形加工，降低了型腔整体的加工难度，简化型腔加工工艺和加工过程，易满足型腔的形状及尺寸精度要求。

b. 型腔中使用镶块的部位具有较高的精度和耐磨性。

c. 尺寸较大或形状较复杂的型腔采用镶拼结构后，各部分镶块尺寸较小，热处理工艺变得容易，热处理变形也会减小。

d. 便于维修更换。

e. 可节约优质的模具钢，尤其是对于大型模具而言更是如此。

f. 可利用镶拼间隙排气（间隙值应小于成型塑料的最大不溢料间隙值）。

⑧ 组合式型腔结构设计的注意事项。

a. 由于型腔的强度和刚度会有所降低，因此模框板应具有足够的强度和刚度。

b. 由于镶拼结构会使塑件表面出现拼缝痕迹，因此应恰当地选择镶拼部位并尽量减少镶块数量。

c. 镶块必须准确定位，并可靠紧固。镶块间及其与模框间应尽量采用凹凸槽结构相互扣锁，以减小整体型腔在高压下的变形和镶块的位移。

d. 镶拼联接缝应配合紧密。转角和曲面处不能设置拼缝。为了避免出现横向飞边而影响塑件的脱模，镶块的拼缝应尽量与塑件的脱模方向一致。

e. 分割型腔时，应尽量把各镶块设计成容易进行机械加工而又不易发生热处理变形的几何形状。

f. 镶块的结构应便于加工、装配和调换。镶块的形状和尺寸精度应有利于型腔总体精度，并确保动模和定模的对中性，还应有避免误差累积的措施。

2. 型芯

型芯是成型塑件内表面的成型零部件，通常可分为整体式型芯和组合式型芯两种。对于简单的塑件，如壳、罩、盖等，一般将成型其主要部分内表面的零件称为主型芯，将成型其他小孔的型芯称为小型芯或成型杆。

(1) 整体式型芯。

整体式型芯的型芯与模板一般是由整块模具材料直接加工而成的。图 4.92 所示为整体式型芯结构。这种结构牢固，不易变形，成型塑件不会带有镶拼缝隙的溢料痕迹，但整体式型芯不便于加工，且消耗较多优质的模具钢，因此主要用于工艺实验或小型模具上的简单型芯。

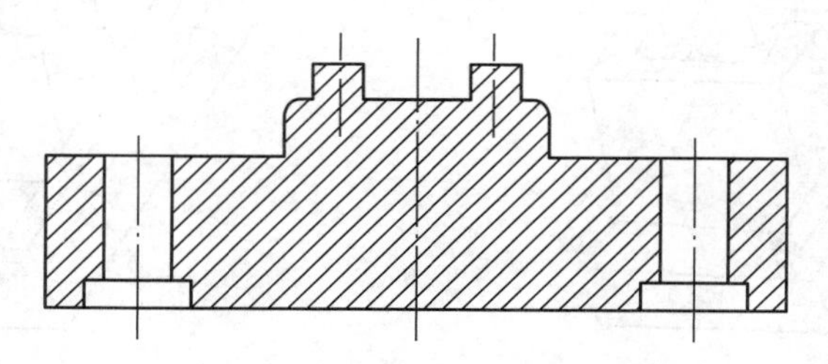

图 4.92 整体式型芯结构

对于一些大中型塑件采用整体式型芯结构时，为节省优质钢材，便于加工和热处理，可将型芯单独加工后，再与模板的装配孔采用过渡配合（H7/m6）紧固连接，如图 4.93 所示。图 4.93 (a) 所示为通孔台肩式型芯结构，型芯用台肩和模板连接，再用垫板、螺钉紧固，连接牢固，是最常用的方法。当固定部分是圆柱面且型芯又有方向性时，可采用销钉或键定位。图 4.93 (b) 所示为通孔无台肩式型芯结构。图 4.93 (c) 所示为盲孔式型芯结构。

(2) 组合式型芯。

为便于加工，形状复杂的型芯往往采用镶拼组合式结构，如图 4.94 所示。

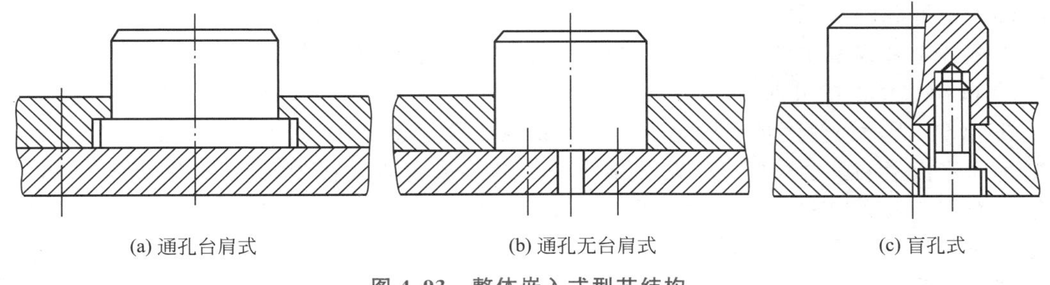

(a) 通孔台肩式　　(b) 通孔无台肩式　　(c) 盲孔式

图 4.93　整体嵌入式型芯结构

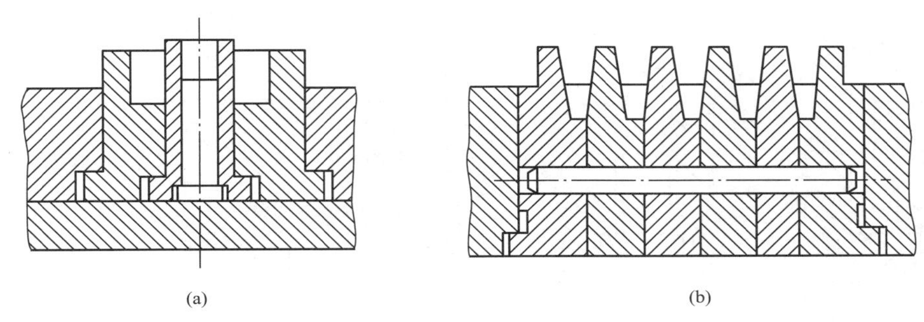

(a)　　(b)

图 4.94　组合式型芯结构

组合式型芯的优缺点和组合式型腔的优缺点基本相同。设计和制造这类型芯时，必须注意结构合理，并保证型芯和镶块的强度，防止热处理时变形，且应避免尖角与壁厚突变。同时还应注意以下内容。

① 避免薄壁部位的热处理开裂。当小型芯距大型芯太近［图 4.95（a）］，热处理时薄壁部位易开裂，故应采用图 4.95（b）所示的结构，将大型芯制成整体式结构，再镶入小型芯。

② 考虑飞边对脱模的影响。在设计型芯结构时，应注意塑件的飞边不影响脱模取件。图 4.96（a）所示结构的溢料飞边的方向与塑件脱模方向垂直，影响塑件的取出；而采用图 4.96（b）所示的结构，其溢料飞边的方向与脱模方向一致，便于脱模。

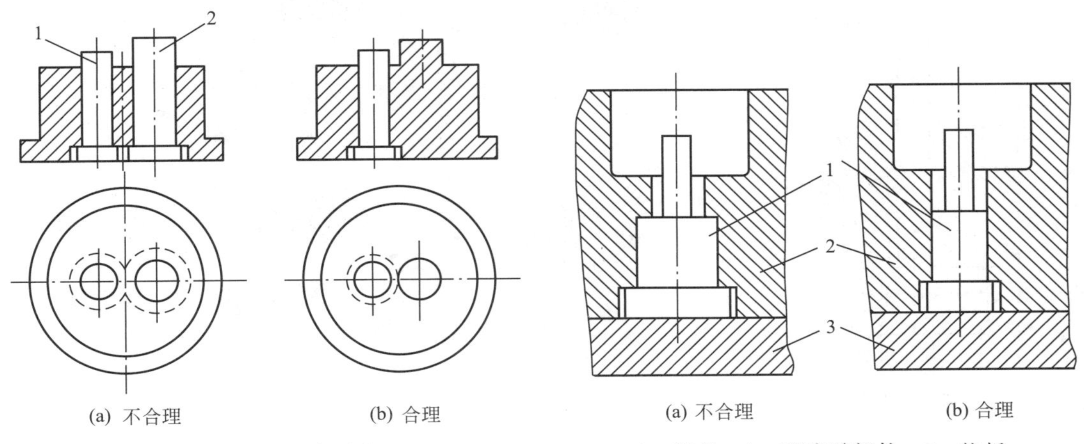

(a) 不合理　　(b) 合理

1—小型芯；2—大型芯。

图 4.95　相近小型芯的镶拼组合结构

(a) 不合理　　(b) 合理

1—型芯；2—型腔零部件；3—垫板。

图 4.96　便于脱模的镶拼型芯组合结构

（3）小型芯的装配。

小型芯用来成型塑件上的小孔或槽。一般将小型芯单独制造后，再嵌入模板中。

① 圆形小型芯的几种装配方法。圆形小型芯可采用图 4.97 所示的几种装配方式。图 4.97（a）所示为使用台肩固定，下面用垫板压紧；图 4.97（b）所示中的固定板太厚，可减小固定板上的配合长度，同时将细小的型芯制成台阶式；图 4.97（c）所示结构是型芯细小而固定板太厚的，镶入型芯后，下端用圆柱垫垫平；图 4.97（d）所示结构适用于固定板较厚且无垫板的场合，型芯下端用螺塞紧固；图 4.97（e）所示是镶入型芯后，在另一端采用铆接固定的。

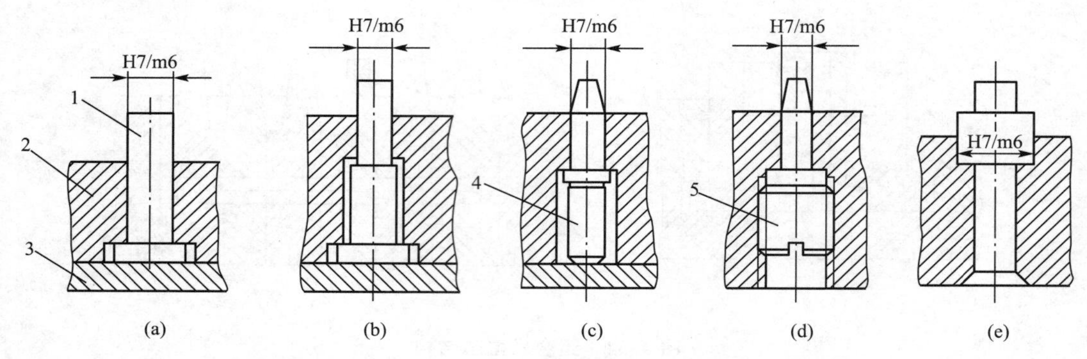

1—圆形小型芯；2—固定板；3—垫板；4—圆柱垫；5—螺塞。

图 4.97　圆形小型芯的装配方式

图 4.98 所示为圆形小型芯的安装实例。圆形小型芯从固定板背面压入，故称为反嵌法。圆形小型芯用台阶与垫板固定，定位配合部分的长度为 3～5mm，用小间隙或过渡配合。在非配合长度上扩孔，以便于装配和排气，台阶的高度至少应大于 3mm，台阶侧面与沉孔内侧面的间隙为 0.5～1mm。

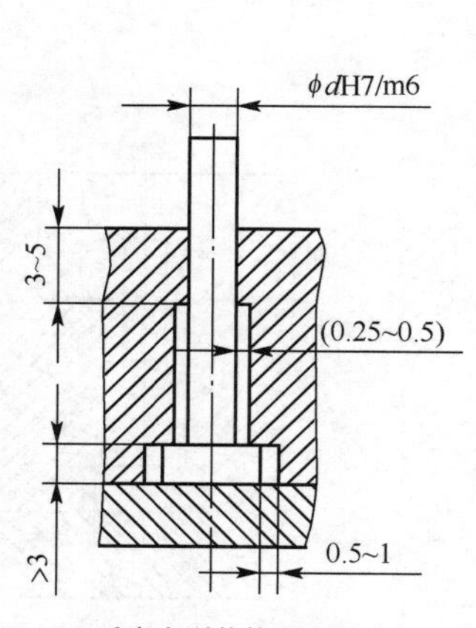

(a) 反嵌小型芯的配合尺寸与公差

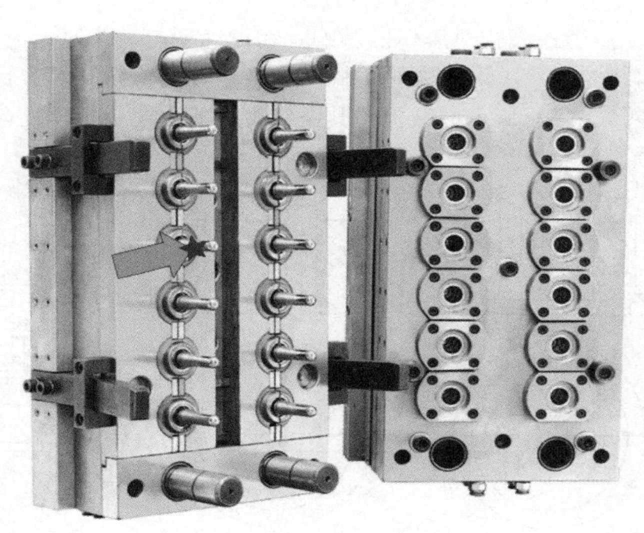

(b) 圆形小型芯在模具中的安装实例

图 4.98　圆形小型芯的安装实例

实用技巧

在图 4.98 所示结构的安装中，为了保证所有的型芯装配后在轴向无间隙，型芯台阶的高度在嵌入后必须高出模板装配平面，经磨削成同一平面后，再与垫板连接。

② 异形小型芯的几种装配方式。对于异形型芯［图 4.99（a)]，为了便于制造，常将型芯设计成两段。型芯的连接固定段制成圆形台肩和模板连接［图 4.99（b)]；也可以用螺纹连接紧固［图 4.99（c）和图 4.99（d)]。

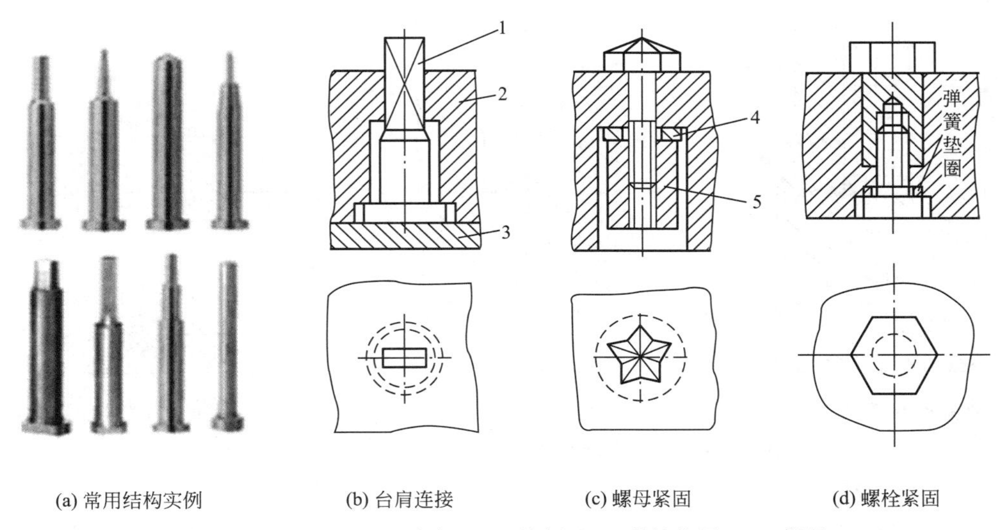

(a) 常用结构实例　(b) 台肩连接　(c) 螺母紧固　(d) 螺栓紧固

1—异形小型芯；2—固定板；3—垫板；4—弹簧垫圈；5—螺母。

图 4.99　异形小型芯及其装配方式

③ 相互靠近的小型芯的装配。图 4.100 所示的多个相互靠近的小型芯，如果采用台肩固定，则台肩会重叠干涉，因此可先将台肩相碰的一面磨去，再将型芯固定板的台阶孔加工成大圆台阶孔或长腰形台阶孔，然后镶入小型芯。

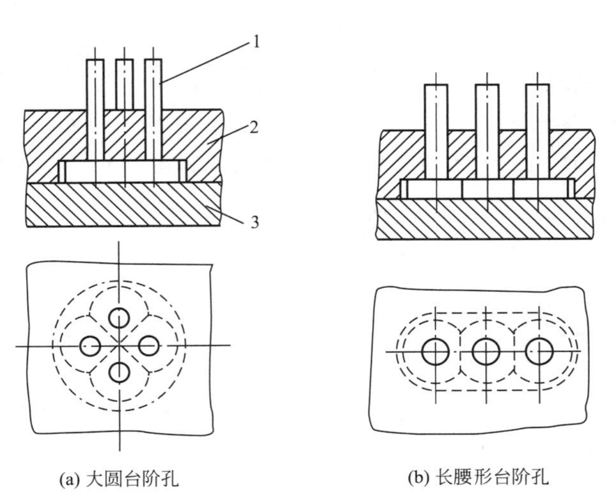

(a) 大圆台阶孔　(b) 长腰形台阶孔

1—小型芯；2—固定板；3—垫板。

图 4.100　多个相互靠近型芯的固定

3. 螺纹型芯和螺纹型环

螺纹型芯用来成型塑件内螺纹或固定带螺纹孔的嵌件；螺纹型环用来成型塑件外螺纹或固定螺杆嵌件。成型后，螺纹型芯和螺纹型环的脱卸方法有两种，一种是模内自动脱卸，另一种是模外手动脱卸。下面仅介绍模外手动脱卸及固定螺纹型芯和螺纹型环的方法。

(1) 螺纹型芯。

① 用于成型塑件内螺纹的螺纹型芯（图 4.101）和用于固定带螺纹孔嵌件的螺纹型芯（图 4.102）的基本结构相似，没有原则上的区别。

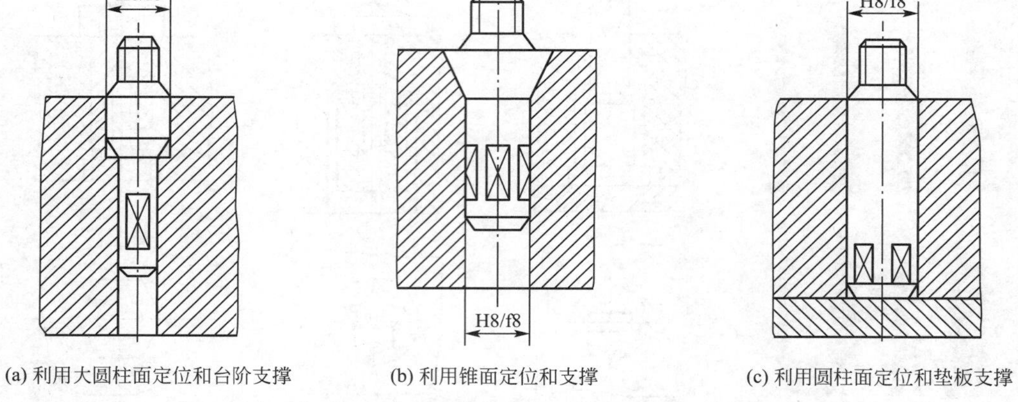

(a) 利用大圆柱面定位和台阶支撑　(b) 利用锥面定位和支撑　(c) 利用圆柱面定位和垫板支撑

图 4.101　成型塑料内螺纹的螺纹型芯及其在模板上的安装形式

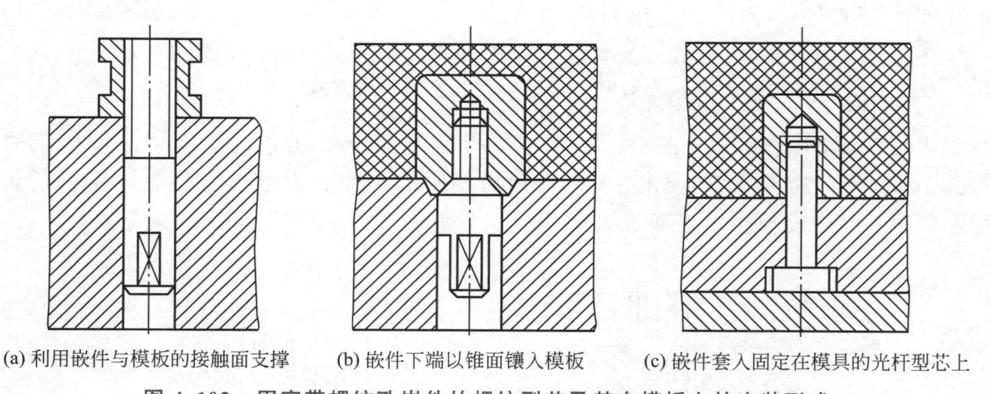
(a) 利用嵌件与模板的接触面支撑　(b) 嵌件下端以锥面镶入模板　(c) 嵌件套入固定在模具的光杆型芯上

图 4.102　固定带螺纹孔嵌件的螺纹型芯及其在模板上的安装形式

② 成型用的螺纹型芯，在设计时必须考虑塑料收缩率，其表面粗糙度值要小（$Ra<0.4\mu m$），一般应有 $\alpha=0.5°$ 的脱模斜度。螺纹始端和末端应按塑料螺纹结构要求设计，以免从塑件上拧下时拉毛塑料螺纹。

③ 用来固定螺纹嵌件的螺纹型芯，在设计时不用考虑塑料的收缩率，按普通螺纹设计即可。

④ 螺纹型芯与模板内安装孔的配合采用间隙配合（H8/f8），螺纹型芯安装在模具上，成型时应定位可靠，不能因合模振动或料流冲击而移动，开模时应能与塑件一起取出且便于装卸。

图 4.101 和图 4.102 所示的螺纹型芯的安装形式主要用于立式注射机的下模或卧式注

射机的定模，对于上模或合模时冲击振动较大的卧式注射机模具的动模，应设置防止型芯自动脱落的结构（图 4.103）。

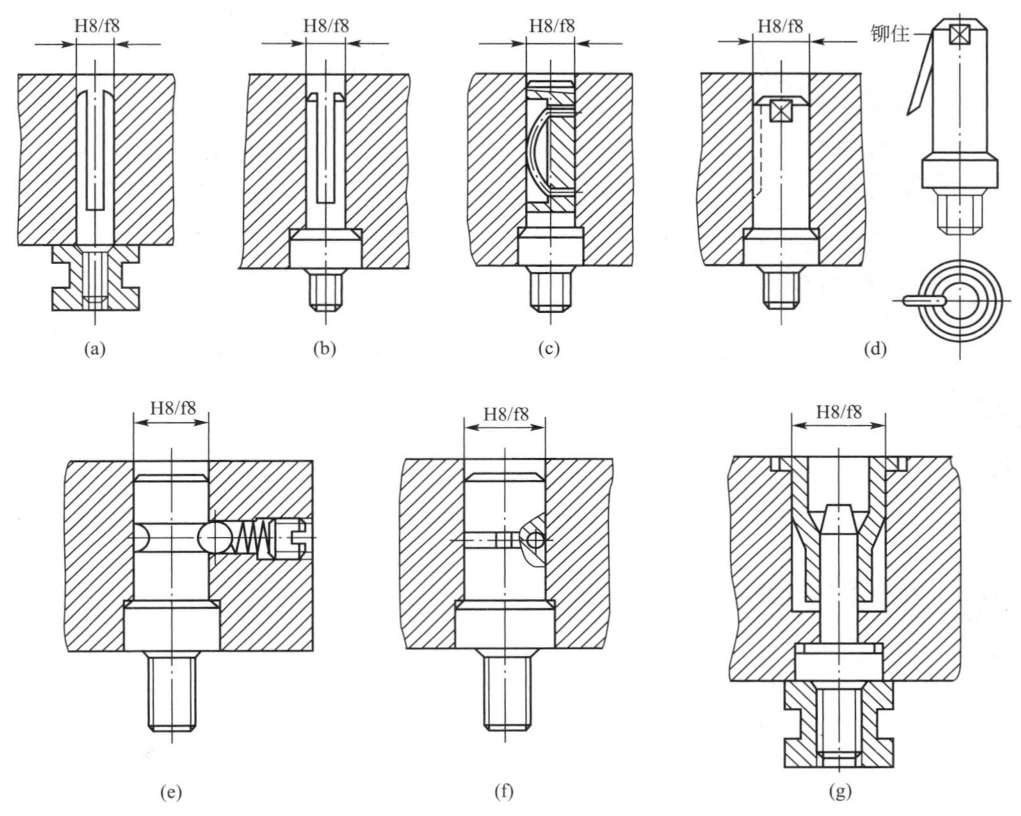

图 4.103　弹性连接防止螺纹型芯脱落的安装形式

图 4.103（a）所示为带豁口柄的结构，豁口柄的弹力将型芯支承在模具内，该结构适用于直径小于 8mm 的型芯；图 4.103（b）所示结构中的台阶起定位作用，并能防止成型螺纹时挤入塑料；图 4.103（c）、图 4.103（d）所示结构是用弹簧钢丝定位，常用于直径为 5～10mm 的型芯上；当螺纹型芯直径大于 10mm 时，可采用图 4.103（e）所示结构，用钢球弹簧固定；当螺纹型芯直径大于 15mm 时，可反过来将钢球和弹簧装置固定在型芯杆内；图 4.103（f）所示结构是利用弹簧卡圈固定型芯；图 4.103（g）所示结构是用弹簧夹头固定型芯。

（2）螺纹型环。

常见的螺纹型环结构如图 4.104 所示。图 4.104（a）所示为整体式螺纹型环结构，型环与模板的配合采用间隙配合（H8/f8），配合段长 3～5mm，为了便于安装，配合段以外应制出 3°～5°的斜度，型环下端可铣削成方形，以便用扳手将其从塑件上拧下；图 4.104（b）所示为组合式螺纹型环结构，型环由两半瓣拼合而成，两半瓣中间用导向销定位。成型后，可用尖劈状卸模器楔入型环两边的楔形槽撬口内，使螺纹型环分开，这种方法快而省力，但会在成型的塑件外螺纹上留下难以修整的拼合痕迹，因此这种结构只适用于成型精度要求不高的粗牙螺纹。

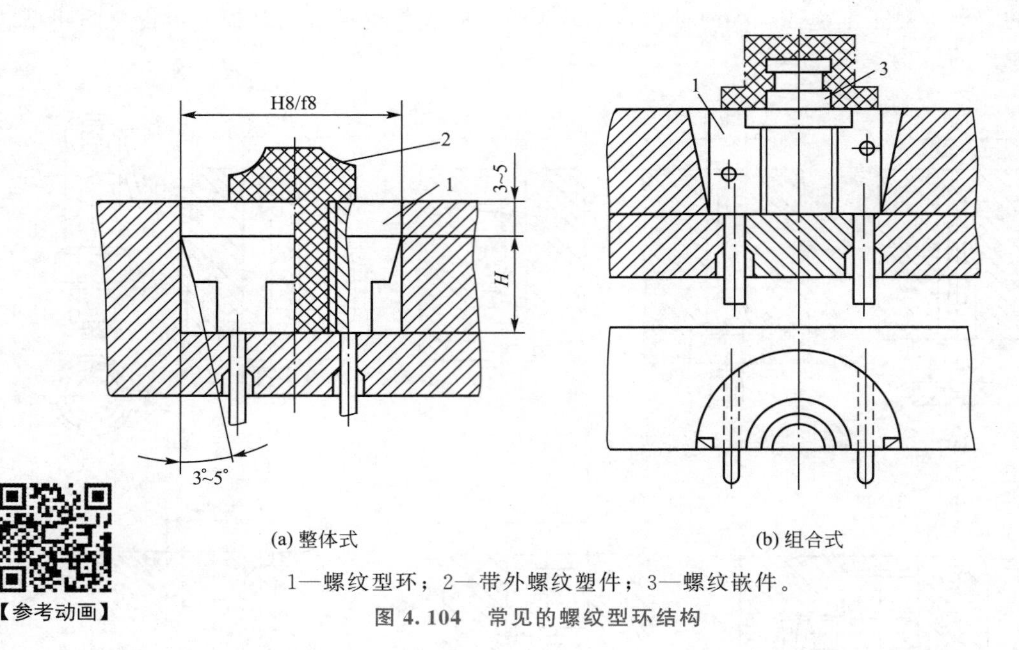

(a) 整体式

(b) 组合式

【参考动画】

1—螺纹型环；2—带外螺纹塑件；3—螺纹嵌件。

图 4.104 常见的螺纹型环结构

4.7.2 成型零部件的工作尺寸计算

成型零部件的工作尺寸是指成型零部件上直接决定塑件形状与大小的尺寸，主要有型腔和型芯的径向尺寸（包括矩形和异形零件的长和宽）、型腔的深度尺寸和型芯的高度尺寸、型芯和型芯间的位置尺寸等。任何塑件都有一定的几何形状和尺寸的要求，若在使用中有配合要求的尺寸，则对其精度要求较高。塑件的尺寸和精度主要取决于成型零部件的尺寸和精度，而成型零部件的尺寸和公差必须以塑件的尺寸和精度及塑料的收缩率为依据。在设计模具时，应根据塑件的尺寸及精度等级确定模具成型零部件的工作尺寸及精度等级。

1. 影响塑件尺寸精度的主要因素

影响塑件尺寸精度的因素相当复杂，这些影响因素应作为确定成型零部件工作尺寸的依据。

（1）收缩率的影响（δ_s、δ_s'）。

塑件成型后的收缩率与塑料的种类，塑件的形状、尺寸、壁厚，模具的结构和成型的工艺条件等因素有关。在设计模具时，很难准确地确定塑件的收缩率，一方面所选取的计算收缩率和实际收缩率有偏差；另一方面，在生产塑件时工艺条件、塑料批号发生变化也会造成收缩率的波动。收缩率的偏差和波动，都会引起塑件尺寸误差，其尺寸变化值与塑件收缩率的关系如下：

$$\delta_s=(S_s-S_j)L_s \tag{4-28}$$

$$\delta_s'=(S_{max}-S_{min})L_s \tag{4-29}$$

式中：δ_s 为收缩率偏差所引起的塑件尺寸误差（mm）；δ_s'为收缩率波动所引起的塑件尺寸误差（mm）；S_s 为塑料的实际收缩率；S_j 为计算收缩率；S_{max}为塑料的最大收缩率；S_{min}为塑料的最小收缩率；L_s 为塑件的基本尺寸（mm）。

按照一般要求，塑料收缩率波动所引起的误差应小于塑件公差的1/3。

（2）模具成型零部件的制造误差δ_z。

模具成型零部件的制造误差是影响塑件尺寸精度的重要因素之一。成型零部件加工精度越低，成型塑件的尺寸精度也越低。实践表明，成型零部件的制造误差占塑件总公差的1/4～1/3，因此在确定成型零部件工作尺寸公差值时可取塑件公差的1/4～1/3，或取IT7～IT8级作为模具制造公差。

组合式型腔或型芯的制造误差应根据尺寸链来确定。

（3）模具成型零部件的磨损δ_c。

模具在使用过程中，由于塑料熔体流动的冲刷、脱模时与塑件的摩擦、成型过程中可能产生的腐蚀性气体的锈蚀，以及出于上述原因造成的成型零部件表面粗糙度加大而重新打磨抛光等，均造成了成型零部件尺寸的变化，这种变化称为成型零部件的磨损。磨损的结果是型腔尺寸变大，型芯尺寸变小。磨损程度还与塑料的种类和模具材料及热处理有关。上述诸因素中，脱模时塑件对成型零部件的摩擦磨损是主要因素，为简化计算，凡与脱模方向垂直的成型零部件表面可不考虑磨损，与脱模方向平行的成型零部件表面应考虑磨损。

计算成型零部件工作尺寸时，磨损量应根据塑件的产量、塑料种类、模具材料等因素来确定。塑件生产批量小，磨损量取小值，甚至可以不考虑磨损量；玻璃纤维增强塑料等对成型零部件磨损严重，磨损量可取大值；摩擦因数较小的热塑性塑料对成型零部件磨损小，磨损量可取小值；模具材料耐磨性好，表面进行镀铬、氮化处理的，磨损量可取小值。

对于中小型塑件，最大磨损量可取塑件公差的1/6，对于大型塑件应取塑件公差的1/6以下。

（4）模具安装配合的误差δ_j。

模具成型零部件装配误差及在成型过程中成型零部件配合间隙的变化，都会引起塑件尺寸的变化。例如，成型压力使模具分型面有胀开的趋势，同时由于分型面上的残渣或模板加工平面度的影响，动模、定模分型面上有一定的间隙，这对塑件高度方向的尺寸有影响；活动型芯与模板配合间隙过大，将影响塑件上孔的位置精度。

综上所述，塑件在成型过程中产生的最大尺寸误差δ应该是上述各种误差的总和，即

$$\delta=\delta_s+\delta_s'+\delta_z+\delta_c+\delta_j \tag{4-30}$$

由此可见，由于影响因素多，累积误差较大，因此塑件的尺寸精度往往较低。设计塑件时，其尺寸精度的确定不仅要考虑塑件的使用要求和装配要求，而且要考虑塑件在成型过程中可能产生的误差，使塑件规定的公差值大于或等于以上各项因素所引起的累积误差，即在设计时，应考虑使以上各项因素所引起的累积误差δ不超过塑件规定的公差值Δ，即

$$\delta\leqslant\Delta \tag{4-31}$$

在一般情况下，收缩率的波动和偏差、模具制造公差和成型零部件的磨损是影响塑件尺寸精度的主要原因。但并不是塑件的任何尺寸都与以上几个因素有关，例如，用整体式凹模成型塑件时，其径向尺寸（或长和宽）只受δ_s、δ_s'、δ_z、δ_c的影响，而高度尺寸则受δ_s、δ_s'、δ_z和δ_j的影响。另外所有的误差同时偏向最大值或同时偏向最小值的可能性是非常小的。

从式（4-28）、式（4-29）可以看出，因收缩率的波动和偏差引起的塑件尺寸误差

随塑件尺寸的增大而增大。因此，生产大型塑件时，收缩率的波动和偏差对塑件尺寸公差影响较大，若单靠提高模具制造精度等级来提高塑件精度是困难的，也是不经济的，应稳定成型工艺条件，并选择收缩率波动较小的塑料。

生产小型塑件时，模具制造公差和成型零部件的磨损是影响塑件尺寸精度的主要因素。因此，应提高模具精度等级，减少磨损，从而满足塑件的成型精度要求。

2. 成型零部件工作尺寸与塑件尺寸的标注规定

基于实践中常按平均收缩率、平均磨损量和平均制造公差为基准的计算方法，规定成型零部件工作尺寸与塑件尺寸的取值及偏差标注要求：凡孔类尺寸都按基孔制选取，公差下限为零，公差等于上偏差；凡轴类尺寸都按基轴制，公差上限为零，公差等于下偏差；中心距尺寸按双向等值偏差选取，如图 4.105 所示。

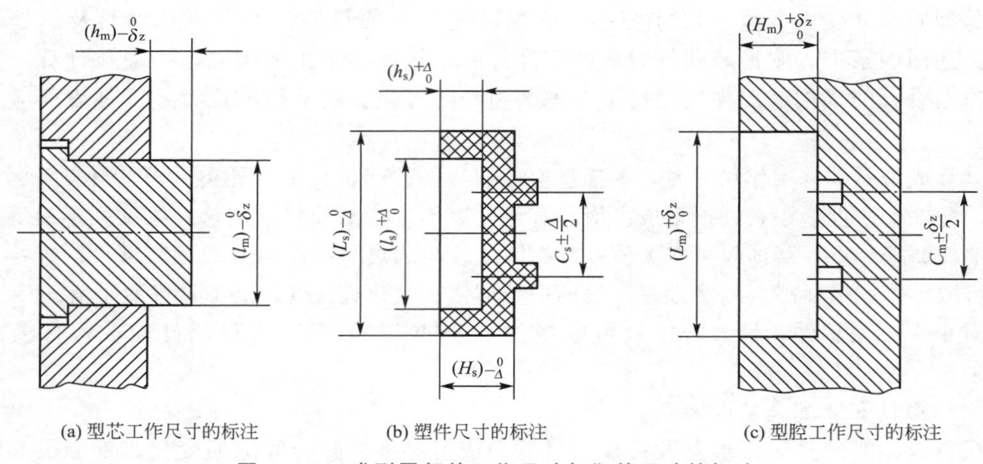

(a) 型芯工作尺寸的标注　(b) 塑件尺寸的标注　(c) 型腔工作尺寸的标注

图 4.105　成型零部件工作尺寸与塑件尺寸的标注

3. 计算公式

（1）一般型芯型腔工作尺寸。

一般型芯型腔工作尺寸采用平均收缩率法计算，具体公式见表 4-20。

表 4-20　一般型芯型腔工作尺寸的计算

尺寸类别		计算公式	说　明
径向尺寸	型腔的径向尺寸 $(L_m)^{+\delta_z}_{0}$	$(L_m)^{+\delta_z}_{0}=[(1+S_p)L_s-x\Delta]^{+\delta_z}_{0}$ 式中：S_p 为塑料的平均收缩率；L_s 为塑件外表面的径向基本尺寸（mm）；L_m 为模具型腔的径向基本尺寸（mm）；Δ 为塑件外表面径向基本尺寸的公差（mm）；x 为修正系数；δ_z 为模具制造公差（mm）	（1）当塑件尺寸较大、精度要求低时，$x=0.5$；当塑件尺寸较小、精度要求高时，$x=0.75$。 （2）径向尺寸仅考虑 δ_s、δ_s'、δ_z、δ_c 的影响。 （3）为保证塑件实际尺寸在规定的公差范围内，对成型尺寸需进行校核，校核公式如下： $(S_{max}-S_{min})L_s+\delta_z+\delta_c\leqslant\Delta$ $(S_{max}-S_{min})l_s+\delta_z+\delta_c\leqslant\Delta$
	型芯的径向尺寸 $(l_m)_{-\delta_z}^{0}$	$(l_m)_{-\delta_z}^{0}=[(1+S_p)l_s+x\Delta]_{-\delta_z}^{0}$ 式中：l_s 为塑件内表面的径向基本尺寸（mm）；l_m 为模具型芯的径向基本尺寸（mm）；其他各符号意义同上	

续表

尺寸类别		计算公式	说明
深度及高度尺寸	型腔的深度尺寸 $(H_m)^{+\delta_z}_{0}$	$(H_m)^{+\delta_z}_{0}=[(1+S_p)H_s-x\Delta]^{+\delta_z}_{0}$ 式中：S_p 为塑料的平均收缩率；H_s 为塑件外形高度基本尺寸（mm）；H_m 为模具型腔的深度基本尺寸（mm）；Δ 为塑件外形高度基本尺寸的公差（mm）；x 为系数，取值范围为 1/2～1/3；δ_z 为模具制造公差（mm）	（1）当塑件尺寸较大、精度要求低时，x 取小值；当塑件尺寸较小、精度要求高时，x 取大值。 （2）深（高）度尺寸仅考虑 δ_s、$\delta_s{}'$、δ_z 的影响。 （3）深（高）度成型尺寸的校核公式如下： $(S_{max}-S_{min})H_s+\delta_z+\delta_c\leqslant\Delta$ $(S_{max}-S_{min})h_s+\delta_z+\delta_c\leqslant\Delta$
	型芯的高度尺寸 $(h_m)^{0}_{-\delta_z}$	$(h_m)^{0}_{-\delta_z}=[(1+S_p)h_s+x\Delta]^{0}_{-\delta_z}$ 式中：h_s 为塑件内孔深度基本尺寸（mm）；h_m 为模具型芯的高度基本尺寸（mm）； 其他各符号意义同上	
中心距尺寸 $(C_m)\pm\frac{\delta_z}{2}$		$(C_m)\pm\frac{\delta_z}{2}=(1+S_p)C_s\pm\frac{\delta_z}{2}$ 式中：C_s 为塑件中心距基本尺寸（mm）；C_m 为模具中心距基本尺寸（mm）； 其他各符号意义同上	中心距尺寸的校核公式如下： $(S_{max}-S_{min})C_s\leqslant\Delta$

（2）模内中心线到某一成型面的距离尺寸。

这类尺寸一般均属单边磨损性质，故其允许的磨损量 δ_c 是一般情况下磨损量的 $\frac{1}{2}$。图 4.106（a）所示结构中小型芯（或凹槽）中心线到型腔侧壁的距离尺寸的计算公式如下：

$$(L_m)\pm\frac{\delta_z}{2}=\left[(1+S_p)L_s-\frac{1}{24}\Delta\right]\pm\frac{\delta_z}{2} \tag{4-32}$$

图 4.106（b）所示结构中小型芯（或凹槽）中心线到大型芯侧壁的距离尺寸的计算公式如下：

$$(L_m)\pm\frac{\delta_z}{2}=\left[(1+S_p)L_s+\frac{1}{24}\Delta\right]\pm\frac{\delta_z}{2} \tag{4-33}$$

式中：S_p 为塑料的平均收缩率；L_s 为塑件孔（凸台）中心线到边缘或侧壁的距离基本尺寸（mm）；L_m 为模具小型芯（或凹槽）中心线到侧壁的距离基本尺寸（mm）；Δ 为塑件尺寸的公差（mm）；δ_z 为模具制造公差（mm）。

（3）螺纹型环和螺纹型芯的工作尺寸。

螺纹连接的种类很多，配合性质也各不相同，影响塑件螺纹连接的因素比较复杂，目前尚无塑料螺纹的统一标准，也没有成熟的计算方法，因此难以满足塑料螺纹配合准确性的要求。螺纹型环的工作尺寸属于型腔类尺寸，螺纹型芯的工作尺寸属于型芯类尺寸。由于螺纹中径是决定螺纹配合性质的最重要参数，它决定螺纹的可旋入性和连接的可靠性，因此计算模具螺纹大径、中径、小径的尺寸时，均以塑件螺纹中径公差 $\Delta_{中}$ 为依据。表 4-21 所示为普通螺纹型环和螺纹型芯工作尺寸的计算。

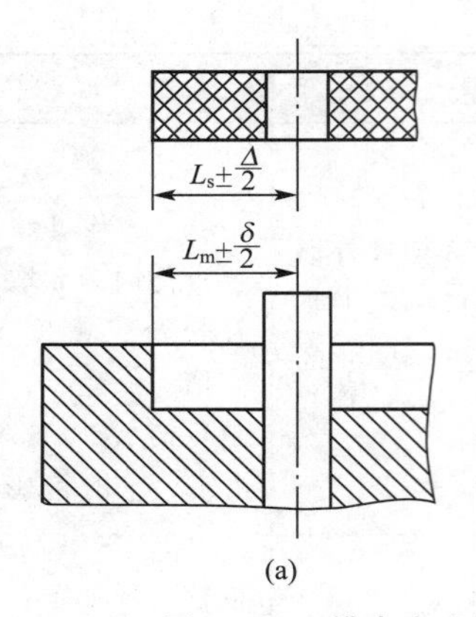

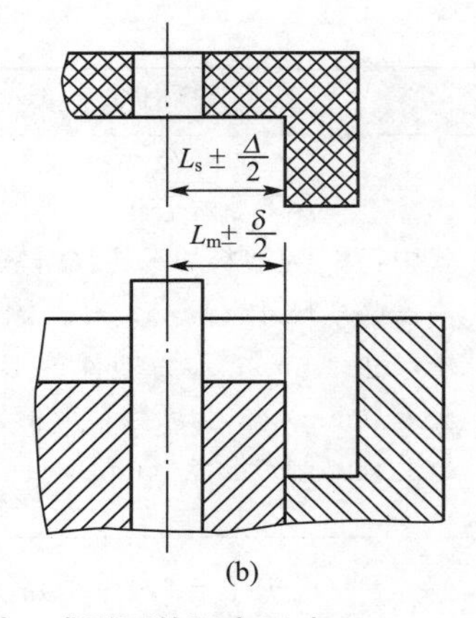

图 4.106　模内中心线到某一成型面的距离尺寸

表 4-21　普通螺纹型环和螺纹型芯工作尺寸的计算

图示		
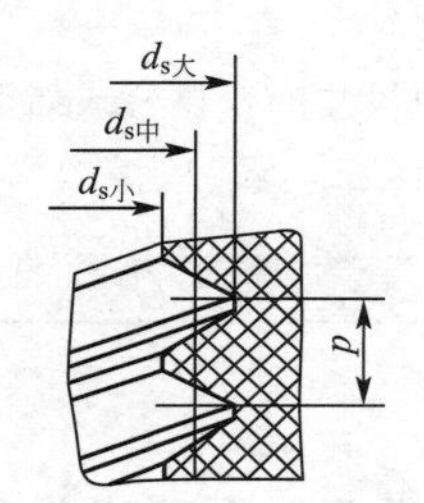 塑件（内螺纹） 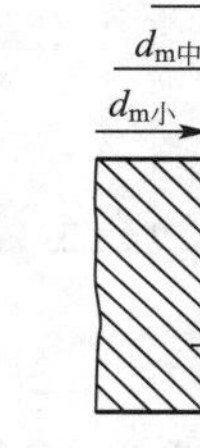 模具（螺纹型芯：外螺纹）		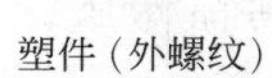 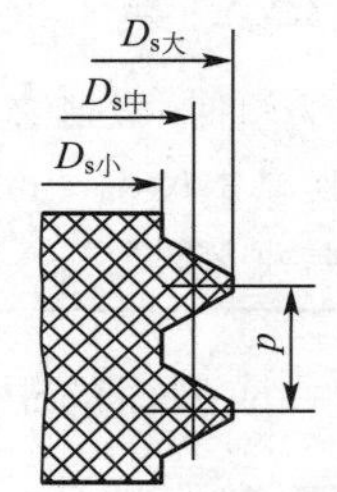 塑件（外螺纹） 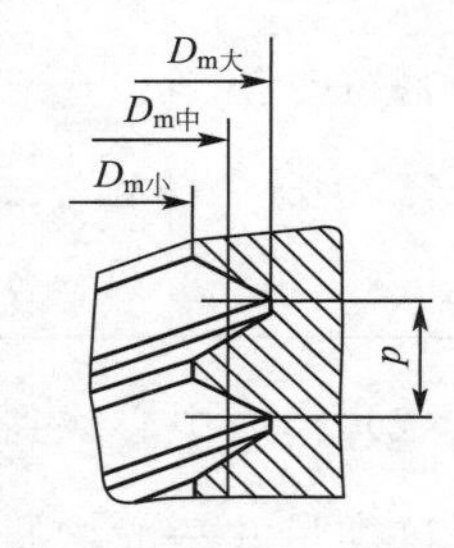 模具（螺纹型环：内螺纹）
尺寸类别	**计　算　公　式**	
螺纹大径 螺纹中径 螺纹小径	$(d_{m\text{大}})_{-\delta_z}^{\ 0}=[(1+S_p)d_{s\text{大}}+\Delta_{\text{中}}]_{-\delta_z}^{\ 0}$ $(d_{m\text{中}})_{-\delta_z}^{\ 0}=[(1+S_p)d_{s\text{中}}+\Delta_{\text{中}}]_{-\delta_z}^{\ 0}$ $(d_{m\text{小}})_{-\delta_z}^{\ 0}=[(1+S_p)d_{s\text{小}}+\Delta_{\text{中}}]_{-\delta_z}^{\ 0}$	$(D_{m\text{大}})_{0}^{+\delta_z}=[(1+S_p)D_{s\text{大}}-\Delta_{\text{中}}]_{0}^{+\delta_z}$ $(D_{m\text{中}})_{0}^{+\delta_z}=[(1+S_p)D_{s\text{中}}-\Delta_{\text{中}}]_{0}^{+\delta_z}$ $(D_{m\text{小}})_{0}^{+\delta_z}=[(1+S_p)D_{s\text{小}}-\Delta_{\text{中}}]_{0}^{+\delta_z}$
	式中：$D_{m\text{大}}$、$D_{m\text{中}}$、$D_{m\text{小}}$为螺纹型环的大径、中径、小径基本尺寸（mm）；$d_{m\text{大}}$、$d_{m\text{中}}$、$d_{m\text{小}}$为螺纹型芯的大径、中径、小径基本尺寸（mm）；$D_{s\text{大}}$、$D_{s\text{中}}$、$D_{s\text{小}}$为塑件外螺纹大径、中径、小径基本尺寸（mm）；$d_{s\text{大}}$、$d_{s\text{中}}$、$d_{s\text{小}}$为塑件内螺纹大径、中径、小径基本尺寸（mm）；S_p为塑料的平均收缩率；$\Delta_{\text{中}}$为塑件螺纹中径公差（mm），目前我国尚无专门的塑件螺纹公差标准，可参照GB/T 197—2018《普通螺纹公差》中精度最低要求；δ_z为螺纹型环、螺纹型芯中径制造公差（mm）可取$\Delta/5$或见表4-22	
螺距	$(P_m)\pm\frac{\delta_z}{2}=(1+S_p)P_s\pm\frac{\delta_z}{2}$ 式中：P_m为螺纹型环或螺纹型芯螺距基本尺寸（mm）；P_s为塑件外螺纹或内螺纹螺距基本尺寸（mm）；δ_z为螺纹型环、螺纹型芯螺距制造公差（mm），见表4-23	
牙型角	如果塑料均匀地收缩，则不会改变牙型角的度数，螺纹型环、螺纹型芯的牙型角应尽量接近标准值，公制螺纹的牙型角为60°，英制螺纹的牙型角为55°	

表 4-22 螺纹型环、螺纹型芯直径制造公差 单位：mm

螺纹类型	螺纹直径	制造公差			螺纹类型	螺纹直径	制造公差		
		大径	中径	小径			大径	中径	小径
粗牙	M3～M12	0.03	0.02	0.03	细牙	M4～M22	0.03	0.02	0.03
	M14～M33	0.04	0.03	0.04		M24～M52	0.04	0.03	0.04
	M36～M45	0.05	0.04	0.05		M56～M68	0.05	0.04	0.05
	M48～M68	0.06	0.05	0.06					

表 4-23 螺纹型环、螺纹型芯螺距制造公差 单位：mm

螺纹直径	配合长度 L	制造公差 δ_z
M3～M10	<12	0.01～0.03
M12～M22	12～20	0.02～0.04
M24～M68	>20	0.03～0.05

在塑料螺纹成型时，由于收缩不均匀和收缩率的波动，螺纹牙型和尺寸有较大的偏差，从而影响了螺纹的连接。因此，应在螺纹型环径向尺寸计算公式中减去 $\Delta_{中}$，而不是减去 $0.75\Delta_{中}$，即减小了塑件外螺纹的径向尺寸；在螺纹型芯径向尺寸计算公式中加上 $\Delta_{中}$，而不是加上 $0.75\Delta_{中}$，即增加了塑件内螺纹的径向尺寸，通过增加螺纹径向配合间隙补偿因收缩引起的尺寸偏差，提高了塑料螺纹的可旋入性。在螺纹大径和小径计算公式中，由于螺纹中径的公差值总是小于大径和小径的公差值，因此，螺纹型环或螺纹型芯公差都采用了塑件螺纹中径公差 $\Delta_{中}$，制造公差都采用了中径制造公差 δ_z，其目的是提高模具制造精度。

在螺纹型环或螺纹型芯螺距计算中，考虑塑料的收缩率，计算得到的螺距带有不规则的小数，加工这种特殊螺距很困难，因此用收缩率相同或相近的塑件外螺纹与塑件内螺纹相配合时，计算螺距尺寸可以不考虑收缩率；当塑料螺纹与金属螺纹相配合时，如果螺纹配合长度 $L \leqslant \frac{0.432\Delta_{中}}{S_p}$，在螺纹小于 7～8 牙的情况下，由于在螺纹型环或螺纹型芯中径尺寸中已通过增加中径间隙补偿塑件螺距的累计误差，因此也可以不计算螺距的收缩率；当螺纹配合牙数较多，螺纹螺距收缩累计误差很大，必须计算螺距的收缩率时，可以通过在车床上配置特殊齿数的变速挂轮等方法，来加工带有不规则小数的特殊螺距的螺纹型环或螺纹型芯。

4.7.3 成型零部件的强度与刚度计算

由于塑料成型模具的型腔在塑件成型过程中承受塑料熔体的高压，因此型腔需具有足够的强度和刚度。如果型腔侧壁和底板厚度过小，则可能因强度不足而产生塑性变形甚至被破坏，也可能因刚度不足而产生挠曲变形，导致溢料和产生飞边，降低塑件尺寸精度并影响塑件脱模。因此，应通过强度和刚度计算来确定型腔的厚度（侧壁厚度和底板厚度），尤其对于精度要求高的型腔或大型模具的型腔，更不能单纯凭经验确定型腔的厚度。

1. 计算依据

在塑件的成型过程中，型腔一般经历充填、补料、倒流（泄料）、浇口封闭后塑件冷却四个阶段的压力变化，型腔的厚度计算应以能承受最大压力为准。而最大压力是在注射时塑料熔体充满型腔的瞬间产生的，随着塑料的冷却和浇口的冻结，型腔内的压力逐渐降低，在开模时接近常压。

理论分析和生产实践表明，大尺寸的模具型腔，刚度不足是主要矛盾，型腔厚度应以满足刚度要求为准；而对于小尺寸的模具型腔，在发生大的弹性变形前，其内应力往往超过了模具材料的许用应力，因此强度不足是主要矛盾，设计型腔厚度时应以满足强度要求为准。

型腔厚度按强度计算的条件是型腔在各种受力形式下的应力值不超过模具材料的许用应力，即 $\sigma_{max} \leqslant [\sigma]$；型腔厚度按刚度计算的条件是型腔在各种受力形式下的弹性变形的最大量不超过允许的变形量，即 $\delta_{max} \leqslant [\delta]$。由于塑料成型的特殊性，应从以下三个方面来考虑。

（1）成型过程中不发生溢料。

当高压塑料熔体注入型腔时，模具型腔的某些配合面因受压而产生间隙，间隙过大时则出现溢料（图 4.107）。这时应根据塑料的黏度特性，在不产生溢料的前提下，将允许的最大间隙值作为型腔刚度计算的条件。常见塑料不发生溢料的 $[\delta]$ 值见表 4－24。

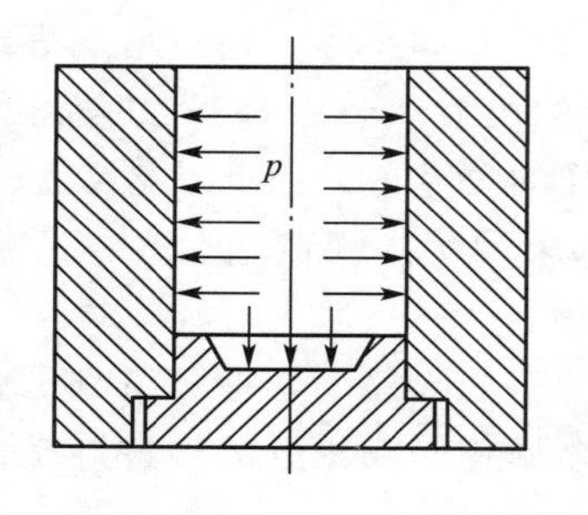

(a) 塑料熔体充填时型腔受力

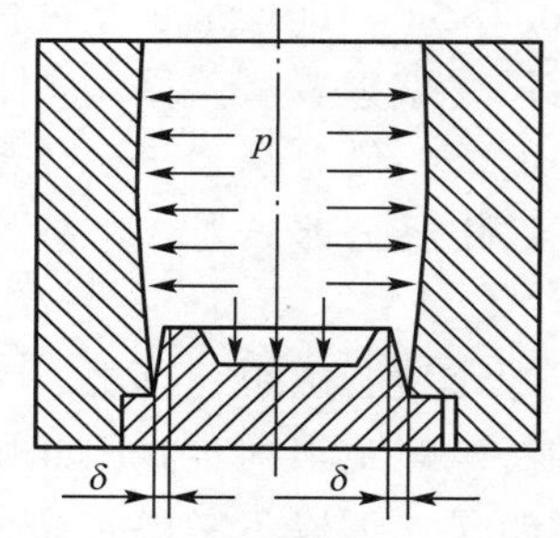

(b) 配合面受压变形而产生间隙

图 4.107　型腔弹性变形产生间隙

表 4－24　常见塑料不发生溢料的 [δ] 值　　单位：mm

黏度特性	塑料品种举例	[δ] 值
低黏度塑料	尼龙、聚乙烯、聚丙烯、聚甲醛	0.025～0.04
中黏度塑料	聚苯乙烯、ABS、聚甲基丙烯酸甲酯	≤0.05
高黏度塑料	聚碳酸酯、聚砜、聚苯醚	0.06～0.08

（2）保证塑件尺寸精度。

当塑件或塑件的某些部位尺寸精度要求较高时，模具型腔应具有很好的刚性，以保证塑料熔体注入型腔时不产生过大的弹性变形。此时，型腔的允许变形量由塑件尺寸和公差来确定。保证塑件尺寸精度的 $[\delta]$ 值见表 4－25。

表 4-25 保证塑件尺寸精度的 [δ] 值 单位：mm

塑件尺寸	经验 [δ] 值
<10	$\Delta_i/3$
10～50	$\Delta_i/[3(1+\Delta_i)]$
50～200	$\Delta_i/[5(1+\Delta_i)]$
200～500	$\Delta_i/[10(1+\Delta_i)]$
500～1000	$\Delta_i/[15(1+\Delta_i)]$
1000～2000	$\Delta_i/[20(1+\Delta_i)]$
例如，塑件尺寸在 200～500mm，其 MT3 级精度的公差为 0.92～1.74mm，因此其刚度条件为 [δ] =0.048～0.064	

注：i 为塑件精度等级，Δ_i 为塑件尺寸公差。

(3) 保证塑件顺利脱模。

如果型腔刚度不足，在塑料熔体高压作用下会产生过大的弹性变形，当型腔的允许弹性变形量超过塑件的收缩量时，塑件周边将被型腔紧紧包住，难以脱模，若强制顶出，则易使塑件划伤或破裂，因此型腔的允许弹性变形量应小于塑件壁厚的收缩值，即

$$[\delta]\leqslant tS \tag{4-34}$$

式中：$[\delta]$ 为型腔的允许弹性变形量（mm）；t 为塑件壁厚（mm）；S 为塑料的收缩率。

一般情况下，因塑料的收缩率较大，型腔的弹性变形量不会超过塑料冷却时的收缩值。故型腔刚度的确定主要以不溢料和塑件尺寸精度要求为准。当塑件某一尺寸需同时满足几项要求时，应以其中最为苛刻的条件作为刚度设计的依据。

2. 计算公式

由于型腔的形状、结构是多种多样的，同时在成型过程中模具受力状态也很复杂，一些参数难以确定，因此对型腔厚度作精确的力学计算几乎是不可能的。只能从实用观点出发，对具体情况作具体分析，建立接近实际的力学模型，确定较为接近实际的计算参数，采用工程上常用的近似计算方法计算，以满足设计的需要。

表 4-26 和表 4-27 所示为常见规则型腔的侧壁壁厚和底板厚度的计算。对于不规则的型腔，可将其简化为规则型腔进行近似计算。

表 4-26 常见圆形型腔的侧壁壁厚和底板厚度的计算

类别	图示	部位	按强度计算	按刚度计算
整体式	s, h₁, t, r, R	侧壁	$s\geqslant r\left[\left(\frac{[\sigma]}{[\sigma]-2p}\right)^{\frac{1}{2}}-1\right]$	$s\geqslant 1.15\left(\frac{ph_1^4}{E[\delta]}\right)^{\frac{1}{3}}$
		说明	当 $p=50$MPa、$[\delta]=0.05$mm、$[\sigma]=160$MPa 时，强度与刚度计算的分界尺寸 $r=86$mm。即内径 $r>86$mm 时，侧壁壁厚按刚度条件计算；反之，侧壁壁厚按强度条件计算	
		底板	$t\geqslant 0.87\left(\frac{pr^2}{[\sigma]}\right)^{\frac{1}{2}}$	$t\geqslant 0.56\left(\frac{pr^4}{E[\delta]}\right)^{\frac{1}{3}}$

类别	图　示	部位	按强度计算	按刚度计算
整体式		说明	当 $p=50$MPa、$[\delta]=0.05$mm、$[\sigma]=160$MPa 时，强度与刚度计算的分界尺寸 $r=136$mm。即 $r>136$mm 时，底板厚度按刚度条件计算；反之，底板厚度按强度条件计算	
组合式	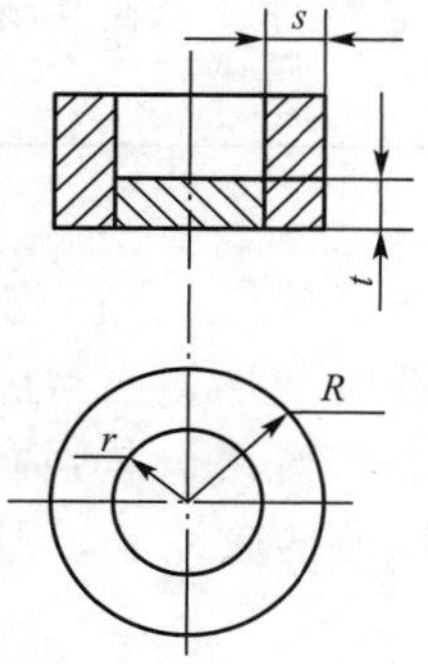	侧壁	$s\geq r\left[\left(\frac{[\sigma]}{[\sigma]-2p}\right)^{\frac{1}{2}}-1\right]$	$s\geq r\left[\left(\frac{1-\mu+\frac{E[\delta]}{rp}}{\frac{E[\delta]}{rp}-\mu-1}\right)^{\frac{1}{2}}-1\right]$
		说明	当 $p=50$MPa、$[\delta]=0.05$mm、$[\sigma]=160$MPa 时，强度与刚度计算的分界尺寸 $r=86$mm。即内径 $r>86$mm 时，侧壁壁厚按刚度条件计算；反之，侧壁壁厚按强度条件计算	
		底板	$t\geq\left(\frac{1.22pr^2}{[\sigma]}\right)^{\frac{1}{2}}$	$t\geq\left(\frac{0.74pr^4}{E[\delta]}\right)^{\frac{1}{3}}$
		说明	当 $p=50$MPa、$[\delta]=0.05$mm、$[\sigma]=160$MPa 时，强度与刚度计算的分界尺寸 $r=66$mm。即 $r>66$mm 时，底板厚度按刚度条件计算；反之，底板厚度按强度条件计算	

式中：s 为型腔侧壁厚度（mm）；t 为型腔底板厚度（mm）；h_1 为型腔承受熔体压力的侧壁高度（mm）；r 为型腔内壁半径（mm）；E 为型腔材料的弹性模量，钢材取 2.06×10^5（MPa）；P 为型腔内塑料熔体的压力（MPa）；μ 为型腔材料的泊桑比，碳钢取 0.25；$[\delta]$ 为允许变形量（mm）；$[\sigma]$ 为型腔材料的许用应力（MPa）

表 4-27　常见矩形型腔的侧壁壁厚和底板厚度的计算

类别	图　示	部位	按强度计算	按刚度计算
整体式	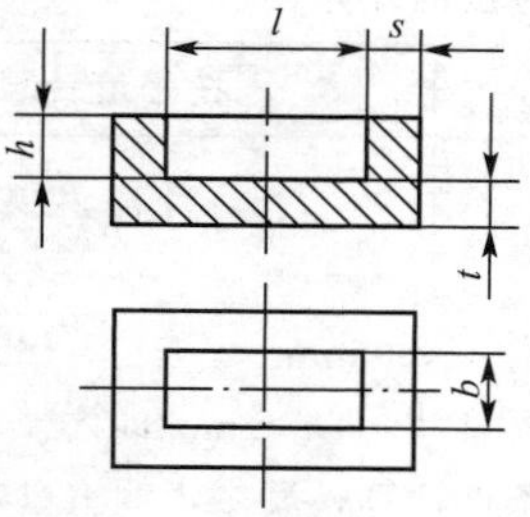	侧壁	当 $h/l\geq0.41$ 时，$s\geq\left[\frac{pl^2(1+Wb/l)}{2[\sigma]}\right]^{\frac{1}{2}}$ 当 $h/l<0.41$ 时，$s\geq\left[\frac{3ph^2(1+Wb/l)}{[\sigma]}\right]^{\frac{1}{2}}$	$s\geq\left(\frac{cph^4}{E[\delta]}\right)^{\frac{1}{3}}$
		底板	$t\geq\left(\frac{a'pb^2}{[\sigma]}\right)^{\frac{1}{2}}$	$t\geq\left(\frac{c'ph^4}{E[\delta]}\right)^{\frac{1}{3}}$
		说明	大型模具的侧壁壁厚和底板厚度按刚度条件计算，小型模具的侧壁壁厚和底板厚度按强度计算，也可同时按强度条件和刚度条件进行计算，取其结果的较大值	

续表

<table>
<tr><th>类别</th><th>图　示</th><th>部位</th><th>按强度计算</th><th>按刚度计算</th></tr>
<tr><td rowspan="4">组合式</td><td rowspan="4"> 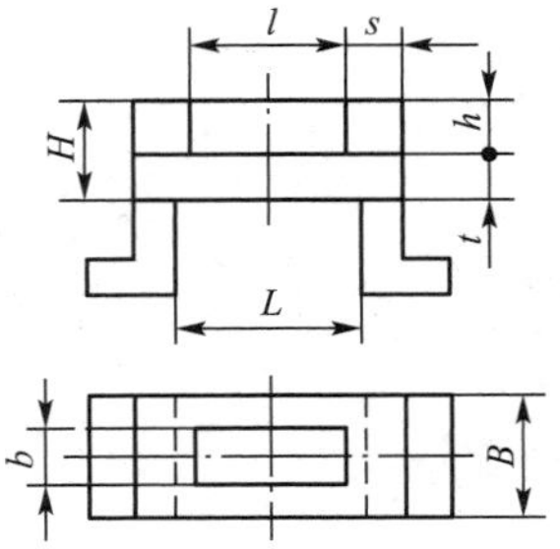</td><td>侧壁</td><td>$s \geqslant \left(\frac{phl^2}{2H[\sigma]}\right)^{\frac{1}{2}}$</td><td>$s \geqslant \left(\frac{phl^4}{32EH[\delta]}\right)^{\frac{1}{3}}$</td></tr>
<tr><td>说明</td><td colspan="2">当 $p=50\text{MPa}$、$h/H=4/5$、$[\delta]=0.05\text{mm}$、$[\sigma]=160\text{MPa}$ 时，强度与刚度计算的分界尺寸 $l=370\text{mm}$。即 $l>370\text{mm}$ 时，侧壁壁厚按刚度条件计算；反之，侧壁壁厚按强度条件计算</td></tr>
<tr><td>底板</td><td>$t \geqslant \left(\frac{3pbL^2}{4B[\sigma]}\right)^{\frac{1}{2}}$</td><td>$t \geqslant \left(\frac{5pbL^4}{32EB[\delta]}\right)^{\frac{1}{3}}$</td></tr>
<tr><td>说明</td><td colspan="2">当 $p=50\text{MPa}$、$b/B=1/2$、$[\delta]=0.05\text{mm}$、$[\sigma]=160\text{MPa}$ 时，强度与刚度计算的分界尺寸 $L=108\text{mm}$。即 $L>108\text{mm}$ 时，底板厚度按刚度条件计算；反之，底板厚度按强度条件计算</td></tr>
</table>

式中：s 为型腔侧壁厚度（mm）；t 为型腔底板厚度（mm）；h 为型腔承受熔体压力的侧壁高度（mm）；l 为矩形型腔侧壁长边长（mm）；b 为矩形型腔侧壁短边长（mm）；L 为支承间距（mm）；E 为型腔材料的弹性模量，钢材取 2.06×10^5（MPa）；B 为底板短边宽度（mm）；P 为型腔内塑料熔体的压力（MPa）；$[\sigma]$ 为型腔材料的许用应力（MPa）；μ 为型腔材料的泊桑比，碳钢取 0.25；$[\delta]$ 为允许变形量（mm）；W 为抗弯截面系数（见表 4－28）；c 为由 h/l 决定的系数（见表 4－28）；c' 为由 l/b 决定的系数（见表 4－29）；a' 为由 L/b 决定的系数（见表 4－30）

表 4－28　系数 c、W 的值

h/l	0.3	0.4	0.5	0.6	0.7	0.8	0.9	1.0	1.2	1.5	2.0
c	0.930	0.570	0.330	0.188	0.117	0.073	0.045	0.031	0.015	0.006	0.002
W	0.108	0.130	0.148	0.163	0.176	0.187	0.197	0.205	0.210	0.235	0.254

表 4－29　系数 c' 的值

l/b	1.0	1.1	1.2	1.3	1.4	1.5	1.6	1.7	1.8	1.9	2.0
c′	0.0138	0.0164	0.0188	0.0209	0.0226	0.0240	0.0251	0.0260	0.0267	0.0272	0.0277

表 4－30　系数 a' 的值

L/b	1.0	1.2	1.4	1.6	1.8	2.8	>2.8
a′	0.3078	0.3834	0.4256	0.4680	0.4872	0.4974	0.5000

3. 经验数据

成型零部件的强度与刚度计算比较复杂，且计算结果与经验数据比较接近。因此，实践中设计模具成型零部件一般可以采用经验数据。

（1）圆形型腔的壁厚经验数据。

圆形型腔的壁厚经验数据见表 4-31。

表 4-31　圆形型腔的壁厚经验数据　　单位：mm

型腔内壁直径 d	整体式型腔	镶拼式型腔	
	型腔壁厚 s	型腔壁厚 s_1	模套壁厚 s_2
40	20	7	18
>40～50	>20～22	>7～8	>18～20
>50～60	>22～28	>8～9	>20～22
>60～70	>28～32	>9～10	>22～25
>70～80	>32～38	>10～11	>25～30
>80～90	>38～40	>11～12	>30～32
>90～100	>40～45	>12～13	>32～35
>100～120	>45～52	>13～16	>35～40
>120～140	>52～58	>16～17	>40～45
>140～160	>58～65	>17～19	>45～50

（2）矩形型腔的壁厚经验数据。

矩形型腔的壁厚经验数据见表 4-32。

表 4-32　矩形型腔的壁厚经验数据　　单位：mm

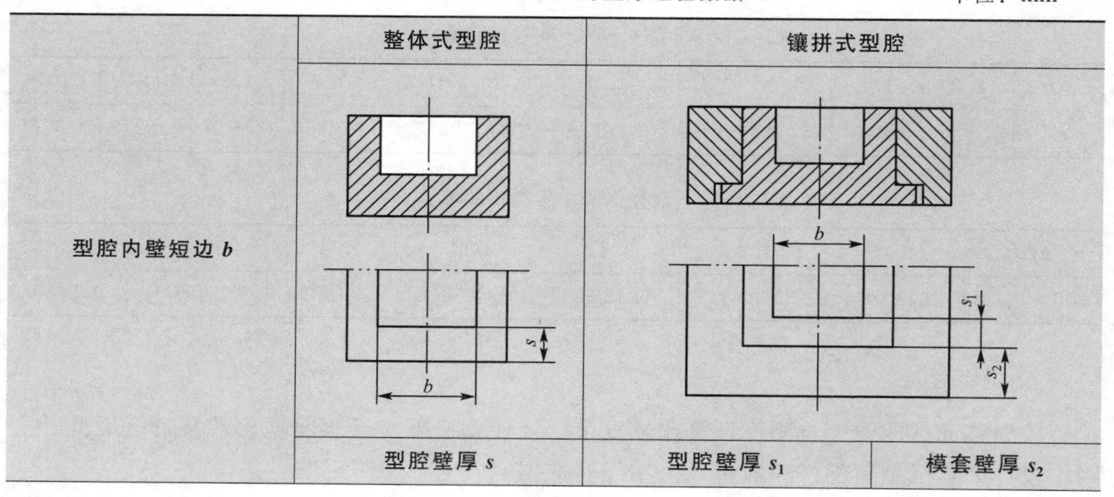

型腔内壁短边 b	整体式型腔	镶拼式型腔	
	型腔壁厚 s	型腔壁厚 s_1	模套壁厚 s_2

续表

40	25	9	22
>40～50	>25～30	>9～10	>22～25
>50～60	>30～35	>10～11	>25～28
>60～70	>35～42	>11～12	>28～35
>70～80	>42～48	>12～13	>35～40
>80～90	>48～55	>13～14	>40～45
>90～100	>55～60	>14～15	>45～50
>100～120	>60～72	>15～17	>50～60
>120～140	>72～85	>17～19	>60～70
>140～160	>85～95	>19～21	>70～78

【在线答题】

4.8 基本结构零部件的设计

注射模由成型零部件和结构零部件组成，其中基本结构零部件主要包括导向机构组成零件、模板及相应支承与固定零件等。设计模具时应对结构零部件进行合理的布局，对主要承载件进行强度和刚度计算或校核。

4.8.1 注射模的模架

图4.108所示为注射模模架的基本结构，图4.109所示为常见注射模的模架实例。模架是注射模的骨架和基体，通过基本结构零部件将浇注系统、成型零部件、推出机构、侧抽芯机构及模具冷却与加热系统等按设计要求组合和固定成模具，并能将其安装在注射机上进行生产。

GB/T 12555—2006《塑料注射模模架》规定了塑料注射模模架的组合型式、尺寸与标记。塑料注射模模架按结构特征分为36种，其中直浇口模架有12种，点浇口模架有16种，简化点浇口模架有8种。标准模架的实施和采用是实现模具计算机辅助设计（CAD）和计算机辅助制造（CAM）的基础，可大大缩短生产周期，降低模具制造成本，提高模具性能和质量。

选用标准模架的程序及要点如下。

1. 比较模架厚度 H_m 和注射机的闭合距离 L

对于不同型号、不同规格的注射机，不同结构形式的锁模机构具有不同的闭合距离。

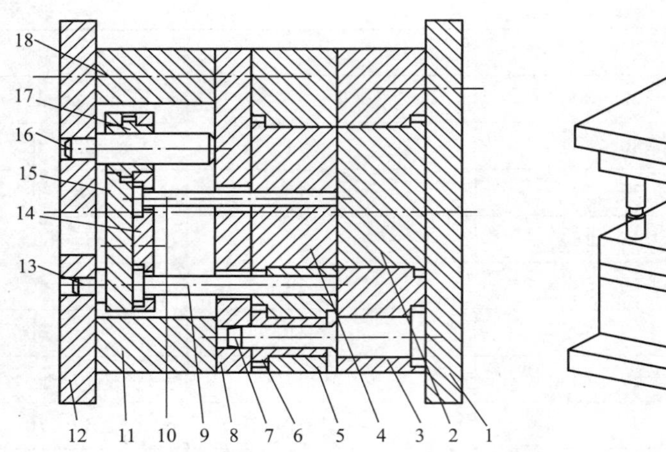

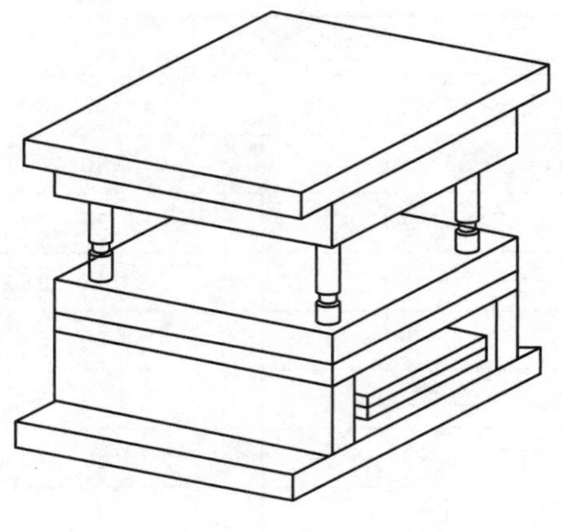

1—定模座板；2—定模镶块；3—定模板；4—动模镶块；5—动模板；6—导套；7—导柱；
8—支承板；9—复位杆；10—推杆；11—垫块；12—动模座板；13—限位钉；14—推杆固定板；
15—推板；16—推板导柱；17—推板导套；18—内六角螺钉。

图 4.108　注射模模架的基本结构

图 4.109　常见注射模的模架实例

模架厚度 H_{m} 与闭合距离 L 应满足以下关系：

$$L_{\min} \leqslant H_{\mathrm{m}} \leqslant L_{\max} \tag{4-35}$$

2. 核算开模行程及定模、动模分开的间距与推出塑件距离间的尺寸关系

设计时须计算确定，注射机的开模行程应大于取出塑件所需的定模、动模分开的间距，推出塑件距离须小于注射机顶出液压缸的额定顶出距离。

3. 校核与注射机的安装尺寸

安装时需注意：模架外形尺寸不应受注射机拉杆的间距影响；定位孔孔径与定位环尺寸需配合良好；注射机顶出杆孔的位置应和顶出行程相匹配；喷嘴孔径和球面半径应与模具的浇口套孔径和凹球面尺寸相匹配；模架安装孔的位置和孔径应与注射机的动模板及定模板上的螺纹孔相匹配。

4. 模架的规格应符合塑件及其成型工艺的技术要求

为保证塑件的质量和模具的使用性能及可靠性，需对模架组合零部件的力学性能，特

别是零部件强度和刚度进行准确的校核及计算，以确定动模板、定模板及支承板的长、宽、厚度尺寸，从而正确地选定模架的规格。

内容拓展

三大模架标准简介

1. DME 标准

DME 标准是世界模具行业三大标准之一。提到 DME 标准就不得不提到美国 DME 公司，该公司诞生于 1942 年，主要生产供应模具标准配件及热流道，随着生产与销售的不断扩大，该公司成为世界模具行业的最大模具标准配件生产商，该公司的模具标准件产品销售网遍及全球 70 多个国家和地区。

2. HASCO 标准

HASCO 标准作为世界三大模具配件生产标准之一，以其互配性强、设计简洁、容易安装、可换性好、操作可靠、性能稳定、兼容各国国家工业标准等优点成为覆盖范围最广的模具配件生产标准。采用 HASCO 标准的产品涵盖了市面上所有的模具配件。对于冲压模具配件、塑胶模具配件等，HASCO 标准有一整套非常详尽的标准方案。

3. FUTABA 标准

FUTABA 是指日本双叶电子工业株式会社（futaba corp.），1962 年该公司研制出标准模座组，提升了工业品质并缩短了模具开发过程，成为业界的先驱。后来 FUTABA 标准发展成为日本产业标准制模的工业标准。时至今日，日本已超过 80%的模具制造使用标准模座，FUTABT 标准成为亚洲模具制造的标准。

常见的标准还有 MISUMI 标准，MISUMI 标准是日本 MISUMI 株式会社提供模具用零件、工厂自动化用零件等各种模具配件的制造标准。

我国的塑料模架起步较晚，到了 20 世纪 80 年代末 90 年代初模架生产才得到高速发展，形成了以珠江三角洲和长江三角洲为主的模架产业化生产两大基地。据不完全统计，国内（包括外资企业）注塑模架的生产厂家已有近五十家。

4.8.2 合模导向机构设计

在注射模中，基本上是以导柱和导套作为基本导向零部件构成模具的合模导向机构（图 4.110）。合模导向机构主要用来保证动模模体与定模模体两大部分之间准确对合，以保证塑件的形状精度和尺寸精度，避免模内各种零部件发生碰撞与干涉。合模导向机构在工作过程中，经常会受到注射成型时的侧向压力的作用，因此，设计合模导向机构的基本要求是定位准确、导向精确，这就要求导向零件有足够的强度和刚度及优良的耐磨性，保证动模、定模在合模时的正确位置。

1. 合模导向机构的作用

合模导向机构用于保证动模、定模或上模、下模合模时正确的定位和导向。合模导向机构主要有导柱导向定位和锥面定位两种形式，通常采用导柱导向定位。合模导向机构的作用有以下三点。

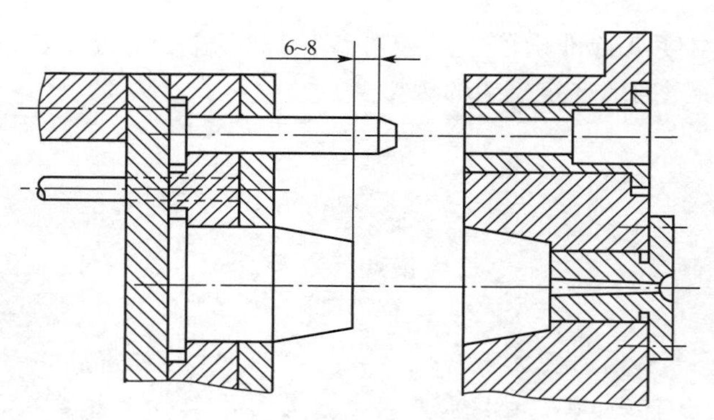

图 4.110　合模导向机构

（1）定位作用。

模具闭合后，合模导向机构能保证动模、定模或上模、下模位置正确，保证型腔的形状和尺寸精度。合模导向机构在模具装配过程中也会起定位作用，便于装配和调整模具。

（2）导向作用。

合模时，导向零件接触，引导动模、定模或上模、下模准确对合，避免型芯先进入型腔损坏成型零部件。

（3）承受一定的侧向压力。

由于塑料熔体在充模过程中可能产生单向侧向压力或受成型设备精度低的影响，因此，导柱应能承受一定的侧向压力，以保证模具的正常工作。若侧向压力很大或零件精度要求高时，则不能单靠导柱来承担侧向压力，需增设锥面定位机构来承担侧向压力。

2. 导柱导向机构的设计

导柱导向机构（图 4.110）应用广泛，其主要零件是导柱和导套。导柱既可以设置在动模一侧，也可以设置在定模一侧，应根据模具结构确定，标准模架的导柱一般设在动模一侧，在不妨碍脱模的条件下，导柱通常设置在型芯高出分型面较多的一侧。导柱的导向长度通常比分型面上的最长型芯长 6～8mm，以免型芯在合模、搬运中损坏。导柱应有良好的韧性和抗弯强度，其工作表面应有较高的硬度且耐磨。

（1）导柱。

① 导柱的结构。注射模导柱的典型结构及有关技术要求见表 4-33、表 4-34。

表 4-33　标准导柱的典型结构及有关技术要求

带头导柱	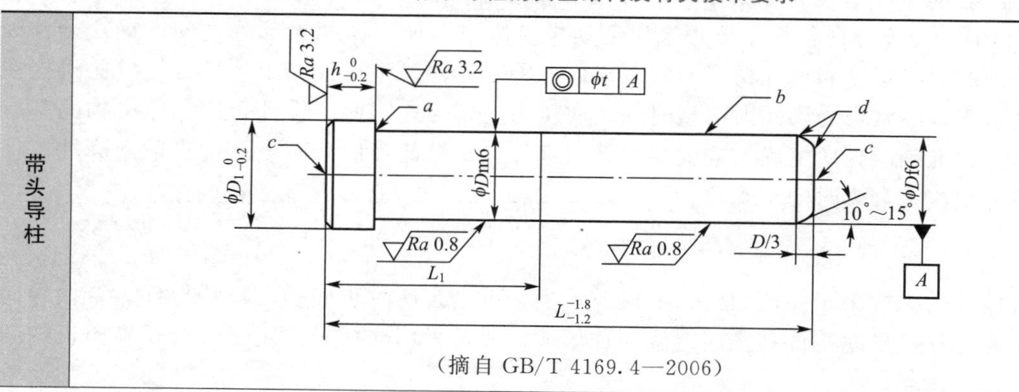 (摘自 GB/T 4169.4—2006)

续表

带肩导柱	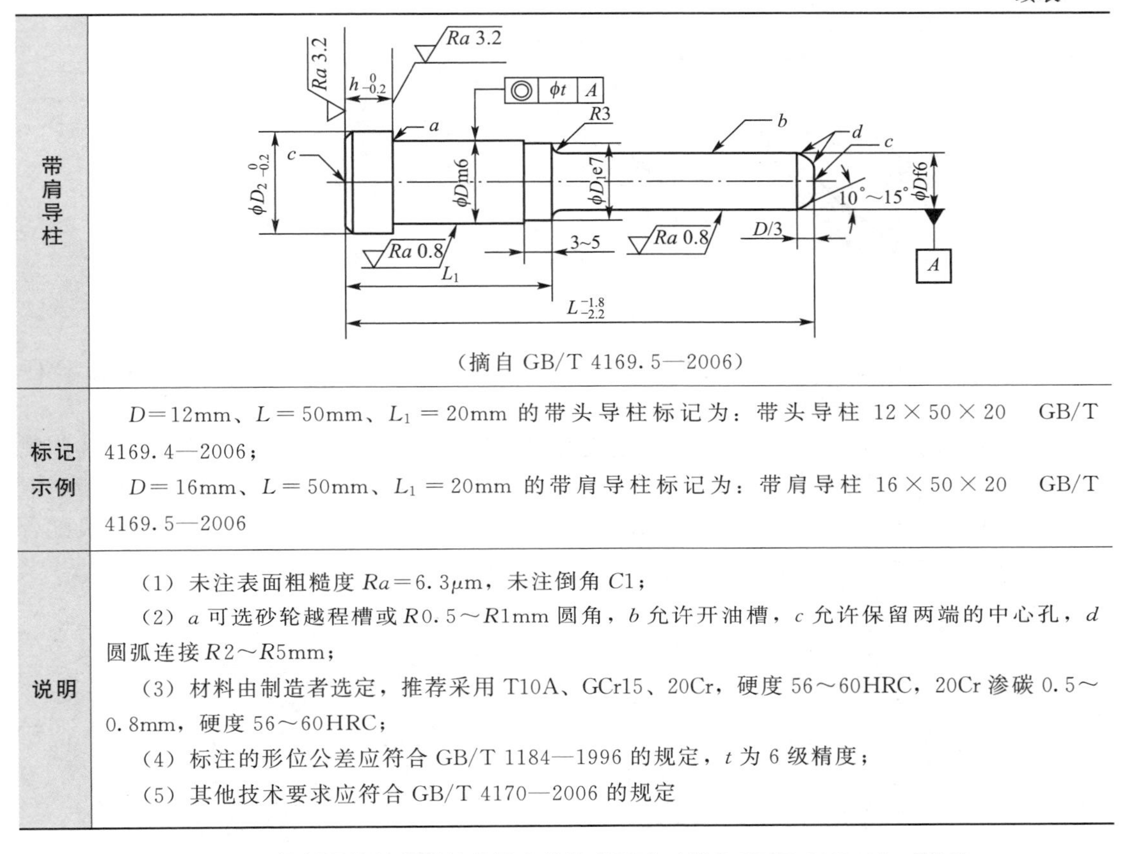 (摘自 GB/T 4169.5—2006)
标记示例	D=12mm、L＝50mm、L_1＝20mm 的带头导柱标记为：带头导柱 12×50×20 GB/T 4169.4—2006； D＝16mm、L＝50mm、L_1＝20mm 的带肩导柱标记为：带肩导柱 16×50×20 GB/T 4169.5—2006
说明	(1) 未注表面粗糙度 Ra=6.3μm，未注倒角 C1； (2) a 可选砂轮越程槽或 R0.5～R1mm 圆角，b 允许开油槽，c 允许保留两端的中心孔，d 圆弧连接 R2～R5mm； (3) 材料由制造者选定，推荐采用 T10A、GCr15、20Cr，硬度 56～60HRC，20Cr 渗碳 0.5～0.8mm，硬度 56～60HRC； (4) 标注的形位公差应符合 GB/T 1184—1996 的规定，t 为 6 级精度； (5) 其他技术要求应符合 GB/T 4170—2006 的规定

表 4-34 推板导柱的典型结构及有关技术要求（摘自 GB/T 4169.14—2006）

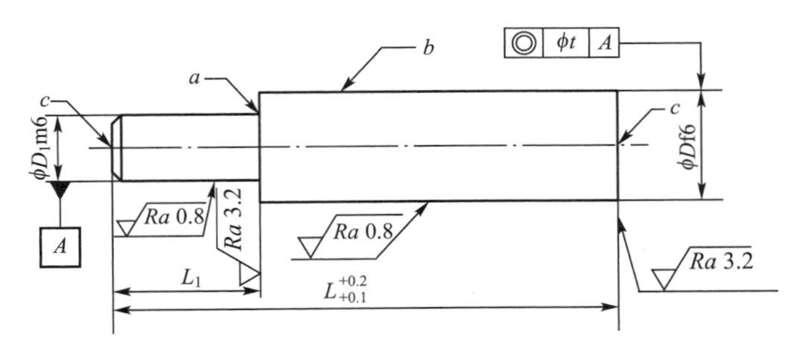

标记示例	D=30mm、L=100mm 的推板导柱标记为：推板导柱 30×100 GB/T 4169.14—2006
说明	(1) 未注表面粗糙度 Ra=6.3μm，未注倒角 C1； (2) a 可选砂轮越程槽或 R0.5～R1mm 圆角，b 允许开油槽，c 允许保留两端的中心孔； (3) 材料由制造者选定，推荐采用 T10A、GCr15、20Cr，硬度 56～60HRC，20Cr 渗碳 0.5～0.8mm，硬度 56HRC～60HRC； (4) 标注的形位公差应符合 GB/T 1184—1996 的规定，t 为 6 级精度； (5) 其他技术要求应符合 GB/T 4170—2006 的规定

图 4.111 所示为导柱实物。

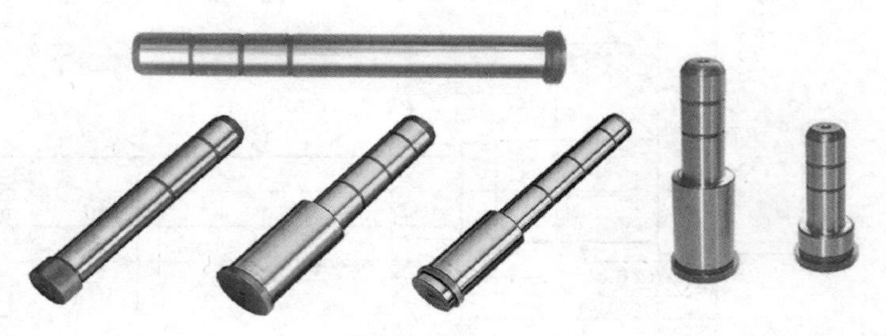

图 4.111　导柱实物

②导柱的布置。只有很小的模具才用两根导柱，一般注射模上均设置四根导柱[图 4.112 (a)]，圆形模板可采用三根导柱 [图 4.112 (b)]。

矩形模板的导向零件一般都设置在模板的四个角上，导柱安装中心与模板边缘的距离 h 应大于导柱导向部分直径 d 的 1.5 倍，即 $h \geqslant 1.5d$。为保证模板导向的平稳性且便于取出塑件，应保证导柱之间有最大的开档尺寸。导柱的固定部分与模板的配合常用过渡配合（H7/m6）。

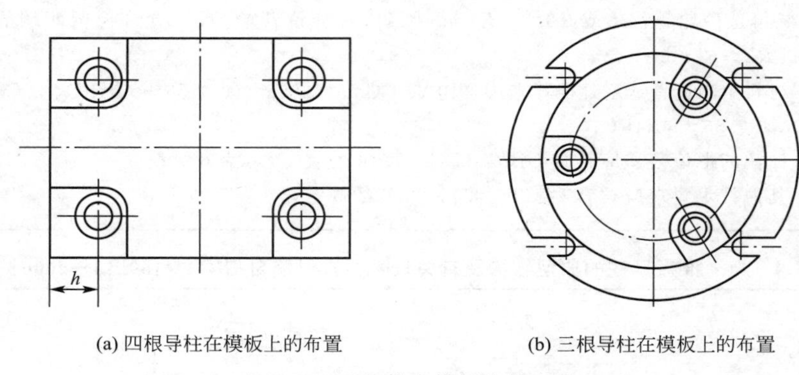

(a) 四根导柱在模板上的布置　　(b) 三根导柱在模板上的布置

图 4.112　导柱在模板上的布置

实用技巧

为防止模具在拆卸后再装配或模具合模时出现方向、位置的差错，设计时可将其中一个导柱的位置比正常的对称分布错开一定尺寸或角度，或选择一根直径不同的导柱，或在模具上做出明显的合模方位标记，确保模板和导柱的方向、位置是唯一的。

（2）导套。

在注射模中，带头导柱用于塑件生产批量不大的模具，一般可以不用导套；带肩导柱用于大批量生产的模具，或导向精度要求高、必须采用导套的模具，因为导套经热处理淬硬后不易磨损，使用寿命长。导套的导向部分表面硬度应比导柱表面硬度略低，便于磨损后更换导套。导套的固定部分与模板常用过渡配合（H7/m6）。

注射模导套的典型结构见表 4－35。其中带头导套通常用于动模、定模套板后面有动模支承板或定模座板的场合；直导套通常用于动模板、定模板较厚或用于模板后面无支承板或无定模座板的场合；推板导套用于推出机构中的推杆固定板和推板上。

表 4-35　注射模导套的典型结构

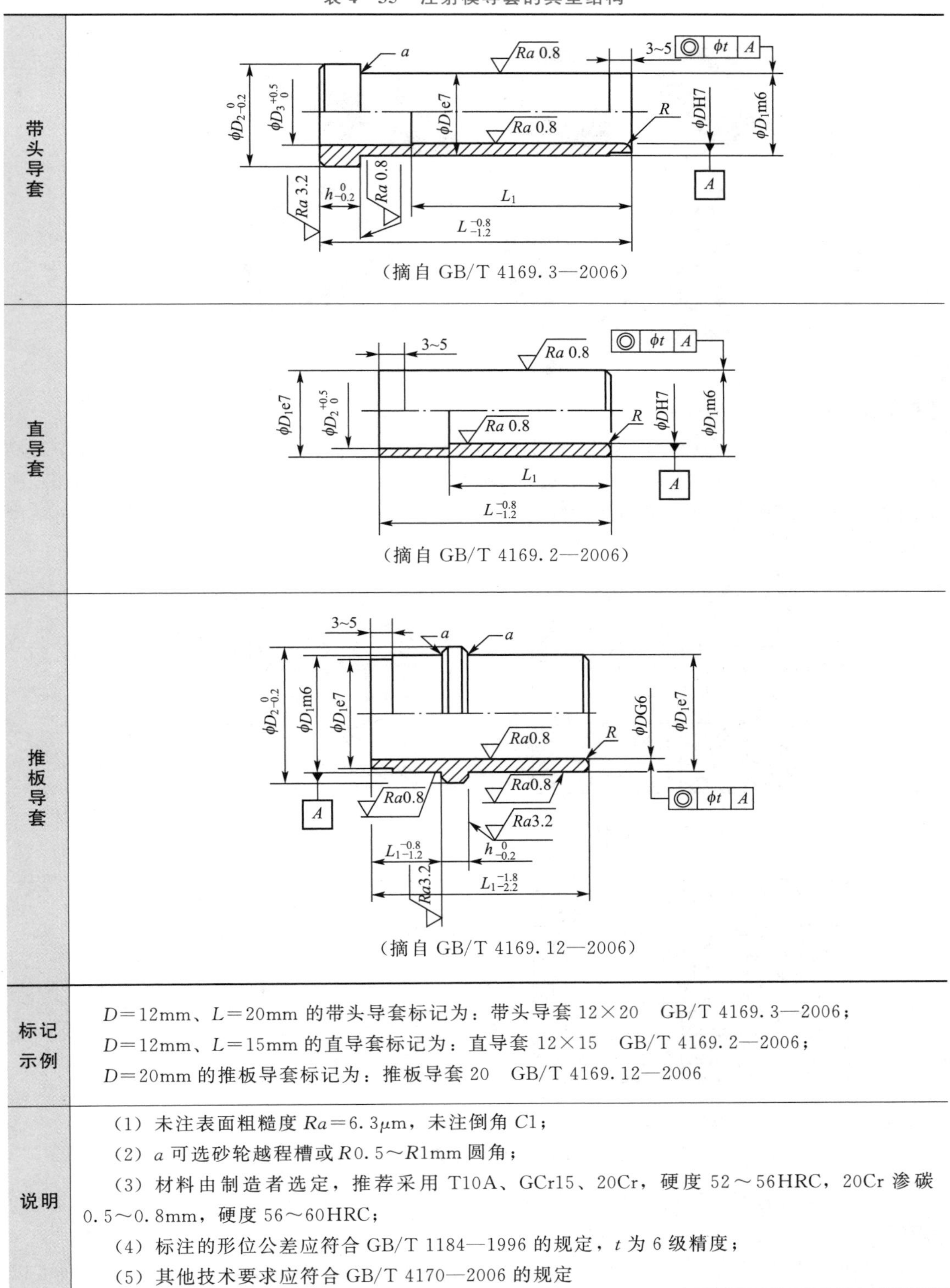

带头导套	（摘自 GB/T 4169.3—2006）
直导套	（摘自 GB/T 4169.2—2006）
推板导套	（摘自 GB/T 4169.12—2006）
标记示例	D=12mm、L=20mm 的带头导套标记为：带头导套 12×20　GB/T 4169.3—2006； D=12mm、L=15mm 的直导套标记为：直导套 12×15　GB/T 4169.2—2006； D=20mm 的推板导套标记为：推板导套 20　GB/T 4169.12—2006
说明	（1）未注表面粗糙度 Ra=6.3μm，未注倒角 $C1$； （2）a 可选砂轮越程槽或 R0.5～R1mm 圆角； （3）材料由制造者选定，推荐采用 T10A、GCr15、20Cr，硬度 52～56HRC，20Cr 渗碳 0.5～0.8mm，硬度 56～60HRC； （4）标注的形位公差应符合 GB/T 1184—1996 的规定，t 为 6 级精度； （5）其他技术要求应符合 GB/T 4170—2006 的规定

图 4.113 所示为导套实物。

图 4.113 导套实物

(3) 导柱与导套的配合。

导柱与导套的配合应保证动模、定模在合模时的正确位置，且在开模、合模过程中运动灵活无卡死现象。导柱与导套的配合形式如图 4.114 所示。图 4.114 (c) 和图 4.114 (d) 所示的导套安装孔和导柱安装孔采用同一尺寸一次配合加工而成，以保证同轴度及导向精度要求，故推荐采用。

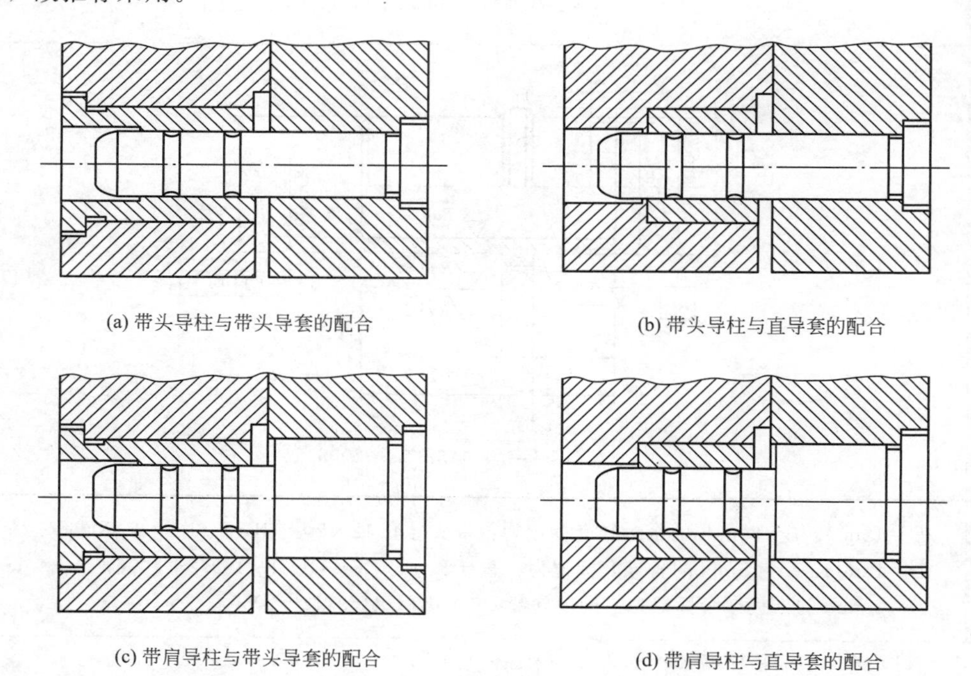

(a) 带头导柱与带头导套的配合　　(b) 带头导柱与直导套的配合

(c) 带肩导柱与带头导套的配合　　(d) 带肩导柱与直导套的配合

图 4.114 导柱与导套的配合形式

导柱与导套的配合精度，常用 H7/f6 的间隙配合；推板导柱与推板导套采用 G6/f6 的间隙配合。

导套四周应低于分型面 3～5mm，一方面有利于模具分型面的紧密结合，一方面可以作为动模、定模分开的撬口。

3. 锥面对合导向机构的设计

虽然导柱、导套对合导向对中性好，但由于导柱与导套有配合间隙，导向精度不高。因此，当要求对合精度很高或侧压力很大时，必须采用锥面导向定位的方法。

对于小型模具，可以采用带锥面的导柱和导套，如图 4.115 所示。

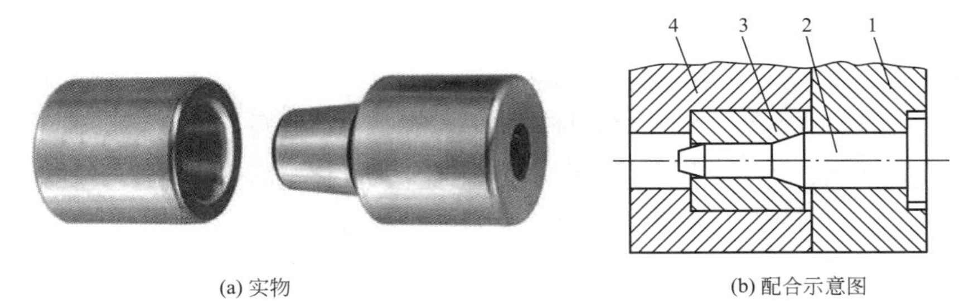

(a) 实物　　(b) 配合示意图

1—定模板；2—导柱；3—导套；4—动模板。

图 4.115　带锥面的导柱和导套

当模具尺寸较大时，必须采用动模板、定模板各自带锥面的导向定位机构与导柱导套联合使用。对于圆形型腔有两种对合设计方案，如图 4.116 所示。图 4.116（a）所示为型腔模板环抱动模板的结构，成型时，在型腔内塑料的压力下，型腔侧壁向外张开会使对合锥面出现间隙；图 4.116（b）所示为动模板环抱型腔模板的结构，成型时，对合锥面会贴得更紧。锥面角度取小值有利于对合定位，但会增大开模阻力，因此锥面的单面斜度一般选取 5°～20°。

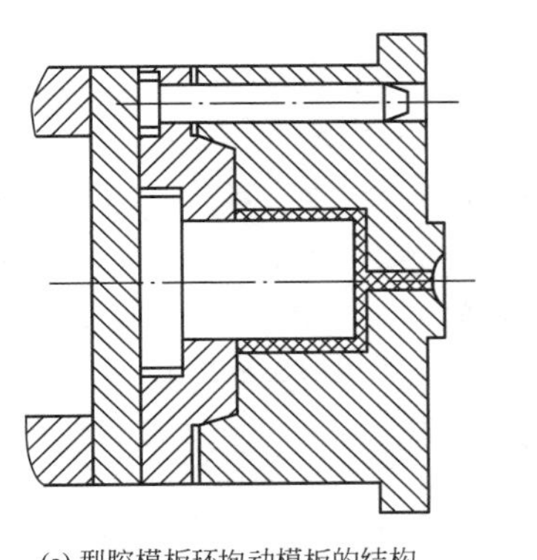

(a) 型腔模板环抱动模板的结构

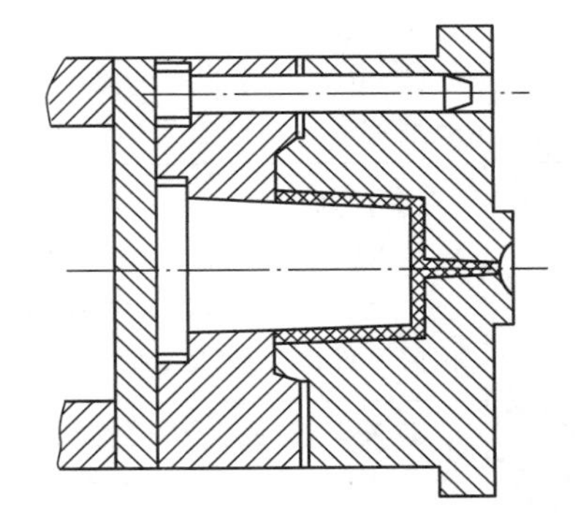

(b) 动模板环抱型腔模板的结构

【参考动画】

图 4.116　圆形型腔锥面对合导向机构

对于方形（或矩形）型腔的锥面对合，可以将型腔模板的锥面与型腔设计成一个整体。型芯一侧的锥面可设计成独立件，淬火镶拼到型芯模板上，这样的结构加工简单，也易于调整塑件壁厚（调整镶件锥面），便于磨损后镶件更换。

4.8.3 支承零部件设计

1. 支承零部件与固定零部件的主要作用及设计注意事项

注射模的支承零部件与固定零部件主要包括：定模座板、定模板、动模座板、动模板、支承板、固定板和垫块等。支承零部件与固定零部件的主要作用及设计注意事项见表 4－36。

表 4－36　支承零部件与固定零部件的主要作用及设计注意事项

零部件名称	主要作用	设计注意事项
定模座板	① 与定模板连接，将成型零部件压紧，共同构成模具的定模部分； ② 直接与注射机的定模固定板接触，并设置定位圈，对准注射机的喷嘴调整位置后，将模具的定模部分紧固在注射机上	根据注射机定模固定板上螺纹孔的位置和尺寸，在定模座板上留出紧固螺钉或安装压板的位置
定模板	① 成型零部件及导向零部件的固定载体； ② 承受塑料熔体填充压力的冲击，确保成型零部件不产生变形	在不通孔的模架结构中，定模板兼起定模座板的作用，这时应满足注射模的定位或安装的要求
动模座板	① 动模座板与动模板、支承板、垫块等连接，构成模具的动模部分； ② 与注射机的动模固定板接触，将模具的动模部分紧固在注射机上； ③ 动模座板的底端面在合模时承受注射机的合模力，在开模时承受动模部分的自身重力	① 开设顶出孔，顶出孔的位置与尺寸应与注射机顶出装置相适应； ② 根据注射机动模固定板上螺纹孔的位置和尺寸，在动模座板上留出紧固螺钉或安装压板的位置； ③ 应有较强的承载能力
动模板	① 成型零部件、导向零部件的固定载体； ② 设置塑件脱模的推出机构及侧抽芯机构； ③ 承受塑料熔体充填压力的冲击，确保成型零部件不产生变形	在不通孔的模架结构中，动模板兼起支承板的支承作用，故应对其底部厚度进行强度校核
支承板	① 在通孔的模架结构中，将成型零部件压紧在动模板内； ② 承受塑料熔体充填压力的冲击，避免相关零件产生较大变形	① 支承板是受力较大的结构件之一，必须对其厚度进行强度校核； ② 必要时，可设置支承柱，增强支承板的支承作用
垫　块	① 垫块安装在动模座板与支承板之间，形成推出机构的工作空间； ② 对于小型模具，还可以利用垫块的厚度来调整模具的总厚度，满足注射机最小合模距离的要求	① 根据注射机的闭合高度或塑件的脱模推出行程来确定垫块的高度； ② 垫块在注射生产过程中承受注射机的锁模力，应有足够的受压面积
推板和推出固定板	① 安装推出元件、推出导向元件和复位杆； ② 承受通过推出元件传递的塑料熔体的冲击力； ③ 承受因塑件包紧力产生的脱模阻力； ④ 推出固定板通常不是受力零部件，起安装作用，能满足装配即可	① 推板是模具推出机构的集中受力零件，应有足够的厚度，以保证模具的强度和刚度，防止因塑料熔体的间接冲击或脱模阻力产生变形； ② 各大平面应相互平行，以保证推出元件运行的稳定性

2. 模板的设计要点

模板是注射模主要结构零件，模具的各个部分按照一定规律和位置安装和固定在模板内。按组合的位置及作用将模板的各个部分分为座板、固定板和支承板等。GB/T 4169.8—2006《塑料注射模零件 第 8 部分：模板》规定了塑料注射模用模板的尺寸规格和公差，适用于塑料注射模所用的定模板、动模板、推件板、支承板、定模座板和动模座板（表 4－37）。

表 4－37 标准模板（摘自 GB/T 4169.8—2006）

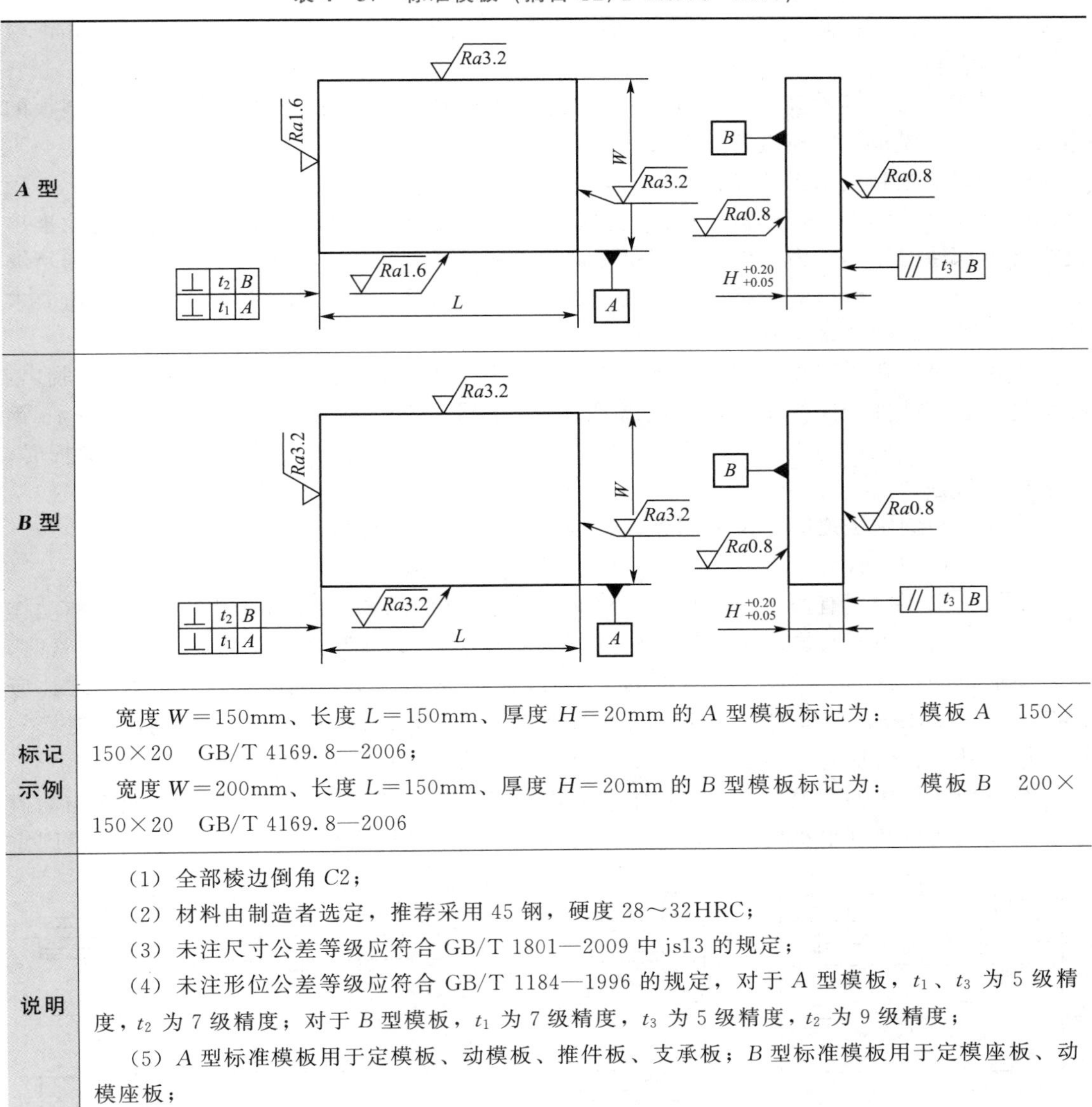

标记示例	宽度 W=150mm、长度 L=150mm、厚度 H=20mm 的 A 型模板标记为： 模板 A 150×150×20 GB/T 4169.8—2006； 宽度 W=200mm、长度 L=150mm、厚度 H=20mm 的 B 型模板标记为： 模板 B 200×150×20 GB/T 4169.8—2006
说明	（1）全部棱边倒角 $C2$； （2）材料由制造者选定，推荐采用 45 钢，硬度 28～32HRC； （3）未注尺寸公差等级应符合 GB/T 1801—2009 中 js13 的规定； （4）未注形位公差等级应符合 GB/T 1184—1996 的规定，对于 A 型模板，t_1、t_3 为 5 级精度，t_2 为 7 级精度；对于 B 型模板，t_1 为 7 级精度，t_3 为 5 级精度，t_2 为 9 级精度； （5）A 型标准模板用于定模板、动模板、推件板、支承板；B 型标准模板用于定模座板、动模座板； （6）其他技术要求应符合 GB/T 4170—2006 的规定

（1）定模座板、动模座板的设计。

① 定模座板。使定模固定在注射机固定工作台面上的板件（图 4.108 中 1）。

② 动模座板。使动模固定在注射机移动工作台面上的板件（图 4.108 中 12）。

③ 设计原则。

a. 动模座板、定模座板在注射机上的安装。座板外形尺寸受注射机拉杆的间距影响；小型模具一般只在定模座板上安装定位圈，大型模具在动模座板、定模底板上均需安装定位圈，注射机的定位孔孔径与模具的定位圈尺寸需配合良好。动模座板、定模座板安装孔的位置和孔径与注射机的动模板及定模板上的螺孔相匹配，以便安装并压紧模具。注射机与模具连接部分相关尺寸的校核见 4.3.5 节。

b. 动模座板、定模座板的材料。动模座板、定模座板是分别与注射机的移动工作台面和固定工作台面接触的模板，对其刚度与强度要求不高，一般可采用 Q235 或 45 钢材料，也不需要对其进行热处理。

c. 动模座板、定模座板的尺寸。为了把模具固定在注射机上，动模座板、定模座板的两侧均需比动模板、定模板的外形尺寸宽 25～30mm。

（2）固定板和支承板的设计。

固定板（动模板、定模板）在模具中起安装和固定成型零部件、合模导向机构及推出机构等零部件的作用。为了保证被固定零部件的稳定性，固定板应具有一定的厚度和足够的刚度与强度，一般由碳素结构钢制成，当对工作条件要求较严格或对模具使用寿命要求较长时，可采用合金结构钢制造。

支承板是盖在固定板上或垫在固定板下的平板。它可防止固定板固定的零部件脱出，并承受固定零部件传递的压力，因此需具有较高的平行度、刚度和强度。一般采用 45 钢制造，经热处理调质至 28～32HRC（230～270HB）。当固定方式不同或只需固定板时，支承板可省去。

支承板与固定板之间通常采用螺栓连接，若两者需要定位，可采用定位销。

（3）垫块的设计。

垫块的主要作用有两个：一是在动模支承板与动模座板之间形成推出机构所需的动作空间；二是调节模具总厚度，以满足注射机模具安装厚度的要求。垫块在注射模锁紧时，承受注射机的锁模力，因此需有足够的受压面积，一般情况下，锁模力与支承面积之比应控制在 8～12MPa，如果太大，则垫块容易被压塌。GB/T 4169.6—2006《塑料注射模零件　第 6 部分：垫块》规定了塑料注射模具用垫块的尺寸规格和公差，可供参考设计。

中大型注射模的动模座板与垫块组成动模的模座，如图 4.117（a）所示。模座与动模板、动模支承板及推出机构组成动模部分的模体，通过动模座板紧固在注射机的动模固定

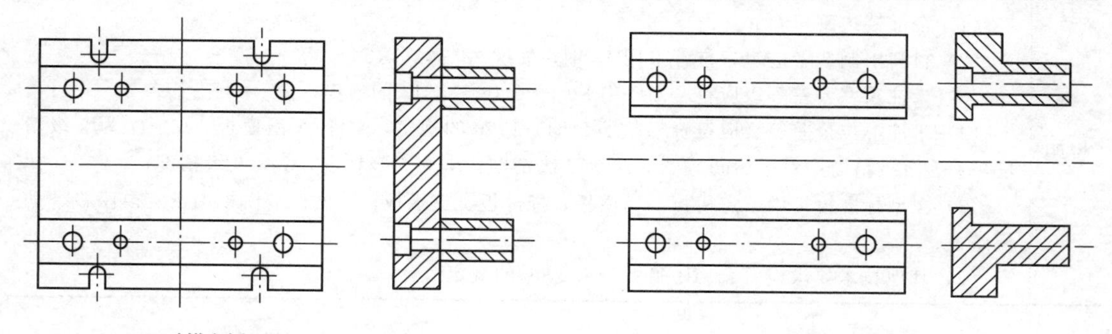

(a) 动模座板与垫块组成模座　　(b) 模脚或支架式模座

图 4.117　模座的基本结构形式

板上。小型注射模的模座通常设计成模脚或支架式模座，如图 4.117（b）所示，这种结构制造方便、质量轻、节省材料。

在组装模具时，应注意所有垫块高度须一致，否则会由于负荷不均匀造成相关模板的损坏，垫块与动模支承板和动模座板之间一般用螺栓连接，当稳定性要求高时可用销定位。

当塑件及浇注系统在分型面上投影面积较大，而垫块的间距 L 较大或动模支承板的厚度 h 较小时，为了提高支承板的刚度，可以在支承板和动模座板之间设置与垫块等高的支柱，也可以借助推板导柱加强对支承板的支撑作用，如图 4.118 所示。

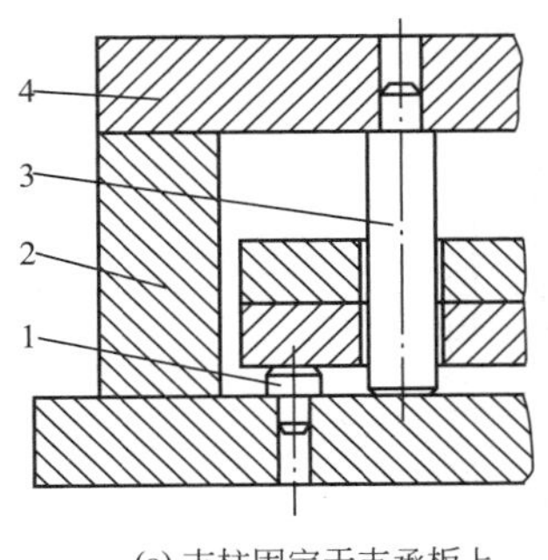

(a) 支柱固定于支承板上

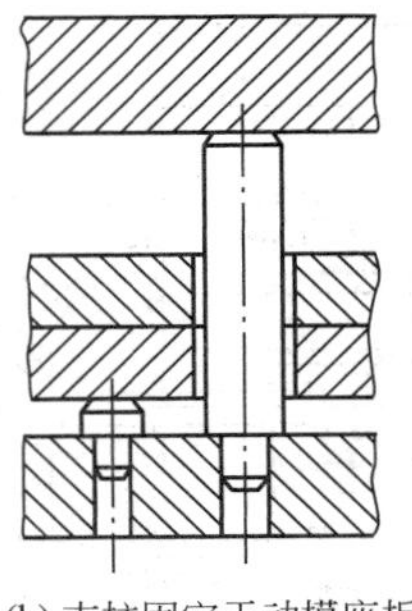
(b) 支柱固定于动模座板上

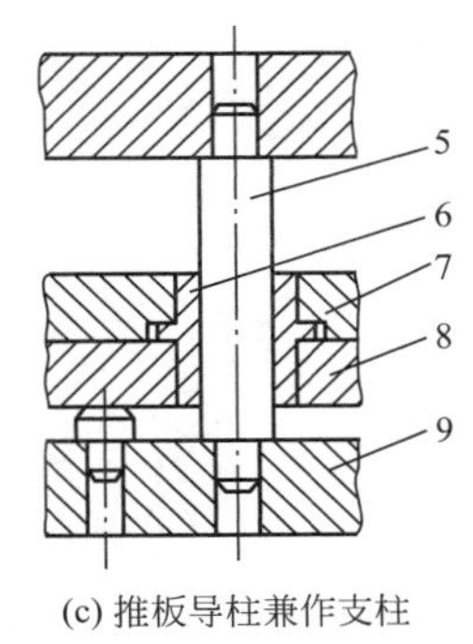

(c) 推板导柱兼作支柱

1—限位钉；2—垫块；3—支柱；4—支承板；5—推板导柱；6—推板导套；7—推杆固定板；8—推板；9—动模座板。

图 4.118　动模支承板的加强形式

学以致用

拆、装一套注射模，观察其基本结构零部件的形状，进行粗略测量，画出能明确表达各基本结构零部件之间装配关系的模具总装图。

【在线答题】

4.9　塑件推出机构的设计

在注射成型的每个循环中，都必须经过开模取件的工序，即将模具打开并把塑件从模具型腔中或型芯上脱出，有时还需要将浇注系统凝料推出模具，用于完成这一工序的机构称为推出机构。

推出机构是在开模后由注射机的顶出装置或开模过程的开模力，通过不同形式的推出元件，完成相应的推出动作，推出塑件及浇注系统凝料。图 4.119 所示为单分型面注射模的推出机构，合模成型状态下，塑料熔体在模具型腔内冷却固化成型；成型后在注射机的开模机构作用下，动模、定模沿分型面打开，这时，由于成型收缩等原因，塑件会包紧在成型零部件的表面，同时因拉料杆对浇注系统凝料的作用，塑件及浇注系统凝料会留在动模一侧；设置在动模一侧的推出机构开始推出塑件及浇注系统凝料，即注射机的顶杆推动推板向右运动，安装在推杆固定板上的推杆及拉料杆等元件受到推板传递过来的力，作用于与之相接触的塑件及浇注系统凝料的表面，推动塑件，同时也将浇注系统凝料推离模具表面，塑件及浇注系统凝料因重力而脱落，至此完成开模取件工序。合模时，相关的推出元件应避免与其他模具结构件产生干涉，准确可靠地回到原始的位置，以便下一次成型。

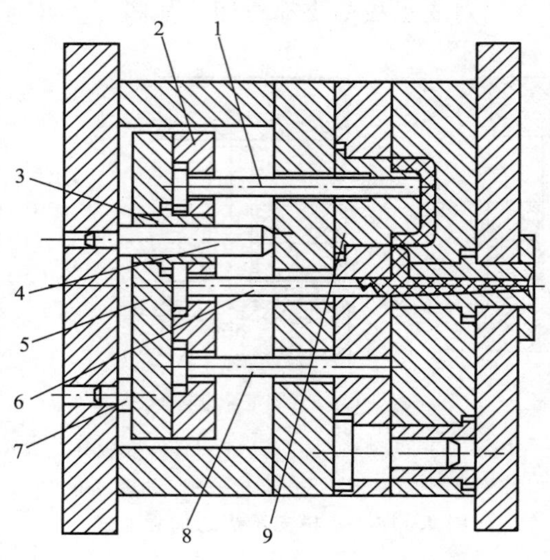

【参考动画】

1—推杆；2—推杆固定板；3—推板导套；4—推板导柱；5—推板；6—拉料杆；7—限位钉；8—复位杆；9—型芯。

图 4.119 单分型面注射模的推出机构

4.9.1 概述

推出机构用于开模后卸除塑件对成型零部件的包紧力，并使塑件处于便于取出的位置。推出机构一般设置在动模一侧。在注射成型的每次循环中，推出机构推出塑件及浇注系统凝料后，都须准确地回到原来的位置，这个动作通常是借助复位装置来实现的，复位装置使合模后的推出机构处于准确可靠的位置。推出机构的动作应确保其在较长的运动周期内，以平稳、顺畅、无卡滞的状态，将塑件及浇注系统凝料推出。被推出的塑件须完整无损，没有不允许的变形，保证产品的技术要求。因此，推出机构的设计是一项既复杂又灵活的工作，是注射模设计的重要环节之一。

1. 推出机构的组成

推出机构的组成及作用见表 4 - 38。

表 4 - 38 推出机构的组成及作用

组成元件	作　用
推出元件	直接与塑料接触，将塑件及浇注系统凝料推离模具的元件，主要包括推杆、推管及推件板、成型推块、成型推杆、斜滑块等

续表

组成元件	作　用
复位元件	在合模过程中，驱动推出机构准确地回到原来的位置，主要包括复位杆，还包括能兼起复位作用的推杆、斜滑块及推件板等
导向元件	引导推出机构按既定方向平稳可靠地往复运动，承受推出机构等构件的重量，防止移动时倾斜，主要包括推板导柱、推板导套等
限位元件	调整和控制复位装置的位置，起止退限位作用，保证推出机构在注射过程中受注射压力作用时不改变位置，主要包括限位钉、挡圈等
结构元件	将推出机构各元件装配并固定成一体，主要包括推杆固定板、推板及其他辅助零件和螺栓等连接件

以图4.119所示为例，推出元件由推杆和拉料杆组成，它们固定在推杆固定板和推板之间，两板用螺钉固定连接，注射机的顶出力作用在推板上。

为了使推出过程平稳，且推出零件不出现弯曲或卡死，常设有推出系统的导向装置，即推板导柱和推板导套。

为了使推杆回到原来位置，需设置复位装置，即复位杆，它的头部设计在动模、定模的分型面上，合模时，定模一接触复位杆，就将推杆及顶出装置恢复到原来的位置。

拉料杆的作用是开模时将浇注系统凝料拉到动模一侧。

限位钉有两个作用：一是使推板与动模座板之间形成间隙，以保证平面度和清除废料及杂物；二是可以通过调节限位钉的厚度来调整推杆的位置及推出的距离。

2. 推出机构的分类

由于实践中塑件的几何形状、壁厚及结构特点等有诸多不同，因此设计的推出机构也有多种类型。

（1）按推出的动力来源分类。

按推出的动力来源（即基本传动形式）推出机构分为机动推出机构、液压推出机构和手动推出机构三种。

① 机动推出机构。注射机上的顶杆推动模具上的推出机构，利用开模的动作，完成推出过程。机动推出机构应用较普遍。

② 液压推出机构。开模时，塑件随动模移至注射机开模的极限位置，然后，利用安装在模具上或模座上专门设置的液压缸，推动推出机构推出塑件。采用液压推出机构时，液压缸按照推出程序推动推出机构，推出时间和推出行程可调，推出动作平稳。

③ 手动推出机构。将注射机开模到极限位置，然后由人工操作推出机构实现塑件及浇注系统凝料的脱模。手动推出机构一般用于试制及小批量生产。

（2）按推出元件分类。

根据不同的推出元件，推出机构的形式可分为推杆推出机构、推管推出机构、推件板推出机构、斜滑块推出机构、齿轮传动推出机构以及多元件复合推出机构等。

（3）按模具结构特征分类。

根据模具的结构特征，推出机构可分为简单推出机构和复杂推出机构。其中推杆推出机构、推管推出机构和推件板推出机构等属于简单推出机构；二级推出机构、多次分型顺序推出机构、定模推出机构、浇注系统凝料的推出机构及带螺纹塑件的推出机构等属于复杂推出机构。本节重点介绍简单推出机构。

（4）按动作方向分类。

按动作方向推出机构分为直线推出机构、旋转推出机构、摆动推出机构。推出机构大多为直线推出机构，旋转推出机构主要用于推出带有螺纹的塑件，摆动推出机构主要用于推出弯管类塑件。

3. 推出力

（1）推出力的估算。

推出力（也称脱模力）是指推出过程中使塑件从成型零部件推出所需要的力。注射时，塑料熔体在一定的压力作用下迅速充满型腔，冷却收缩后塑件对型芯产生包紧力。当塑件从型腔中被推出时，须克服的脱模阻力主要包括因包紧力而产生的摩擦阻力及推出机构运动时产生的摩擦阻力。在塑件开始脱模的瞬间，所需的推出力最大，此时需克服因塑件收缩产生的包紧力和推出机构运动时的摩擦阻力。继续脱模时，只需克服推出机构运动时的摩擦阻力。在注射模中，由包紧力产生的摩擦阻力远大于其他摩擦阻力，因此确定推出力时，主要应考虑塑件开始脱模的瞬间所需克服的阻力。

图 4.120 所示为塑件脱模时型芯受力分析。

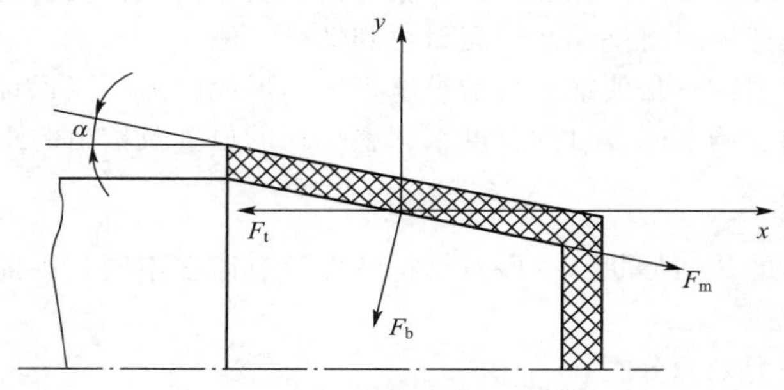

图 4.120　塑件脱模时型芯受力分析

由于推出力 F_t 的作用，塑件对型芯的总压力（塑件收缩引起）降低了 $F_t\sin\alpha$，因此，推出时型芯受到的摩擦阻力 F_m 为：

$$F_m=\mu(F_b-F_t\sin\alpha) \tag{4-36}$$

式中：F_b 为塑件对型芯的包紧力（N）；F_t 为推出力（N）；α 为脱模斜度（°）；μ 为塑件对钢的摩擦因数，为 0.1～0.3。

根据力的平衡原理，可列出以下平衡方程式：

$$\sum Fx=0 \tag{4-37}$$

从而

$$F_m\cos\alpha-F_t-F_b\sin\alpha=0 \tag{4-38}$$

整理式（4-36）和式（4-38），得

$$F_t=\frac{F_b(\mu\cos\alpha-\sin\alpha)}{1+\mu\cos\alpha\sin\alpha} \tag{4-39}$$

因实际上摩擦因数 μ 较小，$\sin\alpha$ 更小，$\cos\alpha$ 也小于 1，故可忽略 $\mu\cos\alpha\sin\alpha$，上式简化为

$$F_t=F_b(\mu\cos\alpha-\sin\alpha)=Ap(\mu\cos\alpha-\sin\alpha) \tag{4-40}$$

式中：A 为塑件包紧型芯侧面的面积（m^2）。p 为塑件对型芯单位面积上的包紧力（Pa），一般情况下，模外冷却的塑件，p 取（2.4～3.9）$\times 10^7$Pa；模内冷却的塑件，p 取（0.8～1.2）$\times 10^7$Pa。

对于不带通孔的筒、壳类塑件，脱模时还须克服大气压力，即

$$F_t = F_0 + Ap(\mu\cos\alpha - \sin\alpha) \tag{4-41}$$

式中：F_0 为不带通孔的筒、壳类塑件脱模推出时需克服的大气压力，其大小为大气压力（约 0.1MPa）与型芯被塑件包紧的端部面积的乘积（N）。

（2）主要影响因素。

塑件结构、模具制造质量、脱模斜度、成型工艺及模具温度等因素的变化，均会引起推出力的变化。由于许多因素本身在变化，因此即使所有影响因素都加以考虑，结果也是近似值，故对推出力只作粗略的估算。影响推出力的主要因素如下。

① 成型收缩率。塑件对成型零部件的包紧力主要由塑料熔体在冷却固化时成型收缩而产生，因此塑料的成型收缩率越大，则所需的推出力也越大。

② 塑件的结构。塑件壁厚越厚、包容成型零部件的表面积越大，所需的推出力越大；形状复杂部位比形状简单部位所需的推出力大；另外，推出力的大小还与型芯数目有关。

③ 塑件与成型零部件的接触状态。成型零部件的表面粗糙度越小，表面越光洁，所需的推出力越小；脱模斜度越大，所需的推出力越小；塑件与成型零部件间的摩擦因数也会影响推出力的大小。

④ 成型工艺。注射压力越大，塑件在模内停留的时间越长，注射时模温越低，所需的推出力越大。

（3）受推面积和受推压力。

推出塑件时，为了不使塑件损坏或变形，应考虑塑件与推出元件接触面上所能承受的压力。受推面积是指在推出力的推动下，塑件承受推出元件作用的推出面积。在单位面积上的压力称为受推压力。受推压力的大小与塑件本身材料种类、形状结构、壁厚、脱模温度等因素有关。

4. 推出机构设计的基本要求

推出机构设计是否合理对塑件的成型质量有直接影响。因此，设计推出机构时需要考虑推出力、推出距离及推出部位等，选择有效的推出元件，并遵循相关的设计基本原则。

（1）开模时应使塑件留在动模一侧。

注射机的顶出装置设在动模板一侧，一般情况下，注射模的推出机构也设在动模一侧。因此，应设法使塑件对动模的包紧力较大，以便开模时塑件留在动模一侧，这在选择分型面时就应充分考虑。

（2）推出机构不影响塑件的外观要求。

塑件在成型推出后，特别是采用推杆推出时，都留有推出痕迹。因此，推出元件应避免设置在塑件的重要表面上，以免留下推出痕迹，影响塑件的外观。

（3）推出部位的选择。

推出元件应作用在脱模阻力大的部位，如成型部位的周边、侧旁或底端部。推出部位应尽量选在强度较高的部位，如凸缘、加强筋等处。

（4）避免塑件变形或损伤。

推出元件应分布对称、均匀，从而使推出力均衡，防止塑件在推出过程中产生变形或损伤。

(5) 推出机构应移动顺畅可靠。

推出机构的结构件应有足够的强度和良好的耐磨性能，保证在较长的工作周期内平稳运行，动作可靠、灵活，无卡滞或无干涉现象，合模时能及时准确地复位。

(6) 推出行程的确定。

推出行程是指在推出元件的作用下，塑件与成型零部件表面的直线位移或角位移。推出行程应确保塑件能完全脱离相应的成型零部件。一般采用直线推出机构时，推出行程应比塑件包裹型芯或含在型腔内的最大成型长度大 5～15mm。

4.9.2 简单推出机构

简单推出机构一般是指塑件在成型开模后，通过单种或多种推出元件，经一次推出动作，即可被推出的机构。最常见的简单推出机构有推杆推出机构、推管推出机构、推件板推出机构、活动镶件及型腔推出机构、多元件复合推出机构等。

1. 推杆推出机构

推杆推出机构是指推出元件为推杆的推出机构。由于制造方便，便于安装、维修和更换，推杆推出机构是推出机构中最简单、动作最可靠、最常用的一种推出机构。图 4.119 所示结构为推杆推出机构。

(1) 推杆推出机构的主要特点。

① 推出元件形状简单，制造、维修方便，推杆截面大部分为圆形，容易达到推杆与模板或型芯上推杆孔的配合精度。

② 推杆推出时运动阻力小，推出动作简单、准确、灵活可靠，推杆损坏后也便于更换。

③ 推杆设置灵活，可根据塑件对模具包紧力的大小，选择推出位置、推杆直径和推杆数量，使推出力均衡。

④ 推杆设置在动模或定模深腔部位，兼起排气作用；某些情况下，推杆可兼作复位杆用，以简化模具结构。

⑤ 在塑件的被推部位会留有推杆印痕，影响塑件表面美观，若印痕在塑件基准面上，则可能影响尺寸精度。

⑥ 推杆截面面积小，推出时塑件与推杆接触面积一般比较小，受推压力大，若推杆设置不当会使塑件变形或局部损坏，因此推杆推出机构很少用于推出脱模斜度小和脱模阻力大的管类或箱类塑件。

⑦ 推杆端面可用来成型塑件标记、图案等。

(2) 推杆推出部位的选择。

① 应合理布置推杆的位置，使塑件各部位受推压力分布均匀。当塑件各处脱模阻力相同时，应均匀布置推杆，以保证塑件被推出时受力均匀、平稳、不变形。

② 推杆推出部位应选择在脱模阻力最大的地方，由于塑件对型芯的包紧力在四周最大，若塑件较深，应将推杆布置在塑件内部靠近侧壁的地方［图 4.121 (a)］；如果塑件局部有细而深的凸台或筋，则应在该处设置推杆［图 4.121 (b)］。

③ 推杆推出位置的选择应考虑塑件的强度和刚度，防止推出时塑件变形甚至被破坏[图 4.121（c)]；必要时，可采用如图 4.121（d）所示的顶盘推出来增大推杆面积从而降低塑件单位面积上的受力。

④ 应考虑推杆本身的刚性，当细长推杆受到较大脱模力时，推杆会失稳变形[图 4.121（e)]，此时应增大推杆直径或增加推杆的数量，同时保证塑件推出时受力均匀，从而使塑件推出平稳且塑件不变形。

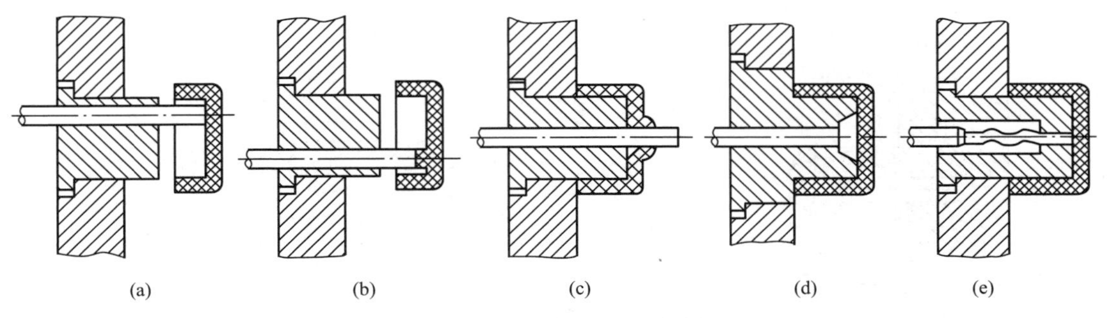

图 4.121　推杆推出位置的选择

⑤ 避免在塑件重要的表面（如基准面）设置推杆。

⑥ 推杆的推出位置应尽可能避免与活动型芯发生干涉。

⑦ 必要时，可在浇注系统的流道上合理布置推杆。

⑧ 以图 4.122 所示为例，推杆的布置应考虑模具成型零部件有足够的强度，$h>$ 3mm；推杆直径 d 应比成型尺寸 d_1 小 0.4～0.6mm；推杆边缘与成型零部件立壁保持一小段距离 δ，形成一个小台阶，以免塑料溢料。

⑨ 由于推杆的工作端面是成型零部件表面的一部分，参与塑件的成型，如果推杆的端面低于或高于该处成型表面，推出时在塑件上会产生凸台或凹痕，影响塑件的使用及美观。因此，推杆装入模具后，其端面应与型腔表面平齐，有时也允许凸出型腔表面 0.05～0.1mm。

(3) 推杆的设计。

① 推出端的断面形状。推杆因在塑件上作用部位不同，其工作端面的形状除圆形外，有时还要根据塑件被推部位形状采用异型端面。图 4.123 所示为常见的推杆端面形状，图 4.123（a)所示为圆形端面，该类推杆制造和维修方便，应用最广泛；图 4.123（b）所示为矩形端面，该类推杆的四角应加工成小圆角，并注意与推杆孔的配合，防止塑料溢料；图 4.123（c）所示为半圆形端面，该类推杆的推出力与推杆中心略存在偏差，通常用于推杆位置受到局限的场合；图 4.123（d）所示为长圆形端面，该类推杆强度高，相比于矩形端面推杆，长圆形端面推杆可消除推杆孔四角处的应力集中，延长模具使用寿命；图 4.123（e)所示为扇形端面，该类推杆属于局部推管，可避免与分型面上横向型芯产生干涉，加工比较困难，须注意避免尖角。

实践中，这些特殊端面形状对于杆来说加工容易，但其对应的孔需要采用电火花、线切割等特殊机床加工，因此在一般情况下都采用圆形杆。

② 推杆的结构形式。推杆的基本结构形式如图 4.124 所示。图 4.124（a）～图 4.124（c）所示推出端为平面形式，通常设置于塑件的端面、凸台、筋、浇注系统等部位，适用范围

广泛，其中图 4.124（a）所示为圆柱头推杆，尾部采用台肩固定，是最常用的形式；图 4.124（b)所示为带肩推杆，由于工作部分较细，故在其后部加粗以提高刚性，一般推杆直径小于 2.5～3mm 时采用。图 4.124（c）所示为分阶缩小推杆，用于推杆推出部分直径较大的情况，在其后部采取分阶缩小的结构，以缩短推杆与推杆孔的配合长度，确保推出机构运动灵活顺畅；图 4.124（d）所示为 Z 形拉料杆兼推杆，开模时，Z 形钩将主流道从定模中拉出，然后推出；图 4.124（e）所示为顶盘式推杆，也称锥面推杆，这种推杆加工起来比较困难，装配时也与其他推杆不同，须从动模型芯插入，尾部用螺钉固定在推杆固定板上，适用于深筒形塑件的推出。

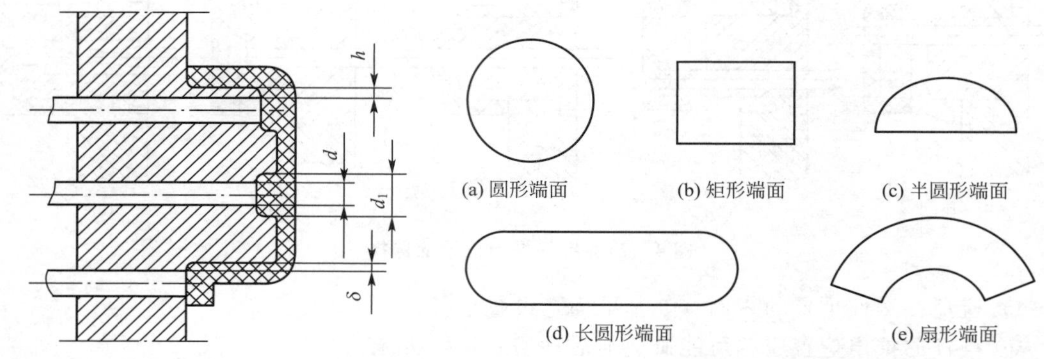

图 4.122 推杆与成型零部件的位置关系　　**图 4.123 常见的推杆端面形状**

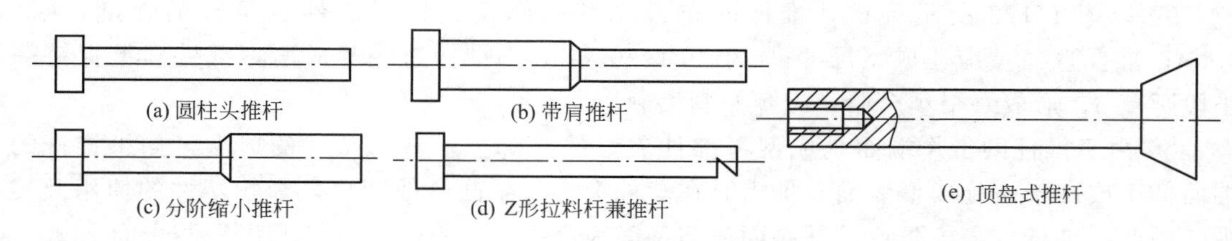

图 4.124 推杆的基本结构形式

图 4.125 所示为推杆实物。

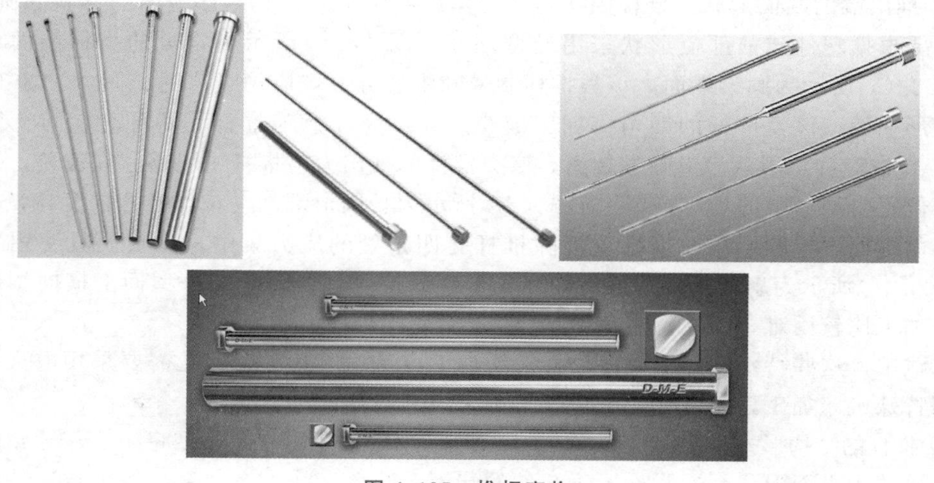

图 4.125 推杆实物

③ 推杆的尺寸。从两个方面考虑推杆的尺寸：一方面，推出时塑件应有足够的强度以承受每一个推杆所施加的载荷；另一方面，推杆也应有足够的刚度，保证推出时不出现失稳变形。

a. 推杆的长度。推杆与型芯或镶块的导滑段长度通常要比推出行程大 10mm，但不能小于 20mm，其余部分的长度依据模具的结构确定。

b. 推杆的失稳校核。为保证推杆的稳定性，需要根据单个推杆的细长比调整推杆的截面面积。推杆承受静压力下的稳定性可根据式（4－42）计算。

$$K_w = \eta \frac{EJ}{FL^2} \tag{4-42}$$

式中：K_w 为稳定安全系数，钢材 $K_w=1.5\sim3$；η 为稳定系数，钢材 $\eta=20.19$；E 为推杆的弹性模量（N/cm^2），钢材 $E=2\times10^7\ N/cm^2$；J 为推杆最小截面处的抗弯截面矩（cm^4），圆截面 $J=\pi d^4/64$（d 是直径），矩形截面 $J=a^3b/12$（a 是矩形截面短边长，b 是长边长）；F 为单根推杆所承受的实际推力（N）；L 为推杆全长（cm）。

计算后，若 $K_w<1.5$，可增加推杆的数量，以减小每根推杆的受力，也可增大每根推杆的直径。重新计算，直到满足条件为止。

（4）推杆的技术要求。

GB/T 4169.1—2006《塑料注射模零件 第 1 部分：推杆》、GB/T 4169.15—2006《塑料注射模零件 第 15 部分：扁推杆》及 GB/T 4169.16—2006《塑料注射模零件 第 16 部分：带肩推杆》规定了塑料模具用推杆的尺寸规格和公差，同时给出了材料指南和硬度要求，并规定了推杆的标记，可根据实际需要选用或参考。表 4－39 所示为塑料模具标准推杆的主要技术要求。

表 4－39　塑料模具标准推杆的主要技术要求

类型	图　示	标记示例
圆柱头推杆	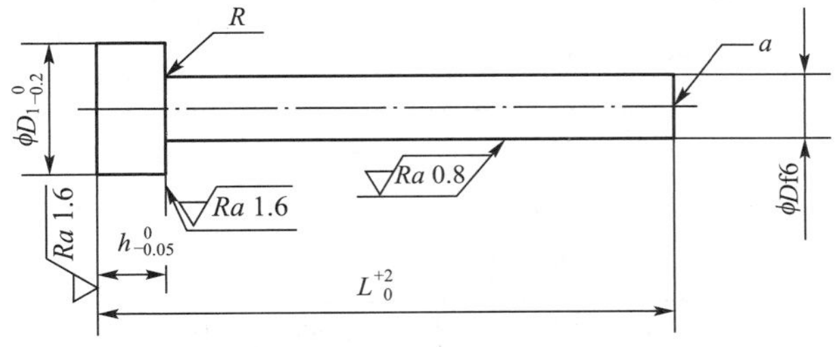 R；a；$\phi D_{1\ -0.2}^{\ 0}$；$\phi Df6$；Ra 0.8；Ra 1.6；Ra 1.6；$h_{-0.05}^{\ 0}$；$L_{\ 0}^{+2}$ （摘自 GB/T 4169.1—2006）	D＝3mm、L＝80mm 的推杆标记为推杆 3×80 GB/T 4169.1—2006
带肩推杆	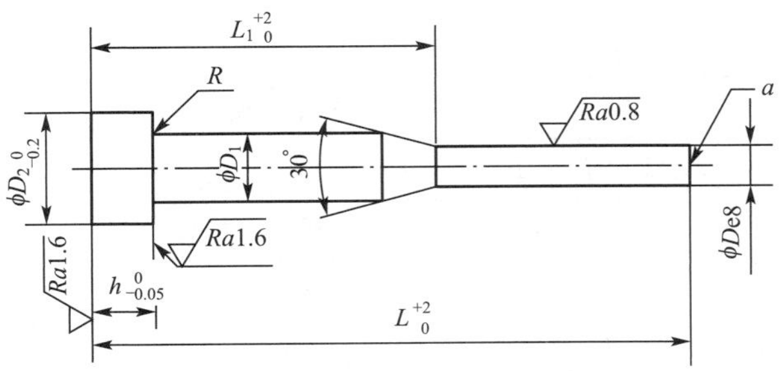 $L_{1\ 0}^{+2}$；R；a；Ra0.8；$\phi D_{2\ -0.2}^{\ 0}$；ϕD_1；30°；$\phi De8$；Ra1.6；Ra1.6；$h_{-0.05}^{\ 0}$；$L_{\ 0}^{+2}$ （摘自 GB/T 4169.16—2006）	D＝3mm、L＝100mm 的带肩推杆标记为带肩推杆 3×100 GB/T 4169.16—2006

续表

类型	图　示	标记示例
技术条件	（1）未注表面粗糙度 $Ra=6.3\mu m$； （2）a 端面不允许留有中心孔，棱边不允许倒钝； （3）材料由制造者选定，推荐采用 4Cr5MoSiV1 和 3Cr2W8V，硬度 45～50HRC，其中直推杆硬度 50～55HRC，且固定端 30mm 内硬度 35～45HRC； （4）淬火后表面可进行渗氮处理，渗氮层深度为 0.08～0.15mm，心部硬度 40HRC～44HRC，表面硬度≥900HV； （5）其他技术要求应符合 GB/T 4170—2006 的规定	

（5）推杆的装配。

① 推杆采用的配合。推杆采用的配合应满足：推杆无阻碍地沿轴向往复运动，顺利地推出塑件并复位。推杆推出段与孔的配合间隙应适当，间隙过大时塑料熔体将进入间隙，间隙过小时推杆导滑性能差。推杆的尺寸及配合参数见表 4-40。

表 4-40　推杆的尺寸及配合参数　　单位：mm

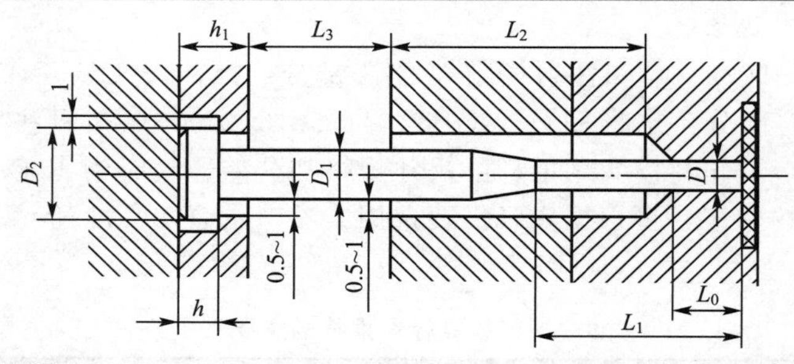

参　数	精度及数值	说　明
推出端杆与孔的配合间隙	H7/f6、H8/e8	既要保证推杆运动灵活，又要保证单面间隙小于成型塑料的最大不溢料间隙
推杆孔的导滑段长度 L_0	$D<5$，$L_0=15$	为保证运动灵活，推杆不宜过长
	$D=5\sim8$，$L_0=3D$	
	$D>10$，$L_0=(2\sim2.5)D$	
推杆固定板移动距离 L_3	$L_3=S_t+5$，$L_3<L_2$	S_t 为推出行程，保护导滑孔
推杆前端长度 L_1	$L_1=L_0+L_3+5\leqslant10D$	—
推杆加强部分直径 D_1	$D\leqslant6, D_1=D+4$	圆断面推杆
	$6<D\leqslant10$，$D_1=D+2$	
	$D>10$，$D_1=D$	
	$D_1\geqslant\sqrt{a^2+b^2}$	非圆断面推杆
推杆固定板厚度 h_1	$15\leqslant h_1\leqslant30$	—
推杆台阶直径 D_2	$D_2=D_1+6$	—
推杆台阶厚度 h	$h=5\sim8$	—

② 推杆的固定。推杆的固定应保证推杆定位准确；能将推板作用的推出力由推杆尾部传递到推杆端部从而推出塑件；复位时尾部结构不松动、不脱落。推杆的固定方式较多，常见的固定方式如图 4.126 所示。图 4.126（a）所示为台阶沉入固定式，结构强度高，不易变形，实践中广泛应用；图 4.126（b）所示为垫块（垫圈）夹紧固定式，在推板与推杆固定板间采用垫块或垫圈，省去了推杆固定台阶孔的加工；图 4.126（c）所示为螺塞顶紧固定式，直接将螺塞拧入推杆固定板，推杆由轴肩定位，螺塞拧紧后可防止推杆轴向移动，无须另设推板，但推杆固定板应具有一定的厚度。图 4.126（d）所示为镶入螺钉固定式，用于固定较粗的推杆，推杆镶入固定板后采用螺钉固定。

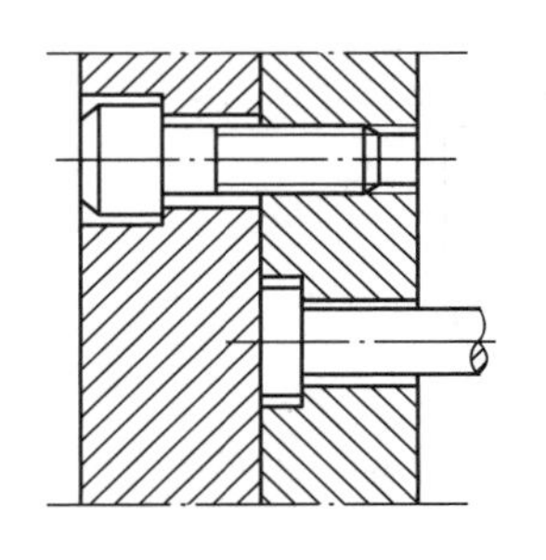

(a) 台阶沉入固定式

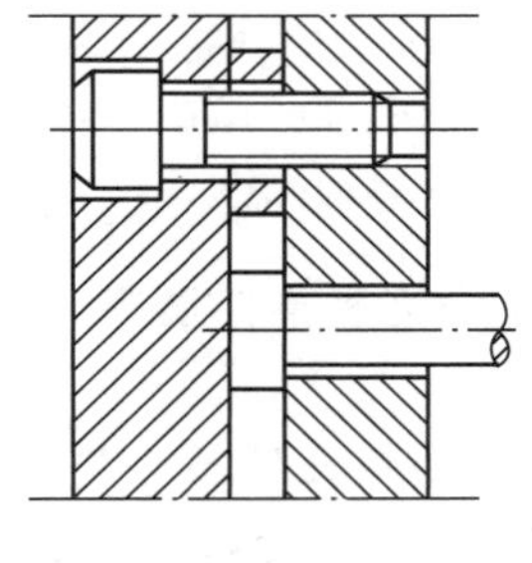

(b) 垫块(垫圈)夹紧固定式

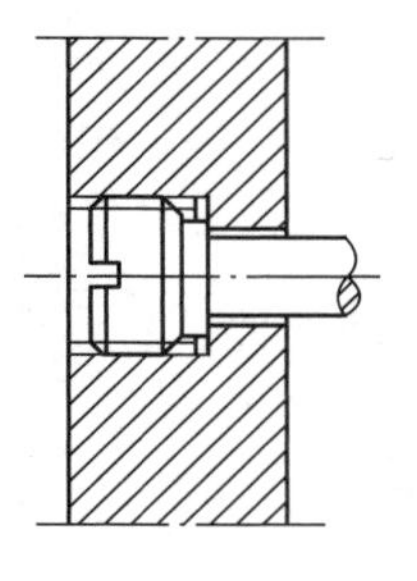

(c) 螺塞顶紧固定式

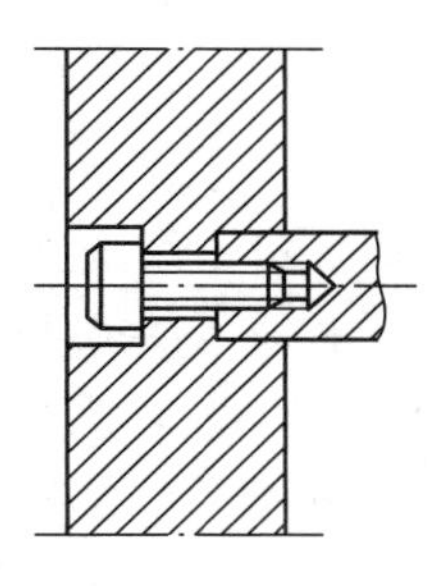

(d) 镶入螺钉固定式

图 4.126　推杆的常见固定方式

③ 推杆的止转。为保证推杆运动灵活，装配在推杆固定板上的推杆要能进行少量的浮动，而不是将其固定死，这样就会出现推杆转动现象。凡推杆有方位性要求而动模镶块上的推杆孔又不能给予定位时，可在推杆尾部设置定位止转结构，防止推杆在操作过程中发生转动而影响操作，甚至损坏模具。常见的定位止转结构有圆柱销、平键等。

2. 推管推出机构

当塑件带有圆筒形结构或有较深的圆孔时，在成型该部位的型芯外侧可采用推管作为推出元件。推管是推杆的一种特殊形式，推管推出机构与推杆推出机构的原理基本相同，不同点在于推管推出机构的推管直接套在型芯外侧。

（1）推管推出机构的组成及特点。

推管推出机构（图 4.127）一般由推管、推板、推管紧固件及型芯紧固件等组成。图 4.127（a）所示结构中推管尾部做成台阶，用推板与推管固定板夹紧，型芯固定在动模座板上，该结构定位准确，推管强度高，型芯维修及更换方便；图 4.127（b）所示型芯固定在支承板上，推管在支承板内移动，该结构推管较短，刚性好，制造方便，装配容易，但支承板较厚，适用于推出行程较短的塑件；图 4.127（c）所示型芯直径较大，用扁销将型芯固定在动模上，而推管装在推管固定板上，推管中部沿轴向设有两长槽，以便推管往复运动时扁销可在槽内滑动，推出行程较长，该结构紧凑简单，但装配较麻烦。

与推杆推出机构相比，推管推出机构有如下特点。

① 推管推出的作用面积大，塑件受推部位的受推压力小。

② 推管与型芯、推管与导滑孔的配合间隙有利于型腔内气体的排出。

③ 推出力作用点靠近包紧力的作用点，推出力均匀平稳，不会留下明显的推出痕迹，是较理想的推出机构。

【参考动画】

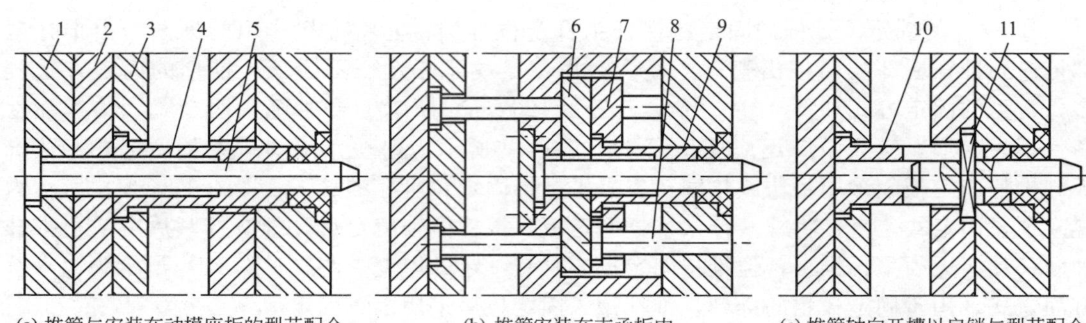

(a) 推管与安装在动模座板的型芯配合　　(b) 推管安装在支承板内　　(c) 推管轴向开槽以扁销与型芯配合

1—动模座板；2、6—推板；3、7—推管固定板；4、9、10—推管；
5—型芯；8—复位杆；11—扁销。

图 4.127　推管推出机构

④ 适合推出薄壁筒型塑件、易变形或不允许有推杆痕迹的管状塑件。

（2）设计要点。

① 推管的结构。GB/T 4169.17—2006《塑料注射模零件 第 17 部分：推管》规定了塑料注射模用推管的尺寸规格和公差，同时给出了材料和硬度要求，并规定了推管的标记，可根据实际需要选用或参考。表 4-41 所示为塑料注射模用标准推管的主要技术要求。图 4.128 所示为推管实物。

表 4-41　塑料注射模用标准推管的主要技术要求（摘自 GB/T 4169.17—2006）

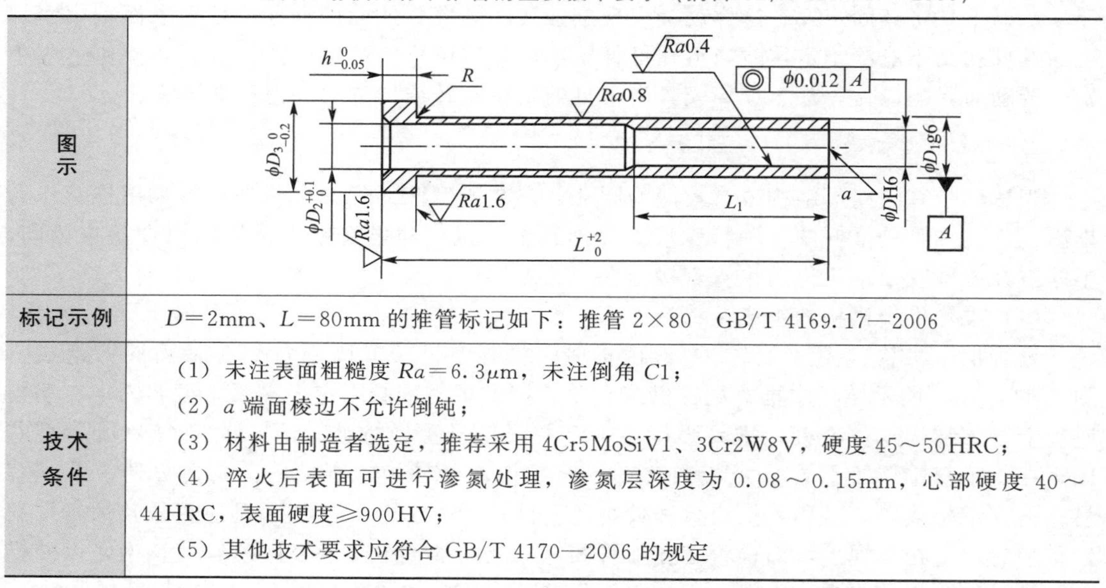

图示	（见上图）
标记示例	D=2mm、L=80mm 的推管标记如下：推管 2×80　GB/T 4169.17—2006
技术条件	（1）未注表面粗糙度 Ra=6.3μm，未注倒角 C1； （2）a 端面棱边不允许倒钝； （3）材料由制造者选定，推荐采用 4Cr5MoSiV1、3Cr2W8V，硬度 45～50HRC； （4）淬火后表面可进行渗氮处理，渗氮层深度为 0.08～0.15mm，心部硬度 40～44HRC，表面硬度≥900HV； （5）其他技术要求应符合 GB/T 4170—2006 的规定

② 推管的配合尺寸。推管推出机构中，推管的精度要求较高，配合间隙控制较严，推管内型芯的安装应方便、牢固，且便于加工。推管的配合尺寸关系如图 4.129 所示。

a. 设计推管推出机构时，应保证推管在推出时不擦伤型芯及相应的成型表面，故推管的外径应比塑件外壁尺寸单面小 0.5～1.0mm，推管的内径应比塑件的内径每边大 0.2～0.5mm，推管的尺寸变化处应用小圆角过渡。

图 4.128 推管实物

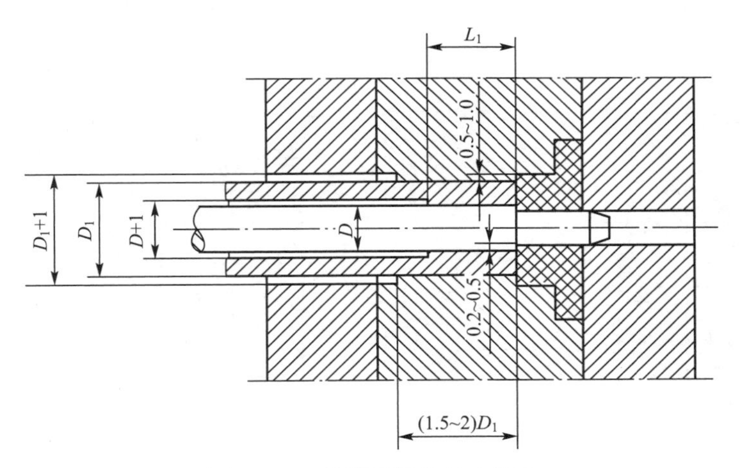

图 4.129 推管的配合尺寸关系

b. 推管的管壁应有相应的厚度，一般为 1.5～6mm，以确保推管的刚性，管壁过薄，推管加工困难、容易损坏。

c. 推管的导滑封闭段长度 L_1 按式（4－43）计算：

$$L_1 = S_t + (3\sim5) \geqslant 20 \tag{4-43}$$

式中：S_t 为推出行程（mm）。

d. 推管与推管孔、推管与型芯应有较高的尺寸配合精度和组装同轴度要求，可根据不同的塑件而定，既要保证推管运动灵活，又不能产生溢料。

③ 推管推出机构应设置推板的导向装置，相对于推管，推板的导向装置应有较高的平行度要求。

3. 推件板推出机构

推件板推出机构是利用推件板的推出运动，从固定型芯上推出塑件的机构。它由与型芯按一定配合精度相配合的模板和连接推杆组成。推件板推出机构适用于成型面积大、壁薄而轮廓简单及表面不允许有推出痕迹的深腔壳体类塑件。

（1）推件板推出机构的组成及特点。

推件板推出机构主要由推件板、连接推杆、推板、推杆固定板等组成。为避免推出过程中推件板因推出行程较长或推进的惯性而脱离型芯，一般推件板与连接推杆采用螺纹固定连接，或者设置推件板导向装置，从而对推件板起到有效的导向和支承作用，如图 4.130 所示。

图 4.130（a）所示为最常用的一种推件板推出机构，整块模板作为推件板，推出塑件后推件板底面与动模板分开一段距离，该结构清理方便，且利于排气，应用广泛。图 4.130（b）所示为推件板镶入动模板内的形式，连接推杆的端部用螺纹与推件板相连接，并与动模板作导向配合。推出机构工作时，推件板除了与型芯配合外，还依靠连接推杆进行支承与导向。这种推出机构结构紧凑，推件板在推出过程中也不会掉下。图 4.130（c）所示为注射机上的顶杆直接作用在推件板上的结构，适用于两侧有顶杆的注射机，该模具结构简单，但推件板尺寸应适当增大以满足两侧顶杆的间距，并适当加厚推件板以提高其刚性。图 4.130（d）所示的结构中连接推杆的头部没有螺纹与推件板连接，为防止塑件成型生产过程中推件板从导柱上脱落，应严格控制推出行程并保证导柱有足够的长度。

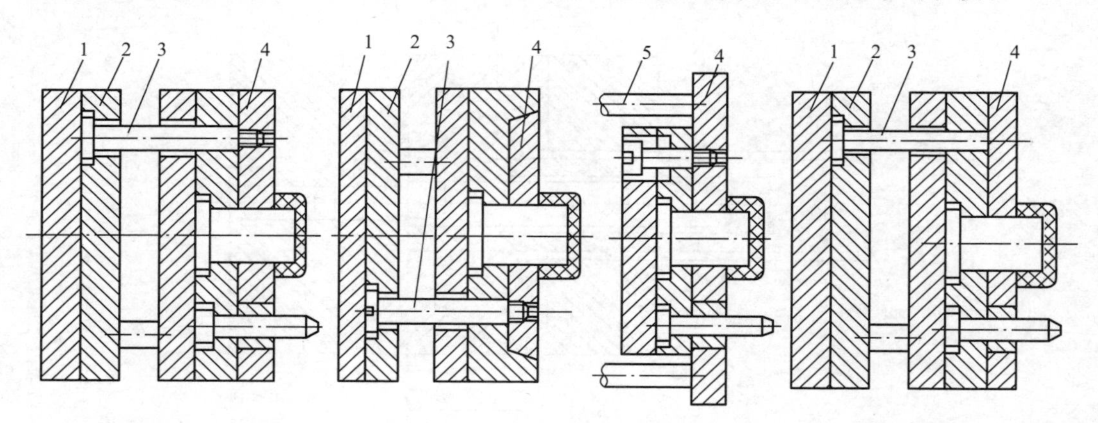

(a) 整块模板作为推件板　(b) 推件板镶入动模板内　(c) 顶杆直接推动推件板　(d) 连接推杆与推件板无螺纹连接

1—推板；2—推杆固定板；3—连接推杆；4—推件板；5—注射机顶杆。

图 4.130　推件板推出机构

【参考动画】

推件板推出机构有如下特点。

① 推出的作用面积大，有效推出力大。

② 推出力均匀，推出平稳、可靠，但是对于截面形状为非圆形的塑件，其配合部分加工比较困难。

③ 塑件表面无明显推出痕迹，塑件不易变形。

④ 无须设置复位装置，合模过程中，待分型面接触，推件板即可在合模力的作用下回到初始位置。

（2）设计要点。

① 推出行程 S_t 一般应小于推件板与动模固定型芯结合面长度的 2/3，以使模具在复位时保持稳定。

② 推件板和型芯的配合精度与推管和型芯的配合精度相同，可根据不同的塑料而定，

既要保证运动灵活，又不能使塑料熔体产生溢料。

如果型芯直径较大，为减少推出阻力，保证顺利推出塑件，可采用如图 4.131 所示的减小推件板和型芯摩擦的锥面配合结构。在推件板和型芯间留 0.20～0.25mm 的间隙（原则上应不擦伤型芯），并采用 3°～5°的锥面配合，其锥度起辅助定位作用，防止因推件板偏心而引起溢料。

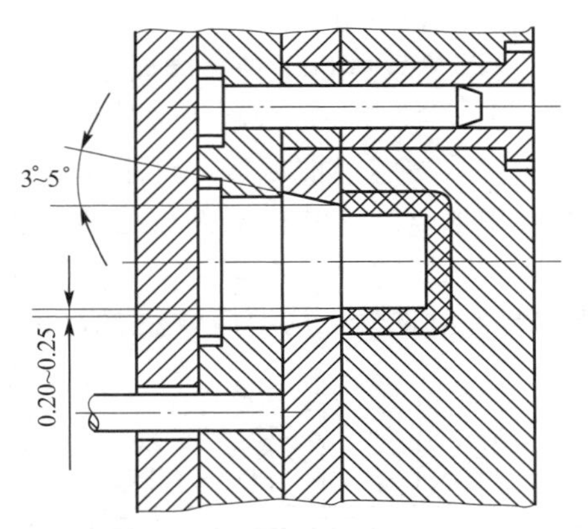

【参考动画】

图 4.131 减小推件板和型芯摩擦的锥面配合结构

③ 推件板推出机构中的连接推杆应以推出力为中心均匀分布，并尽量增大连接推杆的位置跨度，以达到推件板受力均衡、移动平稳的效果。

④ 如果成型的塑件为大型深腔容器，且采用软质塑料成型时，采用推件板推出，易使型芯与塑件中间出现真空，从而造成脱模困难，甚至使塑件变形损坏，这时应考虑附设进气装置（图 4.132），开模时，大气克服弹簧力将推杆抬起并进气，塑件就能顺利地从型芯上被推出。

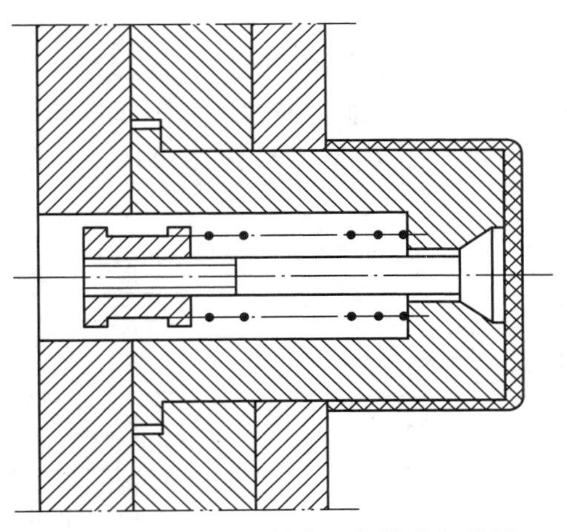

【参考动画】

图 4.132 推件板推出机构的进气装置

4. 活动镶件及型腔推出机构

有些塑件由于结构形状和所用材料的影响，不能采用推杆、推管、推件板等简单推出机构脱模，可依靠活动镶件或型腔带出塑件，如图 4.133 所示。

图 4.133（a）所示结构中，推杆顶在螺纹型环上，取出塑件时连同活动镶件（即螺纹型环）一同取出，然后将塑件与活动镶件分离，再将活动镶件放入模具中成型下一个塑件。需注意的是推杆应先复位，以便放入镶件，图 4.132（a）所示结构采用弹簧使推杆复位。

图 4.133（b）所示结构中，活动镶件与推杆用螺纹连接，塑件脱模时，活动镶件与塑件不分离，需用手将塑件从活动镶件上取下。活动镶件与配合孔一般采用间隙配合(H8/f8)，并保证 5～10mm 配合长度，推出塑件时既要运动顺畅又不能产生溢料。

【参考动画】

【参考动画】

图 4.133（c）所示为推件板上有型腔的推出机构，推件板将塑件从型芯上推出后，再手动或用其他专用工动将塑件从型腔板中取出。该结构推件板上的型腔不宜太深，型腔数目也不宜太多，脱模斜度不宜太小，否则难以取出塑件。另外推杆与推件板应用螺纹连接，防止取塑件时推件板从动模导柱上滑落。

(a) 推杆顶在活动镶件上　(b) 推杆与活动镶件用螺纹连接　(c) 推件板上有型腔

图 4.133　活动镶件及型腔推出机构

5. 多元件复合推出机构

在生产实践中往往会遇到一些深腔壳体、薄壁、局部管形、有凸台或金属嵌件等复杂的塑件，此时若采用单一的推出元件可能会使塑件变形或损坏，影响塑件的质量，这时可采用两种或两种以上的推出元件，这类推出机构称为多元件复合推出机构，如图 4.134 所示。

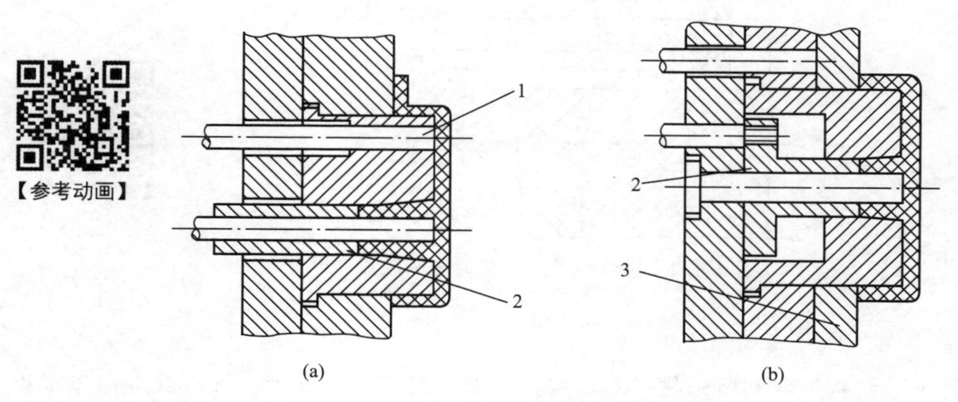

1—推杆；2—推管；3—推件板。

图 4.134　多元件复合推出机构

图 4.134（a）所示结构中，因塑件局部带有较深的管状凸台且脱模斜度小，其周边和内部的脱模阻力大，因此采用推杆和推管并用的机构。图 4.134（b）所示为推管、推件板并用的结构，由于塑件中间有凸台，且凸台中心有盲孔，成型后凸台对中心型芯包紧力很大，若只用推件板脱模，很可能产生断裂或残留的现象，因此增加推管推出机构，可保证塑件顺利脱模。

4.9.3 复杂推出机构

一般情况下，塑件的推出脱模是由一个推出动作完成的，这种推出机构称为一级推出机构，也称一次推出机构。一级推出机构通常已能满足将塑件从成型零部件上脱出的需求，如推杆推出机构、推管推出机构及推件板推出机构等。但有的塑件采用一级推出机构时，会产生变形，因此针对这类塑件，设计模具时需考虑两个推出动作，以分散脱模力，第一次推出时塑件的一部分从成型零部件上脱出，经第二次推出，塑件才从成型零部件上全部脱出。这种由两个推出动作完成一个塑件脱模的机构称为二级推出机构，也称二次推出机构。另外，有时根据塑件的结构特点和工艺要求，模具设有两个或两个以上的分型面，且必须按一定的次序打开，满足这类分型要求的机构称为多次分型顺序推出机构。设计这类机构时，既要保证各分型面必须依次打开，又要设定各次分型的距离，还要保证各部分复位时不产生干涉，并能正确复位。下面简单介绍几例相对复杂的推出机构。

1. 二次推出机构

（1）弹簧式二次推出机构。

弹簧式二次推出机构通常是利用压缩弹簧的弹力进行第一次推出，然后利用推板推动推杆进行第二次推出。

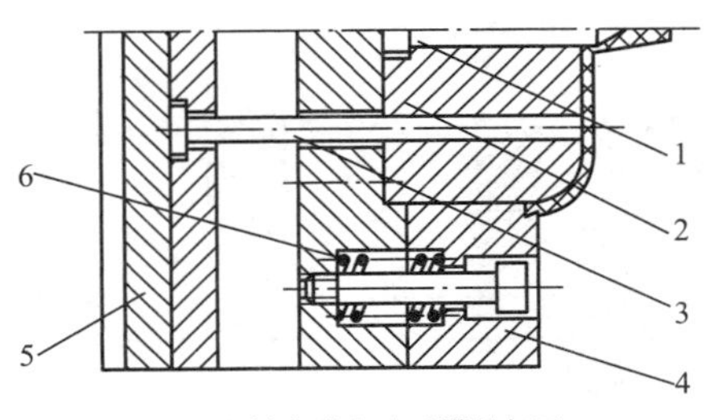

(a) 注射成型完成后模具打开

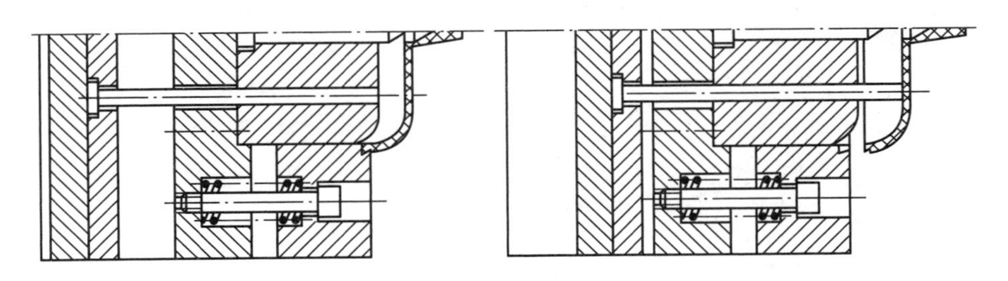

(b) 第一次推出　　(c) 第二次推出

1—小型芯；2—型芯；3—推杆；4—动模板；5—推板；6—压缩弹簧。

图 4.135　弹簧式二次推出机构

图 4.135 所示结构中，塑件的边缘有一个倒锥形的侧凹，如果直接采用推杆推出机构，塑件将无法被推出，采用弹簧式二次推出机构，就能够顺利地推出塑件。注射成型完成后模具打开，压缩弹簧 6 弹起，推出动模板，塑件脱离型芯 2 的约束，塑件边缘的倒锥部分脱离型芯，完成第一次推出［图 4.135（b)］；模具完全打开后，推板 5 推动推杆，将塑件从动模板上推落，完成第二次推出［图 4.135（c)］。

（2）斜楔滑块式二次推出机构。

斜楔滑块式二次推出机构是利用模具上的斜楔迫使滑块内移，完成二次推出动作。

图 4.136 所示结构中，推板 2 上装有滑块 4，弹簧 3 推动滑块于外极限位置，斜楔 6 固定在支承板 12 上。开模后，注射机推出装置推动推板 2，在推杆 8 作用下凹模型腔板 7 移动，将塑件从型芯 9 上推出，但塑件仍留在凹模型腔板内［图 4.136（b)］。推板 2 继续推出，斜楔 6 与滑块 4 接触，压迫滑块内移，当滑块 4 上的孔与推杆8 对正时，推杆后端落入滑块的孔内，推杆 8 停止推出，凹模型腔板也停止移动。推板再继续推出时中心推杆 10 将塑件从凹模型腔板中推出，完成第二次推出［图 4.136（c)］。

【参考动画】

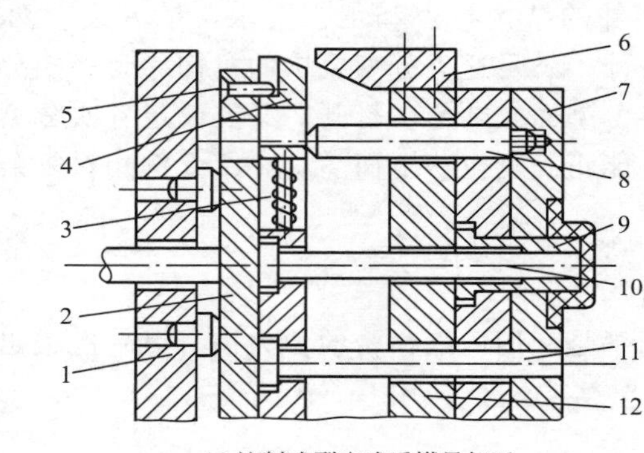

(a) 注射成型完成后模具打开

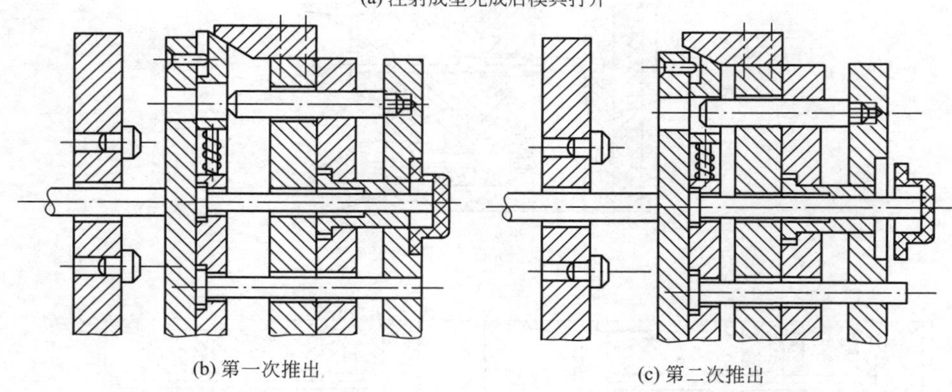
(b) 第一次推出

(c) 第二次推出

1—动模座板；2—推板；3—弹簧；4—滑块；5—销钉；6—斜楔；
7—凹模型腔板；8—推杆；9—型芯；10—中心推杆；11—复位杆；12—支承板。

图 4.136 斜楔滑块式二次推出机构

（3）摆钩式二次推出机构。

摆钩式二次推出机构如图 4.137 所示。推出机构作用前，摆钩 8 使推板 7 和推板 6 锁在一起。推出时，由于摆钩 8 的锁紧作用，推板 6 和推板 7 同时移动，推件板 1 在推杆 2 的推动下与顶盘推杆 4 同时推动塑件脱离型芯 3，完成第一次推出［图 4.137（b)］。继续推出时摆钩在支承板 9 斜面的作用下脱开，推板 6、推杆 2 及推件板 1 停止运动，顶盘推杆 4 继续推动塑件，使其从推件板中脱出，完成第二次推出［图 4.137（c）］。

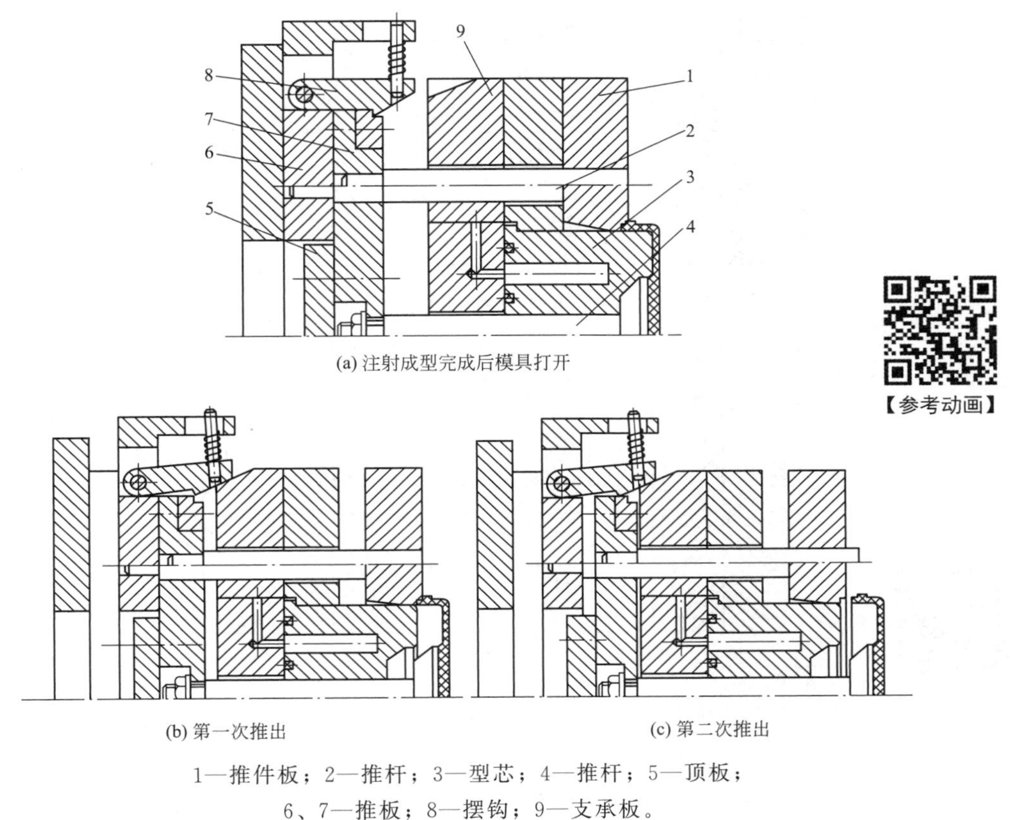

(a) 注射成型完成后模具打开

(b) 第一次推出

(c) 第二次推出

1—推件板；2—推杆；3—型芯；4—推杆；5—顶板；
6、7—推板；8—摆钩；9—支承板。

图 4.137　摆钩式二次推出机构

（4）摆杆式二次推出机构。

摆杆式二次推出机构如图 4.138 所示，转轴将摆杆 6 和支承板一起固定在支块 7 上。推出时，注射机顶杆推动推板 1，由于定距块 3 的作用，推杆 5 和推杆 2 一起移动将塑件从型芯 10 上推出，直到摆杆 6 与推板 1 接触，完成第一次推出［图 4.138（b）］。继续推出时，推杆 2 推动动模型腔板，摆杆 6 在推板 1 的作用下转动，推动推板 4 快速运动，推杆 5 将塑件从动模型腔板 9 中脱出，完成第二次推出［图 4.138（c）］。

2. 多次分型顺序推出机构

在生产实践中，部分塑件因其结构形状特殊，开模后塑件既有可能留在动模一侧，又有可能留在定模一侧，塑件还有可能就滞留在定模一侧，这使塑件的推出困难。因此，需采用定模、动模双向顺序推出机构。即在定模增加一个分型面，开模时确保模具在该分型面先定距打开，使塑件先从定模脱出，留在动模，然后模具分型，设置在动模的推出机构推出塑件。

（1）摆钩式顺序分型推出机构。

图 4.139 所示为摆钩式顺序分型推出机构，该机构利用摆钩控制定模、动模双向顺序

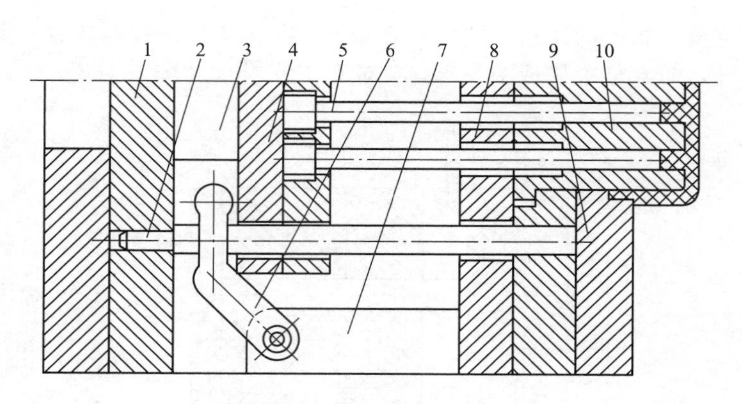

(a) 注射成型完成后模具打开

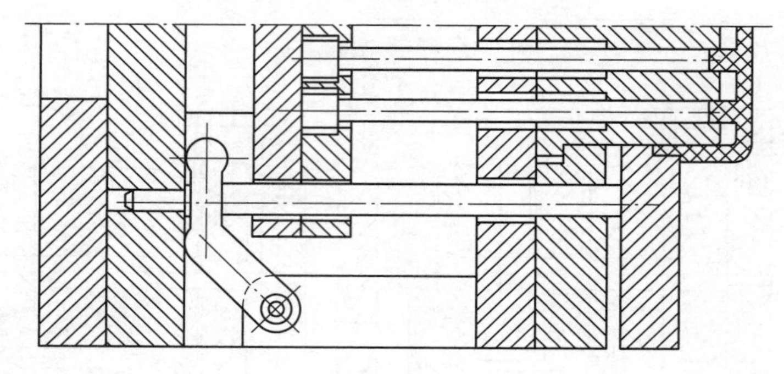

(b) 第一次推出

【参考动画】

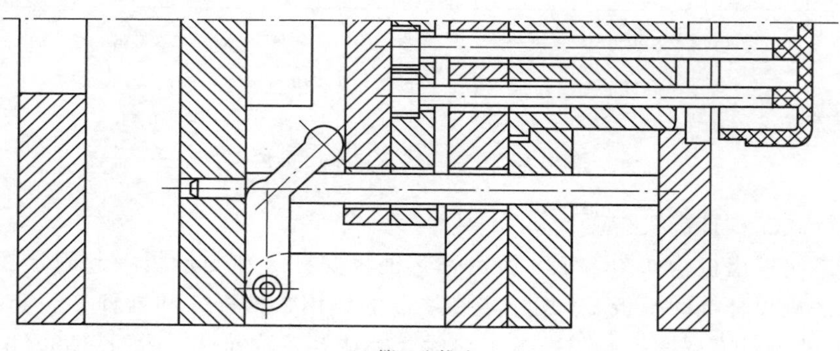

(c) 第二次推出

1—推板；2—推杆；3—定距块；4—推板；5—推杆；6—摆杆；
7—支块；8—支承板；9—动模型腔板；10—型芯。

图 4.138　摆杆式二次推出机构

推出。开模时，斜楔 2 作用于拉钩 5，迫使推件板 3 与定模板 1 完成第一次分型，模具先在 A 分型面打开，塑件从定模型芯 10 上脱出，并留在动模一侧。模具继续打开，当斜楔 2 脱离拉钩 5 后，由于弹簧 4 的作用，拉钩脱离推件板，镶块 7 与推件板进行第二次分型，B 分型面打开，注射机推出装置推动推杆 9，塑件与镶块 7 一同被推出，并在模外分开，取出塑件，如图 4.139（b）所示。

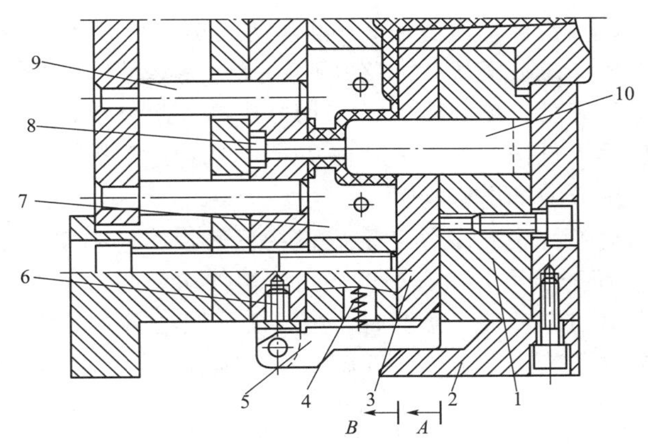

(a) 模具闭合注射成型完成

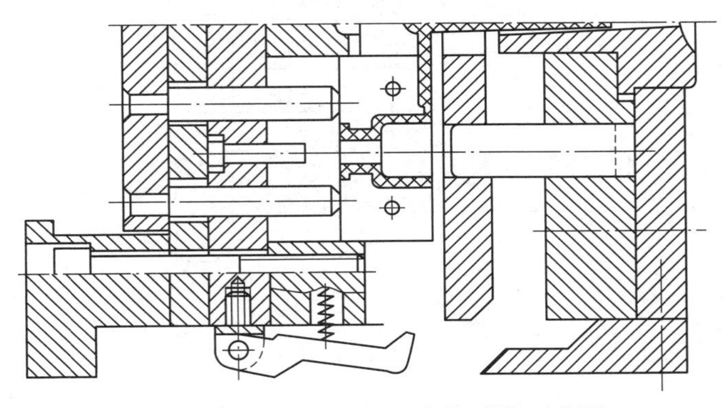

(b) 顺序分型后塑件与镶块一起脱模

1—定模板；2—斜楔；3—推件板；4—弹簧；5—拉钩；6—支座；
7—镶块；8—型芯；9—推杆；10—定模型芯。

图 4.139 摆钩式顺序分型推出机构

(2) 滑块式顺序分型推出机构。

图 4.140 所示为滑块式顺序分型推出机构，该机构利用拉钩和滑块控制定、动模双向

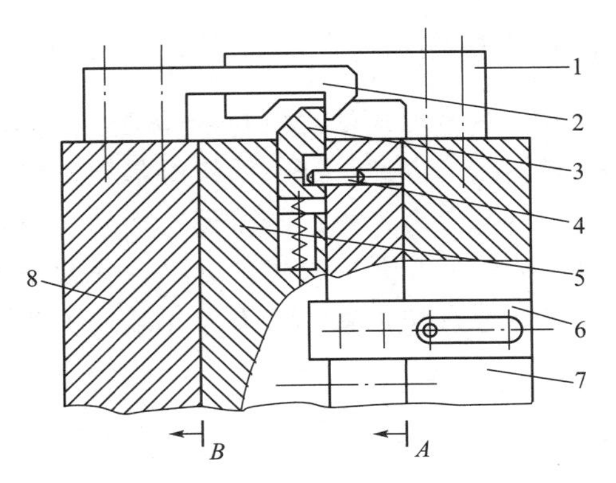

1—压块；2—拉钩；3—滑块；4—限位销；5—定模板；
6—限位拉板；7—定模座板；8—动模板。

图 4.140 滑块式顺序分型推出机构

顺序推出。开模时，拉钩 2 钩住滑块 3，模具在 A 分型面开始第一次分型，塑件从定模型芯上脱出，随后压块 1 压住滑块 3 内移并脱开拉钩 2，由于限位拉板 6 的定距作用，A 分型面分型结束，继续开模。模具在 B 分型面完成第二次分型，塑件包在动模型芯上，并留在动模一侧，最后推出机构工作，将塑件从动模型芯上推出。

（3）弹簧式顺序分型推出机构。

图 4.141 所示为弹簧式顺序分型推出机构，开模时，弹簧 5 始终压住定模推件板 3，迫使模具在 A 分型面开始第一次分型，从而使塑件从型芯 4 上脱出并留在动模板 2 内，当限位螺钉 7 端部台肩与定模板 8 接触时，第一次分型结束；动模继续后退，模具在 B 分型面上完成第二次分型，然后推出机构开始工作，推管 1 将塑件从动模板 2 的型腔内推出。

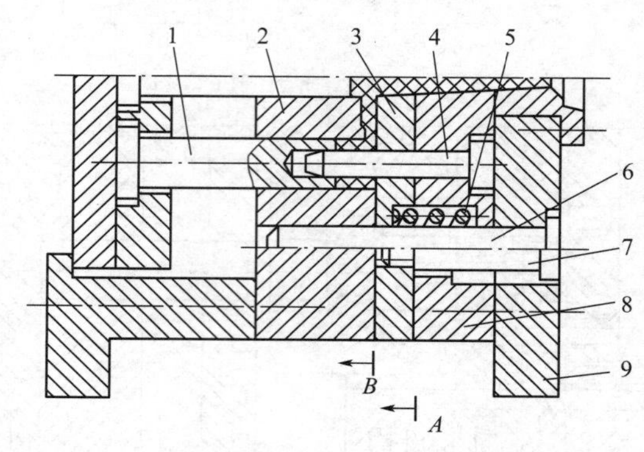

1—推管；2—动模板；3—定模推件板；4—型芯；5—弹簧；6—定模导柱；
7—限位螺钉；8—定模板；9—定模座板。

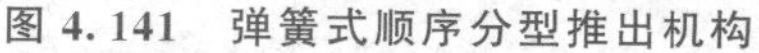
图 4.141　弹簧式顺序分型推出机构

实用技巧

实践中，由于塑件的结构是复杂多样的，推出机构的形式也是千变万化的，应根据塑件的结构特征选择合适的推出机构。建议课后多浏览有关设计手册和专业技术资料，结合上述推出机构融会贯通，开拓思路，以备设计模具时参考。

4.9.4 浇注系统凝料的推出机构

除了点浇口和潜伏浇口外，其他形式的浇口与塑件的连接面积一般较大，不易利用开模动作将塑件和浇注系统凝料切断，因此，浇注系统凝料和塑件往往是连成一体一起脱模的，脱模后，还需通过后加工将其分离，生产效率低、不易实现自动化。而点浇口和潜伏浇口与塑件的连接面积较小，故较易在开模时将其分离，并分别从模具上脱出，这种模具结构有利于提高生产效率，易实现自动化生产。下面介绍几个点浇口和潜伏浇口浇注系统凝料的自动推出机构。

1. 点浇口浇注系统凝料的推出机构

（1）单型腔点浇口浇注系统凝料的推出机构。

图 4.142 所示为利用带凹槽的点浇口镶块和拉板自动脱出浇注系统凝料的机构。带凹槽的点浇口镶块 7 以过渡配合（H7/m6）固定在定模板 2 上，并与拉板 4 以锥面定位。

图 4.142 (a)所示为闭模成型状态，弹簧 3 被压缩，点浇口镶块的锥面进入拉板 4；模具打开时，在弹簧 3 的作用下，定模板 2 先移动，点浇口镶块内开有凹槽，将主流道凝料从定模座板中拉出；模具继续打开，限位螺钉 6 带动拉板 4 一起移动，将点浇口拉断，并将浇注系统凝料从点浇口镶块中拉出，凝料靠自重落下。定距拉杆 1 限制定模板与定模座板的分型距离，并控制模具分型面的打开，如图 4.142（b）所示。

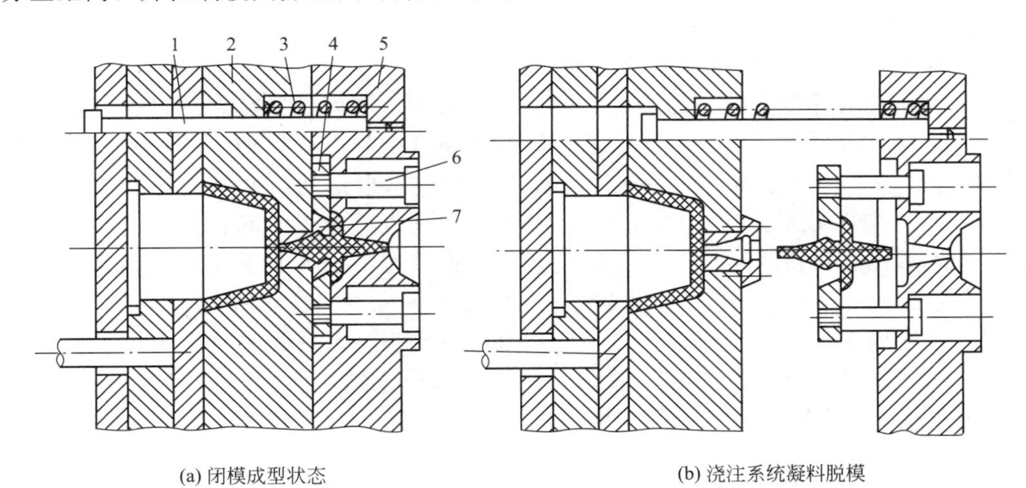

1—定距拉杆；2—定模板；3—弹簧；4—拉板；5—定模座板；6—限位螺钉；7—点浇口镶块。

图 4.142　单型腔点浇口浇注系统凝料的推出机构（一）

图 4.143 所示为利用活动浇口套和拉板自动脱出浇注系统凝料的机构。图 4.143（a）所示为闭模成型状态，注射机喷嘴压紧浇口套 7，浇口套下的弹簧 6 被压缩，使浇口套的下端与定模板 1 贴紧，保证注射的塑料熔体顺利进入模具型腔；注射完毕后，注射机喷嘴

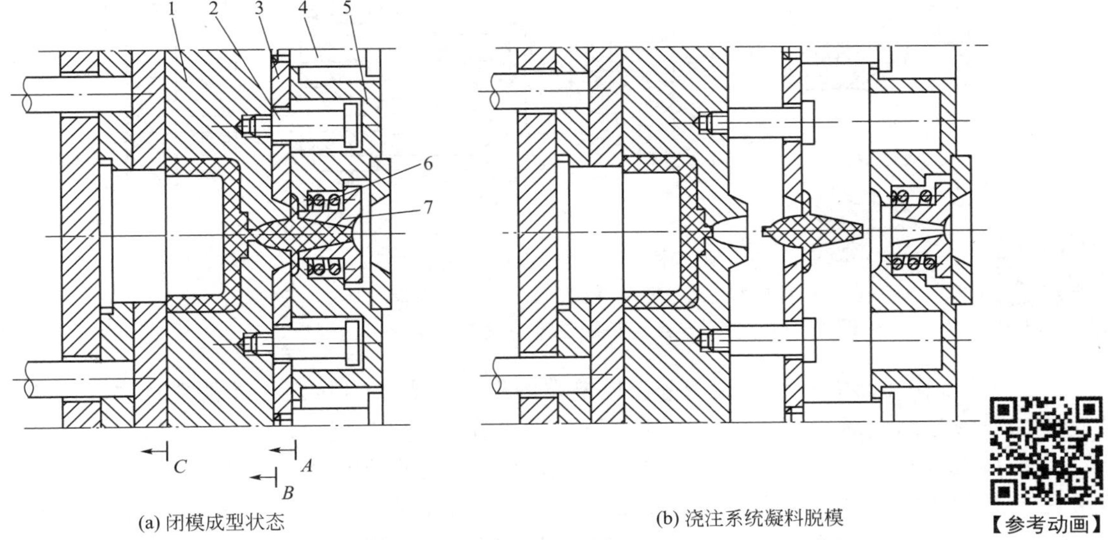

1—定模板；2、4—限位螺钉；3—拉板；5—定模座板；6—压缩弹簧；7—浇口套。

图 4.143　单型腔点浇口浇注系统凝料的推出机构（二）

后退，离开浇口套，浇口套在压缩弹簧 6 的作用下弹起，使其与主流道凝料分离，开模时，由于开模力的作用，模具从 A 分型面打开，当定模座板 5 上的台阶孔的台阶与限位螺钉 4 的头部接触时，动模部分继续后退，B 分型面开始分型，拉板 3 将点浇口拉断，并使点浇口凝料从定模板中拉出，当点浇口凝料全部被拉出后，在重力的作用下自动下落，完成点浇口浇注系统凝料的自动脱出；继续开模，由于限位螺钉 2 的作用，C 分型面开始分型，然后推出机构工作，推出塑件。

（2）多型腔点浇口浇注系统凝料的推出机构。

图 4.144 所示是在定模一侧增设一块分流道推板，利用设置在点浇口处的拉料杆拉断点浇口凝料，由分流道推板将浇注系统凝料从模具中脱出的结构。开模时，由于弹簧 4 和拉料杆 6 的作用（拉料杆的头部设计成倒锥形或球形结构，便于拉住点浇口凝料），模具先从 A 分型面分型，从定模板（中间板）3 和分流道推板 8 间打开，此时点浇口被拉断，浇注系统凝料留于定模一侧。继续开模，模具在 B 分型面分型，动模移动一段距离后，在定距拉板 1 的作用下，定模板 3 与定距拉杆 2 左端接触，模具在 C 分型面分型，分流道推板 8 与定模座板 7 分开，分流道推板将浇注系统凝料从定模座板的浇口套中脱出，同时脱离点浇口拉料杆，借助于弹簧 9 和弹顶销 10 的作用，浇注系统凝料离开分流道推板 8，依靠自重而脱落，推出机构工作，在 B 分型面推出塑件。

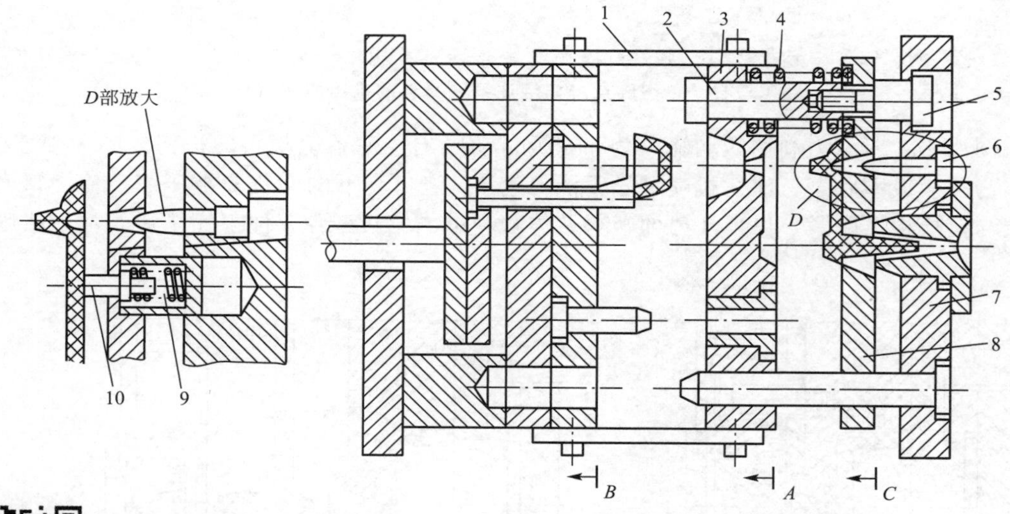

【参考动画】

1—定距拉板；2—定距拉杆；3—定模板；4、9—弹簧；5—限位螺钉；
6—点浇口拉料杆；7—定模座板；8—分流道推板；10—弹顶销。

图 4.144　多型腔点浇口浇注系统凝料的推出机构（一）

图 4.145 所示为利用分流道末端的斜孔将点浇口拉断，并使点浇口凝料推出的结构。成型结束后，在弹簧 4 的作用下，模具在 A 分型面先分型，由于塑件包紧型芯，点浇口被拉断，同时由于主流道拉料杆的作用，主流道凝料脱出；模具继续打开，由于定距拉杆的限位作用，模具在 B 分型面分型，拉料杆 1 的球头被型腔板 3 从主流道凝料中脱出，而斜孔中凝料的拉力将分流道凝料从型腔板 3 中拉出；浇注系统凝料靠自重坠落。

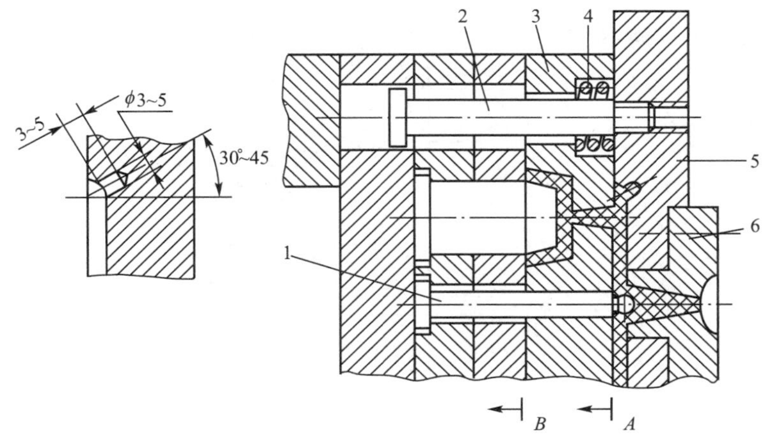

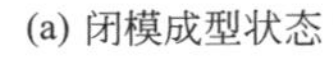
(a) 闭模成型状态

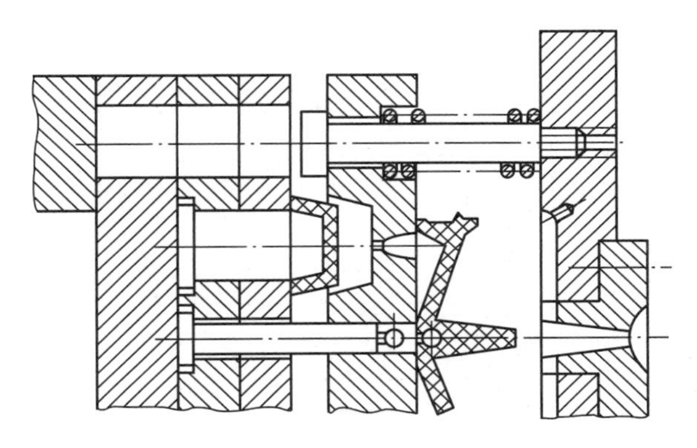

(b) 浇注系统凝料脱模

1—拉料杆；2—定距拉杆；3—型腔板；4—弹簧；5—定模座板；6—浇口套。

图 4.145　多型腔点浇口浇注系统凝料的推出机构（二）

2. 潜伏浇口浇注系统凝料的推出机构

根据进料口位置的不同，潜伏浇口可以开设在定模一侧，也可以开设在动模一侧。开设在定模一侧的潜伏浇口，一般只能开设在塑件的外侧；开设在动模一侧的潜伏浇口，既可以开设在塑件的外侧，又可以开设在塑件内部的柱子或推杆上。

图 4.146 所示为潜伏浇口开设在动模一侧的结构。开模时，塑件包在动模型芯 3 上，随动模一起移动，分流道和浇口及主流道凝料由于倒锥的作用留在动模一侧。推出机构工作时，推杆 2 将塑件从型芯 3 上推出，同时潜伏浇口被切断，浇注系统凝料在流道推杆 1 的作用下被推出动模板 4 并自动掉落。

图 4.147 所示为潜伏浇口设在定模一侧的结构。开模时，塑件包在动模型芯 5 上，从定模板 6 中脱出，同时潜伏浇口被切断，而分流道、浇口和主流道凝料在冷料井倒锥穴的作用下被拉出，并随动模移动，推出机构工作时，推杆 2 将塑件从动模型芯 5 上脱下，流道推杆 1 将浇注系统凝料推出动模板 4，最后靠自重掉落。

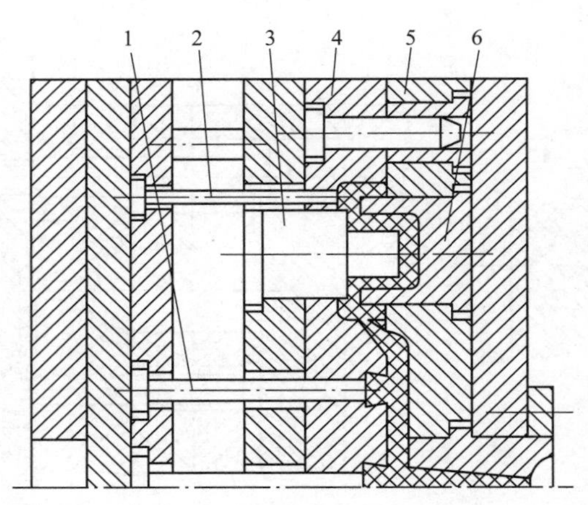

1—流道推杆；2—推杆；3—型芯；4—动模板；5—定模板；6—成型镶块。

图 4.146　潜伏浇口在动模一侧的结构

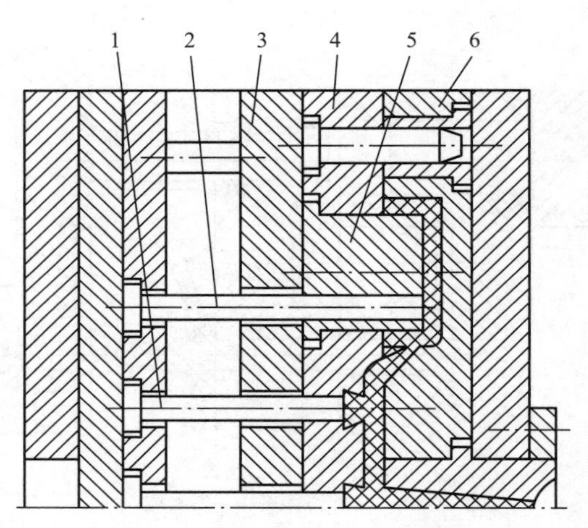

1—流道推杆；2—推杆；3—支承板；4—动模板；5—型芯；6—定模板。

图 4.147　潜伏浇口在定模一侧的结构

图 4.148 所示为潜伏浇口在推杆上的结构。开模时，包在型芯上的塑件及被倒锥穴拉

【参考动画】

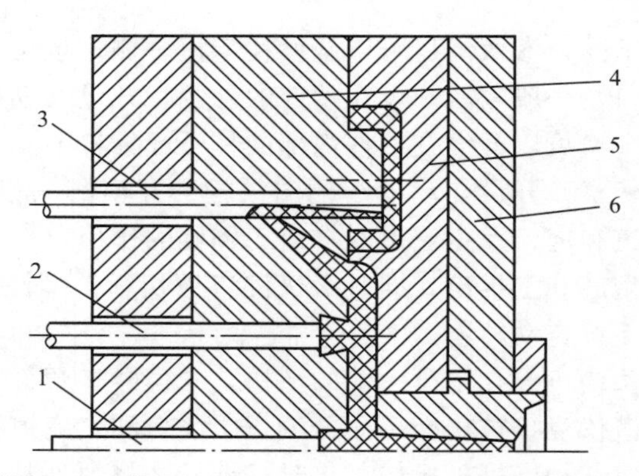

1、2—流道推杆；3—推杆；4—型芯（动模板）；5—定模板；6—定模座板。

图 4.148　潜伏浇口在推杆上的结构

出的主流道和分流道凝料一同随动模移动，当推出机构工作时，塑件被推杆 3 从型芯（动模板）4 上推出，同时潜伏浇口被切断，流道推杆 1、2 将浇注系统凝料推出模外并自动掉落。塑件内部上端增加的二次浇口余料需靠人工剪断，另外，若潜伏浇口推杆是圆形，还需有止转措施。

4.9.5 带螺纹塑件的脱模

塑件上的螺纹分外螺纹和内螺纹两种。外螺纹成型比较容易，通常是由滑块式拼合型环成型，成型后打开拼合型环，即可取出塑件，如图 4.149（a）所示。也可以采用活动型环成型外螺纹，成型后将塑件与活动型环一起从模具内取出，然后在模具外旋转脱下活动型环，得到带外螺纹的塑件。

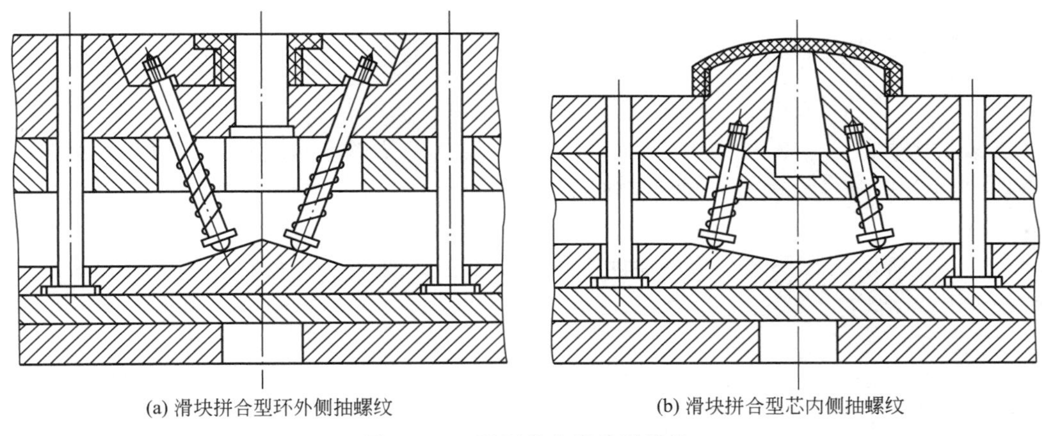

(a) 滑块拼合型环外侧抽螺纹　(b) 滑块拼合型芯内侧抽螺纹

图 4.149　利用拼合滑块脱螺纹

塑件上的内螺纹成型时，由于受模具空间的限制，因此其脱模方式较复杂。以下为带螺纹塑件的几种常见脱模方式。

1. 活动型芯模外脱螺纹

成型螺纹塑件时，先将活动型芯放入模具内，成型后将塑件与活动型芯一起从模具内取出，再旋转脱出活动型芯，得到带内螺纹的塑件。采用这种脱模方式的模具结构简单，但生产效率低，操作工人劳动强度大，只适用于小批量生产。

2. 强制脱螺纹

图 4.150 所示为强制脱螺纹机构，带有内螺纹的塑件成型后包紧在螺纹型芯 1 上，连接推杆 3 在注射机推出装置的作用下推动推件板 2，强制将塑件从螺纹型芯 1 上脱出。采用强制脱螺纹的方法会受到一定条件的限制：首先，塑件应是聚烯烃类柔性塑料；其次，螺纹应是半圆形粗牙螺纹，螺纹高度 h 小于螺纹外径 d 的 25%；最后，塑件必须有足够的厚度吸收弹性变形能。

3. 内侧抽脱螺纹

对于一些要求不高的带内螺纹的塑件，可以将内螺纹在圆周上分为三个局部段，对应在模具上制成三个内侧抽滑块成型，如图 4.149（b）所示。脱模时，螺纹滑块在推出机

【参考动画】

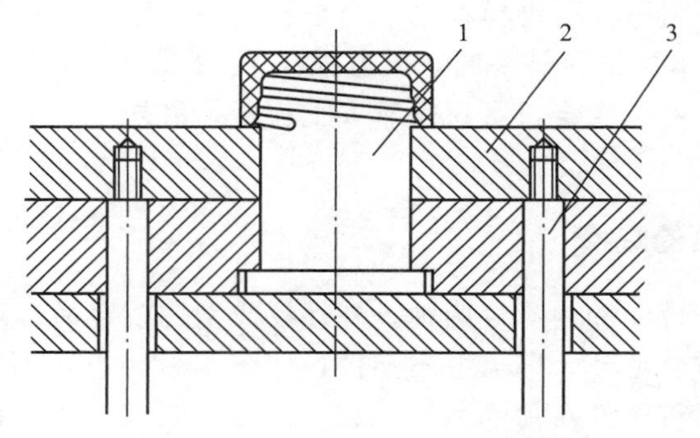

1—螺纹型芯；2—推件板；3—连接推杆。

图 4.150　强制脱螺纹机构

构的作用下，沿主型芯上的滑道向内移动，使内螺纹部分脱出。

4. 模内旋转脱螺纹

许多带内螺纹的塑件须采用模内旋转的方式脱出。使用模内旋转脱螺纹时，塑件与螺纹型芯之间会有周向的相对转动和轴向的相对移动，因此，螺纹塑件应设有止转的结构（图 4.151）。图 4.151（a）和图 4.151（b）所示为在内螺纹塑件外形上设止转结构；图 4.151（c）所示为在外螺纹塑件端面上设止转结构；图 4.151（d）所示为在内螺纹塑件端面上设止转结构。

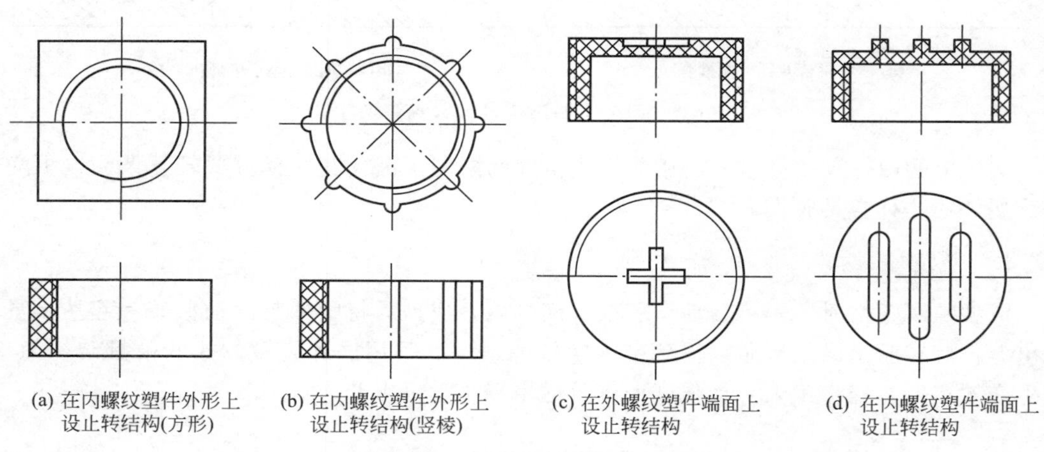
(a) 在内螺纹塑件外形上设止转结构(方形)　(b) 在内螺纹塑件外形上设止转结构(竖棱)　(c) 在外螺纹塑件端面上设止转结构　(d) 在内螺纹塑件端面上设止转结构

图 4.151　螺纹塑件的止转结构

模内旋转脱螺纹机构一般有手动旋转脱螺纹和机动旋转脱螺纹两种。

（1）手动旋转脱螺纹。

图 4.152 所示为最简单的手动旋转脱螺纹机构。塑件成型后，在开模前先用专用工具将两端螺距和旋向相同的螺纹侧型芯旋出，然后分模，推出塑件。

（2）机动旋转脱螺纹。

图 4.153 所示为齿轮齿条脱螺纹的结构。利用模具打开的直线运动带动齿条移动，齿轮齿条将直线运动转变为螺纹型芯的旋转运动，从而使螺纹塑件脱出。

图 4.153 所示结构中，当模具打开时，安装于定模板上的传动齿条 1 带动齿轮 2 转

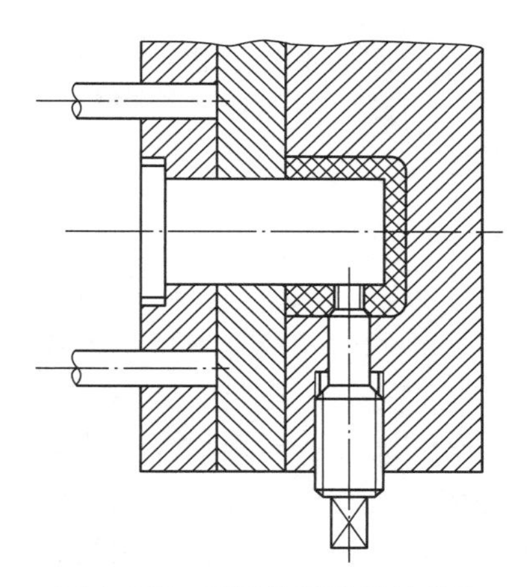

图 4.152 手动旋转脱螺纹机构

动，轴 3 及齿轮 4、5、6、7 的传动使螺纹型芯按旋出方向旋转，同时头部带有螺纹的拉料杆 9 随之转动，从而使塑件与浇注系统凝料同时脱出。塑件与浇注系统凝料同步做轴向运动，依靠浇注系统凝料防止塑件旋转，并脱出螺纹塑件。设计齿轮齿条脱螺纹的结构时应注意螺纹型芯与拉料杆上的螺纹应螺距相同，旋向相反。

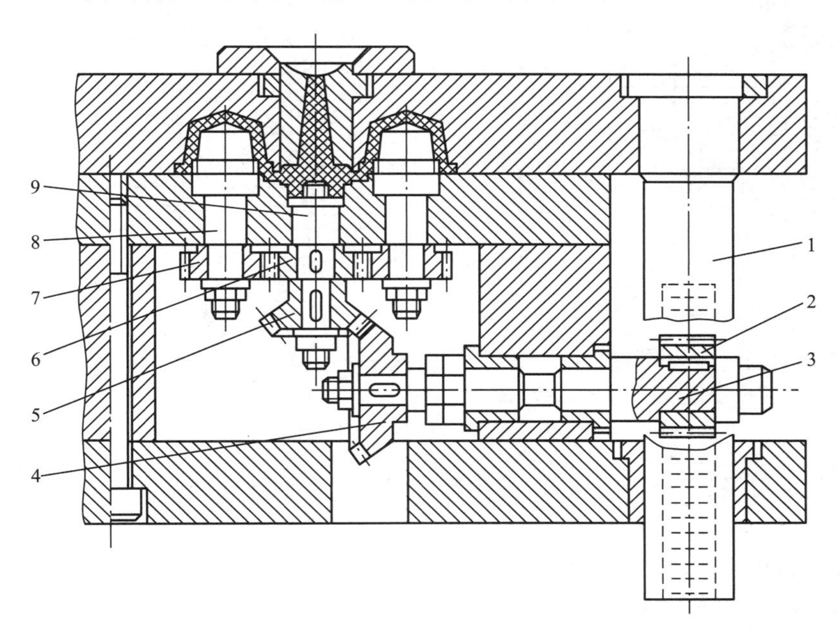

1—传动齿条；2—齿轮；3—轴；4、5、6、7—齿轮；8—螺纹型芯；9—拉料杆。

图 4.153 齿轮齿条脱螺纹的结构

4.9.6 推出机构的复位和导向

在注射成型的每次循环中，开模推出塑件后，为使下次注射成型顺利进行，推出机构必须准确地回到起始位置，以恢复完整的模具型腔，这就是推出机构的复位。这个动作通常是借助复位元件来实现的，并用限位钉定位，使推出机构处于准确可靠的位置。

注射机每开模合模一次，推出机构就往复运动一次，该过程中除了推杆、推管和复位杆与模板的滑动配合以外，其余部分均处于浮动状态。推杆固定板与推杆的重量不应作用在推杆上，应由导向零件来支承，因此，为保证推出机构动作平稳，并使推出和复位导滑顺利，还必须设置推出导向机构。

1. 推出机构的复位

（1）合模复位。

复位元件的复位动作与合模动作同时完成。推出机构最简单最常用的复位方法是在推杆固定板上安装复位杆，也叫回程杆。复位杆端面设计在动模、定模的分型面上（图 4.154）。开模时，复位杆与推出机构一同推出；合模时，复位杆（表 4－42）与定模分型面接触，推动推板后退至与限位钉相碰，达到精确复位。图 4.154（a）所示为复位杆 7 开始与定模分型面接触，图 4.154（b）所示为推出机构在复位杆的反向推动下后退至初始成型位置。限位钉等限位元件应尽可能设置在塑件的投影面积内，复位杆、导向元件及限位元件应均匀分布，以使推板受力均匀。

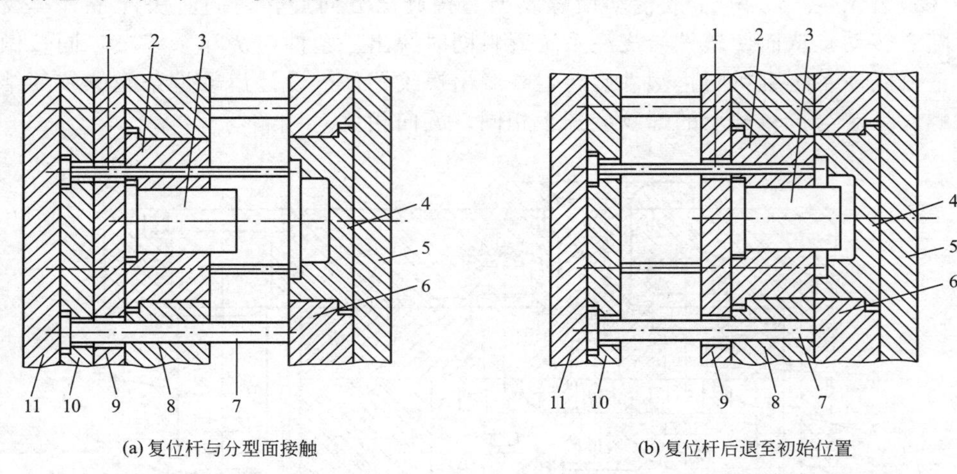

1—推杆；2—动模镶块；3—型芯；4—定模镶块；5—定模座板；6—定模板；7—复位杆；8—动模板；9—支承板；10—推杆固定板；11—推板。

图 4.154　推出机构的复位

每副模具一般设置四根复位杆，其位置应对称设在推杆固定板的四周，以便推出机构在合模时能平稳复位。

推件板推出机构一般不另设复位元件，合模时，推件板表面与定模分型面直接接触，随后退至初始成型位置。

表 4－42　复位杆（摘自 GB/T 4169.13—2006）

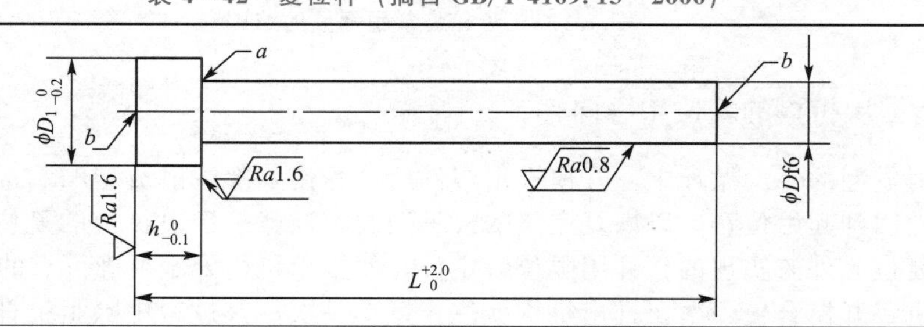

续表

标记示例	D=10mm、L=100mm 的复位杆标记如下：复位杆 10×100　GB/T 4169.13—2006
技术条件	(1) 未注表面粗糙度 Ra=6.3μm； (2) a 可选砂轮越程槽或R0.5～R1mm 圆角； (3) b 端面允许留有中心孔； (4) 材料由制造者选定，推荐采用 T10A、GCr15，硬度 56～60HRC； (5) 其他技术要求应符合 GB/T 4170—2006 的规定

(2) 先复位。

先复位是指动模、定模合模之前，推出机构受力退到初始成型位置，避免产生干涉现象。通常在下列两种情况下采用先复位：推出元件推出塑件后所处的位置影响嵌件或活动镶件（型芯）的安放；侧向抽芯模具中推出元件与活动型芯的合模运动轨迹相交，导致插芯动作受到干涉。先复位机构有液压先复位机构和机械先复位机构两类。下面介绍几种机械先复位机构。

① 弹簧先复位机构。弹簧先复位机构是利用压缩弹簧的恢复力使推出机构复位，其复位动作先于合模动作完成。弹簧设置在推杆固定板和动模支承板间，并尽量均匀分布在推杆固定板的四周，以便推杆固定板受到均匀的弹力而使推出机构顺利复位。弹簧一般安装在复位杆上，或安装在另外设置的簧柱上，当模具结构允许时，弹簧也可安装在推杆上。

图 4.155 所示的结构中，弹簧套装在复位杆上，推出机构进行推出动作时，弹簧处于压缩状态，当推出动作完成，作用在推出机构上的外力撤除时，在弹簧恢复力的作用下推出机构于动模、定模合模前退至初始成型位置。弹簧先复位机构具有结构简单、安装方便等优点，但弹簧的力量较小，且容易疲劳失效，可靠性差，一般只适用于复位力不大的场合，若弹簧失效，需及时更换。

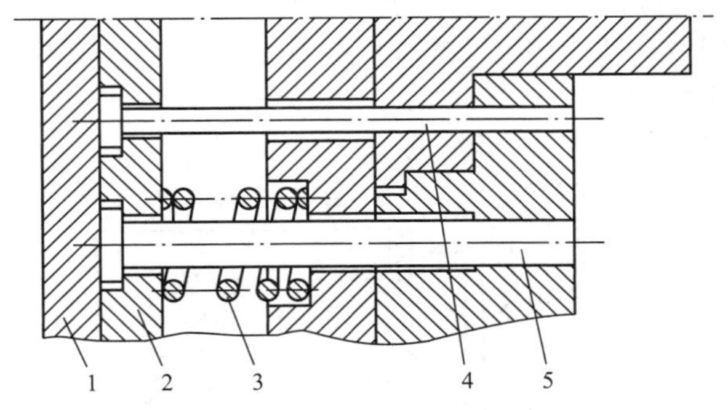

1—推板；2—推杆固定板；3—弹簧；4—推杆；5—复位杆。

图 4.155　弹簧先复位机构

【参考动画】

② 摆杆先复位机构。摆杆先复位机构如图 4.156 所示。合模时，复位杆 2 推动摆杆 6 上的滚轮 3，使摆杆绕轴 7 逆时针方向旋转，从而推动推板 4 和推杆 1 先复位。

③ 双摆杆先复位机构。图 4.157 所示为双摆杆先复位机构。这种机构适用于推出行程较长的场合。合模时，复位杆 1 头部的斜面与双摆杆头部的滑轮 5 接触，推动推杆固定板 7，带动推杆 8 实现先复位。

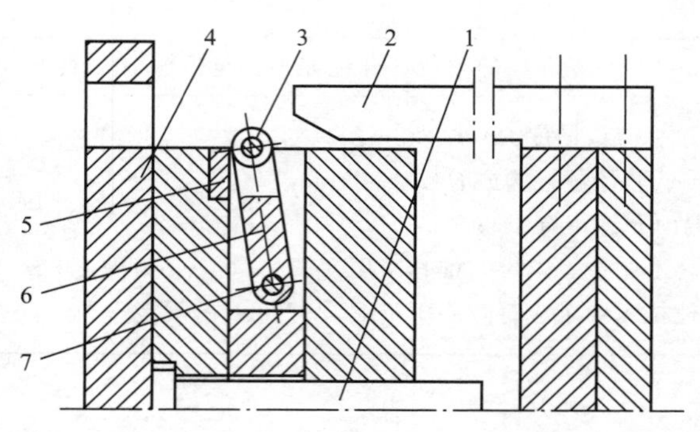

1—推杆；2—复位杆；3—滚轮；4—推板；5—垫块；6—摆杆；7—轴。

图 4.156 摆杆先复位机构

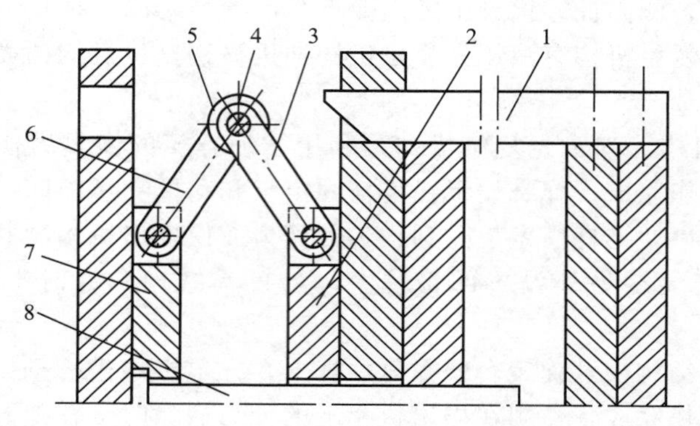

1—复位杆；2—垫板；3、6—摆杆；4—轴；5—滚轮；
7—推杆固定板；8—推杆。

图 4.157 双摆杆先复位机构

④ 三角滑块先复位机构。三角滑块先复位机构如图 4.158 所示。合模时，复位杆 1 推动三角滑块 2 移动，同时三角滑块推动推杆固定板 3 及推杆 4 先复位。三角滑块先复位机构适用于推出行程较小的场合。

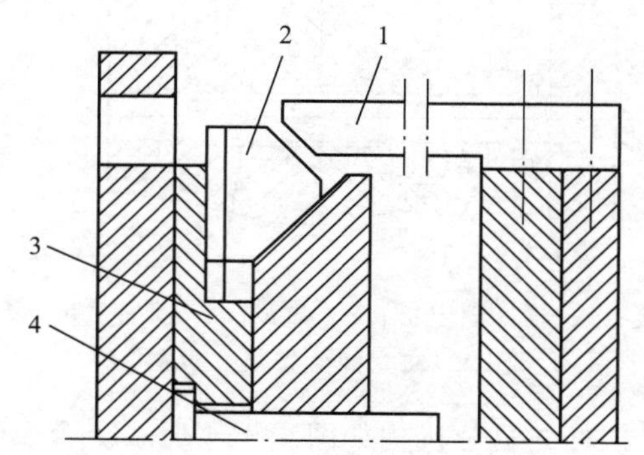

1—复位杆；2—三角滑块；3—推杆固定板；4—推杆。

图 4.158 三角滑块先复位机构

2. 推出机构的导向

在推出过程中，防止大面积的推板和推杆固定板歪斜和扭曲是非常重要的，否则会造成推杆变形、折断或使推板与型芯间磨损研伤。因此，为保证塑件顺利脱模、各个推出元件运动灵活及推出元件复位可靠，要求推出机构必须设有导向装置。

推出导向机构由推板导柱和推板导套组成，引导推板带动推出元件平稳地做往复运动。有些推出机构的导向零件还兼起动模支承板的支承作用。常见的推出导向机构如图 4.159 所示。

图 4.159（a）和图 4.159（b）所示结构中的导柱还起支承作用，提高了支承板的刚性，也改善了其受力状况。当模具较大，或型腔在分型面上的投影面积较大、生产批量较大时，推荐采用这两种形式。图 4.159（a）所示为推板导柱固定在动模座板上的形式。推板导柱也可以固定在支承板上兼起支承作用，该结构加工方便，但导向精度不容易保证，适用于中型模具；图 4.159（b）所示结构中推板导柱的一端固定在支承板上，另一端固定在动模座板上，使模具后部组成一个框形结构，刚性好，推板导柱兼起支承作用，提高了支承板的刚性，该结构适用于大型注射模具；图 4.159（c）所示结构中推板导柱固定在中间垫板（支承板）上，结构简单，推板导柱、推板导套容易达到配合要求，但推板导柱容易出现单边磨损，且推板导柱只起导向作用不起支承作用，该结构适用于小型模具。

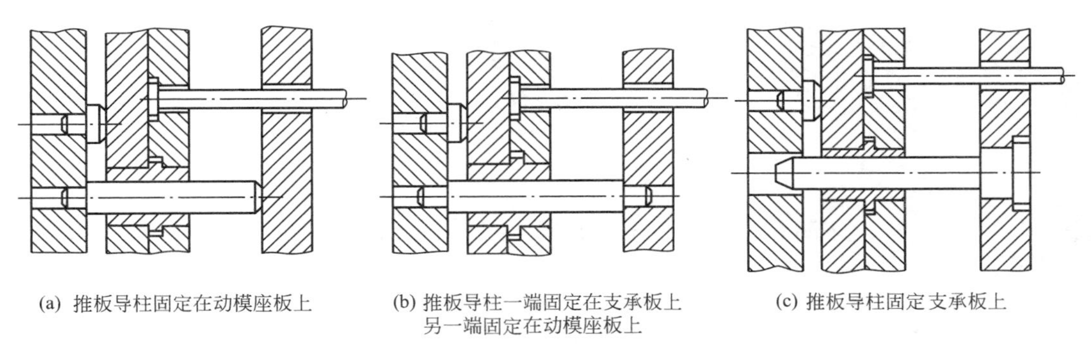
(a) 推板导柱固定在动模座板上　(b) 推板导柱一端固定在支承板上另一端固定在动模座板上　(c) 推板导柱固定支承板上

图 4.159　常见的推出导向机构

小型模具有时无须另设推出导向机构，其推杆或复位杆可兼起推出机构的导向元件，且导向元件与动模板采用间隙配合（H8/f9）。

应用实例

图 4.160（a）所示为大型薄壁壳类塑件，试对其进行推出方案分析和设计。

分析该塑件的结构，可采用多元件综合推出机构［图 4.160（b）］，型腔内部有深筒、高的立壁及直径较小的圆柱等难以脱模的结构形状，故采用以推件板 2 为主要推出元件，推动塑件周边，以推管 5、成型推块 1 和推杆 8 为局部推出元件，分别推出深筒部位、立壁部位和小圆柱部位。实践证明，这种多元件综合推出机构，推出力均匀，移动平稳，塑件脱模顺畅，能取得较好的脱模效果。

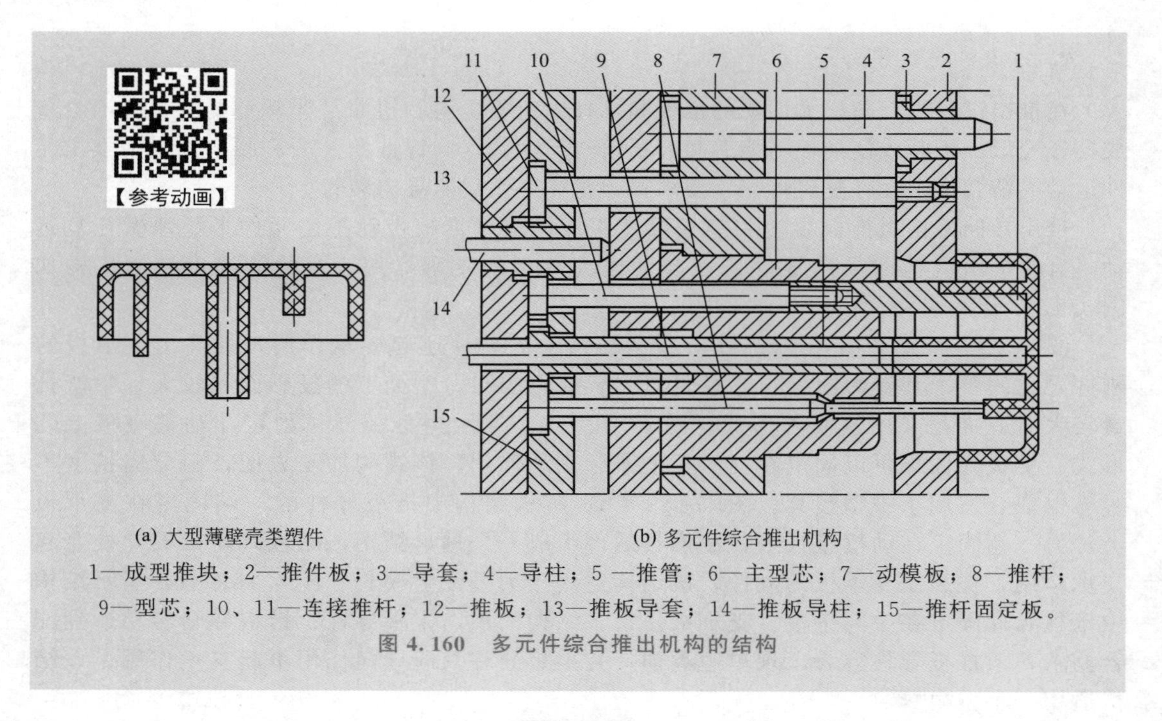

(a) 大型薄壁壳类塑件　　(b) 多元件综合推出机构

1—成型推块；2—推件板；3—导套；4—导柱；5 —推管；6—主型芯；7—动模板；8—推杆；9—型芯；10、11—连接推杆；12—推板；13—推板导套；14—推板导柱；15—推杆固定板。

图 4.160　多元件综合推出机构的结构

4.10　侧向分型与抽芯机构的设计

当注射成型侧壁带有孔、凹穴、凸台等塑件（图 4.161）时，模具上成型该部位的零

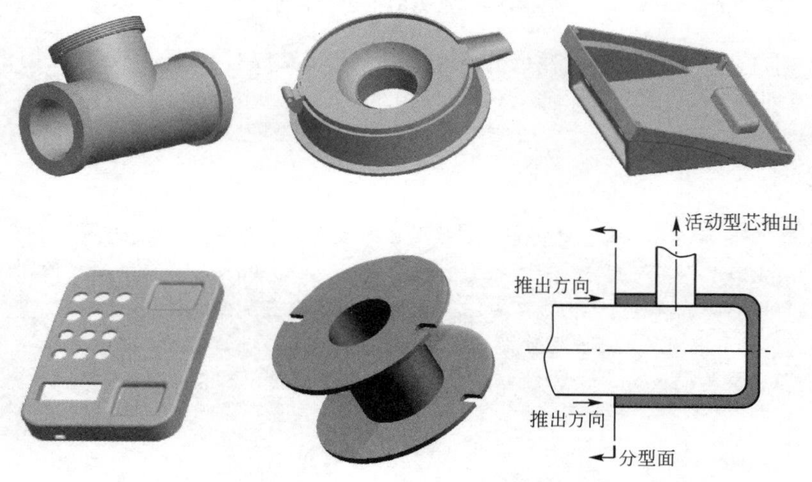

图 4.161　侧壁带有孔、凹穴、凸台的塑件及其侧向抽芯

件一般应制成可侧向移动的零件，以便在脱模之前先抽掉侧向成型零部件，否则可能无法脱模。带动侧向成型零部件做侧向移动（抽拔与复位）的整个机构称为侧向分型与抽芯机构。其中，成型侧向凸台时（包括垂直分型的瓣合模）常常称为侧向分型；成型侧孔或侧凹时往往称为侧向抽芯。在一般的模具设计中，统称为侧向分型与抽芯。可侧向移动的成型零部件称为侧型芯（又称活动型芯）。

4.10.1 概述

1. 侧向分型与抽芯机构的组成

侧向分型与抽芯机构一般由侧向成型元件、运动元件、传动元件、锁紧元件及限位元件等部分组成。图 4.162 所示为典型的斜导柱侧向分型与抽芯机构，以此为例，说明侧向分型与抽芯机构的主要组成部分。

（1）侧向成型元件。侧向成型元件是成型塑件侧向凹穴、凸台（包括侧孔）的零部件，包括侧型芯、侧向成型块等，如图 4.162 中的侧型芯 3。

（2）运动元件。安装并带动侧向成型元件在模具导滑槽内运动的零部件称为运动元件，如图 4.162 中的滑块 9。

（3）传动元件。传动元件是指开模时带动运动元件做侧向分型或侧向抽芯，合模时又使运动元件复位的零部件，如图 4.162 中的斜导柱 8。

（4）锁紧元件。锁紧元件是指为防止注射时运动元件及侧向成型元件受到侧向压力而产生位移所设置的零部件，如图 4.162 中的楔紧块 10。

（5）限位元件。为使运动元件在侧向分型或侧向抽芯结束后停留在既定的位置上，以保证合模时传动元件能顺利使其复位，必须在运动元件侧向分型或侧向抽芯结束时设置限位元件，图 4.162 中的限位块 11、弹簧 12、垫圈 13、螺母 14、拉杆 15 均为限位元件。

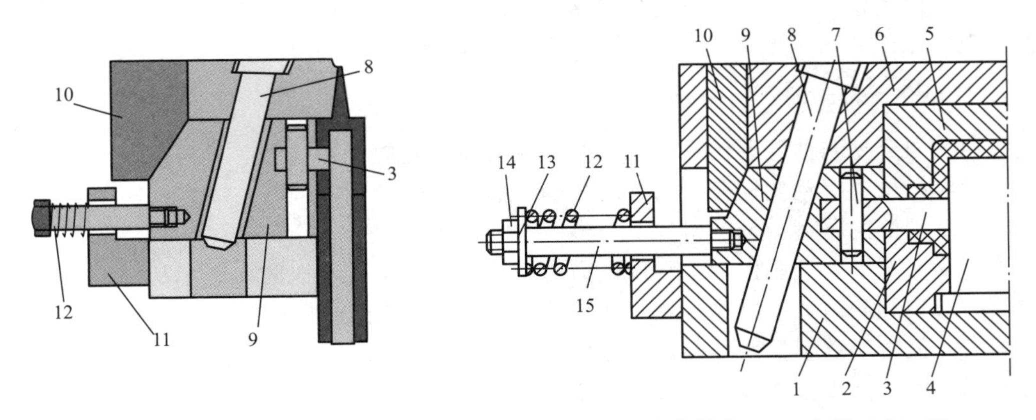

1—动模板；2—动模镶块；3—侧型芯；4—型芯；5—定模镶块；6—定模（座）板；
7—销钉；8—斜导柱；9—滑块；10—楔紧块；11—限位块；
12—弹簧；13—垫圈；14—螺母；15—拉杆。

图 4.162　典型的斜导柱侧向分型与抽芯机构

2. 侧向分型与抽芯机构的动作过程

典型的侧向分型与抽芯机构的动作过程如图 4.163 所示。图 4.163（a）所示为合模状

【参考动画】

态。滑块 3 安装在动模板 12 上的 T 形导滑槽中，斜导柱 4 以斜角 α 安装在定模板 1 上，插入滑块 3 的斜孔中。合模时，安装在定模板 1 上的楔紧块 5 将侧型芯 10 锁紧在成型位置上。

注射成型后，在开模过程中，由于开模力的作用，斜导柱 4 带动滑块 3

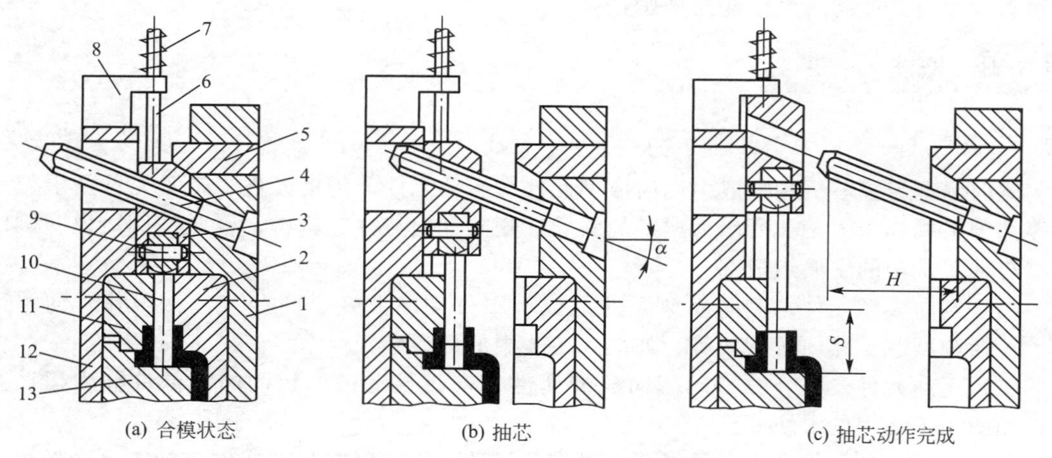

(a) 合模状态　(b) 抽芯　(c) 抽芯动作完成

1—定模板；2—定模镶块；3—滑块；4—斜导柱；5—楔紧块；6—限位螺钉；
7—弹簧；8—限位块；9—销钉；10—侧型芯；11—动模镶块；12—动模板；13—型芯。

图 4.163　典型的侧向分型与抽芯机构的动作过程

沿动模板 12 上的 T 形导滑槽做抽芯动作［图 4.163（b）］。图 4.163（c）所示为抽芯动作完成。当开模行程达到 H 时，侧型芯的抽出行程为 S，并停留在抽芯动作的最终位置上。在下一次注射成型周期的合模过程中，滑块 3 在斜导柱 4 的驱动下，进行插芯动作，并由楔紧块 5 定位锁紧。为确保合模时斜导柱 4 能顺利地插入滑块 3 的斜孔中，滑块 3 的最终位置由限位元件［图 4.163（a）中限位螺钉 6、弹簧 7 和限位块 8］限位或定位。

3. 侧向分型与抽芯机构的分类

按照侧向分型与抽芯的动力来源不同，注射模的侧向分型与抽芯机构可分为手动侧向分型与抽芯机构、机动侧向分型与抽芯机构、液压或气动侧向分型与抽芯机构三类。

（1）手动侧向分型与抽芯机构。

手动侧向分型与抽芯机构是利用人力将模具侧向分型，或把侧向型芯从成型塑件中抽出。侧向分型和侧向抽芯的动作由人工来实现，手动侧向分型与抽芯机构模具结构简单，制模容易，但生产效率低，不能自动化生产，工人劳动强度大，故在抽拔力较大的场合下不宜采用，因此常用于产品的试制、小批量生产或无法采用其他侧向分型与抽芯机构的场合。

手动侧向分型与抽芯机构的形式很多，可根据不同塑件设计不同形式的手动侧向分型与抽芯机构。手动侧向分型与抽芯机构可分为两类：一类是模具内手动分型与抽芯机构；另一类是模具外手动分型与抽芯机构。而模具外手动分型与抽芯机构实质上是带有活动镶件的模具结构。

（2）机动侧向分型与抽芯机构。

机动侧向分型与抽芯机构是将注射机开模力作为动力，通过有关传动元件（如斜导柱）作用于侧向成型元件，将模具侧向分型或把侧向型芯从塑件中抽出，合模时靠合模力使侧向成型零部件复位。根据传动元件的不同，这类机构可分为斜导柱侧向分型与抽芯机构、弯销侧向分型与抽芯机构、斜导槽侧向分型与抽芯机构、斜滑块侧向分型与抽芯机构和齿轮齿条侧向分型与抽芯机构等，其中斜导柱侧向分型与抽芯机构最常用。

机动侧向分型与抽芯机构的结构比较复杂，但分型与抽芯时无须人工操作，生产效率高，在生产中应用最广泛。

（3）液压或气动侧向分型与抽芯机构。

液压或气动侧向分型与抽芯机构是以液压力或压缩空气作为动力进行侧向分型与抽芯，同样也靠液压力或压缩空气使侧向成型元件复位。

液压或气动侧向分型与抽芯机构多用于抽拔力大、抽芯距较长的场合，如大型管道塑件的抽芯等。这类侧向分型与抽芯机构是靠液压缸或气缸的活塞来回运动实现侧向分型、侧向抽芯与复位的，抽芯的动作比较平稳，特别是当注射机本身带有抽芯液压缸时，采用液压侧向分型与抽芯更方便，但液压或气动装置成本较高。

4. 抽芯机构抽芯距、抽芯力的计算

（1）抽芯距 S 的确定。

【参考动画】

抽芯距是指将活动型芯从成型位置抽至不妨碍塑件脱模位置（脱模时不产生干涉）的过程中，活动型芯沿抽拔方向移动的距离。抽芯距一般应大于塑件侧孔深度或凸台高度2～3mm（图 4.164）。塑件上带有侧孔，其孔深度为 H，此时抽芯距 S 按式（4－44）计算。

$$S=H+(2\sim3) \tag{4-44}$$

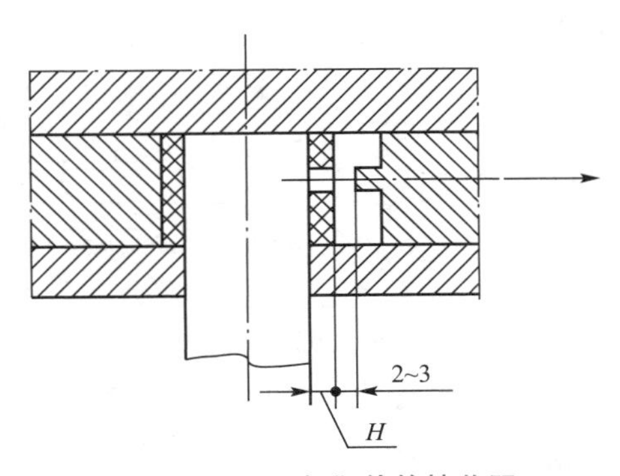

图 4.164 一般塑件的抽芯距

图 4.165 所示结构中，当用拼合型腔镶块成型圆形线圈骨架类塑件时，其抽芯距 S 应大于侧凹的深度，具体计算公式见式（4－45）、式（4－46）。

图 4.165（a）所示采用对开式滑块侧抽芯，滑块的抽芯距 S 应按式（4－45）计算。

$$S=\sqrt{R^2-r^2}+(2\sim3) \tag{4-45}$$

式中：R 为塑件最大外形半径（mm）；r 为阻碍塑件推出的最小外形半径（mm）。

图 4.165（b）所示采用多瓣拼合式滑块结构，滑块的抽芯距 S 按式（4－46）计算。

$$S=h+k=\frac{R\sin\alpha}{\sin(180^\circ-\beta)}+(2\sim3) \tag{4-46}$$

式中：R 为塑件最大外形半径（mm）。r 为阻碍塑件推出的最小外形半径（mm）。β 为夹

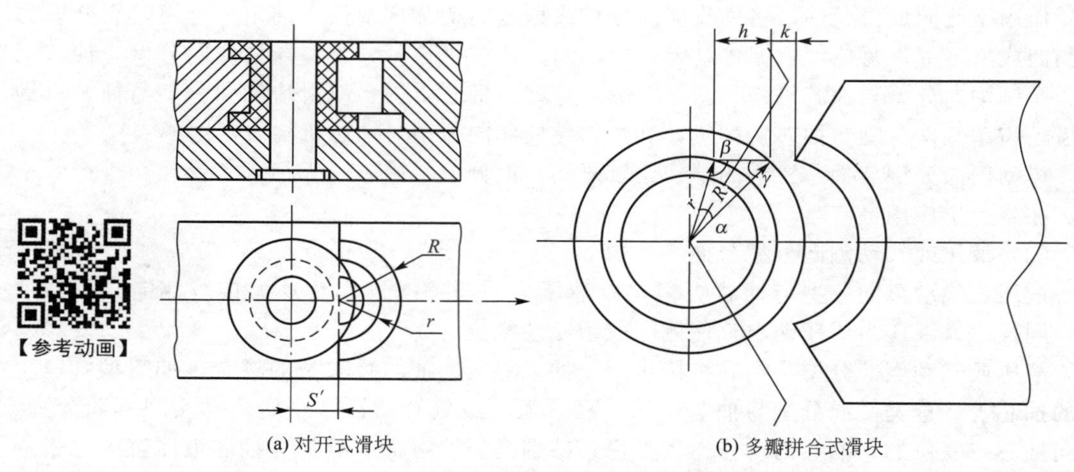

(a) 对开式滑块 (b) 多瓣拼合式滑块

图 4.165 线圈骨架类塑件的抽芯距

角，三等分滑块，$\beta=120°$；四等分滑块，$\beta=135°$；五等分滑块，$\beta=144°$；六等分滑块，$\beta=150°$。α 为夹角，$\alpha=180°-\gamma-\beta$，$\gamma=\arcsin\dfrac{r\sin\beta}{R}$。

如图 4.166 所示，当用拼合型腔镶块成型矩形线圈骨架类塑件时，其抽芯距 S 按式（4-47）计算。

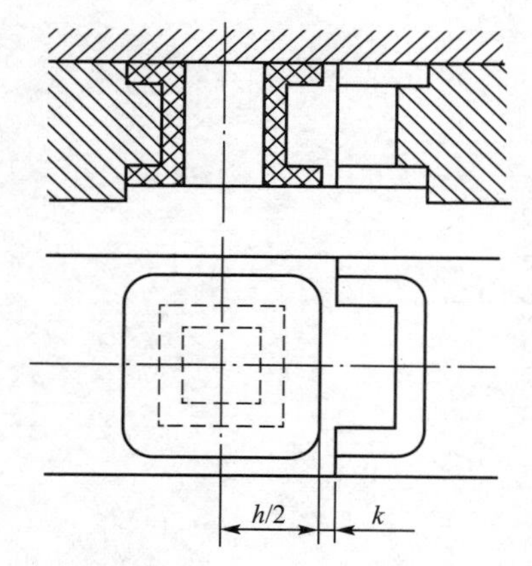

图 4.166 矩形用二等分滑块抽芯距

$$S=\frac{h}{2}+k \tag{4-47}$$

式中：h 为矩形塑件的最大外形尺寸（mm）；k 为安全值（mm），一般取 2～3mm。

当塑件外形较复杂时，常用作图法确定抽芯距 S。

（2）抽芯力的确定。

① 抽芯力的影响因素。由于塑件在冷凝收缩时对型芯产生包紧力（收缩应力），因此，抽芯机构必须克服因包紧力引起的抽拔阻力及机械滑动的摩擦力，才能把活动型芯拔出来。对于不带通孔的壳体塑件，抽拔时还须克服表面大气压的阻力。在开始抽拔的瞬间，使塑件与侧型芯脱离所需的抽拔力称为起始抽芯力，为使侧型芯抽到不妨碍塑件推出的位置所需的抽拔力称为相继抽芯力，起始抽芯力比相继抽芯力大。因此，计算抽芯力应以起始抽芯力为准。

影响抽芯力的因素有很多。

a. 型芯成型部分表面积越大，几何形状越复杂，其包紧力也越大，所需的抽芯力也越大。

b. 塑料收缩率越大，对型芯的包紧力也越大，所需的抽芯力也越大。在同样收缩率的情况下，硬质塑料所需的抽芯力比软质塑料所需的抽芯力大。

c. 包容面积相同、形状相似的塑件，薄壁塑件收缩率小，抽芯力也小；反之，抽芯力大。

d. 塑件与型芯间的摩擦因数越大，抽芯力越大。

e. 在塑件的同一侧面同时抽芯的数量越多，抽芯力越大。

f. 成型工艺主要参数对抽芯力也有影响：当注射压力小，保压时间短时，抽芯力较小；冷却时间长，塑件收缩基本完成，则包紧力大，因此抽芯力也大。

② 抽芯力的计算。侧型芯的抽芯力 F_c 往往采用如下公式进行估算：

$$F_c = chp(\mu\cos\alpha - \sin\alpha) \tag{4-48}$$

式中：c 为侧型芯成型部分的截面平均周长（m）。h 为侧型芯成型部分的高度（m）。p 为塑件对侧型芯的包紧力，其值与塑件的几何形状及塑料的种类、成型工艺等有关，一般情况下在模具内冷却的塑件，$p=(0.8\sim1.2)\times10^7$Pa；在模具外冷却的塑件，$p=(2.4\sim3.9)\times10^7$Pa。μ 为塑料在热状态时与钢间的摩擦因数，一般 $\mu=0.15\sim0.20$。α 为脱模斜度，取 $1°\sim2°$。

4.10.2 斜导柱抽芯机构

1. 斜导柱抽芯机构的结构

图 4.167 所示为典型的斜导柱抽芯机构。开模时，开模力通过斜导柱作用于滑块，使滑块带动侧向型芯在动模板的导滑槽内向外移动，当斜导柱全部脱离滑块上的斜孔后，侧向型芯就完全从塑件中抽出，完成侧抽芯动作；然后，塑件由推出机构推出。限位挡块、拉杆、弹簧等构成滑块的限位元件，使滑块保持在抽芯完成后的最终位置，以便合模时斜导柱能准确地进入滑块的斜孔，并将侧向型芯复位。楔紧块用于防止成型时滑块因受到侧向注射压力而发生位移。

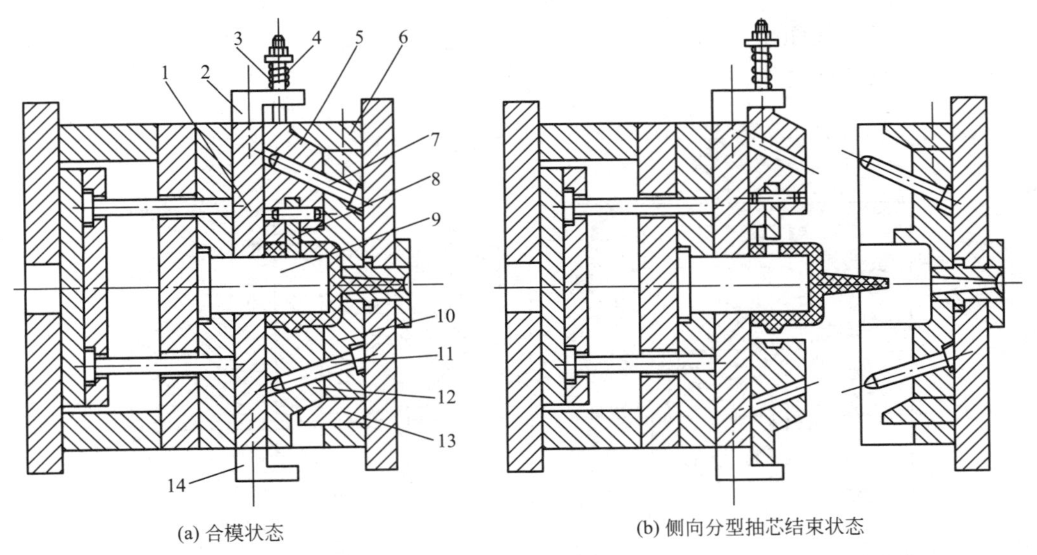

1—推件板；2、14—限位挡块；3—弹簧；4—拉杆；5—滑块；6、13—楔紧块；7、11—斜导柱；8—侧型芯；9—型芯；10—定模板；12—侧向成型块。

图 4.167 典型的斜导柱抽芯机构

图 4.168 所示为斜导柱抽芯机构实例。

图 4.168　斜导柱抽芯机构实例

斜导柱抽芯机构结构简单，可以满足一般的抽芯要求，广泛应用于中小型模具的抽芯。根据斜导柱和滑块在模具上的装配位置不同，斜导柱抽芯机构有以下几种常用的形式。

（1）斜导柱安装于定模、滑块安装于动模。

斜导柱安装于定模、滑块安装于动模的结构是斜导柱侧向分型与抽芯机构的模具中应用最广泛的形式，如图 4.169 所示。它既可用于结构比较简单的注射模，也可用于结构比较复杂的双分型面注射模。

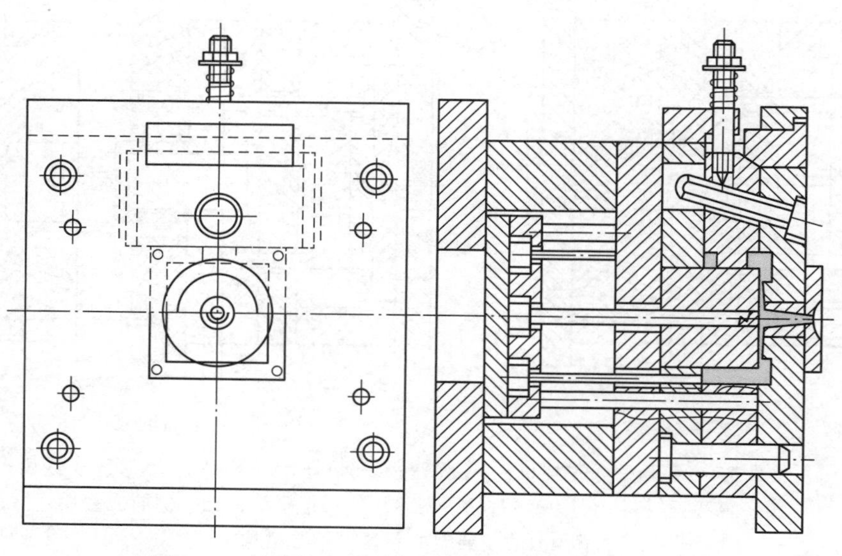

图 4.169　斜导柱安装于定模、滑块安装于动模的结构

在设计这种结构时应避免滑块与推杆在合模复位过程中发生干涉现象。干涉现象是指

滑块的复位先于推杆的复位，导致活动侧型芯与推杆碰撞，造成模具损坏。当侧型芯与推杆在垂直于开模方向平面上的投影发生重合时，可能出现干涉现象。图 4.170 所示为不产生干涉的几何条件，当满足

$$\Delta l < \Delta h \cdot \tan\alpha \tag{4-49}$$

则可避免发生干涉。式中：Δl 为合模状态下侧型芯与推杆在主分型面上重合的侧向距离；Δh 为合模成型时推杆端面与侧型芯在开模方向上的最近距离。

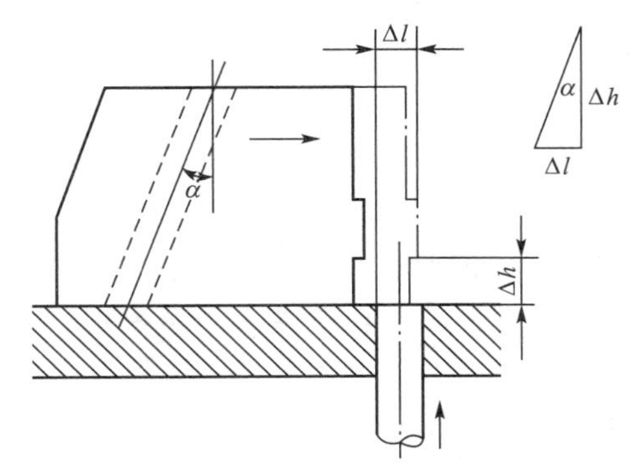

图 4.170　不产生干涉的几何条件

在模具结构允许的情况下，应尽量避免在侧型芯的投影范围内设置推杆。如果受到模具结构的限制，需在侧型芯的投影范围内设置推杆，应首先考虑能否使推杆在推出一定距离后仍低于侧型芯的最低面，当这一条件不能满足时，就必须分析产生干涉的临界条件并采取措施使推出机构先复位（见 4.9.6），再使侧型芯滑块复位，这样才能避免干涉。

（2）斜导柱安装于动模、滑块安装于定模。

斜导柱安装于动模、滑块安装于定模的模具特点是脱模与侧抽芯不能同时进行，两者间应有一个滞后。图 4.171 所示为斜导柱安装于动模、滑块安装于定模的结构，该结构先脱模后侧向分型与抽芯。

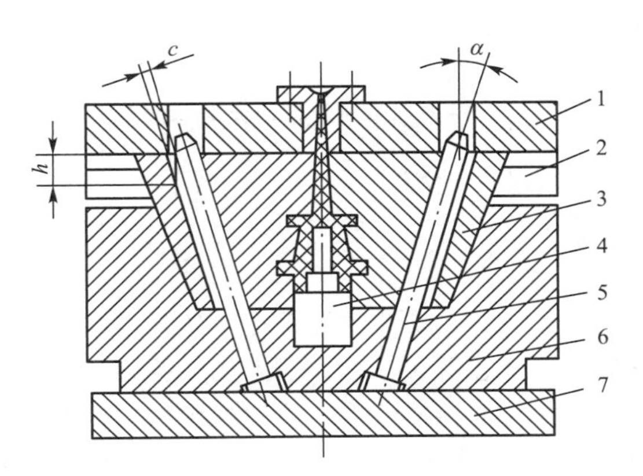

【参考动画】

1—定模座板；2—导滑槽；3—瓣合凹模（侧型芯滑块）；4—型芯；
5—斜导柱；6—动模板；7—动模座板。

图 4.171　斜导柱安装于动模、滑块安装于定模的结构

图 4.171 所示结构中斜导柱 5 与侧型芯滑块（即瓣合凹模 3）上导柱孔间有较大的配

合间隙（$c=1.6\sim3.6$mm），故动模、定模分开距离 $h(h=c/\sin\alpha)$ 后，滑块才侧向分型，此时动模板6已带动型芯4脱离塑件相对移动 h 距离，并产生了松动，最后人工取出塑件。这种模具结构比较简单，加工方便，但需人工从瓣合凹模滑块间取出塑件，操作不方便，生产效率较低，适合于小批量生产的简单模具。

（3）斜导柱与滑块同时安装于定模。

斜导柱与滑块同时安装于定模的结构应能造成两者间的相对运动，否则无法实现侧抽芯。采用这种模具结构是有条件的。由于塑件对型芯有足够的包紧力，因此型芯在初始开模时应能沿开模轴线方向运动，同时在定模部分增加一个分型面且在开模时先分型，故需采用顺序分型机构。

图4.172所示为斜导柱与滑块同时安装于定模的结构，该结构采用弹簧式顺序分型机构的形式。开模时，动模部分向下移动，在弹簧7的作用下，模具先在 A 分型面分型，主流道凝料从浇口套中脱出，分型的同时，在斜导柱2的作用下侧型芯滑块1开始侧向抽芯，侧向抽芯动作完成后，定距螺钉6的台阶端部与定模板5接触，A 分型面分型结束。动模部分继续向下移动，模具在 B 分型面开始分型，塑件包在型芯3上脱离定模板5，最后在推杆8的作用下，推件板4将塑件从型芯上脱下。

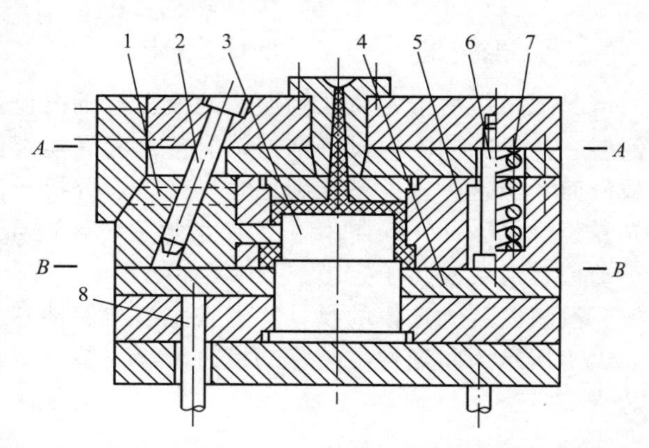

1—侧型芯滑块；2—斜导柱；3—型芯；4—推件板；5—定模板；
6—定距螺钉；7—弹簧；8—推杆。

图4.172　斜导柱与滑块同时安装于定模的结构

（4）斜导柱与滑块同时安装于动模。

斜导柱与滑块同时安装于动模时，一般可以通过推出机构来实现斜导柱与侧型芯滑块的相对运动。

如图4.173所示，侧型芯滑块2安装在推件板4的导滑槽内，合模时靠设置在定模板上的楔紧块锁紧。开模时，侧型芯滑块2和斜导柱3一起随动模部分下移并与定模分开，当推出机构开始工作时，推杆6推动推件板4使塑件脱模，同时，侧型芯滑块2在斜导柱3的作用下在推件板4的导滑槽内向两侧滑动，完成侧向分型与抽芯。

这种结构的模具，由于侧型芯滑块始终未脱离斜导柱，因此不需设置滑块限位装置。使斜导柱与滑块做相对运动的推出机构一般是推件板推出机构，因此，这种结构主要适用于抽芯力和抽芯距均不大的场合。

（5）斜导柱的内侧抽芯。

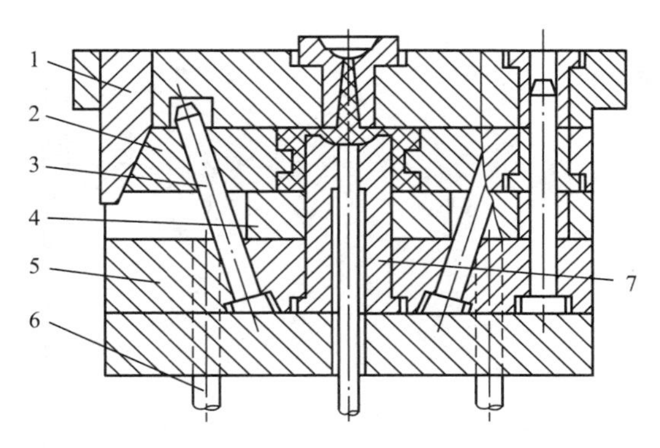

1—楔紧块；2—侧型芯滑块；3—斜导柱；4—推件板；5—动模板；
6—推杆；7—型芯。

图 4.173 斜导柱与滑块同时安装于动模的结构

斜导柱侧向分型与抽芯机构除了可以对塑件进行外侧分型与抽芯外，还可以对塑件进行内侧抽芯，如图 4.174 所示。

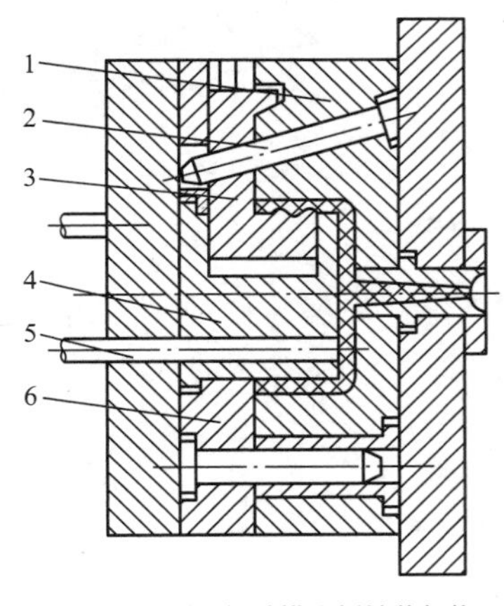

(a) 斜导柱动模内侧抽芯机构

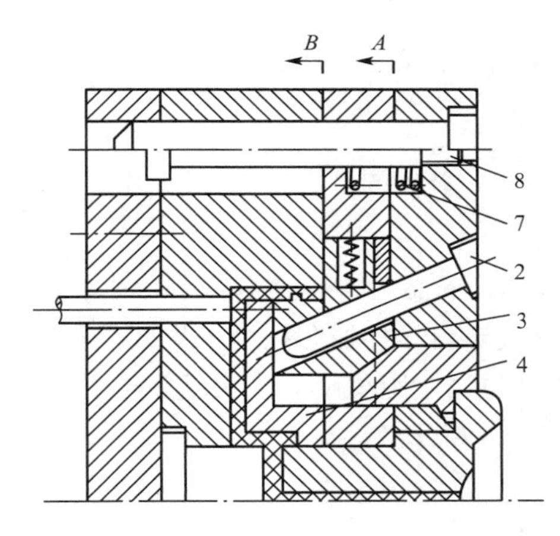

(b) 斜导柱定模内侧抽芯机构

1—定模板；2—斜导柱；3—侧型芯滑块；4—型芯；5—推杆；
6—动模板；7—弹簧；8—限位螺钉。

图 4.174 斜导柱的内侧抽芯机构

图 4.174（a）所示为斜导柱动模内侧抽芯机构，斜导柱 2 固定于定模板 1 上，侧型芯滑块 3 安装在动模板 6 上，开模时，塑件包紧在动模的型芯 4 上随动模向左移动，在开模过程中，斜导柱 2 同时驱动侧型芯滑块 3 在动模板 6 的导滑槽内滑动并进行内侧抽芯，最后推杆 5 将塑件从型芯 4 上推出。设计这类模具时，由于缺少斜导柱从滑块中抽出时的滑块限位装置，因此应将滑块设置在模具的上方，利用滑块的自身重力进行抽芯后的限位。

图 4.174（b）所示为斜导柱定模内侧抽芯机构，开模后，在弹簧 7 的弹力作用下，模具在定模的 *A* 分型面先分型，同时斜导柱 2 驱动侧型芯滑块 3 进行塑件内侧抽芯，内侧抽芯结束后，侧型芯滑块在小弹簧的作用下靠在型芯 4 上并定位，同时限位螺钉 8 限制 A 分型面的打开距离；继续开模，模具在 *B* 分型面分型，塑件被带到动模板上，推出机构工作

时，推杆将塑件推出模具外。

实用技巧

在设计斜导柱侧向分型与抽芯机构的模具时，首先应考虑斜导柱安装于定模、滑块安装于动模的结构形式。

2. 斜导柱抽芯机构设计

（1）斜导柱的设计与计算。

① 斜导柱的结构。斜导柱的典型结构如图 4.175 所示。斜角 θ 应大于斜导柱的倾斜角 α，一般 $\theta=\alpha+2°\sim3°$，以免端部锥台也参与侧向抽芯，导致滑块停留的位置不符合设计要求。为减少斜导柱与滑块上斜导孔间的摩擦，可在斜导柱工作长度部分的外圆轮廓铣出两个对称平面。

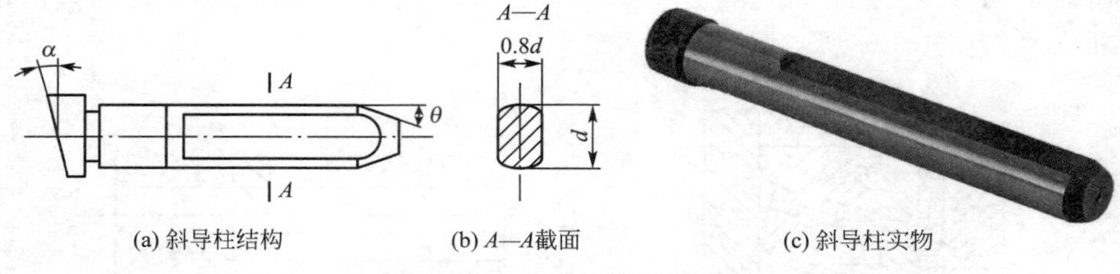

图 4.175　斜导柱的典型结构

② 斜导柱的倾斜角 α。斜导柱轴向与开模方向的夹角称为斜导柱的倾斜角（也称安装斜角），是决定斜导柱抽芯机构工作效果的重要参数。斜导柱倾斜角的大小对斜导柱的有效工作长度、抽芯距离和受力状况等产生重要影响。

由图 4.176 可知：

$$L=S/\sin\alpha \qquad (4-50)$$

$$H=S/\tan\alpha \qquad (4-51)$$

式中：L 为斜导柱的工作长度（mm）；S 为抽芯距（mm）；α 为斜导柱的倾斜角（°）；H 为与抽芯距 S 对应的开模距（mm）。

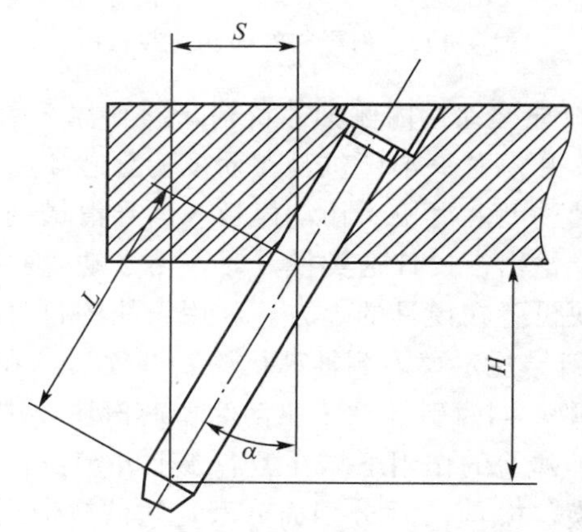

图 4.176　斜导柱工作长度、倾斜角与抽芯距关系

图 4.177 所示为斜导柱抽芯时的受力分析，由于摩擦力与其他力相比一般很小，因此常略去不计（即图中的摩擦力 F_1、F_2 忽略不计）。根据图 4.177 可知：

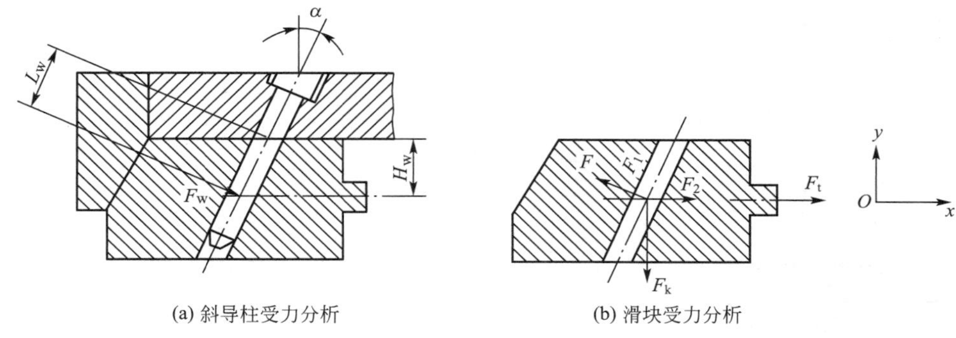

(a) 斜导柱受力分析　　(b) 滑块受力分析

图 4.177　斜导柱抽芯时的受力分析

$$F=F_w=\frac{F_t}{\cos\alpha}=\frac{F_c}{\cos\alpha} \tag{4-52}$$

$$F_k=F_w\sin\alpha=F_c\tan\alpha \tag{4-53}$$

式中：F 为抽芯时斜导柱通过滑块上的斜导孔对滑块施加的正压力（N）；F_w 为 F 的反作用力，即斜导柱所承受的弯曲力（N）；F_t 为抽拔阻力（即脱模力）（N）；F_c 为抽芯力，是抽拔阻力的反作用力（N）；α 为斜导柱的倾斜角（°）；F_k 为开模力，通过导滑槽施加于滑块（N）。

从式（4－52）可以看出，当抽拔力 F_c 一定时，斜导柱的倾斜角 α 越小，斜导柱所受的弯曲力 F_w 也越小。一般在设计时，$\alpha<25°$，最常用为 $12°\leqslant\alpha\leqslant22°$。

③ 斜导柱的长度 L_z。斜导柱的总长度由五部分组成，具体包括斜导柱的直径、斜导柱的倾斜角、抽芯距及斜导柱固定板厚度。如图 4.178 所示，斜导柱的总长为：

$$L_z=L_1+L_2+L_3+L_4+L_5=\frac{d_2}{2}\tan\alpha+\frac{h}{\cos\alpha}+\frac{d}{2}\tan\alpha+\frac{S}{\sin\alpha}+(5\sim10)\text{mm} \tag{4-54}$$

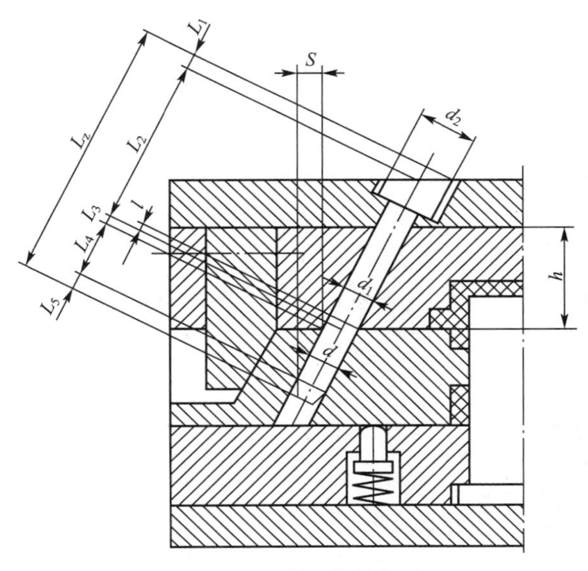

图 4.178　斜导柱的长度

式中：d_2 为斜导柱固定部分大端直径（mm）；d 为斜导柱工作部分直径（mm）；h 为斜导柱固定板厚度（mm）；S 为抽芯距（mm）。

学以致用

上述计算和推导都是基于侧型芯滑块抽芯方向与开模、合模方向垂直的状况（也是最常采用的一种方式）开展的，若图 4.179 所示的侧型芯滑块抽芯方向向动模一侧或定模一侧倾斜，斜导柱的有效倾斜角 θ 将如何变化？

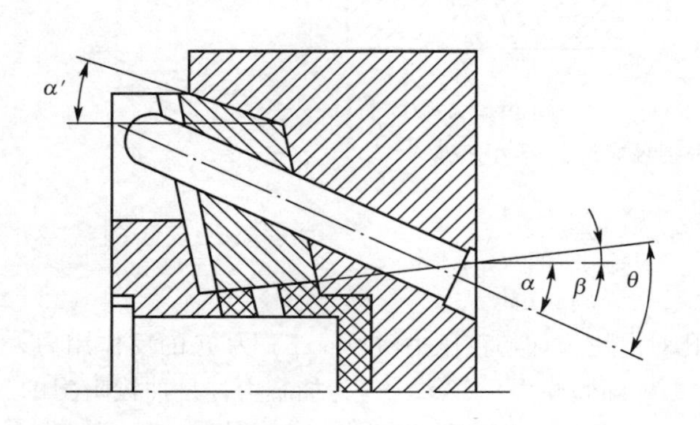

(a) 侧型芯滑块抽芯方向向动模一侧倾斜β

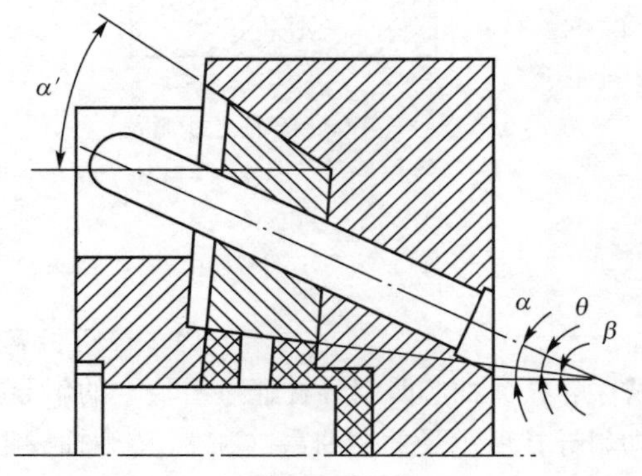

(b) 侧型芯滑块抽芯方向向定模一侧倾斜β

图 4.179　侧型芯滑块抽芯方向与开模、合模方向不垂直时的两种状况

④ 斜导柱的直径 d。斜导柱的直径主要受弯曲力的影响，图 4.177（a）所示斜导柱所受的弯矩 M_w 可按式（4－55）计算。

$$M_w = F_w L_w \tag{4-55}$$

式中：F_w 为斜导柱所受的弯曲力（N）；L_w 为斜导柱弯曲力臂（m）。

由材料力学可知：

$$M_w = [\sigma_w] W \tag{4-56}$$

式中：$[\sigma_w]$ 为斜导柱所用材料的许用应力（Pa），可查有关手册；W 为抗弯截面系数，斜导柱的截面形状一般为圆形，其抗弯截面系数 $W = \pi d^3/32 \approx 0.1d^3$。

可推导出斜导柱的直径 d：

$$d = \sqrt[3]{\frac{F_w L_w}{0.1[\sigma_w]}} = \sqrt[3]{\frac{10 F_t L_w}{[\sigma_w]\cos\alpha}} = \sqrt[3]{\frac{10 F_c H_w}{[\sigma_w]\cos^2\alpha}} \tag{4-57}$$

式中：H_w 为斜导柱受力点到固定端支承点的垂直距离（m）。

要点提醒

斜导柱直径 d 的计算思路：先按已求得的抽芯力 F_c 和选定的斜导柱的倾斜角 α 求出斜导柱所受的弯曲力 F_w，然后根据斜导柱所受的弯曲力 F_w 和斜导柱受力点到固定端支承点的垂直距离 H_w 以及 α，利用式（4－57）求出斜导柱的直径 d。

由于斜导柱直径 d 的计算比较复杂，有时为了方便，可通过查表确定斜导柱的直径（具体可查阅有关设计手册）。

⑤ 斜导柱的技术要求。斜导柱常用材料为 45 钢、T8 钢、T10 钢及低碳钢渗碳等，并要求这些材料的热处理硬度大于 55HRC（对于 45 钢，则要求热处理硬度大于 40HRC）。工作部分和配合部分表面粗糙度 $Ra \leqslant 0.8\mu m$，非配合部分表面粗糙度 $Ra \leqslant 3.2\mu m$；固定孔采用过渡配合（H7/m6）；斜导柱与滑块上的导孔配合间隙为 0.5～1.0mm，配合间隙平分在斜导柱两侧。

（2）滑块的设计。

滑块是斜导柱侧向分型与抽芯机构中的一个重要零部件。斜导柱抽芯机构的滑块分为整体式和组合式两种。整体式滑块就是侧向型芯或成型镶块和滑块为一个整体，这种结构仅适用于形状十分简单的侧向移动零部件。而组合式滑块则是侧向型芯或成型镶块单独制造后，再装配到滑块上，采用这种结构可以节约优质钢材，而且加工容易，故应用广泛。

① 滑块与侧型芯的连接。表 4－43 所列是常见的滑块与侧型芯的连接方式。

表 4－43　常见的滑块与侧型芯的连接方式

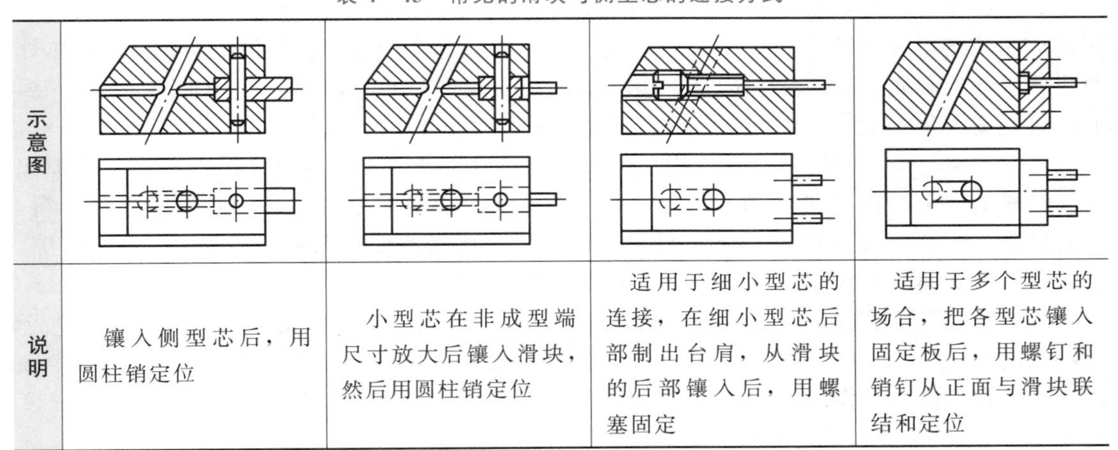

示意图				
说明	镶入侧型芯后，用圆柱销定位	小型芯在非成型端尺寸放大后镶入滑块，然后用圆柱销定位	适用于细小型芯的连接，在细小型芯后部制出台肩，从滑块的后部镶入后，用螺塞固定	适用于多个型芯的场合，把各型芯镶入固定板后，用螺钉和销钉从正面与滑块联结和定位

② 导滑槽结构。成型滑块在侧向分型与抽芯和复位过程中，要求其必须沿一定的方向平稳地往复移动，这一过程是在导滑槽内完成的。导滑槽有 T 形和燕尾槽形两种，燕尾槽形导滑槽导滑精度高，但难以加工，故常用的是 T 形导滑槽。滑块与导滑槽常用的配合形式见表 4－44。

表 4－44　滑块与导滑槽常用的配合形式

示意图			
说明	整体盖板式，在盖板上制出 T 形台肩的导滑部分	整体盖板式，T 形台肩的导滑部分加工在另一块模板上	T 形导滑槽的整体式，该结构多用于小型模具，但不易加工，且很难保证精度

续表

示意图	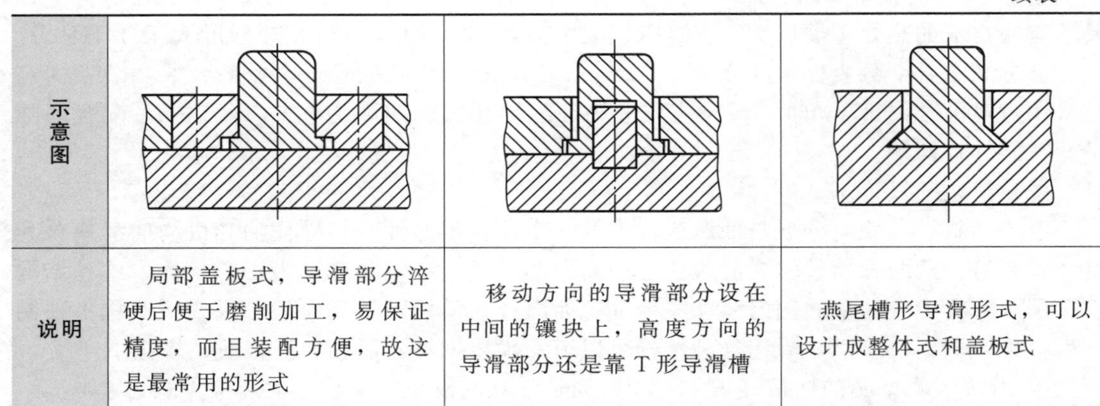		
说明	局部盖板式，导滑部分淬硬后便于磨削加工，易保证精度，而且装配方便，故这是最常用的形式	移动方向的导滑部分设在中间的镶块上，高度方向的导滑部分还是靠 T 形导滑槽	燕尾槽形导滑形式，可以设计成整体式和盖板式

对组成导滑槽的零部件的硬度和耐磨性能都有一定的要求。一般情况下，整体式导滑槽通常在动模板或定模板上直接加工而成，常用材料为 45 钢。为了便于加工和防止热处理变形，常常调质至 28～32HRC 后铣削成形。盖板的材料用 T8 钢、T10 钢或 45 钢，要求材料硬度大于 55HRC（对于 45 钢，则要求硬度大于 40HRC）。

在设计滑块与导滑槽时，要选用正确的配合精度。导滑槽与滑块导滑部分采用间隙配合（一般采用 H8/f8），如果在配合面上成型时与塑料熔体接触，为了防止配合部分漏料，应适当提高配合精度（可采用 H8/f7 或 H8/g7），其他各处均留有 0.5mm 左右的间隙。配合部分的表面要求较高，表面粗糙度 $Ra\leqslant 0.8\mu m$。

导滑槽与滑块应保持一定的配合长度，如图 4.180 所示。滑块的导滑长度通常要大于滑块宽度的 1.5 倍（即 $L>1.5B$），导滑高度须约为滑块宽度的 2/3，以避免运动时发生倾斜。滑块完成抽拔动作后，需停留在导滑槽内，保留在导滑槽内的长度不应小于导滑长度的 2/3（即 $l>2L/3$），以免复位困难。当模具尺寸较小，不宜加大长度时，可局部加长导滑槽。

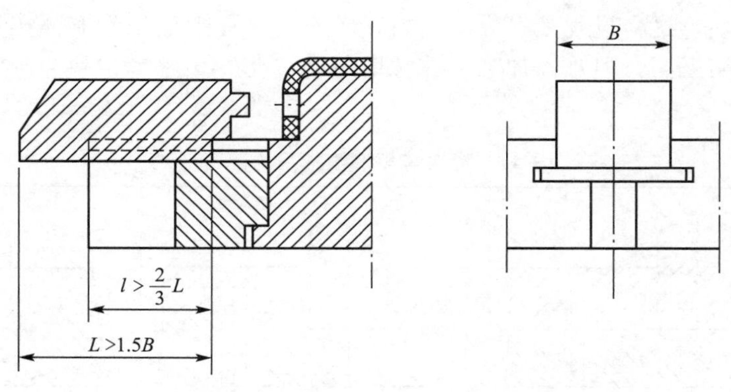

图 4.180　导滑槽与滑块的配合长度

③ 滑块的限位装置。在开模过程中，滑块的限位装置可保证滑块停留在刚刚脱离斜导柱的位置，不再发生任何移动，以避免合模时斜导柱不能准确地插进滑块的斜导孔内，造成模具损坏。在设计滑块的限位装置时，应根据模具的结构和滑块所在的位置选用不同的形式。

图 4.181 所示为常见的滑块的限位装置，图 4.181（a）所示依靠压缩弹簧的弹力使滑块停留在限位挡块处，称为弹簧拉杆挡块式限位装置，它适用于任何方向的抽芯动作，尤其适用于向上抽芯。在设计弹簧时，为了使滑块可靠地定位在限位挡块上，压缩弹簧的弹力应是滑块重量的 2 倍左右，其压缩长度须大于抽芯距 S，一般取 $1.3S$。拉杆是支持弹簧的，当抽芯距、弹簧的直径和弹簧的长度已确定，则拉杆的直径和长度也就能确定。拉杆端部的垫片和螺母也可制成可调的，以便调整弹簧的弹力，使这种限位装置工作切实可靠。这种限位装置增大了模具的外形尺寸，有时甚至给模具安装带来困难。图 4.181（b）所示适于向下抽芯的模具，该结构利用滑块的自重停靠在限位挡块上，结构简单。图 4.181（c）所示为弹簧顶销式限位装置，该结构适用于侧面方向的抽芯动作，弹簧的直径可选 1～1.5mm，顶销的头部制成半球状，滑块上的定位穴设计成球冠状或 90°的锥穴。图 4.181（d）所示为弹簧置于滑块内侧的结构，该结构适于侧向抽芯距离较短的场合。

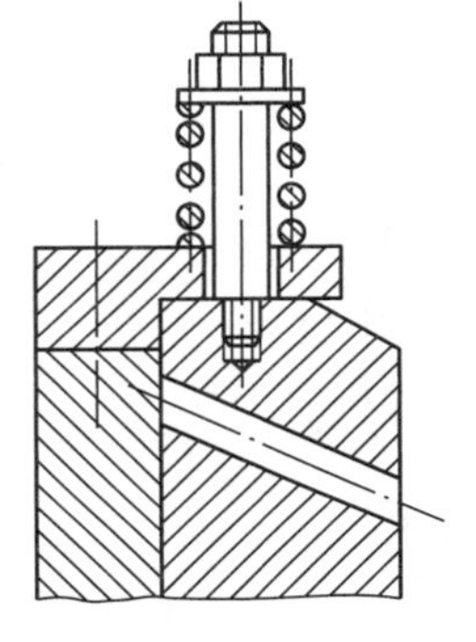

(a) 弹簧拉杆挡块式限位装置

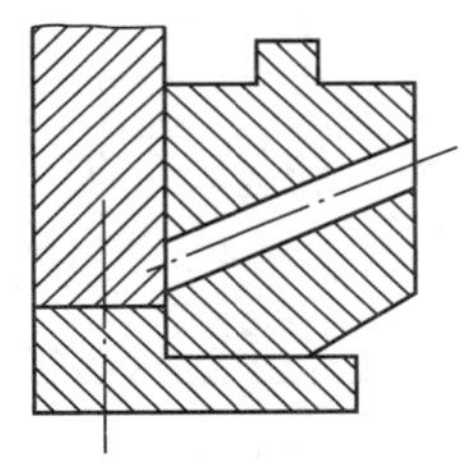

(b) 下端挡块式限位装置

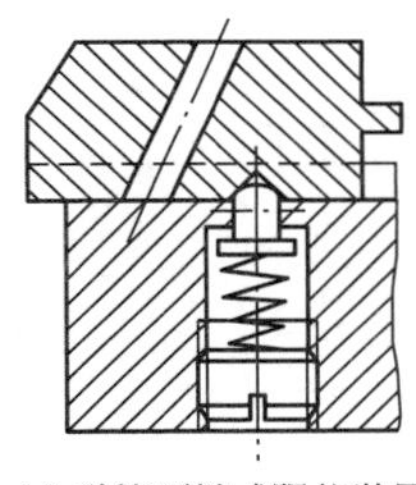

(c) 弹簧顶销式限位装置

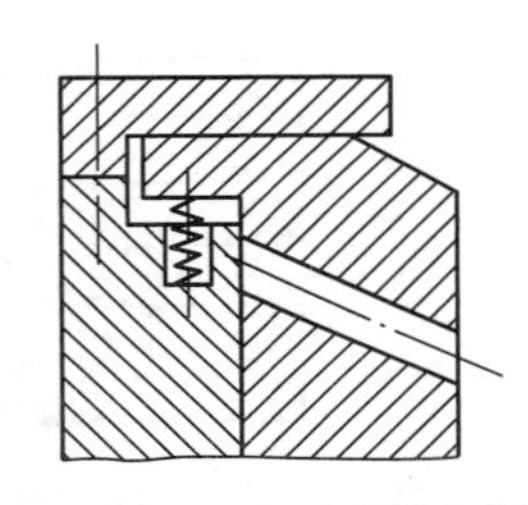

(d) 弹簧置于滑块内侧的限位装置

图 4.181　常见的滑块的限位装置

（3）楔紧块设计。

① 楔紧块的固定方式。楔紧块的结构及固定方式如图 4.182 所示，具体可根据推力的大小来选用。图 4.182（a）所示为整体式锁紧结构，楔紧块与定模（座）板制成一体，这种结构牢固可靠，但加工时浪费材料，且加工精度要求较高，适合于侧向力较大的场合；图 4.182（b）所示为采用螺钉和销钉将楔紧块 1 固定在定模板 2 上，这种形式结构简单，加工方便，适用于侧向力较小的场合；图 4.182（c）所示为整体镶入式结构，楔紧块 1 整体镶

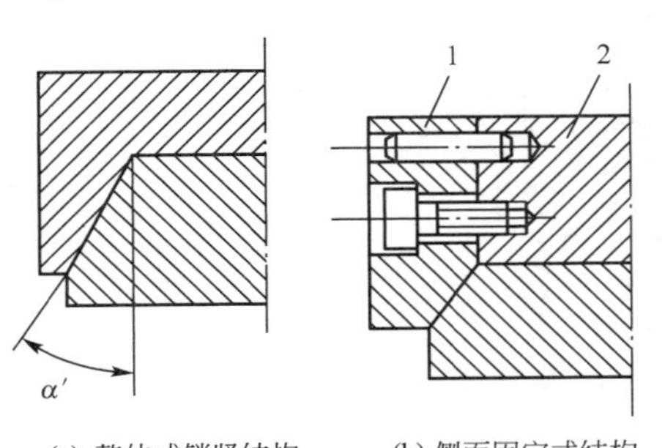

(a) 整体式锁紧结构

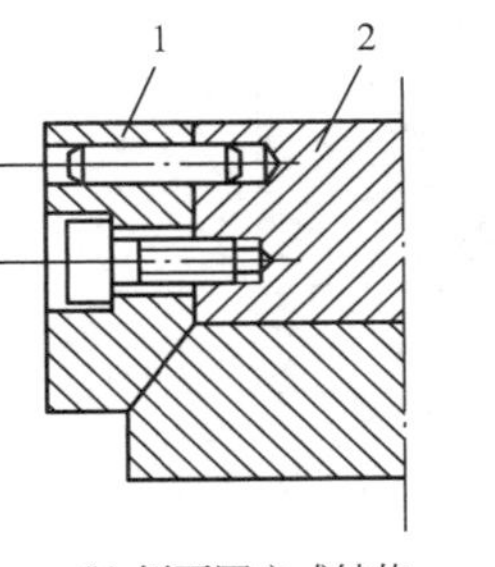

(b) 侧面固定式结构

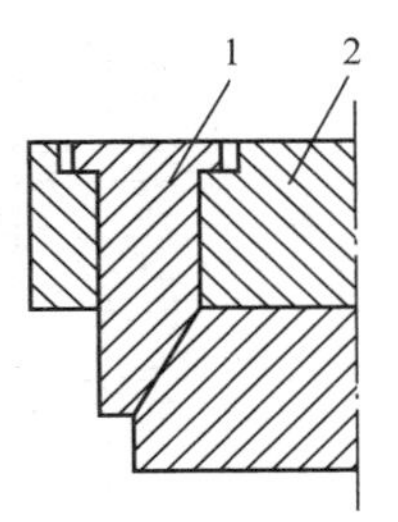

(c) 整体镶入式结构

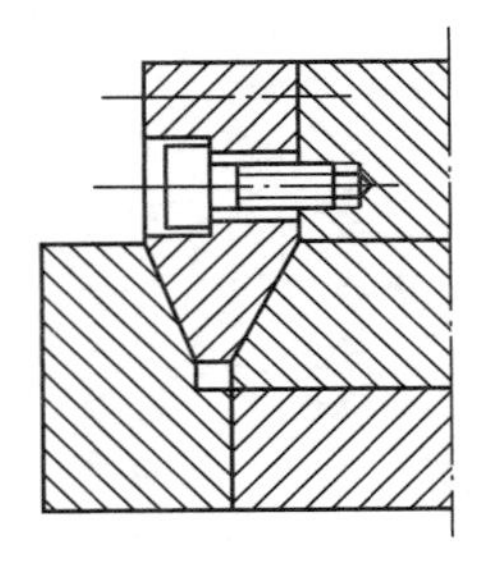

(d) 双楔紧块式结构

1—楔紧块；2—定模板。

图 4.182　楔紧块的结构及固定方式

入定模板 2 上，这种结构应用也较广泛，但这种结构承受的侧向力要比图 4.182（b）所示结构承受的侧向力大；图 4.182（d）所示为对楔紧块起加强作用的形式，采用双楔紧块，这种结构适用于侧向力很大的场合，但安装调试较困难。

② 锁紧角的确定。楔紧块的锁紧角 α' 通常比斜导柱的倾斜角 α 大 2°～3°。这样才能保证模具开模时楔紧块能脱离滑块，否则，斜导柱将无法带动滑块做侧向抽芯动作。

4.10.3 弯销抽芯机构

弯销抽芯机构的原理和斜导柱抽芯机构的原理相同，只是在结构上用弯销代替斜导柱。弯销实际上是斜导柱的变异形式，弯销抽芯机构的优点在于其倾斜角较大，故在开模距离相同的条件下，弯销抽芯机构的抽芯距大于斜导柱抽芯机构的抽芯距。

通常，弯销抽芯机构的弯销装在模板外侧，一端固定在定模上，另一端由支承块支承，故其可承受的抽拔力较大。图 4.183 所示为弯销抽芯机构的典型结构。

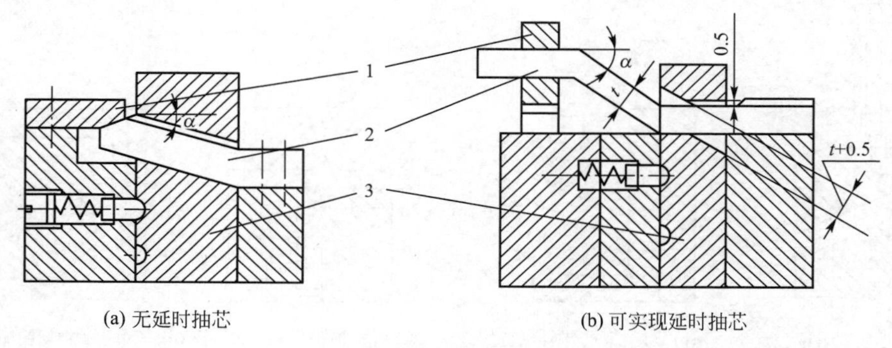

(a) 无延时抽芯　　(b) 可实现延时抽芯

1—支承块；2—弯销；3—滑块。

图 4.183　弯销抽芯机构的典型结构

弯销也有设在模内的（图 4.184），其特点是开模时，塑件先脱离定模型芯，然后在弯销的作用下使滑块移动。

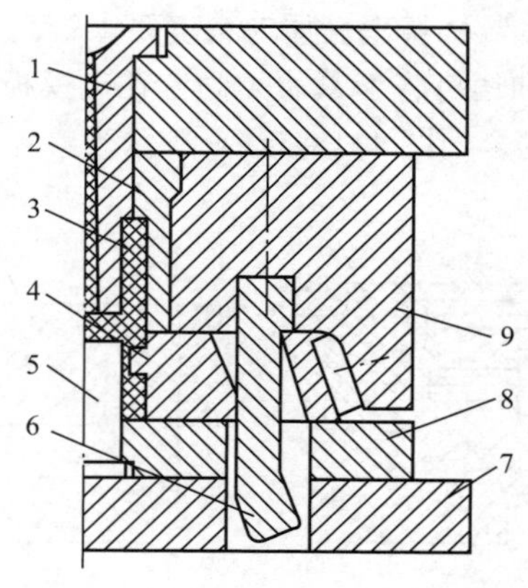

1—浇口套（兼定模型芯）；2—型腔；3—塑件；4—侧型芯滑块；
5—型芯；6—弯销；7—支承板；8—型芯固定板；9—定模板。

图 4.184　弯销在模内的结构

弯销还可以用于滑块的内侧抽芯（图 4.185）。弯销 5 固定在弯销固定板 1 内，侧型芯 4 安装在型芯 6 的斜向方形孔中。开模时，由于顺序定距分型机构的作用，拉钩 9 钩住滑块 11，模具先从 A 分型面分型，弯销 5 作用于侧型芯 4，使侧型芯抽出一定距离，斜侧抽芯结束，压块 10 的斜面与滑块 11 接触使滑块向内移动并脱钩，限位螺钉 3 限位，接着动模继续后退，模具开始在 B 分型面分型，然后推出机构工作，推件板 7 将塑件推出模具外。由于侧向抽芯结束后弯销工作端部仍有一部分留在侧型芯 4 的孔内，因此完成侧向抽芯后弯销不脱离侧型芯。同时弯销兼有锁紧作用，合模时，弯销使侧型芯复位并锁紧。

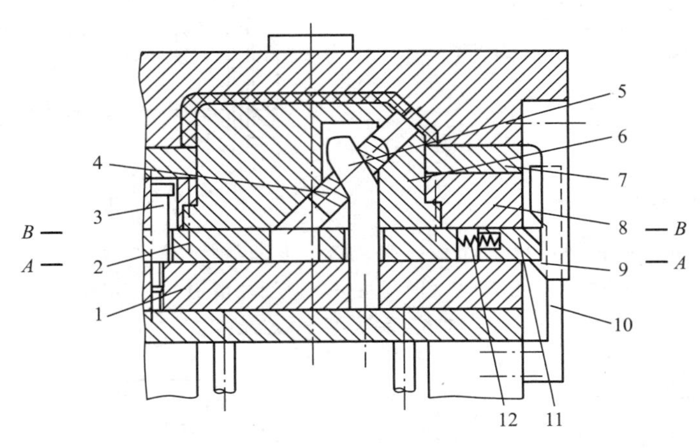

1—弯销固定板；2—垫板；3—限位螺钉；4—侧型芯；5—弯销；
6—型芯；7—推件板；8—动模板；9—拉钩；
10—压块；11—滑块；12—弹簧。

图 4.185　弯销内侧抽芯

4.10.4 斜导槽抽芯机构

当侧型芯的抽芯距比较大时，在侧型芯的外侧用斜导槽和滑块连接代替斜导柱，如图 4.186 所示。开模时，侧型芯滑块的侧向移动受固定在它上面的圆柱滑销在斜导槽内的运动轨迹所限制。当斜导槽与开模方向没有斜度时，滑块无侧向抽芯动作；当斜导槽与开模方向成一定角度时，滑块可以侧向抽芯；斜导槽与开模方向的角度越大，侧向抽芯的速度越快，斜导槽越长，侧向抽芯的抽芯距也越大。

斜导槽侧向抽芯机构抽芯动作的整个过程，实际上是受斜导槽的形状所控制。图 4.187 所示为斜导槽的三种形式，图 4.187（a）所示的形式，开模时便开始侧向抽芯，但这时斜导槽倾斜角 α 应小于 25°；图 4.187（b）所示的形式，开模后，圆柱滑销先在直槽内运动，因此有一段延时抽芯动作，直至滑销进入斜槽，侧向抽芯才开始；图 4.187（c）所示的形式，先在倾斜角 α_1 较小的斜导槽内侧向抽芯，然后进入倾斜角 α_2 较大的斜导槽内侧向抽芯，这种形式适于抽芯距较大的场合。由于起始抽芯力较大，第一段的倾斜角一般为 $12° < \alpha_1 < 25°$（但 α_1 应比锁紧角 α' 小 2°～3°），一旦侧型芯与塑件松动，后续的抽芯力就比较小，因此第二段的倾斜角可适当增大，但倾斜角 α_2 仍应小于 40°。图 4.187（c）所示中，第一段抽芯距为 S_1，第二段抽芯距为 S_2，总的抽芯距为 S，斜导槽的宽度一般比圆柱滑销大 0.2mm。

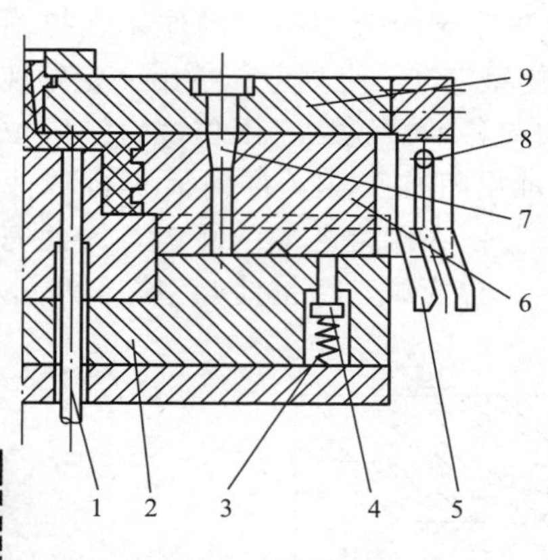

(a) 合模注射状态

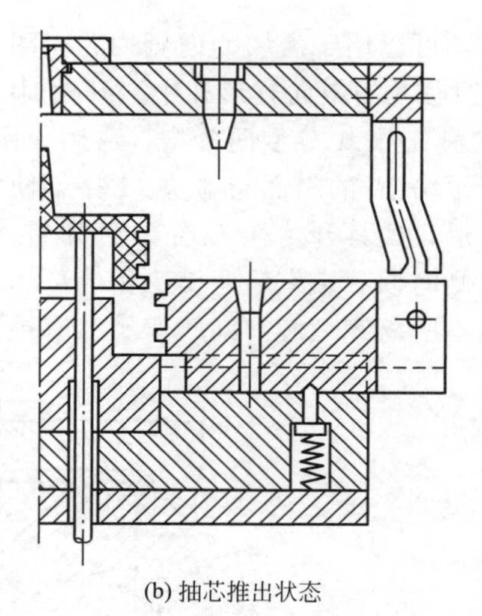

(b) 抽芯推出状态

【参考动画】

1—推杆；2—动模板；3—弹簧；4—顶销；5—斜导槽；
6—侧型芯滑块；7—止动销（楔紧块）；8—圆柱滑销；9—定模（座）板。

图 4.186　斜导槽侧抽芯机构

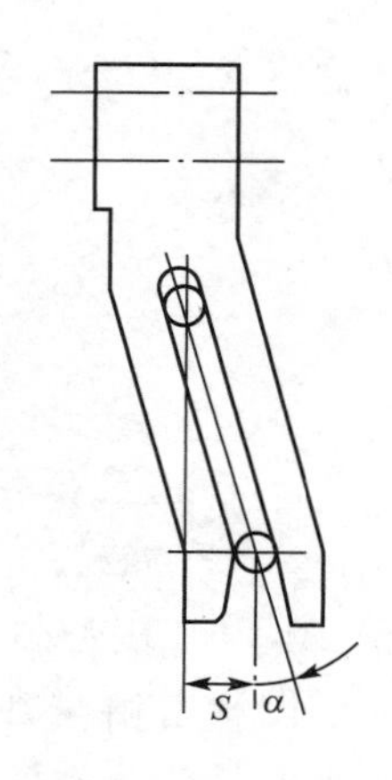

(a) 用于无延时抽芯

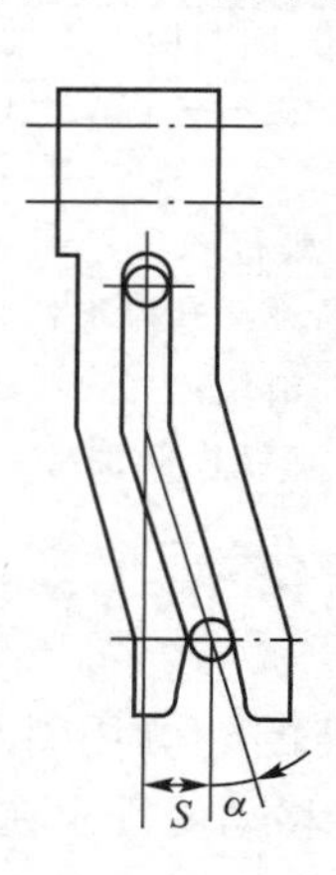

(b) 用于延时抽芯

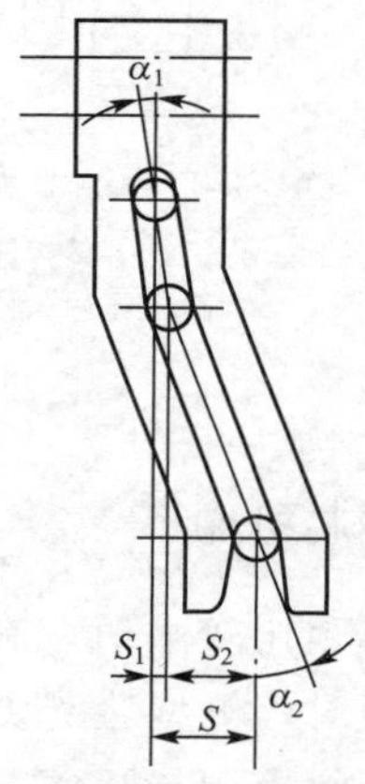

(c) 变角度弯销适用于抽芯距较大的场合

图 4.187　斜导槽的三种形式

斜导槽侧向分型与抽芯机构同样具有滑块驱动时的导滑、注射时的锁紧和侧向抽芯结束时的定位三大作用，在设计时应充分注意。另外，斜导槽与圆柱滑销通常用 T8 钢、T10 钢等材料制造，斜导槽的热处理要求与斜导柱的热处理要求相同，硬度一般大于 55HRC，表面粗糙度 $Ra\leqslant0.8\mu m$。

4.10.5　斜滑块抽芯机构

1. 基本结构

斜滑块抽芯机构适用于成型带有侧孔或侧凹较浅但面积较大的塑件，采用斜滑块抽芯机构成型时，所需的抽芯距较小。斜滑块抽芯机构有斜滑块的外侧分型与抽芯机构和斜滑块的内侧分型与轴芯机构。

图 4.188 所示为斜滑块的外侧分型与抽芯机构。图中塑件为绕线轮（线圈骨架）型产品，带有外侧凹，脱模时要求塑件从型芯 4、5 与斜滑块 2 两瓣中脱出。在推杆 3 的作用下，两瓣斜滑块 2 向右运动并向上下两侧分离。侧向分型是通过动模板 1 上开设的导滑槽来完成的，滑块侧向分型的最终位置由限位螺销 6 来保证。合模时，斜滑块的复位靠定模板压住斜滑块的右端面进行。

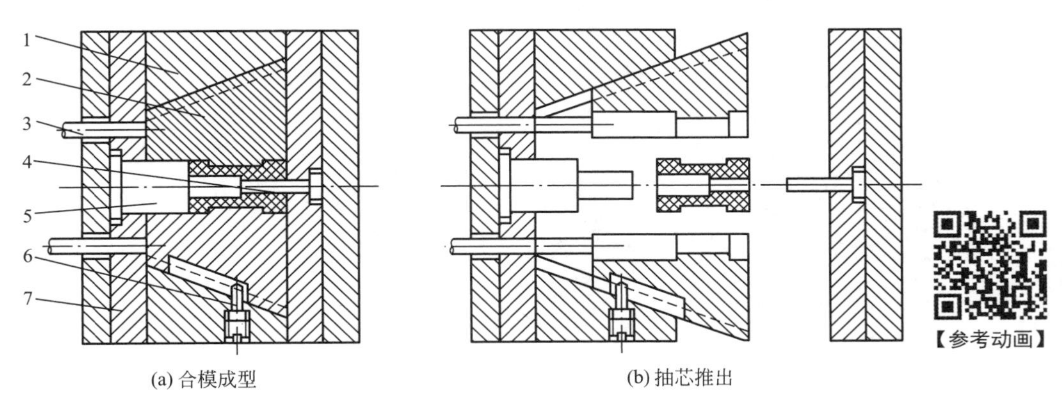

1—动模板；2—斜滑块；3—推杆；4、5—型芯；6—限位螺销；7—型芯固定板。

图 4.188　斜滑块的外侧分型与抽芯机构

图 4.189 所示为斜滑块的内侧分型与抽芯机构。斜滑块 1 的右端成型塑件内侧的凹凸形状部位，镶块 4 的上端呈燕尾状并可在型芯 2 的燕尾槽中滑动，镶块的下端嵌入斜滑块中。斜滑块在推杆 5 的作用下推出塑件，同时向内侧移动并完成内侧抽芯。限位销 3 限制斜滑块最终的推出位置。

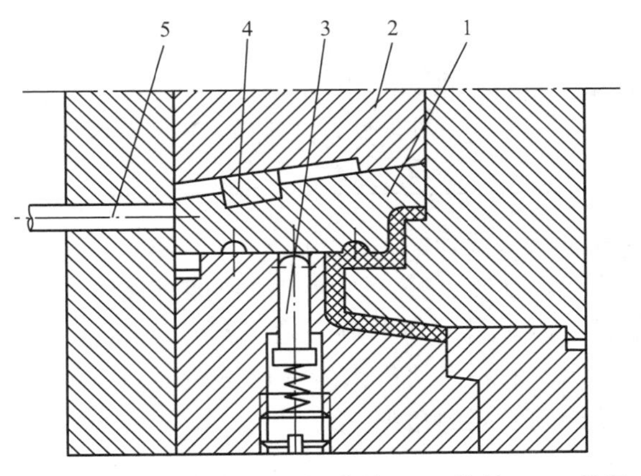

【参考动画】

1—斜滑块；2—型芯；3—限位销；4—镶块；5—推杆。

图 4.189　斜滑块的内侧分型与抽芯机构

2. 设计要点

(1) 斜滑块的组合与导滑形式。

根据塑件的具体结构，通常由 2～6 块斜滑块组成瓣合凹模。设计斜滑块的组合形式时应充分考虑分型与抽芯的方向要求，并尽量保证塑件具有较好的外观质量，避免在塑件表面留有明显的镶拼痕迹，还应使滑块的组合部分具有足够的强度。常见的斜滑块的组合形式如图 4.190 所示。表 4－45 所列为斜滑块导滑部分的基本形式。

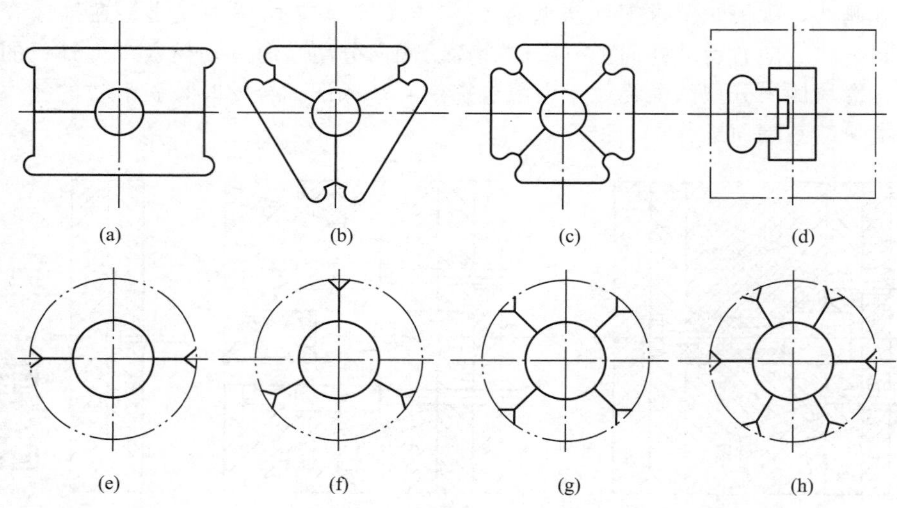

图 4.190　常见的斜滑块的组合形式

表 4－45　斜滑块导滑部分的基本形式

图示结构			
说明	T 形导滑结构。该结构的加工相对简单，结构紧凑，适用于中小型模具	用斜向镶入的斜导柱作导滑导轨，该结构制造方便，容易保证精度，但制造时要注意斜导柱的倾斜角要小于模套的倾斜角	燕尾式导滑结构。该结构制造较困难，但结构比较紧凑，适用于小模具多滑块的形式

（2）斜滑块的倾斜角与推出行程。

由于斜滑块的强度较高，刚性也好，因此斜滑块能承受较大的抽芯力，斜滑块的倾斜角可比斜导柱的倾斜角大一些，斜滑块的倾斜角一般小于 30°。在同一副模具中，如果塑件各处的侧凹深浅不同，所需的斜滑块推出行程也不相同，为使斜滑块运动保持一致，可将各处斜滑块的倾斜角设计成不同的角度。

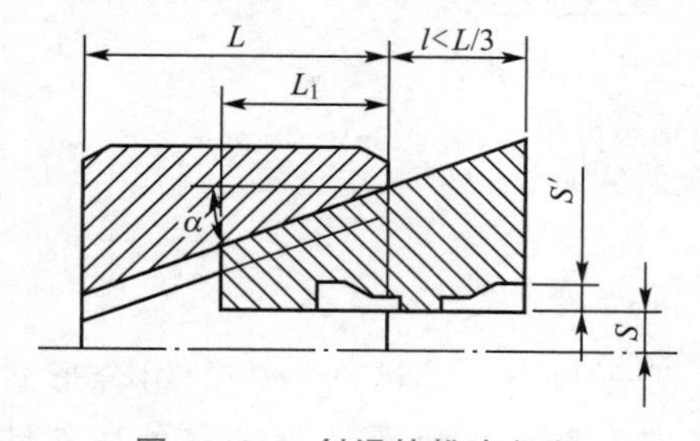

图 4.191　斜滑块推出行程

立式模具斜滑块的推出行程小于斜滑块高度的一半，卧式模具斜滑块的推出行程小于斜滑块高度的 1/3，如图 4.191 所示。如果必须使用更大的推出距离，可使用加长斜滑块导向的方法。

（3）斜滑块的装配。

为了保证闭模时斜滑块拼合紧密，不发生溢料，斜滑块底部与动模垫板间的间隙应为 0.2～0.5mm，斜滑块还应高出动模板 0.4～0.6mm，一方面合模时锁模力直接作用于斜滑块，使斜滑块的拼合面十分紧密，另一方面可以保证斜滑块与动模板导滑槽的配合面磨损后，通过修磨斜滑块的下端面仍能保持其密合性，如图 4.192（a）所示。当斜滑块的底面作分型面时，底面是不能留间隙的，如图 4.192（b）所示，但这种形式一般很少采用，因为斜滑块磨损后很难修整，故采用如图 4.192（c）所示的形式较为合理。

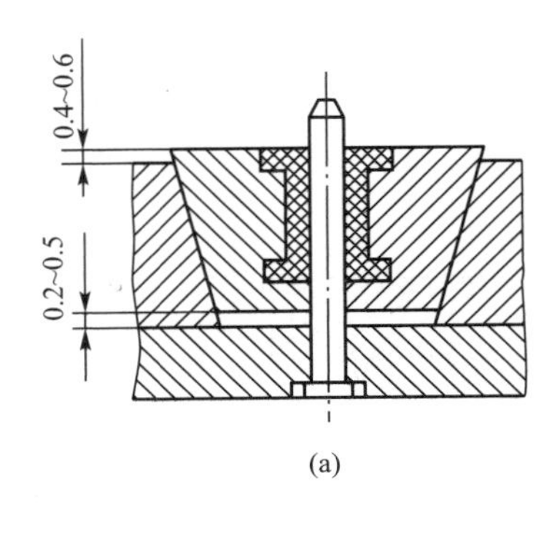

(a)

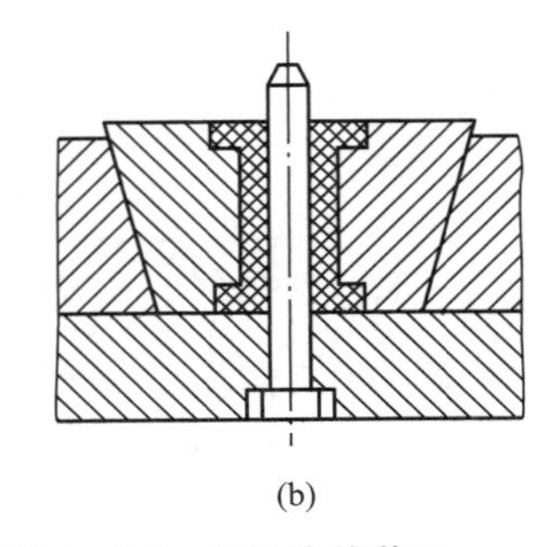
(b)

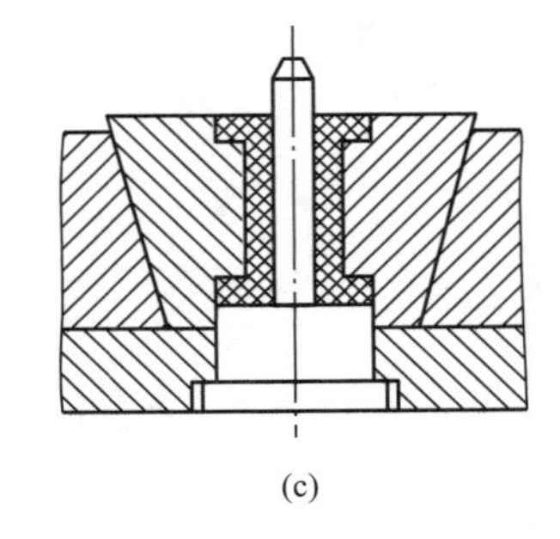
(c)

图 4.192 斜滑块的装配

（4）开模时斜滑块的止动。

斜滑块通常设置在动模部分，并要求塑件对动模的包紧力大于塑件对定模的包紧力。但有时因为塑件的特殊结构，塑件对定模的包紧力大于塑件对动模的包紧力，或两者相差不大，此时斜滑块在开模动作刚刚开始时便有可能与动模产生相对运动，导致塑件损坏或使塑件滞留在定模内而无法取出。为此可设置止动装置，图 4.193 所示为弹簧顶销止动装置，开模时在弹簧力的作用下，顶销紧压在斜滑块上防止其与动模导滑槽分离；图 4.194 所示为导销止动装置，在定模上设置的止动导销 3 与斜滑块上有段间隙配合（H8/f8），开模时，在导销的限制下，斜滑块不能做侧向运动，故开模动作无法使斜滑块与动模导滑槽之间产生相对运动，继续开模，导销脱离斜滑块，推出机构工作时，斜滑块侧向分型与抽芯并推出塑件。

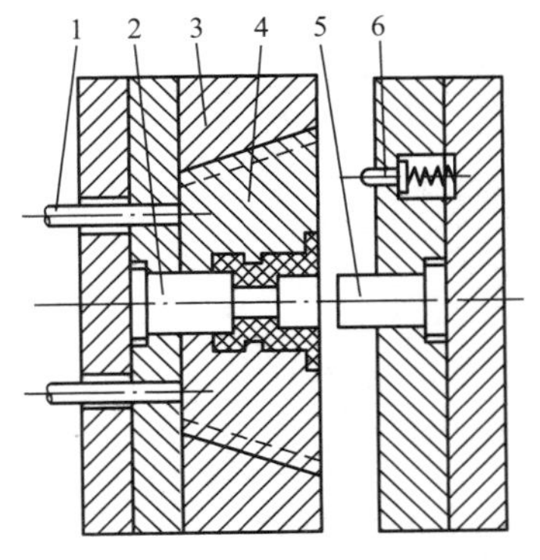

1—推杆；2、5—型芯；3—动模板；4—斜滑块；6—弹簧顶销。

图 4.193 弹簧顶销止动装置

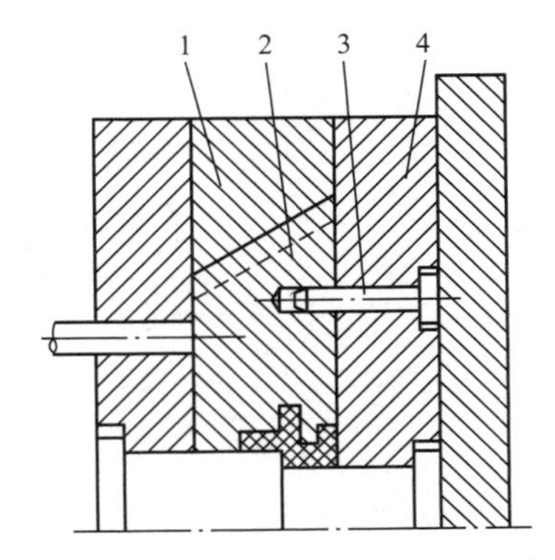

1—动模板；2—斜滑块；3—止动导销；4—定模板。

图 4.194 导销止动装置

4.10.6 齿轮齿条抽芯机构

齿轮齿条抽芯机构的结构比较复杂，一般在中型模具、小型模具中并不常用，现举例如下。

图 4.195 所示为传动齿条固定在定模一侧的侧向抽芯机构，开模时，固定在定模上的传动齿条通过齿轮带动齿条型芯抽离塑件；开模达终点位置时，传动齿条脱离齿轮。为了保证齿条型芯的最终位置，防止合模时齿条型芯不能复位，齿轮的轴上装有定位销钉（图 4.196），使齿轮始终保持在传动齿条的最后脱离位置。

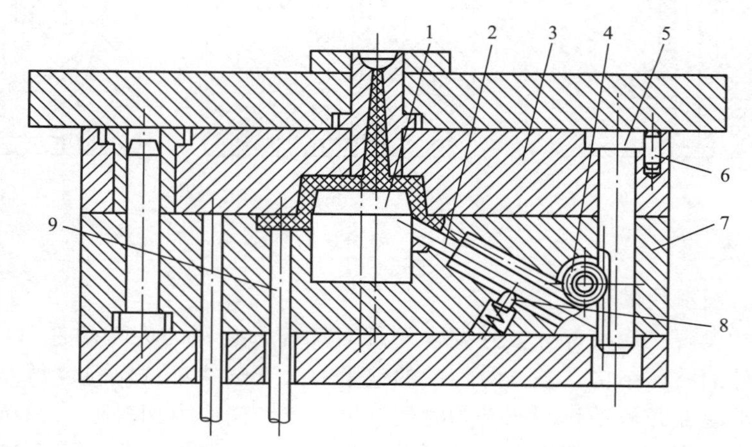

1—型芯；2—齿条型芯；3—定模板；4—齿轮；5—传动齿条；
6—止转销；7—动模板；8—导向销；9—推杆。

图 4.195 传动齿条固定在定模一侧的侧向抽芯机构

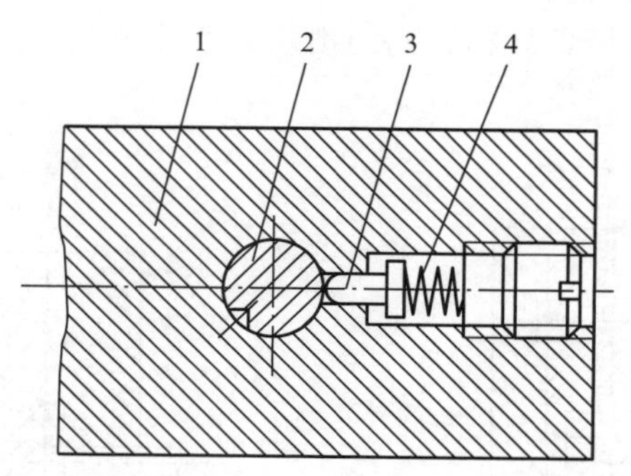

1—动模板；2—齿轮轴；3—定位销钉；4—弹簧。

图 4.196 齿轮脱离传动齿条时的定位装置

图 4.197 所示为传动齿条固定在动模一侧的侧向抽芯机构，这种机构全部装置在动模上。开模后，传动齿条推板 2 在注射机顶出装置的作用下，使传动齿条 1 带动齿轮 6 将齿条型芯 7 抽离塑件；继续开模时，传动齿条固定板 3 与推板 4 接触并同时移动，使推杆推动塑件脱模；合模时，传动齿条复位杆 8 使侧向抽芯机构复位。由于传动齿条 1 始终与齿轮 6 啮合，因此可以不用限位装置。若抽芯距长且顶出行程也不大，则可采取双联齿轮或通过加大传动比来达到较长的抽芯距。

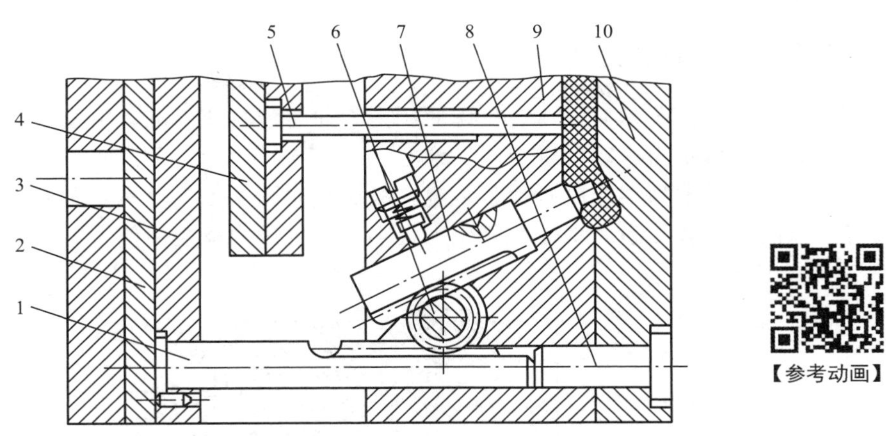

1—传动齿条；2—传动齿条推板；3—传动齿条固定板；4—推板；
5—推杆；6—齿轮；7—齿条型芯；8—传动齿条复位杆；9—动模板；10—定模板。

图 4.197 传动齿条固定在动模一侧的侧向抽芯机构

图 4.198 所示为齿轮齿条圆弧抽芯机构。设计模具有一定难度。开模时，传动齿条 1 带动固定在齿轮轴 7 上的直齿轮 6 转动，同时，固定在同一轴上的斜齿轮 8 又带动固定在齿轮轴 3 上的斜齿轮 4 转动，故固定在齿轮轴 3 上的直齿轮 2 就带动圆弧齿条型芯 5 做圆弧抽芯。

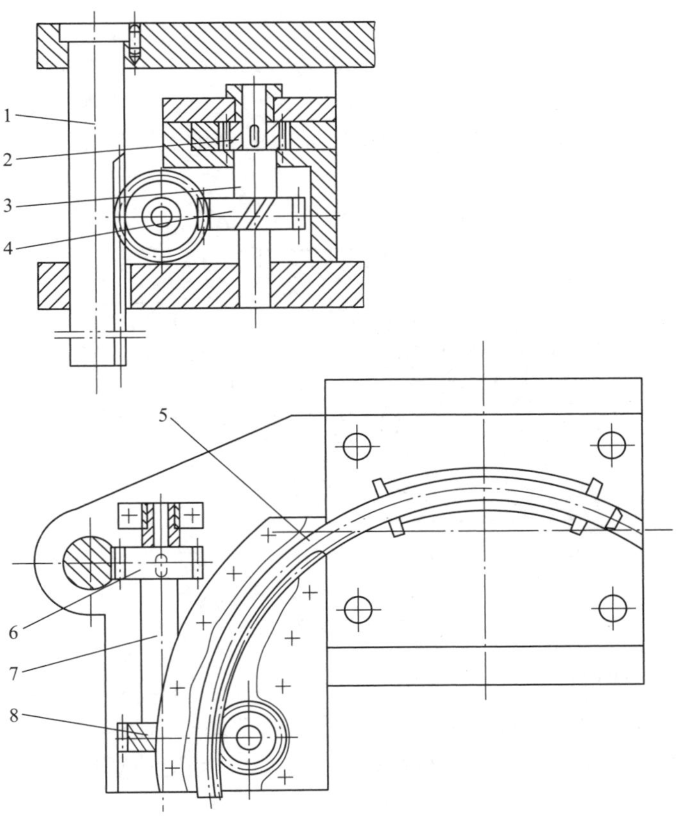

1—传动齿条；2、6—直齿轮；3、7—齿轮轴；4、8—斜齿轮；5—圆弧形齿条型芯。

图 4.198 齿轮齿条圆弧抽芯机构

4.10.7 液压与气动抽芯机构

液压与气动抽芯是靠液体或气体的压力，通过油缸或气缸、活塞及控制系统实现的。

图 4.199 所示为气动抽芯机构，侧型芯在定模部分，开模前，利用气缸使侧型芯移动，然后开模，这种结构没有锁紧装置，故必须如图 4.199 所示，侧孔为通孔，使侧型芯没有后退的力，或使型芯承受的侧压力很小，气缸压力就能使侧型芯锁紧不动。

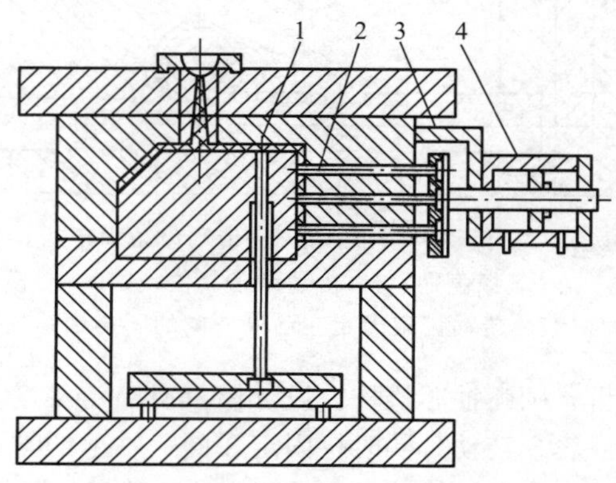

【参考动画】

1—定模板；2—侧型芯；3—支架；4—气缸。

图 4.199　气动抽芯机构

图 4.200 所示为带有锁紧装置的液压抽芯机构，侧型芯在动模部分，开模后，首先利用液体压力抽出侧型芯，然后再推出塑件，推出机构复位后，侧型芯复位，液压抽芯可以单独控制侧型芯的启动，不受开模时间和推出时间的影响。

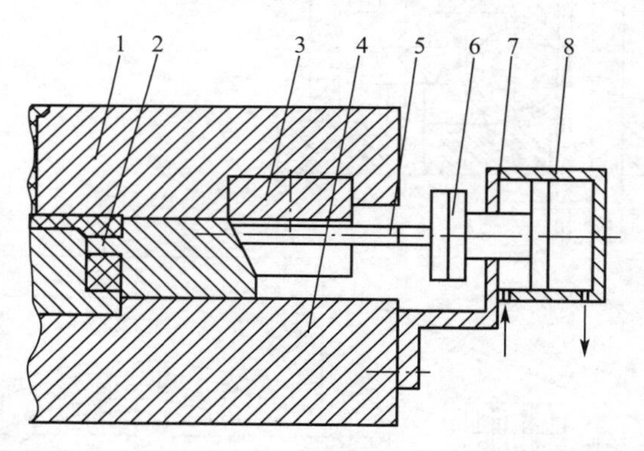

【参考动画】

1—定模板；2—侧型芯；3—楔紧块；4—动模板；5—拉杆；
6—连接器；7—支架；8—液压缸。

图 4.200　带有锁紧装置的液压抽芯机构

图 4.201 所示为液压抽长型芯机构，由于采用了液压抽芯，因此避免了用瓣合模的组合形式，简化了模具结构。并且当侧型芯很长，抽芯距很大时，不宜使用斜导柱抽芯机构，宜使用液压抽芯机构，液压抽芯机构的抽芯力大，且运动平稳。

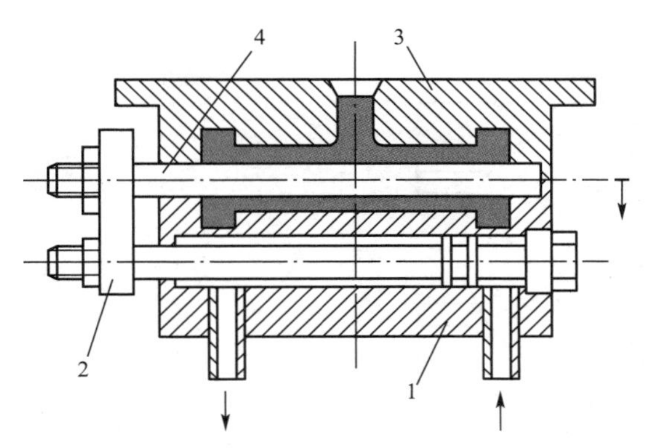

1—动模板；2—型芯固定板；3—定模板；4—长型芯。

图 4.201 液压抽长型芯机构

4.10.8 手动抽芯机构

手动抽芯机构多用于试制和小批量生产的模具，是用人力将型芯从塑件上抽出，劳动强度大，生产效率低，但是手动抽芯机构结构简单，缩短了模具加工周期，降低了制造成本，故有时还采用。手动抽芯机构多用于螺纹型芯、成型块的抽出，举例如下。

(1) 丝杆手动抽芯机构。

图 4.202 所示为丝杆手动抽芯机构，在模具外通过手动旋转丝杆，可将型芯抽出和复位。

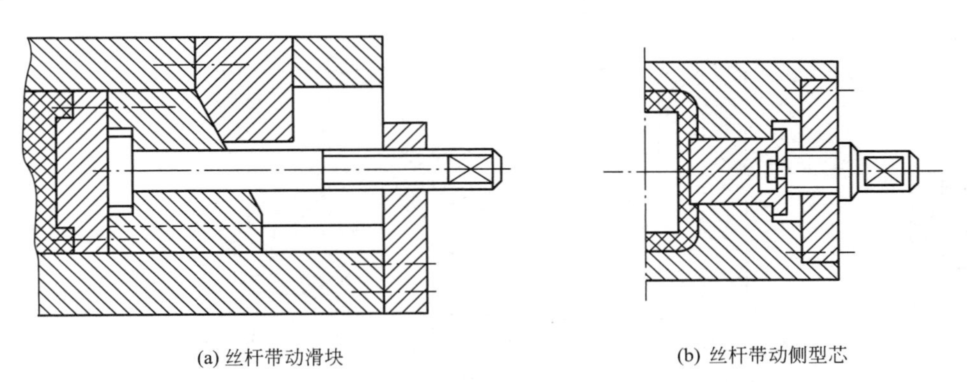

(a) 丝杆带动滑块　　(b) 丝杆带动侧型芯

图 4.202 丝杆手动抽芯机构

(2) 手动斜槽分型与抽芯机构。

手动斜槽分型与抽芯机构动作原理和机动斜槽分型与抽芯机构动作原理一样，区别是手动斜槽分型与抽芯机构用人力转动转盘。图 4.203 所示为多型芯的手动抽芯机构，图 4.203 (a) 所示为偏心转盘的结构，图 4.203 (b) 所示为偏心滑板的结构，手动斜槽分型与抽芯机构适用于抽芯距不大的小型芯，结构简单，操作方便。

4.10.9 其他抽芯机构

除上述介绍的几类抽芯方法外，实际生产中采用的抽芯方法还有很多，新颖的抽芯方法不断被创造出来。仅选几例介绍如下。

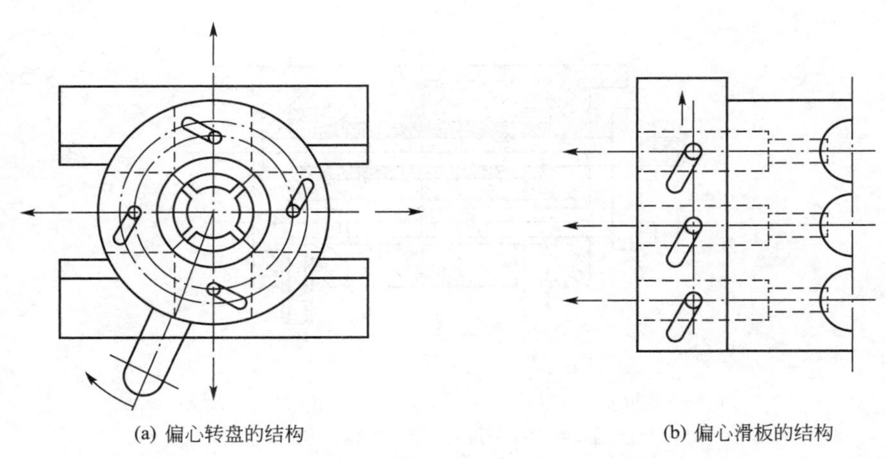

(a) 偏心转盘的结构　　(b) 偏心滑板的结构

图 4.203　多型芯的手动抽芯机构

1. 斜推杆导滑抽芯机构

斜推杆导滑抽芯机构可分为外侧抽芯机构和内侧抽芯机构两种形式。

（1）斜推杆导滑的外侧抽芯机构。

图 4.204 所示为斜推杆导滑的外侧抽芯机构。开模时，塑件留在动模，推出时，推杆固定板 1 推动滚轮 2，迫使斜推杆 3 沿动模板 4 的斜方孔运动，斜推杆与推杆 5 共同推出塑件的同时，完成外侧抽芯。

【参考动画】

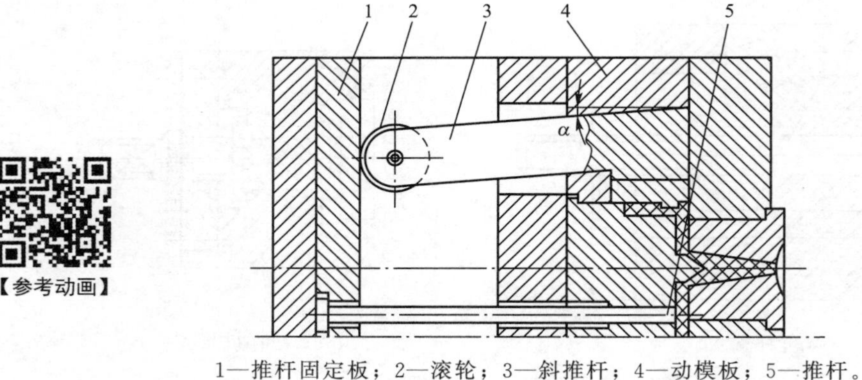

1—推杆固定板；2—滚轮；3—斜推杆；4—动模板；5—推杆。

图 4.204　斜推杆导滑的外侧抽芯机构

（2）斜推杆导滑的内侧抽芯机构。

图 4.205 所示为斜推杆导滑的内侧抽芯机构，该机构在推出塑件的同时可完成内侧抽芯动作。

在可以满足侧向出模的情况下，斜推杆的倾斜角 α 应尽量选用较小角度，α 一般不大于 20°。当内侧抽芯时，斜推杆的顶端面应低于型芯顶端面 0.05～0.10mm，以免推出时阻碍斜推杆的径向移动，如图 4.206 所示；另外，在斜推杆顶端面的径向移动范围内（$L>L_1$），塑件内表面上不应有任何台阶，以免阻碍斜推杆活动。

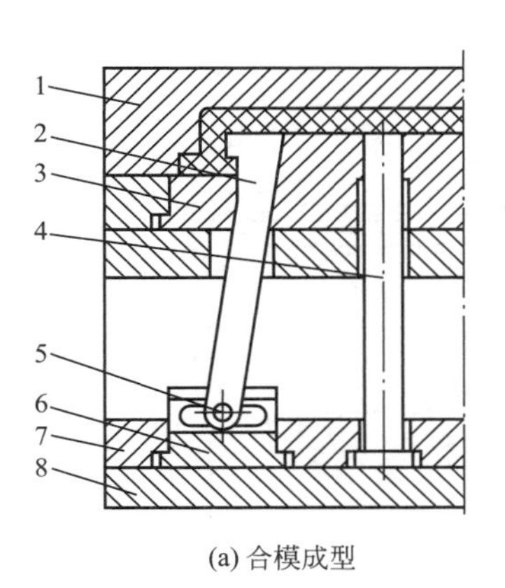

(a) 合模成型

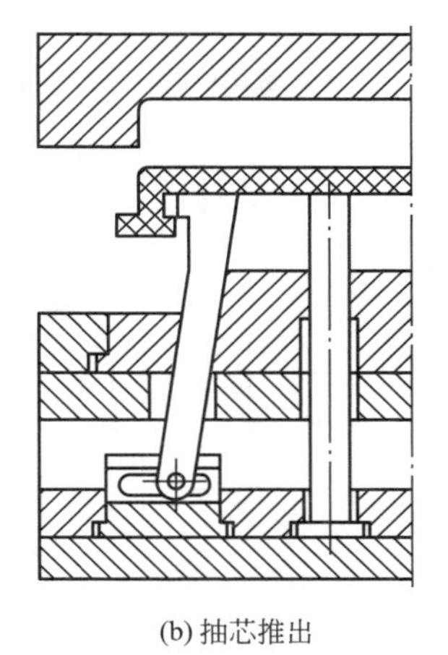

(b) 抽芯推出

【参考动画】

1—定模板；2—斜推杆；3—型芯；4—推杆；5—销；
6—滑座；7—推杆固定板；8—推板。

图 4.205 斜推杆导滑的内侧抽芯机构

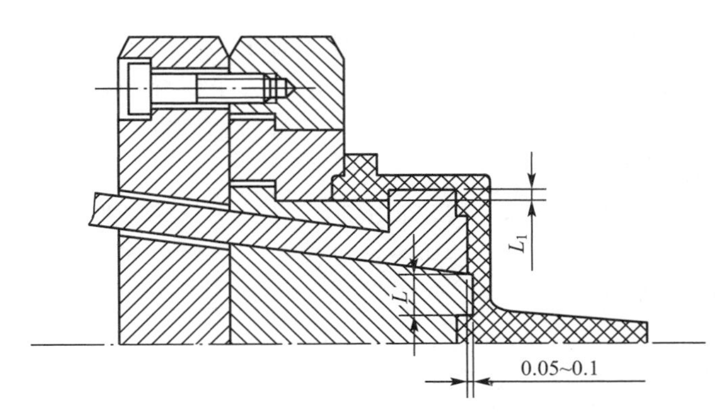

图 4.206 斜推杆的顶端面结构

2. 滑杆平移侧抽芯机构

图 4.207 所示为滑杆平移式内侧抽芯机构。滑杆 3 安装在推杆固定板 6 的腰形导滑槽内，$L>L_1$。推出时，滑杆与推杆 4 同时使塑件脱离型芯 1，当塑件推移至行程为 L 时，滑杆上的 A 点脱离型芯的制约，并在 B 点与动模板上的 B_0 点相碰，迫使滑杆向内侧平移，完成侧向抽芯动作。合模时，复位杆 5 带动推出机构复位，滑杆则在型芯侧面作用下(D 点触及型芯的 C 点后)，逐渐向外侧移动，回到原来的成型位置上。

需要指出的是，当开始抽芯时，塑件不应完全脱离型芯，即应满足 $L<H$，否则会因塑件没有径向约束而随滑杆平移，不能实现侧向抽芯。

3. 弹性元件侧向分型与抽芯机构

当塑件上的侧凹很浅或塑件侧壁有个别较小凸起时，侧向成型零部件抽芯时所需的抽芯力和抽芯距都不大，此时只要模具的结构允许，可以采用弹性元件侧向分型与抽芯机构。

【参考动画】

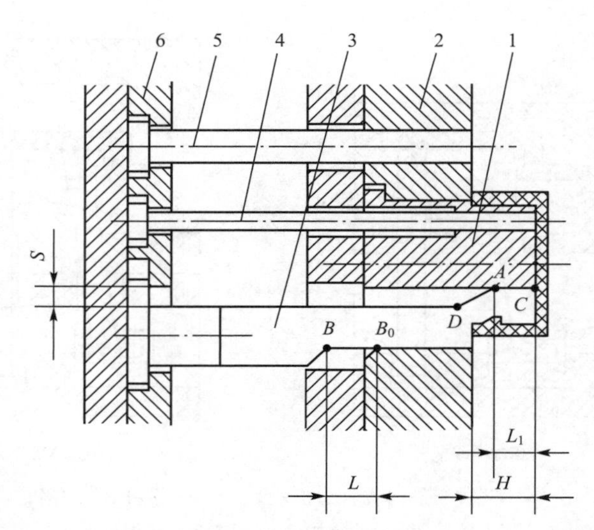

1—型芯；2—动模板；3—滑杆；4—推杆；5—复位杆；6—推杆固定板。

图 4.207　滑杆平移式内侧抽芯机构

图 4.208 所示为弹簧侧抽芯机构。塑件的外侧有小孔，由于塑件对侧型芯 3 只有较小的包紧力，因此适宜采用弹簧侧抽芯机构，这样就省去了斜导柱，使模具结构简化。合模时，楔紧块 1 将侧型芯 3 锁紧。开模后，楔紧块与侧型芯分离，在弹簧 2 的弹力作用下侧型芯完成侧向短距离抽芯。

图 4.209 所示为硬橡胶侧抽芯机构，合模时，楔紧块 1 使侧型芯 2 移至成型位置。开模后，楔紧块脱离侧型芯，侧型芯在被压缩的硬橡胶 3 的作用下抽出塑件。侧型芯 2 的抽出与复位在一定的配合间隙（H8/f8）内进行。

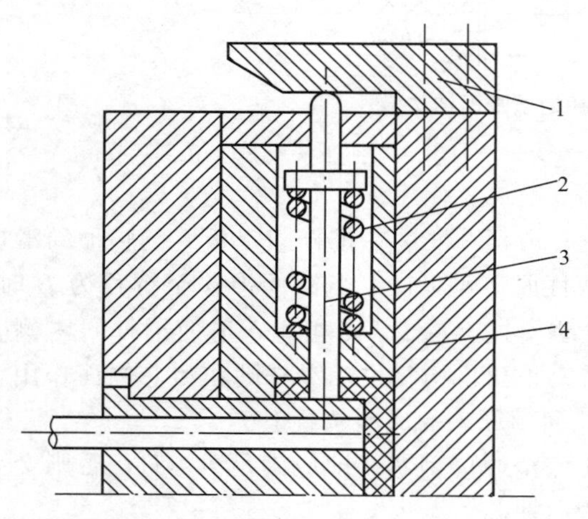

1—楔紧块；2—弹簧；3—侧型芯；4—定模板。

图 4.208　弹簧侧抽芯机构

1—楔紧块；2—侧型芯；3—硬橡胶。

图 4.209　硬橡胶侧抽芯机构

4. 压杆滚珠弹簧联合抽芯

图 4.210 所示为压杆滚珠弹簧联合抽芯机构。合模时，定模板 2 压迫压杆 5，将滚珠 6 挤入滚珠 4 和滚珠 7 之间，使侧型芯 9 进入成型位置。开模时，在弹簧 3 和弹簧 8 的作

用下，滑杆 1 和侧型芯 9 移动。滚珠 4 和滚珠 7 将滚珠 6 顶起，完成抽芯。

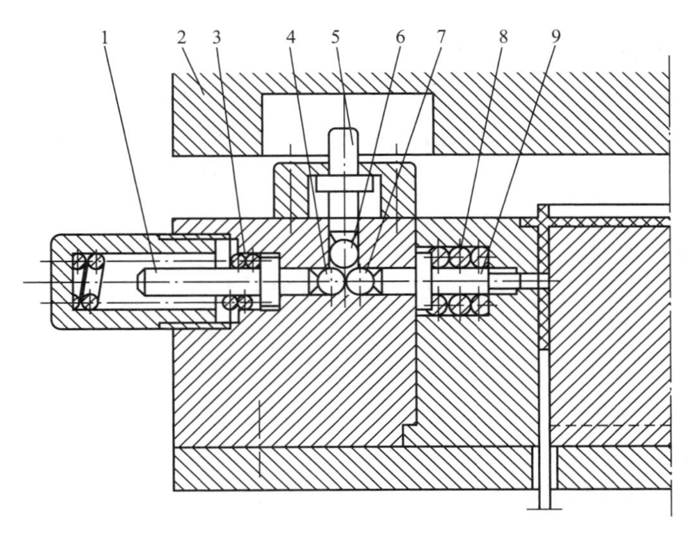

1—滑杆；2—定模板；3、8—弹簧；4、6、7—滚珠；5—压杆；9—侧型芯。

图 4.210 压杆滚珠弹簧联合抽芯机构

【在线答题】

4.11 模具温度调节系统的设计

塑件成型过程中，模具的温度直接影响成型塑件的尺寸精度、外观、内在质量及塑件的生产效率，故温度调节是模具设计及塑件成型过程中的一项重要工作。不同的塑料，其性能和成型工艺不同，对模具的温度要求也不同。例如，一般热塑性塑料注射到模具型腔内的塑料熔体温度不超过 200℃，而塑件固化后从模具型腔里取出时的温度在 60℃以下，温度的降低是依靠设置的冷却系统带走热量实现的。对于热固性塑料的注射成型，塑料熔体在料筒内的温度为 70～90℃，塑料熔体高速流经模具流道时，由于剧烈摩擦，温度瞬间提高到 130℃左右，达到临界固化状态，塑料熔体迅速充满模具型腔，随后在高温模具内固化定型，因此模具需要加热。

总之，应使模具温度达到适宜塑件成型的工艺条件要求，通过调节控温系统，模具型腔各个部位的温度基本相同；并且在生产过程中的每个成型周期，模具温度也应均衡一致。

4.11.1 概述

1. 模具温度调节系统的作用

(1) 改善成型条件。

注射成型时，模具应保持合适的温度，才能使成型正常进行。如热流道模具，模具温度应保持流道内的塑料熔体温度在成型范围内，模具温度过高或过低则不能满足成型要求；成型普通热塑性塑料的模具常需要冷却。因此，在保证成型的情况下，应尽量使模具温度保持在允许低温的状态，以缩短成型周期。

（2）稳定塑件的形位尺寸精度。

控制模具温度是稳定塑件形位尺寸精度的主要方法之一。模具温度变化会使塑料收缩率有大的波动，特别是对于结晶性塑料，由于温度对塑料的结晶速率和结晶度的影响较大，因此塑料收缩率的波动就很大。若模具温度不能使塑件均匀冷却，则塑件在各个方向上的收缩程度就不同，不仅影响塑件的尺寸精度，而且会引起塑件的变形。因此，合理控制模具温度可以使影响塑料收缩率的因素得到稳定，并使塑件的形位尺寸变化在允许的范围内。

（3）改善塑件物理性能、力学性能。

如果模具温度控制不当，会造成塑件内应力增加和集中，从而影响塑件的使用性能。

（4）提高塑件表面质量。

塑件上常出现冷料斑、光泽不良、塑料熔体流痕等缺陷，若对模具温度进行合理调节，可以防止出现此类成型缺陷。

2. 模具温度调节的方式

注射模温度调节是通过加热或冷却方式来实现的，确保模具温度在成型要求的范围之内。模具加热方法有蒸汽加热、热油（热水）加热及电阻加热等，最常用的模具加热方法是电阻加热法；模具冷却方法有常温循环水冷却、冷却水强力冷却或空气冷却等，大部分采用常温水冷却。

下面介绍一些确定冷却或加热措施的基本原则。

① 对于黏度低、流动性好的塑料（如聚乙烯、聚丙烯、聚苯乙烯、聚酰胺等），可采用常温水对模具进行冷却，并通过调节水的流量控制模具温度。如果对这类塑件的生产效率要求很高，也可采用冷却水控制模具温度。

对于黏度高、流动性差的塑料（如聚碳酸酯、聚甲醛、聚砜、聚苯醚、氟塑料等），经常需要对模具采用加热措施。

对于黏流温度或熔点不太高的塑料，一般采用常温水或冷水对模具进行冷却。有时也可采用加热措施控制模具温度。

对于高黏流温度或高熔点塑料，可采用温水控制模具温度。对于热固性塑料，必须对模具采取加热措施。

② 受塑件几何形状影响，塑件在模具内各处的温度不一定相等，可对模具采用局部加热或局部冷却方法，以改善塑件的温度分布。对于塑料熔体流程很长、壁厚又比较大的塑件，或者是黏流温度或熔点虽然不高、但成型面积很大的塑件，可对模具采取适当的加热措施。

③ 对于工作温度要求高于室温的大型模具，可在模具内设置加热装置。为了实时准确地调节和控制模具温度，必要时可在模具中同时设置加热和冷却装置。对于小型薄壁塑件，且成型工艺要求的模具温度也不太高时，可直接依靠自然冷却。

特别提示

设置温度调节装置后，有时会给注射生产带来一些问题，例如，采用冷水调节模具温度时，大气中水分易凝聚在模具型腔表壁，影响塑件表面质量。而采用加热措施后，模具内一些间隙配合的零件可能由于膨胀使间隙减小或消失，从而造成模具卡死或无法工作，故设计模具时应注意。

4.11.2 冷却系统设计

1. 冷却参数计算

(1) 冷却时间的确定。

影响冷却时间的因素有很多，如模具材料、冷却介质温度及流动状态、塑料的热性能、塑件厚度、冷却回路的分布、模具温度等。塑件在模具内的冷却时间通常是指塑料熔体从充满型腔时起到开模取出塑件这一段时间，开模取出塑件的时间常以塑件已充分固化，且具有一定的强度和刚度为准。冷却时间的经验计算公式较为繁杂，在此不作讨论(可参阅有关设计资料)，可根据塑件厚度大致确定所需冷却时间，见表 4-46。

表 4-46 塑件厚度与所需冷却时间的关系

塑件厚度/mm	冷却时间/s						
	ABS	PA	HDPE	LDPE	PP	PS	PVC
0.5			1.8		1.8	1.0	
0.8	1.8	2.5	3.0	2.3	3.0	1.8	2.1
1.0	2.9	3.8	4.5	3.5	4.5	2.9	3.3
1.3	4.1	5.3	6.2	4.9	6.2	4.1	4.6
1.5	5.7	7.0	8.0	6.6	8.0	5.7	6.3
1.8	7.4	8.9	10.0	8.4	10.0	7.4	8.1
2.0	9.3	11.2	12.5	10.6	12.5	9.3	10.1
2.3	11.5	13.4	14.7	12.8	14.7	11.5	12.3
2.5	13.7	15.9	17.5	15.2	17.5	13.7	14.7
3.2	20.5	23.4	25.5	22.5	25.5	20.5	21.7
3.8	28.5	32.0	34.5	30.9	34.5	28.5	30.0
4.4	38.0	42.0	45.0	40.8	45.0	38.0	39.8
5.0	49.0	53.9	57.5	52.4	57.5	49.0	51.1
5.7	61.0	66.8	71.0	65.0	71.0	61.0	63.5
6.4	75.0	80.0	85.0	79.0	85.0	75.0	77.5

(2) 传热面积计算。

如果忽略模具因空气对流、热辐射、与注射机接触所散发的热量，假设塑料在模具内释放的热量全部被冷却水带走，则模具冷却时所需冷却水的体积流量 V 可按下式计算：

$$V=\frac{nm\cdot\Delta h}{60\rho C_{p}(t_1-t_2)} \tag{4-58}$$

式中：V 为所需冷却水的体积流量(m^3/min)；m 为包括浇注系统凝料在内的每次注入模具的塑料质量(kg)；n 为每小时注射的次数；Δh 为从塑料熔体进入型腔时的温度到塑件冷却到脱模温度为止，塑料所放出的热焓量(kJ/kg)；ρ 为冷却水在使用状态下的密度(kg/m^3)；

C_p 为冷却水的比热容[kJ/(kg·K)]；t_1 为冷却水出口温度（℃）；t_2 为冷却水入口温度（℃）。常见塑料在凝固时放出的热焓量见表4－47。

表4－47 常用塑料在凝固时放出的热焓量 单位：kJ/kg

塑料名称	Δh	塑料名称	Δh
高压聚乙烯	583.33～700.14	尼龙	700.14～816.48
低压聚乙烯	700.14～816.48	聚甲醛	420.00
聚丙烯	583.33～700.14	乙酸纤维素	289.38
聚苯乙烯	280.14～349.85	丁酸-乙酸纤维素	259.14
聚氯乙烯	210.00	ABS	326.76～396.48
有机玻璃	285.85	AS	280.14～349.85

求出冷却水的体积流量 V 以后，可以根据冷却水处于湍流（湍流的热传递效率为层流的热传递效率的10～20倍）状态下的流速 v 与通道直径 d 的关系（见表4－48），确定模具冷却水孔的直径 d。

表4－48 冷却水流道的稳定湍流速度、流量、流道直径

冷却流道直径 d/mm	最低流速 v/(m/s)	V/(m³/min)	冷却流道直径 d/mm	最低流速 v/(m/s)	V/(m³/min)
8	1.66	5.0×10^{-3}	15	0.87	9.2×10^{-3}
10	1.32	6.2×10^{-3}	20	0.66	12.4×10^{-3}
12	1.10	7.4×10^{-3}	25	0.53	15.5×10^{-3}

注：在 Re＝10000及10℃的条件下（Re 为雷诺系数）。

冷却水孔总传热面积 A 可由下式计算：

$$A=\frac{nm\cdot\Delta h}{3600\alpha(T_m-T_\theta)} \tag{4-59}$$

式中：T_m 为模具温度（℃）；T_θ 为冷却水的平均温度（℃）；α 为冷却水的传热系数[W/(m²·K)]，可由下式求得：

$$\alpha=\frac{\Phi(\rho v)^{0.8}}{d^{0.2}} \tag{4-60}$$

式中：Φ 为与冷却介质有关的物理系数，$\Phi=0.0573\lambda^{0.6}\left(\frac{C_p}{\mu}\right)^{0.4}$，$\lambda$ 为冷却介质的热导率[W/（m·K)]，C_p 为冷却介质的比热容 [kJ/（kg·K)]，μ 为冷却介质的黏度（N·S/m²）；ρ 为冷却介质在该温度下的密度（kg/m³）；v 为冷却介质的流速（m/s）；d 为冷却管道直径（m）。

水的 Φ 值与温度的关系见表4－49。

表4－49 水的 Φ 值与温度的关系

平均水温/℃	0	5	10	15	20	25	30	35
Φ 值	5.71	6.16	6.60	7.06	7.50	7.95	8.40	8.84

续表

平均水温/℃	40	45	50	55	60	65	70	75
Φ值	9.28	9.66	10.05	10.43	10.82	11.16	11.51	11.86

(3) 冷却水孔总长度计算。

将传热面积 $A=\pi dL$ 代入式 (4-59)，化简得

$$L=\frac{nm\Delta h}{3600\pi\Phi(\rho vd)^{0.8}(T_{m}-T_{\theta})} \tag{4-61}$$

式中：L 为冷却水孔总长度（m）。

(4) 冷却水孔数计算。

因受模具尺寸限制，若每一根水孔长为 l（冷却管道开设方向上模具长或宽），则模具内应开设水孔数 k 可由下式计算：

$$k=\frac{A}{\pi dl} \tag{4-62}$$

(5) 冷却水流动状态校核。

冷却介质处于层流与冷却介质处于湍流的冷却效果相差 10～20 倍。故在模具冷却系统设计完成后，尚须对冷却介质的流动状态进行校核，校核公式如下：

$$Re=\frac{vd}{\eta}\geqslant(6000\sim10000) \tag{4-63}$$

式中：Re 为雷诺系数；v 为冷却水流速（m/s）；d 为冷却水孔直径（m）；η 为冷却水运动黏度（m^2/s），一般取$(0.4\sim1.3)\times10^{-5}m^2/s$，温度越高，冷却水运动黏度越小。

若计算出的 Re 值大于 6000～10000，则冷却介质处于湍流状态。

2. 冷却系统设计原则

冷却系统是指模具中（型腔周围或型芯内部）开设的水道系统，冷却系统与外界水源连通，根据需要可组成一个或者多个回路的水道。冷却系统的设计原则如下。

(1) 合理地进行冷却水道总体布局。

① 当塑件壁厚均匀时，各冷却水道至型腔表壁的距离最好设为相同，以使塑件冷却均匀，如图 4.211 (a) 所示。若塑件壁厚不均，塑件壁厚较厚处热量较多，则可采取冷却水道较为靠近厚壁型腔的方法强化冷却，如图 4.211 (b) 所示。水孔与型腔侧壁相对位置、孔间距及孔径大小见表 4-50。

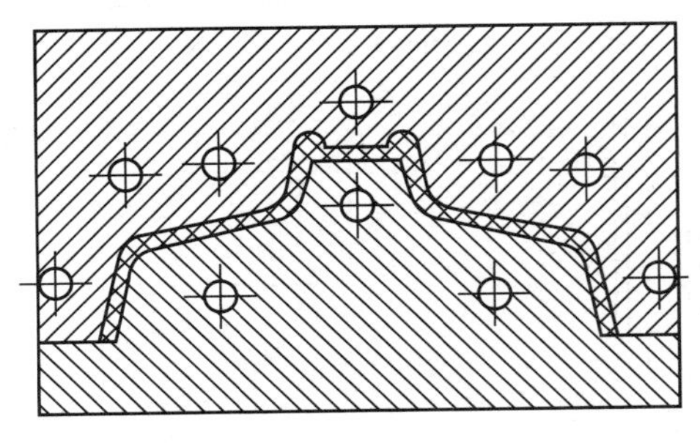

(a) 塑件壁厚均匀

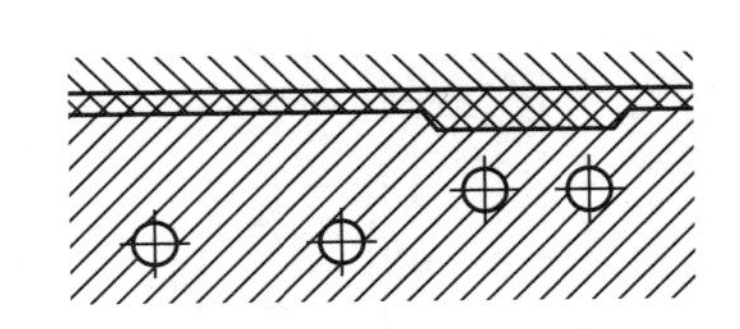

(b) 塑件壁厚不均匀

图 4.211 冷却水道布局

表 4－50　水孔与型腔侧壁相对位置、孔间距及孔径大小　　　　单位：mm

图　例	壁厚 W	回路直径
	2	8～10
	4	10～12
	6	12～15
	$D=(1\sim3)\ d$	
	$P=(3\sim5)\ d$	

② 在满足冷却所需的传热面积和模具结构允许的前提下，冷却水孔数量应尽可能多，孔径应尽可能大，如图 4.212 所示。其中，图 4.212（a）所示开设较多的冷却水孔，温度分布均匀，其型腔表面温度变化不大；图 4.212（b）所示同样的型腔由于水孔数量减少，型腔表面的冷却温度出现梯度，塑件冷却不均匀，翘曲变形。

③ 应加强浇口处的冷却。塑料熔体在充模过程中，浇口附近温度最高，距浇口越远温度越低，故浇口附近应加强冷却，通常可使冷却水先流经浇口附近，然后流向浇口远端，如图 4.213 所示。

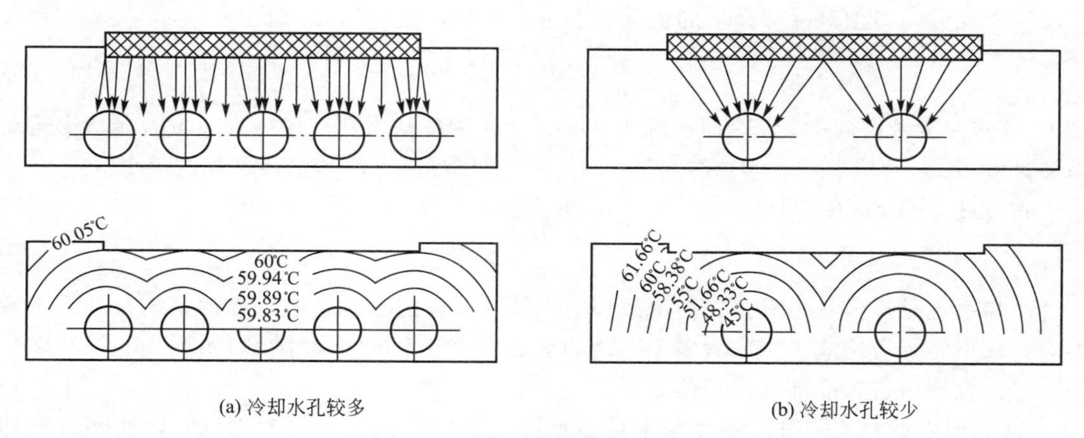

图 4.212　冷却水道数量与传热关系

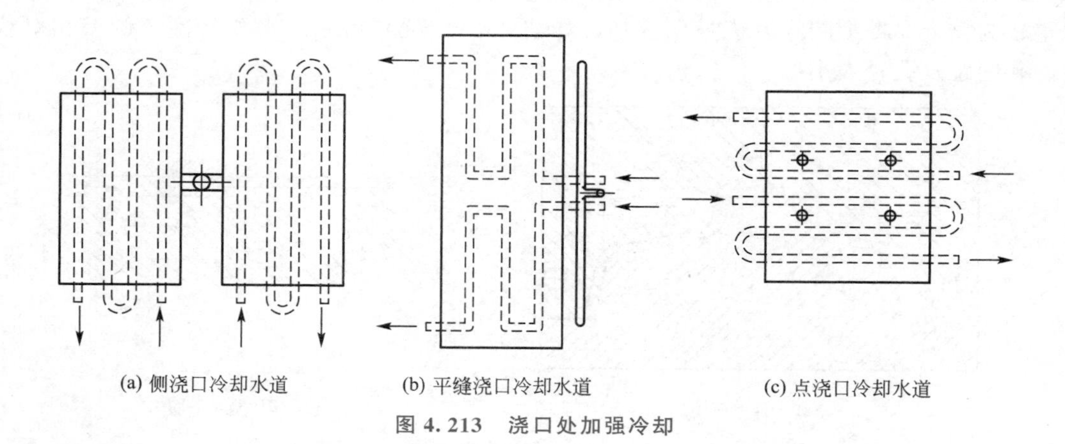

图 4.213　浇口处加强冷却

④ 冷却水道出、入口处的温度差应尽量小。精密塑件要求该温度差在2℃以内，一般塑件在5℃以内，以避免造成模具表面冷却不均匀。一般可通过改变冷却水道的排列形式来降低出入口温差，同时可减少冷却水道的长度，如图4.214所示，其中图4.214（b）所示的冷却效果比图4.214（a）所示的冷却效果好。

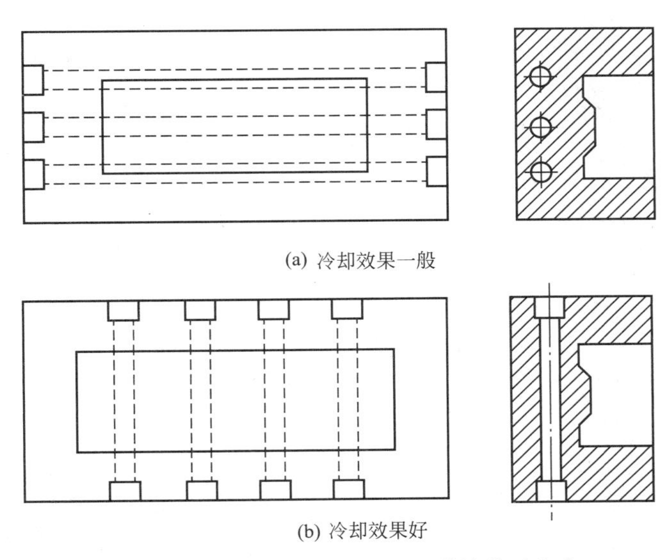

图4.214 控制冷却水温差的通道的排列方式

⑤ 应避免将冷却水道开设在塑件熔接痕处。当采用多浇口进料或型腔形状复杂时，塑料熔体在汇合处会产生熔接痕，为确保该处的熔接强度，应尽可能不在熔接部位开设冷却水道。

⑥ 冷却水道尽量不要穿过镶拼缝，以免漏水。

⑦ 合理确定冷却水管接头的位置，标记出冷却水道的水流方向。

⑧ 冷却水道应尽量避免与模具上其他机构发生干涉。

（2）合理布置冷却回路。

① 型腔冷却回路。常用的方法是在型腔附近钻冷却水孔，采用该方法的模具结构简单、制造方便，如图4.215（a）所示。冷却水道之间采用内部钻孔沟通，用堵头或隔板使

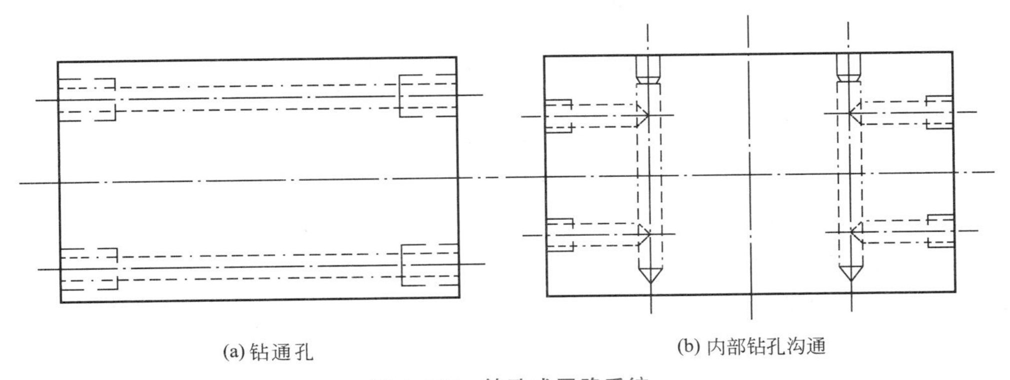

图4.215 钻孔式回路系统

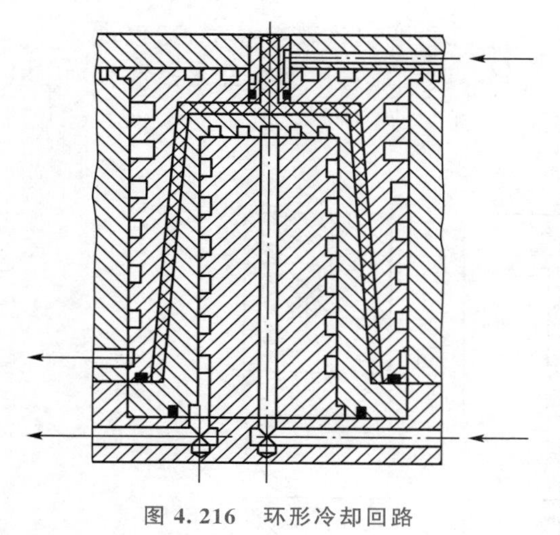

图 4.216　环形冷却回路

冷却水沿指定方向流动，如图 4.215（b）所示。对于镶嵌式型腔，可在其镶嵌界面开设环形冷却水槽，如图 4.216 所示。

② 型芯冷却回路。设计型芯冷却回路要比设计型腔冷却回路复杂得多，需根据型芯的粗细高低、镶拼状况、推杆位置等情况灵活地采用不同形式的冷却装置。常见的型芯冷却形式有以下几种。

图 4.217 所示为隔板式冷却回路装置。型芯底部的横向管道与伸入型芯内部的垂直管道形成冷却回路，同时在每个直管中设有隔板，利用隔板在每个管道中形成冷却水的流动回路，通过隔板使冷却水有效循环。

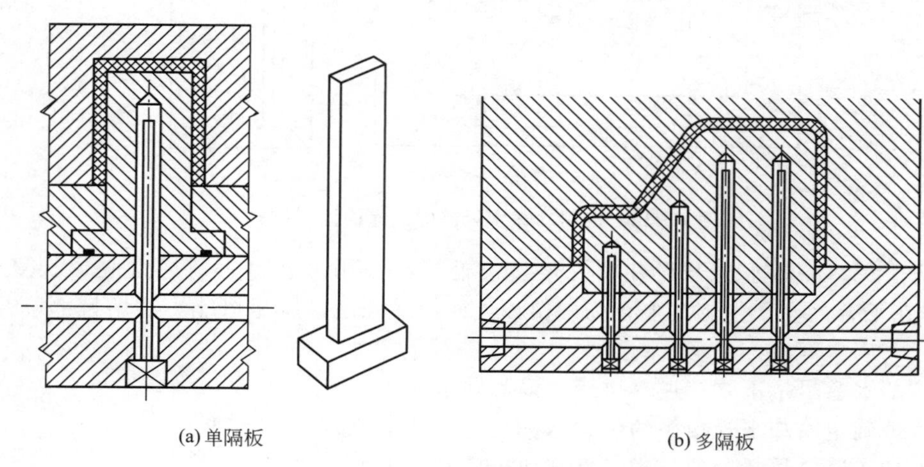

(a) 单隔板　　(b) 多隔板

图 4.217　隔板式冷却回路装置

图 4.218 所示为水管喷流式冷却装置。在型芯中心有一个喷水管道，冷却水从喷水管道中喷出，分流以后冷却水向四周流动以冷却型芯。

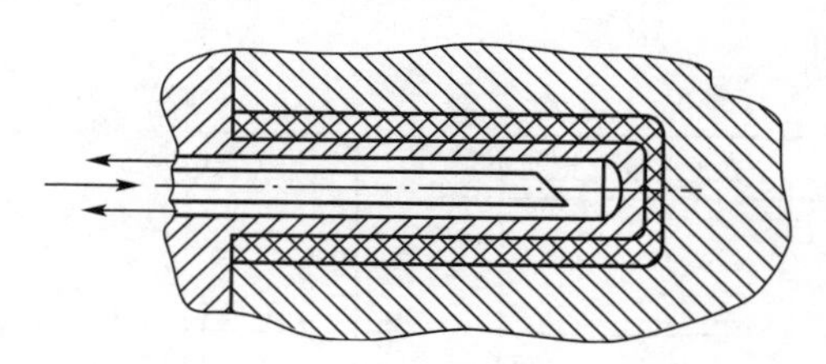

图 4.218　水管喷流式冷却装置

对于型芯更细小的模具，可采用间接冷却的方式进行冷却。图 4.219（a）所示为在细小型芯中插入一根与之配合接触很好的铍铜杆，在另一端加工出翅片，用它来扩大散热面积，提高水流的冷却效果；图 4.219（b）所示为冷却水喷射在铍铜制成的细小型芯的后端，依靠铍铜良好的导热性能对其进行冷却。

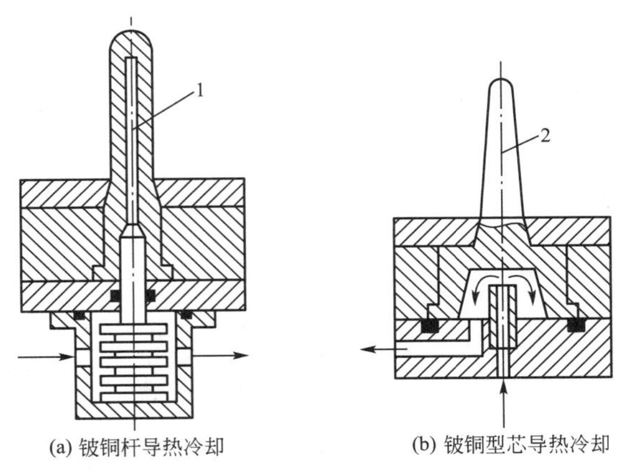

(a) 铍铜杆导热冷却　　(b) 铍铜型芯导热冷却

1—导热杆；2—导热型芯。

图 4.219　间接冷却

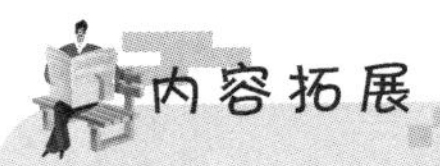

内容拓展

热管冷却

对于模具上无法开设循环介质通道但又需要强制冷却的部位，可采用热管冷却。

热管是一种密封的、利用气液两相变化和循环来传递热量的管状传热元件。热管由管壳、虹吸层和传热介质组成，分为加热段（蒸发区1）、绝热段和冷却段（冷凝区2），如图4.220所示。管内真空度达0.133～1.330Pa。热管加热段插入模具中需要冷却的部位，当加热段受热时，其中的冷却介质受热蒸发，由于蒸发压力升高，加热段与冷却段形成压差，蒸汽沿热管中心通道经过绝热段流向冷却段。冷却段伸入模具的冷却水孔中或其他散热部位。蒸汽在冷凝区放出热量，冷凝的传热介质因毛细管3作用，沿虹吸层返回到加热段。如此循环反复达到冷却效果。

【参考动画】

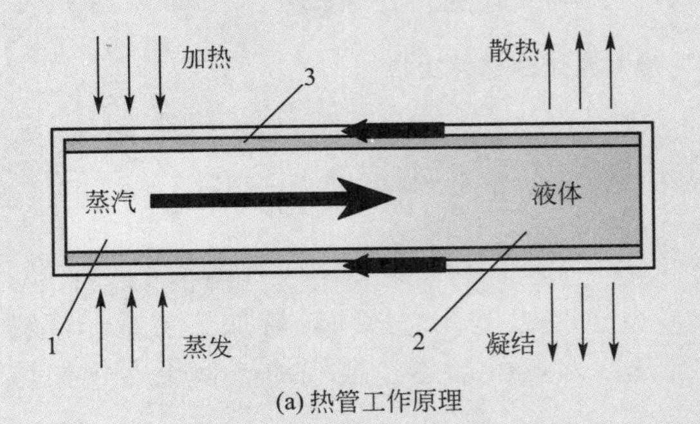

(a) 热管工作原理

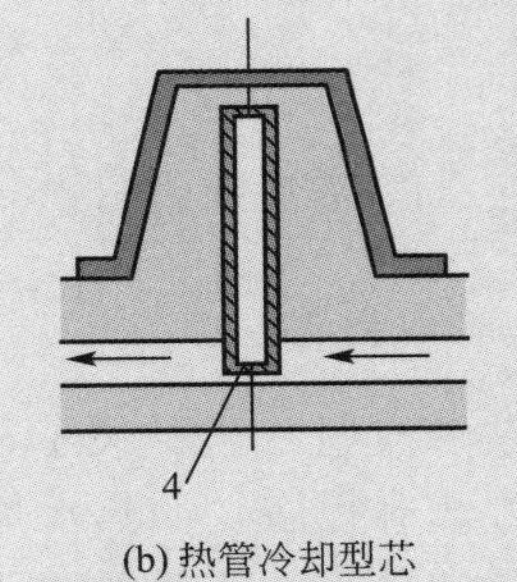

(b) 热管冷却型芯

1—蒸发区；2—冷凝区；3—毛细管；4—热管。

图 4.220　热管工作原理示意图

热管垂直设置，冷凝区在上部时散热效率最高，冷凝区一般可采用水冷或风冷。热管的散热能力比铜管的散热能力要大几百倍。在国外热管已经系列化和商品化。以热管为传热元件的换热器具有传热效率高、结构紧凑、流体阻损小、有利于控制露点腐蚀等优点，广泛应用于航空航天、冶金、化工、交通、轻纺、机械、电子等行业中。

3. 冷却系统的零件

不同的冷却装置对应冷却系统的零件不同，冷却系统的零件主要包括水管接头、螺塞、密封圈、堵头、快速接头、密封胶带（主要用来使螺塞或水管接头与冷却水道连接处不泄漏）、软管（主要是连接并构成模外冷却回路）、喷管件（主要用在喷流式冷却系统上，最好用铜管）、隔片（用在隔片导流式冷却系统上，最好用黄铜片）、导热杆（用在导热式冷却系统上，主要由铍铜制成）。图 4.221 所示为冷却系统的零件实物。

图 4.221　冷却系统的零件实物

4.11.3 加热系统设计

1. 加热方式

当注射成型工艺要求模具温度在 80℃以上时，模具中必须设置加热装置。塑料注射模的加热方式有很多，如热水加热、热油加热、水蒸气加热、煤气加热、天然气加热和电加热等，通常采用以下两种加热方式。

（1）热水加热或过热水加热。

热水管道结构和设计原则与冷却水管道结构和设计原则类似，不同的是把冷却水换成热水或过热水。热水加热或过热水加热适用于注射成型之前需要加热，正常生产一段时间后又需要冷却的大型模具。使用热水加热或过热水加热的模具温度分布较均匀，有利于提高塑件质量，但模具温度调节的滞后周期较长。

（2）电加热。

对于需要提供足够热能，温度要求较高的模具可采用电加热方式，例如热固性塑料模、热塑性热流道模的流道板等。电加热方式具有温度调节范围较大，装置结构简单，安装及维修方便，清洁、无污染等优点；但其也有升温较缓慢，改变温度时有时间滞后效应等缺点。电加热方式主要有电热丝直接加热、电热圈（图 4.222）加热、电热棒加热（图 4.223）及工频感应加热等。

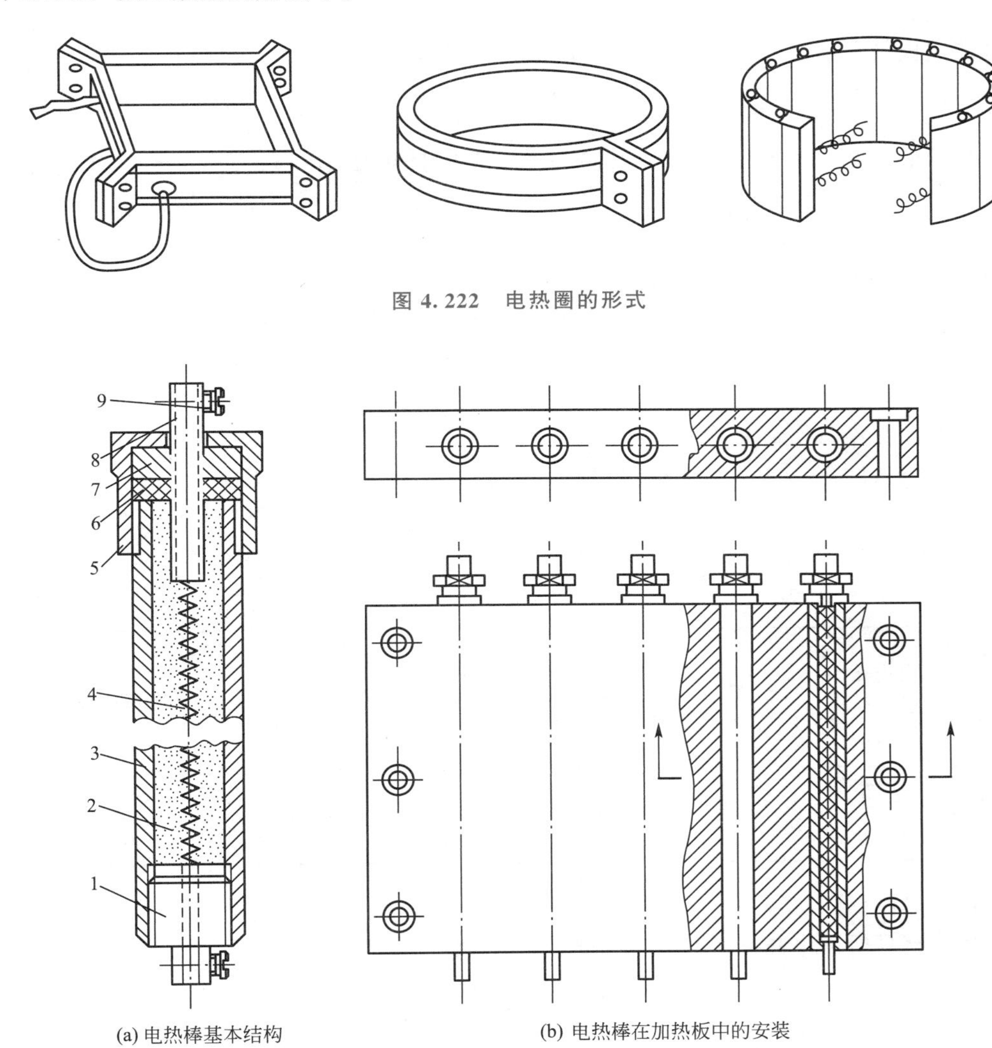

图 4.222　电热圈的形式

(a) 电热棒基本结构　　(b) 电热棒在加热板中的安装

1—堵头；2—耐火材料（石英砂）；3—外壳；4—电阻丝；5—固定帽；
6—绝缘垫；7—垫圈；8—接线柱；9—螺钉。

图 4.223　电热棒及其在加热板中的安装

电加热系统设计的基本要求如下。

① 正确合理地布设电热元件。

② 大型模具的电热板应安装两套控制温度仪表，分别控制调节电热板中央和边缘的温度。

③ 电热板中央和边缘应分别采用不同功率的电热元件，一般电热板中央部位的电热元件功率较小，电热板边缘部位的电热元件功率较大。

④ 加强模具的保温措施，减少热量的传导和热辐射的损失。通常，在模具四周设置石棉隔热板，石棉隔热板厚度为4～6mm。

2. 电加热功率计算

（1）电加热模具所需总功率。

电加热模具所需总功率P可按式（4-64）计算。

$$P=\frac{GC_p(t_m-t_0)}{3600\eta\tau} \tag{4-64}$$

式中：P为电加热模具所需总功率（kW）；G为模具质量（kg）；C_p为模具材料比热容[kJ/(kg·℃)]；t_m为所需模具温度（℃）；t_0为室温（℃）；η为加热器效率，$\eta=0.3$～0.5；τ为加热升温时间（h）。

（2）电加热模具所需总功率的检验式。

若C_p取0.46 kJ/(kg·℃)（碳钢），$\eta=0.5$，预热时间在1h内，则电加热模具所需总功率的检验式为：

$$P\geqslant 0.24\times10^{-3}G(t_m-t_0) \tag{4-65}$$

（3）电加热模具所需总功率的经验式。

电加热模具所需总功率的经验式为：

$$P=Gq\times10^{-3} \tag{4-66}$$

式中：q为加热单位质量模具至规定温度所需的电功率（W/kg），其值可参考表4-51选取。

表4-51 不同类型模具的q值 单位：W/kg

模具类型	q	
	采用电热棒	采用电热圈
小型	25	40
中型	30	50
大型	35	60

（4）电热棒根数。

电加热模具所需电热棒根数n可按式（4-67）计算。

$$n=\frac{1000P}{P_e} \tag{4-67}$$

式中：P_e为电热棒额定功率（W）。

电热棒的额定功率及名义尺寸，可根据模具结构及其所允许的钻孔位置，并参照有关手册选择。

【在线答题】

4.12 注射成型新技术简介

随着塑料成型工艺的日益发展及塑件应用范围的不断扩大，诸如热固性塑料注射成型、热流道系统成型、气体辅助注射成型、发泡成型、BMC注射成型、反应注射成型、叠层注射成型、共注射成型等新工艺也不断涌现。其中发泡成型是将发泡塑料注入模具型腔，再将氮气或发泡剂加入塑料熔体中，形成聚合物与气体的混合熔体，注入模具型腔后，其中的气体膨胀，使混合熔体发泡而充满型腔，接触低温模壁的混合熔体中气体破裂，在型腔中发泡膨大，形成表层致密、内部呈微孔泡沫结构的塑件。BMC注射成型是将由不饱和聚酯、苯乙烯树脂、矿物填料、着色剂和10%～30%（质量分数）的玻璃纤维增强材料等组成的块状塑料（命名为BMC，是增强热固性塑料），通过液压活塞压入料筒内，在螺杆旋转作用下进行输送、塑化和注射，BMC制品具有很高的电阻值、优良的耐湿性和力学性能，以及较小的收缩率。反应注射成型是将能够起反应的两种液态塑料混合注射，并在模具中反应固化成型的一种方法。

本节仅介绍目前应用越来越广泛的气体辅助注射成型、叠层注射成型及共注射成型等技术。

4.12.1 气体辅助注射成型技术

气体辅助注射成型（gas-assisted injection molding，GAIM）技术最早可追溯到20世纪70年代，该技术在20世纪80年代末得到了完善并实现了商品化。从20世纪90年代开始，气体辅助注射成型技术作为一项成功的技术，在美、日、欧等发达国家和地区得到了广泛应用。目前该技术主要被应用在家电、汽车、家具、日常用品、办公用品等产品的加工领域中。气体辅助注射成型是自往复式螺杆注射机问世以来，注射成型技术重要的发展之一，也可以说是注射技术的第二次革命。随着GAIM应用领域的扩大，出现了更多的气体辅助注射成型新技术，如外部气体辅助注射成型、振动气体辅助注射成型、冷却气体辅助注射成型、多腔控制气体辅助注射成型及气体辅助共注射成型技术等。

1. 工艺过程

气体辅助注射成型工艺过程是先在模具型腔内注入部分或全部塑料熔体，然后立即注入高压的惰性气体（一般也可使用压缩氮气），利用气体推动塑料熔体完成充模过程或填补因塑料熔体收缩后留下的空隙，塑料熔体固化后再排出气体，并脱出塑件。气体辅助注射成型工艺一般有预注塑、注入气体、保压、排放模具中的空气、回收多余的氮气、塑件脱模等几个过程。

气体辅助注射成型通常有短射成型（short shot）、满射成型（full shot）及外气成型（external gas）几种形式。

图4.224所示为短射成型，首先注入一定量的塑料熔体（通常为型腔体积的50%～

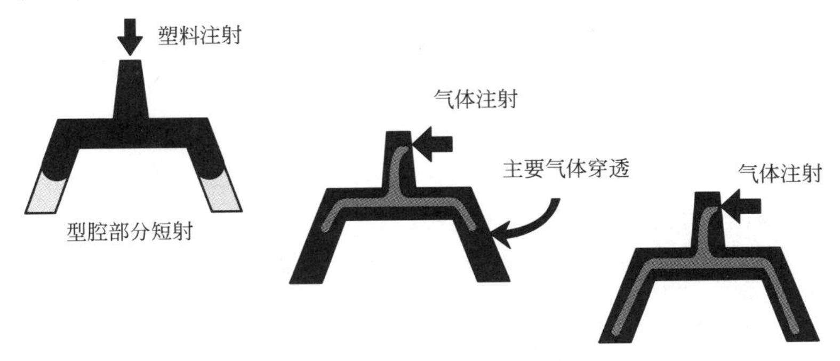

图4.224 短射成型

90%)，然后立即向塑料熔体内注入气体，靠气体的压力推动塑料熔体充满整个型腔，并利用气体保压，直至塑料熔体固化，然后排出气体并使塑件脱模。

满射成型是在塑料熔体完全充满型腔后才开始注入气体，如图 4.225 所示，塑料熔体由于冷却收缩会让出一条流动通道，气体沿流动通道进行二次穿透，不但能弥补塑料熔体的收缩，而且靠气体压力进行保压效果更好。

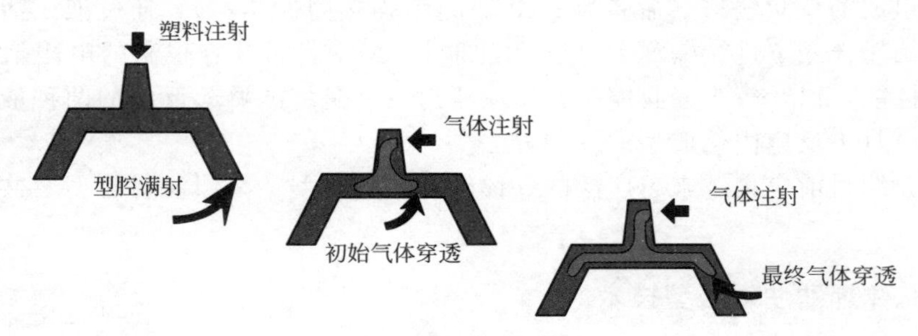

图 4.225　满射成型

图 4.226 所示为外气成型，与传统的气体辅助注射成型方法的不同之处在于外气成型不像传统方法那样将气体注入塑料内以形成中空的部位或管道，而是通过气针将气体注入与塑料相邻的模具型腔表面局部密封位置，故称为外气成型。从工艺的角度来看，取消了保压阶段，由气体注射来代替保压。外气成型提供的是对塑料熔体在模具内冷却时施加压力的方法，为达到预定的效果，必须控制注入模具内的气体压力，因此必须准确控制气体的注入和压力增加的速率。这首先就要防止气体从塑件表面和模具分型处泄漏，外气成型工艺就是凭借模具和塑件的整体密封来做到这一点的。外气成型的突出优点在于它能够对点加压，可预防产生凹痕，减少应力变形，使塑件表观质量更加完美。

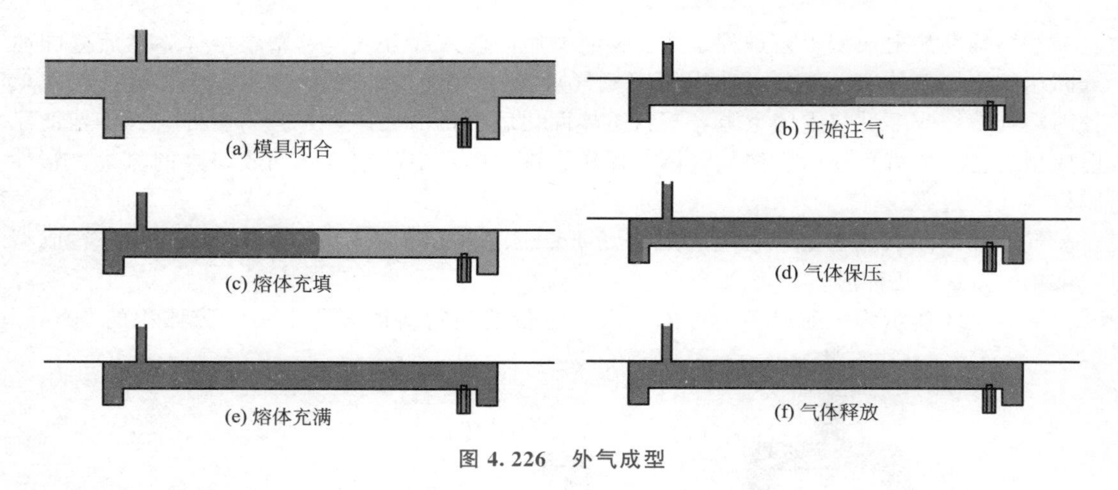

图 4.226　外气成型

2. 适用范围

气体辅助注射成型技术可用于成型各种塑件，如电视机或音箱外壳、汽车塑料产品、家具、厨具、家用电器、各类型塑胶盒和玩具等。具体而言，主要体现为以下几大类。

(1) 管状、棒状塑件。

如门把手、转椅支座、导轨、衣架、手柄、挂钩、椅子扶手、淋浴喷头等，这些壁厚较厚的塑件用普通注射成型方法是难以成型的，应采用气体辅助注射成型，在不影响塑件功能和使用性能的前提下，管状结构设计使现存的厚截面适于产生气体管道，利用气体的穿透作用形成中空，从而消除表面成型缺陷，节省材料并缩短成型周期。

（2）大型平板状有加强筋的塑件。

如车门板、复印机外壳、仪表盘、汽车仪表板、内饰件格栅、商用机器的外罩及抛物线形卫星天线等。成型该类塑件时可利用加强筋作为气体穿透的气道，消除了加强筋和零件内部残余应力带来的翘曲变形、塑料熔体堆积处塌陷等表面缺陷，增加了强度（刚度）对质量的比值，同时可因大幅度降低锁模力而降低注射机的吨位，实现在较小的机器上成型较大的塑件。

（3）厚壁、薄壁一体的复杂结构塑件。

如保险杠、汽车车身、家电外壳及内部支撑和外部装饰件等。这类塑件通常无法用传统注射工艺一次成型。采用气体辅助注射成型技术提高了模具设计的自由度，有利于配件集成。

图 4.227 所示为气体辅助注射成型实例。

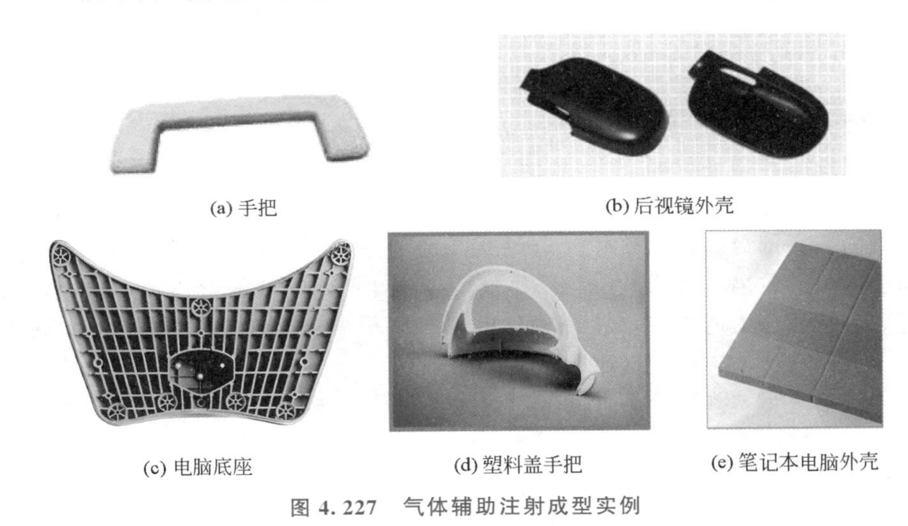

(a) 手把　(b) 后视镜外壳　(c) 电脑底座　(d) 塑料盖手把　(e) 笔记本电脑外壳

图 4.227　气体辅助注射成型实例

3. 气体辅助注射成型设备

气体辅助注射成型设备除了普通注射成型设备以外主要增加了控制器、氮气发生器及气嘴，如图 4.228 所示。

注射机的精度直接影响注射量的控制和延迟时间的反馈精度，进而影响塑件的中空率和气道的形状，故气体辅助注射成型技术对注射机的精度要求很高。一般情况下，要求注射机的注射量精度误差控制在±0.5%（以体积计）以内，且注射压力相对稳定，同时要求控制系统的电信号能够很好地反映实际注射过程，因此一般需要选用精密注射机。

根据注气压力产生方式的不同，目前，常用的气体注射装置有以下两种。

① 不连续压力产生法（即体积控制法）。如 Cinpres 公司的设备，它首先往气缸中注入一定体积的气体，然后采用液压装置压缩，使气体压力达到设定值时才进行注射充填。大多数的气体辅助注射成型设备都采用这种方法。但该方法不能保持恒定的高压力。

② 连续压力产生法（即压力控制法），如 Battenfeld 公司的设备，它利用一个专用的

(a) 控制器　　(b) 氮气发生器　　(c) 气嘴

图 4.228　气体辅助注射成型设备

压缩装置来产生高压气体。该方法能始终或分段保持压力恒定，而且可通过调控装置设定气体压力分布。

气体辅助注射成型所使用的气体必须具备惰性气体的性质（通常为氮气），气体最高压力为35MPa，特殊情况可达70MPa，且氮气纯度大于98%。

4. 气体辅助注射成型塑件设计

（1）气道壁厚和塑件壁厚。

塑料的气道部分和实心部分壁厚应相差悬殊，以确保气体在既定的通道内流动，而不会进入邻近的实心部分，如果气体穿透到实心部分将其淘空，则会产生“手指效应”（由于塑件局部体积的收缩，形成的缺料要靠气道与塑件壁间的塑料熔体来补偿，从而使气体穿出气道形成指状分支的现象，该现象易出现在大平板类制件中），影响塑件的总体强度和刚度。

除了棒状手把类塑件外，塑件的壁厚对于非气体通道的平板区而言不宜大于3.5mm。壁厚过大也会使气体穿透到平板区，产生“手指效应”。

（2）塑件上的加强筋。

气体辅助注射成型塑件加强筋的厚度可以设计得比塑件主体壁厚大得多，作为气体通道，不但可以避免产生凹陷，还可以大大增加塑件的刚度。

图4.229所示为气体辅助注射成型塑件加强筋的断面，s为塑件主体壁厚。

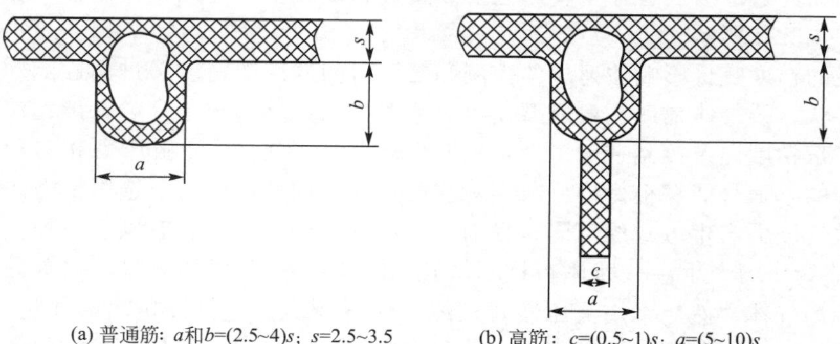

(a) 普通筋：a和b=(2.5~4)s；s=2.5~3.5　　(b) 高筋：c=(0.5~1)s；a=(5~10)s

图 4.229　气体辅助注射成型塑件加强筋的断面

(3) 注气位置设计。

气体辅助注射成型早期是利用注射机的喷嘴将气体经主流道注入模具型腔，目前采用固定式气针或可动插入式气针直接由型腔进入塑件，如图 4.230 所示。

图 4.230 注气位置

塑件注气位置与塑件的形状结构有关，应根据塑件的结构和塑件所用材料的特性综合考虑。

① 管状或棒状件。如手把、坐垫和转向盘等这类塑件在气体辅助注射成型时，主要应使气体穿透整个塑料熔体而使塑料熔体在内部形成气道。故设计此类塑件时，注气位置的选择要尽量保证气体与塑料熔体流动方向一致及气体穿透畅通，常采用一个入口并使气体尽可能贯穿整个塑件。

② 板状件。在大型板类塑件的气体辅助注射成型中，常将加强筋作为气体通道，故气道的设计实质上是加强筋的设计。注气位置也应尽量保证气体与塑料熔体流动方向一致，且流向塑件最后被充填的部位。由于大型板类塑件的塑料熔体流程比较长，因此，采用气体辅助注射成型可很好地改善甚至消除因保压不足而引起的塑件翘曲、变形或凹孔等现象。

③ 壁厚不均的特殊塑件。应在这类塑件的厚壁或过渡处，开设气道辅予气体充填，消除该处可能产生的凹陷，减小塑件变形。

在同一塑件上可以设置多根气针，而且这些气针可以在不同的时间以不同的压力进气，这样可采用多个保压程序作用在同一塑件上，以产生最佳的成型效果。在多型腔模具中可以对每一个型腔分别安装气针，以达到分别控制各型腔的目的。

(4) 气道部分塑件外形设计。

由于气体流动时会自动寻找阻力最小的路径，因此沿流动方向气体不会与气道外形尖锐的转角同步流动，而会走圆弧捷径，这样会造成气道壁厚不均。故采用逐渐转变的带圆角的外形可获得较均匀的壁厚，如图 4.231 所示。

从气道的横断面可以看出气体倾向于走圆形断面，故气道部分塑件外形最好带圆角，同时其断面高度与宽度的比值最好接近于 1，否则气道外围塑件厚度差异较大，如图 4.232 所示。

5. 模具设计

气体辅助注射成型的模具设计与普通注射成型的模具设计相似，普通注射成型模具设计中所要求的设计原则在气体辅助注射成型模具设计中依然适用，以下主要介绍其不同部分设计时应注意的问题。

(1) 要绝对避免出现喷射现象。虽然现在气体辅助注射成型有朝着生产薄壁塑件、特

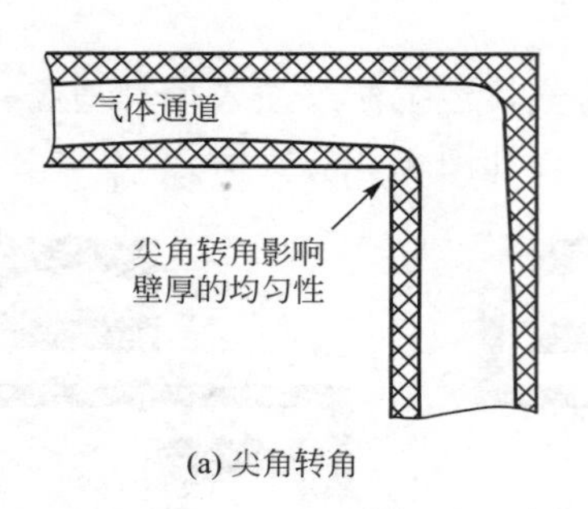

(a) 尖角转角

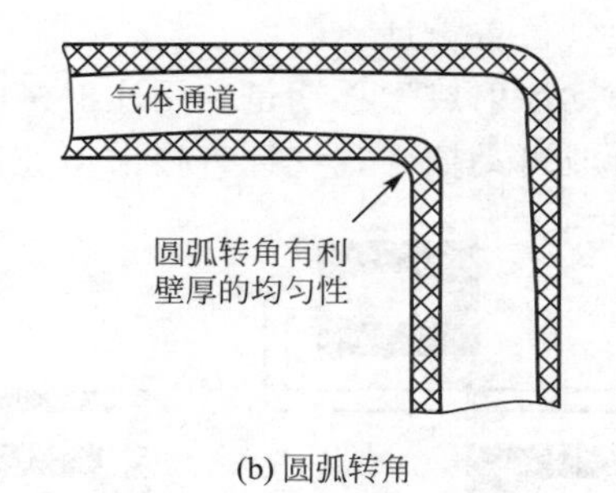

(b) 圆弧转角

图 4.231　气道纵向流动路径和壁厚

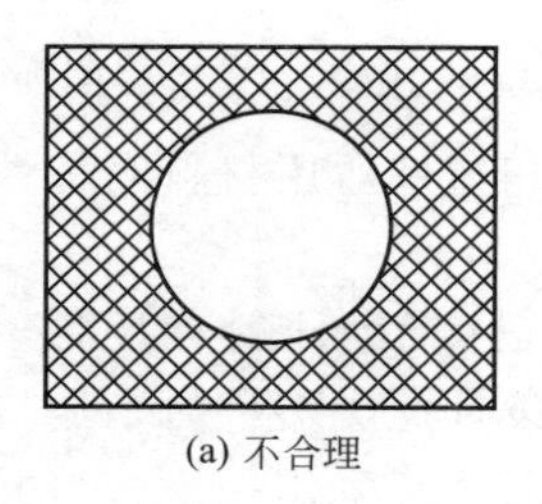
(a) 不合理

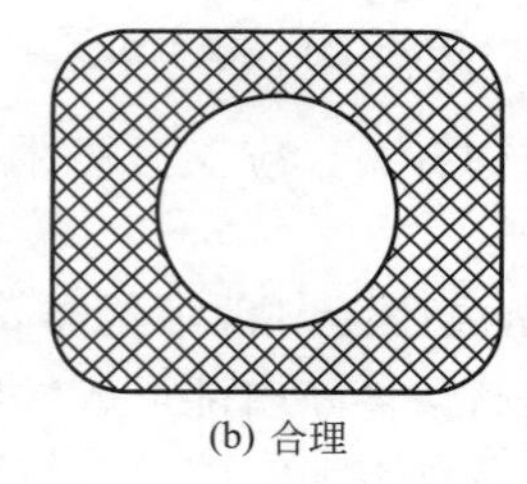
(b) 合理

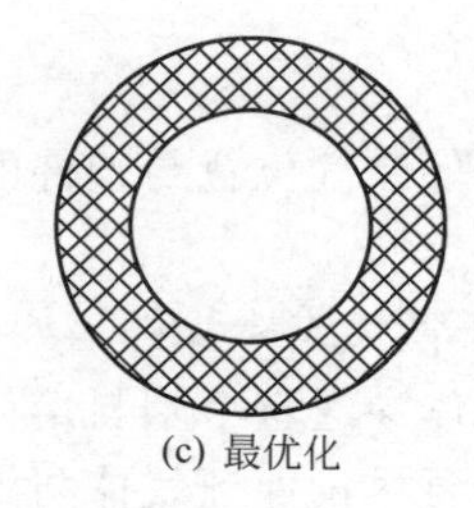
(c) 最优化

图 4.232　气道断面和壁厚

殊形状弯管方向发展的趋势，但传统的气体辅助注射成型仍多用来生产型腔体积比较大的塑件，塑料熔体通过浇口时受到很高的剪应力，容易产生喷射和蠕动等塑料熔体破裂现象。设计时可采用适当加大浇口尺寸、在塑件较薄处设置浇口等方法来改善这种情况。

(2) 型腔设计。由于气体辅助注射成型中欠料注射量、气体注射压力、时间等参数很难控制一致，因此气体辅助注射成型时一般要求一模一腔，尤其当塑件质量要求高时更应如此。若采用多型腔设计，则要求采用平衡式的浇注系统布置形式。

(3) 浇口设计。一般情况只使用一个浇口，其位置的设置要保证欠料注射部分的塑料熔体均匀充满型腔并避免产生喷射。若气针安装在注射机喷嘴和浇注系统中，则浇口尺寸必须足够大，以防止气体注入前塑料熔体在此处凝结。

(4) 流道的几何形状。流道相对于浇口应是对称或单方向的，气体流动方向与塑料熔体流动方向必须相同。

(5) 模具中应设计调节流动平衡的溢流空间，以得到理想的空心通道。

要点提醒

模具及塑件结构设计造成的缺陷并不能通过调整成型过程中的参数来弥补，而应及时修改模具和塑件结构的设计。

6. 气体辅助注射成型特点

气体辅助注射成型技术突破了传统注射成型技术的限制，可灵活地应用于多种塑件的成型。它在节省原料、防止产生缩痕、缩短冷却时间、提高表面质量、降低塑件内应力、减小锁模力、提高生产效率，以及降低生产成本等方面具有显著的优点。因此，气体辅助注射成型一出现就受到了企业广泛的重视，并得以应用。目前，几乎所有用于普通注射成型的热塑性塑料及部分热固性塑料都可以采用气体辅助注射成型，气体辅助注射成型塑件也已涉及结构功能件等各个领域。

当然，气体辅助注射成型虽然具有普通注塑成型所不具备的许多优点，但它引入了如预注射量，塑料熔体与气体注射之间的延迟时间，充气注射压力、充气注射速率及充气注射时间等多个新工艺参数，控制不好很容易出现如延迟线、将塑件吹穿及“手指效应”或气体反灌等问题。

知识提醒

“手指效应”是大平面类塑件容易产生的主要问题。在气体保压阶段，平板部位体积收缩而产生的缺料是依靠气道和平板之间的塑料熔体来补偿，因此产生了“手指效应”，导致壁厚不均匀。产生“手指效应”的主要因素是平板的壁厚较厚，壁厚越厚，产生“手指效应”的危险性就越大。

气体辅助注射成型技术在国内一些行业中得到了一定的应用，就电视机行业而言，我国彩电行业几乎全部采用气体辅助注射成型技术来生产大屏幕电视机的外壳。TCL、海尔、海信、长虹、康佳等电视机生产厂都相继引进了气体辅助注射成型技术。例如，TCL彩电的前面板和后面板均采用气体辅助注射成型技术进行生产。在汽车行业，气体辅助注射成型技术广泛应用于仪表板、内装饰件及保险杠等零件的制造。塑料家具的生产是气体辅助注射成型技术的一个重要应用领域。仿硬木家具在外观上要具备木质家具较为粗大的圆柱或立方结构，用普通注射成型来加工，存在冷却速度慢、不易控制材料收缩、塑件翘曲变形严重等难以克服的障碍，而且原料用量大、成本高，采用气体辅助注射成型技术，以上问题即可迎刃而解。可以说气体辅助注射成型技术已成为工业发达国家和地区生产大型超厚、高精度或表观高清晰度塑件必不可少的成型方法。

4.12.2 叠层注射成型技术

1. 概述

叠层注射成型是采用叠层式模具进行塑件的注射成型。所谓叠层式模具就是在一副模具中将多个型腔在合模方向上重叠布置，这种模具通常有多个分型面，每个分型面上可以布置一个或多个型腔。简单地说，叠层式模具就相当于将多副单分型面模具叠放组合在一起（通常型腔是以背靠背的形式设置）。

叠层式模具因其生产效率超过普通的单分型面模具而闻名。塑件在分型面上的投影面积基本不变，模具所需的锁模力只需增加5%～10%，但型腔数目却增加了一倍或几倍，产量也提高了90%～95%，这可以充分发挥注射机的塑化能力，极大地提高设备利用率和生产效率，降低生产成本。叠层式模具制造要求基本上与常规模具制造要求相同，叠层式模具制造主要是将两副或多副型腔组合在一副模具中，与生产两副单分型面模具相比，叠层式模具制造周期可缩短5%～10%。

但叠层式模具开模、合模的行程比较长、模具制作成本较高，故常被用来成型批量较大的板、片、框、浅壳类扁平塑件，如图4.233所示。叠层式模具的浇注系统同样可以采用热流道的形式，一方面可以有效降低传递压力，提高塑件成型质量；另一方面容易实现自动化，提高生产效率。叠层注射模虽比普通注射模的设计要求高，但已体现出显著的经济效益，得到了广泛的认同和商业化应用。

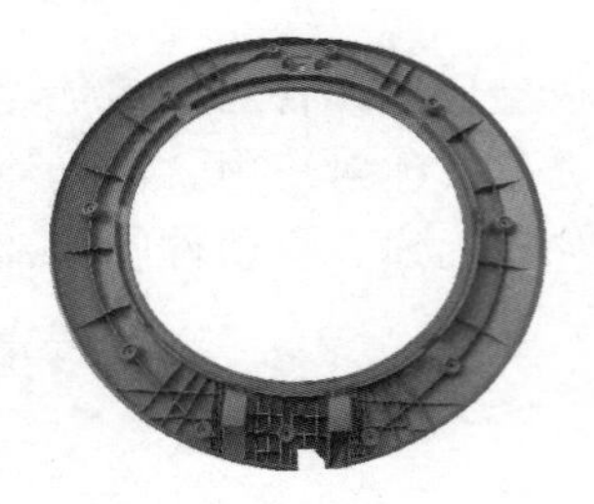
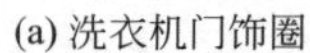
(a) 洗衣机门饰圈

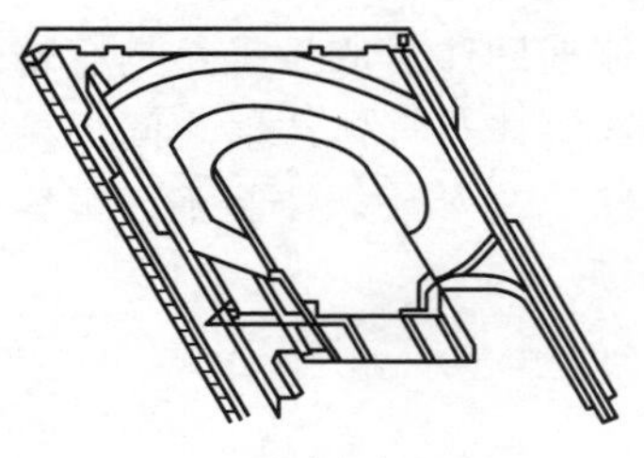
(b) 光盘托架

图 4.233 适合叠层成型的塑件

2. 模具结构

(1) 叠层式模具的组成。

典型的叠层式模具一般由定模、中间部分和动模三个部分组成。

① 定模。定模固定于注射机的定模板上，浇注系统的一端与注射机喷嘴接触。对于热流道而言，定模流道内设有加热元件，使定模流道内的物料保持熔融状态。热流道系统通过定模进行延伸，并在模具闭合时与注射机喷嘴相连接。流道的延伸部分必须有足够的长度，这样在开模时不致有塑料熔体漏出。

② 中间部分。中间部分由可向两侧供料的流道及浇口的两块模板组成（热流道模具的中间部分内部装有热流道，它与常规热流道相似，即也是由喷嘴、歧管、热流道板、温度控制器及加热装置等组成的）。叠层式模具的中间部分在开模、合模过程中需要平稳有效的支撑，使其处于模具的动模和定模的中间沿注射机轴向运动，便于塑件从模具的两个分型面中取出。常用的支撑方式有导柱支撑、上吊式横梁支撑、下导轨架支撑三种。不同支撑结构各有特点，可以按模具结构和企业实际情况来选取。

③ 动模。和普通模具一样，动模安装于注射机的动模板上，开模时动模随注射机动模板运动，并通过联动在动模和定模一侧各设置顶出机构。

(2) 开模机构。

为了使叠层式模具的两个分型面按要求分型，并将塑件从模腔中脱出，需设置相应的开模联动装置带动中间部分运动，实现两个分型面的分型，并在动模、定模均设置相应的推出机构。目前叠层式模具一般采用如图 4.234 所示的几种装置来驱动两个分型面分型。

图 4.234 (a) 所示为齿轮齿条机构，模具上有两对齿条，一对固定在定模，另一对固定在动模，动模、定模同侧的齿条相反，分别与固定在中间部分上的一对齿轮啮合，开模时，由齿轮、齿条装置实现两个分型面的同步启闭。

图 4.234 (b) 所示为铰接杠杆机构，固定在动模、定模上交错的两对杠杆与固定在中间部分上的一对铰链连接，由杠杆、铰链来实现两个分型面的同步启闭。

图 4.234 (c) 所示为液、气压系统机构，液、气压系统机构由单独的液压缸、气缸控制中间部分的运动从而实现两个分型面的启闭。

由于冷流道叠层注射模有诸多不足，如冷流道的脱出比较困难，需要延长成型的循环时间，同时难以实现全自动操作等。因此，人们更多地采用热流道来成型，叠层式热流道技术的开发应用，是热流道技术发展进步的一个成功的体现。虽然热流道叠层注射模具有

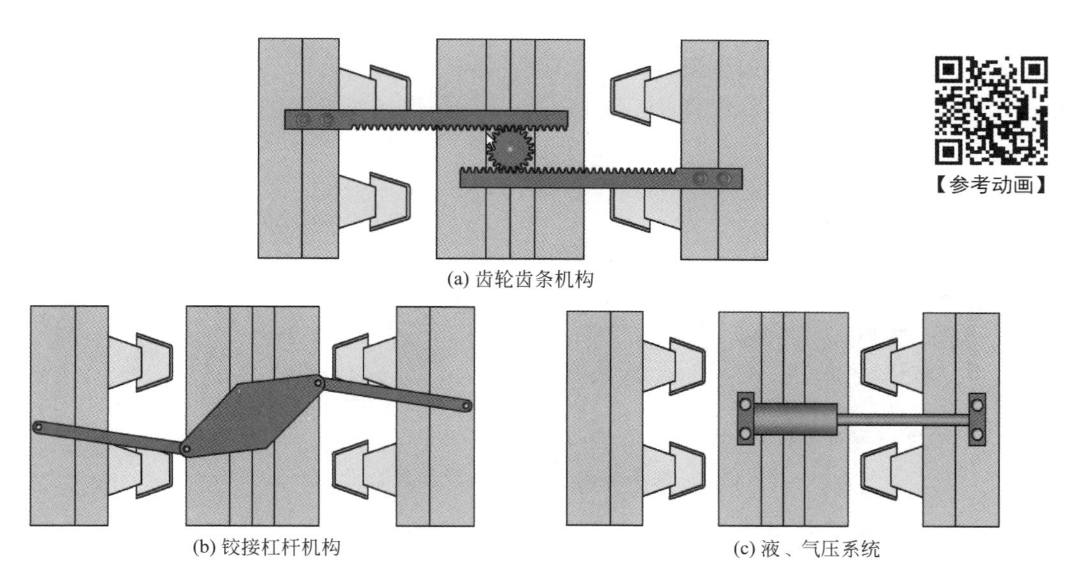

(a) 齿轮齿条机构

(b) 铰接杠杆机构

(c) 液、气压系统

图 4.234　叠层模具开模机构形式

显著的优点，但叠层式模具提出了比普通单层模具更高的模具设计和制品质量要求，同时需要一些更精确的计算。设计叠层式模具时应力求满足：①模具结构尽量简单；②模具动作可靠；③热流道无漏料现象。

随着塑料成型工艺和模具技术水平的不断发展，叠层式注射模将更多地应用于塑件的成型加工，这为注塑产品降低成本，提高效率和提升产品的市场竞争力开辟了又一新途径。图 4.235 所示为叠层式模具实例。

(a)　　(b)

图 4.235　叠层式模具实例

4.12.3 共注射成型技术

使用两个或两个以上注射系统的注射机，将不同种类或不同色泽的塑料同时或先后注入模具内的成型方法，称为共注射成型。双色注射成型和双层注射成型是共注射成型中两种典型的成型工艺。

1. 双色注射成型

由于双色注射成型的塑件通过充分利用颜色搭配或物理性能搭配，能够使塑件满足在不同领域的特殊要求（如产品结构、使用性能及外观等需要），因此该类塑件在电子、通信、汽车及日常用品上应用越来越广，也日益得到了市场的认可。随之而来的双色注射成型技术（如双色成型工艺、设备及模具技术等）正呈现加速发展趋势。图 4.236 所示为双色注射产品实例。

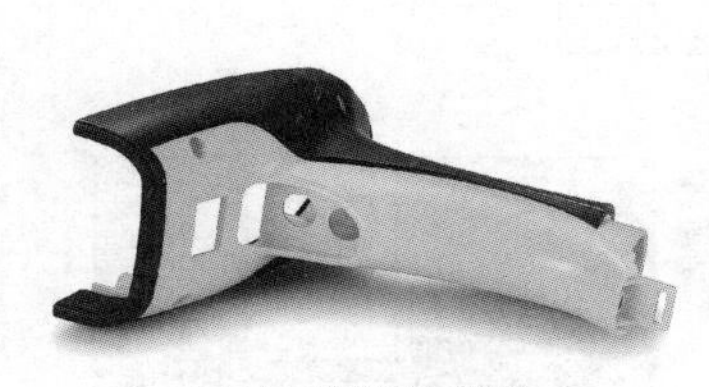

(a) 电子扫码枪壳体

(b) 新能源汽车充电手把

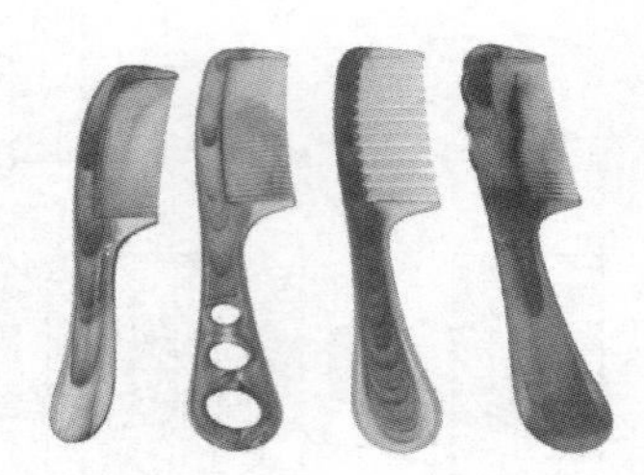

(c) 梳子

图 4.236 双色注射产品实例

（1）双色注射成型类型。

①双色多模注射成型。图 4.237 所示为双色多模注射成型原理。该双色多模注射机由两个注射系统和两副模具共用一个合模系统组成，而且在动模板一侧增设了一个动模回转盘，可使动模准确旋转 180°。

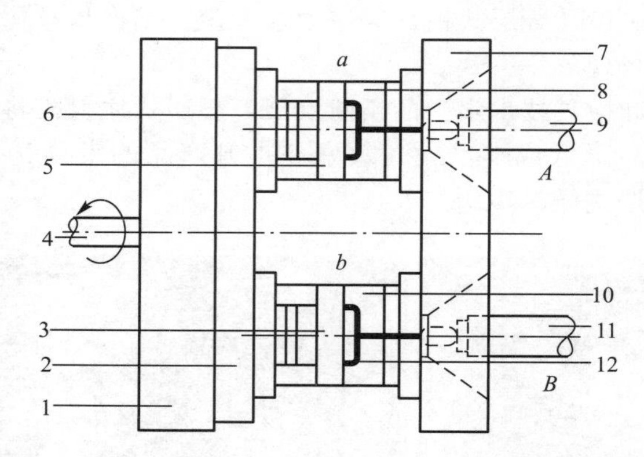

1—移动模板；2—动模回转盘；3—b 模动模；4—回转轴；5—a 模动模；
6—物料 1；7—定模座板；8—a 模定模；9—料筒 A；10—b 模定模；
11—料筒 B；12—物料 2。

图 4.237 双色多模注射成型原理

双色多模注射成型机构工作过程如下：首先合模，物料 1 经料筒 A 注射到 a 模型腔内成型单色产品；定型后开模，单色产品留于 a 模动模，注射机通过相应机构将动模回转盘逆时针旋转 180°旋转至 b 模，实现 a 模、b 模动模交换位置后，再合模，料筒 B 将物料 2 注射到 b 模型腔内成型双色产品；同时料筒 A 将物料 1 注射入 a 模型腔内成型单色产品；冷却定型后开模，推出 b 模内的双色产品，动模回转盘顺时针旋转 180°，a 模、b 模动模再次交换位置；合模进入下一个注射周期。

双色多模注射成型对设备要求较高，对于企业投入成本要求高，而且配合精度受安装误差影响较大，不利于精密件的生产制造。

② 双色单模注射成型。图 4.238 所示为双色单模注射成型原理。与普通注射机不同，

该双色注射机由两个相互垂直的注射系统和一个合模系统组成。并在模具上设有一旋转机构，互换型腔时，旋转机构可使动模准确旋转 180°。

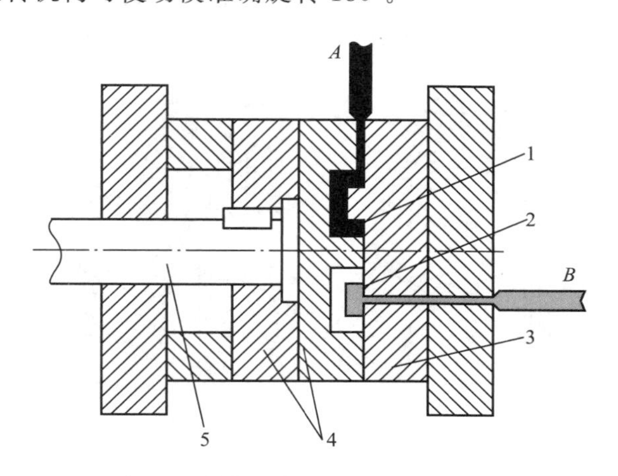

1—型腔 a；2—型腔 b；3—定模；4—动模旋转体；5—回转轴。

图 4.238 双色单模注射成型原理

双色单模注射成型工作过程如下。

a. 合模，料筒 A 将物料 1 注射入型腔 a 内成型单色产品。

b. 开模，旋转轴带动旋转体和动模逆时针旋转 180°，型腔 a 和型腔 b 交换位置。

c. 合模，料筒 A、料筒 B 分别将物料 1、物料 2 注入型腔 a 内和型腔 b 内（成型双色产品）。

d. 开模，推出型腔 b 内的双色塑件，旋转体顺时针旋转 180°，型腔 a 和型腔 b 交换位置。

e. 合模进入下一个注射周期。

双色单模注射成型对设备的依赖性相对减少，其通过自身的旋转装置实现动模的旋转，两个不同的型腔都加工在同一副动模、定模上，有效地减少了两副模具的装夹误差，提高了塑件的尺寸精度和外形轮廓的清晰度。

知识提醒

近年来，单模成型凭借良好的成型工艺性逐步取代了多模成型，较好地满足了成型高精度塑件与高生产效率的要求。双色单模注射成型根据注射机结构形式不同常有清色、混色之分。

（2）双色注射机。

随着塑料工业的快速发展，双色注射成型技术在国内外均处于火热发展的阶段。双色注射机技术也得到了快速的开发并逐渐成熟。从上面双色注射成型原理可以看出，双色注射机与普通注射机的主要区别在于：双色注射机具有两个注射系统，以及双色注射机具有使动模或型腔部位的旋转实现机构。

① 注射系统。常见的双色注射系统形式如图 4.239 所示，其中图 4.239（a）所示为平行排列式，主要可用于多模旋转模成型；图 4.239（b）和图 4.239（c）所示为侧排式，

主要可用于单模模内旋转成型；图 4.239（d）所示为 V 形排列式，主要可用于混色注射成型。另外还有 A－B 垂直布置式，常可用于单模模内旋转成型。双色注射机料筒的注射和移动一般都可各自独立控制。图 4.240 所示为双色注射机（平行排列式）实例。

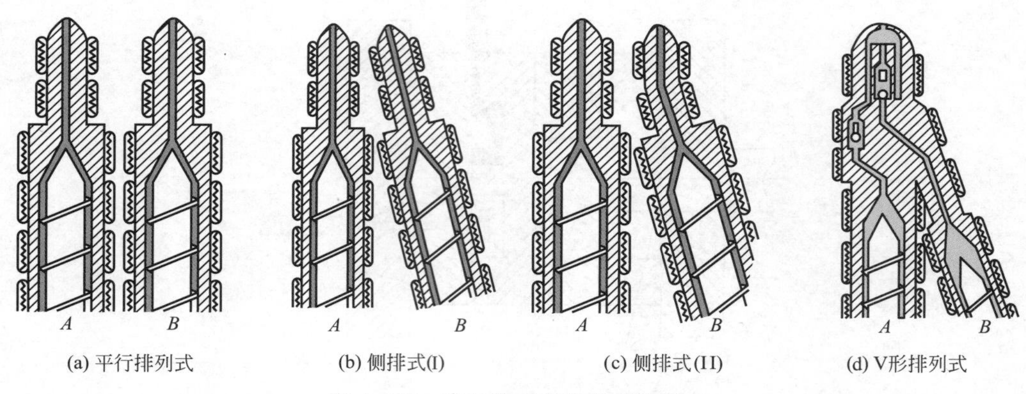

(a) 平行排列式　(b) 侧排式(I)　(c) 侧排式(II)　(d) V形排列式

图 4.239　常见的双色注射系统形式

图 4.240　双色注射机（平行排列式）实例

② 旋转机构。旋转机构常见的形式主要有以下几种。

a. 转盘注射，主要可用于双色多模成型。两动模完全一样，可旋转；两定模不一样，会受到产品几何形状的影响。故可利用此结构特点实现单边良好的设计。由于该种形式允许同步注射，因此可缩短成型周期。转盘注射主要用于饮用杯、把手、盖子和密封件等多模旋转成型。

b. 转位（轴）注射，也称为转模芯注射。转位（轴）注射是在注射机的后面板的中心（即模具中心）有一可伸缩和转动的轴。转位（轴）注射主要可用于双色单模成型（转芯或转整个动模两种情况），该成型机构多用于塑件第二部分注塑或产品形状必须改变的加工场合。利用这一技术，可大大提高产品设计的自由度，故常用于汽车用调节轮、牙刷及一次性剃须刀等的单模旋转成型。

c. 移位注射，利用机械手将预注射塑件放至第二位置再注射，从而给予第一注射和第二注射加工最大的自由度。该技术主要用于工具手柄和牙刷制作、工艺性注射等加工领域。

双色注射机在顶出机构、冷却装置等方面也需另设置，以满足整个成型要求。随着双色注射成型技术的不断进步，双色注射机的发展也已由传统的转盘式、转轴式等，朝着更高阶的蓄压高速闭回双色成型、ESD（electro - static discharge）油电复合精密双色成型、双色嵌入成型及旋转重模等方向发展。

（3）双色注射成型模具结构。

双色塑件成型模具与普通塑件成型模具的结构有较大的区别，主要特征是：双色注射成型模具有两套浇注系统和两个工位型腔，还有型芯换位机构（或称旋转机构），另外双色注射成型模具的推出机构的要求也不同于普通的注射模具。常见的双色注射成型模具结构形式如图 4.241 所示。

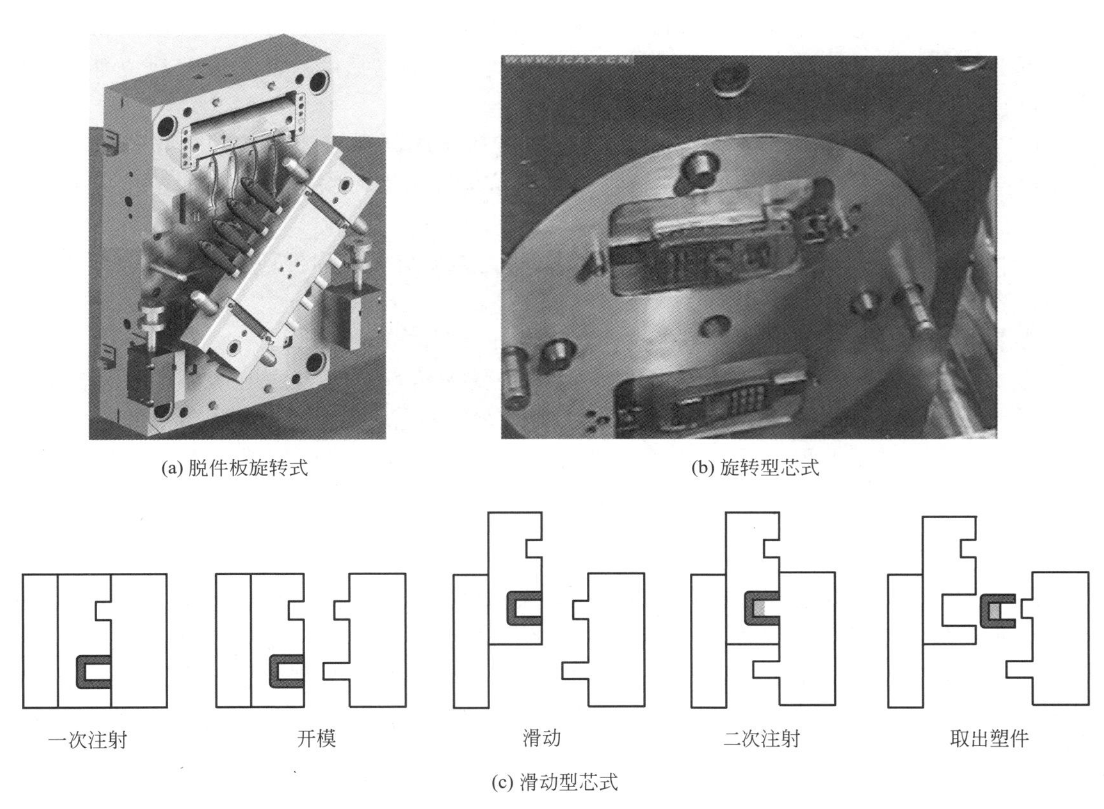

图 4.241　常见的双色注射成型模具结构形式

① 型芯后退式双色注射成型模具。其结构特点是在一次注射时，型芯不后退，二次注射时由型芯后退让位的空间成型第二色部分，该结构形式后退型芯的形状一般比较简单而且较小，不适用于带有较复杂嵌件的双色塑件的成型。

② 脱件板旋转式双色注射成型模具。其特点是自带旋转机构，对注射机的要求相对较小，适用于中小型双色单模塑件的生产，如图 4.241（a）所示。

③ 旋转型芯式双色注射成型模具。其特点是旋转动模实现双色注射，要求注射设备上有专门的旋转盘，如图 4.241（b）所示，对注射机有更高的精度要求。

④ 滑动型芯式双色注射成型模具。其特点是适用于大型塑件的生产，且需要在模具和注射机外专设移动机构，如图 4.241（c）所示。

（4）设计要求。

在双色注射成型设计中需要注意以下几方面内容。

① 必须了解塑件结构、多色组合方式和特殊要求等，以便于确定成型方式，并进行注射机选用和模具结构设计。

② 为了使两种塑料粘得更紧，除考虑选用同料外，还可以在一次塑件上增设沟槽以增加结合强度。

③ 选取成型设备时必须校核各注射系统的注射量、旋转盘的水道配置及行程、承载重量等。

④ 设计模具需注意以下问题。

a. 可以把一次塑件的浇口设计成下次被二次塑件覆盖，同时由于一次模具通常只取流道而不取塑件，且最好没有塑件的推出过程，因此一次浇口常用点浇口或热流道等，这样浇口可自动脱落而无须推出塑件。

b. 在设计第二次注射型腔时，为了避免擦伤第一次已经成型好的塑件，可以设计一定的避空部分；同时也要避免第二次注射的塑料熔体冲击第一次已经成型的塑件而使之移位变形。

c. 由于动模一侧必须旋转 180°，因此型芯位置必须交叉对称排列，同时保证旋转合模时必须吻合。

d. 两型腔和型芯处的冷却水道设置尽量充分、均衡、一致。

⑤ 一般情况下双色成型都是先注射产品的硬性塑料部分，再注射产品的软性塑料部分，但也要考虑先后两次注射的料温，避免第二次料温过高损坏第一次成型塑件。

当然在实际应用过程中还有很多的问题（如复位装置、定位装置，限位装置等的设置），需要结合实际成型方式和模具结构特点不断总结和优化。

2. 双层注射成型

图 4.242 所示为双层注射成型示意图，双层注射成型机构的注射系统是由两个互相垂直安装的螺杆 A 和螺杆 B 组成的，两个螺杆的端部是一个交叉分配的喷嘴。注射时，一个螺杆先将第一种塑料注入模具型腔，当注入模具型腔的塑料与模腔表壁接触的部分开始固化，而内部仍处于熔融状态时，另一个螺杆将第二种塑料注入模具型腔，后注入的塑料

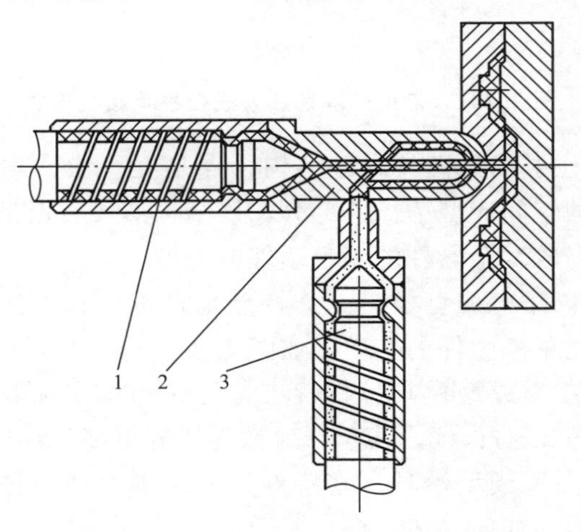

1—螺杆 A；2—交叉喷嘴；3—螺杆 B。

图 4.242　双层注射成型示意图

不断地把前一种塑料朝着模具成型表壁推压，而其本身占据模具型腔的中间部分，冷却定型后，就可以得到先注入的塑料形成外层、后注入的塑料形成内层的包覆塑件。

双层注射成型特点如下。

（1）双层注射成型可使用新旧不同的同一种塑料成型具有新塑料性能的塑件。

（2）通常塑件内部为旧料，外表为新料，且保证有一定的厚度。这样，塑件的冲击强度和弯曲强度与全部用新料成型的塑件几乎相同。

（3）此外，也可采用不同颜色或不同性能的塑料相组合，获得具有某些优点的塑件。

双层注射成型最初是为了能够封闭电磁波的导电塑件而开发的，这种塑件外层采用普通塑料，起封闭电磁波作用；内层采用导电塑料，起导电作用。双层注射成型方法问世后，马上受到汽车工业的重视，这是因为它可以用来成型汽车中各种带有软面的装饰品及缓冲器等外部零部件。

实用技巧

采用共注射成型方法生产塑件时，关键因素是注射量、注射速度和模具温度。改变注射量和模具温度可使塑件各种原料的混合程度和各层的厚度发生变化。

共注射成型技术设备成本较高，模具设计复杂、精密，成型工艺要求高。近年来，在对双层注射成型和双色注射成型塑件的种类和数量需求不断增加的基础上，又出现了三色甚至多色花纹等新的共注射成型工艺。

学习建议

认真观看多媒体成型录像，结合教师的课堂讲授、介绍，理解成型新工艺。课后搜索与本节相关的成型新技术，把握塑料注射成型的新成果和新发展。

【在线答题】

本章小结

注射模的功能是双重的：其一是赋予塑化的材料以期望的形状和质量；其二是冷却并推出经注射工艺成型的塑件。模具决定最终产品的性能、形状、尺寸和精度。为了周而复始地获得符合技术经济要求及质量稳定的产品，需考虑模具的结构特征、成型工艺及浇注系统的流动条件等影响塑件质量及生产效率的关键因素。本章的基本内容主要包括注射模具的结构及分类、塑件在模具中的位置（分型面的设计、型腔数目及型腔排列方式）、普通浇注系统的设计（概念、分类、作用、组成、设计原则、主流道设计、分流道设计、浇口设计、冷料穴及拉料杆设计、排气系统设计）、塑件推出机构设计、侧向分型与抽芯机构设计、模具温度调节系统设计（冷却系统、加热装置设计）。本章的重点是分型面及浇注系统的设计、推出机构的设计、抽芯机构的设计，难点是如何设计主流道、分流道，如何选取合适的浇口，如何选择并设计合理的脱模方式。

关键术语

注射模（injection mould）、浇注系统（gating system）、主流道（sprue）、分流道（runner）、浇口（gate）、冷料穴（cold - slug well）、热流道（hot runner）、分型面（parting line）、模架（mold base）、定模（stationary mould fixed half）、动模（movable mould/moving half）、型腔（mold cavity）、型芯（core）、模板（mould plate）、推杆（ejector pin）、推管（ejector sleeve）、推件板（stripper plate）、推出机构（ejecting mechanism）、抽芯机构（core - pulling mechanism）、冷却系统（cooling system）、双层模具（double stack mold）、气体辅助注射成型（gas - assisted injection molding）、共注射成型（co - injection molding）

习　题

一、填空题

1. 根据模具总体结构特征，塑料注射模可分为__________、__________、__________、__________、__________等类型。

2. 通常注射机的实际注射量最好在注射机的最大注射量的__________以内。

3. 注射模的浇注系统由__________、__________、__________、__________等组成。

4. 在多型腔模具中，型腔和分流道的排列有__________和__________两种。

5. 常见浇口的类型一般可分__________、__________、__________、__________、__________等。

6. 排气是塑件__________的需要，引气是塑件__________的需要。

7. 气体辅助注射成型通常有__________、__________、__________等几种形式。

8. 典型的叠层式模具一般由__________、__________、__________三个部分组成。

9. 叠层式模具常用的开模机构有__________、__________、__________等几种。

10. 共注射成型是使用__________注射系统的注射机，将__________或__________的塑料同时或先后注入模具内的成型方法。

11. 相比于普通成型模具结构，双色成型模具有__________套浇注系统和__________个工位型腔。

二、问答题

1. 设计模具时，对所设计的模具与所选用的注射机必须进行哪些方面的校核（从工艺参数、合模参数方面来考虑）？

2. 浇注系统的作用是什么？设计普通浇注系统时应遵循哪些基本原则？

3. 注射模浇口的作用是什么？有哪些类型？各自用在哪些场合？

4. 浇口位置选择的原则是什么？

5. 计算成型零部件工作尺寸要考虑什么要素？

6. 比较推杆推出机构、推管推出机构、推件板推出机构的特点及其适用场合。

7. 在设计注射模时，模具的温度调节的作用是什么？

8. 侧向分型与抽芯机构的类型有哪些？斜导柱侧向分型与抽芯机构的主要组成零部件有哪些？

9. 相对于普通注射成型，气体辅助注射成型有何特点？

10. 叠层式注射模和普通注射模有何区别？

11. 双层注射成型的特点是什么？

实训项目

分析图 4.243 所示圆盖（材料：改性 PS），完成以下要求内容。

1. 进行塑件的结构工艺性分析，找出保证塑件质量的关键点及对应措施。

2. 选用合适的注射机并进行初步校核。

3. 正确确定注射成型分型面及选择的理论依据。

4. 简述浇口位置与浇口形式的分析与选择过程。

5. 构思合模状态下比例协调的模具结构示意图（要求结构齐全，各零部件安装配合关系表述清晰）。

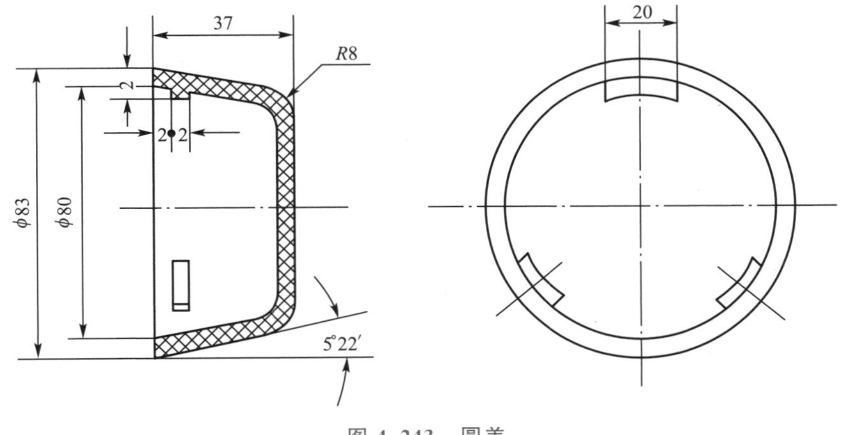

图 4.243 圆盖

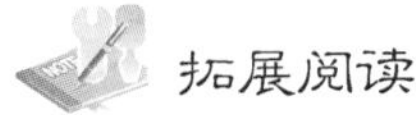

拓展阅读

序号	主题	内容简介	内容链接
1	注射模的计算机辅助设计	伴随模具 CAD/CAM/CAE 技术的不断完善，计算机辅助设计分析在注射成型模具中的应用也日趋深入。作为现代模具设计人员，在掌握模具设计相关理论、准则等知识基础上，很有必要学会使用一种典型模具设计软件，并能够熟练操作软件进行注射模三维和二维设计	

续表

序号	主题	内容简介	内容链接
2	传动轮注射模设计	针对本章“导入案例”中的传动轮塑件，围绕该塑件注射模设计中需要解决的主要问题，介绍塑件的成型工艺性、分型面与浇注系统的设计、注射设备的选择与参数校核、成型零部件及其他主要零部件设计、模具总装结构设计等内容	
3	大国工匠池昭就——模具制造技术创新“狂人”	玉柴机器股份有限公司模具制造的核心人物池昭就，靠着传承和钻研，凭着专注和坚守，在模具制造领域开创了“三精一法”等绝活，用行动展现了一名大国工匠的风采。他掌握了五金模、冲压模、注塑模、吹瓶模、金属铸造型腔模、铝合金重力铸造模的设计和制造工艺、快速成型技术，在模具制造技术创新的世界里，创造了一个又一个“中国制造”	

第5章

其他塑料成型模具设计要点

知识要点	目标要求	学习方法
压缩成型模具（压缩模）	熟悉	复习2.2～2.4节的内容，了解相关成型工艺原理与过程。通过观看多媒体课件，结合教师在教学过程中的讲解及阅读教材相关内容，并与注射成型模具的比较，熟悉相应模具的结构特征和设计要点
传递成型模具（传递模）		
挤出成型模具（挤出模）		
气动成型模具	基本掌握	复习2.5节的内容，了解气动成型原理及工艺过程，熟悉中空吹塑模的结构特征和设计要点

导入案例

【参考图文】

除了前面所述的普通注射成型以外，还有很多其他的塑料成型方法，不同的成型方法适用于不同的物料或不同结构形状塑件的成型。比如压缩成型、传递成型主要适用于成型热固性塑料，挤出成型适用于成型截面一致的型材，中空吹塑成型适用于成型中空塑件等。相对于注射模而言，其他成型模具比较简单，但也具有符合其自身成型要求的一些特点。作为模具设计人员，非常有必要了解和熟悉其他成型工艺及模具设计的相应要点。

图 5.1 所示塑件实例就是利用其他塑料成型工艺和模具成型的。

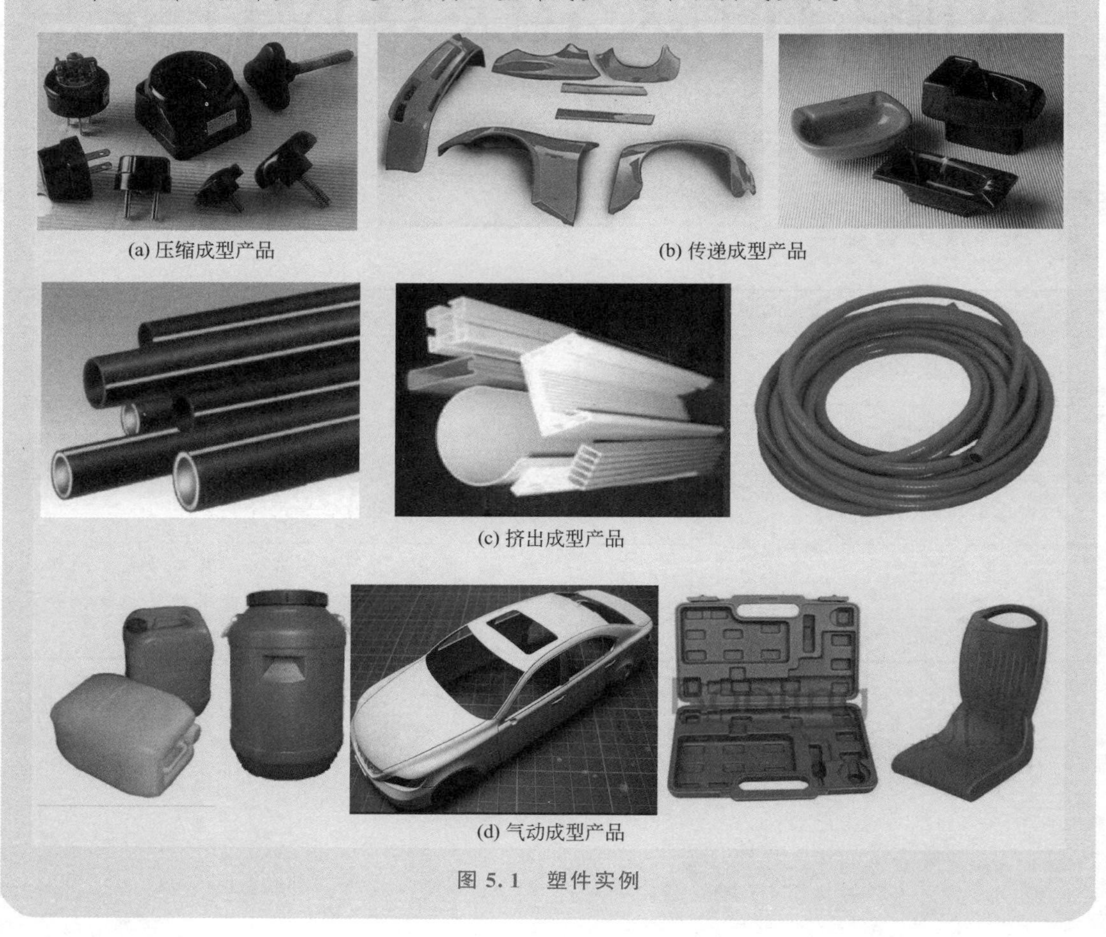
(a) 压缩成型产品　(b) 传递成型产品

(c) 挤出成型产品

(d) 气动成型产品

图 5.1　塑件实例

5.1　压缩模设计

压缩模是塑料成型模具中一种比较简单的模具，它主要用来成型热固性塑料。某些热塑性塑料也可用压缩模成型，如光学性能要求高的有机玻璃镜片，不宜高温注射成型的硝酸纤维汽车转向盘及一些流动性很差的热塑性塑料（如聚酰亚胺塑料）塑件等，都可以用压缩成型。但由于模具需要交替加热和冷却，因此生产周期长，效率低，这就限制了热塑性塑料在这方面的进一步应用。

本节着重介绍热固性塑料压缩模的结构设计要点。与注射模设计类似的合模导向机构、侧向分型与抽芯机构、模具温度调节系统等参考第 4 章的内容。

5.1.1 概述

1. 压缩模的典型结构与工作过程

典型的压缩模（图 5.2）由上模和下模两部分组成。

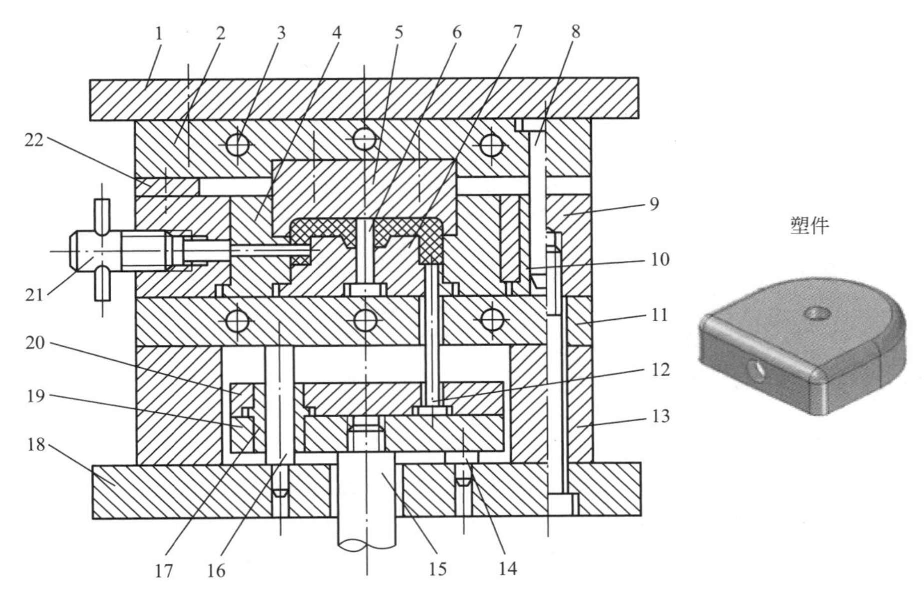

1—上模座板；2—上模板（加热板）；3—加热孔；4—加料腔（凹模）；5—上凸模；6—型芯；7—下凸模；8—导柱；9—下模板；10—导套；11—支承板（加热板）；12—推杆；13—垫块；14—限位钉；15—推出机构连接杆；16—推板导柱；17—推板导套；18—下模座板；19—推板；20—推杆固定板；21—侧型芯；22—限位块（承压块）。

图 5.2 典型的压缩模结构

模具的上模和下模分别安装在压机的上、下工作台上，上模、下模通过导柱、导套导向定位。上工作台下降，使上凸模 5 进入下模加料腔与装入的塑料接触并对塑料加热。当塑料成为熔融状态后，上工作台继续下降，塑料熔体在受热受压的作用下充满型腔并发生固化交联反应。塑件固化成型后，上工作台上升，模具分型，同时压机下面的辅助液压缸开始工作，推出机构的推杆将塑件从下凸模 7 上脱出。

按照各零部件的功能，压缩模可分为以下几大部分。

（1）加料腔。压缩模的加料腔是指凹模上方的空腔部分，如图 5.2 中加料腔（凹模）4 的上部截面尺寸扩大的部分。由于塑料与塑件相比具有较大的比容，塑件成型前单靠型腔往往无法容纳全部原料，因此一般需要在型腔之上设一段加料腔。

（2）成型零部件。成型零部件是直接成型塑件的零部件，加料时成型零部件与加料腔共同起装料的作用。如图 5.2 中的上凸模 5、加料腔（凹模）4、型芯 6、下凸模 7 等零部件。

（3）导向机构。导向机构的作用是保证上模和下模两部分或模具内部其他零部件之间准确对合定位。导向机构一般由分别布置在上模、下模周边的导柱、导套（如图 5.2 中导柱 8 和导套 10）组成，另外为保证推出机构上下运动平稳，有时在推出机构中也设置导向机构（如图 5.2 中推板导柱 16 和推板导套 17）。

（4）侧向分型与抽芯机构。当压缩塑件带有侧孔或侧向凹凸时，模具必须设有各种侧向分型与抽芯机构，塑件才能脱出。如图 5.2 所示，在推出塑件前用手动丝杆（侧型芯 21）抽出侧型芯。

（5）脱模机构。压缩模中都需要设置脱模机构（推出机构），脱模机构的作用是把塑件脱出模腔。图 5.2 中的脱模机构由推板 19、推杆固定板 20、推杆 12 等零部件组成。

（6）加热系统。在成型热固性塑料时，模具温度必须高于塑料的交联温度，故必须加热模具。常见的加热方式有电加热、蒸汽加热、煤气或天然气加热等，其中电加热应用最为普遍。图 5.2 中上模板（加热板）2 和支承板（加热板）11 中设计有加热孔，加热孔中插入加热元件（如电热棒）分别对上凸模、下凸模和凹模进行加热。成型热塑性塑料时，在型腔周围开设温度控制通道，在塑化和定型阶段，分别通入蒸汽进行加热或通入冷水进行冷却。

（7）支承零部件。压缩模中的各种固定板、支承板及上模座板、下模座板等均称为支承零部件，如图 5.2 中的上模座板 1、支承板（加热板）11、垫块 13、下模座板 18、限位块（承压板）22 等。支承零部件的作用是固定和支承模具中各种零部件，并且将压机上的压力传递给成型零部件和成型物料。

2. 压缩模的分类

压缩模分类的方法很多，可按模具在压缩成型设备上固定方式的不同分为移动式压缩模、半固定式压缩模和固定式压缩模；按分型面特征分为单分型面压缩模和多分型面压缩模；按型腔数目分为单型腔压缩模和多型腔压缩模；按模具加料腔形式的不同分为溢式压缩模、不溢式压缩模和半溢式压缩模。其中按模具加料腔形式的不同进行分类是最重要的分类方法，因为这种分类能更好地体现压缩模上下模配合结构特征。

（1）溢式压缩模。

溢式压缩模（图 5.3）又称敞开式压缩模。这种模具无单独的加料腔，型腔本身作为

【参考动画】

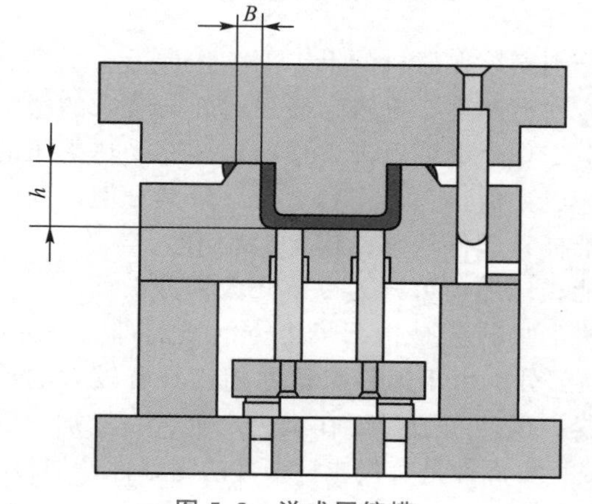

图 5.3　溢式压缩模

加料腔，型腔高度 h 等于塑件高度，由于凸模和凹模之间无配合，完全靠导柱定位，因此塑件的径向尺寸精度不高，而高度尺寸精度尚可。压缩成型时，由于多余的塑料易从分型面处溢出，因此塑件具有径向飞边。挤压环的宽度 B 应较窄，以减薄塑件的径向飞边。挤压环在合模开始时，产生有限的阻力，合模结束时，挤压面才完全密合。故塑件密度较低，强度等力学性能也不高，特别是合模太快时，会造成溢料量增加，浪费较大。溢式压缩模结构简单，造价低，耐用（凸模、凹模间无摩擦），塑件易取出。

溢式压缩模对加料量的精度要求不高，加料量一般仅大于塑件质量的5%左右，常用预压型坯进行压缩成型。溢式压缩模适用于压制流动性好或带短纤维填料及精度与密度要求不高且尺寸小的扁平塑件，不适用于压制带状、片状或纤维填料的塑料和薄壁或壁厚均匀性要求高的塑件。

（2）不溢式压缩模。

不溢式压缩模（图5.4）又称封闭式压缩模。这种模具的加料腔在型腔上部延续，其截面形状和尺寸与型腔的截面形状和尺寸完全相同，无挤压面。由于凸模和加料腔有一段配合，因此塑件径向壁厚尺寸精度较高。由于配合段单面间隙为0.025～0.075mm，因此压缩时仅有少量的塑料流出，故塑件在垂直方向上形成很薄的轴向飞边，去除比较容易。配合段的配合高度不宜过大，在设计不配合部分时可以将凸模上部截面设计得小一些，也可以将凹模对应部分尺寸逐渐增大，形成15′～20′的锥面。模具在闭合压缩时，压力几乎完全作用在塑件上，因此塑件密度大、强度高。不溢式压缩模适用于成型形状复杂、精度高、壁薄、长流程的深腔塑件，也可成型流动性差、比容大的塑件，特别适用于成型含棉布纤维、玻璃纤维等长纤维填料的塑件。

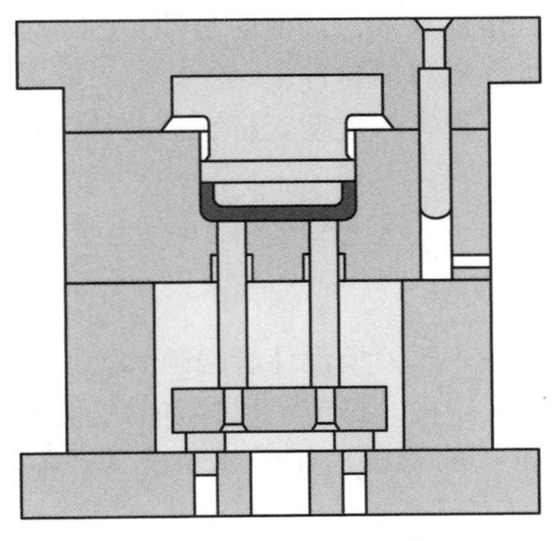

【参考动画】

图5.4　不溢式压缩模

由于不溢式压缩模塑料的溢出量少，加料量直接影响塑件的高度尺寸，因此每模加料都必须准确称量，否则塑件高度尺寸不易保证。另外由于凸模与加料腔的侧壁摩擦，将不可避免地擦伤加料腔侧壁，同时，塑件推出模具型腔时经过划伤的加料腔也会损伤塑件外表面，并且塑件脱模较困难。为避免加料不均，不溢式压缩模一般不宜设计成多型腔结构。

（3）半溢式压缩模。

半溢式压缩模（图5.5）又称半封闭式压缩模。这种模具在型腔上方设有加料腔，加料腔截面尺寸大于型腔截面尺寸，两者分界面处有一环形压面，其宽度为4～5mm。凸模与加料腔呈间隙配合，凸模下压时受到环形压面的限制，故易于保证塑件高度尺寸精度。在凸模四周开有溢流槽，过剩的塑料通过配合间隙或溢流槽溢出。故半溢式压缩模操作方便，加料时加料量不必严格控制，只需要简单地按体积计量即可。

【参考动画】

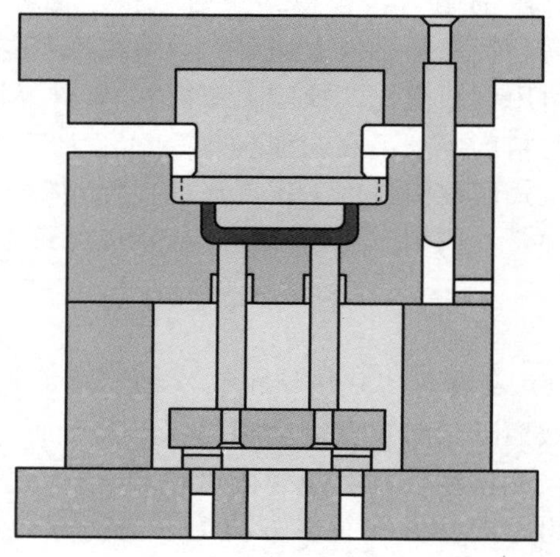

图 5.5　半溢式压缩模

半溢式压缩模兼具溢式压缩模和不溢式压缩模的优点，采用半溢式压缩成型的塑件径向壁厚尺寸和高度尺寸均较好，密度较大，模具使用寿命较长，塑件脱模容易，塑件外表不会被加料腔划伤。当塑件外形较复杂时，可将凸模与加料腔周边配合面形状简化，从而减小加工难度，故半溢式压缩模在生产中被广泛采用。半溢式压缩模适用于压缩流动性较好的塑料，成型形状较复杂的塑件及带小嵌件的塑件。由于半溢式压缩模有挤压边缘，因此不适于压缩以布片或长纤维作填料的塑件。

上述模具结构是压缩模的三种基本类型，将它们的特点进行组合或改进，还可以演变成其他类型的压缩模。

3. 压缩模与压缩成型设备的匹配关系

(1) 压缩成型设备。

压机是压缩成型的主要设备，压缩模设计者必须熟悉设备的主要技术规范。按传动方式可将压机分为机械式压机和液压机，目前使用较多的是液压机。液压机按施压油缸所在位置分为上压式液压机和下压式液压机，如图 5.6 所示。各种压机的技术参数详见有关手册。

(2) 与压缩模相关的压机参数校核。

由于压缩模是在压机上进行压缩生产的，压机的成型总压力、开模力、推出力、合模高度和开模行程等技术参数与压缩模设计有直接关系，因此在设计压缩模时应首先对压机做下述几方面的校核。

① 成型总压力的校核。成型总压力是指塑件压缩成型时所需的压力，成型总压力与塑件的几何形状、水平投影面积、成型工艺等因素有关。成型总压力 F_m 必须满足式 (5－1)。

$$F_m = nAP \leqslant KF_n \tag{5-1}$$

式中：F_m 为模具成型塑件所需的总压力 (N)。n 为型腔数目。A 为单个型腔在工作台上的水平投影面积 (mm^2)；对于溢式压缩模或不溢式压缩模，水平投影面积等于塑件最大

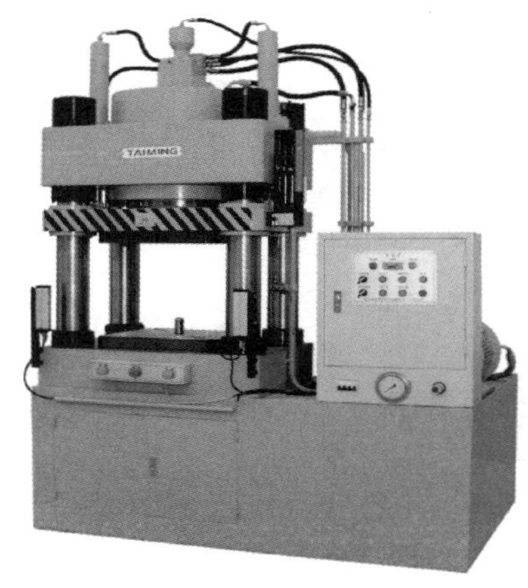

(a) 上压式液压机　　　　(b) 下压式液压机

图 5.6　液压机

轮廓的水平投影面积；对于半溢式压缩模，水平投影面积等于加料腔的水平投影面积。P 为压缩塑件所需的单位成型压力（MPa），可参考表 2－2 或查阅有关设计手册。K 为修正系数，按压机的新旧程度取 0.80～0.90。F_n 为压机的额定压力（N）。

当压机的大小确定后，也可以按式（5－2）确定多型腔模具的型腔数目。

$$n \leqslant \frac{KF_n}{AP} \tag{5-2}$$

② 开模力和脱模力的校核。开模力和脱模力的校核是针对固定式压缩模而言的。

a. 开模力的校核。压机的回程力是开模动力，若要保证压缩模可靠开模，必须使开模力小于压机液压缸的回程力。压缩模所需要的开模力 F_k 可按式(5－3)计算。

$$F_k = kF_m \tag{5-3}$$

式中：F_k 为开模力（N）。k 为系数，凸模、凹模配合长度不大时，k 可取 0.1；凸模、凹模配合长度较大时，k 可取 0.15；塑件形状复杂且凸模、凹模配合长度较大时，k 可取 0.2。

实用技巧

用机器力开模，由于 $F_n \geqslant F_m$，因此 F_k 是足够的，不需要校核。

b. 脱模力的校核。压机的顶出力是保证压缩模推出机构脱出塑件的动力，要保证可靠脱模，必须使脱模力小于压机的顶出力。压缩模所需要的脱模力 F_t 可按式（5－4）计算。

$$F_t = A_c P_f \tag{5-4}$$

式中：F_t 为塑件从模具中脱出所需要的力（N）；A_c 为塑件侧面积之和（mm^2）；P_f 为塑件与金属表面的单位摩擦力（MPa），塑料以木纤维和矿物质作填料时取 0.49MPa，塑料以玻璃纤维增强时取 1.47MPa。

③ 合模高度与开模行程的校核。为了使模具正常工作，必须使模具的闭合高度和开模行程与压机上工作台、下工作台之间的最大开距和最小开距及压机的工作行程相适应，即

$$h_{min} \leqslant h = h_1 + h_2 \tag{5-5}$$

式中：h_{min}为压机上工作台、下工作台之间的最小距离（mm）；h 为模具合模高度（mm）；

h_1 为凹模高度（图 5.7）（mm）；h_2 为凸模台肩高度（图 5.7）（mm）。

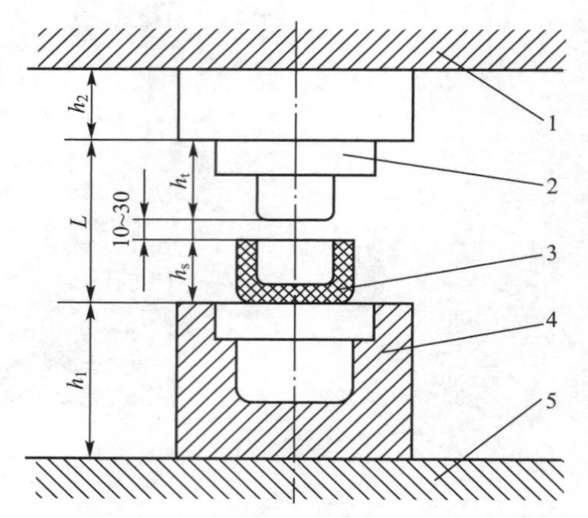

1—上工作台；2—凸模；3—塑件；4—凹模；5—下工作台；

L—模具最小开模距离；h_1—凹模高度；h_2—凸模台肩高度；h_s—塑件高度；h_t—凸模高度。

图 5.7　模具高度和开模行程

如果 h 小于 h_{min}，上模、下模不能闭合，模具无法工作，这时在模具与工作台之间必须加垫板，并要求 h_{min}小于 h 和垫板厚度之和。为保证锁紧模具，垫板尺寸一般应小于10～15mm。

为保证顺利脱模，还要求

$$h+L=h_1+h_2+h_s+h_t+(10\sim30)\text{mm}\leqslant h_{max} \tag{5-6}$$

式中：L 为模具最小开模距离（mm），$L=h_s+h_t+$（10～30）（mm）；h_s 为塑件高度（mm）；h_t 为凸模高度（mm）；h_{max}为压机上下工作台之间的最大距离（mm）。

④ 脱模距离的校核。脱模距离即顶出距离，它必须满足式（5-7）。

$$L_d=h_s+h_3+(10\sim15)\text{mm}\leqslant L_n \tag{5-7}$$

式中：L_d 为塑件需要的脱模行程（mm）；h_3 为加料腔的高度（mm）；h_s 为塑件高度（mm）；L_n 为压力机推顶机构的最大工作行程（mm）。

⑤ 压机工作台有关尺寸的校核。压缩模设计时应根据压机工作台面规格和结构确定模具的相应尺寸。模具的宽度尺寸应小于压机立柱（四柱式压机）或框架（框架式压机）间的净距离，使压缩模能顺利安装在压机的工作台上，还要注意上工作台面、下工作台面上的 T 形槽的位置，压机的 T 形槽有沿对角线交叉开设的，也有平行开设的。模具可以直接用螺钉分别固定在上工作台、下工作台上，但模具上的固定螺钉孔（或长槽、缺口）应与工作台的上 T 形槽、下 T 形槽位置相符合，也可用螺钉压板压紧固定模具，这时上模座板、下模座板应设有宽度为 15～30mm 的凸台阶。

5.1.2　结构设计要点

设计压缩模时，首先应确定加料腔的总体结构，凹模、凸模之间的配合形式及成型零部件的结构，然后根据塑件尺寸确定成型零部件的工作尺寸，最后根据塑件质量和塑件种类确定加料腔尺寸。设计模具结构时需注意与所选用压机的有关技术规范相适应，一些基本零部件的设计与计算在前面的有关章节已讲述过，并且注射模设计的许多内容及要求同样适用于热固性塑料压缩模的设计，因篇幅所限，现仅介绍压缩模成型零部件的一些特殊设计。

1. 凹模、凸模各组成部分及其作用

以半溢式压缩模为例，压缩模的凹模、凸模配合的典型结构如图 5.8 所示，压缩模的凹模、凸模各组成部分及其作用见表 5－1。

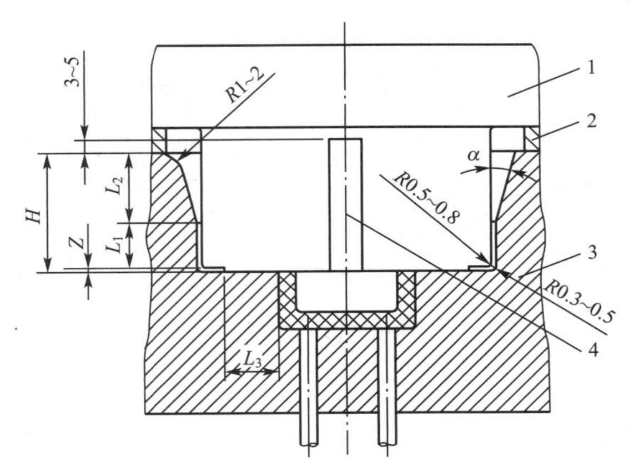

1—凸模；2—承压块；3—凹模；4—排气溢料槽。

图 5.8　压缩模的凹模、凸模配合的典型结构

表 5－1　压缩模的凹模、凸模各组成部分及其作用

名　称	作用及有关要求
引导环 L_2	主要作用是引导凸模顺利进入凹模，减少凸模与加料腔侧壁的摩擦，延长模具使用寿命；避免在推出塑件时擦伤塑件表面；减少开模阻力，并便于排气； $L_2=5\sim10$mm（当加料腔高度 $H\geqslant30$mm 时，$L_2=10\sim20$mm）； $\alpha=20'\sim1°30'$（移动式压缩模）或 $\alpha=20'\sim1°$（固定式压缩模）
配合环 L_1	防止溢料，但排气必须顺畅；保证凸模与凹模定位准确； 凹模、凸模的配合间隙以不发生溢料及不擦伤侧壁为准； L_1 根据凹模、凸模的配合间隙而定，间隙小则长度取短些。一般移动式压缩模 $L_1=4\sim6$mm；固定式压缩模，若加料腔高度 $H\geqslant30$mm 时，$L_1=8\sim10$mm
挤压环 L_3	在半溢式压缩模中用以限制凸模下行的位置，并保证最薄的水平飞边； L_3 不宜过大，一般 $L_3=2\sim4$mm（中小型模具）或 $L_3=3\sim5$mm（大型模具）
储料槽 Z	储存排除的余料
排气溢料槽	排出气体和余料； 开到凸模的上端，使合模后高出加料腔上平面 3～5mm，以将余料排出模外，如图 5.9 所示
承压块（面）	保证凸模进入凹模的深度，使凹模不致受挤压而变形或损坏；减轻挤压环的载荷，延长模具使用寿命； 承压块的厚度一般为 8～10mm，材料采用 T7 钢、T8 钢或 45 钢，硬度为 35～40HRC。根据模具加料腔的形状不同，承压块的形式也不同，承压块的形式如图 5.10 所示
加料腔 H	盛装塑料原料。可以是型腔的延伸，也可按型腔形状扩大成圆形或矩形等

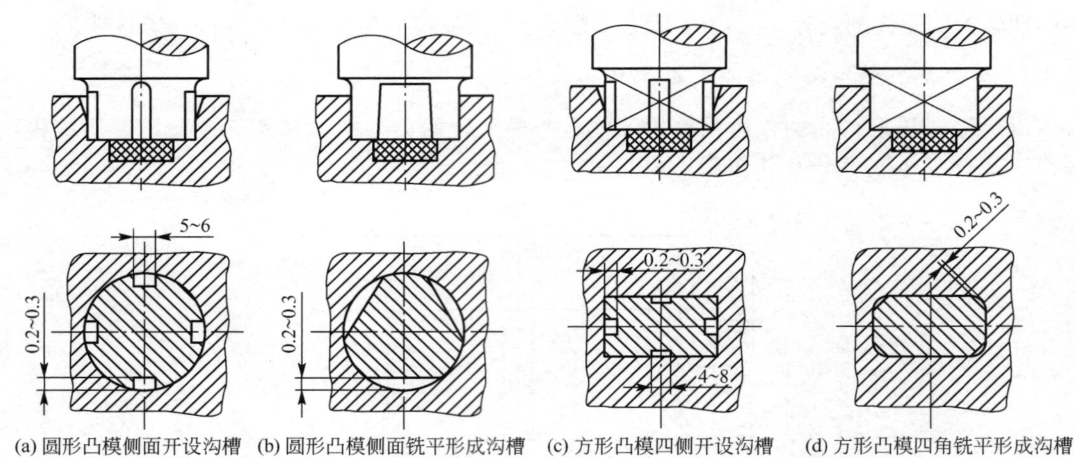

(a) 圆形凸模侧面开设沟槽 (b) 圆形凸模侧面铣平形成沟槽 (c) 方形凸模四侧开设沟槽 (d) 方形凸模四角铣平形成沟槽

图 5.9 半溢式压缩模的溢料槽

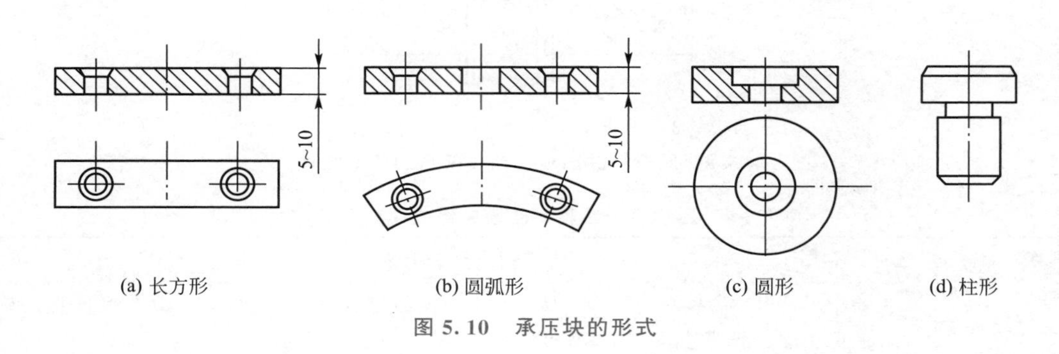

(a) 长方形 (b) 圆弧形 (c) 圆形 (d) 柱形

图 5.10 承压块的形式

2. 凹凸模配合的结构形式

（1）溢式压缩模凸模、凹模的配合。

图 5.11 所示为溢式压缩模凸模、凹模的配合。无加料腔，凸模、凹模没有引导环和配合环，依靠导柱导套进行定位和导向；凸模、凹模在水平分型面接触，为使飞边变薄，分型面接触面积不宜过大，如图 5.11（a）所示。为增大承压面积，可在溢料面之外增设承压面，如图 5.11（b）所示。

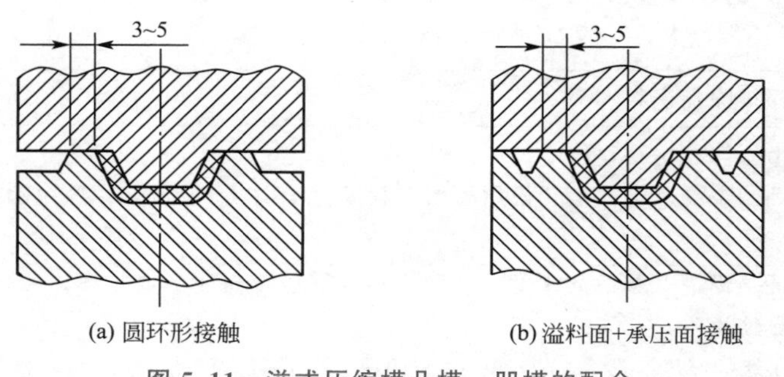

(a) 圆环形接触 (b) 溢料面+承压面接触

图 5.11 溢式压缩模凸模、凹模的配合

（2）不溢式压缩模凸模、凹模的配合。

图 5.12 所示为不溢式压缩凸模、凹模的配合。加料腔是型腔的延续，凸模、凹模间

无挤压面。凸模、凹模配合环不宜太高，以减小凸模与加料腔侧壁摩擦。

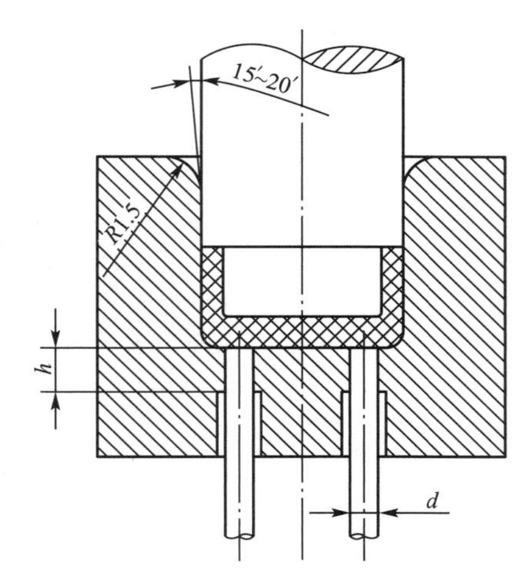

图 5.12　不溢式压缩模凸模、凹模的配合

(3) 半溢式压缩模凸模、凹模的配合。

图 5.8 所示为半溢式压缩模凸模、凹模的配合。加料腔是型腔的扩大，带有水平挤压面，模具上必须设计承压面或承压块。

3. 塑件在模具内受压方向的选择

塑件在模具内的受压方向是指凸模的作用方向。受压方向对塑件的质量、模具结构及脱模的难易程度等都会产生重要的影响。塑件在模具内的受压方向选择原则见表 5－2。

表 5－2　塑件在模具内的受压方向选择原则

选择原则	图例		说明
便于加料 【参考动画】	(a)	(b)	图 (a) 所示的加料腔较窄，不利于加料； 图 (b) 所示的加料腔大而浅，便于加料
有利于压力传递 【参考动画】	F (a)	F (b)	对于细长杆、管类塑件，若沿着图 (a) 所示轴线加压，则成型压力不易均匀地作用在全长范围内； 若采用图 (b) 所示的横向加压形式即可克服上述缺陷，但在塑件外圆上将会产生两条飞边，影响塑件外观

续表

选择原则	图例		说明
便于塑料熔体流动 【参考动画】	(a)	(b)	加压时应使塑料熔体方向与压力方向一致。若采用图（a）所示加压形式，塑料熔体逆着加压方向流动，同时需切断分型面上产生的飞边，故需要增大压力； 图（b）所示结构中，型腔设在下模，凸模位于上模，加压方向与塑料熔体方向一致，能有效地利用压力
保证凸模强度 【参考动画】	(a)	(b)	无论从正面还是从反面加压都可以成型，但加压时上凸模受力较大，故上凸模形状越简单越好； 图（b）所示的结构要比图（a）所示的结构更为合理
便于安放和固定嵌件 【参考动画】	(a)	(b)	若将嵌件安放在上模[图（a）]，既费事，又有嵌件不慎落下压坏模具的风险； 图（b）所示结构中，将嵌件装在下模，成为倒装式压缩模，不仅操作方便，而且可利用嵌件顶出塑件

除此以外，当塑件上具有多个不同方位的孔或侧凹时，应注意将抽芯距较大的型芯与受压方向保持一致，并将抽芯距较小的型芯设计成能够进行侧向运动的抽芯机构，即塑件的受压方向应便于抽拔长型芯。

由于沿加压方向的塑件高度尺寸随水平飞边厚度变化而变化，因此精度要求高的尺寸不宜放在加压方向上，即塑件受压方向的选择应保证重要尺寸的精度。

学以致用

分析图5.13所示为线圈骨架压缩塑件的三种加压方向，哪一种是最合理的？说明原因。

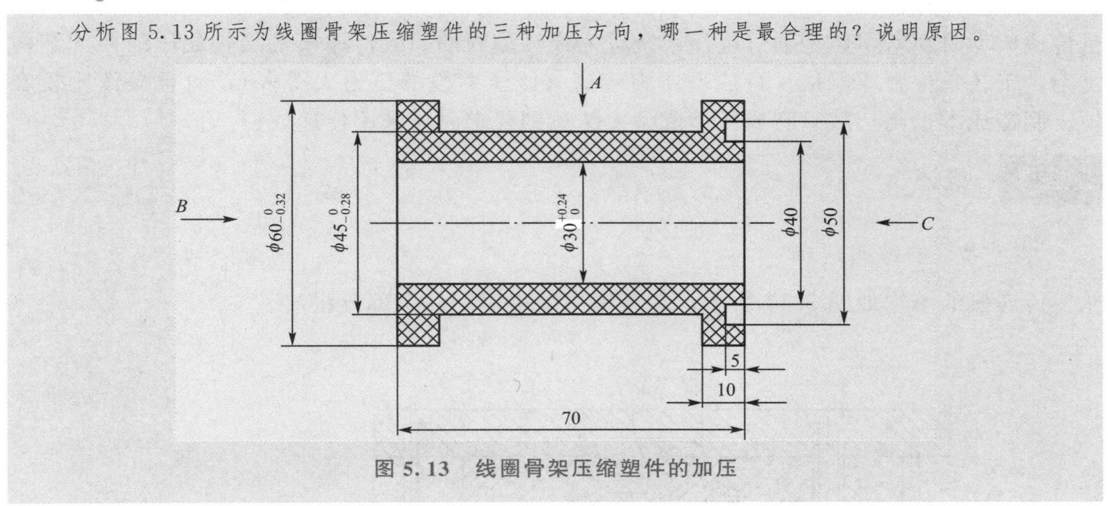

图5.13 线圈骨架压缩塑件的加压

4. 加料腔尺寸的计算

溢式压缩模无加料腔，塑料全部放在型腔中，不溢式压缩模加料腔的截面尺寸与型腔截面尺寸相同，半溢式压缩模加料腔的截面尺寸等于型腔截面尺寸＋（2～5）mm宽的挤压面，故设计压缩模加料腔时，只需进行高度尺寸计算，其计算步骤如下。

（1）塑料体积的计算。

塑料体积V可按式（5-8）计算：

$$V=(1+K)iV_s \tag{5-8}$$

式中：V为所需塑料的体积（mm^3）；K为飞边（溢料）的质量系数，按塑件分型面大小选取，一般取塑件净重的5%～10%；i为塑料的压缩率，参见表5-3；V_s为塑件的体积（mm^3）。

表5-3 常用热固性塑料的压缩率

塑料名称	酚醛塑料（粉状）	氨基塑料（粉状）	碎布塑料（片状）	脲醛塑料（浆纸）
压缩率	1.5～2.7	2.2～3.0	5.0～10.0	3.5～4.5

（2）加料腔高度的计算。

加料腔的高度H可按式（5-9）计算：

$$H=\frac{V-V_q}{A}+(5\sim10) \tag{5-9}$$

式中：H为加料腔的高度（mm）；V为所需塑料的体积（mm^3）；V_q为压缩模下模成型零部件构成的空腔的体积（即加料腔高度底部以下空腔的体积）（mm^3）；A为加料腔的截面面积（mm^2）。

5.2 传递模设计

传递模又称压注模，传递模与压缩模有许多共同之处，两者的加工对象都是热固性塑料，传递模与压缩模的型腔结构、脱模机构、成型零部件的结构及计算方法等基本相同，模具的加热方式也相同。传递模与压缩模结构的较大区别在于传递模有单独的加料腔，并且传递成型时塑料熔体是通过浇注系统进入模具型腔的。故传递模的结构比压缩模的结构复杂，工艺条件要求严格，且成型压力较高（比压缩模的压力大得多），而且操作比较麻烦，制造成本也高，故只有当压缩成型无法达到要求时才采用传递成型。

5.2.1 概述

1. 传递模的结构组成

传递模的结构如图 5.14 所示，传递模主要由以下几个部分组成。

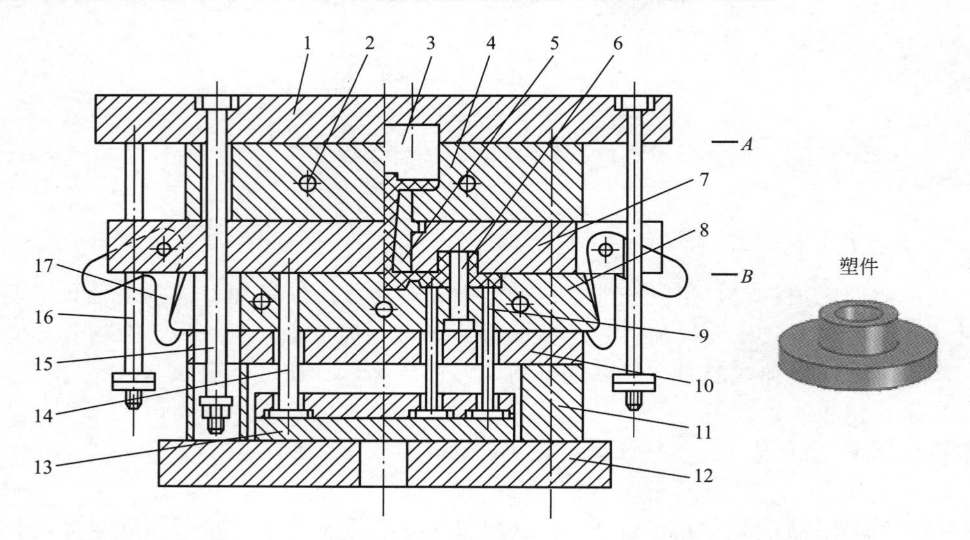

1—上模座板；2—加热器安装孔；3—压柱；4—加料腔；5—浇口套；
6—型芯；7—上模板；8—下模板；9—推杆；10—支承板；11—垫块；
12—下模座板；13—推板；14—复位杆；15—定距导柱；16—拉杆；17—拉钩。

图 5.14 传递模的结构

（1）加料装置。加料装置由加料腔和压柱组成，移动式传递模的加料腔和模具是可分离的，固定式传递模的加料腔与模具在一起。

（2）成型零部件。成型零部件直接与塑件接触，如凹模、凸模、型芯等。

（3）浇注系统。浇注系统与注射模相似，传递模的浇注系统主要由主流道、分流道、浇口等组成。

（4）导向机构。导向机构由导柱、导套组成，对上模、下模起定位、导向作用。

（5）推出机构。注射模中采用的推杆、推管、推板件及各种推出机构，在传递模中也同样适用。

（6）加热系统。传递模的加热元件主要是电热棒、电热圈，加料腔、上模、下模均需要加热。移动式传递模主要靠压机上工作台的加热板、下工作台的加热板进行加热。

（7）侧向分型与抽芯机构。如果塑件中有侧向凸凹形状，则必须采用侧向分型与抽芯机构。传递模的侧向分型与抽芯机构的具体设计方法与注射模的类似。

2. 传递模的分类

(1) 按固定形式分类。

按模具在压机上的固定形式，传递模可分为固定式传递模和移动式传递模。

① 固定式传递模。图 5.14 所示的传递模为固定式传递模，工作时，上模和下模分别固定在压机的上工作台和下工作台上，分型和脱模随着压机液压缸的动作自动进行，加料腔在模具的内部，与模具不能分离。固定式传递模在普通的压机上就可以成型。塑化后合模，压机上工作台带动上模座板，并使压柱 3 下移，将塑料熔体通过浇注系统压入型腔后硬化定型。开模时，压柱随上模座板向上移动，模具在 A 分型面分型，加料腔敞开，压柱把浇注系统凝料从浇口套中拉出。当上模座板上升到一定高度时，拉杆 16 上的螺母迫使拉钩 17 转动，使其与下模脱开，接着定距导柱 15 起作用，模具在 B 分型面分型，最后压机下部的液压缸开始工作，推动推出机构将塑件推出模外，再将塑料加入加料腔内进行下一次的传递成型。

② 移动式传递模。移动式传递模如图 5.15 所示，加料腔与模具本体可分离。工作时，模具闭合后放上加料腔 2，将塑料加入加料腔后，把压柱放入其中，然后把模具推入压机的工作台加热，接着利用压机的压力，将塑化好的物料通过浇注系统高速挤入型腔，硬化定型后，取下加料腔和压柱，手动或用专用工具（卸模架）将塑件取出。移动式传递模对成型设备没有特殊的要求，在普通的压机上就可以成型。

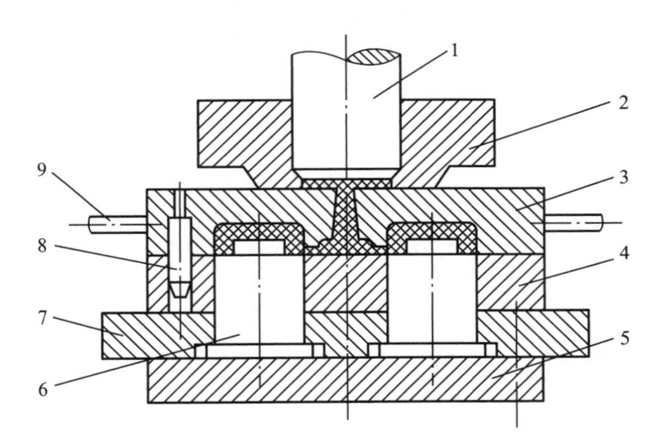

1—压柱；2—加料腔；3—凹模板；4—下模板；
5—下模座板；6—凸模；7—凸模固定板；8—导柱；9—手把。

图 5.15 移动式传递模

(2) 按机构特征分类。

按加料腔的机构特征，传递模可分为罐式传递模和柱塞式传递模。

① 罐式传递模。罐式传递模用普通压力机成型，使用较广泛，上述介绍的在普通压机上工作的固定式传递模和移动式传递模都是罐式传递模。

② 柱塞式传递模。柱塞式传递模用专用压机成型。与罐式传递模相比，柱塞式传递模没有主流道，只有分流道，主流道变为圆柱形的加料腔，与分流道相通。成型时，柱塞所施加的挤压力对模具不起锁模的作用，故需要用专用的压机，压机有主液压缸和辅助液压缸两个液压缸，主液缸起锁模作用，辅助液压缸起传递成型作用。柱塞式传递模既可以

是单型腔，也可以是多型腔。

a. 上加料腔式传递模。图 5.16 所示为上加料腔式传递模。压机的主液压缸在压机的下方，自下而上合模；辅助液压缸在压机的上方，自上而下将物料挤入模具型腔。合模加料后，当加入加料腔内的塑料受热成熔融状态时，压机的辅助液压缸工作，柱塞将塑料熔体挤入型腔，固化成型后，辅助液压缸带动柱塞上移，主液压缸带动下工作台将模具分型开模，塑件与浇注系统凝料留在下模，推出机构将塑件从凹模镶块 5 中推出。上加料腔式传递模成型所需的挤压力小，塑件成型质量好。

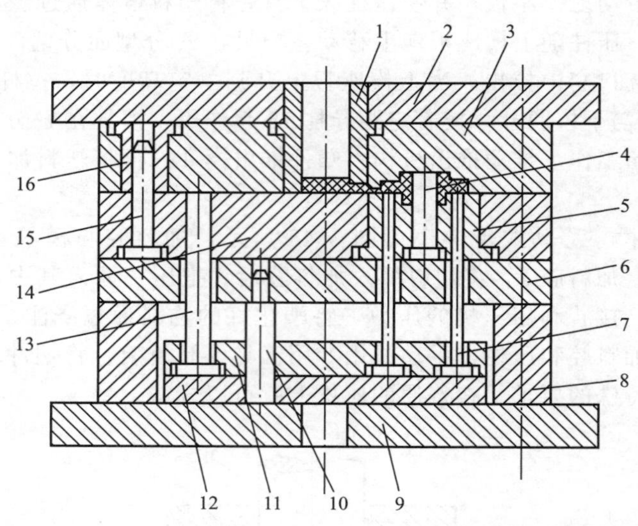

1—加料腔；2—上模座板；3—上模板；4—型芯；5—凹模镶块；6—支承板；
7—推杆；8—垫块；9—下模座板；10—推板导柱；11—推杆固定板；12—推板；
13—复位杆；14—下模板；15—导柱；16—导套。

图 5.16　上加料腔式传递模

b. 下加料腔式传递模。图 5.17 所示为下加料腔式传递模。模具所用压机的主液压缸在压机的上方，自上而下合模；辅助液压缸在压机的下方，自下而上将物料挤入型腔，与上加料腔式传递模的主要区别在于：下加料腔式传递模是先加料，后合模，最后成型；而上加料腔传递模是先合模，后加料，最后成型。由于余料和分流道凝料与塑件一同被推出，因此，清理方便，节省材料。

3. 传递模与压机的关系

传递模必须装配在压机上才能进行成型生产，设计模具时必须了解所用压机的技术规范和使用性能，才能使模具顺利地安装在设备上。

（1）普通压机的选择。

罐式传递模成型所用的设备主要是塑料成型用压机。选择压机时，要先根据所用塑料及加料腔的截面面积计算出传递成型所需的总压力，再选择压机。

传递成型时的总压力 F_m 可按式（5-10）计算。

$$F_m = PA \leqslant KF_n \quad (5-10)$$

式中：F_m 为传递成型所需的总压力（N）；P 为传递成型时所需的成型压力（MPa），可

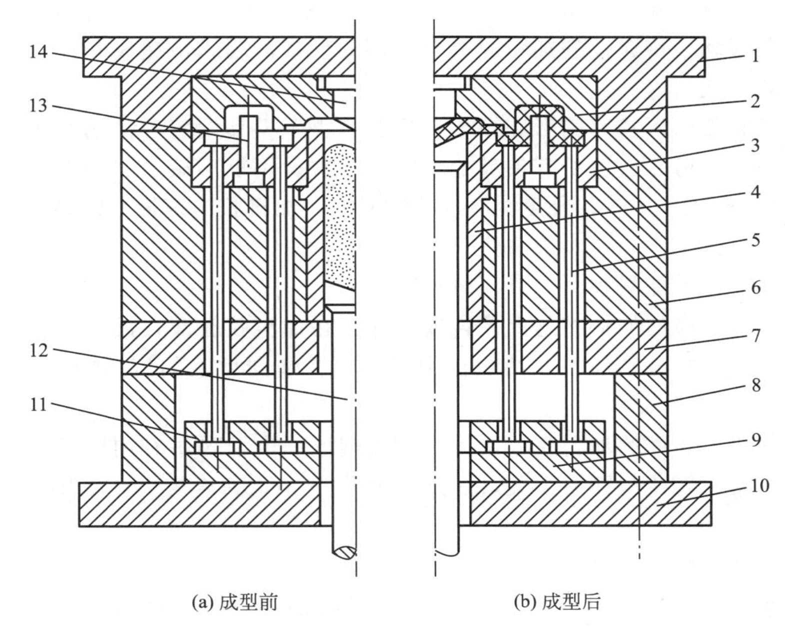

(a) 成型前　　(b) 成型后

1—上模座板；2—上凹模；3—下凹模；4—加料腔；5—推杆；6—下模板；7—支承板；
8—垫块；9—推板；10—下模座板；11—推杆固定板；12—柱塞；13—型芯；14—分流锥。

图 5.17　下加料腔式传递模

参考表 2-3 或查阅有关设计手册；A 为加料腔的截面面积（mm^2）；K 为液压机的折旧系数，一般取 0.80 左右；F_n 为压机的额定压力（N）。

（2）专用压机的选择。

柱塞式传递模成型时，需要用专用的压机，专用的压机有主液压缸（锁模）和辅助液压缸（成型）两个液压缸，故在选择设备时，要从锁模和成型两方面考虑。

传递成型时所需要的总压力 F_m 要小于所选压机辅助液压缸的额定压力，即

$$F_m = PA \leqslant KF \tag{5-11}$$

式中：F 为压机辅助液压缸的额定压力（N）；K 为压机辅助液压缸的压力损耗系数，一般取 0.80 左右。

锁模时，为了保证型腔内压力不将分型面顶开，必须有足够的合模力，所需的锁模力应小于压机主液压缸的额定压力 F_n（一般均能满足），即

$$PA_1 \leqslant KF_n \tag{5-12}$$

式中：A_1 为浇注系统与型腔在分型面上投影面积不重合部分之和（mm^2）。F_n 为压机主液压缸额定压力（N）。

5.2.2 结构设计要点

传递模的结构设计原则在很多方面与注射模、压缩模的设计原则是相似的，可以参照设计，本节仅简要介绍传递模特有的一些结构设计要点。

1. 加料腔的结构设计

传递模与注射模不同之处在于传递模有加料腔。传递成型之前塑料必须加入加料腔

内，进行预热、加压，才能成型。由于传递模的结构不同，因此加料腔的形式也不相同。固定式传递模和移动式传递模的加料腔具有不同的形式，罐式传递模和柱塞式传递模的加料腔也有不同的形式。

常见的加料腔截面形状有圆形和矩形，主要取决于模具型腔的结构和数量。多型腔模具的加料腔截面应尽可能盖住所有模具的型腔，故常采用矩形截面。加料腔的材料一般选用 T10A、CrWMn、Cr12 等，硬度为 52～56 HRC，加料腔内壁最好镀铬且抛光，表面粗糙度 *Ra* 低于 0.4μm。

（1）固定式传递模加料腔。

固定式罐式传递模的加料腔与上模连成一体，在加料腔底部开设一个或数个流道通向型腔，当加料腔和上模分别加工在两块板上时，可在通向型腔的流道内加一主流道衬套，如图 5.14 所示的加料腔。

固定式柱塞式传递模的加料腔截面形状均为圆形。由于采用专用压机，压机上有锁模液压缸，加料腔截面尺寸与锁模无关，因此其直径较小，高度较大，如图 5.16 和图 5.17 所示的加料腔。

（2）移动式传递模加料腔。

移动式传递模加料腔可单独取下，并有一定的通用性，如图 5.15 所示的加料腔。表 5－4 所示为移动式传递模加料腔的有关尺寸要求。

表 5－4　移动式传递模加料腔的有关尺寸要求　　单位：mm

简　　图	*D*	*d*	d_1	*h*	*H*
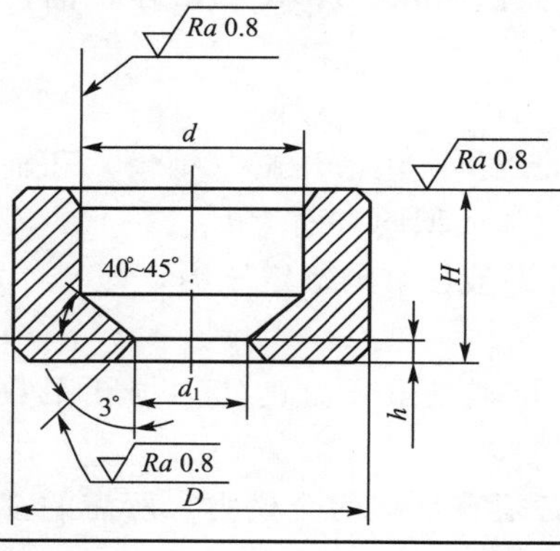 Ra 0.8; d; Ra 0.8; 40°~45°; H; 3°; d_1; h; Ra 0.8; D	100	$30^{+0.045}$	$24^{+0.030}$	$3^{+0.050}$	30±0.2
		$35^{+0.050}$	$28^{+0.033}$		35±0.2
		$40^{+0.050}$	$32^{+0.039}$		40±0.2
	120	$50^{+0.060}$	$42^{+0.039}$	$4^{+0.050}$	40±0.2
		$60^{+0.060}$	$50^{+0.039}$		40±0.2

2. 压柱的结构设计

压柱的作用是将塑料从加料腔中压入型腔。常见的压柱结构见表 5－5。

表 5－5　常见的压柱结构

罐式传递模压柱	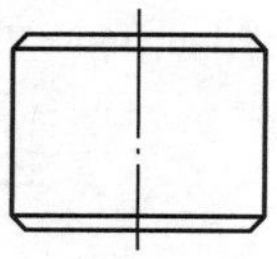	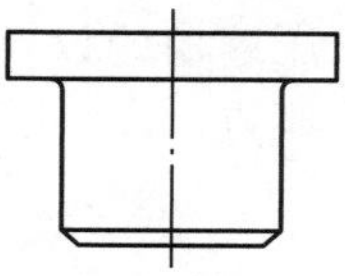	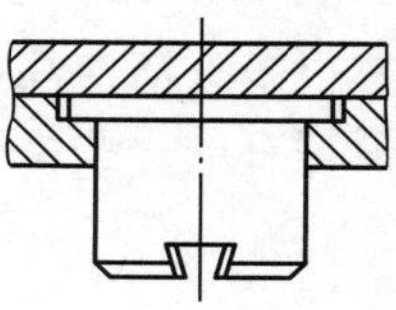	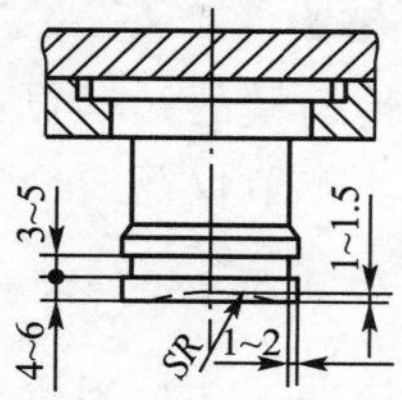 3~5; 1~1.5; 4~6; SR1~2

续表

说明	顶部与底部是带倒角的圆柱形，结构十分简单	带凸缘的结构，承压面积大，压注时平稳，移动式传递模和普通的固定式传递模可用	组合式结构，用于固定式传递模，以便将压柱固定在压力机上	压柱上开环形槽，成型时环形槽被溢出的塑料充满，且塑料固化在槽中，起活塞环的作用，可以防止塑料从间隙中溢出
柱塞式传递模压柱	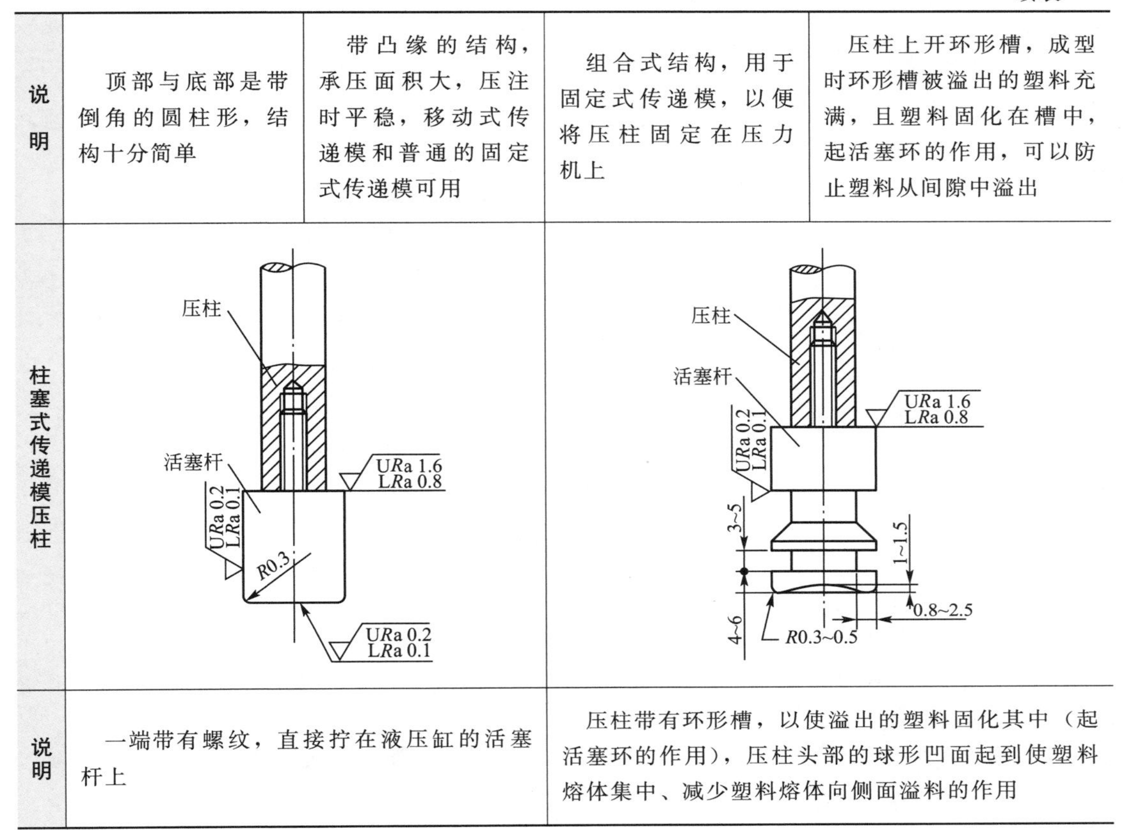			
说明	一端带有螺纹，直接拧在液压缸的活塞杆上		压柱带有环形槽，以使溢出的塑料固化其中（起活塞环的作用），压柱头部的球形凹面起到使塑料熔体集中、减少塑料熔体向侧面溢料的作用	

如图 5.18 所示，压柱头部开有楔形沟槽，其作用是拉出主流道凝料。图 5.18（a）所示结构用于直径较小的压柱；图 5.18（b）所示结构用于直径大于 75mm 的压柱；图 5.18（c）所示结构用于拉出几个主流道凝料的场合。

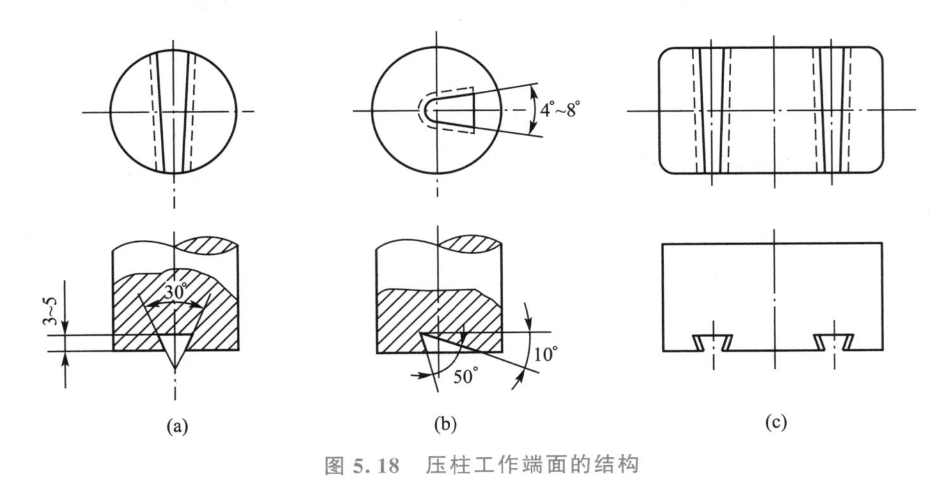

图 5.18　压柱工作端面的结构

压柱或柱塞是承受压力的主要零部件，压柱材料的选择和热处理要求与加料腔材料的选择和热处理要求相同。

3. 加料腔与压柱的配合

加料腔与压柱的配合如图 5.19 所示，具体要求如下。

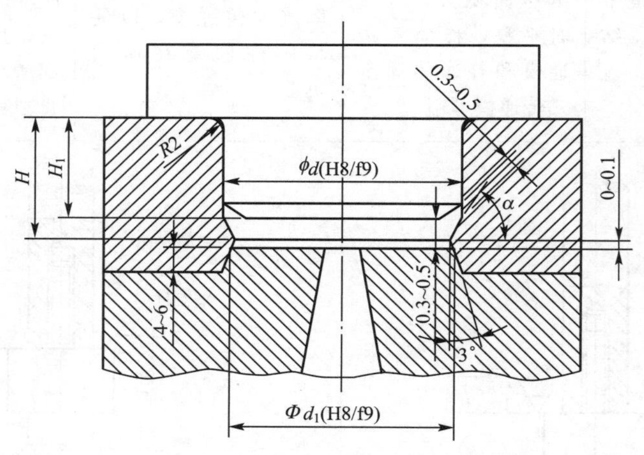

图 5.19　加料腔与压柱的配合

（1）加料腔与压柱的配合通常采用 H8/f9～H9/f9 的间隙配合，或采用 0.05～0.1mm 的单边间隙。若为带环槽的压柱，间隙可更大些。

（2）压柱的高度 H_1 应比加料腔的高度 H 小 0.5～1mm，底部转角处应留 0.3～0.5mm 的储料间隙。

（3）加料腔与定位凸台的配合高度之差为 0～0.1mm，加料腔底部倾斜角 $\alpha=40°\sim45°$。

4. 加料腔尺寸计算

（1）确定加料腔的截面面积。

① 罐式传递模加料腔截面面积。从传热方面考虑。加料腔的加热面积取决于加料量，根据经验，未经预热的热固性塑料每克约 140mm² 的加热面积，加料腔总表面积为加料腔内腔投影面积的两倍与加料腔装料部分侧壁面积之和。为了便于计算，可将加料腔装料部分侧壁面积略去不计，这样比较安全，因此，加料腔的截面面积 A 为所需加热面积的一半，即

$$A=140m/2=70m \tag{5-13}$$

式中：A 为加料腔截面面积（mm²）；m 为每次传递成型的加料量（g）。

从锁模方面考虑。加料腔截面面积应大于型腔和浇注系统在合模方向投影面积不重合部分之和，否则型腔内塑料熔体的压力将顶开分型面而发生溢料。根据经验，加料腔截面面积必须比型腔与浇注系统在合模方向投影面积不重合部分之和大 10%～25%，即

$$A=(1.1\sim1.25)A_1 \tag{5-14}$$

式中：A_1 为型腔与浇注系统在合模方向投影面积不重合部分之和（mm²）。

实用技巧

实践中，对于未经预热的塑料，可按式（5-13）计算加料腔截面面积，对于经过预热的塑料，可按式（5-14）计算加料腔截面面积。当压机已确定时，还应根据所选用的塑料种类和加料腔截面面积，对加料腔内的单位挤压力进行校核。

② 柱塞式传递模加料腔截面面积。柱塞式传递模的加料腔截面面积 A 与成型压力及压机辅助液压缸的能力有关，即

$$A \leqslant \frac{KF}{P} \tag{5-15}$$

式中：P 为不同塑料传递成型时所需的成型压力（MPa）；F 为压机辅助液压缸的额定压力（N）；K 为压机辅助液压缸的压力损耗系数，一般取 0.80 左右。

（2）确定加料腔中塑料所占的容积。

加料腔截面面积确定后，其余尺寸的计算方法与压缩模各尺寸的计算方法相似。加料腔内塑料所占的容积可按式（5－8）计算。

（3）确定加料腔高度。

加料腔高度 H 可按式（5－16）计算。

$$H = \frac{V}{A} + (10 \sim 15)\mathrm{mm} \tag{5-16}$$

式中：H 为加料腔的高度（mm）；V 为所需塑料的体积（mm^3）。

5. 浇注系统设计

传递模浇注系统的组成及各组成部分的作用与注射模浇注系统相似。图 5.20 所示为传递模的典型浇注系统。

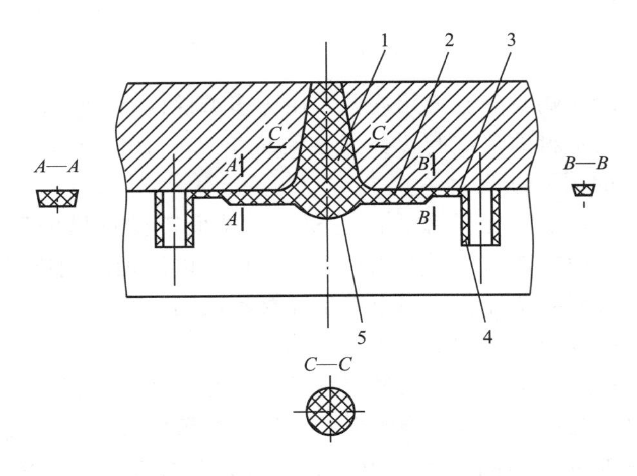

1—主流道；2—分流道；3—浇口；4—型腔；5—反料槽。

图 5.20 传递模的典型浇注系统

对于浇注系统的要求，传递模与注射模有相同处也有不同处。注射模要求塑料熔体在浇注系统中流动时，压力损失小，温度变化小，即要尽量减少塑料熔体与流道壁间的热传递。但对传递模来说，除要求塑料熔体流动时压力损失小，还要求塑料熔体在高温的浇注系统中流动时进一步塑化和提高温度，使其以最佳的流动状态进入型腔。浇注系统设计的几点注意事项如下。

① 浇注系统总长度不能超过热固性塑料的拉西格流动指数（60～100mm），流道应平直圆滑、尽量避免弯折，以保证塑料熔体尽快充满型腔。

② 主流道应设在锁模力中心，保证模具受力均匀。

③ 分流道形状宜选取截面面积相同时周长最长的形状（如梯形），以利于增大摩擦热，提高料温。

④ 浇口形状和位置的选取应便于去除，且无损塑件外观。

⑤ 主流道末端宜设反料槽，利于塑料熔体集中流动。

⑥ 浇注系统的拼合面必须防止溢料，以免取出困难。

（1）主流道。

在传递模中，常见的主流道有正圆锥形、倒圆锥形、带分流锥的形式等，如图 5.21 所示。

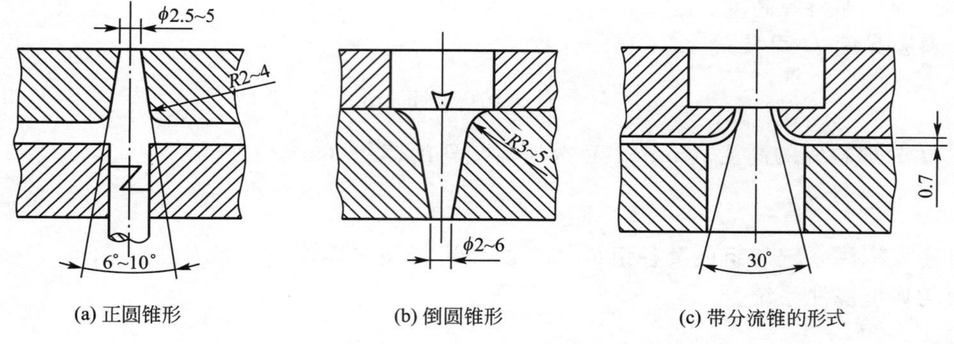

(a) 正圆锥形　(b) 倒圆锥形　(c) 带分流锥的形式

图 5.21　传递模常见的主流道结构

正圆锥形主流道的大端与分流道相连，常用于多型腔模具，有时也设计成直浇口的形式，用于流动性较差的塑料的单型腔模具。主流道有 6°～10°的锥度，与分流道的连接处应有半径为 2～4mm 的圆弧过渡。

倒锥形主流道大多用于固定式罐式传递模，与端面带楔形槽的压柱配合使用。开模时，主流道连同加料腔中的残余废料由压柱带出，再予以清理。倒锥形主流道既可用于多型腔模具，又可使其直接与塑件相连用于单型腔模具或同一塑件有几个浇口的模具；尤其适用于以碎布、长纤维等为填料时塑件的成型。

带分流锥的主流道用于塑件较大或型腔距模具中心较远时，以缩短浇注系统长度，减少流动阻力及节约原料的场合。分流锥的形状及尺寸按塑件尺寸及型腔分布而定。当型腔沿圆周分布时，分流锥可采用圆锥形；当型腔两排并列分布时，分流锥可做成矩形截锥形。分流锥与主流道间隙一般取 1～1.5mm。主流道可以沿分流锥整个表面分布，也可在分流锥上开槽。

（2）分流道。

为了获得理想的传热效果，使塑料受热均匀，同时考虑加工和脱模都较方便，传递模的分流道常采用浅而宽的梯形横截面形状，并且最好设在开模后塑件滞留的模板一侧，如图 5.22 所示。

分流道的设计基本要求如下。

① 分流道应尽量短，长度为主流道大径的 1～2.5 倍。

② 分流道最好设在开模后塑件滞留的模板一侧。

③ 多型腔模各型腔的分流道应尽量一致。

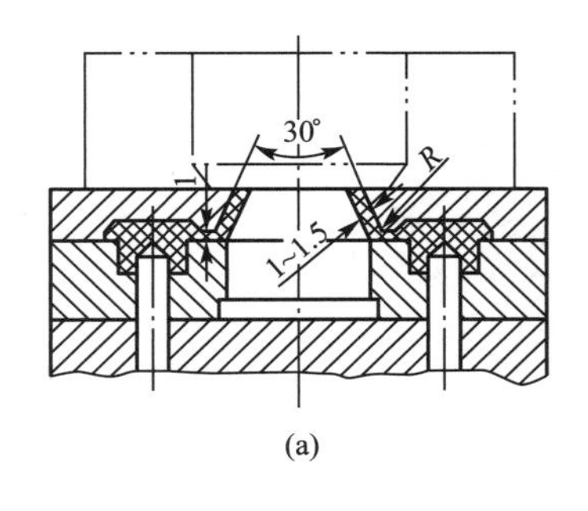

(a)

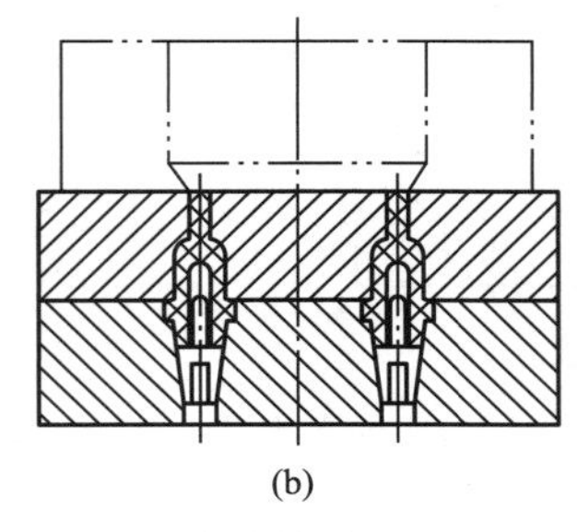
(b)

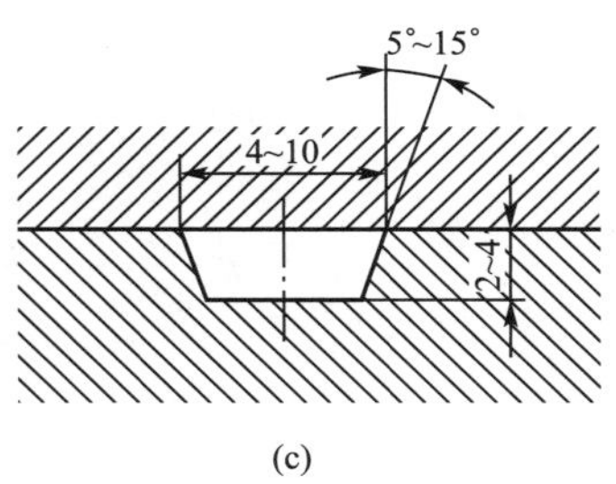

(c)

图 5.22 传递模的分流道

④ 分流道截面面积应大于或等于各浇口截面面积之和。

⑤ 分流道截面形状常选取梯形。

(3) 浇口。

传递模的浇口与注射模的浇口基本相同，可以参照注射模的浇口进行设计。由于热固性塑料的流动性较差，因此浇口应取较大的截面尺寸。

① 浇口的形状和尺寸。常见的传递模浇口形式有圆形点浇口、侧浇口、扇形浇口、环形浇口及轮辐式浇口等。

浇口截面形状有圆形、半圆形和梯形三种形式。其中圆形浇口加工困难，导热性较差，不便去除，适用于流动性差的塑料，浇口直径一般大于 3mm；半圆形浇口的导热性比圆形浇口的导热性要好，机械加工方便，但流动阻力较大，浇口较厚；梯形浇口的导热性好，机械加工方便，是最常用的浇口形式，梯形浇口一般深度取 0.5～0.7mm，宽度不大于 8mm。如果浇口过薄、过小，压力损失就会较大，使硬化提前，造成填充成型性不好；如果浇口过厚、过大则会造成塑料熔体流速降低，易产生熔接不良、表面质量不佳等缺陷，难以去除浇口。适当增厚浇口，有利于保压补料，排除气体，降低表面粗糙度及适当提高熔接质量。故浇口尺寸应按塑料性能、塑件形状、尺寸、壁厚和浇口形式及流程等因素，并根据经验来确定。实际设计浇口尺寸时，一般取较小值，经试模后再修正到适当尺寸。

实用技巧

实践中，浇口截面面积可按经验公式计算，但计算结果仅供参考，一般都需试模后修正确定。

② 浇口位置的选择。传递模浇口位置的选择原则可参考注射模浇口位置的选择原则。

(4) 反料槽。

反料槽的作用是有利于塑料熔体集中流动以增大流速，以及储存冷料。反料槽一般位于正对主流道大端的模板平面上，如图 5.23 所示，反料槽尺寸按塑件大小而定。

6. 溢料槽和排气槽

(1) 溢料槽。

塑件成型时为防止产生熔接痕或防止多余料溢出，以避免嵌件及模具配合中渗入更多塑料，有时需要在产生熔接痕的地方及其他位置开设溢料槽。

溢料槽尺寸应适当，尺寸过大则溢料多，使塑件组织疏松或缺料；尺寸过小时溢料不

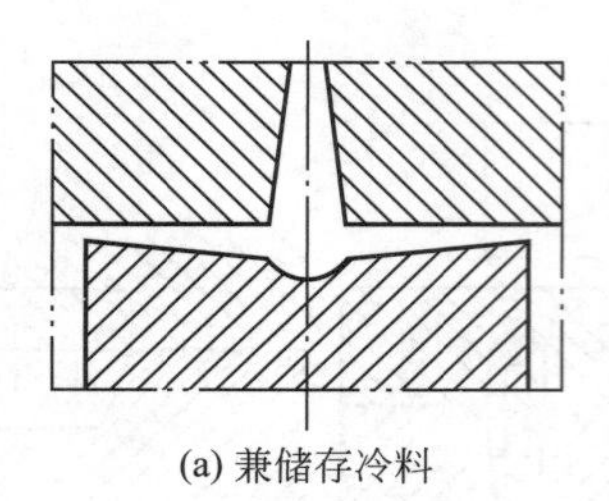
(a) 兼储存冷料

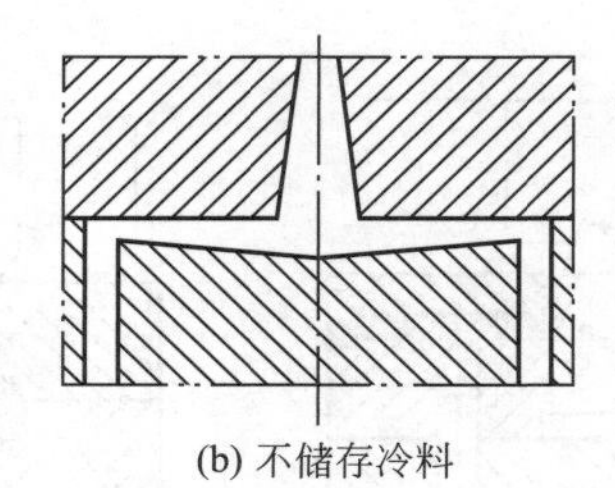
(b) 不储存冷料

图 5.23　传递模浇注系统的反料槽

足。最适宜的溢料槽应为塑料经保压一段时间后才开始溢料，一般溢料槽宽度取3～4mm，深度取0.1～0.2mm，制作溢料槽时宜先取薄，经试模后再修正。

（2）排气槽。

传递模开设排气槽，不仅可逸出型腔内原有空气和塑料受热后挥发的气体及塑料交联反应产生的气体，还可以溢出少量前锋冷料。

排气槽的截面形状一般为矩形或梯形，排气槽的横截面尺寸与塑件体积和排气数量有关，对于中、小型塑件，分型面上排气槽的深度可取0.04～0.13mm，宽度取3.2～6.4mm。

排气槽位置可按以下原则确定。

① 排气槽应开在远离浇口的末端，即气体最终聚集处。

② 排气槽应靠近嵌件或壁厚最薄处，因为该部位最容易形成熔接痕，熔接痕处应排尽气体，并排除部分冷料。

③ 排气槽最好开设在分型面上，因为分型面上排气槽产生的溢边很容易随塑件脱出。

④ 模具上的活动型芯或顶杆，其配合间隙都可用来排气，应在每次成型后清除溢入间隙的塑料，以保持排气畅通。

5.3　挤出模设计

挤出模安装在挤出机的头部，如图5.24所示。挤出的塑件（一般为连续型材）截面形状和尺寸由挤出模、定型装置来保证，所有的热塑性塑料（如聚氯乙烯、聚乙烯、聚丙烯、尼龙、ABS、聚碳酸酯、聚砜、聚甲醛等）及部分热固性塑料（如酚醛塑料、脲醛塑料等）都可以采用挤出方法成型。模具结构设计的合理性是保证挤出成型质量的决定性因素。

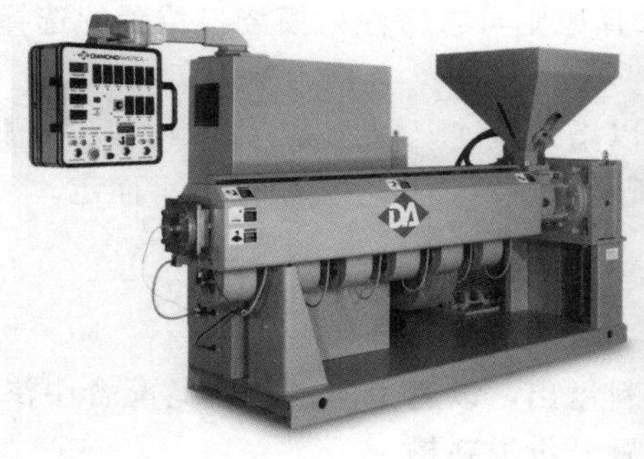
(a) 挤出机

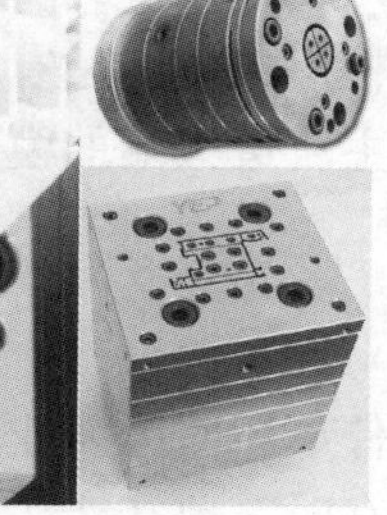
(b) 挤出模

图 5.24　挤出机与挤出模

5.3.1 挤出模的结构组成及分类

1. 挤出模的结构组成

挤出模主要由机头（又称模头）和定型装置（定型模或定型套）两部分组成，下面以典型的管材挤出成型机头（图 5.25）为例，介绍机头的结构组成。

（1）机头。

机头是成型塑件的关键部分。它的作用是将挤出的塑料熔体由螺旋运动变为直线运动，并进一步塑化，产生必要的成型压力，保证塑件密实，通过机头后获得所需要截面形状的塑件。

机头主要由以下几个部分组成。

① 口模。口模是成型塑件外表面的零件，如图 5.25 中的件 3。

② 芯棒。芯棒是成型塑件内表面的零件，如图 5.25 中的件 4。口模与芯棒决定了塑件截面形状。

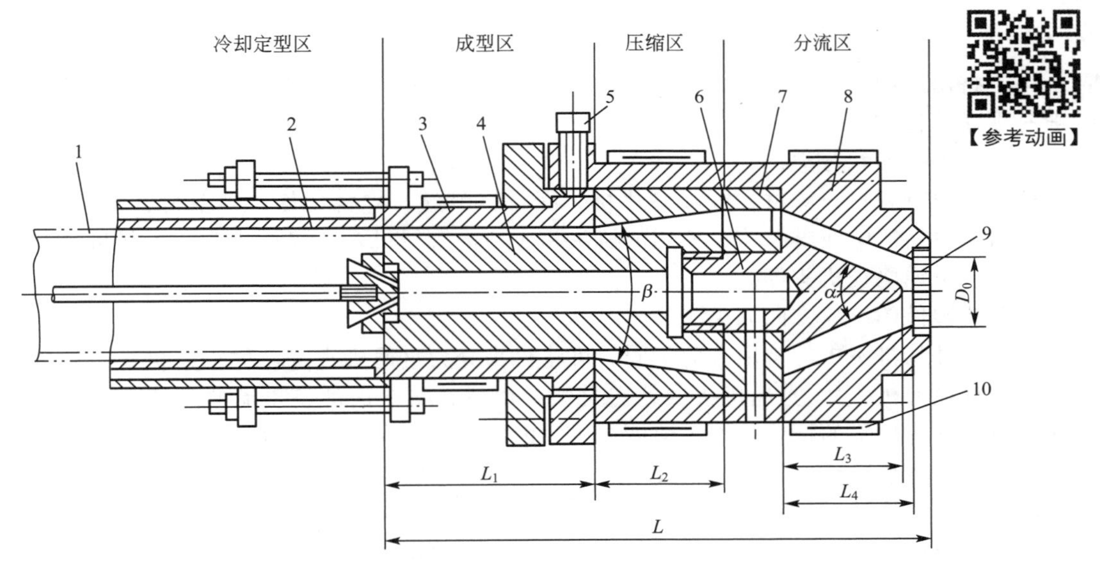

1—塑料管材；2—定径套；3—口模；4—芯棒；5—调节螺钉；6—分流器；7—分流器支架；8—机头体；9—过滤板（过滤网）；10—加热器（电加热圈）。

图 5.25 典型的管材挤出成型机头

要点提醒

芯棒、口模虽然分别成型塑件的内表面、外表面，但是芯棒尺寸、口模尺寸和塑件的内尺寸、外尺寸不一定相等。

③ 过滤网和过滤板。机头中必须设置过滤网和过滤板，如图 5.25 中的件 9。过滤网的作用是改变塑料熔体的运动方向和速度，将塑料熔体的螺旋运动转变为直线运动、过滤杂质、造成一定的压力。过滤板又称多孔板，起支承过滤网的作用。

④ 分流器和分流器支架。分流器俗称鱼雷头，如图 5.25 中的件 6。分流器的作用是

使通过他的塑料熔体分流变成薄环状，以平稳地进入成型区，同时进一步加热和塑化。分流器支架主要用来支承分流器及芯棒，同时对分流后的塑料熔体起加强剪切混合作用。小型机头的分流器及其支架可设计成一个整体。

⑤ 机头体。机头体相当于模架，如图 5.25 中的件 8，用来组装并支承机头的各零部件，并且与挤出机筒连接。

⑥ 温度调节系统。挤出成型是在特定温度下进行的，机头上必须设置温度调节系统，以保证塑料熔体在适当的温度下流动及挤出成型的质量。

⑦ 调节螺钉。调节螺钉用来调节口模与芯棒间的环隙及同轴度，以保证挤出的塑件壁厚均匀，如图 5.25 中的件 5。通常调节螺钉的数量为 4～8 个。

（2） 定型装置。

从机头中挤出的塑件温度比较高，由于自重会发生变形，形状无法保证，因此必须经过定径装置（图 5.25 中的件 2），将从机头中挤出的塑件形状进行冷却定型及精整，以获得所要求的尺寸、几何形状及表面质量的塑件。冷却定型通常采用冷却、加压或抽真空等方法。

2. 挤出机头的分类

由于挤出成型的塑件种类规格很多，生产中使用的机头也是多种多样的，机头的分类一般有下述几种方法。

（1） 按塑件形状分类。

塑件一般有管材、棒材、板材、片材、网材、单丝、粒料、各种异型材、吹塑薄膜、带有塑料包覆层的电线电缆等，所用的机头相应称为管材机头、棒材机头、板材机头及异型材机头和电线电缆机头等。

（2） 按塑件的出口方向分类。

根据塑件从机头中的挤出方向不同，可将机头分为直通机头（又称直向机头）和角式机头（又称横向机头）。直通机头的特点是塑料熔体在机头内的挤出流向与挤出机螺杆的轴线平行；角式机头的特点是塑料熔体在机头内的挤出流向与挤出机螺杆的轴线呈一定角度。当塑料熔体挤出流向与螺杆轴线垂直时，称为直角机头。

（3） 按塑料熔体受压不同分类。

根据塑料熔体在机头内所受压力大小的不同，可将机头分为低压机头、中压机头和高压机头。塑料熔体受压小于 4MPa 的机头称为低压机头，塑料熔体受压在 4～10MPa 的机头称为中压机头，塑料熔体受压大于 10MPa 的机头称为高压机头。

3. 挤出机头的设计原则

（1） 分析塑件的结构工艺性，正确选用机头形式。

根据塑件的结构特点和工艺要求，选用适当的挤出机，确定机头的结构形式。

（2） 机头结构紧凑，便于操作。

设计机头时，应在满足强度和刚度的条件下，使其结构尽可能紧凑，并且装卸方便，易加工，易操作，同时，最好设计成规则的对称形状，便于均匀加热。

（3） 合理选择材料。

与流动的塑料熔体相接触的机头体、口模和芯棒，会产生一定程度的摩擦磨损；有的塑料在高温挤出成型过程中还会挥发有害气体，并对机头体、口模和芯棒等零部件产生较强的腐蚀作用，因此加剧它们的摩擦和磨损。为提高机头的使用寿命，机头材料应选取耐热、耐磨、耐腐蚀、韧性高、硬度高、热处理变形小及加工性能（包括抛光性能）好的钢材和合金钢。口模等主要成型零部件硬度不得低于40HRC。

（4）能将塑料熔体由螺旋运动变为直线运动，并产生适当的压力。

料筒内的塑料熔体由于螺杆的作用而旋转，旋转运动的塑料熔体必须变成直线运动才能进行成型流动，同时机头必须对塑料熔体产生适当的流动阻力，使塑件密实，故机头内必须设置过滤板和过滤网。

（5）机头内的流道应呈光滑的流线型。

为了减少压力损失，使塑料熔体沿着流道均匀平稳地流动，机头的内表面必须呈光滑的流线型，不能有阻滞的部位（以免发生过热分解），表面粗糙度 Ra 应小于0.1μm。

（6）机头内应有分流装置和适当的压缩区。

为了使机头内的塑料熔体进一步塑化，机头内一般都设置了分流锥和分流锥支架等分流装置，塑料熔体进入口模之前必须在机头中经过分流装置，塑料熔体经分流锥和分流锥支架后再汇合，会产生熔接痕，离开口模后会使塑件的强度降低甚至发生开裂，故在机头中必须设置一段压缩区，以增大塑料熔体的流动阻力，消除熔接痕。对于不需要分流装置的机头，塑料熔体通过机头中间流道以后，其宽度必须增加，需要一个扩展阶段，为了使塑料熔体或塑件密度不降低，机头中也需要设置一定的压缩区，产生一定的流动阻力，保证塑料熔体或塑件组织密实。

（7）正确设计口模的截面形状和尺寸。

由于塑料熔体在成型前后应力状态的变化，会引起离模膨胀效应（挤出胀大效应），使塑件长度收缩和截面形状尺寸发生变化，因此设计机头时，要进行适当的补偿，保证挤出的塑件具有正确的截面形状和尺寸。

（8）机头内要有调节装置。

为了控制挤出过程中的挤出压力、挤出速度、挤出成型温度等工艺参数，机头内要有适当的调节装置，便于对挤出型坯的尺寸进行调节和控制。

4. 机头与挤出机

挤出成型的主要设备是挤出机，塑料的挤出按其工艺方法可分为湿法挤出、抽丝或喷丝法挤出和干法挤出三类，这也就导致挤出机的规格和种类很多。如干法连续挤出，主要使用螺杆式挤出机，按其安装方式可分为立式挤出机和卧式挤出机；按其螺杆数量分为单螺杆挤出机、双螺杆挤出机和多螺杆挤出机；按可否排气分为排气式挤出机和非排气式挤出机。目前应用广泛的是卧式单螺杆非排气式挤出机。

每副挤出模都只能安装在与其相适应的挤出机上进行生产。从机头的设计角度来看，机头除按给定塑件形状尺寸、精度、材料性能等要求设计外，还应了解挤出机的技术规范，如螺杆结构参数、挤出机生产效率及端部结构尺寸等，考虑所使用的挤出机工艺参数是否符合机头设计要求。机头设计在满足塑件的外观质量要求及保证塑件强度指标的同时，应能够安装在相应的挤出机上，并在给定转速下工作，即要求挤出机的参数适应机头的物料特性，否则挤出就难以顺利进行。由此可见，机头设计与挤出机有着较为密切又复杂的关系。

当挤出机型号不同时，机头与挤出机的连接形式及机头尺寸也可能不同。图5.26所示为机头连接的一种形式，机头法兰以铰链螺栓与挤出机筒法兰连接固定。连接部分的尺寸可查阅有关设计手册。

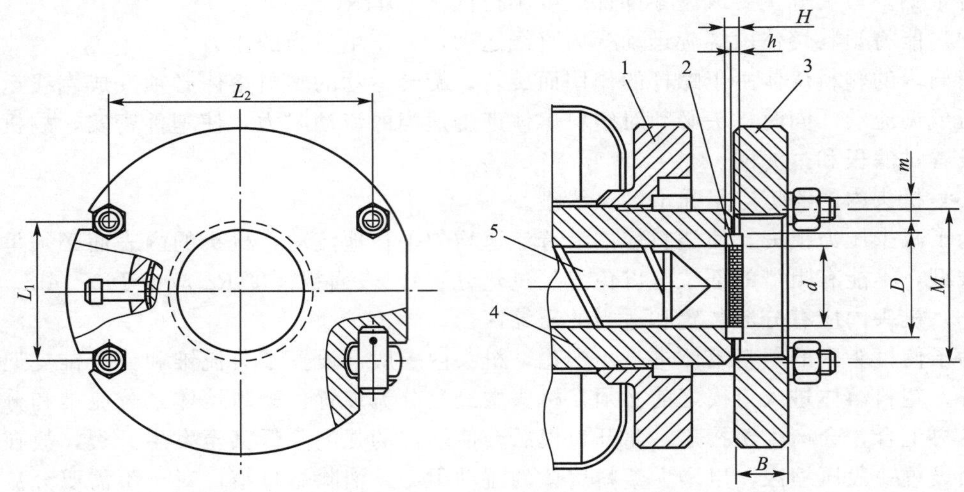

1—挤出机法兰；2—栅板；3—机头法兰；4—机筒；5—螺杆。

图 5.26　机头连接的一种形式

实用技巧

实践中，对于螺纹连接的机头，一般的安装顺序是先松动铰链螺栓，打开机头法兰，清理干净后，将栅板装入料筒部分（或装在机头上），再将机头安装在机头法兰上，最后闭合机头法兰，紧固铰链螺栓。

5.3.2　管材挤出机头的设计

管材机头在挤出机头中具有代表性，用途较广，主要用来成型连续的管状塑件。

（1）典型结构。

常用的管材挤出机头结构有直通式、直角式和旁侧式三种。另外，还有微孔流道挤管机头等。

① 直通式挤管机头。图 5.25 所示的机头就是直通式挤管机头。直通式挤管机头主要用于挤出薄壁管材，其结构简单，容易制造。直通式挤管机头适用于挤出小管，分流器和分流器支架可设计成一体，装卸方便，但塑料熔体经过分流器支架时形成的熔接痕不易消除。

直通式挤管机头适用于挤出成型软聚氯乙烯、硬聚氯乙烯、聚乙烯、尼龙、聚碳酸酯等塑料管材。

② 直角式挤管机头。直角式挤管机头（图 5.27）用于内径定径的场合，冷却水从芯棒中穿过，成型时塑料熔体包围芯棒并产生一条熔接痕；塑料熔体的流动阻力小，成型质量较高；机头结构复杂，制造困难。

③ 旁侧式挤管机头。旁侧式挤管机头（图 5.28）与直角式挤管机头相似，其结构更复杂，塑料熔体流动阻力也较大，制造更困难。

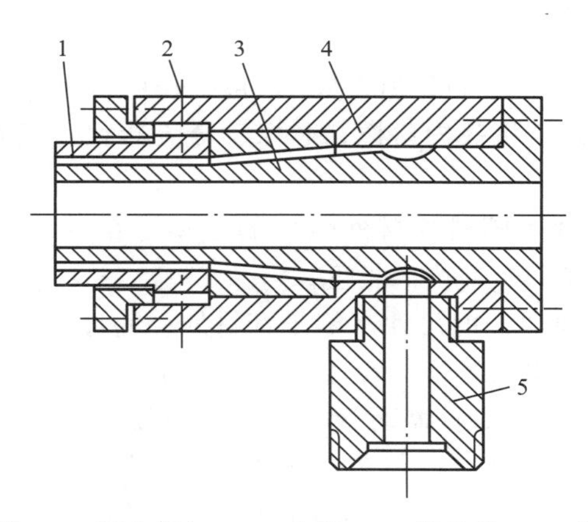

1—口模；2—调节螺钉；3—芯棒；4—机头体；5—连接管。

图 5.27 直角式挤管机头

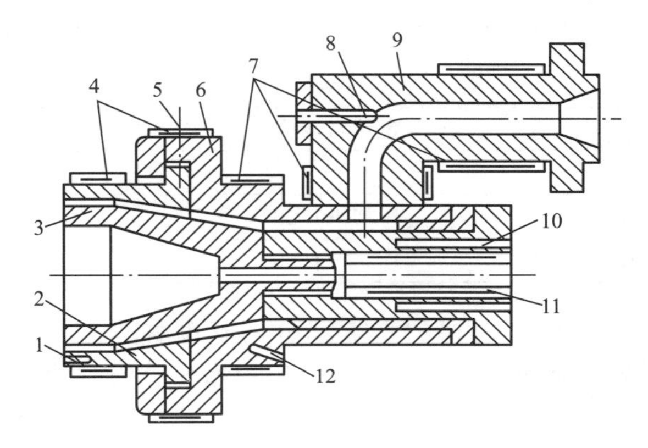

1、12—温度计插孔；2—口模；3—芯棒；4、7—电热器；

5—调节螺钉；6、9—机头体；8、10—熔料测温孔；11—芯棒加热器。

图 5.28 旁侧式挤管机头

④ 微孔流道挤管机头。微孔流道挤管机头（图 5.29）内无芯棒，塑料熔料的流动方向与挤出机螺杆的轴线方向一致，塑料熔体通过微孔管上的微孔进入口模而成型，微孔流道挤管机头特别适合于成型直径大，流动性差的塑料（如聚烯烃）。微孔流道挤管机头体积小，结构紧凑，但由于管材直径大、管壁厚，容易发生偏心，因此口模与芯棒的间隙下面比上面要小 10％～18％，用以克服因管材自重而引起的壁厚不均匀。

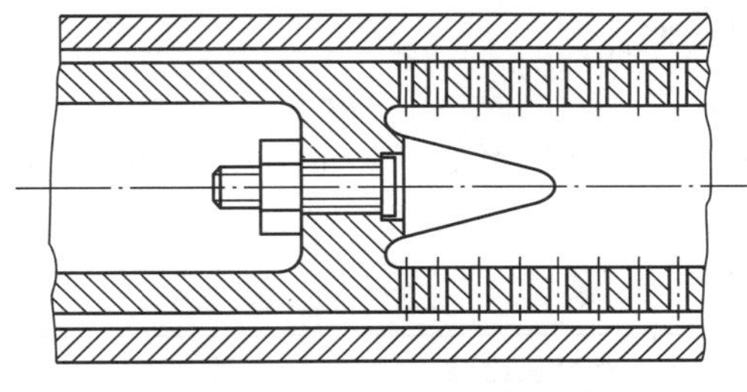

图 5.29 微孔流道挤管机头

（2）工艺参数的确定。

在设计管材挤出机头时，应有已知的数据，包括挤出机型号、塑料管材的内、外径及塑件所用的材料等，从而确定机头内口模、芯棒、分流器和分流器支架的形状和尺寸及其工艺参数。

① 口模。口模是用于成型塑料管材外表面的成型零部件。在设计管材挤出模时，口模的主要尺寸为口模的内径和定型段的长度。

a. 口模的内径 D。口模内径的尺寸不等于管材外径的尺寸，因为挤出的管材在脱离口模后，由于压力突然降低，体积膨胀，管径增大，此种现象称为巴鲁斯效应（离模膨胀效应）。管材也可能由于牵引和冷却收缩而管径变小。口模的内径可根据经验确定，通过调节螺钉（图 5.25 中的件 5）调节口模与芯棒间的环隙使其达到合理值。

塑件膨胀或收缩都与塑料的性质、口模的温度压力及定径套的结构有关。

$$D=\frac{d_s}{k} \tag{5-17}$$

式中：D 为口模的内径（mm）；d_s 为管材的外径（mm）；k 为补偿系数，见表 5－6。

表 5－6 补偿系数 k 的取值

塑料种类	定管材内径	定管材外径
聚氯乙烯	—	0.95～1.05
聚酰胺	1.05～1.10	—
聚烯烃（聚乙烯、聚丙烯等）	1.20～1.30	0.90～1.05

b. 定型段长度 L_1。口模和芯棒的平直部分的长度称为定型段长度（图 5.25 中的 L_1）。塑料通过定型部分，流动阻力增加，塑件组织密实，同时使流动稳定均匀，消除螺旋运动和接合线。

随着塑料种类及尺寸的不同，定型段长度也应不同，定型段长度不宜过长或过短。定型段长度过长时，流动阻力增加很大；定型段长度过短时，起不到定型作用。当不能测得材料的流变参数时，定型段长度 L_1 可按经验公式计算。

定型段长度 L_1 按管材外径计算。

$$L_1=(0.5\sim3.0)d_s \tag{5-18}$$

式中：d_s 为管材的外径（mm）。

通常当管材直径较大时，定型段长度取小值，因为此时管材的被定型面积较大，阻力较大；反之定型段长度取大值。同时考虑到塑料的性质，一般挤软管时，定型段长度取大值，挤硬管时，定型段长度取小值。

定型段长度 L_1 按管材壁厚计算。

$$L_1=nt \tag{5-19}$$

式中：t 为管材壁厚（mm）；n 为计算系数，一般管材外径较大时，取小值，反之则取大值，参见表 5－7。

表 5－7 计算系数 n 的取值

塑料种类	硬聚氯乙烯	软聚氯乙烯	聚乙烯	聚丙烯	聚酰胺
计算系数 n	18～33	15～25	14～22		13～23

② 芯棒（芯模）。芯棒是用于成型塑料管材内表面的成型零部件。芯棒的结构应利于塑料熔体流动，利于消除接合线，易于制造。芯棒的主要尺寸为芯棒外径、压缩段长度和压缩角。

a. 芯棒的外径 d。芯棒的外径由管材的内径决定，但与口模结构设计同样的原因，即离模膨胀和冷却收缩效应，故芯棒外径的尺寸不等于管材内径尺寸。芯棒的外径 d 可按经验公式计算。

定管材外径时可根据式（5-20）计算。

$$d=D-2\delta \tag{5-20}$$

式中：d 为芯棒的外径（mm）；D 为口模的内径（mm）；δ 为口模与芯棒的单边间隙（mm），通常取（0.83～0.94）t，其中 t 为管材壁厚（mm）。

定管材内径时可根据式（5-21）计算。

$$d=D_s \tag{5-21}$$

式中：D_s 为管材的内径（mm）。

b. 压缩段长度 L_2。芯棒的长度分为定型段长度和压缩段长度两部分，芯棒定型段长度与口模定型段长度 L_1 取值相同（或稍长）。塑料熔体经过分流器支架后，先经过一定的收缩。为使多股料很好地汇合，压缩段 L_2 与口模中相应的锥面部分构成塑料熔体的压缩区，使进入定型区之前的塑料熔体的分流痕迹被熔合消除。

压缩段长度 L_2 可按下面经验公式计算。

$$L_2=(1.5\sim2.5)D_0 \tag{5-22}$$

式中：D_0 为塑料熔体在过滤板出口处的流道直径（mm）。

c. 压缩角 β。压缩角 β 一般在 30°～60°内选取。β 过大会使塑料管材表面粗糙，失去光泽。对于低黏度塑料，β 取 45°～60°；对于高黏度塑料，β 取 30°～50°。

③ 分流器和分流器支架。图 5.30 所示为分流器和分流器支架结构。塑料熔体通过分流器，料层变薄，便于均匀加热，并利于塑料进一步塑化。大型挤出机的分流器中还设有加热装置。

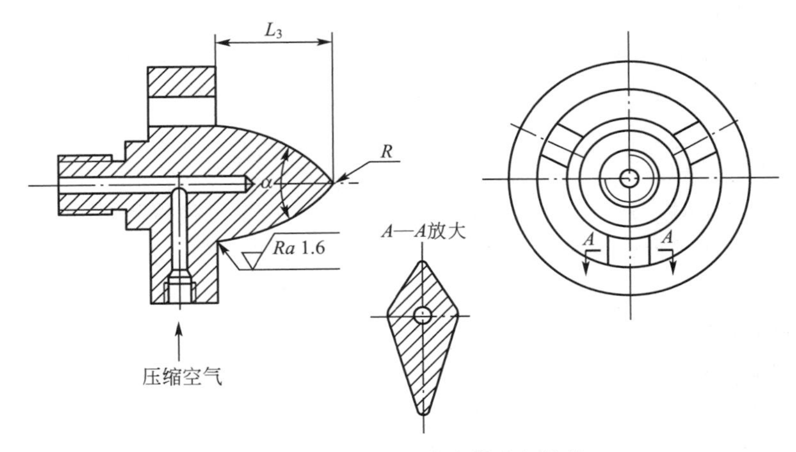

图 5.30 分流器和分流器支架结构

a. 分流锥的角度（扩张角 α）。扩张角 α 应大于收缩角 β。α 过大时料流的流动阻力大，塑料熔体易过热分解；α 过小时不利于机头对其内的塑料熔体均匀加热，机头体积也会增大。对于低黏度塑料，α 取 30°～80°；对于高黏度塑料，α 取 30°～60°。

b. 分流锥长度 L_3。分流锥长度 L_3 可参照式（5-23）计算。

$$L_3=(0.6\sim1.5)D_0 \tag{5-23}$$

式中：D_0 为塑料熔体在过滤板出口处的流道直径（mm）。

c. 分流锥尖角处圆弧半径 R。分流锥尖角处圆弧半径 R 不宜过大，否则塑料熔体容易在此处发生滞留。一般 $R=0.5\sim2.0$mm。

d. 分流器支架。分流器支架主要用于支承分流器及芯棒。支架上的分流肋应做成流线型，在满足强度要求的条件下，分流助宽度和长度尽可能小，以减少阻力。出料端角度应小于进料端角度，分流肋尽可能少，以免产生过多的熔接痕。一般小型机头设置 3 根分流肋，中型机头设置 4 根分流肋，大型机头设置 6～8 根分流肋。

④ 拉伸比 I 和压缩比 ε。拉伸比和压缩比是与口模和芯棒尺寸相关的工艺参数。根据管材断面尺寸确定口模环隙截面尺寸时，一般是参照拉伸比确定。

a. 拉伸比。管材的拉伸比是口模和芯棒在成型区的环隙截面面积与管材成型后的截面面积之比，其计算公式如下：

$$I=\frac{D^2-d^2}{d_s^2-D_s^2} \tag{5-24}$$

式中：I 为拉伸比；D、d 分别为口模的内径、芯棒的外径（mm）；d_s、D_s 分别为管材的外径、管材的内径（mm）。

常用塑料的许用拉伸比见表 5-8。

表 5-8 常用塑料的许用拉伸比

塑料种类	硬聚氯乙烯	软聚氯乙烯	聚碳酸酯	ABS	高压聚乙烯	低压聚乙烯	聚酰胺
拉伸比	1.00～1.08	1.10～1.35	0.90～1.05	1.00～1.10	1.20～1.50	1.10～1.20	0.90～1.05

挤出时拉伸比较大，有如下优点：经过牵引的管材，可明显提高其力学性能；在生产过程中变更管材规格时，一般不需要拆装芯棒、口模；在加工某些容易产生熔体破裂现象的塑料时，用较大的芯棒、口模可以生产小规格的管材，既不产生熔体破裂又提高了产量。

b. 压缩比。管材的压缩比是指机头和多孔板相接处最大进料截面面积与口模和芯棒的环隙截面面积之比，它反映出塑料熔体的压实程度。低黏度塑料 ε 取 4～10，高黏度塑料 ε 取 2.5～6.0。

（3）管材的定径和冷却。

管材被挤出口模时，还具有相当高的温度，没有足够的强度和刚度来承受自重和变形，为了使管材获得较低的粗糙度值、准确的尺寸和几何形状，管材离开口模时，必须立即定径和冷却，该环节由定径套来完成。经过定径套定径和初步冷却后的管材进入水槽继续冷却，管材离开水槽时已经完全定型。

管材的定径一般用外径定径和内径定径两种方法。我国塑料管材标准常用外径定径。

① 外径定径。如果管材外径尺寸精度要求高，则可使用外径定径。外径定径是使管材和定径套内壁相接触，常用内部加压或在管材外壁抽真空的方法来实现，故外径定径又分为内压法外径定径和真空吸附法外径定径。

a. 内压法外径定径如图 5.31 所示。在管材内部通入压缩空气（预热，0.02～0.1MPa），为保持压力，可用浮塞堵住管口防止漏气，用绳索将浮塞系于芯模上。内压法外径定径适用于直径偏大的管材。定径套的内径和长度一般根据经验和管材直径来确定。

b. 真空吸附法外径定径如图 5.32 所示。在定径套内壁上打很多小孔用以抽真空，借助真空吸附力将管材外壁紧贴于定径套内壁，与此同时，在定径套外壁、定径套内壁夹层内通入冷却水，管坯伴随真空吸附过程被冷却硬化。真空吸附法的定径装置比较简单，无须堵塞管口，但需要一套抽真空设备。真空吸附法外径定径适用于直径较小的管材。

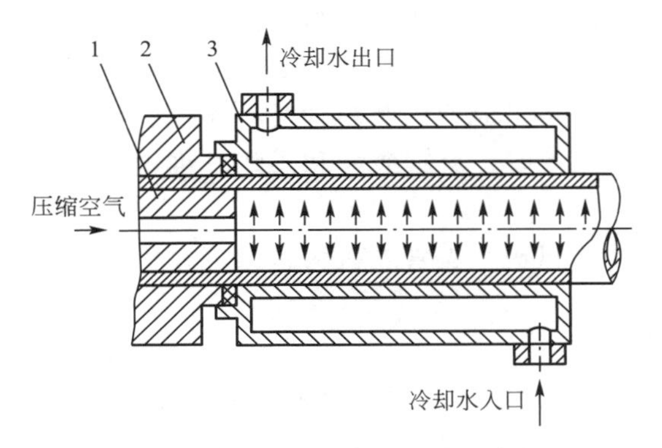

1—芯棒；2—口模；3—定径套。

图 5.31 内压法外径定径

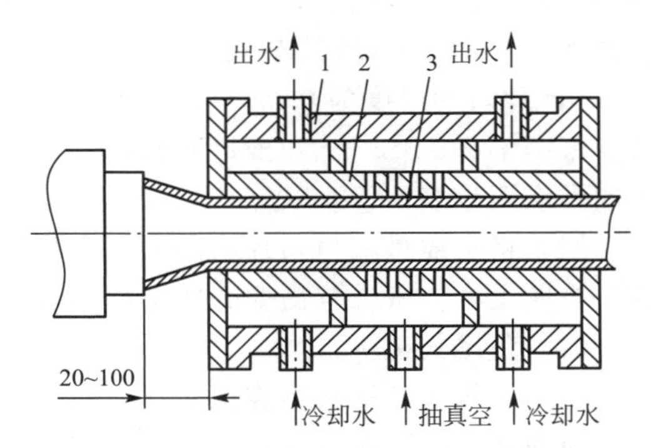

1—定径套外壁；2—定径套内壁；3—塑料管材。

图 5.32 真空吸附法外径定径

真空定径套生产时与机头口模应有 20～100mm 的距离，使口模中流出的管材先行离模膨胀和一定程度的空冷收缩后，再进入定径套中，冷却定型。

② 内径定径。内径定径是固定管材内径尺寸的一种定径方法。此种方法适用于侧向供料或直角挤管机头。如图 5.33 所示，定径芯模与挤管芯模相连，在定径芯模内通入冷却水，当管坯通过定径芯模后，便获得内径尺寸准确、圆柱度较好的塑料管材。内径定径使用较少，因为管材的标准化系列多以外径为准。但当内径公差要求严格（如用于压力输送的管道）时，需使用内径定径，这是内径定径方法的唯一应用。内径定径管壁的内应力分布较合理。

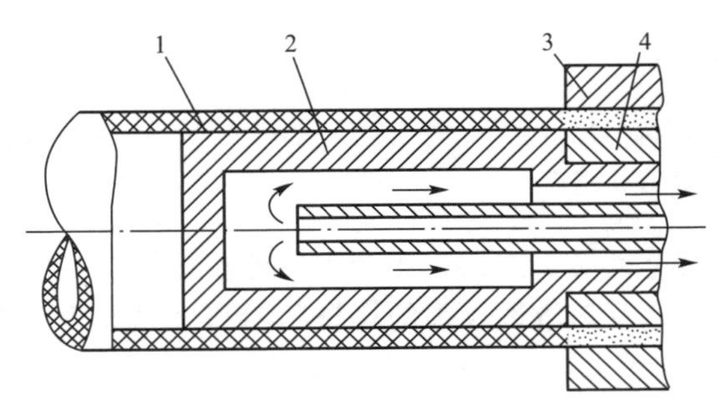

1—塑料管材；2—定径芯模；3—口模；4—芯棒。

图 5.33 内径定径

5.3.3 其他常用挤出机头简介

1. 板材与片材挤出机头

成型段横截面具有平行缝隙特征的机头称为板材与片材挤出机头，又称平缝形挤出机头。板材与片材挤出机头主要用于塑料板材、片材和平膜加工。

由挤出机提供的塑料熔体，从圆形逐渐过渡到平缝形，并要求在其出口横向全宽方向上，塑料熔体流速均匀一致，这是板材与片材挤出机头设计的关键。还要求塑料熔体流经整个机头流道的压降要适度，且停留时间要尽可能短，同时无滞料现象发生。

目前，已能挤出成型厚度达 40mm 的板材。但通常认为板材厚度仅在 15mm 以内才可视为已经掌握的厚度。板材宽度可达 4000mm。市场中广泛使用的塑料板材和片材是同一类型塑件，所用的模具结构相同，只是塑件的厚度不同而已。一般板材的厚度为 1～20mm，片材的厚度为 0.25～1mm。适用于板片材挤出成型的塑料种类有聚氯乙烯、聚乙烯、聚丙烯、ABS、抗冲击聚苯乙烯、聚酰胺、聚甲醛、聚碳酸酯和乙酸纤维素等，其中前四种应用较多。

用于挤出成型板材与片材的机头可分为鱼尾式机头、支管式机头、螺杆式机头和衣架式机头四大类。本节仅简要介绍前两类。

(1) 鱼尾式机头。

鱼尾式机头的模具型腔似鱼尾状。塑料熔体呈放射状流动，从机头中部进入模具型腔，向两侧分流。此时，塑料熔体中部压力大、流速高、温度高且黏度小，而塑料熔体两端压力小、流速低、温度低且黏度大，故机头中部出料多，两端出料少，造成板材、片材厚度不均匀。为了克服此缺陷，通常在机头模腔内设置阻流器，如图 5.34 所示；还可采用阻流棒，如图 5.35 所示，以调节料流阻力大小。

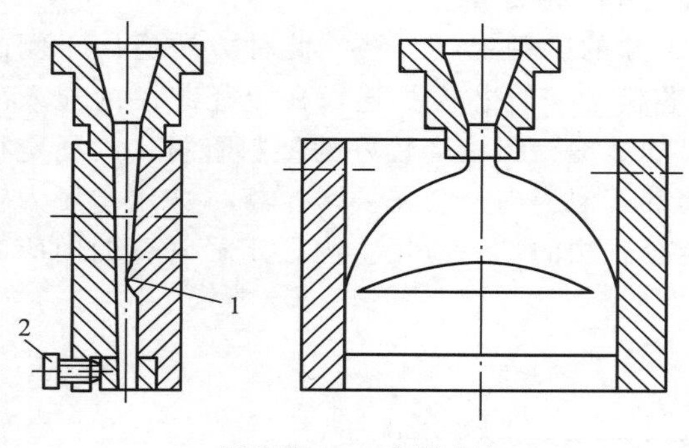

1—阻流器；2—调节螺钉。

图 5.34 带阻流器的鱼尾式机头

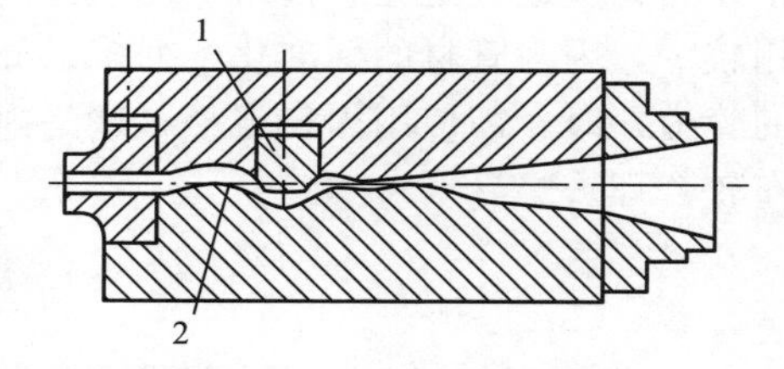

1—阻流棒；2—阻流器。

图 5.35 带阻流器和阻流棒的鱼尾式机头

鱼尾式机头结构较简单且易于加工，适合于多种塑料的挤出成型，如黏度较低的聚烯烃类塑料、黏度较高的塑料及热敏性较强的聚氯乙烯和聚甲醛等。不适用于挤出成型宽幅板（片）材，一般幅宽小于 500mm，板厚不大于 3mm。鱼尾的扩张角不能太大，通常取 80°左右。

(2) 支管式机头。

支管式机头的型腔呈管状，从挤出机挤出的塑料熔体先进入歧管中，然后通过歧管经模唇间的缝隙流出成板材坯料。支管式机头能均匀地挤出宽幅型材，该种机头按结构又可分为以下四种形式。

① 一端供料的直支管机头。如图 5.36 (a) 所示，塑料熔体从支管的一端进料，而支管的另一端被封死。支管模具型腔与挤出塑料熔体流动方向一致，塑件的宽度可由幅宽调

节块进行调节，但塑料熔体在支管内停留时间较长，容易分解变色，且温度难以控制。

② 中间供料的直支管机头。如图 5.36（b）所示，塑料熔体从支管的中间进料，然后分流充满支管的两端，再由支管的平缝中挤出。这种机头结构简单，能调节幅宽，可生产宽幅型材；塑件沿中心线有较好的对称性；此外，牵引切割装置顺着挤出机轴向排成直行，所以应用较多。

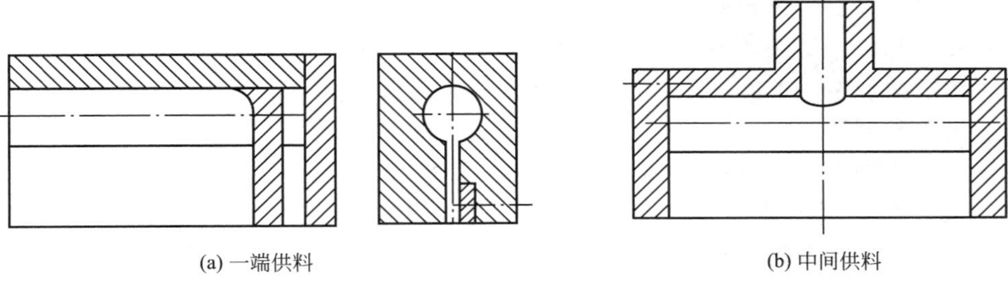

图 5.36 直支管机头

③ 中间供料的弯支管机头（图 5.37）。具有中间供料的直支管机头的优点，料腔呈流线型，没有死角，不滞留。这种机头适合于挤出成型熔融黏度低或熔融黏度高而热稳定性差的塑料；但制造困难，且不能调节幅宽。

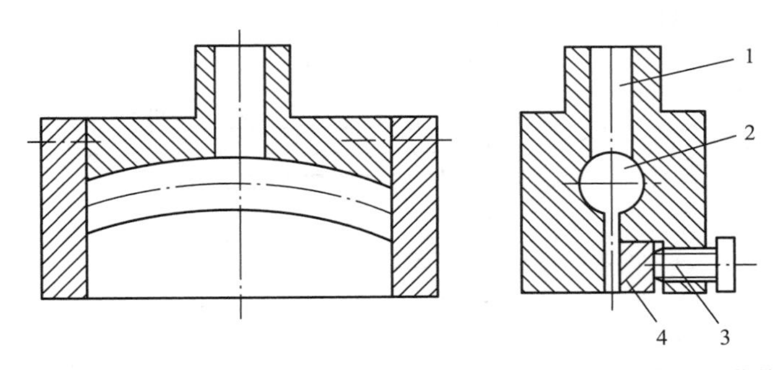

1—进料口；2—弯支管型模腔；3—模口调节螺钉；4—模口调节块。

图 5.37 中间供料的弯支管机头

④ 带有阻流棒的双支管机头（图 5.38）。用于加工熔融黏度高的宽幅塑件，成型幅宽可达 1000～2000mm。阻流棒的作用是调节流量，限制模具型腔中部塑料熔体的流速。

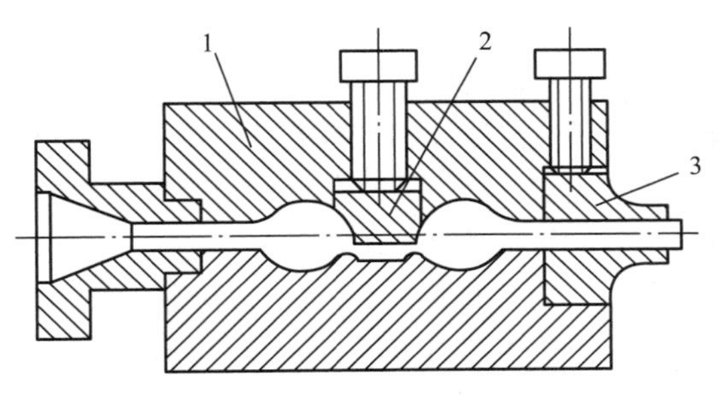

1—支管模腔；2—阻流棒；3—模口调节块。

图 5.38 带有阻流棒的双支管机头

支管式机头的歧管直径为 30～90mm，对于熔融黏度低的塑料，支管直径可选大一些；对于熔融黏度高、热稳定性差的塑料，支管直径可选小些，以防塑料熔体在机头内停留时间过长，造成分解。平直部分的长度依塑料熔体特性而定，一般取长度为板厚的 10～40 倍。但板材厚时，由于刚度关系，模唇长度应不超过 80mm。

2. 吹塑薄膜挤出机头

吹塑薄膜挤出机头又称吹膜机头，其工作原理是挤出壁薄的大直径的管坯，然后用压缩空气将管坯吹胀。吹塑成型可以生产聚氯乙烯、聚乙烯、聚苯乙烯、聚酰胺等各种塑料薄膜，应用广泛。常用的吹膜机头大致可分为芯棒式机头、十字形机头、螺旋机头、多层薄膜吹塑机头和旋转机头。本节仅介绍芯棒式机头。

芯棒式机头如图 5.39 所示，来自挤塑机的塑料熔体，通过机颈 7 到达芯棒轴 9 转向 90°，并分成两股，沿芯棒轴分料线流动，塑料熔体在其末端尖处汇合后，沿机头流到芯棒轴 9 和口模 3 的环隙挤成管坯，由芯棒轴 9 中通入压缩空气，将管坯吹胀成膜。通过调节螺钉 5 可调节管坯厚薄的均匀性。

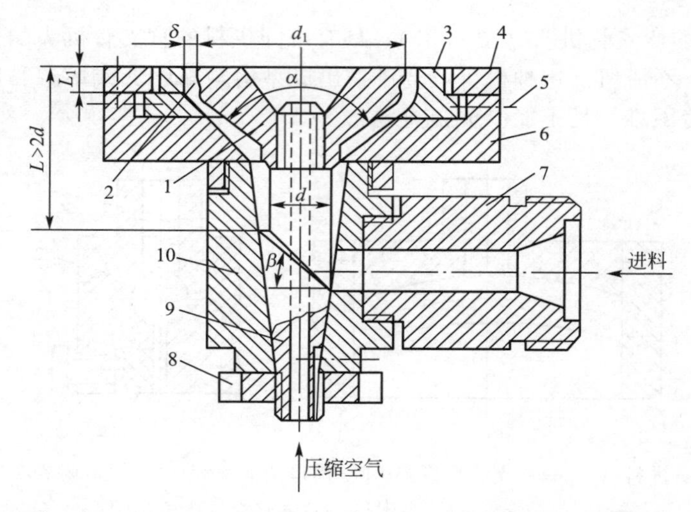

1—芯棒；2—缓冲槽；3—口模；4—压环；5—调节螺钉；6—上机头体；
7—机颈；8—紧固螺母；9—芯棒轴；10—下机头体。

图 5.39 芯棒式机头

芯棒扩张角 α 不可取得过大，否则会对机头操作工艺控制、膜厚均匀度和机头强度设计等方面产生不良影响。芯棒扩张角通常取 80°～90°，必要时可取 100°～120°。芯棒轴分流线斜角 β 的取值与塑料的流动性有关，不可取得太小，否则会使芯棒尖处出料慢，形成过热滞料分解，一般取 40°～60°。

芯棒式机头结构简单，机头内部通道空隙小，存料少，塑料熔体不易过热分解，适用于加工聚氯乙烯等热敏性塑料，加工的薄膜仅有一条薄膜熔合线；但芯棒轴受侧向压力，会产生偏中现象，造成口模间隙偏移，出料不均，以致薄膜厚度不易控制均匀。

3. 异型材挤出成型机头

除了上述管、板（片）、薄膜等塑件外，凡具有其他截面形状的塑料挤出塑件统称为异型材，如图 5.40 所示。目前异型材的挤出成型效率较低，原因在于异型材的截面形状不规则，难以可靠地保证其几何形状、尺寸精度、外观及强度，挤出成型工艺及机头的设计均比较复杂，难以达到理想的效果。本节仅简单介绍两类常用的板式异型材机头和流线型异型材机头。

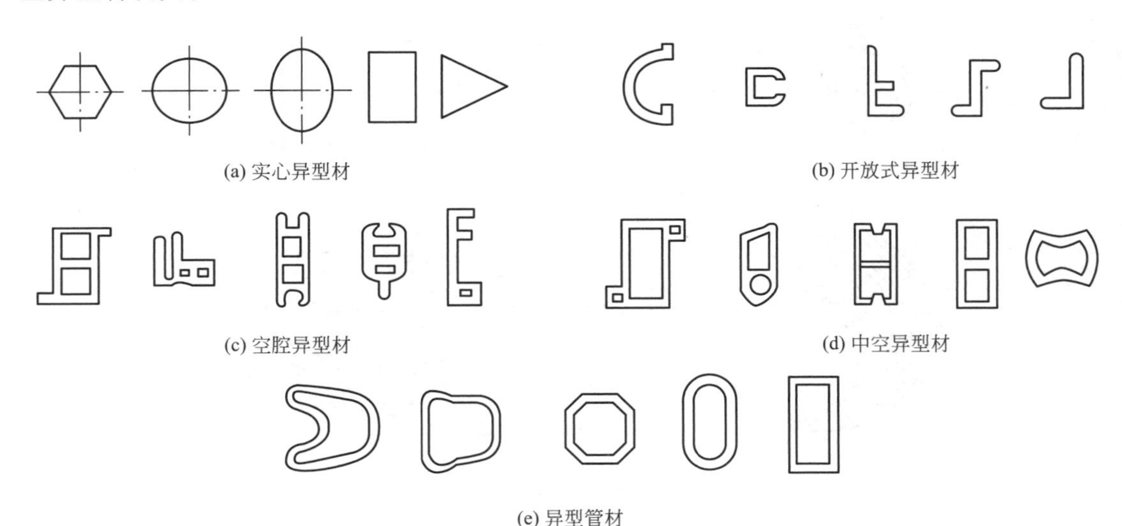

(a) 实心异型材　(b) 开放式异型材

(c) 空腔异型材　(d) 中空异型材

(e) 异型管材

图 5.40　常见的塑料异型材结构

（1）板式异型材机头。

板式异型材机头如图 5.41 所示，机头结构简单、易制造、安装调整也方便，但机头内流道截面会在口模模腔入口处出现急剧变化，形成若干平面死点，故塑料熔体在机头内的流动条件较差，生产时间过长，会过热分解。板式异型材机头只适用于形状较简单及生产批量小的情况，对热敏性很强的硬聚氯乙烯则不适宜使用，一般多用于黏度不高、热稳定性较好的聚烯烃类塑料，有时也可用于软聚氯乙烯。

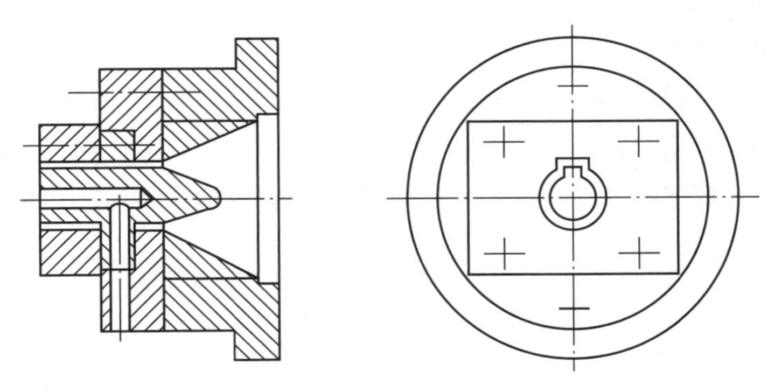

图 5.41　板式异型材机头

（2）流线型异型材机头。

流线型异型材机头如图 5.42 所示，要求机头内流道从进料口开始至口模的出口为止，其截面形状和尺寸必须由圆形光滑地过渡为异型材所要求的截面形状和尺寸，即流道（包括口模成型区）表壁应呈光滑的流线型曲面，各处均不得有急剧过渡的截面尺寸或死角。

由此可见，流线型异型材机头的加工难度要比板式异型材机头的加工难度大，但流线型异型材机头能够克服板式异型材机头内流道急剧变化的缺陷，从而可以保证复杂截面的异型材要求及热敏性塑料的挤出成型质量，同时也适合大批量生产。

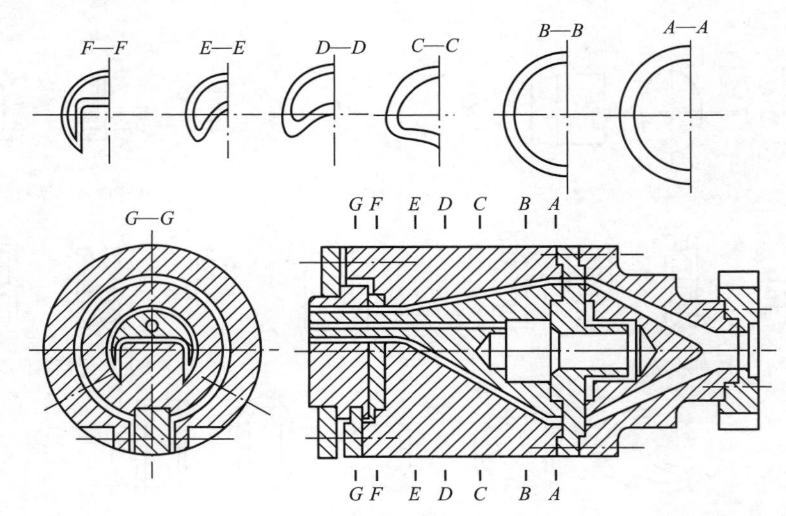

图 5.42　流线型异型材机头

流线型异型材机头一般采用整体式或分段拼合式。图 5.42 所示为整体式流线型异型材机头，机头内流道由圆环形渐变过渡到所要求的形状，各截面形状如图 5.42 中 $A—A$～$F—F$ 所示。整体式流线型异型材机头的制造比分段拼合式异型材机头的制造困难，在设计时应注意使过渡部分的截面形状由容易加工的旋转曲面或平面组成。在异型材截面复杂的情况下，要加工出一个整体式流线型异型材机头是很困难的，为了降低机头加工难度，可采用分段拼合式流线型异型材机头，分段拼合式流线型异型材机头是将机头体分段以后，利用逐段局部加工和拼装方法制造出来的，这样虽然能够降低流道整体加工的难度，但拼合时难免在流道折接处出现一些不连续光滑的截面尺寸过渡，故塑料熔体在分段拼合式流线型异型材机头中的流动条件相对较差，成型质量也较难控制。

4. 电线电缆挤出成型机头

金属芯线包覆一层塑料做绝缘层和保护层，这在生产中被广泛应用。一般需在挤出机上采用直角式机头挤出成型，其典型结构常有挤压式包覆机头和套管式包覆机头两种形式。

(1) 挤压式包覆机头。

挤压式包覆机头如图 5.43 所示，塑料熔体通过挤出机过滤板进入机头体，转向 90°后沿着芯线导向棒继续流动，由于导向棒一端与机头体内孔严密配合，塑料熔体只能向口模一方流动，在导向棒上汇合成一段闭料环后，经口模成型区最终包覆在芯线上，芯线同时连续地通过芯线导向棒，故包覆挤出生产能连续进行。

挤压式包覆机头通常用来生产电线。一般情况下，口模定型段长度 L 为口模出口处直径 D 的 1.0～1.5 倍，导向棒前端到口模定型段的距离 M 也可取口模出口直径 D 的 1.0～1.5 倍，包覆层厚度取 1.25～1.60mm。

(2) 套管式包覆机头。

套管式包覆机头（图 5.44）与挤压式包覆机头相似，不同之处在于套管式包覆机头是将塑料挤成管状，然后在口模外靠塑料管的遇冷收缩包覆在芯线上。

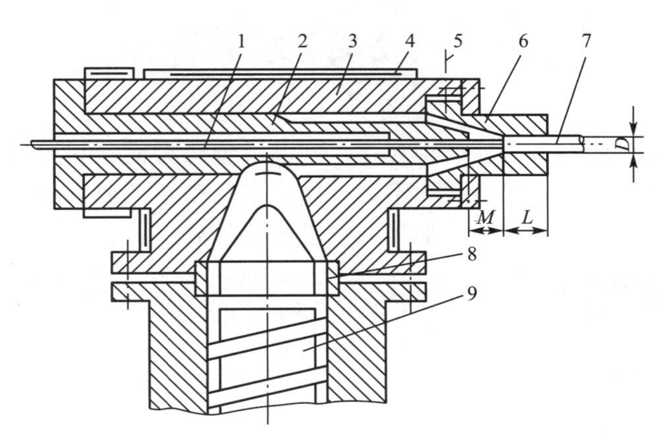

1—芯线；2—导向棒；3—机头体；4—电加热器；5—调节螺钉；
6—口模；7—包覆塑件；8—过滤板；9—挤出机螺杆；L—口模定型段长度；
M—导向棒前端到口模定型段的距离；D—口模出口直径。

图 5.43 挤压式包覆机头

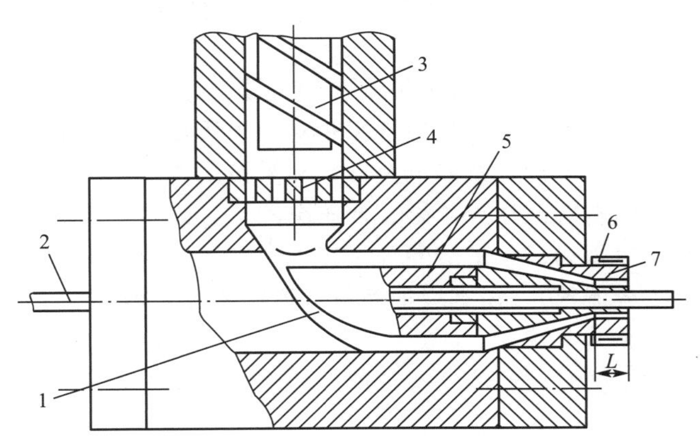

1—螺旋面；2—芯线；3—挤出机螺杆；4—过滤板；
5—导向棒；6—电加热器；7—口模。

图 5.44 套管式包覆机头

塑料熔体通过挤出机过滤板进入机头体内，然后流向芯线导向棒，这时导向棒的作用相当于管材挤出机头中芯棒的作用，用以成型管材的内表面，口模成型管材的外表面，挤出的塑料管与导向棒同心，塑料管挤出口模后马上包覆在芯线上。由于金属芯线连续地通过导向棒，因此包覆生产也就连续地进行。

套管式包覆机头通常用来生产电缆。包覆层的厚度随口模尺寸、导向棒头部尺寸、挤出速度及芯线牵引速度等的变化而变化，口模定型段长度 L 小于口模出口处直径 D 的 50%，否则螺杆的背压过大，使电缆表面出现流痕而影响表面质量，产量也会有所降低。

5.4 气动成型模具设计

与注射成型、压缩成型、传递成型相比，气动成型压力低，利用较简单的成型设备就可获得大尺寸的塑件，对模具材料要求不高，模具结构简单，成本低，使用寿命长。本节主要介绍中空吹塑模、真空成型模、加压成型模的设计要点。

5.4.1 中空吹塑模设计

1. 中空吹塑件结构工艺性

(1) 中空吹塑件对材料的要求。

凡热塑性塑料应该都能进行吹塑成型，但满足要求的中空吹塑件还必须具备以下条件。

① 良好的气密性。中空吹塑所用材料应具有阻止二氧化碳、氧气及水蒸气等向容器壁内或壁外透散的特性。

② 良好的耐冲击性。为了保护容器内所装物品，塑件应具有从一定高度跌落不破损、不开裂的性能。

③ 良好的耐环境应力开裂性。由于中空吹塑件常与表面活性剂等接触，因此塑件在应力作用下应具有防止开裂的能力，故应选用相对分子质量大的树脂。此外，根据使用需求，对塑件还有耐药性、耐腐蚀、抗静电及韧性和耐挤压性等要求。

适用于吹塑成型的塑料有高压聚乙烯、低压聚乙烯、硬聚氯乙烯、聚酯塑料、聚苯乙烯、聚酰胺、聚甲醛、聚丙烯、聚碳酸酯等。其中应用最多的是聚乙烯（日常生活品等），其次是聚氯乙烯（化工容器等），还有聚酯塑料（饮料瓶等）等。

(2) 中空吹塑件的工艺要求。

设计中空吹塑件的结构时，要综合考虑塑件的使用性能、外观、可成型性与成本等因素。设计时应注意以下几方面的问题。

① 圆角。中空吹塑件的转角、凹槽与加强筋要尽可能采用较大的圆弧或球面过渡，以利于成型和减小这些部位变薄，获得壁厚较均匀的塑件。

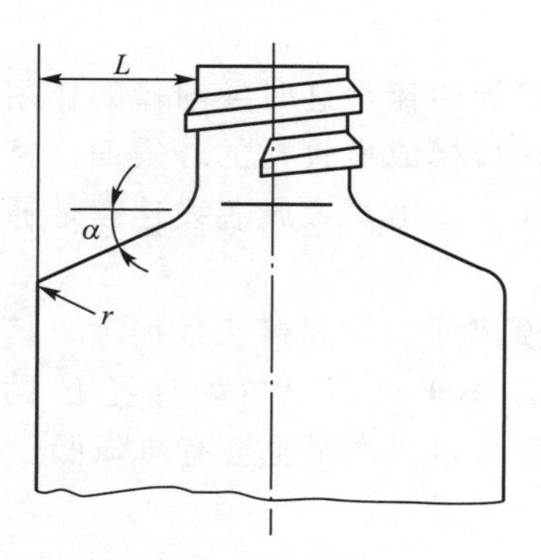

图 5.45 容器肩部设计

② 脱模斜度。由于中空吹塑成型不需要凸模，且收缩大，因此一般情况下，脱模斜度即使为零也可脱模。但当塑件表面有皮纹时，脱模斜度应在3°以上。

③ 纵向强度。多数包装容器在使用时，要承受纵向载荷作用，故容器必须具有足够的纵向强度。对于肩部倾斜的圆柱形容器，倾斜面的倾斜角与长度是影响纵向强度的主要参数，如图 5.45 所示，高密度聚乙烯的吹塑瓶，当肩部 L 为 13mm 时，α 至少为 12°；L 为 50mm 时，α 应取 30°。如果 α 小，则由于垂直应力的作用，肩部易产生瘪陷。

若容器要承受大的纵向载荷作用，应避免采用图 5.46 (a) 所示的锯齿形。这些槽会降低容器纵向强度，导致应力集中与开裂，宜采用图 5.46（b）所示的瓦楞形。

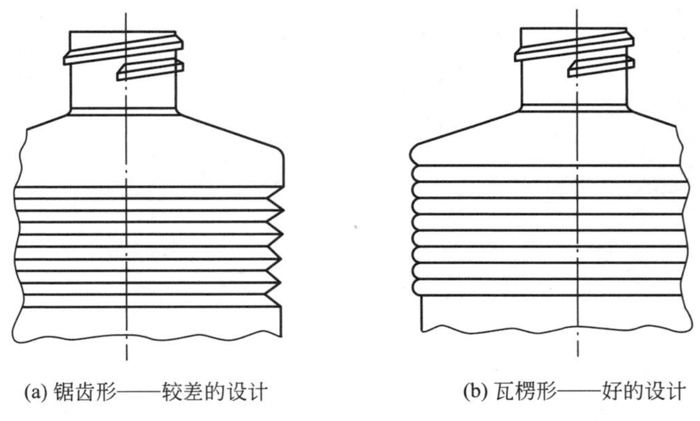

图 5.46 容器侧壁设计

④ 螺纹。图 5.47 所示为中空吹塑容器的螺纹颈部结构。螺纹通常采用截面为图 5.47（a）所示的梯形或图 5.47（b）所示的半圆形，而不采用普通细牙或粗牙螺纹，因为后者难以成型；注吹或注拉吹时瓶颈螺纹是注射成型的，在吹胀时瓶颈不再变化，因此螺纹的尺寸和形状精度高，颈部内壁为光滑的圆柱面，如图 5.47（c）所示；挤吹时的瓶颈螺纹有的是在插入气嘴时挤压成型的，有的是在吹塑时成型的，其精度较差。吹塑成型的螺纹其内壁随外壁螺纹的起伏不平而变化，如图 5.47（d）所示。

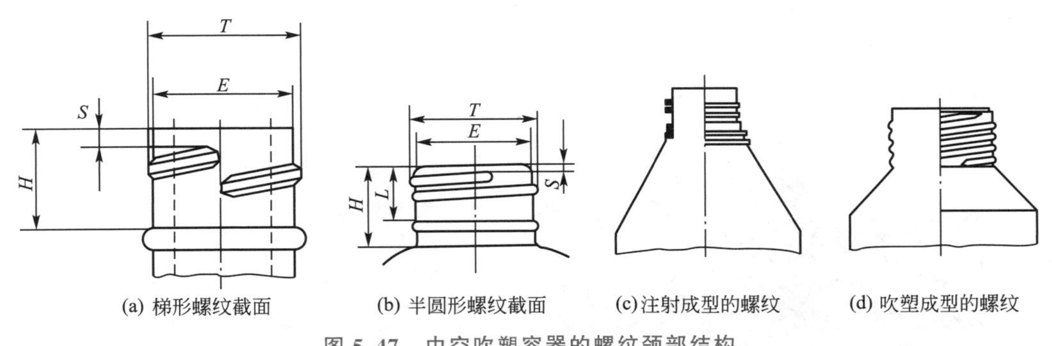

图 5.47 中空吹塑容器的螺纹颈部结构

实用技巧

实践中，为了便于清理塑件上的飞边，在不影响使用的前提下，螺纹可设计成断续状，即在分型面附近的一段塑件上不带螺纹。

⑤ 支承面。当中空吹塑件需要有一个面为支承面时，一般应将该面设计成内凹形，如图 5.48 所示。这样不但支承平稳而且具有较高的耐冲击性能。

⑥ 塑件的收缩率。通常容器类的塑件对精度要求不高，成型收缩率对塑件尺寸影响不大。但对于有刻度的定容量的瓶子和螺纹塑件，成型收缩率对塑件尺寸有较大的影响。常用塑料的吹塑成型收缩率见表 5-9。

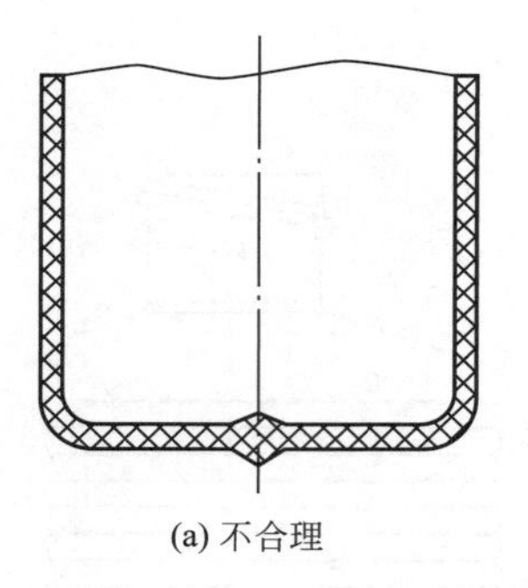

(a) 不合理

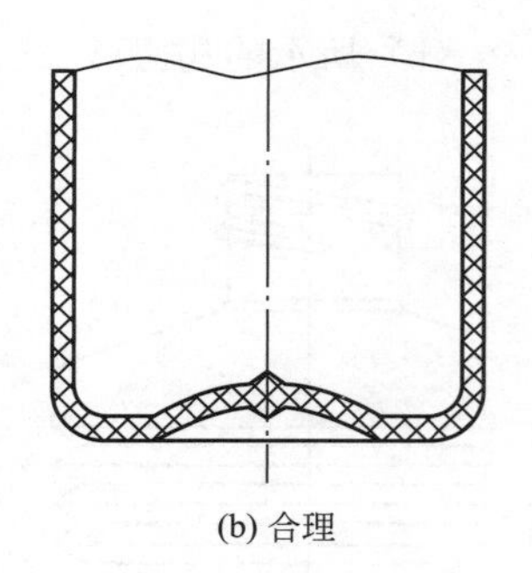

(b) 合理

图 5.48　中空吹塑件的支承面

表 5-9　常用塑料的吹塑成型收缩率

塑料种类	聚缩醛及其共聚物	尼龙 6	低密度聚乙烯	高密度聚乙烯	聚丙烯	聚碳酸酯	聚苯乙烯	聚氯乙烯
收缩率/(%)	8.0～3.0	8.5～2.0	8.2～2.0	1.5～3.5	8.2～2.0	8.5～0.8	8.5～0.8	0.6～0.8

2. 中空吹塑设备

根据挤出吹塑成型和注射吹塑成型的成型方法不同，中空吹塑成型的设备也可分为如下两类。

(1) 注射吹塑成型设备。

图 5.49 所示为注射吹塑成型。注射吹塑成型设备主要包括注射系统、型坯模具、吹塑模具、模架（合模装置）、脱模装置及转位装置等。根据注射工位和吹塑工位的换位方式，注射吹塑成型的类型有往复移动式注射吹塑成型和旋转式注射吹塑成型两种。

(a) 注射吹塑成型实景

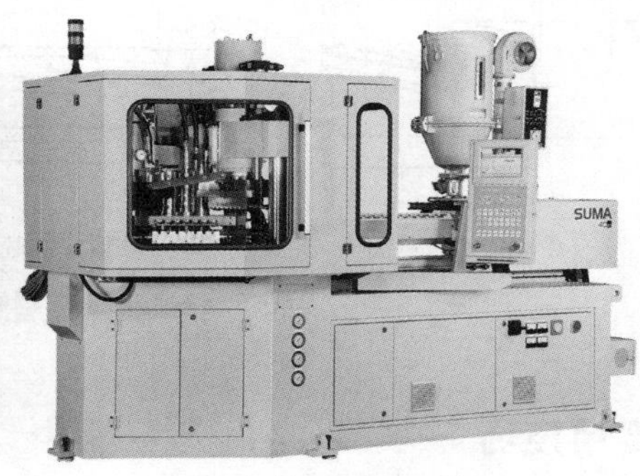

(b) 注射吹塑成型设备

图 5.49　注射吹塑成型

① 注射系统。注射系统主要由注射机、支管装置、充模喷嘴构成。

普通三段式螺杆注射机塑化性能较差，塑料熔体混炼不均匀，在熔化段螺槽内聚合物温度分布不均匀，平均温度较高，故在较高产量下难以保证塑件性能要求。因此注射吹塑中多用混炼型螺杆注射机进行注射成型，其塑化速度比普通螺杆塑化速度高，塑料熔体温度较均匀。

支管装置（图 5.50）主要由支管体 1、支管底座 7、支管夹具 3、充模喷嘴夹板 9 及加热器 2 等构成。塑料熔体通过注射机喷嘴注入支管装置的流道，再经充模喷嘴 10 注入型坯模具。支管装置安装在型坯模具的模架上，其作用是将塑料熔体从注射机喷嘴引入型坯模具型腔内，实现一次注射成型多个型坯。

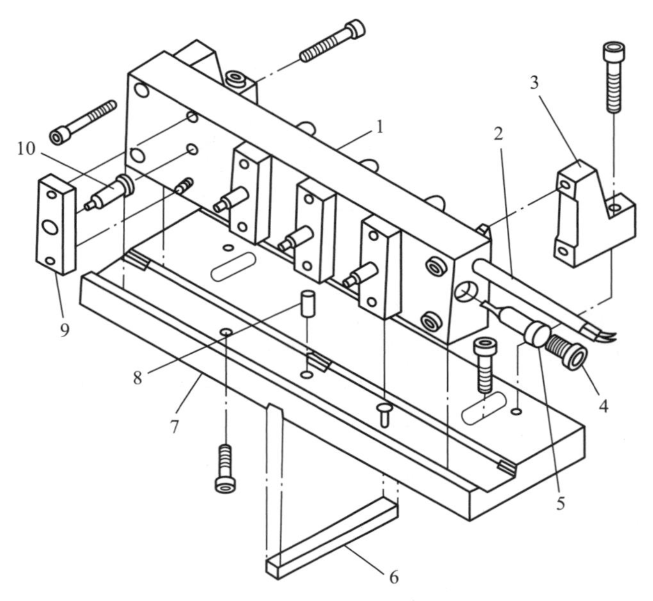

1—支管体；2—加热器；3—支管夹具；4—螺钉；5—流道塞；
6—键；7—支管底座；8—定位销；9—充模喷嘴夹板；10—充模喷嘴。

图 5.50 支管装置部件分解图

充模喷嘴把从支管流道来的塑料熔体注入型坯模具，充模喷嘴孔径较小，相当于点浇口。给多型腔模具供料时，各喷嘴的孔径应有差异，即中间的喷嘴孔径为 1.0～1.5mm，往两边的喷嘴孔径逐个增加 0.25mm，以均匀地给每个型腔充满塑料熔体。喷嘴长度应小于 40mm，以免塑料熔体停留时间过长。充模喷嘴一般通过与被加热的支管体及型坯模具的接触而得到加热，也可单独设加热器加热。

② 注射吹塑模。注射吹塑模如图 5.51 所示，由图可见，注射吹塑模所包括的型坯模

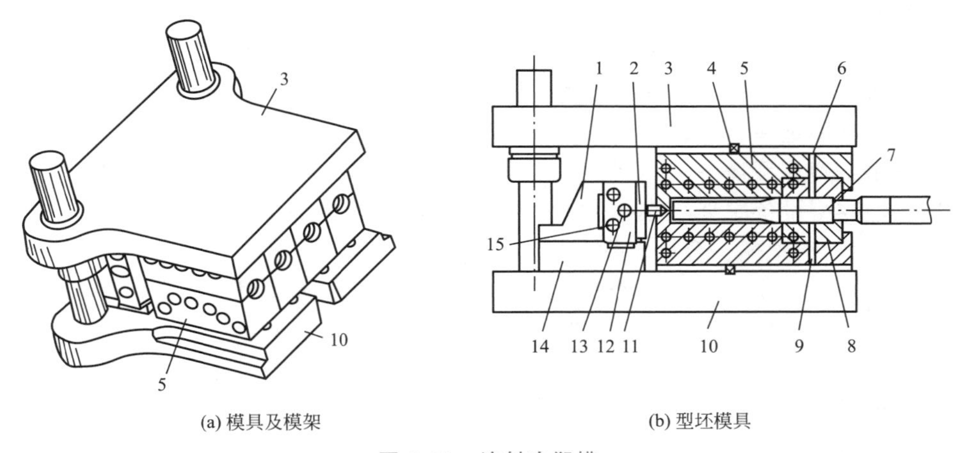

(a) 模具及模架　　(b) 型坯模具

图 5.51 注射吹塑模

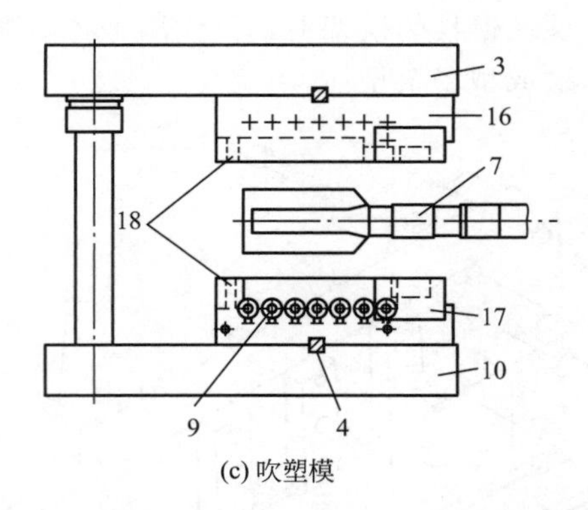

(c) 吹塑模

1—支管夹具；2—充模喷嘴夹板；3—上模板；4—键；5—型坯型腔体；6—芯棒温控介质出入口；7—芯棒；8—颈圈镶块；9—冷却孔道；10—下模板；11—充模喷嘴；12—支管体；13—流道；14—支管座；15—加热器；16—吹塑模型腔体；17—吹塑模颈圈；18—模座镶块。

图 5.51 注射吹塑模（续）

具和吹塑模均装在类似冷冲模后侧模架上。图 5.51（b）所示的型坯模具主要由型坯型腔体 5、颈圈镶块 8 和芯棒 7 构成。

型坯型腔体由定模和动模两部分构成。成型软质塑料时，型腔体可由碳素工具钢或结构钢制成，热处理硬度为 30～34HRC；成型硬质塑料时，型腔体可由合金工具钢构成，热处理硬度为 50～54HRC。型腔要抛光，加工硬质塑料时型腔还要镀铬。

颈圈镶块用于成型容器颈部（含螺纹），并支承芯棒。为确保芯棒与型腔的同轴度，要求颈圈内圆与外圆有较高的同轴度，型腔模具的颈圈一般由合金工具钢制成，并经抛光镀铬，热处理硬度为 52～56HRC。

芯棒主要起成型型坯内部形状与塑料容器颈部内径形状的作用，即起型芯的作用。注射成型后芯棒带着型坯从型坯模具转位到吹塑模，输入压缩空气以吹胀型坯，并通过温度控制介质调节芯棒及型坯温度。另外，靠近配合面开设 1～2 圈深度为 0.1～0.25mm 的凹槽，使型坯颈部塑料揳入凹槽内，避免从型坯成型工位转移至吹塑工位过程中颈部螺纹错位，同时减少漏气。芯棒各段的同轴度应在 0.05～0.08mm。芯棒与型坯模具及吹塑模内的颈圈配合间隙为 0～0.015mm，保证芯棒与型腔的同轴度。芯棒由合金工具钢制成，热处理硬度为 50～54HRC，比颈圈的热处理硬度稍低。芯棒与塑料熔体接触表面要沿塑料熔体流动方向抛光并镀硬铬，以利于塑料熔体充模与型坯脱模。芯棒颈部放置在专用芯棒夹具上，芯棒夹具固定在转位装置上。

（2）挤出吹塑成型设备。

挤出吹塑成型设备主要包括挤出机、挤出型坯用的机头（安装在挤出机头部的挤出模，又称模头）、吹塑模、合模装置及供气装置等。

① 挤出机。挤出机是挤出吹塑中最主要的设备。吹塑成型用的挤出机并无特殊之处，一般的通用型挤出机均可用于吹塑成型。

② 机头。机头是挤出吹塑成型的重要装备，可以根据所需型坯直径、壁厚予以更换。机头的结构形式、参数选择等直接影响塑件的质量。常用的挤出机头有芯棒式机头（图 5.52）和直接供料式机头（图 5.53）两种。

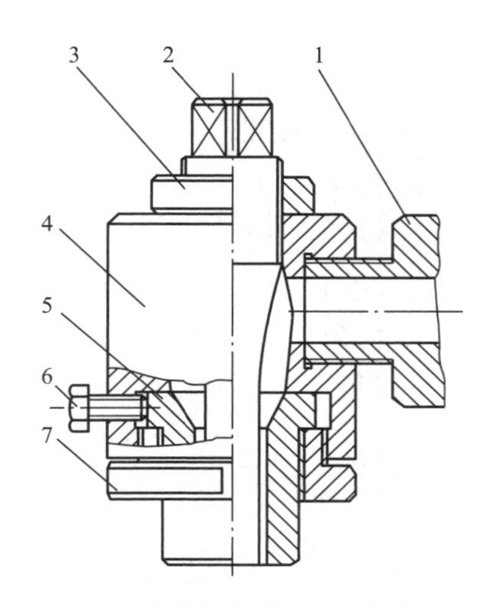

1—与主机连接体；2—芯棒；
3—锁紧螺母；4—机头体；5—口模；
6—调节螺栓；7—锁紧法兰。

图 5.52　挤出吹塑芯棒式机头结构

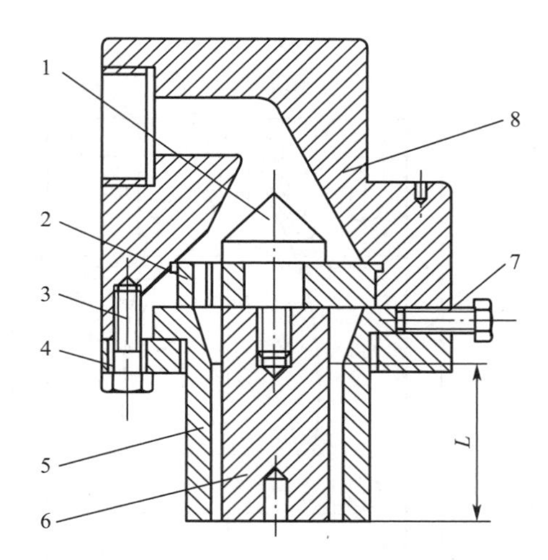

1—分流芯棒；2—过滤板；3—螺栓；
4—法兰；5—口模；6—芯棒；
7—调节螺栓；8—机头体。

图 5.53　挤出吹塑直接供料式机头结构

芯棒式机头通常用于聚烯烃塑料的挤出，直接供料式机头用于聚氯乙烯塑料的挤出。机头体型腔最大环形截面面积与芯棒、口模间的环形截面面积之比称为压缩比。机头的压缩比一般选取 2.5～4。口模定型段长度 L 可参考图 5.53 与表 5-10。

表 5-10　中空吹塑机头定型部分尺寸　　单位：mm

口模间隙 δ	<0.76	0.76～2.5	>2.5
定型段长度 L	<25.4	25.4	>25.4

③ 吹塑模、合模装置及供气装置等。吹塑模的相关内容将在后面介绍，合模装置经常采用液压装置，气源为压缩空气。

3. 中空吹塑模的设计要点

本小节重点介绍挤出吹塑模的设计要点。挤出吹塑模的结构比较简单。一般由两块对开分型的半模（哈夫块）组成。两半模分别用螺钉安装在吹塑机的安装座板上，一半为定模，另一半为动模，通过吹塑机的开模、合模机构进行开合，由设置在两半模上的导向机构（如导柱和导套）进行导向，如图 5.54 所示。

挤出吹塑模的结构设计随吹塑机的自动化程度而异，同时应考虑模具合模结构的最大开模距离、模板尺寸、最大锁模力、吹塑量、模具安装方式等技术参数。对于大型吹塑模可以设冷却水通道，模口部分可做成较窄的切口，以便切断型坯。由于吹塑过程中模具型腔压力不大，一般压缩空气的压力为 0.2～0.7MPa，因此可供选择做模具的材料较多，最常用的材料有铝合金、锌合金等。由于锌合金易于铸造和机械加工，因此多用它来制造形状不规则的容器。对于大批量生产硬质塑件的模具，也可选用钢材制造，淬火硬度为 40～44HRC，模具型腔可抛光镀铬，使容器具有光洁的表面。

吹塑模的设计要点如下。

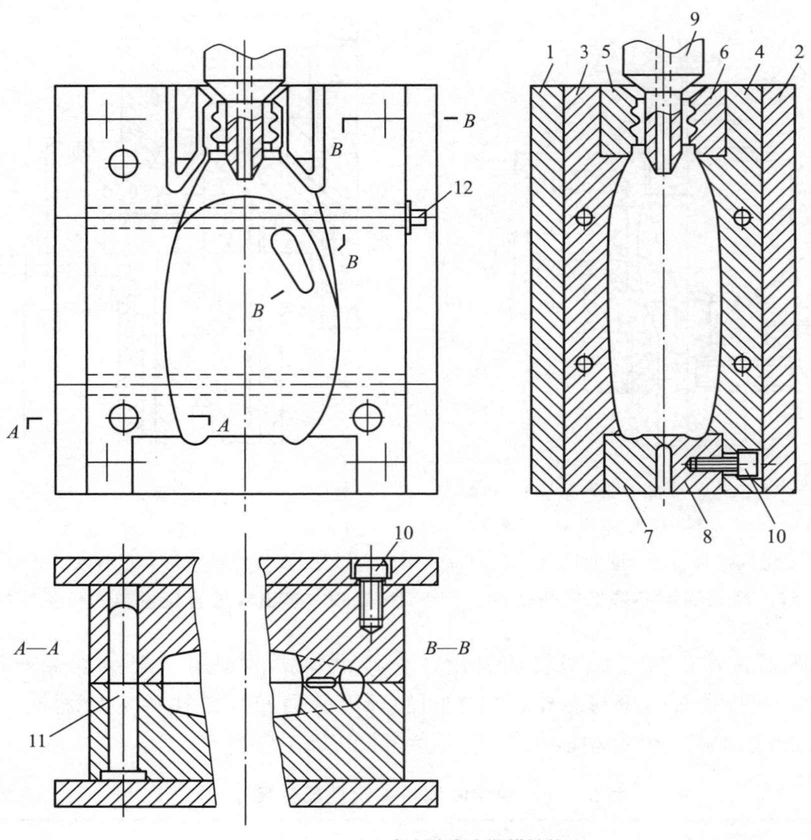

(a) 中空油壶吹塑模结构

(b) 示例

1、2—底板；3、4—模腔；5、6—螺纹镶件；
7、8—底部镶件；9—吹嘴；10—螺钉；11—导柱；12—水嘴。

图 5.54　中空吹塑模

（1）夹坯口。

夹坯口也称切口。挤出吹塑成型过程中，模具在闭合的同时需将型坯封口，并将余料切除，故在模具的相应部位要设置夹坯口（注射吹塑模因吹塑时型坯完全置入吹塑模的模具型腔内，故不需设置夹坯口）。夹坯口的设计如图 5.55（a）所示，夹料区的深度 h 可选取型坯厚度的 2～3 倍。夹坯口的倾斜角 α 可选取 30°～45°，对于小型吹塑件夹坯口宽度 L 可取 1～2mm，对于大型吹塑件夹坯口宽度 L 可取 2～4mm。如果夹坯口的倾斜角太大、宽度太小，就会削弱夹坯口对型坯的夹持能力，还可能造成型坯在吹胀前塌落及造成塑件的接缝质量不高，甚至会出现裂缝，如图 5.55（b）所示；夹坯口宽度太大又可能产生无法切断及模具型腔无法紧闭等问题。

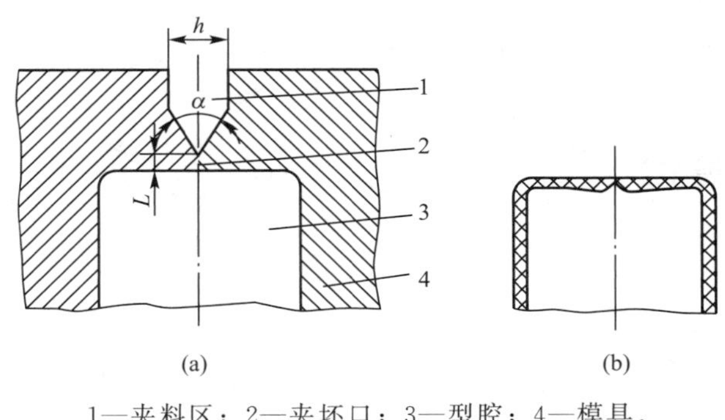

1—夹料区；2—夹坯口；3—型腔；4—模具。

图 5.55 中空吹塑模夹料区

（2）余料槽。

在夹坯口的切断作用下，型坯上多余的塑料被切除下来，并被容纳在余料槽内。余料槽通常设置在夹坯口的两侧，其大小应依型坯夹持后余料的宽度和厚度来确定，以模具能严密闭合为准。对于与模具外连通的余料槽，其容积可不予考虑。

（3）排气孔槽。

模具闭合后，型腔呈封闭状态，在型坯吹胀时应考虑模具内空气的排除问题。排气不良会使塑件表面出现斑纹、麻坑和成型不完整等缺陷。为此，吹塑模还要考虑设置一定数量的排气孔。排气的部位应选在最容易存储空气的地方，也就是吹塑时型坯最后吹胀的部位，如模具型腔的凹坑、尖角处、圆瓶的肩部等。通常排气位置要根据塑件的几何形状和所用的坯管形状来确定。排气孔直径通常取 0.5～1mm。

模具型腔排气的措施有以下几项。

① 在保证塑件质量及表面均匀的前提下，使模具表面粗化，粗糙的表面能够储存部分气体。表面粗糙度高可达 5～14μm，表面粗糙度平均值为 0.6～2.0μm。

② 在分模面上开设排气槽，排气槽的宽度为 10～20mm，深度为 0.03～0.06mm，用磨削或铣削加工制成。

③ 模具型腔采用镶拼结构，在镶拼面上开设排气槽。

④ 对沟槽、螺纹等易残留空气的部位进行局部排气，可采用钻孔或特种镶块的方法。

⑤ 对某些特殊塑件（如双层壁塑件），由于空气的排出速率小于型坯吹胀速率，因此，可采用在模壁内钻小孔与抽真空系统相连的方法排出模腔内气体。

（4）模具的冷却。

冷却模具是保证中空吹塑工艺正常进行、保证产品外观质量和提高生产效率的重要措施。对冷却系统设计的总体要求是冷却速度快且均匀。对于大型模具，可以采用箱式通水冷却，即在型腔背后铣一个槽，再用一块板盖上，中间加密封件；对于小型模具，可以开设冷却水道通水冷却，常用的冷却水通道形式类似于注射模冷却水道的形式。

（5）型腔表面加工。

对许多吹塑件的外表面都有一定的质量要求，有的要雕刻图案文字，有的要做成镜面、绒面、皮革纹面等。因此，针对不同的要求对型腔表面采用不同的加工方式，如采用喷砂处理将型腔表面做成绒面，采用抛光镀铬处理将型腔表面做成镜面，采用电化学腐蚀处理将型腔表面做成皮革纹面，等等。成型聚氯乙烯塑件的模具型腔表面，最好采用喷砂处理过的粗糙表面，因为粗糙的表面在吹塑成型过程中可以储存一部分空气，可避免塑件在脱模时产生吸真空现象，有利于塑件脱模，并且粗糙的型腔表面并不妨碍塑件的外观，表面粗糙程度类似于磨砂玻璃。

5.4.2 真空成型模设计

真空成型一般采用凹模吸塑和凸模吸塑两大类。因此模具结构就是一片凹模或是一片凸模，结构非常简单。

图 5.56 所示为凹模真空成型模，凹模真空成型宜用于外表面精度较高、成型深度不大的塑件，不宜成型小而深的薄壁塑件。对于小而浅的塑件，应设计成一模多腔，型腔的间隔要排列紧凑，应有较大的脱模斜度，而且拐角处均应呈圆弧状。

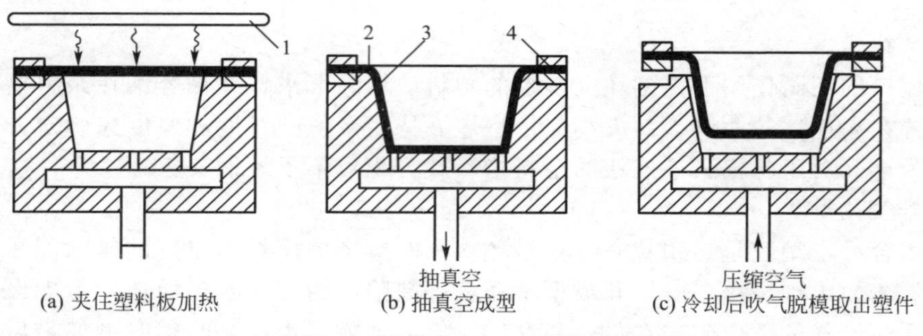

1—加热板；2—塑料板；3—凹模；4—夹具。

图 5.56 凹模真空成型模

图 5.57 所示为凸模真空成型模，凸模真空成型用于成型塑件的内表面尺寸较精确的塑件。

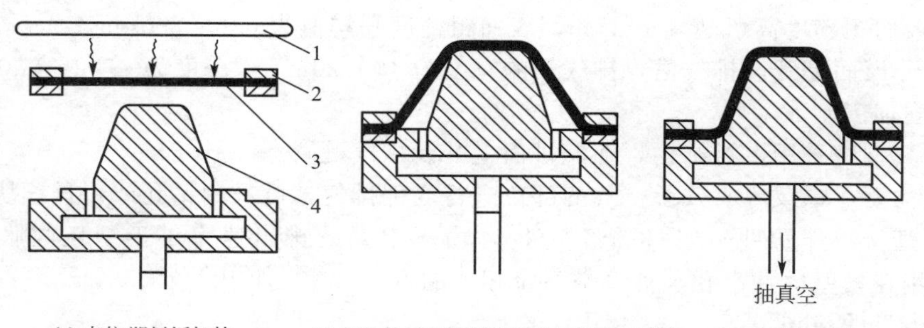

1—加热板；2—夹具；3—塑料板；4—凸模。

图 5.57 凸模真空成型模

1. 塑件设计

真空成型对于塑件的几何形状、尺寸精度、引伸比、圆角、脱模斜度、加强筋等都有具体要求。

(1) 塑件的几何形状和尺寸精度。

用真空成型方法成型塑件，成型过程中塑料处于高弹态，成型冷却后塑件收缩较大，很难得到具有较高尺寸精度的塑件。塑件通常也不应有过多的凸起和深的沟槽，因为这些地方成型后会使塑件壁厚太薄而影响塑件强度。

(2) 引伸比。

塑件深度与宽度（或直径）之比称为引伸比。引伸比在很大程度上反映了塑件成型的难易程度。引伸比越大，成型越难。引伸比和塑件的均匀程度有关，引伸比过大会使塑件最小壁厚处变得非常薄，这时应选用较厚的塑料片材来成型；引伸比还和塑料的种类有关；成型方法对引伸比也会产生较大影响。一般采用的引伸比为 0.5～1，最大引伸比不超过 1.5。

(3) 圆角。

真空成型塑件的转角部分应以圆角过渡，并且圆弧半径应尽可能大，圆弧半径最小应大于板材的厚度，否则塑件在转角处容易出现厚度减薄及应力集中的现象。

(4) 脱模斜度。

和普通模具一样，真空成型也需要有脱模斜度，斜度取 1°～4°。斜度大，不仅脱模容易，也可改善壁厚的不均匀程度。

(5) 加强筋。

真空成型塑件通常是大面积的盒形件，成型过程中板材还要受到引伸作用，底角部分变薄，因此为了保证塑件的刚度，应在塑件的适当部位设计加强筋。

2. 模具设计要点

真空成型模设计包括：恰当地选择真空成型的方法和设备；确定模具的形状和尺寸；了解成型塑件的性能和生产批量，选择合适的模具材料。

(1) 模具的结构设计。

① 型腔尺寸。真空成型模的型腔尺寸同样要考虑塑料的收缩率，其计算方法与注射模型腔尺寸计算方法相同。真空成型塑件的收缩量，约 50%是塑件从模具中取出时产生的，约 25%是取出后保持在室温下 1h 内产生的，其余的约 25%则是在之后的 8～24h 内产生的。用凹模成型的塑件比用凸模成型的塑件收缩量大 25%～50%。

影响塑件尺寸精度的因素很多，除了型腔的尺寸精度外，还有成型温度、模具温度等，因此想要预先精确地确定收缩率是困难的。如果生产批量比较大，尺寸精度要求又较高时，最好先用石膏模型试出产品，测得其收缩率，以此为设计模具型腔的依据。

② 型腔表面粗糙度。真空成型模的表面粗糙度太小时，不利于真空成型后的脱模，一般真空成型的模具都没有顶出装置，靠压缩空气脱模。如果表面粗糙度太小，塑件黏附在型腔表面上不易脱模，因此真空成型模的表面粗糙度较大。其表面加工后，最好进行喷砂处理。

③ 抽气孔的设计。抽气孔的大小应适合成型塑件的需要，一般对于流动性好、厚度薄的塑料板材，抽气孔要小些，反之可大些。总之抽气孔的设计需满足在短时间内将空气抽出，又不能留下抽气孔痕迹。一般常用的抽气孔直径是 0.5～1mm，抽气孔直径最大不

超过板材厚度的50%。

抽气孔的位置应位于板材最后贴模的地方，孔间距可视塑件大小而定。对于小型塑件，孔间距可在20～30mm内选取，对于大型塑件，则应适当增加孔间距。轮廓复杂处，抽气孔应适当密一些。

④ 边缘密封结构。为了使型腔外面的空气不进入真空室，在塑料板与模具接触的边缘应设置密封装置。

⑤ 加热装置、冷却装置。对于板材的加热，通常采用电阻丝加热或红外线加热。电阻丝加热温度可达350～450℃，一般是通过调节加热器和板材之间的距离来提供不同塑料板材所需的成型温度，通常采用的距离为80～120mm。红外线加热是一种辐射加热。由红外辐射器（光源）发出的红外光被材料以分子（原子）共振的形式吸收，从而达到对板材进行加热的目的。

模具温度对塑件的质量及生产效率都有影响。如果模具温度过低，塑料板和型腔一接触就会产生冷斑或内应力以致产生裂纹；而模具温度太高，塑件可能黏附在型腔上，脱模时会变形，而且延长了生产周期。因此模具温度应控制在一定范围内，一般在50℃左右。

塑件的冷却一般不单靠接触模具后的自然冷却，要增设风冷装置或水冷装置加速冷却。风冷装置简单，只要压缩空气即可。水冷可用喷雾式，或在模具内开冷却水道。冷却水道应距型腔表面8mm以上，以避免产生冷斑。冷却水道有不同的开设方法，可以将铜管或钢管铸入模具内，也可在模具上打孔或铣槽，用铣槽的方法开设冷却水道时，必须使用密封元件并加盖板。

（2）模具的材料选择。

真空成型和其他成型方法相比，其主要特点是成型压力极低，通常压缩空气的压力为0.3～0.4MPa，故模具材料的选择范围较宽，既可选用金属材料，又可选用非金属材料，模具材料的选择主要取决于塑件形状和生产批量。

① 金属材料。适用于大批量高效率生产的模具。目前作为真空成型模材料的金属材料有铝合金、锌合金等。铝合金的导热性好、易于加工、耐用、成本低、耐腐蚀性较好，故真空成型模多用铝合金制造。

② 非金属材料。对于试制或小批量生产，可选用木材或石膏作为模具材料。木材易于加工，缺点是易变形，表面粗糙度差，一般常用桦木、槭木等木纹较细的木材；石膏制作方便，价格便宜，但其强度较差，为提高石膏模具的强度，可在其中混入10%～30%的水泥；对于大批量生产，可用环氧树脂作为模具材料，环氧树脂具有加工容易、生产周期短、修整方便等特点，而且强度较高。

非金属材料导热性差，对于塑件质量而言，可以防止出现冷斑。但所需冷却时间长，生产效率低；而且模具使用寿命短，不适合大批量生产。

5.4.3 加压成型模设计

图5.58所示是加压成型模结构。与真空成型模相比，加压成型模增加了模具型刃，因此塑件成型后，在模具上就可将余料切除；而且加压成型模的加热板作为模具结构的一部分，塑料板直接接触加热板，故加热速度快。

加压成型模的型腔与真空成型模的型腔基本相同。加压成型模的主要特点是在模具边缘设置型刃，型刃的形状和尺寸如图5.59所示。

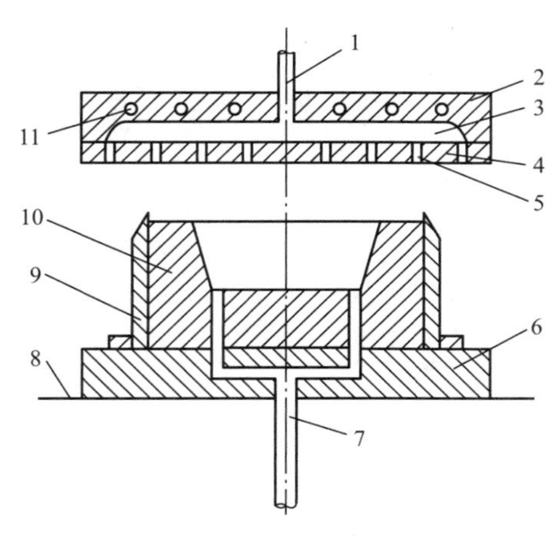

1—压缩空气管；2—加热板；3—热空气室；4—面板；5—空气孔；6—底板；
7—通气孔；8—工作台；9—型刃；10—凹模；11—加热棒。

图 5.58 加压成型模结构

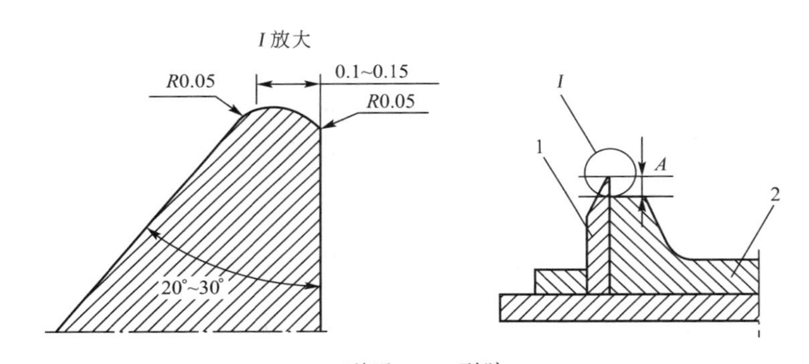

1—型刃；2—型腔。

图 5.59 型刃的形状和尺寸

型刃的设计要求如下。

(1) 型刃角度取 20°～30°，顶端削平 0.1～0.15mm，两侧以 R=0.05mm 的圆弧相连。

(2) 型刃不可太锋利，避免与塑料板刚一接触就切断；型刃也不能太钝，造成余料切不下来。

(3) 型刃的顶端须比型腔的端面高出一段距离 A（A 为板材的厚度加上 0.1mm），这样在成型期间，放在凹模型腔端面上的板材同加热板之间就能形成间隙，此间隙可使板材在成型期间不与加热板接触，避免板材过热造成产品缺陷。

(4) 型刃和型腔之间应有 0.25～0.5mm 的间隙，作为空气的通路，也易于模具的安装。为了压紧板材，要求型刃与加热板有极高的平行度与平面度，以免漏气。

学习建议

多观察生活中各种不同的塑件，结合课程内容和教师讲授的知识，了解不同塑件不同的成型方法和特点，慢慢熟悉不同成型工艺过程和模具的结构特点。

本章小结

现代社会经济的快速发展，对塑料产品的多样性和质量要求越来越高，也推动了塑料成型工艺、设备及模具技术的发展。本章仅介绍了除普通注射成型模具外比较常用的一些其他成型模具：压缩成型模具、传递（压注）成型模具、挤出成型模具及气动成型模具等的设计要点。

其中压缩模是塑料成型模具中一种比较简单的模具，它主要用来成型热固性塑料。由于模具需要交替地加热和冷却，因此生产周期长，效率低，这样就限制了热塑性塑料在这方面的进一步应用。传递模与压缩模有许多共同之处，两者的加工对象都是热固性塑料，型腔结构、脱模机构、成型零部件的结构及计算方法等基本相同，模具的加热方式也相同。传递模的结构比压缩模的结构复杂，传递工艺条件要求严格，成型压力较高，而且操作比较麻烦，制造成本也高，故只有当压缩成型无法达到要求时才采用传递成型。与注射成型、压缩成型、传递成型相比，气动成型压力低，利用较简单的成型设备就可获得大尺寸的塑件，对模具材料要求不高，模具结构简单，成本低，使用寿命长。挤出模应用范围比较广泛，它可以成型各种塑料管材、棒材、板材、薄膜及电线、电缆等连续型材，还可以对塑料进行塑化、混合、造粒、脱水及喂料等准备工序或半成品加工。同时由于挤出成型生产效率非常高，因此挤出产品的产量非常大。

关键术语

压缩模（compression mould）、传递模（transfer mould）、加料腔（loading chamber）、挤出模（extrusion mould）、模头（die head）、吹塑模（blow mould）、真空成型模（vacuum thermoforming mould）、加压成型模（pressure thermoforming mould）

【在线答题】

习　题

1. 依据哪些原则确定塑件在压缩模内的加压方向？
2. 比较压缩模与传递模的主要区别。
3. 挤出机机头的组成及作用是什么？

拓展阅读

序号	主题	内容简介	内容链接
1	崔崑院士——一块千锤百炼的"特殊钢"	钢铁号称新中国工业的"脊梁"。高性能特殊钢是托举一个国家钢铁工业水平的巨臂。中国工程院院士、华中科技大学教授崔崑，以热忱报国、无私奉献的赤子情怀，一生矢志于祖国的钢铁事业，凝铸成他不同凡响的钢铁人生，为我国特殊钢的发展作出了突出贡献	
2	模具钳工大国工匠——金属上雕刻的李凯军	"会技术只是底线，能创新才是王者，作为一名好工人，就要件件出精品。"一句话，诠释了中国一汽匠人——李凯军的精彩人生，他坚守五尺钳台30余载，以精于工、匠于心、品于行的工匠精神，用精湛技艺为企业创造品牌、赢得声誉、创造价值	

第6章 注射模结构图例及分析

【参考动画】

本章精选五套来源于生产实践一线的塑料注射成型模具设计方案及结构例图，并进行评析。这些模具均为经过生产实践检验的可靠结构，采用的浇注系统及推出机构方案具有广泛的实用性。

6.1 内斜齿转盘点浇口注射模

6.1.1 塑件的结构特点与成型工艺性分析

内斜齿转盘塑件材料选用改性聚丙烯，具体结构如图6.1所示，其结构由上端的轴套和下端的端盖组成，轴套凸缘和端盖之间形成周向内凹，端盖底部有四个孔脚，端盖内部为行星斜齿轮，内斜齿轮的模数为1，齿数为52，螺旋角$\beta=15°$，右旋。

塑件轴套凸缘和端盖之间形成周向内凹结构，要采用侧向抽芯机构使塑件成型并顺利脱模。对于塑件上的斜齿轮结构，若模具结构设计不恰当、工艺参数选择有偏差，一般会产生齿廓成型不完整、飞边及翘曲变形等主要成型缺陷。塑件的成型缺陷可以从原材料、塑件结构、模具设计及工艺参数等几方面进行考虑和优化。针对斜齿轮部分的脱模，需要考虑在轴向有相对运动的同时，塑件（或成型型芯）还必须有周向转动。

6.1.2 浇注系统的设计

综合考虑塑件结构特点、成型要求和模具结构要求，采用一模两腔成型，浇注系统采用四点点浇口进料的方式，进料位置对称分布在塑件端盖上表面，如图6.2所示。

6.1.3 模具结构与工作原理

内斜齿转盘点浇口注射模总装结构如图6.2所示。内斜齿转盘点浇口注射模采用一模两腔、均匀分布的四个点浇口进料来保证塑件的成型质量。通过哈夫滑块成型轴套凸缘和端盖之间形成的周向内凹，设计斜导柱实现对开式哈夫滑块侧向抽芯。

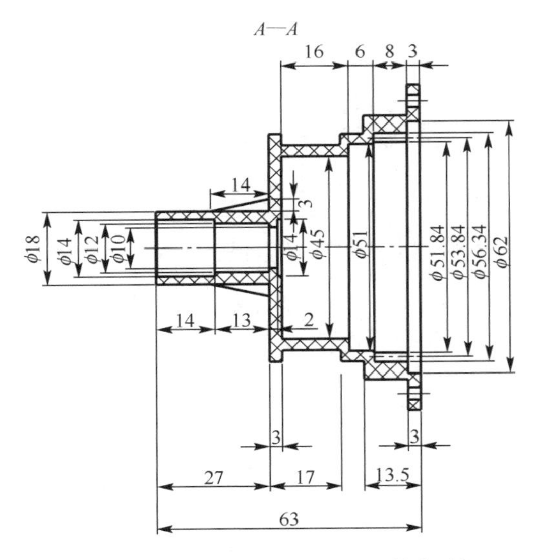

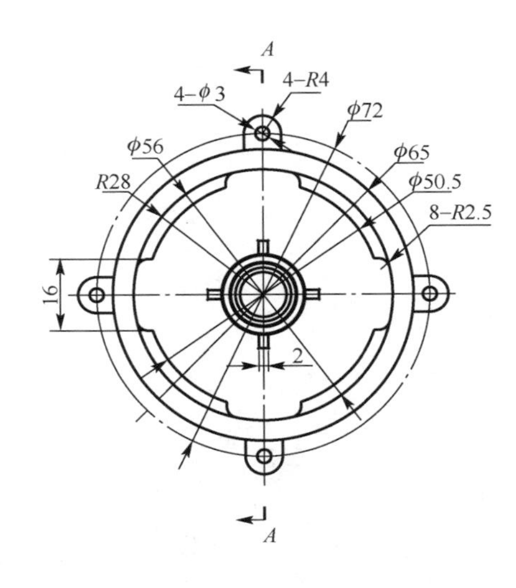

技术要求：

1. 未注倒角C0.25；
2. 未注圆角R0.5；
3. 未注尺寸公差等级为MT7；
4. 平均收缩率为0.005。

m	1
z	52
α	15°

(a) 塑件生产图样

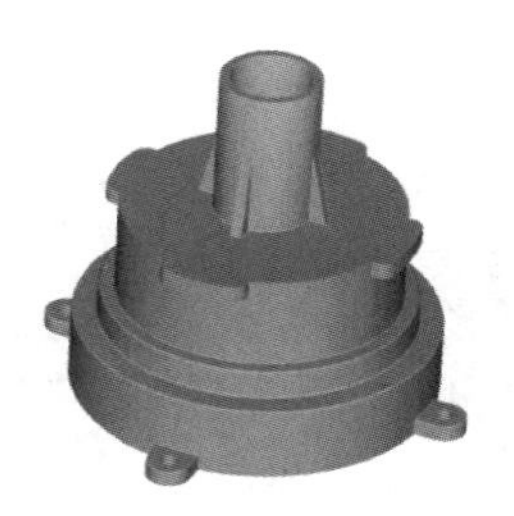

【参考图文】

(b) 塑件三维图

图 6.1　内斜齿转盘塑件结构

推出机构采用推件板嵌入动模板内的结构形式，连接推杆和推件板之间使用螺钉连接，并且与动模板做导向配合。塑件的推出需要解决内斜齿轮的脱模问题，采用推力轴承辅助型芯旋转的方式，可以使内斜齿轮的脱模问题得到有效解决。在动模型芯和动模板之间设置了向心球轴承，动模型芯上装有推力球轴承，推力球轴承与动模板在轴向留有一定的间隙，并通过挡环和挡圈限制位置，防止动模型芯推出过程中被带动沿轴向移动过多。

开模时，模具的动模向后移动，由于矩形弹簧 58 和点浇口拉杆 26 的作用，模具首先在 A 分型面分型，模具在定模板 56 和分流道推板 61 之间打开，此时，点浇口被拉断，浇注系统凝料留在定模一侧；动模移动一定距离后，由于定距拉杆 52 的限位作用，模具在 B 分型面分型，同时，斜导柱 38 使左滑块 50、右滑块 34 分开，滚珠螺钉 39 限制左滑块

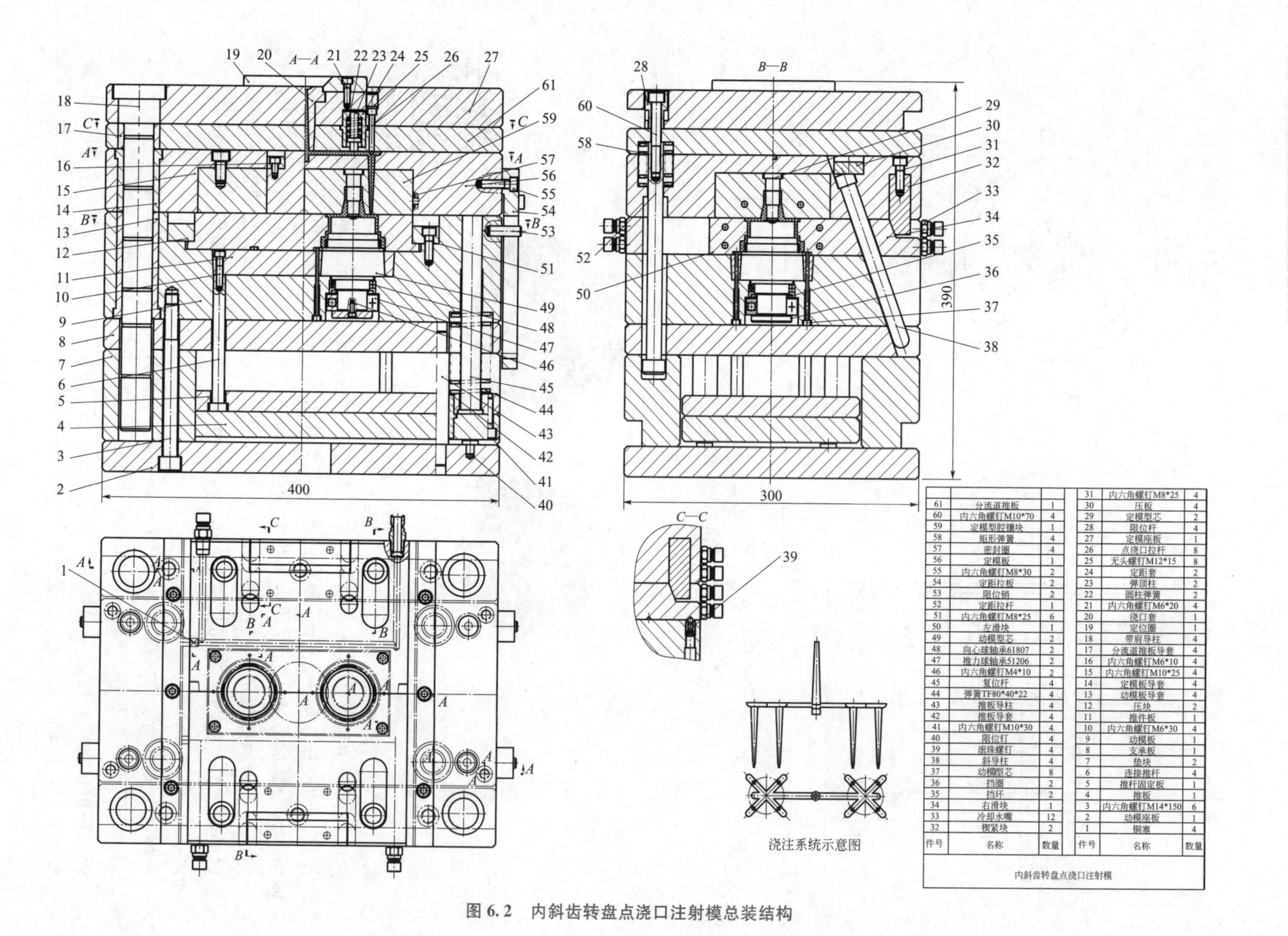

件号	名称	数量	件号	名称	数量
			31	内六角螺钉M8*25	4
61	分流道推板	1	30	压板	4
60	内六角螺钉M10*70	4	29	定模型芯	2
59	定模型腔镶块	1	28	限位杆	4
58	矩形弹簧	4	27	定模座板	1
57	密封圈	4	26	点浇口拉杆	8
56	定模板	1	25	无头螺钉M12*15	8
55	内六角螺钉M8*30	2	24	定距套	2
54	定距拉板	2	23	弹顶柱	2
53	限位销	2	22	圆柱弹簧	2
52	定距拉杆	1	21	内六角螺钉M6*20	4
51	内六角螺钉M8*25	6	20	浇口套	1
50	左滑块	1	19	定位圈	1
49	动模型芯	2	18	带肩导柱	4
48	向心球轴承61807	2	17	分流道推板导套	4
47	推力球轴承51206	2	16	内六角螺钉M6*10	4
46	内六角螺钉M4*10	2	15	内六角螺钉M10*25	4
45	复位杆	4	14	定模板导套	4
44	弹簧TF80*40*22	4	13	动模板导套	4
43	推板导柱	4	12	压块	2
42	推板导套	4	11	推件板	1
41	内六角螺钉M10*30	4	10	内六角螺钉M6*30	4
40	限位钉	4	9	动模板	1
39	滚珠螺钉	4	8	支承板	1
38	斜导柱	4	7	垫块	2
37	动模型芯	8	6	连接推杆	4
36	挡圈	2	5	推杆固定板	1
35	挡环	2	4	推板	1
34	右滑块	1	3	内六角螺钉M14*150	6
33	冷却水嘴	12	2	动模座板	1
32	楔紧块	2	1	铜塞	4

内斜齿转盘点浇口注射模

图 6.2　内斜齿转盘点浇口注射模总装结构

50、右滑块34分型移动的最终位置；当定距拉板54下端与限位销53接触，模具在 C 分型面分型，分流道推板61与定模座板27分开，即由分流道推板61将浇注系统凝料从定模座板27的浇口套20中脱出，同时脱离点浇口拉杆26，借助于圆柱弹簧22和弹顶柱23的作用，浇注系统凝料离开分流道推板61，依靠自重而坠落。

塑件通过推件板11推出。分型结束后，注射机顶杆通过动模座板2顶杆孔，推动推板4，连接推杆6在推板4的作用下，带动推件板11作用在塑件底部，推动塑件沿轴向向模具外运动，同时塑件带动设置在动模的动模型芯49做微量轴向移动，使推力球轴承47压紧，动模型芯49慢慢逆向转动（塑件只向模具外移动），塑件与带斜齿的型芯逐渐分离，沿轴向顺利脱模，然后依靠自重掉落。

6.2 挡位调节旋钮搭接浇口注射模

6.2.1 塑件的结构特点与成型工艺性分析

【参考动画】

挡位调节旋钮塑件结构如图6.3所示，塑件材料选用30%玻璃纤维填充的PA1010（尼龙，聚酰胺）。塑件总体外观为圆柱体，壁厚较均匀，最厚处5mm，最薄处2mm。顶端有M48的粗牙内螺纹（螺距为5mm），中部有通孔，中下部有圆环凹槽，底部七个挡位卡扣，外部有七个矩形凸起，其中有1～7七个数字凹槽（字体为黑体，字高15mm，字宽8mm，字深0.5mm），这些数字与下方挡位卡扣一一对应。

塑件外表面结构较复杂，塑件周向均匀分布的七个内凹数字形状，图6.3（a）所示 ϕ34mm处的凹槽需要复杂的侧向抽芯，并且型芯内有螺纹结构，塑件成型后包裹在螺纹型芯上，需要设置自动脱螺纹机构，或开模后手动取下。分型面选在塑件大孔的顶端面，需要合理选择浇注系统形式和成型零部件结构。

6.2.2 浇注系统的设计

浇注系统的设计需综合考虑塑件结构特点、成型要求和模具结构要求。挡位调节旋钮采用一模两腔成型，侧浇口更适合本塑件的成型要求，且为了方便模具的制造，选择端面进料的搭接式浇口，如图6.4中的浇注系统，分流道和浇口均位于定模一侧，避免与动模侧抽芯机构的干涉。

6.2.3 模具结构与工作原理

挡位调节旋钮搭接浇口注射模总装结构如图6.4所示。

（1）成型零部件结构设计。

该模具的成型零部件主要包括定模型芯、动模型芯、动模镶块Ⅰ、动模镶块Ⅱ、斜滑块等。由动模镶块Ⅰ、燕尾导轨和斜滑块组成侧抽芯机构。

① 定模型芯。定模型芯16用于成型M48的内螺纹和塑件上部内表面。它的上端与定模板上对应的孔形成间隙配合。开模后，定模型芯与塑件和浇注系统凝料一起被推出，此时用钳子夹住两个互相平行的平面将定模型芯从塑件上取下。而另一个平面用来限定螺纹

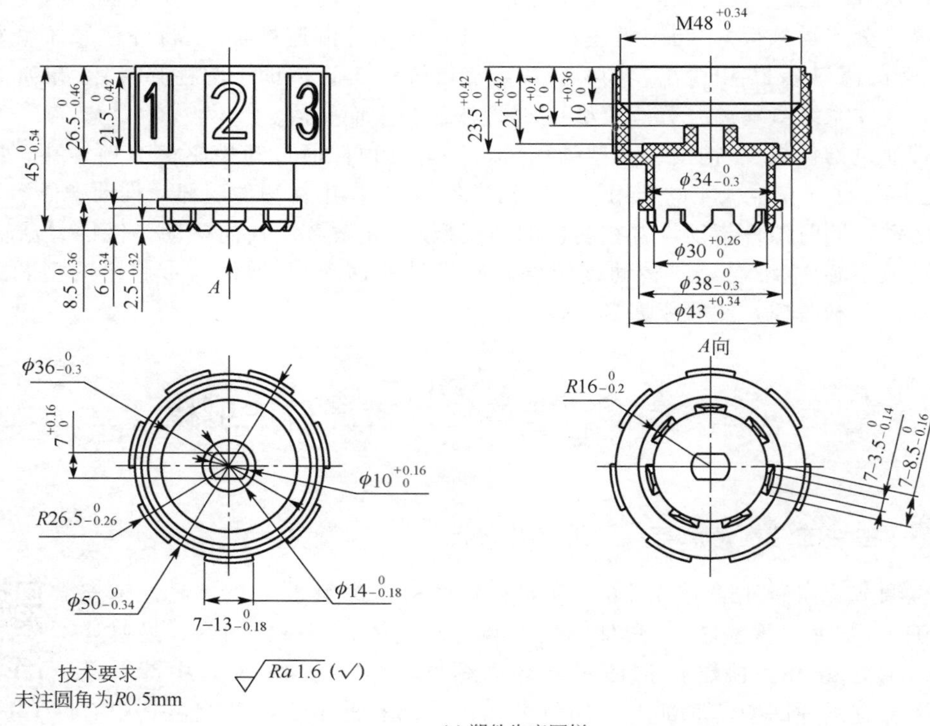

(a) 塑件生产图样

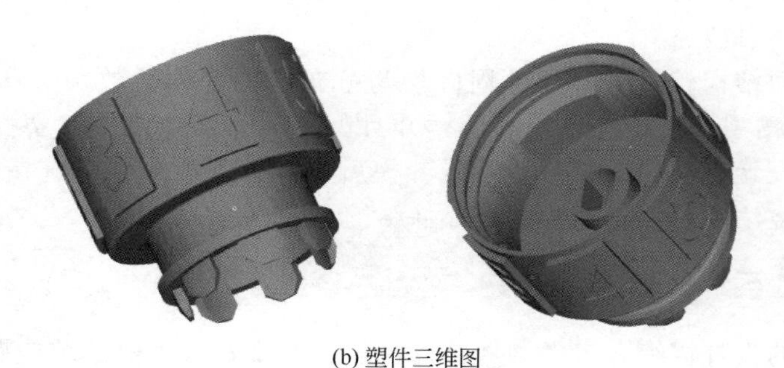
(b) 塑件三维图

图 6.3　挡位调节旋钮塑件结构

【参考图文】

位置，保证塑件上的螺纹与其他零部件配合时有确定的终止点。

② 动模型芯。动模型芯 21 用于成型塑件下部内表面及中部通孔。外形近似圆柱，内部有两个推杆孔，用于安装推杆来推出塑件，其中止转销的孔与动模镶块Ⅱ上对应的孔进行配钻。动模型芯安装在动模镶块Ⅱ上，动模型芯与动模镶块Ⅱ采用过渡配合。

③ 动模镶块Ⅰ。动模镶块Ⅰ20 用于安装动模镶块Ⅱ和燕尾导轨。动模镶块Ⅰ上有七个燕尾导轨安装槽，其间有螺纹孔与销钉孔。燕尾导轨通过限位螺钉与其连接，通过定位销定位。而动模镶块Ⅰ的下部安装动模镶块Ⅱ，并与之形成过渡配合。止转销的孔与动模镶块Ⅱ上对应的孔配钻。

④ 动模镶块Ⅱ。动模镶块Ⅱ22 用于成型塑件下部凸台及七个挡位卡扣，并且动模

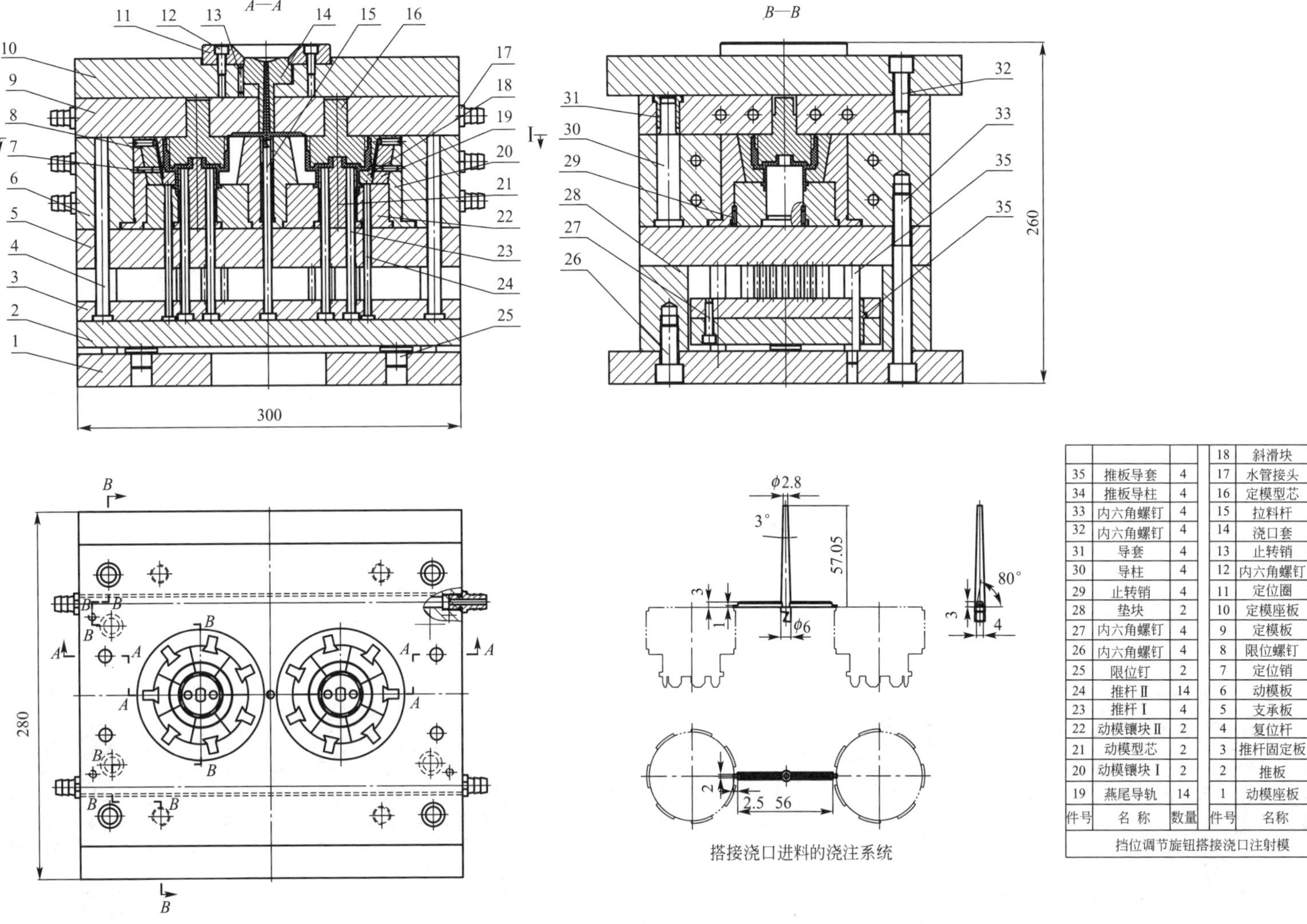

件号	名称	数量	件号	名称	数量
			18	斜滑块	14
35	推板导套	4	17	水管接头	16
34	推板导柱	4	16	定模型芯	2
33	内六角螺钉	4	15	拉料杆	1
32	内六角螺钉	4	14	浇口套	1
31	导套	4	13	止转销	1
30	导柱	4	12	内六角螺钉	2
29	止转销	4	11	定位圈	1
28	垫块	2	10	定模座板	1
27	内六角螺钉	4	9	定模板	1
26	内六角螺钉	4	8	限位螺钉	14
25	限位钉	2	7	定位销	14
24	推杆Ⅱ	14	6	动模板	1
23	推杆Ⅰ	4	5	支承板	1
22	动模镶块Ⅱ	2	4	复位杆	4
21	动模型芯	2	3	推杆固定板	1
20	动模镶块Ⅰ	2	2	推板	1
19	燕尾导轨	14	1	动模座板	1
挡位调节旋钮搭接浇口注射模					

图 6.4　挡位调节旋钮搭接浇口注射模总装结构

镶块Ⅱ中安装有动模型芯，动模镶块Ⅱ与动模型芯采用过渡配合。止转销的孔分别与动模镶块Ⅰ和动模型芯配钻。在型芯安装孔周围均匀布置七个推杆孔，用于安装推杆来推出斜滑块。

⑤ 燕尾导轨。燕尾导轨 19 在推出时对斜滑块起导向作用，燕尾导轨上的螺纹孔与销钉孔用于安装限位螺钉和定位销，燕尾部分与斜滑块采用间隙配合。

⑥ 斜滑块。斜滑块 18 用以成型塑件外表面数字凸台及下部圆环凹槽，斜滑块与燕尾导轨采用间隙配合。推出时，推杆对斜滑块施加一个沿合模方向的力，使斜滑块沿着燕尾导轨斜向上运动，达到抽芯的效果。斜滑块共有七种，其矩形型腔中的数字型芯分别为 1，2，3，…，7，背部有用于限位的凹槽。

(2) 塑件脱模方式。

开模时，定模型芯 16 与塑件和浇注系统凝料一同随动模移动。开模结束后推出机构工作，推杆Ⅱ24 对斜滑块 18 施加沿合模方向的力，使其沿着燕尾导轨 19 斜向上运动，达到抽芯的效果。同时推杆Ⅰ23 也将塑件一同推出。抽芯及开模动作完成时，斜滑块 18 已经离开塑件表面，此时塑件也恰好离开动模型芯，塑件受重力作用自由脱落（或通过人工取出）。然后人工旋转定模型芯 16，脱出螺纹，从而使塑件与型芯完全分离。

6.3 转动遮盖侧浇口注射模

6.3.1 塑件的成型工艺性分析

由转动遮盖侧浇口注射模成型的塑件为中空框架结构，结构工艺性较好。其上部用以安装透明面板，65mm×95mm 的型腔尺寸有公差配合要求。塑件后端的两内侧有两个对称的 ϕ3mm×2.5mm 小圆柱需同时成型，并保证两个小圆柱在同一轴线上，且两个小圆柱在与其他相关结构件组装后能自由转动。塑件中间外形下端的两个小六角形凸台的中心轴线也应左右对称一致。

塑件成型后不可出现扭曲、凹陷、气泡、熔接不良等质量问题。

应以塑件最大轮廓上端面为动模、定模间的分型面。对塑件中间外形下端的两个小六角形凸台的成型，应采用向外侧向分型的结构形式；对塑件后端对称的两个 ϕ3mm×2.5mm 小圆柱的成型，应采用向内侧向分型的结构形式。

6.3.2 浇注系统的设计

由于该塑件为框架结构，因此浇注系统宜采用侧浇口进料的方式。侧浇口进料既缩短了塑料在模具内的流程，避免料流的不均衡，又防止熔接不良与产生熔接痕。

进料口设置在 65mm×95mm 的型腔下部四侧中间轴线部位。

6.3.3 成型部分型腔与推出机构的设计

成型的动模、定模主型腔部分分别设计成大镶块的结构形式。中间外形下端的两个小六角形凸台为向外滑动的成型滑块；塑件后端对称的两个 ϕ3mm×2.5mm 小圆柱为向内滑动的成型滑块。

因空间位置狭小，塑件的框架结构形式在设计推出机构时，一般只能在四角采用小直径圆推杆，周边采用多个小矩形截面的推杆相结合的脱模顶出方式。

在注射成型后，左滑块、右滑块向两侧分型时，可能会产生两个小六角形凸台因距离尺寸收缩而无法顺利脱模或分型时发生扭曲变形甚至断裂。故左滑块、右滑块向两侧分型时，必须考虑塑件这一部分的脱模阻力，即在两个小六角形凸台外侧设置辅助推力。在小六角形凸台完全脱离型腔后辅助推力消除，滑块继续外移后完成脱模动作。

在整个塑件脱模时，设置在后侧的内滑块与所有的推杆推出动作应协调一致，以避免塑件在推出过程中产生后变形。

6.3.4 模具结构与总装设计

转动遮盖侧浇口注射模总装结构如图 6.5 所示。

注射结束，其开模后的动作过程如下：当动模板、定模板打开，塑件上平面的分型面首先分离。滑块 2 的锁紧楔 1 压力消除，滑块在斜导柱 10 的作用下向外侧移动，成型塑件侧面的分型面被打开。而设置在内 T 形滑块 4 里的侧推杆 5 仍紧压住小六角形凸台的端面，使其与成型型腔分离。内 T 形滑块在 Z 形斜楔 3 作用下不发生移动（图 6.5 所示 L 尺寸所起的延时作用）。当滑块的移动距离达到或接近 S 时，Z 形斜楔的延时段 L 的延时作用消除。侧推杆随内 T 形滑块与滑块一起继续外移完成分型动作。

在动模、定模完全打开后，小圆推杆 27、矩形小推杆 30 推动塑件的底平面；推杆 17 推动成型塑件后端内侧小圆柱的内斜滑抽芯块 16 同时动作，使塑件在推出过程中，内斜滑抽芯块沿内抽芯导滑斜面向外分离，脱离塑件。为防止滑块与其内的内 T 形滑块产生干涉，应使 $L \leqslant S$。

为保证滑块平稳地移动，在滑块上设置了两支斜导柱。同时为保证锁紧楔的锁模力，锁紧楔的后侧面应插入动模，锁紧楔的后侧面与动模采用 H7/H6 的间隙配合。滑块的抽芯移动距离 S_1 由钢珠 18 推动滑块底面的两凹坑间的间距来保证。

6.4 中间齿轮点浇口注射模

6.4.1 塑件的成型工艺性分析

由中间齿轮点浇口注射模成型的塑件材料为聚甲醛，塑件的上部为带轮，下部为传动齿轮。中间 ϕ4mm 轴孔有较高的尺寸公差要求，ϕ30mm 传动齿轮轴线与轴孔有较高的同轴度要求（ϕ0.05mm），带轮与轴孔有跳动误差要求（0.05mm）。中间齿轮点浇口注射模采用了一模四腔的结构形式。

塑件带轮 ϕ24.6mm 外圆与 ϕ30mm 传动齿轮的形状结合处为该塑件的最大轮廓。该部分成型必须采用侧向分型的结构形式，注射模分型面的选择对塑件的成型质量有直接影响。分型形式是使成型带轮的侧向分型结构、套筒式齿轮成型齿圈、中间轴孔成型型芯均设置在动模，充分保证成型后的塑件质量。

针对塑件带轮与传动齿轮的结合处厚度较薄的结构特点，为防止塑件成型后在顶出过程中产生后变形，在确定模具总装结构方案时，推出机构的设计必须采用多推杆顶出的脱模形式。

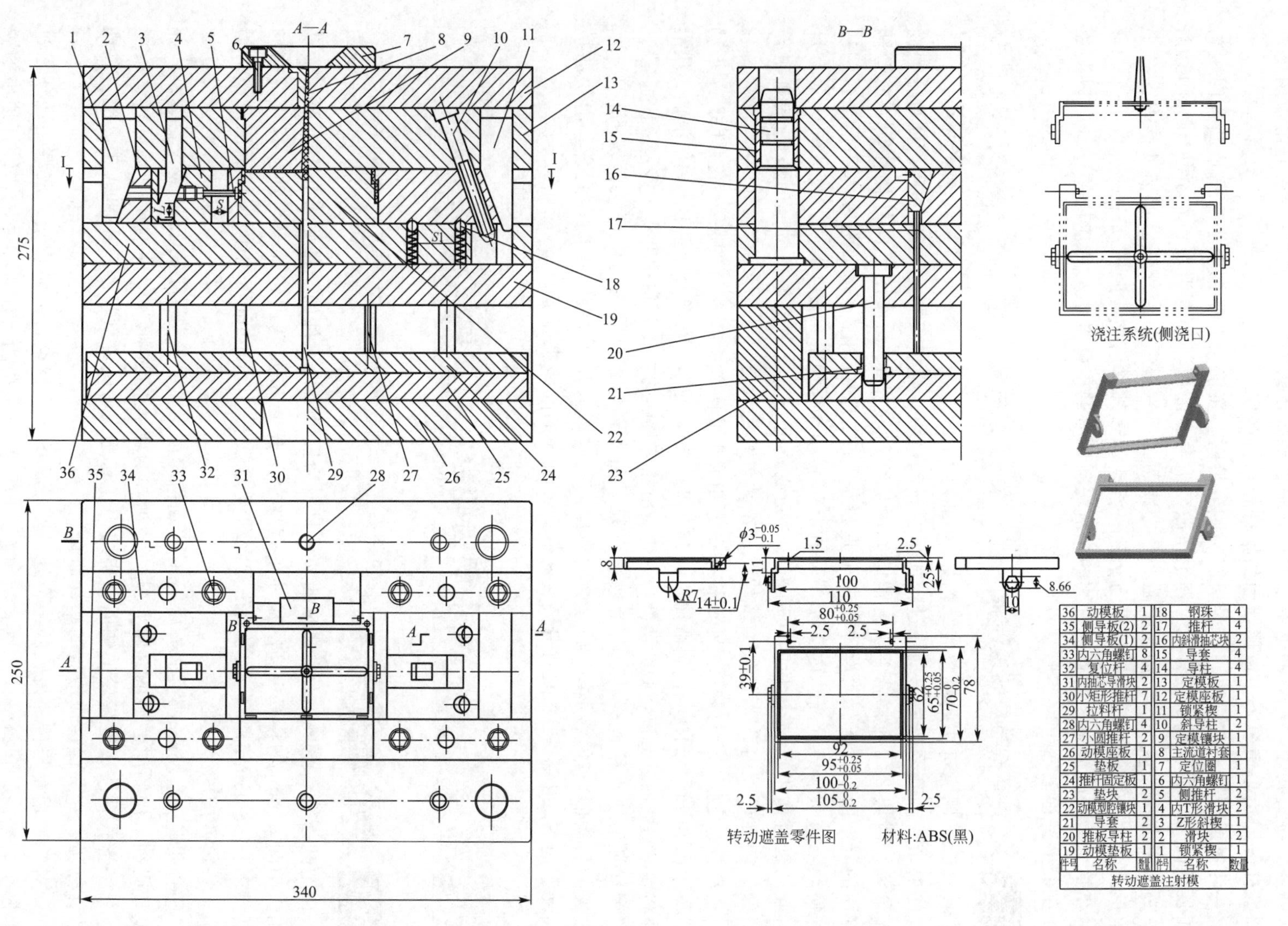

件号	名称	数量	件号	名称	数量
36	动模板	1	18	钢珠	4
35	侧导板(2)	2	17	推杆	4
34	侧导板(1)	2	16	内斜滑抽芯块	2
33	内六角螺钉	8	15	导套	4
32	复位杆	4	14	导柱	4
31	内抽芯导滑块	2	13	定模板	1
30	小矩形推杆	7	12	定模座板	1
29	拉料杆	1	11	锁紧楔	1
28	内六角螺钉	4	10	斜导柱	2
27	小圆推杆	2	9	定模镶块	1
26	动模座板	1	8	主流道衬套	1
25	垫板	1	7	定位圈	1
24	推杆固定板	1	6	内六角螺钉	1
23	垫块	2	5	侧推杆	2
22	动模型腔镶块	1	4	内T形滑块	2
21	导套	2	3	Z形斜楔	1
20	推板导柱	2	2	滑块	2
19	动模垫板	1	1	锁紧楔	1
转动遮盖注射模					

图 6.5　转动遮盖侧浇口注射模总装结构

6.4.2 浇注系统的设计

因该塑件精度要求较高，上、下两部分的模具成型结构又不同，且模具为一模四腔的结构，故浇注系统进料口只适宜采用点浇口的形式。为避免浇道的设置与模具成型零件间的有限空间位置产生干涉，并使点浇口自动脱落机构的设置空间更大，采用分流道成Z形偏转一定角度的结构形式。为使浇注系统的进料压力平衡，减少熔接痕的产生和提高熔接强度，浇注系统的点浇口分布均设计成三点对称布列的结构形式。

6.4.3 成型部分的型腔设计

中间齿轮点浇口注射模总装结构如图6.6所示，塑件的上、下两部分模具成型结构分别为侧向分型滑块成型型腔和齿形成型型腔，为保证定位与加工精度，必须有一致的统一的装配基准。作为动模板、定模板的四基准孔，组合后在精加工时与成型抽芯的滑块基座在坐标磨床上一次同时磨出。以此为基准，保证各组带轮的滑块成型型腔与齿圈成型型腔间的相对位置精度。

成型带槽的滑块成型镶片14磨出基准孔后，在专用工装夹具上车加工成型型腔，组装时对列地安装在滑块基座33上。而动模齿圈13同样在磨出基准孔后切割或电火花加工齿形。与齿圈相配的动模镶件12的中间轴孔与外圆一次装夹磨出。而定模镶件10亦采用这一加工工艺。以最大程度保证塑件齿轮的同轴度及带槽的轴向跳动误差要求。动模上的齿圈、镶件和定模上的镶件与各模板间采用H7/k7的过渡配合。

6.4.4 模具结构与总装设计

为减少磨损，在脱浇板及定模板、动模板上均使用了导套，且导柱上加工了多道油槽。为实现注塑生产的半自动化与自动化，首先要实现开模后浇注系统的自动脱落。浇道弹顶脱料柱6、倒锥形拉料杆4、脱浇板2组成浇注系统的自动脱落机构。开模定距套36、矩形截面弹簧40、定距拉杆43与聚氨酯套17使成型后模具按顺序分型开模，实现浇注系统与塑件的自动脱落。

由于模具完全打开后的空间较大，为保证模具动模、定模间的导向精度和使用的安全性、可靠性，因此导柱长度尺寸应尽可能加长，本模具导柱42长度设计成略短于模具总高度5～10mm。

为保证模具的成型精度并防止因采用的脱模方式不合理而产生塑件的后变形，塑件选择多推杆顶出的形式。为缩短点浇口浇道的长度和减小模具的总高度，定模型腔后设置了小垫板。

中间轴孔的动模型芯11采用插入定模镶件的结构，以保证塑件成型的同轴度要求。

在推杆固定板中设置了推板导柱23与导套24，为拆装方便，采用了直导柱的结构形式，要注意的是导柱高度尺寸必须与垫块44的厚度尺寸一致。

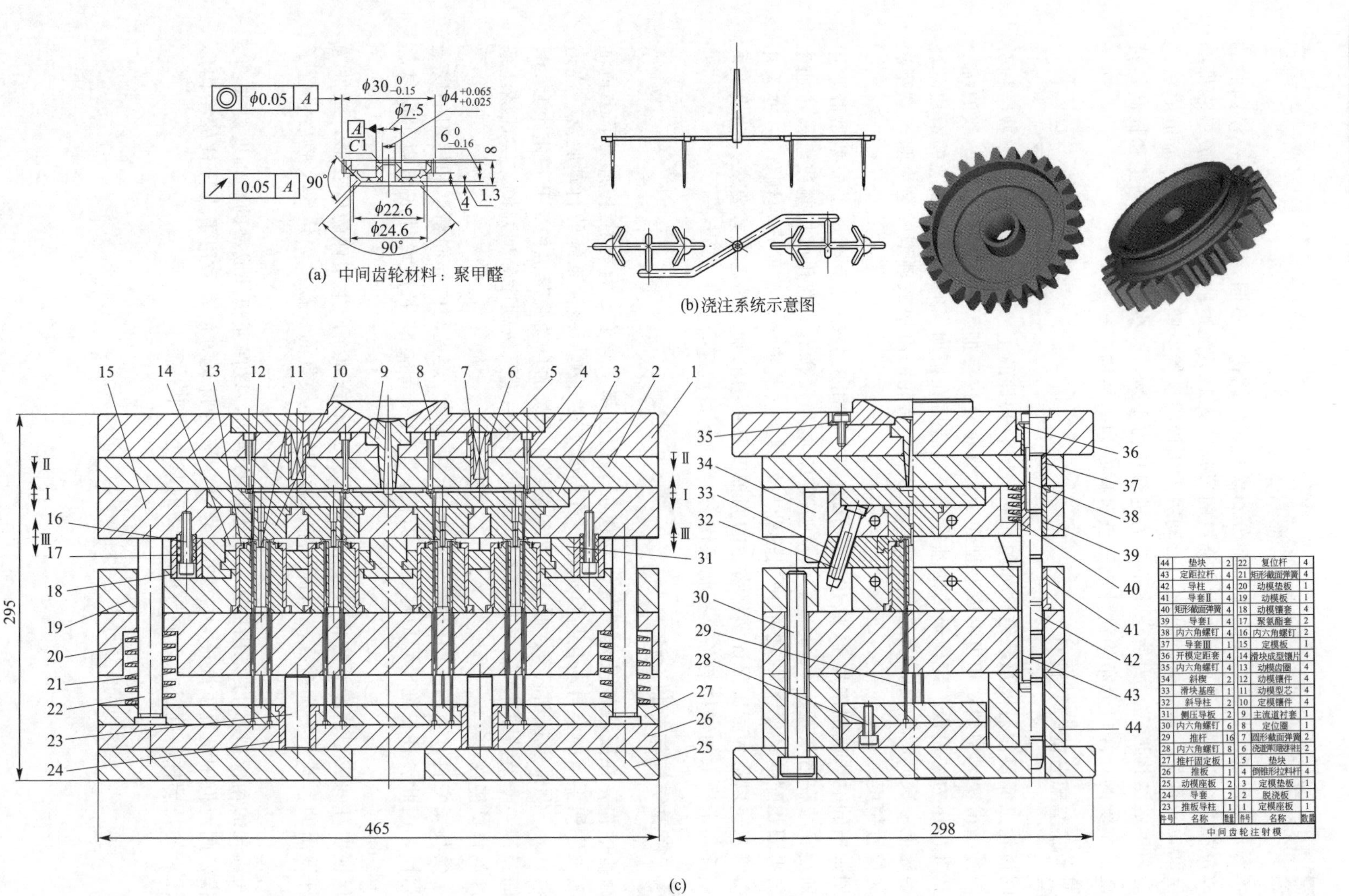

件号	名称	数量	件号	名称	数量
44	垫块	2	22	复位杆	4
43	定距拉杆	4	21	矩形截面弹簧	4
42	导柱	4	20	动模垫板	1
41	导套Ⅱ	4	19	动模板	1
40	矩形截面弹簧	4	18	动模镶套	4
39	导套Ⅰ	4	17	聚氨酯套	2
38	内六角螺钉	4	16	内六角螺钉	2
37	导套Ⅲ	1	15	定模板	1
36	开模定距套	4	14	滑块成型镶片	4
35	内六角螺钉	4	13	动模齿圈	4
34	斜楔	2	12	动模镶件	4
33	滑块基座	1	11	动模型芯	4
32	斜导柱	2	10	定模镶件	4
31	侧压导板	2	9	主流道衬套	1
30	内六角螺钉	6	8	定位圈	1
29	推杆	16	7	圆形截面弹簧	2
28	内六角螺钉	8	6	浇道弹顶脱料柱	2
27	推杆固定板	1	5	垫块	1
26	推板	1	4	倒锥形拉料杆	4
25	动模座板	2	3	定模垫板	1
24	导套	2	2	脱浇板	1
23	推板导柱	1	1	定模座板	1
中间齿轮注射模					

图 6.6　中间齿轮点浇口注射模总装结构

6.5 顶盖框架热流道直浇口注射模

6.5.1 塑件的成型工艺性分析

由顶盖框架热流道直浇口注射模成型的塑件为框架结构，壁厚（3mm）均匀，结构工艺性较好。在原注射模设计中，浇注系统采用的是多点浇口进料形式。注射成型后其表面的熔接痕难以消除，影响了塑件的质量，而且成型周期长。改为热流道直接浇口的形式后，既可缩短成型周期又保证了塑件质量。

成型后塑件表面为装饰面，进料口必须设置在塑件的内表面，故塑件的顶出推杆、复位杆等脱模部分的结构零部件必须设置在定模。注射成型结束并在开模后，再由模具内设置的相应机构驱动推出机构推出塑件。

6.5.2 热流道部分浇注系统的结构设计

浇注系统采用热流道直接浇口的形式后，因流道较长（结构设计长度尺寸为255mm），为简化制造和便于维修，模具的热流道分3段螺纹连接。加热元件为普通的电阻丝加热圈，更换时只需卸下定位圈13即可。

热流道后端用绝热垫与模具隔热，热流道连接面设置铜垫片27，防止塑料泄漏。

因塑件成型面积较大，故直浇口处的直径尺寸参考有关资料并经多次试模确定：取ϕ6.5mm，浇道锥度2.5°～3.5°。

6.5.3 模具结构与总装设计

顶盖框架热流道直浇口注射模总装结构如图6.7所示。注射成型结束，开模后的动作过程是：当动模板、定模板打开，塑件与动模型腔板26先分离。随着模具继续后移，设置在动模座板24上的拉钩1勾住滑块3，从而带动推杆固定板8，通过推杆18、嵌件定位推杆21将塑件从定模型腔块19中推出。这时由于斜楔2的作用，滑块脱离拉钩，动模仍可继续后移至适当位置，取出塑件。合模时通过复位杆10使推杆固定板复位。同时滑块脱离斜楔，由于圆形截面弹簧4的作用，滑块复位。模具进入下一个注射循环工作过程。

塑件内侧四角处有金属嵌件，该处的模具结构设计成兼具嵌件定位和保证推出力平衡两个作用的嵌件定位推杆21。

为均衡模具温度的控制和模具的冷却，在定模型腔块和动模型腔板内分别设置了多通道循环水道。

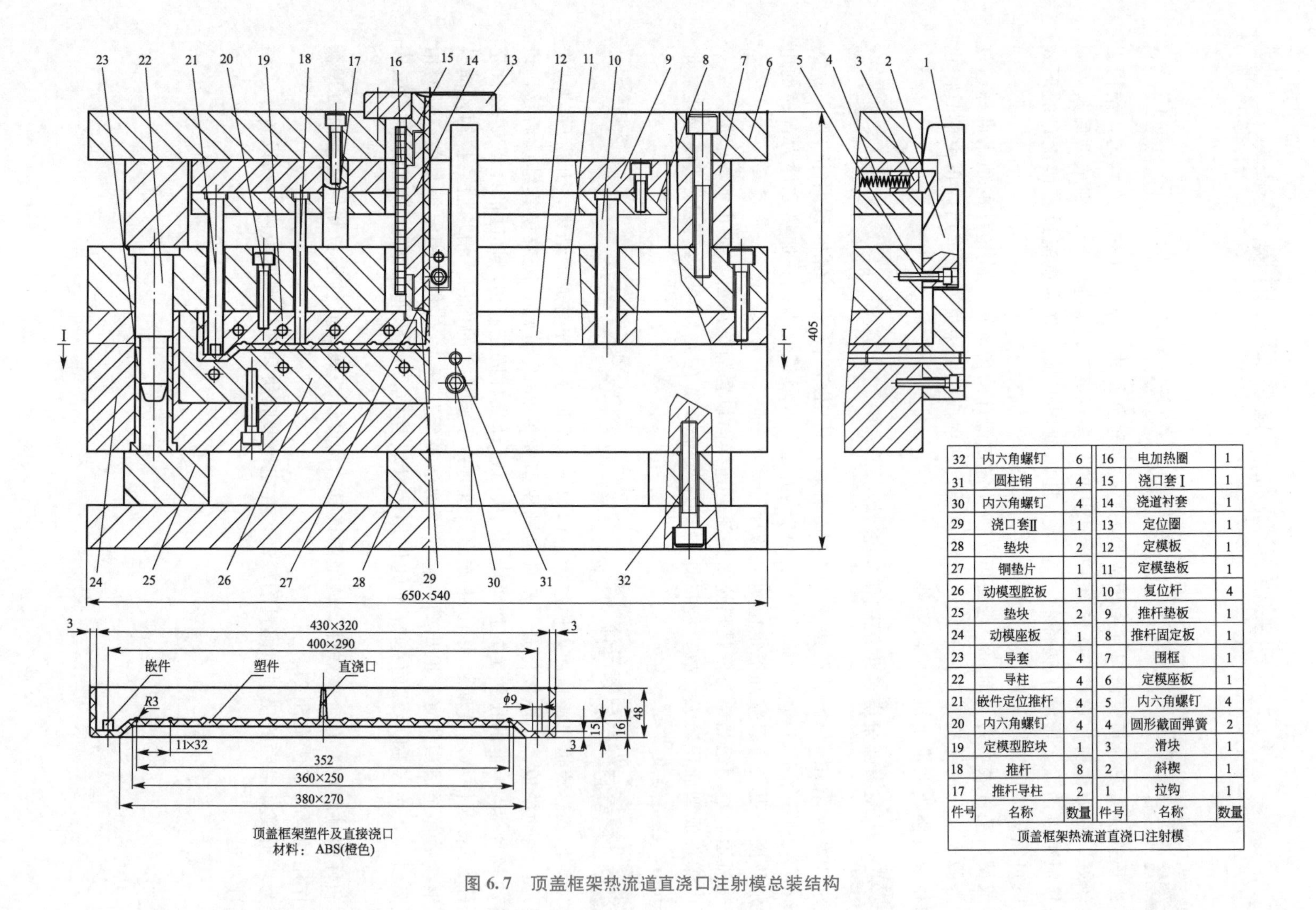

件号	名称	数量	件号	名称	数量
32	内六角螺钉	6	16	电加热圈	1
31	圆柱销	4	15	浇口套Ⅰ	1
30	内六角螺钉	4	14	浇道衬套	1
29	浇口套Ⅱ	1	13	定位圈	1
28	垫块	2	12	定模板	1
27	铜垫片	1	11	定模垫板	1
26	动模型腔板	1	10	复位杆	4
25	垫块	2	9	推杆垫板	1
24	动模座板	1	8	推杆固定板	1
23	导套	4	7	围框	1
22	导柱	4	6	定模座板	1
21	嵌件定位推杆	4	5	内六角螺钉	4
20	内六角螺钉	4	4	圆形截面弹簧	2
19	定模型腔块	1	3	滑块	1
18	推杆	8	2	斜楔	1
17	推杆导柱	2	1	拉钩	1
顶盖框架热流道直浇口注射模					

图6.7　顶盖框架热流道直浇口注射模总装结构

附录1

塑料模具设计相关标准目录

<table>
<tr><th>序号</th><th>标准代号</th><th colspan="3">标准内容</th></tr>
<tr><td>01</td><td>GB/T 14486—2008</td><td>塑料模塑件尺寸公差</td><td colspan="2">Dimensional tolerances for moulded plastic parts</td></tr>
<tr><td>02</td><td>GB/T 14234—1993</td><td>塑料件表面粗糙度</td><td colspan="2">Surface roughness of plastic parts</td></tr>
<tr><td>03</td><td>GB/T 8845—2017</td><td>模具　术语</td><td colspan="2">Dies and moulds - Teminology</td></tr>
<tr><td>04</td><td>GB/T 12554—2006</td><td>塑料注射模技术条件</td><td colspan="2">Specification of injection moulds for plastics</td></tr>
<tr><td>05</td><td>GB/T 12555—2006</td><td>塑料注射模模架</td><td colspan="2">Injection mould bases for plastics</td></tr>
<tr><td>06</td><td>GB/T 12556—2006</td><td>塑料注射模模架技术条件</td><td colspan="2">Specification of injection mould bases for plastics</td></tr>
<tr><td>07</td><td>GB/T 4170—2006</td><td>塑料注射模零件技术条件</td><td colspan="2">Specification of components of injection moulds for plastics</td></tr>
<tr><td>08</td><td>GB/T 4169.1—2006</td><td>塑料注射模零件　第1部分：推杆</td><td rowspan="8">Components of injection moulds for plastics</td><td>Part 1：Ejector pin</td></tr>
<tr><td>09</td><td>GB/T 4169.2—2006</td><td>塑料注射模零件　第2部分：直导套</td><td>Part 2：Straight guide bush</td></tr>
<tr><td>10</td><td>GB/T 4169.3—2006</td><td>塑料注射模零件　第3部分：带头导套</td><td>Part 3：Headed guide bush</td></tr>
<tr><td>11</td><td>GB/T 4169.4—2006</td><td>塑料注射模零件　第4部分：带头导柱</td><td>Part 4：Headed guide pillar</td></tr>
<tr><td>12</td><td>GB/T 4169.5—2006</td><td>塑料注射模零件　第5部分：带肩导柱</td><td>Part 5：Shouldered guide pillar</td></tr>
<tr><td>13</td><td>GB/T 4169.6—2006</td><td>塑料注射模零件　第6部分：垫块</td><td>Part 6：Spacer block</td></tr>
<tr><td>14</td><td>GB/T 4169.7—2006</td><td>塑料注射模零件　第7部分：推板</td><td>Part 7：Ejector plate</td></tr>
<tr><td>15</td><td>GB/T 4169.8—2006</td><td>塑料注射模零件　第8部分：模板</td><td>Part 8：Mould plate</td></tr>
</table>

续表

序号	标准代号	标准内容		
16	GB/T 4169.9—2006	塑料注射模零件　第9部分：限位钉	Components of injection moulds for plastics	Part 9：Stop pin
17	GB/T 4169.10—2006	塑料注射模零件　第10部分：支承柱		Part 10：Support pillar
18	GB/T 4169.11—2006	塑料注射模零件　第11部分：圆形定位元件		Part 11：Round locating element
19	GB/T 4169.12—2006	塑料注射模零件　第12部分：推板导套		Part 12：Ejector guide bush
20	GB/T 4169.13—2006	塑料注射模零件　第13部分：复位杆		Part 13：Return pin
21	GB/T 4169.14—2006	塑料注射模零件　第14部分：推板导柱		Part 14：Ejector guide pillar
22	GB/T 4169.15—2006	塑料注射模零件　第15部分：扁推杆		Part 15：Flat ejector pin
23	GB/T 4169.16—2006	塑料注射模零件　第16部分：带肩推杆		Part 16：Shouldered ejector pin
24	GB/T 4169.17—2006	塑料注射模零件　第17部分：推管		Part 17：Ejector sleeve
25	GB/T 4169.18—2006	塑料注射模零件　第18部分：定位圈		Part 18：Locating ring
26	GB/T 4169.19—2006	塑料注射模零件　第19部分：浇口套		Part 19：Sprue bush
27	GB/T 4169.20—2006	塑料注射模零件　第20部分：拉杆导柱		Part 20：Limit pin
28	GB/T 4169.21—2006	塑料注射模零件　第21部分：矩形定位元件		Part 21：Rectangular locating element
29	GB/T 4169.22—2006	塑料注射模零件　第22部分：圆形拉模扣		Part 22：Round mould opening delayer
30	GB/T 4169.23—2006	塑料注射模零件　第23部分：矩形拉模扣		Part 23：Rectangular mould opening delayer

附录2

塑料模具常用专业术语（中英文对照）及定义[①]

模具（die，mould，tool）：将材料成形（成型）为具有特定形状与尺寸的制品、制件的工艺装备。包括：冲模、塑料模、压铸模、锻模、粉末冶金模、拉制模、挤压模、辊压模、玻璃模、橡胶模、陶瓷模、铸造模等类型。

塑料模（mould for plastics，die for plastics）：使熔融塑料原料在压力作用下充填型腔，并固化成型为制品、制件的模具。包括：注射模、压缩模、压注模、挤出模、吹塑模、热成型模、发泡模等。

塑料注射模（injection mould for plastics）：通过注射机的螺杆或柱塞，使料筒内塑化熔融的塑料经喷嘴与浇注系统注入闭合型腔，并固化成型所用的模具。

塑料压缩模（compression mould for plastics）：使直接放入型腔内的塑料熔融并固化成型所用的模具。

塑料压注模/传递模（transfer mould for plastics）：通过柱塞，使加料腔内塑化熔融的塑料经浇注系统注入闭合型腔，并固化成型所用的模具。

塑料挤出模（extrusion die for plastics）：通过挤出机使塑料熔融塑化，经模头挤出后冷却定型，以连续成型型材所用的模具。包括模头和定型模。

塑料吹塑模（blow mould for plastics）：用于塑料坯件吹塑成型的模具。

塑料热成型模（thermoforming mould for plastics）：在气体、液体或机械压力作用下，使加热至软化的塑料坯件成型的模具。

塑料发泡模（foaming mould for plastics）：采用物理或化学发泡工艺，用于成型泡沫塑料制品、制件的模具。

智能模具（intelligent die，intelligent mould）：具备感知、分析、决策、控制等功能的模具。

多功能模具（multi-function die，multi-function mould）：集成形（成型）、连接、装

---

① 资料来源：国家标准 GB/T 8845—2017《模具　术语》。

配等功能于一体的模具。

标准模架/通用模架（standardized die set，standardized mould base）：结构型式和尺寸都标准化、系列化并由具有一定互换性的零件成套组合而成的模架。

模板（mould plate，die plate）：组成模具的板状零件的统称。

模座（clamping plate）：主要用于安装、固定与支承模具零部件的模架零件。包括上模座、下模座、凸模座、凹模座等。

上模座板（upper clamping plate）：使上模固定在成型设备上工作台面的板状零件。

下模座板（lower clamping plate）：使下模固定在成型设备下工作台面的板状零件。

定模座板（clamping plate of fixed half）：使定模固定在成型设备固定工作台面上的板状零件。

动模座板（clamping plate of moving half）：使动模固定在成型设备移动工作台面上的板状零件。

模块（die block）：设有工作部分的模具主体，一般分为上模和下模。

上模（upper half of die，upper half of mould）：安装在成形（成型）设备上工作台面的模具部分。

下模（lower half of die，lower half of mould）：安装在成形（成型）设备下工作台面的模具部分。

定模（fixed half of die，fixed half of mould）：安装在成形（成型）设备固定工作台面上的模具部分。

动模（moving half of die. moving half of mould）：安装在成形（成型）设备移动工作台面并随之移动的模具部分。

工作零件（working component）：直接成形（成型）制品、制件形状和尺寸的零件。

凸模（punch）：在成形（成型）过程中，形成制品、制件内表面形状和尺寸的工作零件。

凹模（concave die，cavity plate）：成形（成型）制品、制件外表面形状和尺寸的工作零件。

型腔板（cavity plate）：带有成型表面的板状零件。包括上模型腔板、下模型腔板或定模型腔板、动模型腔板。

浇口套（sprue bush）：带有主流道通道的浇注系统零件。

分流锥/分流梭（torpedo，sprue spreader）：用于模具浇注系统或挤出模中起分流作用的锥形零件。

分流支架（spider leg）：固定分流锥或芯棒的零件。

排气塞（vent plug）：用于排出型腔内气体的带有微形孔或槽的零件。

型芯（core）：用于成型制品、制件内表面形状和尺寸的凸状零件。

螺纹型芯（threaded core）：用于成型制品、制件内螺纹的零件。

螺纹型环（threaded ring）：用于成型制品、制件外螺纹的零件。

镶件/镶块（insert）：镶嵌在成形（成型）零件主体上的局部工作零件。

活动镶件（movable insert）：随制品、制件一起脱模并从制品、制件上分离取出的局部工作零件。

拼块（split）：用于拼合成成形（成型）零件主体的工作零件。包括型腔拼块、型芯拼块等。

嵌件（inlay）：成型过程中，埋入制品、制件中的金属或其他材质的零件。

导柱（guide pillar）：与导套（或导向孔）滑动或滚动配合，保证模具运动导向、合模导向和相对位置精度的圆柱形零件。

带头导柱（headed guide pillar）：带有轴向定位台阶，固定段与导向段具有同一公称尺寸、不同公差带的导柱。

带肩导柱（shouldered guide pillar）：带有轴向定位台阶，固定段公称尺寸大于导向段的导柱。

推板导柱（ejector guide pillar）：与推板导套滑动配合，用于推出机构导向的导柱。

导套（guide bush）：与导柱配合，保证模具运动导向、合模导向和相对位置精度的圆套形零件。

直导套（straight guide bush）：不带轴向定位台阶的导套。

带头导套（headed guide bush）：带有轴向定位台阶的导套。

推板导套（ejector guide bush）：与推板导柱滑动配合，用于推出机构导向的导套。

定位元件（locating element）：确定工序件或模具零件在模具中正确位置的零件或组件。

模套（die bolster，die sleeve，mould sleeve）：使成形（成型）零件压装、定位的框套形零件。

固定板（retainer plate）：用于固定工作零件、推出与复位零件和导向件的板状零件。包括凸模固定板、凹模固定板、型芯固定板、推杆固定板等。

限位钉（limit pin）：对推出机构起支承和调整作用并防止其在复位时受异物阻碍的零件。

限位块（limit block）：限制行程或位置的块状零件。

定距拉杆（limit boll）：开模分型时，限制某一模板仅在规定距离内移动的杆状零件。

拉钩（drag hook）：开模行程中保持型腔延时开模的钩状零件。

拉杆（adjustable bolt）：开模行程中拉动拉钩以结束延时开模的杆状零件。

楔紧块（wedge block）：带有楔角，用于合模时楔紧滑块的零件。

滑块（slider）：沿导向结构滑动，带动活动型芯或镶件以完成抽芯、成形（成型）和复位动作的零件。

斜滑块（angled slider）：与斜面配合滑动，通常兼有成型、推出和抽芯作用的零件。

侧型芯（side core）：用于成型制品、制件的侧孔、侧凹或侧台，可手动或随滑块在模内作抽拔、复位运动的型芯。

侧型芯滑块（side core slider）：侧型芯与滑块由整体材料制成一体的滑动零件。

导板（guide plate）：用于合模导向的板状零件。

滑块导板（slide guide plate）：与滑块的导滑面配合，起导滑作用的板状零件。

斜槽导板（finger guide plate）：具有斜导槽，用于使滑块随该槽作抽芯和复位运动的板状零件。

支承板（support plate）：可增强动模刚度和承受成型压力的板状零件。

支承柱（support pillar）：为增强刚度而设置的起承压作用的零件。

垫板（backing plate）：承受和分散成形压力的板状零件。

隔板（plug baffle）：为改变循环介质流向，在模具冷却通道内设置的板状零件。

流道板（runner block）：为开设分流道而设置的板状零件。

加热板（heating plate）：为保证制品、制件成型温度而设置加热结构的板状零件。

斜导柱（angle pin）：倾斜于开模运动方向装配，随着模具的开闭，驱动滑块产生往复运动的圆柱形零件。

弯销（angular cam）：随模具开闭动作，使滑块做抽芯、复位运动的截面为矩形的弯杆状零件。

垫块（riser）：用于调节模具合模高度，形成推出机构工作空间的块状零件。

推出机构（ejection mechanism）：使制品、制件脱出型腔的结构，包括推杆、推管、推块、推板、推件板、复位杆、先复位机构等。

推杆/顶杆（ejector pin）：用于推出制品、制件、余料或凝料的杆状零件。

圆柱头推杆（ejector pin with cylindrical head）：头部带有圆柱形轴向定位台阶，工作截面为圆形的推杆。

带肩推杆（shouldered ejector pin）：非工作段直径大于工作段直径的推杆。

扁推杆（flat ejector pin）：工作截面为矩形的推杆。

推管（ejector sleeve）：用于推出制品、制件的管状零件。

推块（ejector pad）：在型腔内起部分成型作用，并在开模时推出制件的块状零件。

推件板（ejector plate）：用于推出制品、制件的板状零件。

推板（ejector base plate）：传递成形（成型）设备推出力的板状零件。

卸料板（stripper plate）：把制品、制件或废料从模具卸下的板状零件。

推板连接杆（ejector rod）：连接推板与机床，传递机床推出力和复位力的杆状零件。

连接推杆（ejector rod coupling）：连接推件板与推杆固定板，传递机床推出力的杆状零件。

拉料杆（sprue puller）：开模分型时，拉住浇注系统凝料或制件，头部带有侧凹形状的杆状零件。

复位杆（return pin）：借助模具的闭合动作，使推出机构复位的杆状零件。

浇注系统（gating system）：成形（成型）设备出料口或模具加料腔到模具型腔之间的进料结构。包括流道、浇口和冷料穴等。

主流道（sprue）：使注射机喷嘴或模具加料腔与分流道或型腔连接的进料通道。

分流道（runner）：连接主流道和浇口的进料通道。

浇口（gate）：模具型腔的进料口。

直浇口（sprue gate）：成型材料经主流道（直浇道）直接注入型腔的浇口。

环形浇口（ring gate）：成型材料沿制品、制件周边扩展进料的浇口。

点浇口（pin—point gate）：截面似圆点状的浇口。

侧浇口（side gate，edge gate）：设置在模具分型面，从制品、制件的内侧或外侧进料，截面一般为矩形的浇口。

扇形浇口（fan gate）：宽度从分流道（横浇道）往型腔方向逐渐呈扇形增加的侧浇口。

盘形浇口（disk gate）：熔融塑料沿制品、制件内圆周扩展进料的浇口。

轮辐浇口（spoke gate）：分流道呈轮辐状分布在同一平面或圆锥面内，熔融塑料沿制品、制件部分圆周扩展进料的浇口。

潜伏浇口（submarine gate，tunnel gate）：倾斜潜伏在分型面下方或上方，脱模时便于流道凝料与制品、制件自动切断的点状浇口。

护耳浇口（tab gate）：可改变熔体流向，带有小凹槽的浇口。

阀式浇口（valve gate）：设置在热流道二级热喷嘴内，利用阀针控制开闭的浇口。

冷料穴/冷料井（cold-slug well）：浇注系统中，用于储存成型过程前端冷料的孔、槽或穴。

型腔/模腔（cavity）：成形（成型）制品、制件形状和尺寸的腔体结构。

分型面（parting level）：从模具中取出制品、制件和凝料的可分离的接触表面。

水平分型面（horizontal parting level）：与成型设备工作台面平行的分型面。

垂直分型面（vertical parting level）：与成型设备工作台面垂直的分型面。

排溢系统（exhaust system）：排除成形（成型）过程中气体和容纳余料的结构，包括排气槽、溢料槽等。

排气槽（air vent）：为排出型腔内气体，在模具适当位置开设的气流通槽。

溢料槽（flash groove）：为避免在制品、制件上产生缺陷而在模具相应位置开设的排溢沟槽。

温控系统（temperature control system）：通过加热或冷却对模具温度进行控制的模具结构和温控装置。

冷却通道（cooling channel）：为控制模具温度所设置的冷却介质通道。

先复位机构（advance return mechanism）：合模过程中将推出机构预先复位以避免与侧型芯干涉的机构。

投影面积（projected area）：模具型腔、浇注系统及溢料系统在垂直于锁模力方向平面投影的面积总和。

收缩率（shrinkage）：在室温下，模具型腔与制件对应线性尺寸之差和制件对应线性尺寸之比。

截面收缩率（percentage reduction of section）：坯料变形前、后对应截面面积之差与坯料变形前对应截面面积之比。

脱模斜度（draft）：为使制品、制件顺利脱模在成形（成型）零件上设置的斜度。

模具闭合高度（die shut height，mould shut height）：模具处于工作位置下极点或闭合状态下的模具总高度。

最大开距（maximum open daylight）：成形（成型）设备安装板之间可打开的最大距离。

最小开距（minimum open daylight）：成形（成型）设备安装板之间可打开的最小距离。

脱模距（stripper distance）：取出制品、制件和流道凝料所需的分模距离。

抽芯距（core-pulling distance）：侧型芯从成型位置抽拔至不妨碍制品、制件取出的位置时，侧型芯或滑块所需移动的距离。

成型压力（moulding pressure）：成型制品、制件所需的压力。

型腔压力（cavity pressure）：在成型设备压力作用下，熔融材料对型腔表面的压力。

合模力（die clamping force，mould clamping force）：成形（成型）过程中，为保持模

具闭合所施加到模具上的力。

锁模力（die locking force，mould locking force）：为克服型腔内成形（成型）材料对模具的涨开力，成形（成型）设备施加到模具的锁紧力。

开模力（mould opening force）：使模具开模分型所需的力。

脱模力（ejection force）：使制品、制件从模内脱出所需的力。

抽芯力（core-pulling force）：从成型制品、制件中抽拔出侧型芯所需的力。

试模（try out of die and mould）：验证模具与产品要求符合性，使模具生产出合格制品、制件的调试过程。

模具寿命（die life，mould life）：模具正常使用直至完全失效所能成形（成型）制品、制件数量的总和。

热流道板（hot-runner manifold block）：热流道系统中，开设分流道并设置加热与控温元件，以使流道内的热塑性塑料始终保持熔融状态的板状或柱状部件。

定位圈（locating ring）：确定模具在注射机上的安装位置，保证注射机喷嘴与模具浇口套对中的环状零件。

拉杆导柱（limit guide pillar）：开模分型时，导向并限制某一模板仅在规定距离内移动的导柱。

定距拉板（limit plate）：开模分型时，限制某一模板仅在规定距离内移动的板状零件。

钩形拉料杆（z-shaped sprue puller）：头部形状为钩形的拉料杆。

球头拉料杆（sprue puller with ball head）：头部形状为球形的拉料杆。

锥头拉料杆（sprue puller with conical head）：头部形状为倒圆锥形的拉料杆，

分流道拉料杆（runner puller）：用于开模时拉住分流道凝料的拉料杆。

注射能力（injection capacity）：在一个成型周期中，注射机对给定成型材料的最大注射容量或质量。

注射压力（injection pressure）：注射机使熔融物料注入模具型腔所需施加的压力。

加料腔（loading chamber）：（压缩模）型腔开口端用于装料的延续部分。（压注模）装料并使之加热塑化的腔体。

柱塞（force plunger）：压注模中，传递成型设备压力，使加料腔内的塑料熔体注入型腔的圆柱形零件。

模头（die head）：安装在挤出机出口端，使塑料熔体在一定温度下通过流道成型为坯件的模具部件。

挤出流道（flow channel）：挤出模头内成型材料熔体流动的通道。

模头体（housing）：用于组装和支承模头各零部件并与机颈相连接的零件。

口模（die exit）：在模头出口处，成型型材外表面的零件。

芯棒（mandrel）：成形（成型）制品、制件内表面的工作零件。

多孔板（breaker plate）：在模头流道入口处，将物料在挤出机筒内的螺旋运动转变为直线运动并支承滤网的多孔状零件。

滤网（screen pack）：在挤出机出口和多孔板之间，过滤物料内杂质并对物料流动起稳定均匀作用的零件。

定位套（locating sleeve）：在模头与挤出机连接中起定位作用的环状零件。

支架板（spider plate）：用于固定芯棒的板状零件。

定型模（calibrator）：对模头挤出的坯件进行冷却定型，使其符合型材形状和尺寸的模具部件。

扩张角（divergence angle）：挤出流道中的机颈内表面母线与型材挤出方向的夹角。

压缩角（compression angle）：挤出流道中的压缩板内表面母线与型材挤出方向的夹角。

压缩比（compression ratio）：预成型段入口流道截面积与口模流道截面积之比。

夹坯口/模具切口（mould cut）：吹塑模中，用于闭合时切断坯件余料的切口。

余料槽（excess material groove）：吹塑模中，容纳被夹坯口切断的坯件余料的槽。

拉伸比（draw ratio）：拉伸吹塑制品、制件长度与坯件长度之比。

吹胀比（blow ratio）：吹塑制品、制件最大横向尺寸与坯件相应横向尺寸之比。

吹胀压力（blow pressure）：塑料坯件吹胀过程中的气体压力。

吹胀速度（blow speed）：单位时间内吹入模具型腔内的气体体积。

夹持框架（clamping frame）：夹持塑料坯件四周的框套形部件。

型刃（tool edge）：切除塑料坯件余边的刀模。

展开倍率（expanding ratio）：热成型制品、制件表面积与夹持部位内塑料坯件面积之比。

发泡剂（foaming agent）：发泡制品、制件成型过程中，使塑料熔体产生泡孔结构的物质。

发泡倍率（foaming ratio）：发泡制品、制件体积与原料体积之比。

熟化温度（curing temperature）：使发泡塑料的孔内压力与外界达到平衡所需的温度。

熟化时间（curing time）：在熟化温度下，使发泡塑料的孔内压力与外界达到平衡所需的时间。

附录3 塑料模具主要零部件的常用材料与热处理要求

<table>
<tr><th colspan="2">零部件类别及名称</th><th>常用材料</th><th>一般热处理要求</th><th>说　明</th></tr>
<tr><td colspan="2" rowspan="7">成型零部件</td><td>45</td><td>淬火 43～48HRC
或调质 28～32HRC</td><td>用于形状简单、要求不高的型芯、型腔</td></tr>
<tr><td>T8A、T10A</td><td>淬火 54～58HRC</td><td>用于形状简单的小型芯或型腔</td></tr>
<tr><td>CrWMn、9Mn2V、Cr12、CrMn2SiWMoV、Cr4W2MoV</td><td>淬火 54～58HRC</td><td rowspan="2">用于形状复杂、要求热处理变形小的型腔或镶件</td></tr>
<tr><td>20CrMnMo、20CrMnTi</td><td>渗碳、淬火 54～58HRC</td></tr>
<tr><td>5CrMnMo、40CrMnMo</td><td>渗碳、淬火 54～58HRC</td><td>用于高耐磨、高强度和高韧性的大型型芯、型腔等</td></tr>
<tr><td>3Cr2W8V、38CrMoAl</td><td>调质、氮化 1000HV</td><td>用于形状复杂、要求耐磨、耐腐蚀的高精度型芯、型腔等</td></tr>
<tr><td>20、15</td><td>渗碳、淬火 54～58HRC</td><td>用于冷压加工的型腔</td></tr>
<tr><td rowspan="4">模架零部件</td><td>支承板、垫板、浇道板、垫块</td><td>45</td><td>淬火 43～48HRC</td><td></td></tr>
<tr><td>动（定）模板、动（定）模座板</td><td>45</td><td>调质 230～270HB
或调质 28～32HRC</td><td></td></tr>
<tr><td rowspan="2">固定板</td><td>45</td><td>调质 230～270HB</td><td></td></tr>
<tr><td>Q235</td><td></td><td></td></tr>
</table>

续表

零部件类别及名称		常用材料	一般热处理要求	说明
浇注系统零部件	浇口套、拉料杆	45	淬火 38～45HRC	浇口套可选标准件
		T8A、T10A	淬火 50～55HRC	
导向零部件	导柱、导套、推板导柱、推板导套	T8A、T10A、GCr15	淬火 56～60HRC	可选标准件。 一组配合的导柱导套，两者的硬度应有所不同，以便于提高其使用寿命
		20Cr	渗碳、淬火 56～60HRC	
		20	渗碳、淬火 56～60HRC	
推出机构零部件	推杆、推管	45、T8A、T10A、4Cr5MoSiV1、3Cr2W8V	淬火 45～50HRC	可选标准件
	复位杆	45、T8A	头部淬火 40～46HRC	可选标准件
		T10A、GCr15	淬火 56～60HRC	
	推件板、推块等	45	淬火 43～48HRC 或调质 28～32HRC	
		T8A、T10A	淬火 45～50HRC	
	推杆固定板	45	调质 230～270HB	
	推板	45	调质 230～270HB	
		T8A、T10A	淬火 54～58HRC	
	限位钉	45	淬火 43～48HRC	
抽芯机构零部件	斜导柱、弯销	45	淬火 43～48HRC	
		T8、T10	淬火 56～60HRC	
		20	渗碳、淬火 56～60HRC	
		T8A、T10A、Cr12	淬火 54～58HRC	
	滑块、斜滑块	T8A、T10A	淬火 54～58HRC	
		40Cr	调质 175～230HB、 氮化 700～800HV	
	楔紧块	T8A、T10A	淬火 54～58HRC	
		45	淬火 43～48HRC	

附录4 塑料模具设计实训项目库

1. 完成实训项目的要求

为加强解决塑料模具设计领域复杂工程问题能力的培养，本附录精选部分工程应用中典型的塑件，要求根据给定塑件的生产图样或实物（包含完整的技术要求、使用要求），设计一副可用于大批量生产该塑件的注射模。围绕需要解决的关键问题，分别明确任务目标和解决问题的思路（附表 4-1）。

附表 4-1　注射模设计需解决的关键问题及任务目标和解决思路

序号	关键问题	任务目标和解决思路（要点提示）
1	给定塑件的结构工艺性、尺寸工艺性、成型工艺性如何？能否满足具体的成型工艺要求？需要改善吗？如何改善？	
2	如何选定注射机？设计注射模结构时必须考虑注射机的哪些技术规范和工艺参数？	
3	如何确定塑件在模具中的成型位置？设计什么形式的浇注系统，以保证塑件的成型质量？	
4	如何选择成型零部件的结构及尺寸，以提高模具的技术经济性、满足塑件最终的技术性能和要求？	

续表

序号	关键问题	任务目标和解决思路 （要点提示）
5	采取哪种有效的塑件成型脱模机构可提高模具的工作效率？	

2. 注射模具设计的实训项目库

（1）实训项目 1：旋钮注射模设计（塑件图如附图 4.1 所示）。

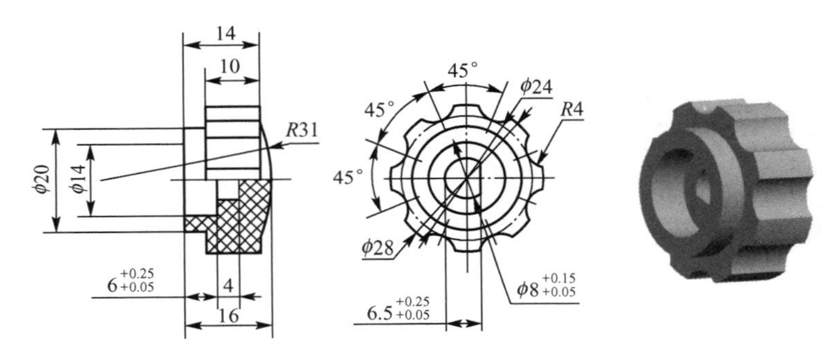

旋钮　材料：ABS(赫色)

浇注系统：侧浇口　脱模方式：推管推出

附图 4.1　旋钮塑件

（2）实训项目 2：按键注射模设计（塑件图如附图 4.2 所示）。

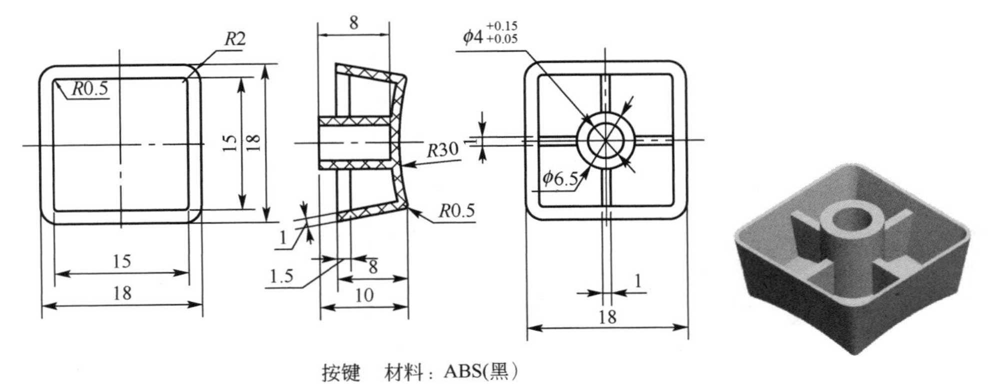

按键　材料：ABS(黑)

浇注系统：侧浇口　脱模方式：推杆

附图 4.2　按键塑件

（3）实训项目 3：棘轮片注射模设计（塑件图如附图 4.3 所示）。

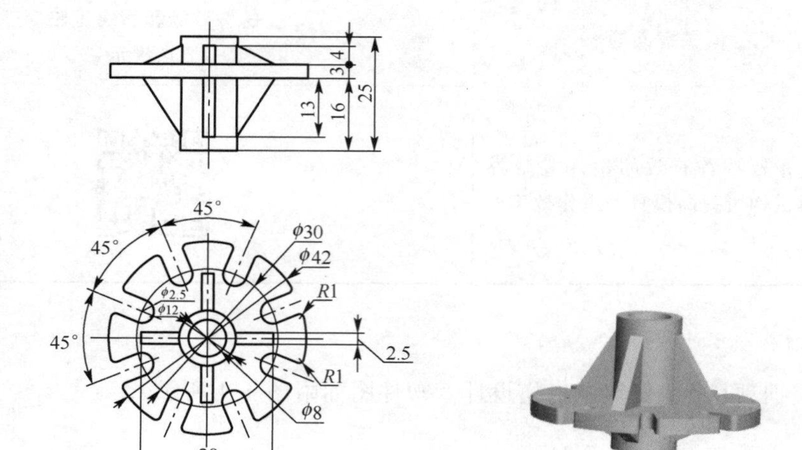

棘轮轮片　材料：聚砜

浇注系统：爪浇口(或环形浇口)　脱模方式：推杆

附图 4.3　棘轮片塑件

（4）实训项目 4：线圈骨架注射模设计（塑件图如附图 4.4 所示）。

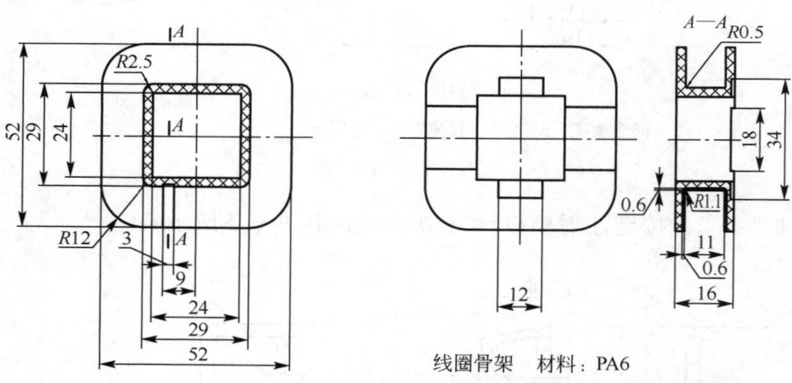

线圈骨架　材料：PA6

浇注系统：侧浇口　脱模方式：成型推块推出

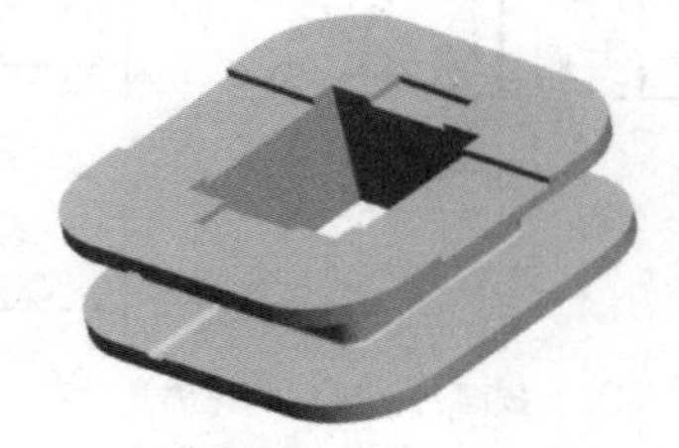

附图 4.4　线圈骨架塑件

（5）实训项目5：牵引机壳盖板注射模设计（塑件图如附图4.5所示）。

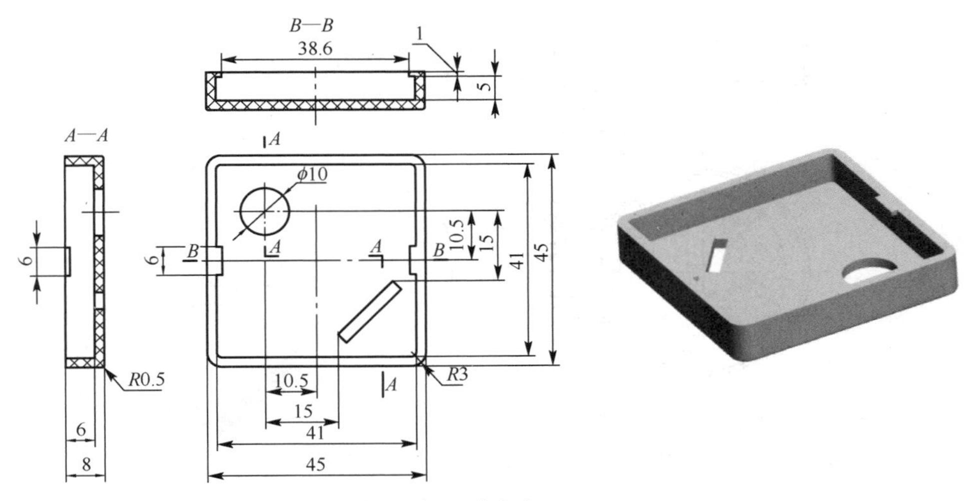

牵引机壳盖板　材料：聚对苯二甲酸丁二醇酯(白)

浇注系统：侧浇口　脱模方式：推杆

附图4.5　牵引机壳盖板塑件

（6）实训项目6：窗口面板注射模设计（塑件图如附图4.6所示）。

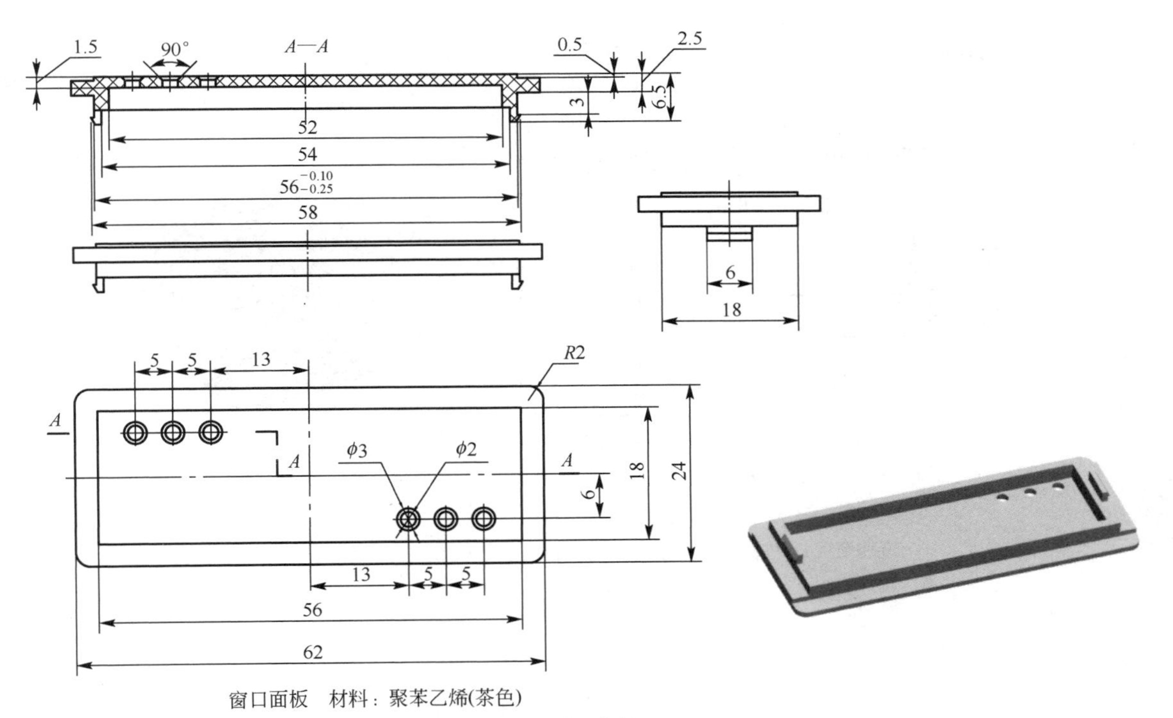

窗口面板　材料：聚苯乙烯(茶色)

浇注系统：隙浇口(侧浇口)　脱模方式：成型滑块加薄片推杆

附图4.6　窗口面板塑件

（7）实训项目 7：护套罩壳注射模设计（塑件图如附图 4.7 所示）。

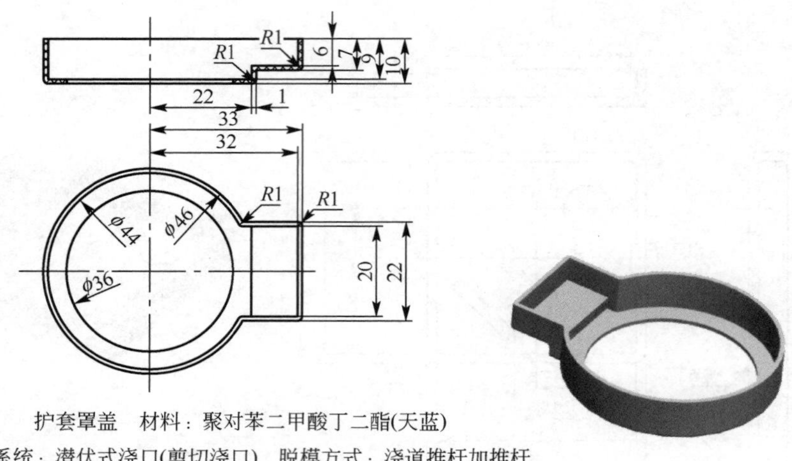

护套罩盖　材料：聚对苯二甲酸丁二酯(天蓝)

浇注系统：潜伏式浇口(剪切浇口)　脱模方式：浇道推杆加推杆

附图 4.7　护套罩壳塑件

（8）实训项目 8：罩壳注射模设计（塑件图如附图 4.8 所示）。

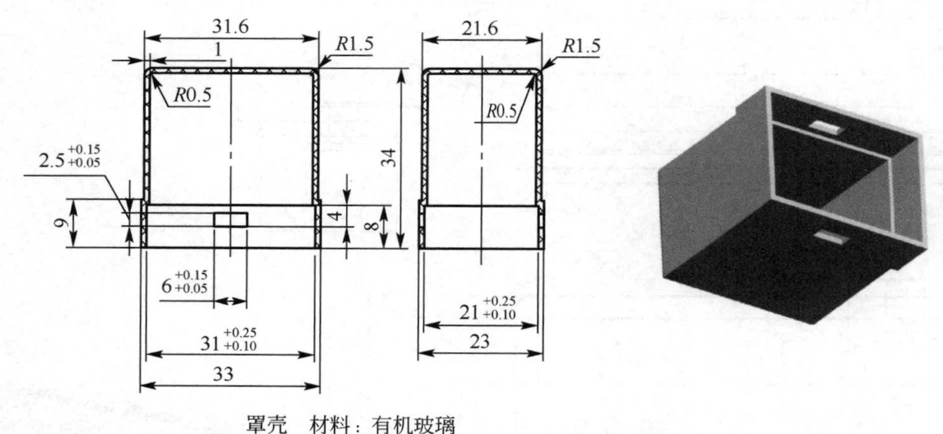

罩壳　材料：有机玻璃

浇注系统：点浇口　脱模方式：推板推出

附图 4.8　罩壳塑件

（9）实训项目 9：摩擦轮注射模设计（塑件图如附图 4.9 所示）。

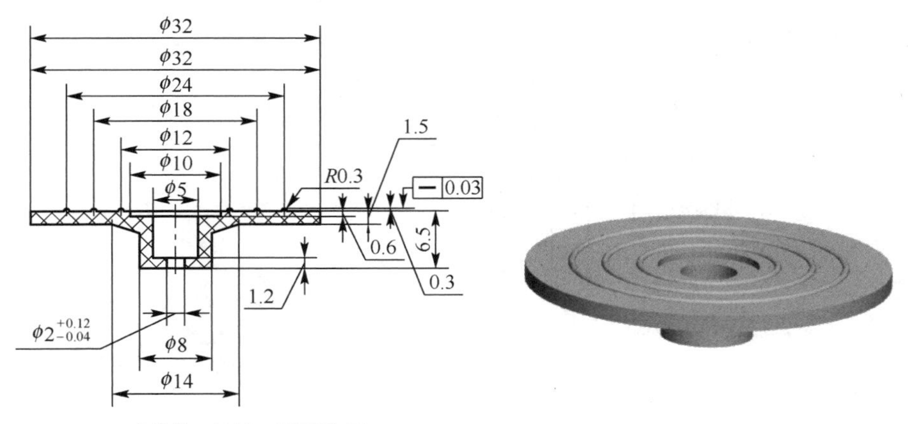

摩擦轮　材料：聚甲醛(黑)

浇注系统：三点点浇口　脱模方式：推杆

附图 4.9　摩擦轮塑件

（10）实训项目 10：传动齿轮注射模设计（塑件图如附图 4.10 所示）。

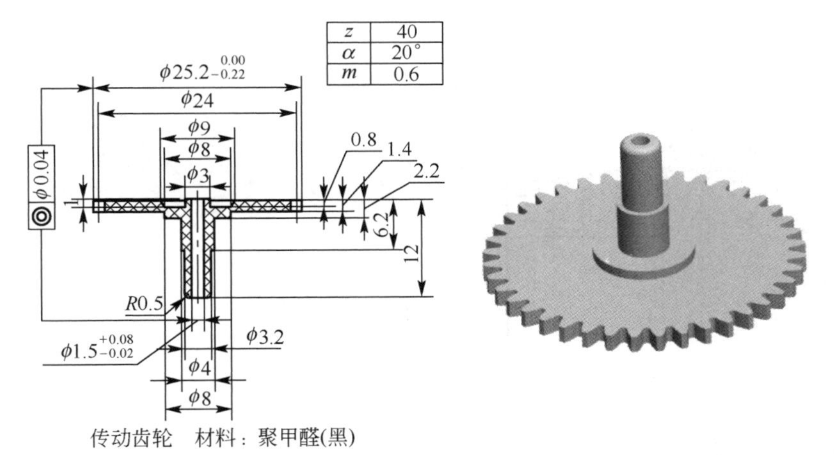

传动齿轮　材料：聚甲醛(黑)

浇注系统：三点点浇口　脱模方式：推杆

附图 4.10　传动齿轮塑件

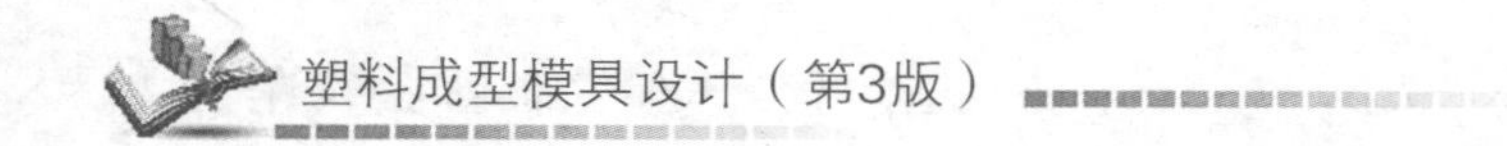

（11）实训项目 11：双联齿轮注射模设计（塑件图如附图 4.11 所示）。

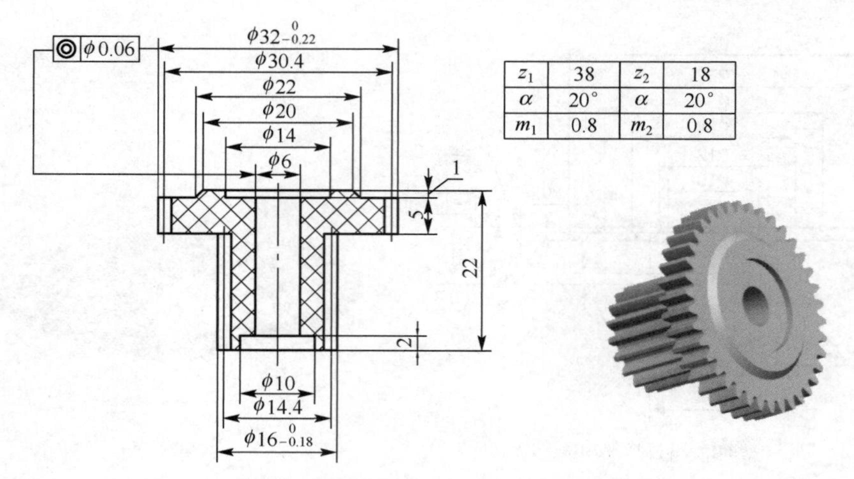

z_1	38	z_2	18
α	20°	α	20°
m_1	0.8	m_2	0.8

双联齿轮　材料：尼龙12

浇注系统：三点点浇口　脱模方式：推杆加推管

附图 4.11　双联齿轮塑件

（12）实训项目 12：电机带轮注射模设计（塑件图如附图 4.12 所示）。

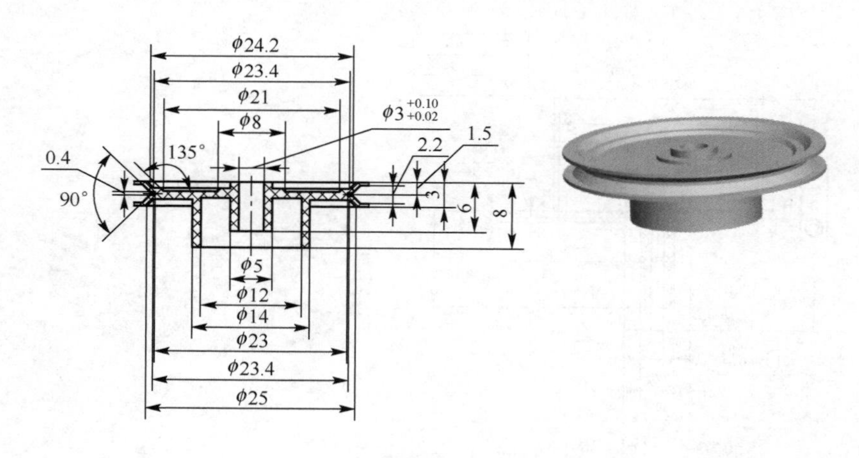

电机带轮　材料：聚甲醛(黑)

浇注系统：三点点浇口　脱模方式：推杆加推管

附图 4.12　电机带轮塑件

参考文献

常芳娥，董芃凡，冯浩，等，2020. 注射模机构典型结构设计及实例解析 [M]. 北京：机械工业出版社.

冯炳尧，王南根，王晓晓，2015. 模具设计与制造简明手册 [M]. 4版. 上海：上海科学技术出版社.

贺辛亥，2022. 材料成型模具设计 [M]. 北京：中国纺织出版社.

洪慎章，2014. 注塑成型设计数据速查手册 [M]. 北京：化学工业出版社.

黄虹，2008. 塑料成型加工与模具 [M]. 2版. 北京：化学工业出版社.

梁国栋，王静，2022. 注塑模具设计基础 [M]. 2版. 北京：电子工业出版社.

骆俊廷，王国峰，陈国清，等，2014. 塑料成型模具设计 [M]. 2版. 北京：国防工业出版社.

屈华昌，吴梦陵，2018. 塑料成型工艺与模具设计 [M]. 4版. 北京：高等教育出版社.

屈华昌，张俊，2014. 塑料成型工艺与模具设计 [M]. 3版. 北京：机械工业出版社.

申开智，2013. 塑料成型模具 [M]. 3版. 北京：中国轻工业出版社.

申树义，2018. 塑料模具设计实用结构图册 [M]. 北京：机械工业出版社.

田光辉，2021. 模具设计与制造 [M]. 3版. 北京：北京大学出版社.

王群，叶久新，2019. 塑料成型工艺及模具设计 [M]. 2版. 北京：机械工业出版社.

王树人，2018. 塑料模具设计方法与技巧 [M]. 北京：化学工业出版社.

吴梦陵，张振，王鑫，2022. 塑料成型工艺与模具设计 [M]. 4版. 北京：电子工业出版社.

伍先明，潘平盛，2020. 塑料模具设计指导 [M]. 北京：机械工业出版社.

许红伍，王洪磊，2017. 塑料模具设计简明教程 [M]. 北京：北京理工大学出版社.

阎亚林，2004. 塑料模具图册 [M]. 北京：高等教育出版社.

杨占尧，2009. 塑料模具课程设计指导与范例 [M]. 北京：化学工业出版社.

杨占尧，崔风华，2021. 塑料成型工艺与模具设计 [M]. 北京：北京理工大学出版社.

张荣清，柯旭贵，谢海深，等，2022. 模具设计与制造 [M]. 4版. 北京：高等教育出版社.

张维合，2011. 注塑模具设计实用教程 [M]. 2版. 北京：化学工业出版社.

张玉龙，石磊，2012. 塑料品种与选用 [M]. 北京：化学工业出版社.